VoLTE 优化达人修炼之道

孔建坤　王玉玲　王治国　沈志永　著

机械工业出版社

本书针对一线 VoLTE 网络优化维护人员的需求，帮助读者了解 VoLTE 的基本原理和业务流程，从基础原理到进阶提升，从专题优化到应用案例，涵盖了 VoLTE 商用过程中常用的 13 个场景，一站式指导 VoLTE 商用优化和维护。

本书分为三篇，共十三式。第一篇（修炼内功，打好基础）包括五式，分别为大话 4G 语音解决方案、跨越裂谷的主流选择、VoLTE 内功功法总纲、通话不中断法宝 eSRVCC、揭开 IMS 的神秘面纱；第二篇（硬件升级，装备进阶）包括四式，分别为玩转 VoLTE 信令流程、关键参数打通 VoLTE 脉络、大道至简优化关键指标、研究发力全面领先一步；第三篇（软硬兼施，面向实战）包括四式，分别为资源重利用助推网络升华、高速公路、高铁极致体验的领跑者、大话务保障的新一代神器、不再一个套路打遍天下。

本书旨在打造面向 VoLTE 商用初期、贴近实战、简单好用的全场景 VoLTE 优化指导，一站式、傻瓜式解决读者的所有问题，让 VoLTE 优化和维护初学者快速入门。

图书在版编目（CIP）数据

VoLTE 优化达人修炼之道／孔建坤等著．—北京：机械工业出版社，2017.4

ISBN 978-7-111-56871-1

Ⅰ.①V…　Ⅱ.①孔…　Ⅲ.①码分多址移动通信－通信技术
Ⅳ.①TN929.533

中国版本图书馆 CIP 数据核字（2017）第 110069 号

机械工业出版社（北京市百万庄大街 22 号　邮政编码　100037）
策划编辑：李馨馨　　责任编辑：李馨馨　范成欣
责任校对：张艳霞　　责任印制：李　昂

三河市国英印务有限公司印刷

2017 年 6 月第 1 版·第 1 次印刷
184mm×260mm·20.25 印张·488 千字
0001－2500 册
标准书号：ISBN 978-7-111-56871-1
定价：69.80 元

凡购本书，如有缺页、倒页、脱页，由本社发行部调换

电话服务
服务咨询热线：（010）88361066
读者购书热线：（010）68326294
（010）88379203

网络服务
机 工 官 网：www.cmpbook.com
机 工 官 博：weibo.com/cmp1952
教育服务网：www.cmpedu.com
金 书 网：www.golden-book.com

前　言

过去几年，围绕 LTE 语音解决方案曾经出现过多种观点和演进路线，最终中国移动将 VoLTE/SRVCC 确定为主要发展方向，积极推进 VoLTE 产业成熟和现网改造。VoLTE 是推动移动通信业务向 IP 化转型的重要帮手，也是推动多媒体通信和多屏通信的基础，对于中国移动“大连接”战略的实现至关重要。

本书根据作者在 VoLTE 实验网、VoLTE 试商用和 VoLTE 商用后的工作经验编写而成，得益于中国移动山东公司在打造 VoLTE 精品网方面的不懈追求和持续努力。本书结合一线 VoLTE 网络优化维护人员的需求，帮助读者了解 VoLTE 的基本原理和业务流程，从基础原理到进阶提升，从专题优化到应用案例，涵盖了 VoLTE 商用过程中常用的 13 个场景，一站式指导 VoLTE 商用优化和维护。

本书分为三篇，共十三式。第一式大话 4G 语音解决方案，介绍了 LTE 网络中三种国际主流的语音解决方案，详细阐述了三种 LTE 网络语音解决方案的网络结构与技术优势。第二式跨越裂谷的主流选择，主要介绍了 LTE 网络中语音的最终解决方案与 VoLTE 的未来发展趋势。第三式 VoLTE 内功功法总纲，详细介绍了在全 IP 的 LTE 网络中如何实现语音业务。第四式通话不中断法宝 eSRVCC，讲述了如何在 LTE 网络覆盖边界为 VoLTE 语音用户提供持续、无缝的语音服务。第五式揭开 IMS 的神秘面纱，IMS 作为 LTE 网络的核心网络，了解其网络结构对日后的优化工作可起到事半功倍的效果。第六式玩转 VoLTE 信令流程，从注册、主被叫流程与释放流程三个方面，描述 VoLTE 信令流程。第七式关键参数打通 VoLTE 脉络，参数的合理配置与特性功能的选择性开启可以为网络运行锦上添花。第八式大道至简优化关键指标，做好基础工作，全面优化 KPI 与 KQI 指标，为 VoLTE 用户提供更高质量的语音通话。第九式专题研究发力全面领先一步，通过专题研究更进一步地挖掘网络潜力、拓展优化方向、精化优化手段。第十式资源重利用助推网络升华，针对特殊覆盖场景，研究特殊覆盖方案，全面为 VoLTE 业务质量保驾护航。第十一式高速公路、高铁极致体验的领跑者，从网络规划、优化、新技术应用等方面多维度、全方位阐述解决方案。第十二式大话务保障的新一代神器，从事前、事中和事后三个阶段精心筹划、精密组织，精确落实，确保万无一失。第十三式不再一个套路打遍天下，从终端侧、无线测、EPC 侧与 IMS 侧四个不同网元中筛选出 41 经典案例，指导读者掌握分析问题的思路和优化方法。

本书在编写过程中，得到了很多领导和同事的大力支持，刘珂、石志同、贾永超等同事也参与了本书的编写和审阅，在此对他们表示衷心的感谢。本书部分材料来源于中国移动山东公司 VoLTE 百日大会战 VoLTE 优化经验总结，对奋战在山东移动专项优化项目上的各位朋友表达诚挚的谢意。

由于编者水平有限，书中难免存在不足之处，恳请读者批评指正。

编　者

目　录

第二篇 硬件升级，装备进阶

第三篇 软硬兼施，面向实战

第一篇　修炼内功，打好基础

第一式　大话4G语音解决方案

现在国际主流的LTE语音解决方案包括双待机终端（SVLTE）、CSFB、VoLTE三种，如图1-1所示。VoLTE被公认为LTE语音的最终形态。北美、韩国等已经建网的4G运营商都采用双待机或CSFB为过渡方案。中国移动率先于2015年年底推进VoLTE试商用，并于2016年7月完成全面部署。SVLTE为多模双待方案，终端同时驻留在LTE与2G/3G网络，数据和语音业务分别通过不同的网络承载实现；CSFB是在产业界未实现VoLTE时提出的一种相对较为简单的语音解决方案；VoLTE网络架构演进过程中取消了电路交换域，语音业务和数据业务都是通过分组交换来实现，需要终端、无线和核心网的全面支持和优化。

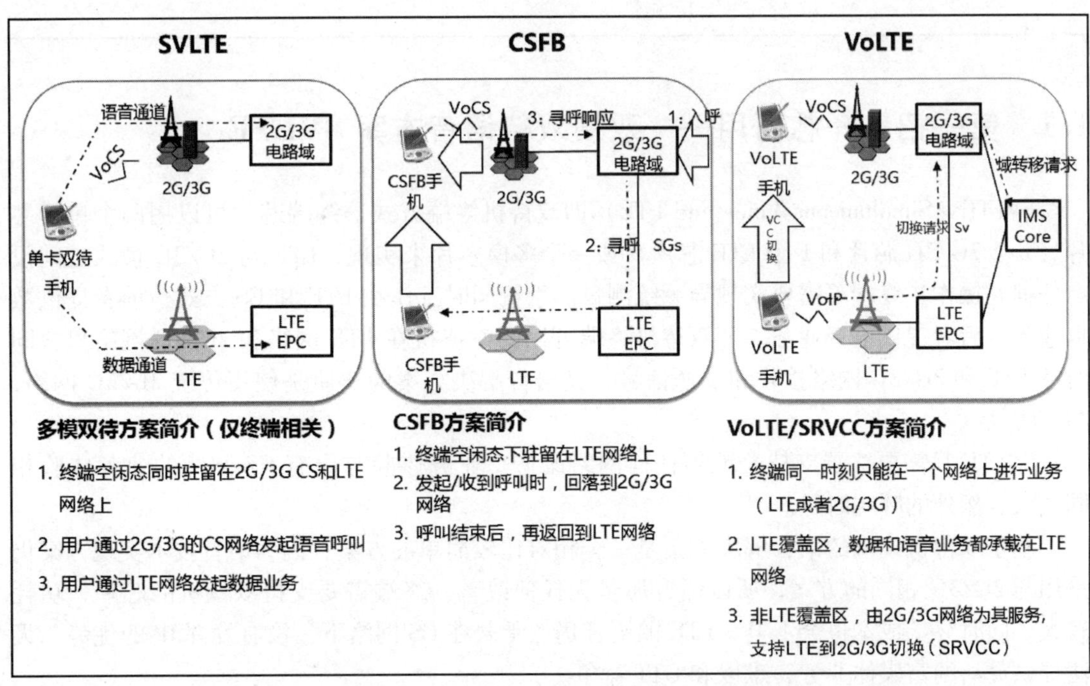

图1-1　国际主流的LTE语音解决方案

3种解决方案的详细说明及优劣势对比见表1-1。

表 1-1　3 种解决方案的详细说明及优劣势对比

LTE 语音解决方案	说　明	优　势	劣　势
SVLTE	SVLTE（Simultaneous Voice and LTE）终端也称为 Dual Radio 终端，可以同时在 LTE 网络和 2G/3G 网络下待机。语音业务由 CS 网络提供，数据业务由 LTE 网络提供	1）解决方案简单：只需终端支持，LTE 网络和传统的 2G/3G 网络之间不需要任何互操作，无须任何网络改造 2）业务体验与原有 CS 网络的业务体验相同，没有额外的呼叫时延	1）终端需要支持双待机的芯片，功耗较大，终端成本昂贵 2）LTE 的语音仍然承载在 CS 网络下，没有发挥 IP 的优势，无法提供灵活的富媒体业务，难以和 OTT（Over the Top）竞争
CSFB	CSFB 重用 CS 网络提供语音业务，LTE 只提供数据业务。当需要发起语音业务时，网络侧指示终端回落到 CS 域处理	1）重用 CS 网络为 LTE 终端提供语音业务，无须部署 IMS 网络，对网络的改动相对较小 2）终端成熟	1）语音接续时延增加，影响用户感受 2）LTE 的语音仍然承载在 CS 网络下，没有发挥 IP 的优势，无法提供灵活的富媒体业务，难以和 OTT 竞争
VoLTE	VoLTE（Voice over LTE）是 3GPP 标准定义的，基于 IMS（IP Multimedia Subsystem）网络的 LTE 语音解决方案	1）继承原有 CS 网络提供的业务 2）通过 PCC 机制实现端到端的 QoS 控制，保证语音通话质量 3）通过 IMS 为用户提供富媒体 RCS 业务，能够和 OTT 竞争 4）保留用户标识（MSISDN 等），利用运营商最大的号码资源，继续挖掘业务盈利	过渡期网元结构复杂，连续覆盖前 VoLTE 通过 eSRVCC 保障呼叫连续性

1.1　第一招　一芯两用——双模双待语音方案 SVLTE

SVLTE（Simultaneous Voice and LTE）即双待机终端方式，终端芯片可以用两个单模芯片（1 个 2G/3G 芯片和 1 个 LTE 芯片）或一个多模芯片来实现，LTE 与 2G/3G 模式之间没有任何互操作，终端不需要实现异系统测量。手机同时工作在 LTE 和 CS 方式，前者提供数据业务，后者提供语音业务。即双待机终端可以同时待机在 LTE 网络和 2G/3G 网络里，同时从 LTE 和 2G/3G 网络接收和发送信号，其语音解决方案的实质是使用传统 2G/3G 网络，与 LTE 无关。

SVLTE 只需要终端支持，无须任何网络改造。业务体验与原有 CS 网络的业务体验相同，没有额外的呼叫时延。

基于双待机终端的语音解决方案是一个相对比较简单的方案，因为语音技术实现方案仍采用与 2G/3G 相同的方案，所以语音质量无任何改善。终端需要支持双待机的芯片，功耗较大，同时终端成本也会上升。LTE 的语音仍然承载在 CS 网络下，没有发挥 IP 的优势，无法提供灵活的富媒体业务，难以和 OTT 竞争。

1.2　第二招　峰回路转——CS 域回落解决方案 CSFB

CSFB 方案简而言之就是当用户有语音业务需求时通过回落至 2G/3G 的 CS 域来实现，并按照电路域的业务流程发起或接听语音业务。

为实现 CSFB，需要在 MME 和 2G/3G 网络的 MSC 设备之间建立 SGs 接口。SGs 关联在 CSFB 技术中起着桥梁作用，能够将两个不同的系统联系起来，实现用户在不同系统间的语音业务连续。为用户建立 SGs 关联就是在 VLR 中保存了用户的 MME 地址，同时也在 MME 中保存了用户的 VLR 地址。CSFB 技术会影响现有的 2G/3G 网络，原有网络的 MSC 需要新增与 MME 的 SGs 接口，SGSN 新增与 MME 的 S3 接口。基于 CSFB 的网络组网结构如图 1-2 所示。

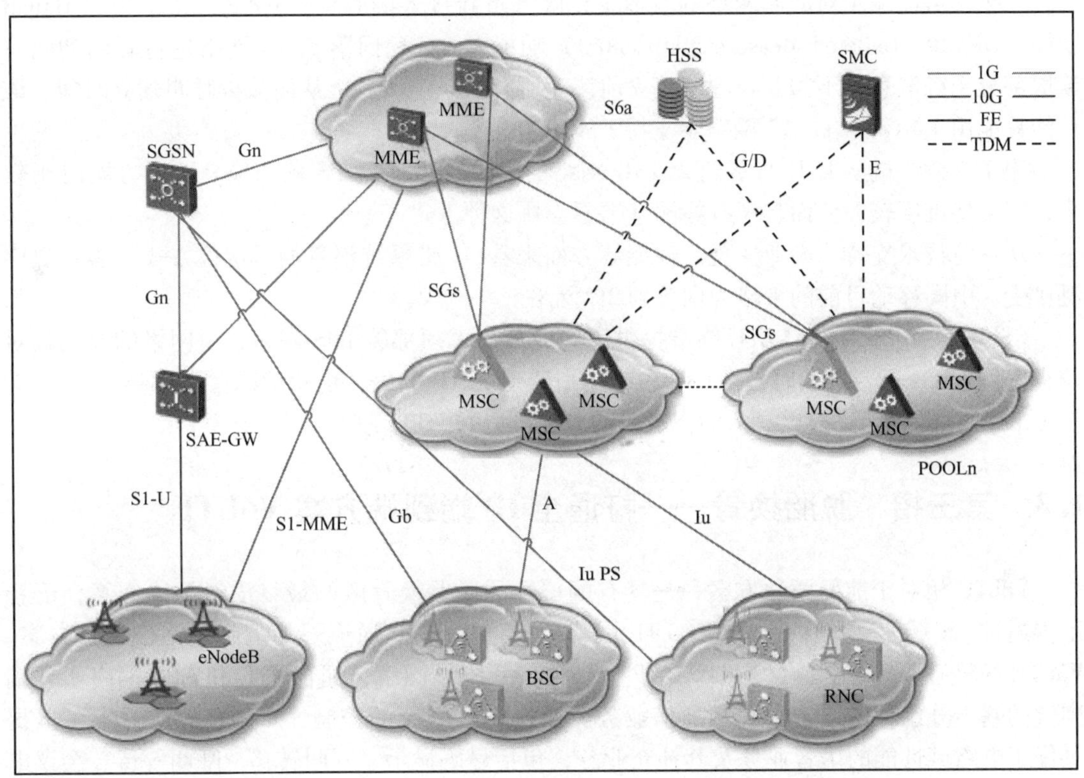

图 1-2　基于 CSFB 的网络组网结构

支持 CSFB 的终端必须具有多模能力，既能通过 E - UTRAN 接入到 EPC，也能通过 GERAN/UTRAN 接入到 CS 域。终端必须能够执行联合的 RAU/LAU 附着、位置更新和去附着程序。

原有 2G/3G 网络中的 MSC 为支持 CSFB 功能，需要新增到 MME 的 SGs 接口，支持 SGs 协议栈，维护 SGs 关联；在 SGs 接口和 Iu/A 接口并行地寻呼用户，支持和 MME 的联合移动性管理等功能。

对于原有 2G/3G 网络的无线子系统（基站、基站控制器），需要增加 LTE 的邻小区配置；为让终端在回落到 2G/3G 网络后的语音业务结束后，尽快返回 LTE 网络，原有网络的无线子系统需要支持 Fast Return 功能；为了优化终端从 LTE 回落到 2G/3G 的时延，原有网络的无线子系统需要支持 RIM 功能等。

CSFB 的思路是在用户需要进行语音业务时，从 LTE 网络回落到 2G/3G 的电路域。回落的方式是在释放 LTE 的无线链接时，在释放消息中携带重定向字段，指出终端重新接入的制式和频点。这种回落方式称为重定位。重定位方式的优点是实现简单，对原有网络的改造量小；缺点是延迟相对较大。

为了优化重定位的性能，减少终端重新接入2G/3G网络的时间，3GPP规范提出了带系统消息的重定位功能，在重定位字段中携带2G/3G网络的系统消息。2G/3G网络的系统消息通过RIM流程从BSC/RNC、SGSN、MME传送到LTE的eNB。这种方式的特点是延迟较小，对原有网络的改造量较大，需要对原有无线网络进行改造，需支持RIM功能。

为了尽可能减少对原有网络的改造量，降低重新接入的时延，3GPP规范提出了DMCR功能。DMCR（Deffered Measurement Control）功能是让UE回落到3G网络进行呼叫期间只读取部分系统消息，不需要在呼叫建立前读完所有的系统消息，从而减少呼叫建立时间。该功能只能用于3G网络，2G网络不支持DMCR功能。

用于支持终端从LTE回落到2G/3G网络的另一种方法是PS域切换。这种方案时延较小，但支持难度较大，而且现有终端基本不支持这种方式。

从目前技术支持、产业实现、性能等方面来看，“带系统消息的重定位方式”被业界广泛接受。中国移动目前的策略为回落到2G网络。

CSFB重用CS网络为LTE终端提供语音业务，无须部署IMS网络，对网络的改动相对较小。但CSFB语音接续时延增加，影响用户感受。LTE的语音仍然承载在CS网络下，没有发挥IP的优势，无法提供灵活的富媒体业务，难以和OTT竞争。

1.3 第三招 脱胎换骨——打通全IP端到端方案VoLTE

VoLTE相对于前面两种方案，是具有颠覆性的脱胎换骨般的最终语音解决方案，语音不再通过CS域实现，而是通过在LTE网络中打通了全IP通道下的端到端终极解决方案。VoLTE的核心业务控制网络是IMS（IP多媒体子系统）网络，配合LTE和EPC网络实现端到端的基于分组域的语音、视频通信业务。通过IMS系统的控制，VoLTE解决方案可以提供优于电路域性能的语音业务及其补充业务，包括号码显示、呼叫转移、呼叫等待、会议电话等。

VoLTE语音解决方案的核心思想是采用IMS作为业务控制层系统，EPC仅作为承载层。借助IMS系统，不仅能够实现语音呼叫控制等功能，还能够合理、灵活地对多媒体会话进行计费。运营商可以基于用户的QoS（Quality of Service，服务质量），针对用户业务的不同内容（例如，是VoIP会话还是一次网页浏览，或者是一条即时消息等），提供不同的资费标准。另外，IMS定义了为业务开发商使用的标准接口，通过这些接口使得运营商能够在多厂商环境下提供业务，避免绑定在单一厂商来获取新业务。

VoLTE解决方案的典型组网结构包括运营支撑层、业务层、核心层、接入层和终端层，如图1-3所示。终端用户可以通过CSFB、Single Radio、Dual Radio等多种LTE终端设备在LTE网络、2G/3G网络下接入。通过在现有的CS网络上叠加部署IMS网络和LTE网络，提供端到端的QoS保障，为终端用户提供高质量的语音、视频呼叫和更为丰富的数据业务，从而帮助运营商从2G/3G网络逐步演进到LTE网络，完成纯语音到丰富语音的转型。终端用户可以通过CSFB、Single Radio、Dual Radio等多种LTE终端设备，在LTE网络、2G/3G网络下接入。当用户移出LTE信号区域时，系统可以将呼叫平滑切换到2G/3G网络。除此之外，方案中还提供了统一的业务发放、网络管理、计费等功能。

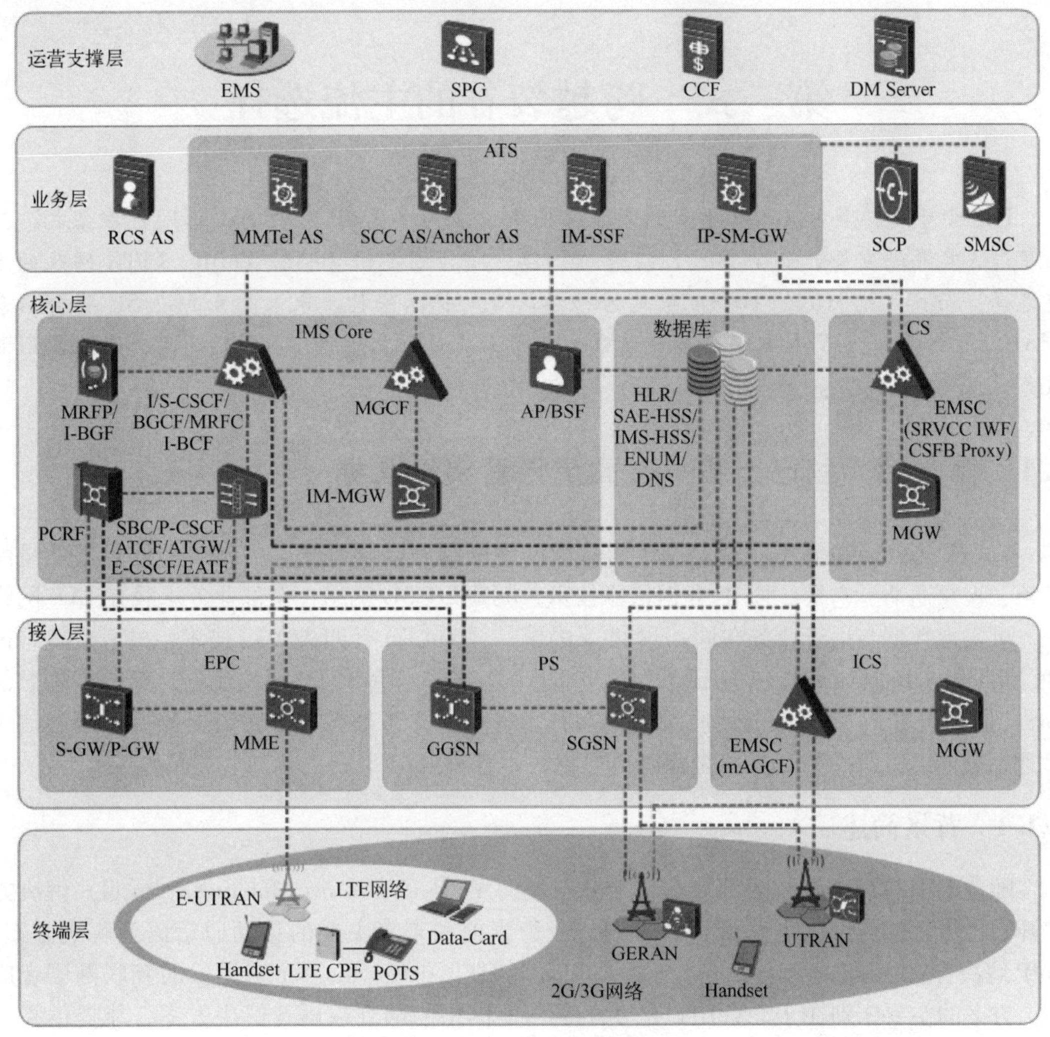

图 1-3　VoLTE 典型组网结构

第二式　跨越裂谷的主流选择

IMS 由于支持多种接入和丰富的多媒体业务，成为了全 IP 时代的核心网标准架构。经历了过去几年的发展，如今 IMS 已经跨越裂谷，成为固定语音领域 VoBB、PSTN 网改的主流选择，而且也被 3GPP、GSMA 确定为移动语音的标准架构。未来的 4.5G、5G 将会沿着 IMS 大道继续前行，VoLTE 将会以更清晰的音视频质量、更低的接入时延为用户带来更好的服务。

2.1　第一招　剑已出鞘——高清语音笑傲江湖

VoLTE（Voice over LTE）是基于运营商网络的端到端语音解决方案，能提供高质量的音频、视频通话。它是一种 IP 数据传输技术，无须 2G/3G 网络，全部业务承载在 LTE 网络上，可实现数据与语音业务在同一网络下的统一。VoLTE 有四大关键技术：SPS 半静态调度、TTI Bundling、RoHC 包头压缩、DRX 非连续接收，保障其音/视频业务，提供高标准的 QoS（服务质量），其视频通话质量无论在技术参数上，还是在主官感受上都要优于微信等 IP 通话技术。此外，VoLTE 安全保障更严格，不容易被窃听。

2.1.1　背景简述

随着 LTE 网络的大规模部署，基于分组域的 VoIP（Voice over Internet Protocol）解决方案开始逐步替代传统的电路域语音方案，成为当前和未来主要的移动通信语音解决方案。VoIP 解决方案主要包括运营商的 VoLTE 和众多 OTT（Over the Top）提供的互联网语音应用。方案的主要区别在于，VoLTE 是基于运营商网络的端到端语音解决方案，能提供高质量的音频、视频通话。OTT 语音则是基于运营商的基础网络，脱离于运营商的管理，是承载在基础网络管道之上的由 OTT 提供的语音解决方案，能提供免费的语音和视频通话。VoLTE 和 OTT 语音业务组网如图 2-1 所示。

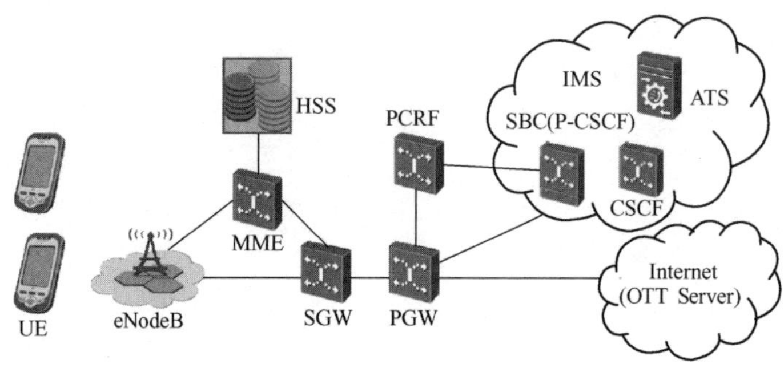

图 2-1　VoLTE 和 OTT 语音业务组网

2.1.2 VoLTE 的技术优势

VoLTE 是一种 IP 数据传输技术，LTE 网络不仅提供高速率的数据业务，同时还提供高质量的音/视频通话，后者便需要 VoLTE 技术来实现。VoLTE 技术带给 LTE 用户最直接的感受就是接通等待时间更短，以及更高质量、更自然的音/视频通话效果。VoLTE 是架构在 LTE 网络上全 IP 条件下的端到端语音方案，采用高分辨率编解码技术，为用户带来更低的接入时延（拨号后的等待时间）、更连贯的语音感知（掉线率接近于零）。

VoLTE 技术框架充分考虑到了无线网络在不同区域覆盖强弱的问题，建立了 QoS 机制和速率调整机制。VoLTE 的 QoS 机制相当于给 LTE 信道划分出专门用于 VoLTE 服务的控制信令专用通道（QCI =5）、语音呼叫专用通道（QCI =1）、视频呼叫专用通道（QCI =2）以及数据业务专用通道（QCI =9）。所以，即使在数据拥塞的情况下，网络和终端能通过协商进行自适应速率调整，降低发包速率，从而保证通话体验依旧稳定流畅地进行。

OTT 采用的是 VoIP 技术。VoIP 是建立在 IP 技术上的分组化、数字化传输技术，其基本原理是：通过语音压缩算法对语音、视频数据进行压缩编码处理，然后把这些数据按 IP 等相关协议进行打包，经过 IP 网络把数据包传输到接收地，再在对端把这些数据包串起来，经过解码解压处理后，恢复成原来的语音、视频信号，从而达到由 IP 网络传送语音的目的。

VoIP 是一个很宽泛的概念，通常说的 VoIP 指的是 QQ、微信等通过 IP 链路实现的狭义 VoIP（也就是互联网公司的 OTT 电话）。从广义上讲 VoLTE 可以认为是 VoIP 应用的一种，不同的是 VoLTE 走的是具有 QoS 保障的运营商专有通信信道。因此，VoLTE 与 OTT 等通话质量的对比，实质上是 VoLTE 与狭义 VoIP 的对比，这可以从以下两个方面来分析。

（1）技术差异

从基本原理上讲，VoLTE 和 OTT 都是基于数据业务进行音/视频通话，而且它们都是将音/视频进行编码压缩，然后将数据包通过网络进行传输。虽然 OTT 是基于 VoIP 技术实现的，但 VoLTE 可不是 LTE 网络版本的 OTT。VoLTE 通过 LTE 网络作为业务接入、IP 多媒体子系统（IMS）网络实现业务控制的语音解决方案，可实现数据与语音业务在同一网络下的统一，可实现与现网 2G/3G 的语音互通和无缝切换。VoLTE 的四大先进技术可以保障其音/视频业务提供高标准的 QoS（服务质量）。

1）SPS 半持续调度：减少控制信令开销，提高控制信道可调度用户数。

2）TTI Bundling：可以提升上行覆盖性能。

3）RoHC 包头压缩：可以减少数据包头开销，从而对 VoLTE 业务信道覆盖和容量有显著增益。

4）DRX 非连续接收：允许 UE 不再一直监视 PDCCH 信道，从而达到终端省电的目的。

VoLTE 是基于 IMS 控制、LTE 承载的语音业务，而不是基于传统的 IP 网络（如因特网），构架于运营商的网络之上，这就意味着运营商能够为 VoLTE 提供更高级别的控制和管理，在整个通话过程中都提供服务质量保证。VoIP 是将模拟声音信号以数据包（Data Packet）的形式在 IP 数据网络上做实时传递。该技术是依靠互联网来交付数据包的，也就是说，它只能保证将用户的数据包送到云上，后续的丢包程度和音/视频质量取决于网络环境。由于 VoIP 没有 QoS 端到端保障，因此用户体验受网络波动影响很大，通话的稳定性不够。

（2）安全保障

VoIP 建立在开放的 Internet 基础之上，所以存在不少弱点和安全隐患，如服务器容易遭受病毒、网上黑客的攻击，与传统通信相比更容易被窃听。由于 VoIP 技术的常用协议本身是开放的，一些窃听方式能将在数据网络上的音/视频数据加以重放，造成用户通信信息的泄露，就连用户的 IP 电话的登录密码也会被窃取，因此安全性问题一直制约着 VoIP 的进一步发展。而 VoLTE 业务走的是具有高可靠性及安全性的运营商内部网络，通过 IMS 域、EPS 域及 PCC 架构的联合保障，音/视频业务端到端时延、误码率等服务质量也都获得了严格保证，这些都是 OTT VoIP 无法做到的。

表 2-1～表 2-3 分别对不同信号环境下的 VoLTE 视频和微信（OTT）视频做了测试对比，测试结果主要对比参数包括帧率、码率、丢包率、每帧报文数和最长报文间隔。测试信号强度分为 3 个等级：移动信号强（满格，－90 dB 左右）、移动信号一般（2～3 格，－100 dB 左右）和移动信号差（1～2 格，－108 dB 左右）。

表 2-1　移动信号强时 VoLTE 与微信视频参数对比

	帧率/(f/s)	码率/(kbit/s)	总包数	丢包率（%）	每帧报文数	最长报文间隔/s
VoLTE 上行	21.4	960.9	6552	/	5.1	0.199
VoLTE 下行	21.4	960.4	6552	0	5.1	0.200
微信上行	14.6	331.6	2489	/	2.8	0.325
微信下行	15.3	331.6	2489	/	2.7	0.326

注①f/s 也可写作 frame/s，本书统一用 f/s。

表 2-2　移动信号一般时 VoLTE 与微信视频参数对比

	帧率/(f/s)	码率/(kbit/s)	总包数	丢包率（%）	每帧报文数	最长报文间隔/s
VoLTE 上行	20.9	942.9	6413	/	5.2	0.147
VoLTE 下行	20.8	936.2	6383	0.5	5.2	0.310
微信上行	15.7	328.3	2594	/	2.8	0.216
微信下行	13.5	325.0	2594	/	3.2	0.989

表 2-3　移动信号差时 VoLTE 与微信视频参数对比

	帧率/(f/s)	码率/(kbit/s)	总包数	丢包率（%）	每帧报文数	最长报文间隔/s
VoLTE 上行	17.1	784.7	5370	/	5.2	0.208
VoLTE 下行	17.0	773.2	5296	1.4	5.2	0.279
微信上行	8.1	205.9	1796	/	3.7	1.060
微信下行	8.0	206.0	1796	/	3.8	1.095

帧率是指视频播放时每秒钟移动多少帧，它决定了画面的流畅度。帧率越大，画面越流畅；帧率越小，画面越有跳跃感。当每秒钟出现的动态画面大于 24 帧时，人眼能感觉到的画面基本上是流畅的。因 VoLTE 视频在信号强的情况下帧率大于 21 f/s，所以只要手机不是剧烈晃动，视频画面不会出现卡顿的现象。即使在移动信号较弱的情况下，帧率也能保持在 17 f/s 左右，这就保证了 VoLTE 视频通话在大部分环境下都能有好的用户体验。而微信视频在最优信号下的帧率在 15 f/s 左右，比 VoLTE 在较差信号下的帧率都低。所以，在视频流畅

度这一项，微信要比 VoLTE 差很多。

码率是数据传输时单位时间内传送的数据位数，单位是 kbit/s。码率其实就是取样率，单位时间内取样率越大，精度就越高，处理出来的文件就越接近原始文件，相应的失真度越低，画面越清晰；反之，则画面越粗糙，而且可能存在马赛克。从测试数据来看，在不同的信号强度下，VoLTE 视频的码率都达到了微信码率的 3 倍或 3 倍以上，这就决定了 VoLTE 的视频画面远比微信的清晰。

丢包率对视频通话和语音通话质量的影响很大，一般认为低于 5% 是可以接受的。从测试数据来看，VoLTE 的丢包率很低，而微信视频因被加密而无法统计出该数据，所以这一项指标暂时无法进行对比，但从整体的用户感受来看，VoLTE 的视频质量更好。

每帧报文数是指每个画面包含的数据报文数。在报文大小一定的情况下，每帧报文数越多，则每个画面所包含的信息更丰富，画面失真度更低。测试数据表明，VoLTE 视频所包含的信息更丰富，画面更清晰。

最长报文间隔同样反映了画面的流畅性。VoLTE 的最长间隔都在 0.1～0.3 s，而微信在信号最好时的最长间隔在 0.3 s 以上，信号不好时，其间隔大于 1 s，如此大的报文间隔会让用户明显感觉到画面的卡顿，只要稍有画面移动就会卡住。所以，VoLTE 在视频画面的流畅性上始终占有优势。

图 2-2 所示是在同一时间同一位置两种视频通话的画面截图。不考虑测试参数，单从用户体验的角度来讲，VoLTE 画面始终更清晰，纹理均匀，色彩丰富，能更好地反映景物的细节；在信号不强的情况下，虽略有卡顿，但不影响正常通话。而微信视频，在信号强的情况下，手机晃动时也会出现画面延时的现象；在信号不稳定时，平均 10 s 提示一次“对

a)

b)

图 2-2　VoLTE 视频通话与微信视频通话画面截图

a）VoLTE 视频通话画面　b）微信视频通话画面

方网络不稳定，可以尝试切换到语音通话”，画面卡顿很严重；在信号较弱时，主叫发起视频呼叫，被叫按接听键后5 s才建立视频通话，通话建立后，只有在完全静态的情况下，才能看清对端的画面，稍有移动，画面基本看不清，无法进行视频通话。

总之，VoLTE 提供了高标准的 QoS，其视频通话质量无论在技术参数上还是在主观感受上都要优于微信。

2.1.3 VoLTE 的发展优势

随着全球移动网络数据业务的快速发展，各厂家推出了很多 VoIP 语音应用，一些桌面级语音应用也快速渗透到智能终端上，在家庭 WiFi 等一些场景下甚至替代了运营商的语音解决方案。典型的 OTT 语音应用（如 Skype、WeChat 和 Facetime 等，见图 2-3）都可以脱离移动网络运营商管理的手机号码，通过注册 OTT 服务商管理的账号，来实现相互认证过的用户之间的语音通信。

图 2-3　比较流行的 OTT 语音应用举例

相比 OTT 应用的语音服务，电信运营商推出的 VoLTE 业务在用户体验、业务创新、频谱利用率、QoS 安全等级、语音质量、接入速度等方面都更具优势，同时还可以为用户提供全新的融合业务体验。用户通过 VoLTE 服务可以享受到“水晶般清晰的通话品质”，VoLTE 业务将成为用户的语音、视频通话的首选。

业界认为，VoLTE 有助于运营商基于 LTE 的语音服务的提升。市场研究机构 Strategy Analytics 预测，到 2018 年 VoLTE 用户产生的通话时长将占全球移动用户总通话时长的 10%，这有助于阻止移动语音通话量流向 OTT 语音服务。

2.2 第二招　谁与争锋——开启移动宽带语音演进之路

2.2.1 VoWiFi 的定义与特点

随着网络的发展，全 IP 化的网络为高清语音传输提供了条件。各运营商推出 VoLTE 服务的同时，像 T-Mobile 这样的运营商，正开始将 WiFi 语音通话（WiFi calling）作为其提供的服务中更加突出的一部分。

VoWiFi 是 VoLTE 用户通过 WiFi 网络（采用 Untrusted Non-3GPP 标准）连接到运营商的 EPC 网络，并通过 EPC 网络连接到 IMS 网络中，实现语音、短信、补充业务等 IMS 业务。当用户在 LTE 和 WiFi 网络间移动时，为了保证用户的语音业务不中断，网络侧提供了 LTE 和 WiFi 网络之间的切换功能。

在3GPP的规范中，WiFi接入被认为是一种非3GPP的无线接入种类，语音数据通过WiFi接入运营商核心网的方式包括可信任接入和不可信任接入两种。

1）可信任接入的方式是在运营商的WiFi网络下完成的。这种情况下，用户的终端不需要与网络建立IPSec隧道，而直接通过P-GW（分组数据网关）就能接入到移动核心网。

2）不可信任接入是指用户通过非运营商提供的WiFi网络进行的接入。这种情况下，用户终端发出的数据需要通过网络新增的ePDG（Evolved Packet Data Gateway，演进分组数据网关）接入核心网。

对于运营商来说，VoWiFi不容忽视，这一技术一旦落地实现，会有以下益处：

1）实现对VoLTE覆盖的补充。目前4G网络室外基站对室内和地下（如地铁站）等的覆盖度不足，用户接收信号较差一直是VoLTE的弊病。而目前WiFi网络在室内的覆盖普及程度已经非常高，所以在LTE覆盖信号比较弱时，运营商可以提供无缝的VoLTE到VoWiFi语音切换，有助于帮助VoLTE的部署和推广。

2）VoWiFi是对已有WiFi网络资源价值的再开发，降低了基础设施建设费用，有利于发挥频率资源的最大效益。以中国移动为例，前几年的WiFi大规模网络建设拥有可观的设备保有量。同时，家庭宽带业务的雄厚基础让家庭WiFi覆盖度极大提高，因此运营商只需要在接入层和核心网层增加相关的网元即可实现。

对用户来说，VoWiFi的引入必然会带来语音业务资费降低，并且VoWiFi提高了不同运营商网络之间的通用性，不需要换卡换号就可以享受不同运营商的语音服务，同时VoWiFi语音服务目前无法识别用户的地址信息，只能依赖终端反馈信息做粗略判断，这无疑会极大地降低国际漫游费用。

2.2.2 VoWiFi的发展趋势

同样是基于IP传输语音，在网络质量良好的条件下，VoLTE与VoWiFi均可实现高清语音通话。不过在网络质量不佳的地方，VoLTE由于有着电信级业务保障，因此不会影响到用户体验。而这一点是目前VoWiFi做不到的。但由于目前VoWiFi使用门槛更低，因此使得VoWiFi比VoLTE的使用更加广泛。

有专家表示，VoWiFi在有了VoIP之后就一直在各行业有应用，如酒店、矿业、企业甚至运营商，因为WiFi语音终端还同时支持数据功能，可以满足行业的应用。WiFi语音（包括传输协议和控制，如SIP）作为一个承载在IP网络上的应用，与传统蜂窝网采用数字语音以及独立的信令通道不同。

WiFi语音相对传统语音主要存在的问题是业务一致性。目前WiFi语音在业务一致性上有以下几个不足。例如，①互通：现网网络上出现了大量免费通话软件，各种通话软件之间难以互通；②覆盖：目前移动宽带网络的覆盖还有所不足，WiFi的覆盖更有局限；③业务：即使网络有覆盖，还存在业务覆盖的问题，目前OTT均采用APP实现，出于耗电、流量、安全等方面的考虑，不是每个人在每个时刻都启动APP，这难以保障语音随时随地可达；④质量保障：目前的质量保障其实是在应用层通过一些编解码与重传机制增强弱覆盖下的语音连续性，或者就是彻底依赖网络质量的可靠性。质量保障基本处于不可控状态，也无法给最终用户任何承诺。不过这一情况正在发生改变，IEEE802.11E协议定义了WiFi上的语音、视频、数据等业务的不同QoS和优先级，WiFi语音已经具有了QoS保证的基础。

VoWiFi 的本质是通过一些核心网技术（如 PDG）将 WiFi 与无线接入到同一个分组网络，使用同样的 VoLTE 核心网提供业务，从而实现业务的连续性。如果 WiFi 提供者与移动网络提供者不同，那么这种业务质量保障就非常困难，而且对于终端也有一定要求，因此 VoWiFi 还需要不断发展与研究，VoLTE 必然会与之长期共存。

2.2.3 4.5G 简介

在 3GPP 技术规范中，4.5G 被命名为 LTE – Advanced Pro，是移动宽带网络新的建设基准。简单地说，就是当前 4G 网络在速率、应用体验及支持物联网方面能力有限，而 5G 大约要等到 2020 年才能开启商用，因此亟需一个承上启下的新标准——更低时延、更大容量、更多连接数的 4.5G 就成为 LTE 下一个系统演进的必然方向和目标。华为是 4.5G 概念的首创者，基于对无线产业发展的深刻理解，华为早在 2014 年便提出了 4.5G 完整理念，随后被标准组织认可。

4.5G 将会带来怎样的变化？其实这与用户的需求是息息相关的。随着移动通信技术的快速发展，各种创新应用开始将人类社会信息交互的方式推向新的高度，如高清语音和视频双体验、虚拟现实（VR）、4K 超高清视频、增强现实（AR）、无人驾驶、远程医疗等，因此网络速度和应用体验就成为 4.5G 首先要提升的关键。与此同时，在当前已基本实现人与人的连接之后，物与物的连接需求日益凸显，而且接入设备量将呈现几何式增长，因此 4.5G 基站的容量和能够支撑的设备接入数量也必须有大幅提升。下面介绍关键变化：

（1）4.5G 速度：Gbit/s 成为新的基准速率

其实从 2G 到 3G 时代，再从 3G 到 4G 时代，移动通信技术带给人们最直观的感受就是速度快。而这一传统在 4.5G 时代同样得到了传承——提出了 Gbit/s 的新基准速率。

相信不少朋友都知道，4G 的峰值速率大约为 150 Mbit/s，而 4.5G 的峰值速率将达到 1 Gbit/s 以上，也就是将其提升了 6 倍多。正是有了这样的速度提升，才使得 4.5G 可以更好地支撑 2K/4K 视频、虚拟现实、增强现实、远程医疗等新业务，特别是对于虚拟现实这样的超前应用，可能至少需要 Gbit/s 级别的速率才能保证身临其境的感受，这意味着只有 4.5G 才能满足。

（2）4.5G 体验之语音、视频全面升级

在进入 4.5G 时代后，用户将迅速体验到 VoLTE 的优势，获得更好的语音体验——即 Always On LTE、Always Online 、Always On MOS4.0，也就是始终使用 LTE 网络且数据业务不中断，VoLTE 应用的 MOS 始终在 4.0 标准及以上。

（3）4.5G 将加速物联网时代的到来

在当前的移动互联网和云计算时代之后，即将迎来物联网时代。而物联网与当前以人为主的互联网有很大的不同，其大量的应用是基于传感器连接实物终端的，这就需要一种 LPWA（Low Power Wide Area，低功耗广覆盖）网络来组建广覆盖的公共网络，为此在 4.5G 时代 NB-IoT（窄带蜂窝物联网）应运而生。

4.5G 借助 NB-IoT 可实现 20 ~ 30 dB 的覆盖能力增强（对比 GSM），即每个蜂窝能够实现 100 000 个连接；同时，低功耗能支持终端电池寿命高达 5 ~ 10 年，以及低至 1 美元的芯片成本。由此不难看出，4.5G 可以满足大量终端接入的需求，这也将加速物联网时代的到来。

2.2.4 5G 的定义与特点

从字义上看，5G 是指第五代移动通信。目前，全球业界对于5G 的概念尚未达成一致。中国 IMT－2020（5G）推进组发布的5G 概念白皮书认为，综合5G 关键能力与核心技术，5G 概念可由“标志性能力指标”和“一组关键技术”来共同定义。其中，标志性能力指标为“Gbit/s 用户体验速率”，一组关键技术包括大规模天线阵列、超密集组网、新型多址、全频谱接入和新型网络架构，如图 2-4 所示。

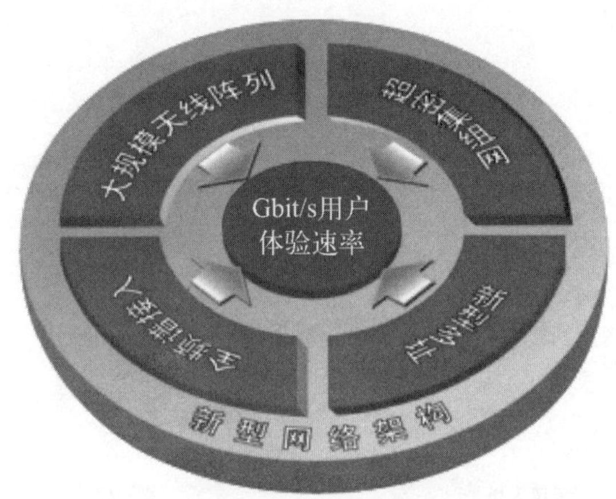

图 2-4　5G 概念图

5G 关键能力比前几代移动通信更加丰富，用户体验速率、连接数密度、端到端时延、峰值速率和移动性等都将成为5G 的关键性能指标。与以往只强调峰值速率的情况不同，业界普遍认为用户体验速率是5G 最重要的性能指标，它真正体现了用户可获得的真实数据速率，也是与用户感受最密切的性能指标。基于5G 主要场景的技术需求，5G 用户体验速率应达到 Gbit/s 量级。

面对多样化场景的极端差异化性能需求，5G 很难像以往一样以某种单一技术为基础形成针对所有场景的解决方案。此外，当前无线技术创新也呈现出多元化发展趋势，除了新型多址技术之外，大规模天线阵列、超密集组网、全频谱接入、新型网络架构等也被认为是5G 主要技术方向，均能够在5G 主要技术场景中发挥关键作用。

5G 技术发展的主要特点如下：

1）5G 研究在推进技术变革的同时将更加注重用户体验，网络平均吞吐速率、传输时延以及对虚拟现实、3D、交互式游戏等新兴移动业务的支撑能力等将成为衡量5G 系统性能的关键指标。

2）与传统的移动通信系统理念不同，5G 系统研究将不仅把点到点的物理层传输与信道编译码等经典技术作为核心目标，而且从更为广泛的多点、多用户、多天线、多小区协作组网作为突破的重点，力求在体系架构上寻求系统性能的大幅度提高。

3）室内移动通信业务已占据应用的主导地位，5G 室内无线覆盖性能及业务支撑能力将作为系统优先设计目标，从而改变传统移动通信系统“以大范围覆盖为主、兼顾室内”的设计理念。

4）高频段频谱资源将更多地应用于5G 移动通信系统，但由于受到高频段无线电波穿透能力的限制，无线与有线的融合、光载无线组网等技术将被更为普遍地应用。

5）可“软”配置的5G无线网络将成为未来的重要研究方向，运营商可以根据业务流量的动态变化实时调整网络资源，有效地降低网络运营的成本和能源的消耗。

2.2.5 5G关键技术

白皮书认为，5G概念可由“标志性能力指标”和“一组关键技术”来共同定义。其中，“一组关键技术”包括大规模天线阵列、超密集组网、新型多址、全频谱接入和新型网络架构，如图2-5所示。

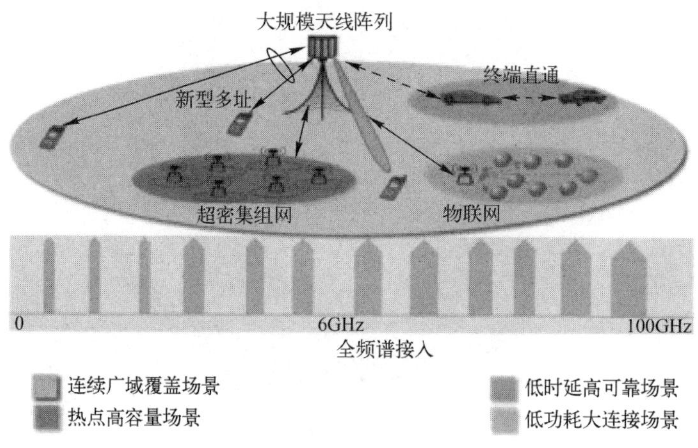

图2-5 5G主要场景和适用技术

5G技术创新主要来源于无线技术和网络技术两个方面。在无线技术领域，大规模天线阵列、超密集组网、新型多址和全频谱接入等技术已成为业界关注的焦点；在网络技术领域，基于软件定义网络（SDN）和网络功能虚拟化（NFV）的新型网络架构已取得广泛共识。此外，基于滤波的正交频分复用（F-OFDM）、滤波器组多载波（FBMC）、全双工、灵活双工、终端直通（D2D）、多元低密度奇偶检验（Q-ary LDPC）码、网络编码、极化码等也被认为是5G重要的潜在无线关键技术。

1. 5G无线关键技术

大规模天线阵列在现有多天线的基础上通过增加天线数可支持数十个独立的空间数据流，将数倍提升多用户系统的频谱效率，对满足5G系统容量与速率需求起到重要的支撑作用。大规模天线阵列应用于5G需解决信道测量与反馈、参考信号设计、天线阵列设计、低成本实现等关键问题。超密集组网通过增加基站部署密度，可实现频率复用效率的巨大提升，但考虑到频率干扰、站址资源和部署成本，超密集组网可在局部热点区域实现百倍量级的容量提升。干扰管理与抑制、小区虚拟化技术、接入与回传联合设计等是超密集组网的重要研究方向。

新型多址技术通过发送信号在空域、时域、频域、码域的叠加传输来实现多种场景下系统频谱效率和接入能力的显著提升。此外，新型多址技术可实现免调度传输，将显著降低信令开销、缩短接入时延、节省终端功耗。目前业界提出的技术方案主要包括基于多维调制和稀疏码扩频的稀疏码分多址（SCMA）技术、基于复数多元码及增强叠加编码的多用户共享接入（MUSA）技术、基于非正交特征图样的图样分割多址（PDMA）技术以及基于功率叠加的非正交多址（NOMA）技术。

全频谱接入通过有效利用各类移动通信频谱（包含高低频段、授权与非授权频谱、对称与非对称频谱、连续与非连续频谱等）资源来提升数据传输速率和系统容量。6 GHz 以下频段因其较好的信道传播特性可作为5G 的优选频段，6 ~ 100 GHz 高频段具有更加丰富的空闲频谱资源，可作为5G 的辅助频段。信道测量与建模、低频和高频统一设计、高频接入回传一体化以及高频器件是全频谱接入技术面临的主要挑战。

2. 5G 网络关键技术

未来的5G 网络将是基于 SDN、NFV 和云计算技术的更加灵活、智能、高效和开放的网络系统。5G 网络架构包括接入云、控制云和转发云 3 个域。接入云支持多种无线制式的接入，融合集中式和分布式两种无线接入网架构，适应各种类型的回传链路，实现更灵活的组网部署和更高效的无线资源管理。5G 的网络控制功能和数据转发功能将解耦，形成集中统一的控制云和灵活高效的转发云。控制云实现局部和全局的会话控制、移动性管理与服务质量保证，并构建面向业务的网络能力开放接口，从而满足业务的差异化需求并提升业务的部署效率。转发云基于通用的硬件平台，在控制云高效的网络控制和资源调度下，实现海量业务数据流的高可靠、低时延、均负载的高效传输。

基于“三朵云”的新型5G 网络架构是移动网络未来的发展方向，但实际网络发展在满足未来新业务和新场景需求的同时，也要充分考虑现有移动网络的演进途径。5G 网络架构的发展会存在从局部变化到全网变革的中间阶段，通信技术与 IT 技术的融合会从核心网向无线接入网逐步延伸，最终形成网络架构的整体演变。

第三式　VoLTE 内功功法总纲

LTE 是全 IP 化的架构，只有 PS 域，而没有 CS 域。如何在 LTE 网络实现语音业务呢？铭记“内功功法”，漫观“语音通话”步入 4G 新时代。

3.1　第一招　疏通经络——了解 VoLTE 网络架构

3.1.1　组网架构介绍——层次分明，各司其职

VoLTE 是基于 IMS 网络的 LTE 语音解决方案。通过 IMS 网络，移动运营商不仅可以无缝地继承传统的语音、短消息业务，还可以将语音通话与丰富的增强功能相整合，提供多样化的服务。VoLTE 的架构可分为终端层、接入层、核心层、业务层和 OSS/BSS 层五大层。VoLTE 解决方案端到端架构如图 3-1 所示。

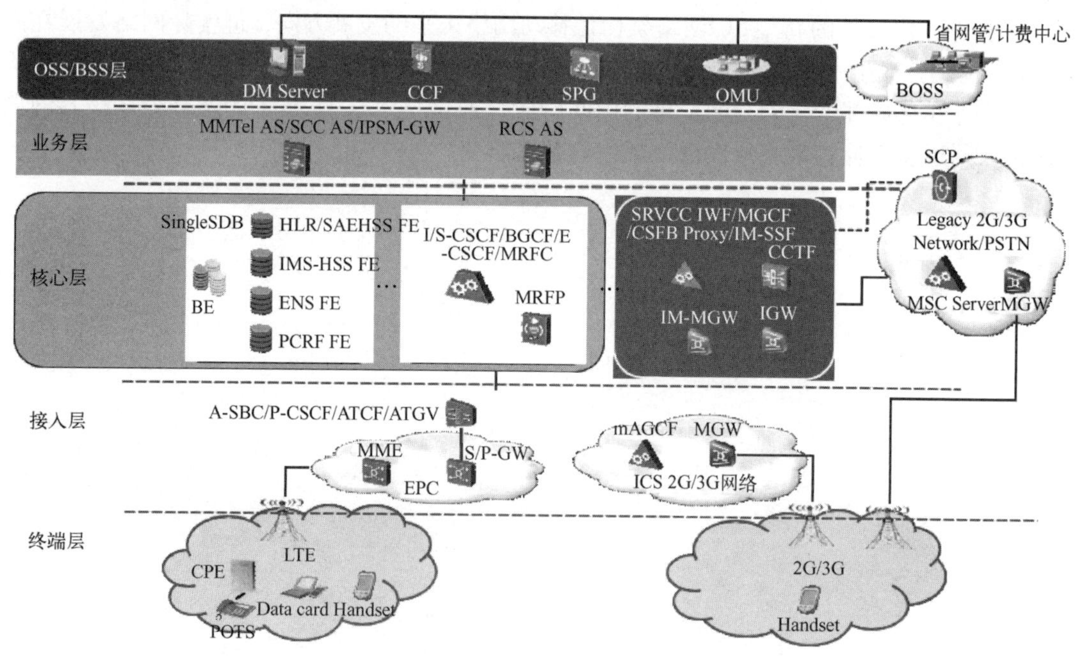

图 3-1　VoLTE 解决方案端到端架构

（1）终端层

- VoLTE 用户类型主要有 Single Radio 手机、数据卡 + 软终端、CPE 等。
- 中国移动目前已经部署了 CSFB，要求 VoLTE 的智能手机同时也支持 CSFB 功能。
- VoLTE 是 LTE 网络的语音业务，要求 VoLTE 的智能手机同时也支持 VoLTE 功能。

（2）接入层

- LTE 用户通过 LTE 网络接入，PCRF 网元做 QoS 控制。

- SBC 兼作 P - CSCF、ATCF/ATGW。
- 当手机终端移动出 LTE 覆盖区域时，可平滑切换至 2G/3G 接入。MSC Server 可以部分或全部升级为支持 ICS 功能的 EMSC，即 mAGCF。

(3) 核心层

- 部署融合 HSS/HLR、HLR 和 SAE - HSS 共享 FE，IMS - HSS 单独 FE，FE 之间通过内部接口交互，对外以融合形态提供服务。
- MSOFTX 3000 可兼作 MGCF、SRVCC IWF、CSFB IWF、IM - SSF 和 Anchor AS。SRVCC IWF 提供 SRVCC/eSRVCC 切换功能，CSFB IWF 提供 CSFB 手机接入功能，IM - SSF 提供 CS 智能业务继承功能，Anchor AS 提供 VoLTE 用户锚定功能。

(4) 业务层

- CTAS 兼作 MMTel AS、SCC AS 和 IP - SM - GW。MMTel AS 提供多媒体电话基本业务及补充业务，SCC AS 提供 VoLTE 用户的业务集中性及业务连续性功能，IP - SM - GW 提供 IP 短消息业务。
- 部署 RCS AS 为 LTE 用户提供 RCS 业务。

(5) OSS/BSS 层

该层提供业务发放、计费和网管功能。

3.1.2 逻辑接口与协议介绍——标准对齐，通信无误

以手机充电器为例，10 多年前各个手机厂家都有自己的充电器接口，不同厂家间的接口不同，充电器也不通用，造成了使用不便与资源浪费。之后随着安卓产业链的不断完善，逐渐形成了通用的 Mirc USB 接口作为手机充电接口。

VoLTE 解决方案也是如此，不同的网元间如需互相通信，首先要保证接口统一，标准统一。VoLTE 端到端主要逻辑接口如图 3-2 所示。

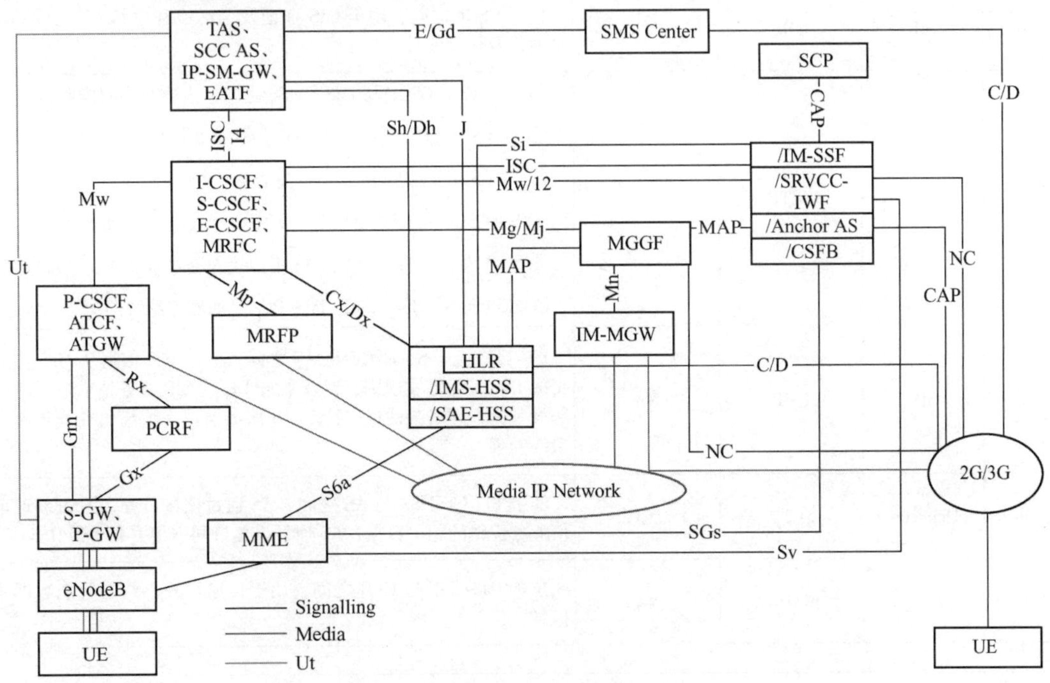

图 3-2 VoLTE 端到端主要逻辑接口

各通信接口的位置与作用见表3-1。

表3-1　各通信接口的位置与作用

接口	应用层协议	传输层协议（推荐）	传输层协议（可选）	位置与作用
Sv	GTPV2-C	UDP	NA	位于MME与SRVCC IWF之间，用于支持SRVCC、eSRVCC切换
SGs	SGsAP	SCTP	NA	位于MME与CSFB PROXY之间，用于支持EPC和CS域之间的移动性管理和语音业务寻呼功能。此外，SGs接口还可用于支持用户短消息业务的传递
Rx	Diameter	TCP	SCTP	位于P-CSCF（AF）与PCRF之间，用于传递会话信息
Gx	Diameter	TCP	SCTP	位于PCRF与P-GW（PCEF）之间，用于传递策略控制信息
S9	Diameter	TCP	SCTP	位于H-PCRF与V-PCRF之间，用于支持漫游场景下的策略控制
I2	SIP	UDP	NA	位于EMSC与S-CSCF之间，用于支持ICS用户接入IMS，以及SRVCC切换过程中的业务连续性
				位于SRVCC IWF与ATCF之间，用于支持eSRVCC切换
E/Gd	MAP	M3UA	NA	位于IP-SM-GW与SMSC之间，用于支持短消息互通
J	MAP	M3UA	NA	位于IP-SM-GW与HLR之间，用于转发终结短消息流程中的SRI消息
S6a	Diameter	TCP	SCTP	位于MME与SAE-HSS之间，用于传递用户信息
Mw	SIP	UDP	NA	位于CSCF之间，用于IMS登记及会话流程中CSCF之间的消息通信及代理前转
Cx	Diameter	SCTP	TCP	Cx接口位于CSCF与IMS-HSS之间，主要交互的信息如下： ① I-CSCF选择S-CSCF时所需的必要信息 ② I-CSCF到HSS的路由信息查询 ③ S-CSCF从HSS中获取有关漫游授权的相关信息 ④ S-CSCF从HSS下载IMS用户接入鉴权所需的安全参数 ⑤ HSS向S-CSCF传送IMS会话过滤器签约数据
ISC	SIP	UDP	NA	ISC接口位于S-CSCF与AS之间，S-CSCF依据从HSS中获得的IMS签约触发规则，以及来自UE的SIP业务请求进行业务触发判断，并将会话传向特定AS服务器以完成增值业务逻辑的最终处理
Sh	Diameter	SCTP	TCP	Sh接口位于HSS与AS之间，AS通过该接口查询HSS获取增值业务逻辑的相关数据，AS通过该接口同步相关数据到HSS
Si	MAP	M3UA	NA	位于IM-SSF与HLR之间，用于传递用户签约的智能数据等信息

（续）

接口	应用层协议	传输层协议（推荐）	传输层协议（可选）	位置与作用
CAP	CAMEL	M3UA	NA	位于 IM－SSF 与 SCP 之间，用于支持 CAMEL 智能业务消息交互
Mg	SIP	UDP	NA	Mg 接口位于 I－CSCF/S－CSCF 与 MGCF 之间，通过该接口 MGCF 可以将来自 CS 域的会话信令转发到 IMS 域
Mj	SIP	UDP	NA	Mj 接口位于 BGCF 与 MGCF 之间，其主要功能是在 IMS 网络和 PSTN/CS 域网络互通时，在 BGCF 和 MGCF 之间传递会话控制信令
Nc	BICC/ISUP	M3UA over SCTP	SCTP	Nc 接口位于 MGCF 与 MSC Server 之间，其主要功能是在 IMS 网络和 GSM/UMTS 网络互通时，在 MGCF 和 MSC Server 之间传递会话控制信令
C/D	MAP	M3UA	NA	位于 MSC Server 与 SMSC 之间，用于支持短消息接收/发送
SOAP	SOAP	TCP	NA	位于 SPG 与 ATS/RCS AS/HSS/ENUM 等网元之间，用于实现业务发放
DM	HTTP	TCP	NA	位于 UE 与 DM Server 之间，用于实现软终端自动升级、故障定位等管理功能
DS/Ut	HTTPS	TCP	NA	位于 UE 与 RCS AS 之间，用于实现网络地址本、Presence、IM 等业务发放

为保证不同接口间通信的规范，3GPP、IETF 等组织制定了相应的协议标准，涉及的主要协议规范见表 3-2。

表 3-2　协议规范

协　议	遵循的主要标准或规范
SGsAP	3GPP TS 23.272、3GPP TS 29.118
GTPv2－C	3GPP TS 29.274
SIP	IETF RFC3261 and extensions
SIP－I	ITU－T、Q.1912.5
Diameter	3GPP TS 32.299、TS29.214、TS29.229、TS29.329
	RFC3588
ENUM	IETF RFC3761
DNS	IETF RFC1034 and extensions
	3GPP TS29.303
H.248	IETF RFC3525 ITU－T H.248 3GPP TS 29.232 V4.7.0
BICC	3GPP TS 23.205 V4.6.0
	ITU－T，Q.1902
ISUP	ITU－T Q.761～Q.764、Q.730、ANSI t1.113－1995、GR－317－CORE、GR－394－CORE
CAMEL	3GPP TS 29.078 V4.7.0

（续）

协　　议	遵循的主要标准或规范
INAP	信息产业部、GF 017－1995、智能网应用规程（INAP）
	ITU－T Q. 1218
	ITU－T X. 208、X. 209
MAP	3GPP TS29. 002
FTP/SFTP	IETF，RFC0959、File Transfer Protocol（FTP）
	Secure Shell Protocol（SSH）
SOAP	W3C（World Wide Web Consortium）SOAP1. 2
HTTP	IETF、RFC 2616
CORBA	CORBA 2. 6 协议
SNMP、SSL、SSH、SFTP、FTPS	RFC 793 Telnet/TCP/IP 标准
	RFC 1155、RFC 1157、RFC 1213 SNMP V1 系列规范
	RFC 1905、RFC 1906、RFC 1907、RFC 1908 SNMP V2 系列规范
	RFC 2571、RFC 2572、RFC 2573、RFC 2574、RFC 2576、RFC 2578、RFC 2579 SNMP V3 系列规范
SMPP、CMPP、SMGP	SMPP 3. 4
	CMPP 3. 0
	SMGP 1. 3
	SMGP 2. 0
NTP	IETF RFC 1305

3.1.3　VoLTE 网元和设备介绍——从逻辑到硬件

逻辑结构与接口对应到各厂商设备，设备厂商都会集成于硬件设备当中。以某设备厂商为例，VoLTE 解决方案涉及的网元和设备见表 3-3。

表 3-3　VoLTE 关键网元和设备

所属层面	网元名称	产品名称	功 能 描 述
业务层（Application Server）	MMTel AS	ATS 9900	提供多媒体电话基本业务及补充业务
	IP－SM－GW	ATS 9900	提供 IMS 域和 CS 域用户之间的 SMS 互通能力
	SCC AS	ATS 9900	作为业务连续性的 AS，SCC－AS 主要实现以下功能：①提供接入域选择 T－ADS 的能力；②和其他网元配合保证切换即 SRVCC 和 eSRVCC 的业务连续性，以及同一用户不同终端之间的切换；③在 ICS 网络架构下，是 ICS 用户在 IMS 网络的代理
	RCS	RCS 9860	Prensence 提供联系人的在线状态通知业务
			Group 提供电话簿备份下载、群组及联系人管理等业务
			Message 提供即时消息（IM）、离线消息和短消息（SMS 与 MMS）等业务
	IM－SSF	MSOFTX 3000	IMS 利用现有智能业务设备，通过 IM－SSF 对接现网 SCP，从而为 VoLTE 用户提供智能业务

（续）

所属层面	网元名称	产品名称	功能描述
核心层（IMS Core）	A－BCF、A－BGF	SE 2600	部署在 IMS 核心网和 PS 接入网之间，主要功能有 SIP 代理、拓扑隐藏、NAT 穿越、安全保护
	ATCF、ATGW	SE 2600	部署 IMS 网络边缘，和 SCC AS 配合提供 eSRVCC 功能
	P－CSCF	SE 2600	位于拜访网络中，是 SIP 用户接入 IMS 网络的入口结点，主要负责信令和消息的代理
	I－CSCF	CSC 3300	位于归属网络中，是运营商归属 IMS 网络的统一初步入口点，负责用户注册的 S－CSCF 的指配和查询。类似于电信网络的关口局
	S－CSCF	CSC 3300	位于归属网络中，在整个 IMS 核心网的中心结点，主要用于用户的注册、鉴权控制、会话路由和业务触发控制，并维持会话状态信息
	BGCF	CSC 3300	是 IMS 域与外部 PSTN/PLMN 网络的分界点，用于互通时选择 MGCF
	E－CSCF	CSC 3300	根据用户所在的位置信息和用户呼叫的号码，查询所配置的紧急呼叫中心表，将紧急呼叫路由到离用户最近的紧急呼叫中心
	MRFC	CSC 3300	统筹管理媒体资源
	MRFP	MRP 6600	提供多媒体资源的承载功能，支持放音收号、多媒体播放、音频录制、音/视频会议、彩铃或彩影多媒体音/视频业务
核心层（CS）	MGCF	MSOFTX 300、UGC 3200	提供 IMS 域控制面网络与传统话音网络之间的互通。优先选择 MSX 做 MGCF，如果对于固定移动融合的网络，或者要提供基于 CCTF 的集中式 IMS 监听（默认情况下不提供监听配置），单独使用 MSX 无法满足要求的场景，则使用 MSX＋UGC 串联的方式
	IM－MGW	UMG 8900	提供语音业务承载转换、互通和业务流格式处理。另外，在使用 MSX＋UGC 串联的方式时，可以共享一个媒体网关
	IBCF、IBGF	MSoftX 3000、UMG 8900、SE 2600	提供 IMS 网间的信令面和媒体面互通能力。根据情况使用 MSoftX 3000、UMG 8900、SE 2600（可参考 One Network 解决方案的相关描述）
	SRVCC－IWF	MSoftX 3000	和 SCC AS 配合，提供 SRVCC 功能
	CSFB、CSFB Proxy	MSoftX 3000	为 LTE 用户提供回落到 CS 域提供语音业务
核心层（Converged SDB）	HSS	HSS 9820	存储用户签约信息和位置信息的用户数据库系统
	SLF	HSS 9820	提供用户定位功能。当 IMS 网络存在多个 HSS 设备，并且各 HSS 设备保存的开户用户有差异时，IMS 域内向 HSS 获取用户数据的网元（I－CSCF、S－CSCF、AS），在查询 HSS 前先用 SLF 定位已开户用户数据存储在哪个 HSS
	HLR	SAE－HSS 9820	提供用户数据管理、移动性管理，支持呼叫相关的处理、支持与 SCP 之间的 ATI 操作以及鉴权中心等功能
	SAE HSS	SAE－HSS 9820	存储 SAE 网络中用户所有与业务相关的数据，提供用户签约信息管理和用户位置管理
	DNS、ENUM	ENS	DNS 完成域名到 IP 地址的解析 ENUM 将 Tel URI 中的 E. 164 地址翻译成在 IMS 核心网中可路由的 SIP URI
核心层（EPC）	MME	USN 9810	是 EPC 网络的核心设备，提供了 MME（Mobility Management Entity）逻辑实体的功能
	S－GW、P－GW	UGW 9811	是 EPC 网络的核心设备，提供了服务网关（Serving Gateway）和 PDN 网关（Packet Data Network Gateway）逻辑实体的功能
	PCRF	UPCC	提供 QoS 策略和计费控制功能

（续）

所属层面	网元名称	产品名称	功 能 描 述
无线网络接入层	eNodeB	DBS 3900	向 UE 提供用户面（PDCP、RLC、MAC、PHY）和控制面（RRC）协议功能的实体
运营支撑（O&M）	EMS	U2000	作为 IMS 网元统一业务管理平台，完成 IMS 网元的管理
	CCF	iCG 9815	位于 IMS 网元与计费域之间，实现离线计费功能。将网元产生的原始话单转换生成最终话单
	SPG	SPG 2800	统一的业务发放接口网关
	DM Server	TMS 9950	提供终端管理功能，包括终端设备管理、数据配置、业务发放和升级等

3.2　第二招　分道扬镳——VoLTE 承载及 QoS 管理

VoLTE 业务作为一种实时业务，相比普通 PS 数据业务，对速率、丢包率、时延等有着其特殊的要求。如同城市道路划分非机动车道和机动车道一样，依据车型各行其道。VoLTE 在分配承载资源时，利用 QoS 策略实现了针对用户需求的合理分配。

3GPP 中的 QoS 协议规范如图 3-3 所示。

QCI	Resource Type	Priority	Packet Delay Budget (UE / P-GW)	Packet Error Loss Rate	Example of Services
1	GBR	2	100ms	10-2	Conversational Voice
2		4	150ms	10-3	Conversational Video (live streaming)
3		3	50ms	10-3	Real Time Gaming
4		5	300ms	10-6	Non-conversational Video (buffered streaming)
5	Non-GBR	1	100ms	10-6	IMS Signalling
6		6	300ms	10-6	Video (Buffered Streaming); TCP-based (e.g. www, e-mail, chat, ftp, p2p file sharing, progressive video, etc.)
7		7	**100ms**	**10-3**	**Voice, Video (Live Streaming), Interactive Gaming**
8		8	300ms	10-6	Video (Buffered Streaming); TCP-based (e.g. www, e-mail, chat, ftp, p2p file sharing, progressive video, etc.)
9		9			

图 3-3　QoS 协议规范

对于 VoLTE 业务而言，涉及的 QoS 架构如图 3-4 所示。

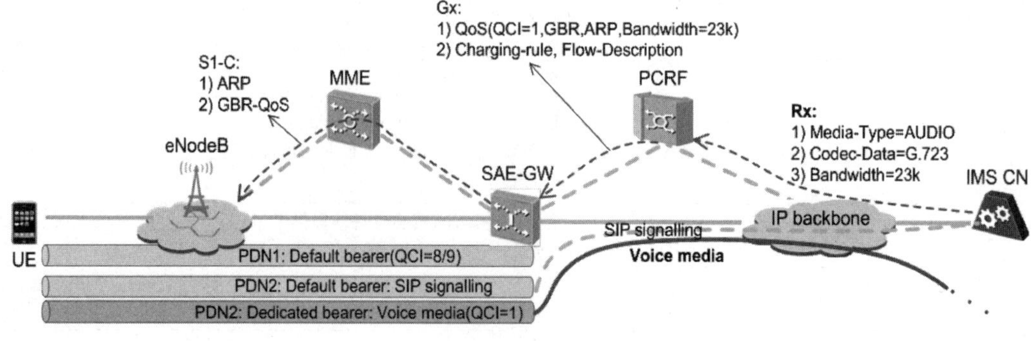

图 3-4　QoS 架构

一般而言，数据业务采用 QCI 8 或 QCI 9 承载，SIP 信令采用 QCI 5 承载，均为默认承载，是 PDN 建立时同步建立的，RRC 释放后保存在 MME 和 SGW 中，下一次 RRC 连接恢复时自动重建。

数据业务和 SIP 信令分别采用 QCI = 9 和 QCI = 5 的 Non - GBR 业务策略；而语音采用 QCI = 1 的 GBR 策略和专用承载，呼叫时由 P - CSCF 动态触发建立，这些 QoS 管理策略可以通过 QCI、ARP、GBR、MBR 等参数控制。对于一个 VoLTE 终端，其主要业务类型的承载及 QoS 保证策略如图 3-5 所示。

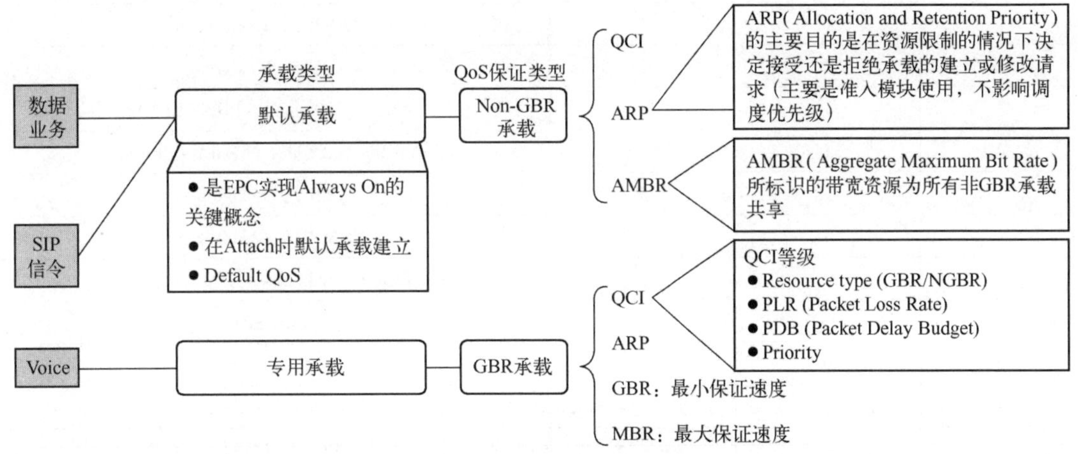

图 3-5　QOS 承载分类及属性

3.3　第三招　聚音成束——AMR 编解码基础

VoLTE 为实现高精语音业务采用 AMR（Adaptive Multi - Rate）编码，包括窄带 AMR 和宽带 AMR。

3.3.1　AMR 基础介绍——从窄带到宽带

AMR 是自适应多速率语音编码器，其基本原理是基于代数码激励线性预测（ACELP）的编码模式，编码端提取 ACELP 模型参数（线性预测系数、自适应码本和固定码本索引及增益），解码端接收到数据后根据这些参数重新合成语音。AMR 主要用于移动设备的音频，压缩比比较大，相对其他的压缩格式质量比较差，多用于人声通话，可以节省传输频带资源，保持线路通信的高效率。

AMR 分为两种，一种是 AMR - NB（AMR Narrow Band），语音带宽范围为 300 ~ 3400 Hz，采用 8 kHz 采样频率；另外一种是 AMR - WB（AMR Wide Band），语音带宽范围为 50 ~ 7000 Hz，采用 16 kHz 采样频率。考虑语音的短时相关性，每帧长度均为 20 ms，即 1 s 发送 50 个语音包。

AMR - NB 的采样频率为 8000 Hz、帧长为 20 ms，而一个包可以包含多个语音帧，但现在一般打包时长也是 20 ms，即最多也只包含一个语音帧（有可能一个包只包含一个静音帧）；AMR - NB 每帧进行 160 个采样（每个采样用 13 bit 表示），若编码速率为 12. 2 kbit/s，则帧长为 12. 2 kbit/s × 20 ms = 244 bit，即用 244 bit 来体现 160 × 13 bit 的信息，即 AMR 是有损压缩编解码。

AMR - NB 共有 16 种编码方式，见表 3-4。0 ~ 7 对应 8 种不同的编码方式，8 ~ 15 用于噪声或者保留用。

表 3-4 AMR - NB 编码方式

帧　类　型	模式标识	模式请求	帧　内　容
0	0	0	AMR 4，75 kbit/s
1	1	1	AMR 5，15 kbit/s
2	2	2	AMR 5，90 kbit/s
3	3	3	AMR 6，70 kbit/s（PDC - EFR）
4	4	4	AMR 7，40 kbit/s（TDMA - EFR）
5	5	5	AMR 7，95 kbit/s
6	6	6	AMR 10，2 kbit/s
7	7	7	AMR 12，2 kbit/s（GSM - EFR）
8	–	–	AMR SID
9	–	–	GSM - EFR SID
10	–	–	TDMA - EFR SID
11	–	–	PDC - EFR SID
12 ~ 14	–	–	For future use
15	–	–	No Data（No transmission/No reception）

AMR - WB 采样频率为 16 kHz，是一种同时被国际标准化组织 ITU - T 和 3GPP 采用的宽带语音编码标准，也称为 G722. 2 标准。AMR - WB 提供的语音带宽范围达到 50 ~ 7000 Hz，用户可主观感受到语音比以前更加自然、舒适和易于分辨。

AMR - WB 共有 16 种编码方式，见表 3-5。其中，0 ~ 8 对应 9 种不同的编码方式，9 代表静默帧（Comfort Noise Trame）。

表 3-5 AMR - WB 编码方式

帧　类　型	模式标识	模式请求	帧　内　容
0	0	0	AMR - WB 6. 60 kbit/s
1	1	1	AMR - WB 8. 85 kbit/s
2	2	2	AMR - WB 12. 65 kbit/s
3	3	3	AMR - WB 14. 25 kbit/s
4	4	4	AMR - WB 15. 85 kbit/s
5	5	5	AMR - WB 18. 25 kbit/s
6	6	6	AMR - WB 19. 85 kbit/s
7	7	7	AMR - WB 23. 05 kbit/s
8	8	8	AMR - WB 23. 85 kbit/s
9	–	–	AMR - WB SID（静默帧）

（续）

帧 类 型	模式标识	模式请求	帧 内 容
10 ~ 13	–	–	For future use
14	–	–	speech lost
15	–	–	No Data（No transmission/No reception）

3.3.2 AMR帧关键信元介绍——从基础到进阶

在VoLTE实际分析问题过程中，需要查看SIP信令中AMR协商相关字段等，因此了解AMR关键信元的含义和作用至关重要。

1）Octet – align：AMR分为Octet – aligned（字节对齐）模式和Bandwidth – efficient（带宽节省）模式。字节对齐模式指payloadheader、table of content和speech frame都是字节对齐的，目的是为了便于处理。带宽节省模式是指只有整个payload是字节对齐的，所以要省去一些填充字节的位。在SDP中，如果不携带Octet – aligned参数，或者携带Octet – align = 0，则表示带宽节省模式；如果携带Octet – align = 1，则表示字节对齐方式。

2）Mode – set ：支持的速率集合。速率集合是指支持AMR的那些速率模式（模式内容对应AMR报文的FT字段）。对于AMR，取值范围为0 ~ 7。SID（Silence IDicate，8）帧和No DATA（15）不包含于此，但也可以使用。对于AMRWB，取值范围为0 ~ 8，SID(9)、SPEECH_LOST(14)、No DATA(15)不包含于此，但也可以使用。

3）Mode – change – period：速率调整间隔，每隔多少个帧块后，允许（发送端的）编解码模式变化一次（这是对远端发送能力的一个限制协商，描述的是本端的接收能力），取值为1或者2，分别对应一帧和两帧。

4）Offer或Answer为GSM网络（FR AMR/HR AMR）：Mode – change – period = 2，只有Offer携带Mode – change – capability = 2或Mode – change – period = 1时，Answer才能携带mode – change – period = 2。

5）Mode – change – capability：该字段 = 1表示不支持和每两帧改变一次速率的终端互通。如果不带该字段，则视为 = 1。该字段 = 2表示终端可以支持和只能每两帧改变一次速率的终端互通。

6）速率切换能力指示：指示本端是否有能力控制编解码模式的变化（描述的是本端的发送能力），取值为1或2。取值为1时表示不限制切换间隔，取值为2时表示切换间隔必须为2。

7）Mode – change – neighbor：如果该值为1，则表示只能在相邻的速率上改变。例如，只能从4.75 ~ 5.15 kbit/s，而不能进行4.75 ~ 12.2 kbit/s的跳变。

8）Max – red：如果采取冗余模式，则发送方会发一个主帧，过一段时间再发一个冗余帧，该值是指这两个帧之间的时间间隔。

9）Channels：多通道语音，如同立体声，就是用多个通道来模拟不同方向上的声音，产生较好的自然音质。AMR可以在一帧数据包中携带多个通道的语音包，按顺序排列。通道数和排列顺序可以在SDP中指定。

10）Interleaving：在一个RTP包中可以存放多个AMR payload包，以提高传输效率（节省了包头）。然而，这样做的坏处是一旦丢包，则会丢几个连续的语音包，语音质量下降。Interleaving 就是连续的包交错放到不同的 RTP 包里，如 1、10、20、40 放到包 1，2、11、21、41 放到包 2，12、22、32、42 放到包 3。这样一个 RTP 包丢了，丢的就不是连续的包，对语音质量的影响有限。Interleaving 只在字节对齐模式下才能使用。

11）Ptime：打包时长，一般为 20 ms。

12）Maxptime：最大打包时长，时长为帧的整数倍，单位为 ms。如果该参数不携带，则认为可以支持任意打包时长。该参数与 Ptime 不同，Maxptime 是控制 RTP 包的最大帧数的，这里帧包括语音帧、静音帧及无数据帧（字节对齐交织方式会携带）。若 RTP 包包含多个通道数为 N，每个通道帧为 M，则 Maxptime 为 20 ms × N × M；Ptime 的含义是每隔多长时间进行打包，是每语音帧的整数倍，RTP 包含多个通道，由于打包时间点相同，因此和是否包含多个通道无关。Maxptime 不会影响网络的互通，但是会影响系统性能，Maxptime 越大，性能影响越大。

13）CRC：用于决定净荷是否进行 CRC 校验，一般为 1 表示需要，媒体流会携带校验位。

14）Robust - sorting：用于决定是否进行鲁棒排序。

3.4 第四招 有法可依——语音质量评价体系

语音质量与用户感知相关，相对其他指标，该指标主观性较强，难以量化，通过一代代通信人的不断探索，MOS 评价体系成为了广泛被认可的语音质量评价标准。

3.4.1 语音质量评价（MOS）——五级打分，主观变客观

语音的质量是影响服务质量最关键的因素。VoIP 业务在传输过程中，由于存在时延、抖动和丢包等，会影响到语音的质量。

语音质量主要通过 MOS（Mean Opinion Score）值来评价。MOS 是一种常用的主观评价标准，见表 3-6。ITU - T G. 107 给出的语音业务的 MOS 定义为五级，用户满意度和 MOS 等级的对应关系见语音质量等级表。对于不同的语音编码速率，在同样的时延和丢包率情况下，MOS 的值会有一定的差异。

表 3-6 MOS 主观评价标准

MOS	语音传输质量等级	用户满意度
4. 34	很好	非常满意
4. 03	好	满意
3. 6	一般	部分用户满意
3. 1	低	较多用户不满意
2. 58	差	几乎所有用户不满意

3.4.2 POLQA 算法简介——专为高清语音打造

传统 2G/3G MOS 评分主要采用 PESQ 算法。该算法对宽带支持较差，为满足 VoLTE 高清语音需要，ITU - T 12 小组在 2011 年 1 月发布了最新通信语音质量测试算法 P. 863 协议。P. 863 为客观语音质量评估标准（Perceptual Objective Listening Quality Analysis，POLQA），

支持窄带（300～3400 Hz）和超宽带（50～14000 Hz）语音质量的评估。

语音质量评估标准的演进如图 3-6 所示。

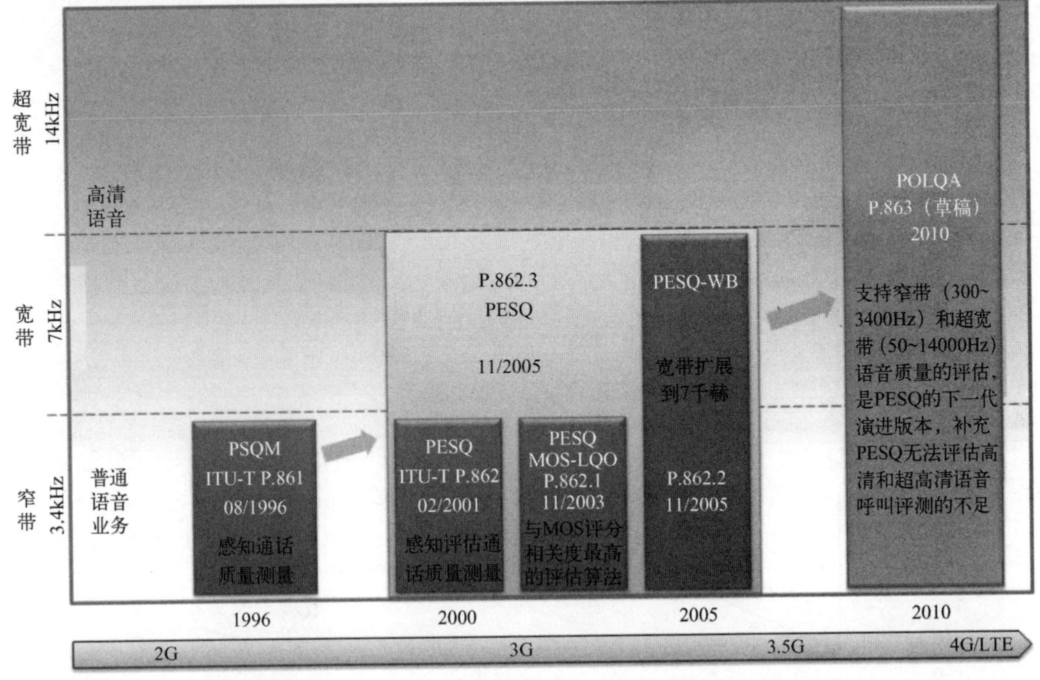

图 3-6　语音质量评估标准的演进

POLQA 的优势如下：

1）算法更先进，结果更精确等。

2）测试包语言更丰富，包含美式英语、英式英语、汉语（普通话）、捷克语、荷兰语、法语、德语、意大利语、日语、瑞典语、瑞士德语。

3）支持 50～14 000 Hz 的语音声波频率，囊括用户能察觉的声音，包含噪声。

使用宽带模式测试窄带语典型差异值，见表 3-7。宽带语音下 MOS 值最高为 4.75 分，窄带语音下 MOS 值最高为 4.5 分。

表 3-7　宽带模式测试窄带语典型差异值

MOS 分值	MOS－LQ 宽带（50～14 000 Hz）/分	MOS－LQ 窄带（300～3400 Hz）/分
透传 50～14 000 Hz 或者更宽	4.8	–
透传 50～7000 Hz（“旧”宽带）	4.5	–
AMR－WB 12.65 kbit/s（50～7000 Hz）	4	–
透传 300～3400 Hz（“POTS”）	3.8	4.5
G.711（A－Law 标准 PCM）	3.7	4.3
EFR/AMR－FR 12.2 kbit/s	3.6	4.1
EVRC 9.5 kbit/s	3.4	3.9
EVRC－B 9.5 kbit/s	3.5	4
AMR－HR 7.95 kbit/s	3.4	3.8

建模算法分为时间域及频率域、时间域分细片时间对齐、频率域记录频率密度、综合卷积与源文件比较，如图 3-7 所示。

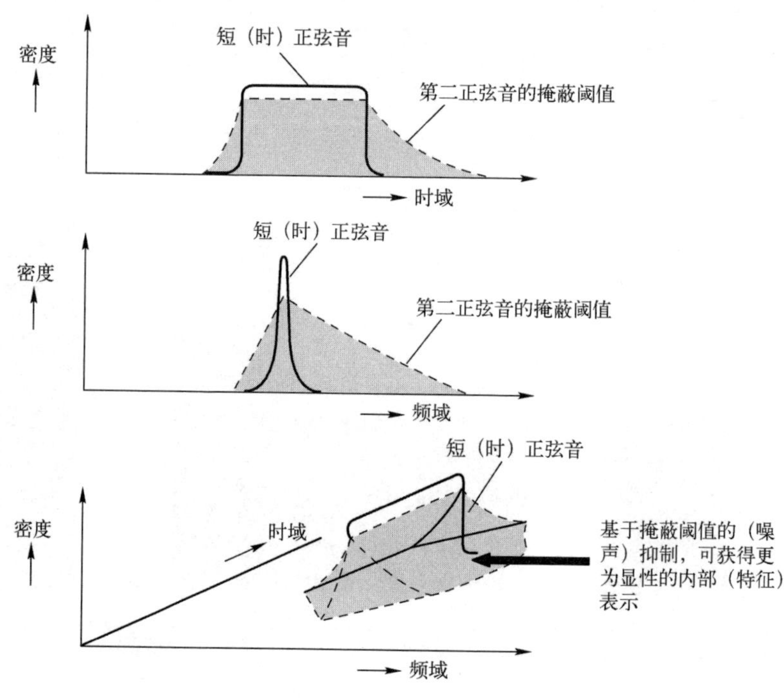

图 3-7　建模算法原理

POLQA 是一种评估高清语音的标准。高清语音（High - Definition Voice，HD Voice）是指在通信领域使用宽带编解码技术给用户提供一种更易识别、更高体验满意度的语音业务。在移动语音领域，高清语音又称为宽带语音。高清语音使用更高的采样率，使得用户容易识别一些没有发出音的辅音，如“ss”“f”“sh”等，同时也减少噪声的影响，使得语音富有立体感，长时间通话或语音会议更令人舒适，不像窄带那么单调。语音质量评估表见表 3-8。

表 3-8　语音质量评估表

MOD 分值	POLQA SWB/分	PESQ WB P. 862. 2/分	POLQA NB/分	PESQ NB P. 862. 1/分
14 kHz 16 bit Linear	4. 75			
7 kHz 16 bit Linear	4. 5	4. 6		
AMR - WB	4	3. 6		
3. 4 kHz 16 bit Linear	3. 8	3. 6	4. 5	4. 5
G. 711	3. 7		4. 3	4. 5
EFR/AMR - FR 12. 2 kbit/s	3. 6		4. 1	4. 1
EVRC 9. 5 kbit/s	3. 4		3. 9	3. 7
EVRC - B 9. 5 kbit/s	3. 5		4	3. 8
AMR - HR 7. 95 kbit/s	3. 4		3. 8	3. 6

3.5　第五招　五大绝技——VoLTE 关键技术

3.5.1　半静态调度——化繁为简，无为而治

VoIP 业务的业务状态包括通话期和静默期（SilentPeriod）。通话期与静默期的语音编码速率和静默周期不同，如图 3-8 所示。为了减小处理小包业务时的 L1/L2 控制信令开销，对于 VoIP 业务的通话期做半静态调度。

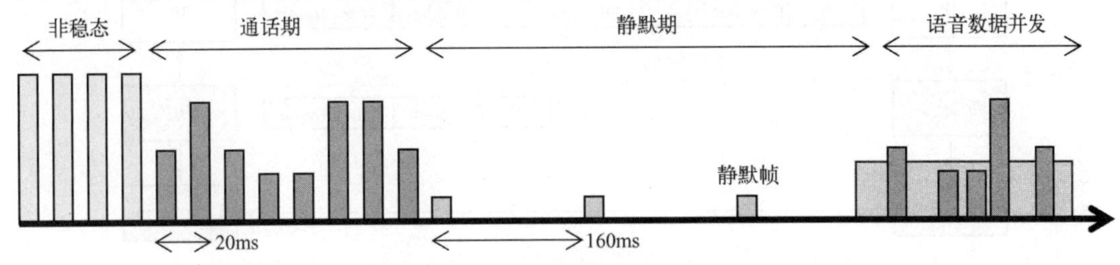

图 3-8　语音业务周期的状态示意图

当系统检测到业务状态是通话帧期时，以 20 ms 进行一次 UE 调度，期间 MCS（最高限制为 15 阶）、RB 资源、传输模式都保持不变，资源固定分配给该用户；静默期采用动态调度。

目前只针对 QCI 为 1 的 VoIP 业务进行半静态调度；在 1.4 MHz 带宽的高铁系统、混合业务及紧急呼叫场景，VoIP 业务采用动态调度。

当采用半静态调度的 UE 不满足半静态调度的条件时，需要转换为动态调度，如静默期、半静态调度期间的大包以及信令、HARQ 重传数据。

3.5.2　头压缩 RoHC——压缩开销，高效传输

语音、视频、游戏等业务的分组报文的报头太长，往往等于甚至大于净荷。在报文的报头中，很多字段的作用是确保端到端连接的正确性。对于某一段链路来说，不起具体作用，且每个报文中都相同的冗余内容可以不用每次发送，而采取在链路的另一段进行还原的办法。因此，VoLTE 采用头压缩功能，以减少开销，节省带宽资源。

RoHC 的压缩效率是变化的，根据 RoHC 工作模式以及应用层报文头动态域的变化规律不同，RoHC 压缩的报文大小不同。最高可以将报文头压缩到 1 B，有效地减小 VoIP 报文大小和调度所需的 RB 资源。RoHC 技术原理如图 3-9 所示。

LTE 系统中的 RoHC 功能实体位于 UE 和 eNodeB（简称 eNB）的用户面 PDCP（Packet Data ConvergenceProtocol）实体中，仅用于用户面数据报的头压缩和解压。压缩方对报文头进行压缩，并传递头部压缩信息给解压方；解压方通过上下文来确保头压缩报文能够被正确解压。

对于 IPv4：AMR12.2k 语音编码速率，净荷为 263 bit（即 33 B），考虑 RoHC 头压缩，共 39 B，考虑 PDCP、RLC 和 MAC 头开销后，共 43 B（即 344 bit）。不考虑 RoHC 头压缩，应用层 RTP 开销占 12 B，UDP 头开销占 8 B，IP 层的 IP 头开销占 20 B，头部共 40 B，加上净荷及空口头部共 77 B，RoHC 节省了约 34 B。

对于 IPv6：IPv6 不包含 IP 标识字段（IPv4 该字段可以程序自定义），实际上压缩优于 IPv4。IP 头部约为 60 B，RoHC 压缩后约为 4 B，节省资源更大。

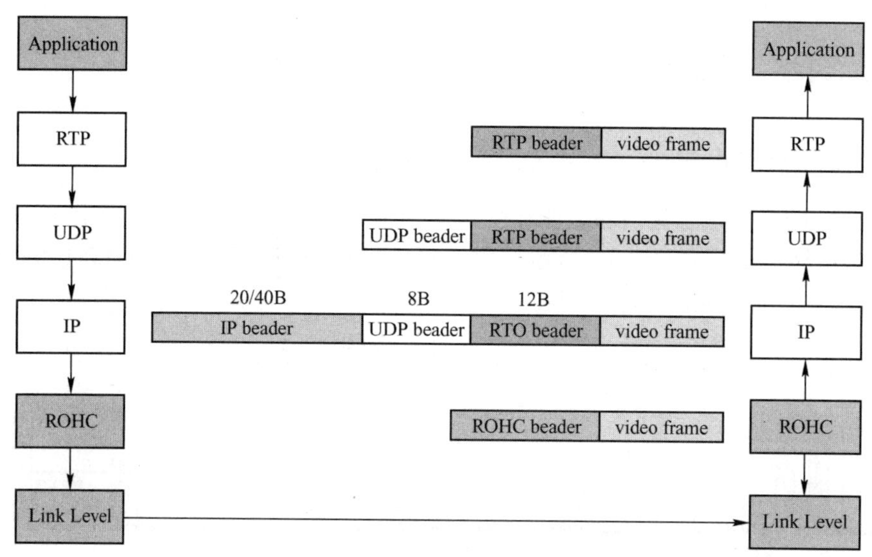

图 3-9 RoHC 技术原理

3.5.3 TTI Bundling——多 TTI 捆绑，容量换质量

TTI Bundling 是一项上行覆盖增强技术。当基站检测到 SINR 低于一定门限时，UE 会在连续多个 TTI（协议规定为 4 个）上传输固定数目的数据，不需要等待 HARQ 进程，从而降低了分片带来的系统头开销和丢包出错的概率。

TTI Bundling 本质上是一种时间分集技术，重复发射 4 份同样的数据，增强接收机的可靠性，所以理论上能够获得 6 dB 的增益。HARQ 进程也采用 TTI Bundling，理论上获得 6 dB 的增益。实际上，受到无线环境的影响，在 eTU3 信道下，仿真输出的增益为 3 ~ 4 dB。TTI Bunding 工作原理示意图如图 3-10 所示。

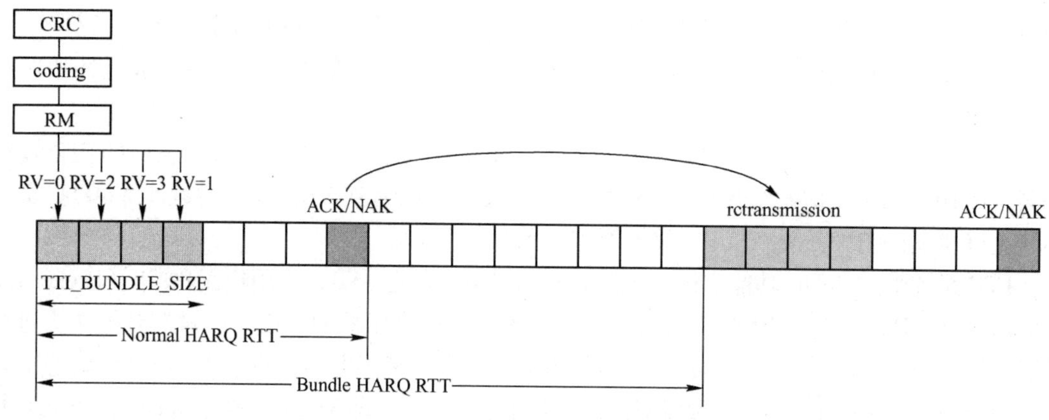

图 3-10 TTI Bundling 工作原理示意图

协议规定，只有配比 0、1、6 支持 TTI Bundling，其他配比的上行子帧数太少，不适合做绑定处理。协议还限制 TTI Bundling Size = 4（36.321）；每个 TB 最大占用 RB 数为 3，MCS 最大选用 10（36.213）。

当前中国移动 F 频段和 D 频段的配置均设置为 3:1，因此无法使用 TTI Bundling 提升 VoLTE 业务的覆盖。

3.5.4 RLC 分片——大包拆小，便于传输

RLC 层会根据底层上报信息（如 UE 所分配的无线资源的数据承载能力），对 PDCP PDU 进行分段，形成比较小的 RLC PDU，以适应所分配的无线资源的大小，从而减小数据包的大小，提高接收端的可靠性（等效于增强覆盖）。RLC 层工作原理示意图如图 3-11 所示。

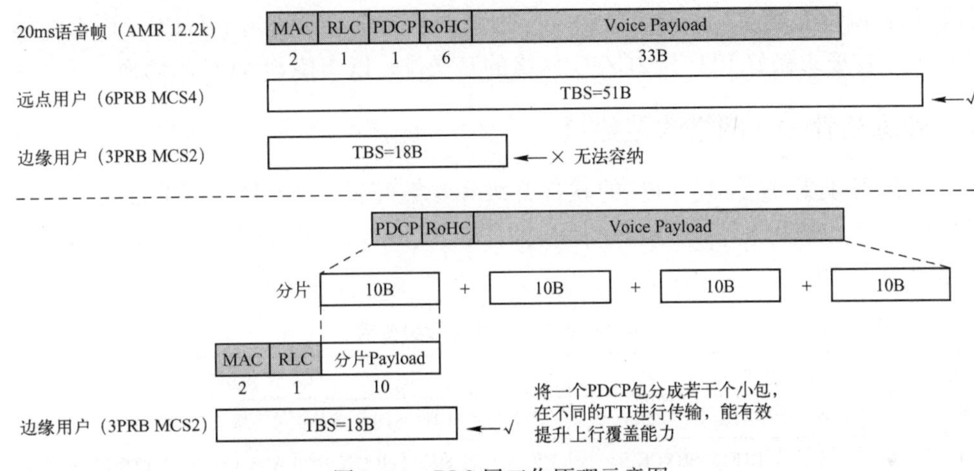

图 3-11 RLC 层工作原理示意图

RLC 分片对数据业务传输的影响如下：开销增大导致占用资源变多，接入用户数变小；HARQ 反馈错误造成丢包率变高；ACK/NACK 反馈增多，ACK/NACK 本身出错的概率会增大，导致丢包率变高。

3.5.5 DRX——周期休眠，提高终端续航

DRX 的典型应用场景为周期性连续小包业务，如 VoIP 业务（QCI=1），在不发送数据的时间段内可以使用户进入休眠期，达到省电的目的。FDD LTE 的 VoLTE 省电率约 30%；TDD DRX 节能效果应该略差于 FDD，因为 OD 和 IA 的实际持续时间会长于 FDD，TDD 实际节能效果待测试。

3.6 第六招 非你莫属——VoLTE 部署要求及建议

VoLTE 高清语音与 2G/3G 传统语音相比有着明显的优势，但部署 VoLTE 对网络也有较高的要求。

3.6.1 打牢根基——覆盖要求

覆盖是网络的基础，用户对语音业务的体验非常敏感，断续、掉话均可能引发用户的投诉。因此，部署 VoLTE 业务要求网络覆盖良好。

网络覆盖跟频段、上下行时隙配比、基站天线数、天线增益、语音编码等密切相关。不

同的场景，覆盖要求不同。

以中国移动场景为例，覆盖标准见表3-9。

表3-9　不同频段覆盖标准

覆盖指标（95%概率）			
RSRP门限/dBm		RS-SINR门限/dB	
F频段	D频段	F频段	D频段
-100	-98	-3	-3

如果LTE网络无法满足连续覆盖和深度覆盖要求，则必须部署SRVCC，以保持语音通话的连续性。这要求做好LTE与2G/3G网络的互操作，以支持SRVCC的切换。

3.6.2　外练筋骨——网络改造建议

VoLTE部署涉及eNodeB、EPC的软件升级和参数配置，IMS核心网的部署，以及EPC相关功能的部署。如果部署eSRVCC，则可能还涉及2G BSC和MSC的软件升级。不同网元部署要求见表3-10。

表3-10　不同网元部署要求

网元	功能要求	改造需求
UE	R10或以上版本，支持eSRVCC	新发放VoLTE终端，或者软件升级支持
eNB	支持VoLTE、eSRVCC	软件升级支持（eRAN7.0/eRAN8.0），配置切换门限、2G邻区
MME	支持VoLTE、eSRVCC	软件升级支持，配置参数
2G BSC	支持eSRVCC	软件升级支持，配置SRVCC的SAI
MSC	支持eSRVCC	软件升级支持，配置参数
IMS	支持VoLTE、eSRVCC	部署VoLTE业务时新建

3.6.3　内修心法——无线相关功能特性部署建议

部署VoLTE业务，需要开启相关功能特性（见表3-11），提升用户的感知。

表3-11　无线相关特性部署建议

特性功能	功能简介	部署建议
VoLTE	LTE网络进行语音业务的基本功能	开启
eSRVCC	语音业务切换到2G/3G网络，保证语音业务的连续性	在4G网络未达到语音业务连续覆盖要求或深度覆盖要求时开启
RoHC	空口压缩语音包IP包头，减小语音包大小，提升系统容量和覆盖	开启
半静态调度	通话期间使用固定的调度信息，节省PDCCH资源，提升系统容量	暂不开启，建议主流终端完成IOT，并确保相关功能没有问题后开启
准入负载控制	当无线网络中现有业务满意度低时，通过拒绝新业务的接入，保证接入业务的稳定性和用户感受	开启

第四式　通话不中断法宝 eSRVCC

在4G部署初级阶段，基站密度还无法达到传统GSM网络的基站覆盖程度，势必会给VoLTE用户的通话带来致命的影响。3GPP R8中提出了基于SRVCC的VoLTE语音方案神器，使LTE覆盖边界的语音用户可享受持续、无缝的语音服务。

4.1　第一招　唯有繁华落尽——摸清网络架构

运营商从GSM/TDS网络升级到LTE网络初期，一般是对LTE做热点覆盖，部分区域LTE网络覆盖不足。在用户在使用LTE网络进行VoLTE语音通话的过程中，随着用户的移动，正在进行的语音业务会面临离开LTE覆盖范围后语音能否连续的问题。

SRVCC（Single Radio Voice Call Continuity）是3GPP提出的一种VoLTE语音业务连续性方案，主要用于解决LTE网络部署初期语音业务存在的问题。当Single Radio用户（该类用户同一时刻只能接入一个网络）在语音通话过程中从E-UTRAN（Evolved Universal Terrestrial Radio Access Network）漫游到UTRAN（UMTS Terrestrial Radio Access Network）/GERAN（GSM EDGE Radio Access Network）时，SRVCC能将通话路由从E-UTRAN切换到UTRAN/GERAN，保持用户的语音通话体验不中断。

SRVCC在3GPP R8中首次定义，并在3GPP R10增强为eSRVCC（enhanced SRVCC）。在SRVCC方案中，由于需要在IMS网络中创建新承载，因此很容易导致切换时延高于300 ms，影响终端用户体验。而eSRVCC方案相对于SRVCC方案的增强在于减少了切换时延（切换时长小于300 ms），可以使用户获得更好的通话体验。SRVCC和eSRVCC的实现原理如图4-1所示。

- SRVCC：媒体的切换点是对端网络设备（如对端UE），影响切换时长的主要因素是会话切换后需要在IMS网络中创建新的承载。
- eSRVCC：相比于SRVCC，eSRVCC的媒体切换点改为更靠近本端的设备。具体方案就是增加ATCF/ATGW功能实体作为媒体锚定点，无论是切换前，还是切换后的会话消息都要经过ATCF（Access Transfer Control Function）/ATGW（Access Transfer Gateway）转发。后续再发生eSRVCC切换时，只需要创建UE与ATGW之间的承载通道，对端设备与ATGW之间的媒体流还是通过原承载通道传输。这样其创建新承载通道的消息交互路径明显短于SRVCC方案，减少了切换时长。

在LTE覆盖范围内通过IMS提供VoIP语音，IMS提供呼叫控制及后续的切换控制。在用户通话过程中移出LTE覆盖范围时，IMS作为控制点与CS域交互，将原有通话切换到CS域，保证语音业务的连续性。eSRVCC典型组网架构如图4-2所示。

eSRVCC部署后，关键接口/网元及其功能描述见表4-1。

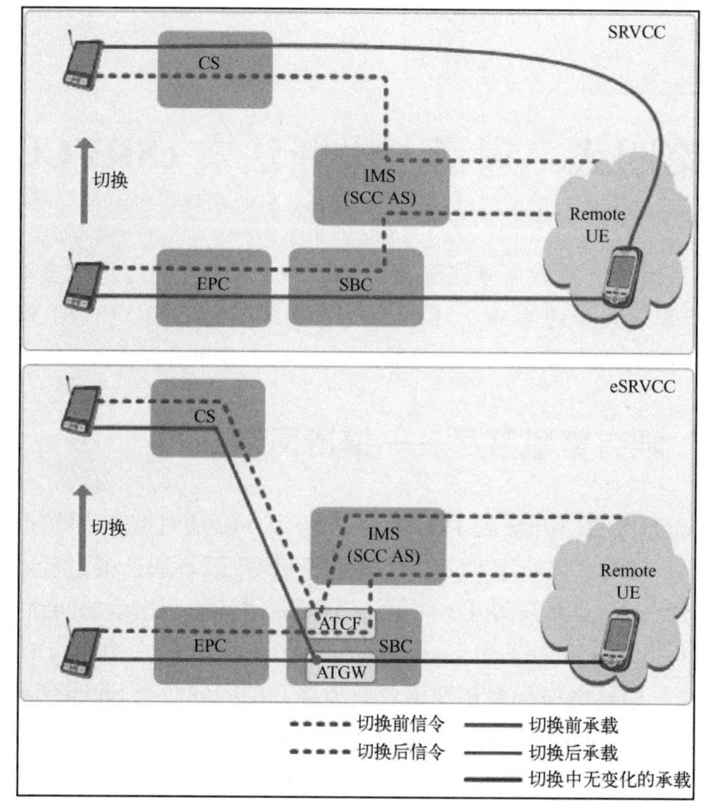

图 4-1 SRVCC 和 eSRVCC 的实现原理

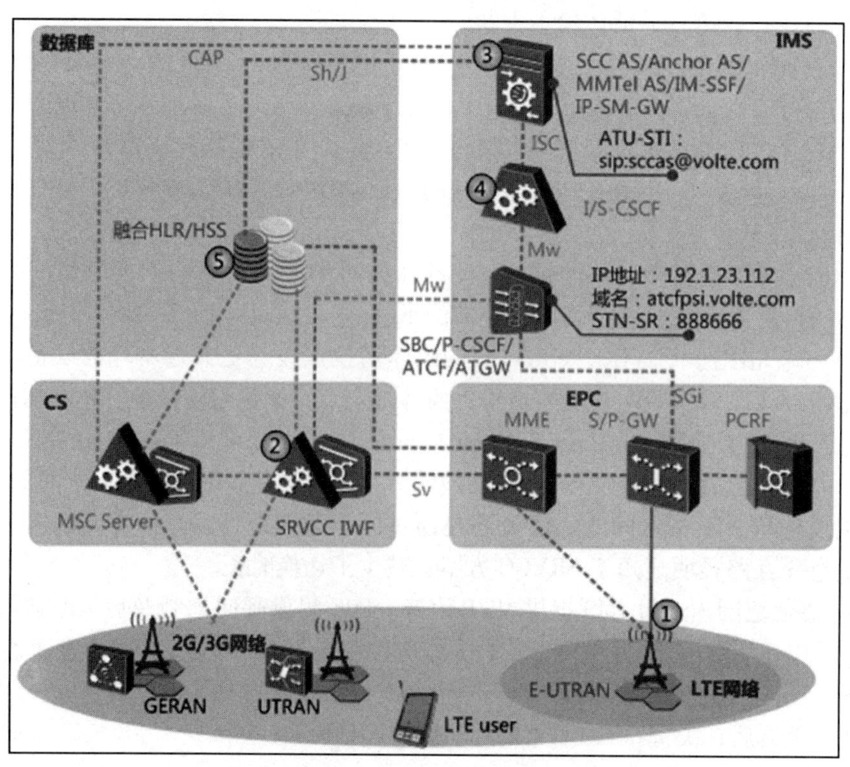

图 4-2 eSRVCC 典型组网架构

表 4-1　eSRVCC 关键接口/网元及其功能描述

接口/网元	功能描述
Sv 接口	MME 和 SRVCC MSC 之间的接口，提供 SRVCC 功能
ATCF	ATCF 是切换前后信令的锚点。为了减小时延，ATCF 功能一定部署在服务网络（对于漫游用户来说，拜访网络为服务网络），这样 MSC 能尽量靠近 ATCF，避免了 MSC 到 ATCF 的信令路由时间过长
ATGW	ATGW 是切换前后 VoIP 媒体的锚点。因为切换后该 ATGW 锚点不变，所以不需要做会话转换，由此带来的中断时间就可以避免
E - UTRAN	无线侧流程和 PS 切换类似。E - UTRAN 需要在切换中告知 MME 相应的 SRVCC 指示信息，包括邻区是否支持 SRVCC、是否支持 CS 和 PS 并发切换
UTRAN/GERAN	对于 CS Only 的 SRVCC，UTRAN/GERAN 只需要支持 CS 切入即可 对于 CS 和 PS 并发切换的 SRVCC，UTRAN/GERAN 需要支持 CS 和 PS 并发切入
MME	将语音承载和非语音承载进行剥离，语音承载向 MSC 完成 CS 切换流程，非语音承载向 SGSN 完成 PS 切换流程 如果是紧急呼叫，通过 Sv 接口触发紧急呼叫 SRVCC 流程，同时携带紧急呼叫标识 根据 DNS（Domain Name Server）流程或者本地配置选择支持 SRVCC 的增强 MSC
MSC	处理 CS 切换和会话转换流程
SGSN	如果 SRVCC 中并发数据业务，则处理数据业务的 PS 切换流程
P - CSCF	是 IMS 中与用户的第一个连接点，提供代理（Proxy）功能，即接受业务请求并转发它们，但不能修改 INVITE 消息中的 Request URI 字段；P - CSCF 也可提供用户代理（UA）功能，即在异常情况下中断和独立产生 SIP 会话
S - CSCF	在 IMS 核心网中处于核心的控制地位，负责对 UE 的注册鉴权和会话控制，执行针对主叫端及被叫端 IMS 用户的基本会话路由功能，并根据用户签约的 IMS 触发规则，在条件满足时进行到 AS 的增值业务路由触发及业务控制交互
I - CSCF	提供本域用户服务结点分配、路由查询以及 IMS 域间拓扑隐藏功能
MGCF	提供 IMS 域控制面网络与传统语音网络之间的互通
SCC AS	保证 LTE 中 VoIP 用户的业务集中与业务连续性

4.2　第二招　脉络清晰可见——熟悉切换流程

eSRVCC 切换按照场景可分为单路会话切换、多路会话切换、会议切换。由于多路会话切换，仅涉及 IST 子流程，因此切换成功或失败都不会影响 SRVCC IWF 上统计的 eS-RVCC 切换成功率。本节仅描述单路会话切换的流程。

（1）eSRVCC 切换典型流程（见图 4-3）

① UE_A 测量到邻区的 2G/3G 网络信号强度满足门限后，向 E - UTRAN 上报系统测量报告。

② E - UTRAN 经过判断决定切换后，向 MME 发送切换请求 Handover Required 消息，携带待切换的小区号码。

③ MME 向 UE_A 当前所在小区的 SRVCC IWF 发起 eSRVCC 切换请求 PS toCS Request 消息，携带 STN - SR 和 C - MSISDN 号码。

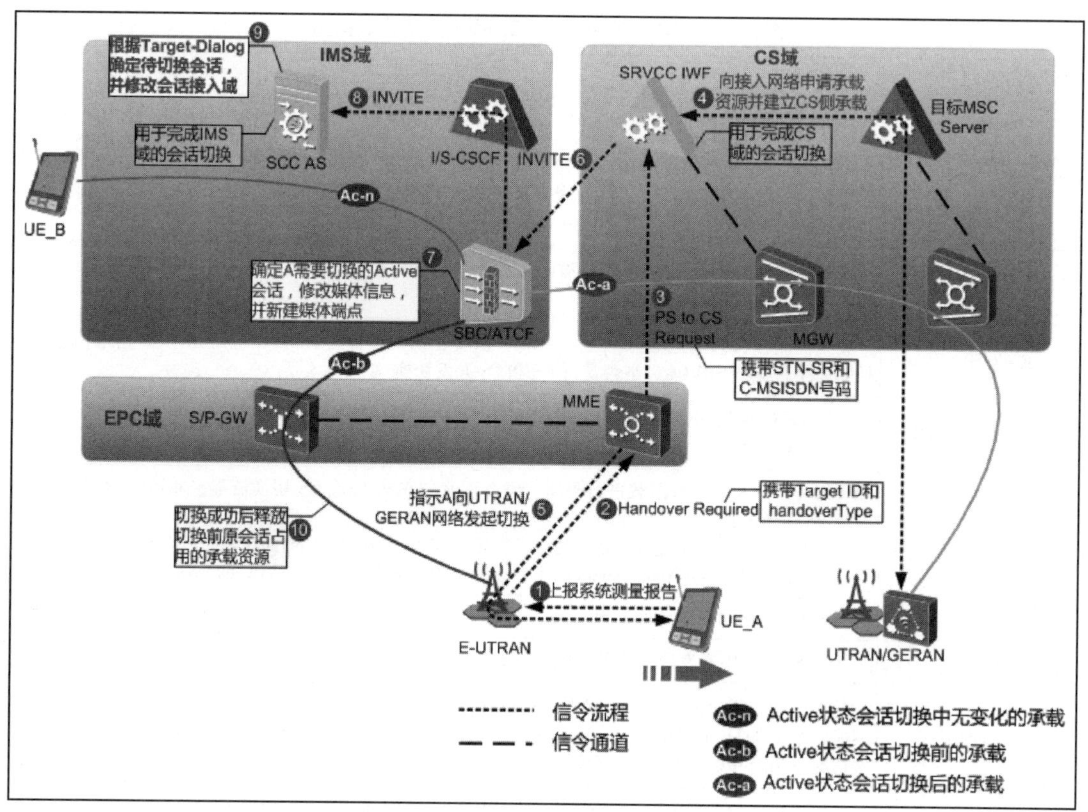

图 4-3　eSRVCC 切换典型流程

④和⑤ SRVCC IWF 向待接入网络申请承载资源并建立 CS 侧承载，待建立完成后，SRVCC IWF 向 MME 返回切换响应消息，通知手机可以接入到 UTRAN 网络。

⑥ MME_A 向 UE_A 发送 Handover Command 消息，指示 UE_A 向 2G/3G 发起切换。SRVCC IWF 根据 STN - SR 向 SBC/ATCF 发送 INVITE 切换请求，携带媒体信息。

⑦和⑧ SBC/ATCF 确认切换的是 ACTIVE 会话后，更新 CS 侧的媒体信息。

⑨ SBC/ATCF 根据待切换会话关联的 ATU - STI，向 SCC AS_A 发送 INVITE 消息，请求 eSRVCC 切换。SCC AS_A 收到 INVITE 消息后，通过其中 Target - Dialog 头域的原会话 Call - ID 确定待切换的会话后，修改该会话的接入域，表明用户已从 CS 域接入，便于后续业务进行域选择，并返回 200 OK 消息。

⑩ 切换成功后，SBC/ATCF 释放切换前原会话占用的承载资源。

（2）eSRVCC 切换关键信令（见图 4-4）

① eNodeB 触发 SRVCC 流程后，向 UE 下发异系统测量控制。

② UE 回复 eNodeB 响应消息。

③ UE 测量到邻区满足门限后触发测量上报。

④ eNodeB 做出切换判决后，向 MME 发送 Handover Required 消息，并标识这是个 SRVCC 的切换。

⑤ MME 将语音承载和其他承载分离后，向 SRVCC MSC 以及目标 SGSN 分别发送 Relocation Request 消息。

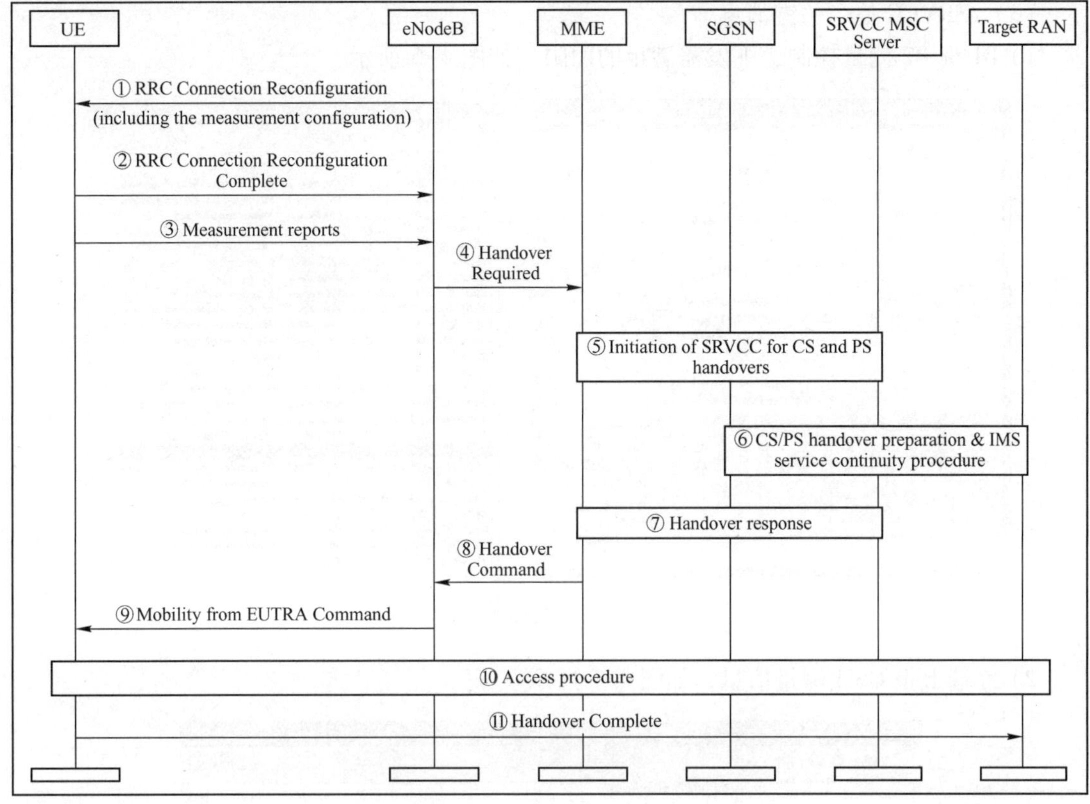

图 4-4　eSRVCC 切换关键信令

⑥ SRVCC MSC 收到 Relocation Request 后，根据里面携带的目标小区 ID 找到目标 MSC，然后 SRVCC MSC 和目标 MSC 间执行 MSC 间的切换过程，目标 MSC 向 RNC/BSC 发送切换准备指示，RNC/BSC 准备好资源后返回到目标 MSC。目标 SGSN 进行 PS 业务的切换准备流程和异系统 PS 切换一样。IMS 内完成媒体面的转换。

🕮说明：

若 eNodeB 发给 MME 的 SRVCC HO Indication 信元为 CS Only，则 MME 只会发起向 MSC 的切换准备流程，不会发起到 SGSN 的切换准备流程。若 eNodeB 发给 MME 的 SRVCC HO Indication 信元为 PS and CS，则 MME 会同时向 MSC 和 SGSN 发起切换准备流程。

若执行 CS Only 的 SRVCC 流程，对于切换目标是 UTRAN 制式来说，用户的 PS 数据业务在 UTRAN 通过 RAU（Routing Area Update）流程恢复；对于切换目标是 GERAN 制式来说，取决于 UE 和 BSC 是否支持 DTM（Dual Transfer Mode），如果都支持，则用户的 PS 数据业务在 GERAN 通过 RAU 流程恢复，如果其中有一个不支持，则用户的 PS 数据业务被挂起。

⑦ MME 收到目标 MSC 或者目标 SGSN 的切换准备完成响应。

⑧ MME 下发切换命令给 eNodeB。

⑨ eNodeB 下发切换命令给 UE。

⑩ UE 收到切换命令后，接入目标网络。

⑪ UE 完成语音的 SRVCC 切换。

（3）eSRVCC 信令关键消息

1）B1 or B2 测量控制，下发需满足的门限，如图 4-5 所示

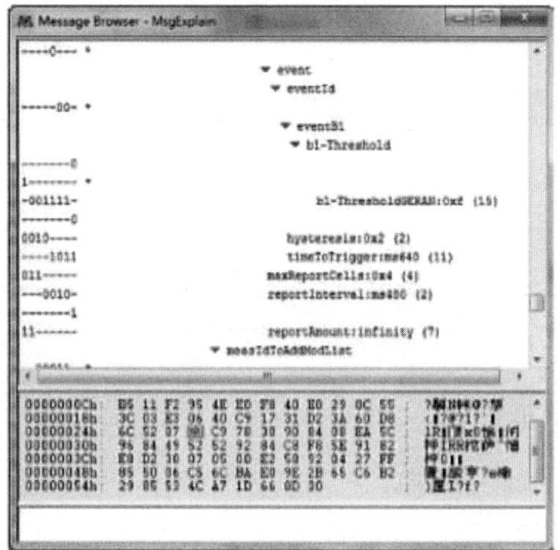

图 4-5　测量控制消息

2）终端上报 GSM 测量信息，如图 4-6 所示。

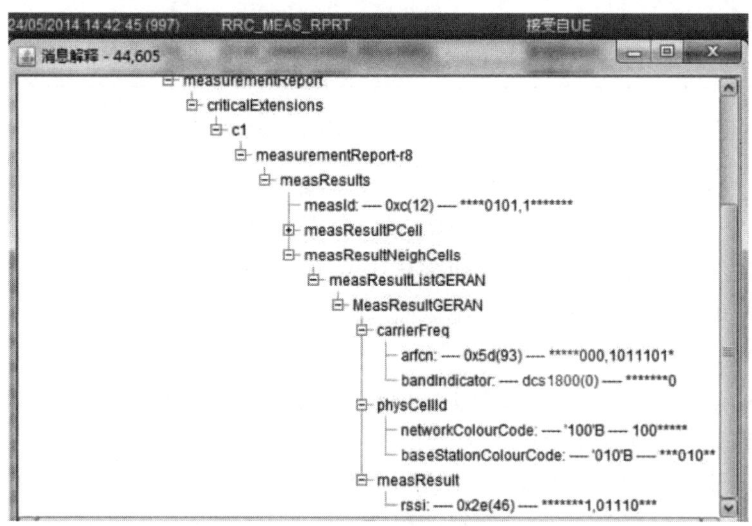

图 4-6　测量报告

3）ENODEB 向 MME 发送切换请求，包含切换类型、目标小区、SRVCC 指示，如图 4-7 所示。

4）切换命令下发，如图 4-8 所示。

5）承载释放，如图 4-9 所示。

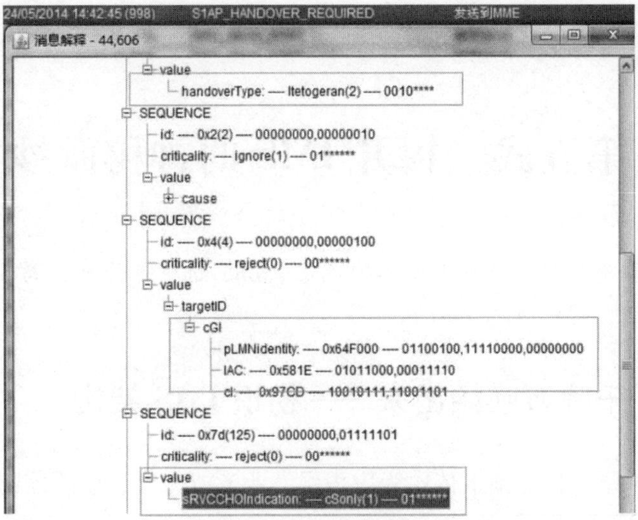

24/05/2014 14:42:45 (998) S1AP_HANDOVER_REQUIRED 发送到MME
消息解释 - 44,606
value
handoverType: ---- ltetogeran(2) ---- 0010****
SEQUENCE
id: ---- 0x2(2) ---- 00000000,00000010
criticality: ---- ignore(1) ---- 01******
value
cause
SEQUENCE
id: ---- 0x4(4) ---- 00000000,00000100
criticality: ---- reject(0) ---- 00******
value
targetID
cGI
pLMNidentity: ---- 0x64F000 ---- 01100100,11110000,00000000
lAC: ---- 0x581E ---- 01011000,00011110
cI: ---- 0x97CD ---- 10010111,11001101
SEQUENCE
id: ---- 0x7d(125) ---- 00000000,01111101
criticality: ---- reject(0) ---- 00******
value
sRVCCHOIndication: ---- cSonly(1) ---- 01******

图 4-7　切换请求

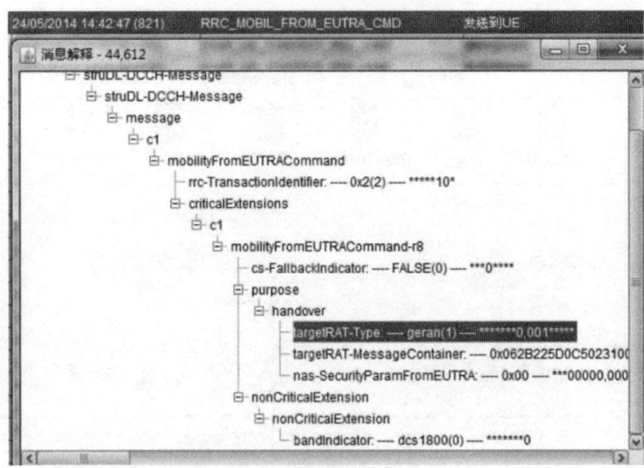

图 4-8　切换命令

24/05/2014 14:42:48 (312) S1AP_UE_CONTEXT_REL_CMD 接收自MME
24/05/2014 14:42:48 (313) S1AP_UE_CONTEXT_REL_CMP 发送到MME
消息解释 - 44,613
criticality: ---- reject(0) ---- 00******
value
uEContextReleaseCommand
protocolIEs
SEQUENCE
id: ---- 0x63(99) ---- 00000000,01100011
criticality: ---- reject(0) ---- 00******
value
uE-S1AP-IDs
uE-S1AP-ID-pair
mME-UE-S1AP-ID: ---- 0x480eabc(75557564) ---- ****1100,00000100,
eNB-UE-S1AP-ID: ---- 0xc6cc1(814273) ---- 10000000,00001100,0110
SEQUENCE
id: ---- 0x2(2) ---- 00000000,00000010
criticality: ---- ignore(1) ---- 01******
value
cause
radioNetwork: ---- successful-handover(2) ---- ****0000,010*****

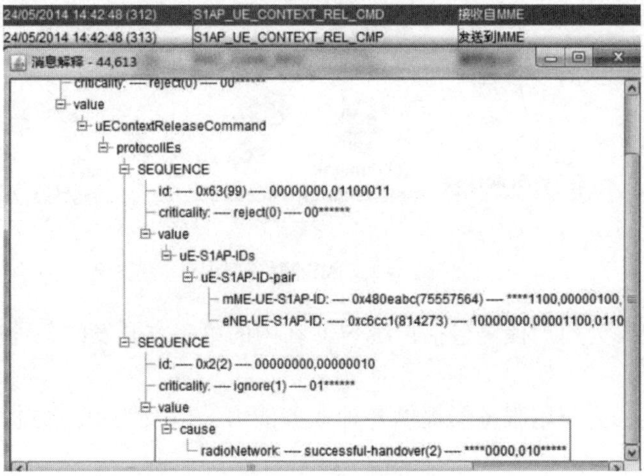

图 4-9　承载释放

第五式　揭开IMS的神秘面纱

VoLTE语音业务商用后，IMS出镜率太高了，IMS到底是什么，与4G时代的核心网有何区别，翻完第五式，你也可以名动IMS界。

5.1　第一招　千呼万唤始出来——初识IMS架构

IMS架构分为4层，从上到下依次为应用层、业务能力层、会话控制层、承载控制与接入层，如图5-1所示。

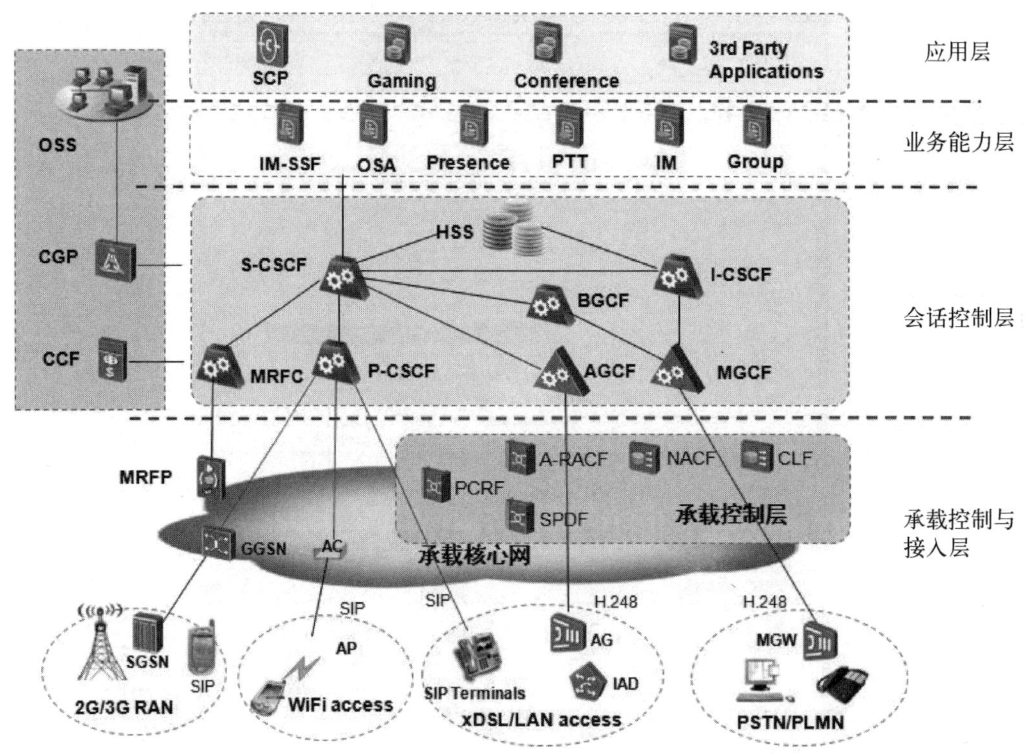

图5-1　IMS网络架构

1）应用层：主要为用户提供包括传统SCP在内的第三方开发的各种应用业务，如会议、游戏、第三方应用等。

2）业务能力层：为应用服务器提供各种业务能力，以及为第三方提供开发业务的标准接口。

通常来说，可以把上述这两层看成一层，即应用层，因为IMS业务都是由这两层共同提供的。提供业务的设备称为 AS（Application Server）。

3）会话控制层：是整个 IMS 架构的核心，负责完成用户的注册、号码分析和路由功能，是 IMS 最重要的一部分。IMS 原理的讲解主要围绕着这部分来展开。同软交换相比，IMS 的会话控制层要复杂得多，网元也多了很多，所以灵活性有所增强，也真正实现了固网和移动网的融合。

4）承载控制与接入层：可细分为承载控制层和接入层两层。承载控制层完成对用户媒体流承载通路的控制功能，实现用户业务的 QoS；接入层实现各种不同形式、不同功能的网关或终端的接入，如有线的、无线的，IAD 用户网关、TMG 中继网关，多媒体用户、普通 POTS 用户等。而从核心网来看，这些接入层设备都使用了标准通信协议（如 SIP 等），各种终端的差异被屏蔽掉了。对核心网来说，这些接入网设备的性质都是一样的，无须进行区分，这就是 FMC 实现的基础。

下面介绍会话控制层各网元的主要功能。

P-CSCF（Proxy-CSCF）是所有 IMS 用户的接入入口，IMS 用户的所有注册和会话请求都必须先送到 PCSCF 进行处理。I-CSCF（Interrogating-CSCF）用于完成以下两个功能：一个是在用户注册时查找 SCSCF 并把注册消息转发到 SCSCF，另一个是呼叫时作为被叫域的呼入入口网元。S-CSCF（Serving-CSCF）是完成呼叫接续控制功能的真正网元。实际上，用户注册鉴权、分析会话建立时的主被叫用户标识、呼叫路由、触发业务到应用服务器等都是由 S-CSCF 完成的，其他网元则是辅助 S-CSCF 进行这些工作。

BGCF（Breakout Gateway Control Function）和 MGCF（Media Gateway Control Funtion）一起完成 IMS 域与传统 PSTN/PLMN 域之间的互通功能。BGCF 根据被叫字冠在多个 MGCF 中选择一个合适的，MGCF 通过中继网关 MGW 所提供的 E1/T1 实现物理上与传统网络的相互连通。

AGCF（Access Gateway Control Function）支持 H.248 协议用户网关接入 IMS，为 NGN 用户平滑过渡为 IMS 用户提供有效途径。

MRFC（Multimedia Resource Function Control）和 MRFP（Multimedia Resource Function Processor）协同工作提供媒体资源功能，包括提示语音和视频、DTMF 消息的收集、多媒体或语音会议等。其中 MRFC 负责解析来自 S-CSCF 及 AS 的 SIP 资源控制命令、实现对 MRFP 的媒体资源控制，MRFP 则提供媒体资源通道。

运维支撑系统包括运营支撑系统 OSS、操作维护服务器 OMS（Operation and Maintenance Server）、计费服务器 CCF（Charging Collection Function），以及放置所有用户数据消息的服务器 HSS（Home Subscriber Server）。HSS 是 IMS 网络中保存所有用户签约信息的网元，包括用户标识、用户安全上下文及用户业务的触发信息等。

从 IMS 网络架构可以清楚地看出，IMS 彻底实现了会话控制与承载分离、业务提供与会话控制分离，这是以往任何解决方案都不能做到的。

5.2 第二招 犹抱琵琶半遮面——认识 SIP

在 IMS 子系统中，最重要的协议是 SIP（Session Initiation Protocol，会话发起协议），其协议描述如图 5-2 所示。

```
2 Overview of SIP Functionality

   SIP is an application-layer control protocol that can establish,
   modify, and terminate multimedia sessions (conferences) such as
   Internet telephony calls.  SIP can also invite participants to
   already existing sessions, such as multicast conferences.  Media can
   be added to (and removed from) an existing session.  SIP
   transparently supports name mapping and redirection services, which
   supports personal mobility [27] - users can maintain a single
   externally visible identifier regardless of their network location.
```

图 5-2　SIP 描述

如图 5-3 所示，SIP 用来建立、修改和删除会话，其上承载的会话是音频、视频还是及时通信，则由 SDP（Session Description Protocol，会话描述协议）进行描述。如图 5-4 所示，SDP 是 SIP 的一部分，被封装到 SIP 的消息体 Message Body 部分。

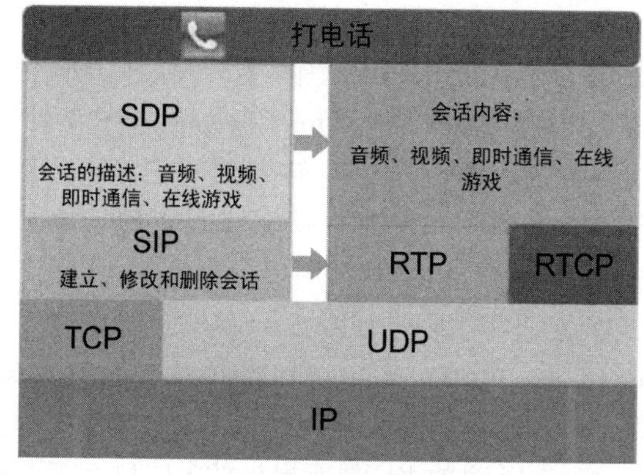

图 5-3　SIP 协议栈位置

```
⊞ Frame 1: 1246 bytes on wire (9968 bits), 1246 bytes captured (9968 bits)
⊞ Ethernet II, Src: HuaweiTe_b1:c2:bf (00:25:9e:b1:c2:bf), Dst: HuaweiTe_b
⊞ Internet Protocol, Src: 2.2.3.118 (2.2.3.118), Dst: 16.17.18.151 (16.17.
⊞ User Datagram Protocol, Src Port: sip (5060), Dst Port: sip (5060)
⊟ Session Initiation Protocol
  ⊞ Request-Line: INVITE sip:13910056060@huawei.com;user=phone SIP/2.0
  ⊞ Message Header
  ⊟ Message Body
    ⊞ Session Description Protocol
```

图 5-4　SDP 会话描述

SIP 就像一名司机，完成老板之间会话的建立、修改和删除。至于会话内容是商务谈判、宴请还是休闲，就完全不应该是司机关心的内容（不管能否听见、能否听懂）。

1. SIP 的协议结构

SIP 与 HTTP 类似，也是基于文本（ASCII）编码，如图 5-5 所示。

SIP 的交互过程与 HTTP 的极其类似。同 Internet 上绝大多数协议一样，SIP 也采用 C/S 模型。一方作为客户端发出请求，另一方作为服务器触发相应的操作并且做出响应。客户端和服务器只是用于描述一次过程中双方的身份地位，并不代表服务器侧就一定是一台小型机 Server，服务器侧也可能是一部手机。

```
- Security-Verify： ipsec-3gpp;alg=hmac-sha-1-96;prot=esp;mod= trans;ealg= null;spi-c= 4238004;spi-s= 4238006;port-c= 5063;port-s= 5062
- Proxy-Require： sec-agree
- Require： sec-agree
- P-Preferred-Identity： <sip:+            @sd.ims.mnc000.mcc460.3gppnetwork.org>
- Allow： INVITE,ACK,CANCEL,BYE,UPDATE,PRACK,MESSAGE,REFER,NOTIFY,INFO
- c： application/sdp
- Accept： application/sdp,application/3gpp-ims+xml
- P-Preferred-Service： urn:urn-7:3gpp-service.ims.icsi.mmtel
- a： *;+g.3gpp.icsi-ref='urn%3Aurn-7%3A3gpp-service.ims.icsi.mmtel';audio
- k： 100rel,replaces,precondition
- P-Early-Media： supported
- l： 655
- Result： v=0
- o=root 1040 1000 IN IP6 2409：8807:80d4:42a9:4004:299b:432e:f11b
- Result： s=QC VOIP
- c=IN IP6 2409：8807:80d4:42a9:4004:299b:432e:f11b
- b=AS：49
- b=RS：8000
```

图 5-5　文本（ASCII）编码

2. SIP 请求消息

请求消息是客户端为了激活特定操作而发给服务器的消息，包括建立、修改会话，用户注册等，具体包括 INVITE、ACK、OPTION、BYE、CANCEL 和 REGISTER 消息等，见表 5-1。

表 5-1　SIP 消息含义

请求消息	消息含义
INVITE	发起会话请求，邀请用户加入一个会话，会话描述含于消息体中。对于两方呼叫来说，主叫方在会话描述中指示其能够接收的媒体类型及其参数。被叫方必须在成功响应消息的消息体中指明其希望接收哪些媒体，还可以指示其将发送的媒体 如果收到的是关于参加会议的邀请，被叫方可以根据 Call－ID 或者会话描述中的标识确定用户已经加入该会议，并返回成功响应消息
ACK	证实已收到对于 INVITE 请求的最终响应。该消息仅和 INVITE 消息配套使用
BYE	结束会话
CANCEL	取消尚未完成的请求，对于已完成的请求（即已收到最终响应的请求，如 200 OK）则没有影响
REGISTER	注册。在 IMS 中一般用于用户发起注册、注销、刷新注册等请求
OPTION	查询服务器能力。在 IMS 中一般用于设备间心跳状态检测
PRACK	临时可靠性响应，证实已收到 1XX 临时响应
INFO	传递额外信息请求。在 IMS 中一般用于放音指示、二次收号
SUBSCRIBE	订阅请求。在 IMS 中一般用于用户注册状态、ua－profile 的订阅
NOTIFY	订阅通知请求。在 IMS 中，NOTIFY 消息是与 SUBSCRIBE 消息配合使用的，NOTIFY 为 SUBSCRIBE 的最终响应
UPDATE	会话建立早期或确定阶段修改会话属性，更新会话参数请求。在 IMS 中一般用于媒体更新、会话心跳检测
MESSAGE	立即消息。在 IMS 中一般用于留言灯指示（MWI）业务
REFER	指示接收方联系第三方请求，REFER 请求的发送者指引其接收者去访问 REFER 请求中所标识的资源。在 IMS 中一般用于点击类呼叫、呼叫转移、会议等业务
PUBLISH	客户端向状态代理发布它的事件状态。在 IMS 中暂无应用

3. SIP 响应消息

响应消息用于对请求消息进行响应，指示会话发起的成功或失败状态。不同类的响应消息由状态码来区分。SIP 消息状态码描述见表 5-2。

表 5-2 SIP 消息状态码描述

序　　号	状 态 码	消 息 功 能
1XX	临时响应	表示已经接收到请求消息，正在对其进行处理，一次呼叫中临时响应可以有多个
	100	表示请求消息已收到，可以防止对局请求超时重传
	180	振铃
	181	呼叫正在前转。在 IMS 中主要用于前转业务
	182	排队
	183	呼叫处理中
2XX	成功响应	表示请求已经被成功接收、处理
	200	OK
	202	Accepted，指示订阅请求已被初步接收，但还需等到最终决策，最终决策将在 NOTIFY 请求中给出
3XX	重定向响应	表示需要采取进一步动作，以完成该请求
	300	多重选择
	301	永久迁移
	此处省略一些返回码	
4XX	客户端错误	表示请求消息中包含语法错误或者 SIP 服务器不能完成对该请求消息的处理
	400	错误请求
	401	无权
	402	要求付款
	403	禁止
	404	没有发现
	此处省略很多返回码	
5XX	服务端错误	表示 SIP 服务器故障不能完成对正确消息的处理
	500	内部服务器错误
	501	没实现的
	此处省略一些返回码	
6XX	全局故障	表示请求不能在任何 SIP 服务器上实现
	600	全忙
	603	拒绝
	604	都不存在
	606	不接收

整个 SIP 消息被分为 Request - Line、Message Header、Message Body 三个部分，如图 5-6 所示。

（1）Request - Line

该部分是请求起始行，本消息表示是一条 Invite 消息，请求建立会话。被叫方的地址使用 URI 格式表示，与 HTTP 中的 URI 地址类似。本消息中被叫的地址是手机号码“1391005 × × × ×”，属于 huawei. com 域。SIP 版本号为 2. 0。

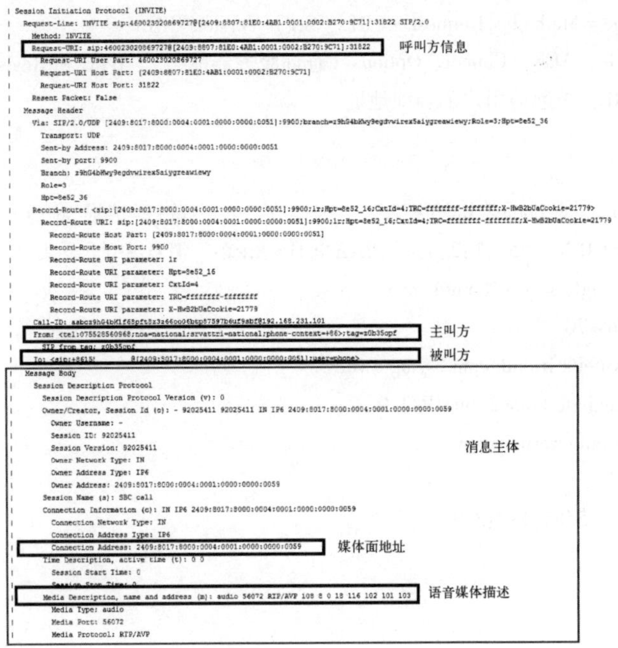

图 5-6　SIP 消息结构

在实际的网络中，被叫 URI 会构造成与 APN FQDN 相同的域名后缀（见图 5-7），可以通过域来区分用户所属的运营商。

```
| Session Initiation Protocol (INVITE)
|   Request-Line: INVITE sip:460023020869727@[2409:8807:81E0:4AB1:0001:0002:B270:9C71]:31822 SIP/2.0
|     Method: INVITE
|     Request-URI: sip:460023020869727@[2409:8807:81E0:4AB1:0001:0002:B270:9C71]:31822
|       Request-URI User Part: 460023020869727
|       Request-URI Host Part: [2409:8807:81E0:4AB1:0001:0002:B270:9C71]
|       Request-URI Host Port: 31822
|     Resent Packet: False
```

图 5-7　URI 域字段

（2）Message Header

该部分中的 F（From）和 T（To）分别表示主、被叫标识。

Call - ID 字段唯一标识一个特定的邀请。由于 Call - ID 中的@后面是 SIP 消息源地址或者域名，因此 Call - ID 可以唯一标识一次会话过程。

Max - Forwards 字段表示该请求到达其目的地址所允许经过的中转站的最大值为 70，以防止网络出现 SIP 环路时消息被无限转发，类似 IP 报文中的 TTL。

Allow 字段给出设备支持的 SIP 请求消息类型列表。

（3）Message Body

该部分携带的 SDP 信息用来描述操作的会话属性，包括会话标识、版本号、本端媒体地址、端口号、媒体编码方式、媒体的速率等信息。

4. SIP 消息格式

（1）请求消息

起始行：请求行

Request - Line = Method[ ]Request - URL[ ]SIP - Version CRLF

Method：Invite、ACK、Cancel、Options（查询服务器能力）、BYE 和 Register

Request - URL：被邀请用户的当前地址

SIP 请求例子：

Invite sip:zhangjie@ home2. hu SIP/2. 首行(请求、响应)

Via:SIP/2. 0/UDP[5555::1:2:3:4];BRANCH = 8uetb 消息头(重要头域)

Route：< sip:orig@ scscf1. home1. fr >

Max - Forwards:70

From：< sip:yufei@ friend. com > ;tag = veli

To：< sip:zhangjie@ home2. huSIP/2. 0

Call - Id:sdgweituoweruoiweur

Cseq:12INVITE

Contact：< sip:[5555:1:2:3:4] >

正文(SDP)

（2）响应消息

起始行：状态行

Status - Line = SIP - Version[ ]Status - Code[ ]Reason - Phrase CRLF

SIP - Version:3 位的十进制整数,指示请求消息执行的响应结果。

Reason - Phrase:对于 Status - Code[ ]参数进行简单的文本描述。

剩下的行包含了包头域。VIA、TO、FROM、CALL - ID、Cseq 包头域是从 Invite 请求包中直接复制过来的。

响应消息例子：

SIP/2. 0 200 OK

Via:SIP/2. 0/udp[5555::a:b:c:d];branch = 0uetb //据此可以找到 UE

From：< sip:tobias@ home1. fr > ;tag = pohja

To：< sip:tobias@ home1. fr > ;tag = kotimaa

Contact：< sip:[5555::1:2:3:4] > ;expires = 600000

Call - ID:apb03djgu495jdn123

CSeq:25 REGISTER

Content - Length:0

在 SIP 的流程中，SIP 会话流程是非常重要的，如图 5-8 所示。

5. SIP Invite

主叫方 Tesla 首先发起 Invite 消息到被叫方 Marconi。Invite 消息包含会话类型和一些呼叫所必须的参数。会话类型可能是单纯的语音，也可能是网络会议所用的多媒体视频，还可能是游戏会话。

下面给出消息体范例，以便详细介绍各个字段的含义。

INVITEsip:Marconi@ radio. org SIP/2. 0

<= 请求方法、请求地址(Request - URI)、SIP 版本号(目前都是 SIP/2. 0)

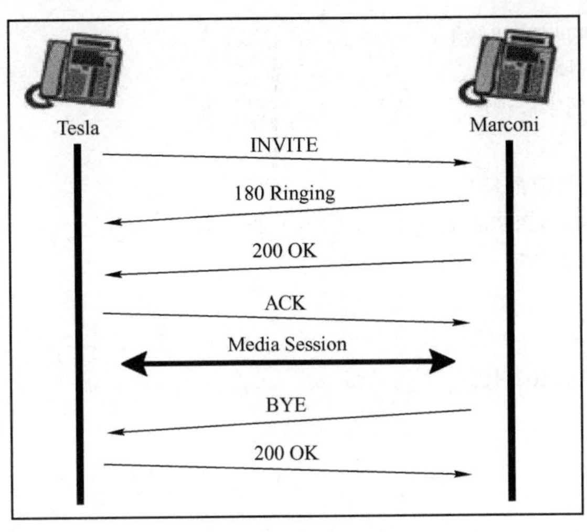

图 5-8　SIP 会话流程

<= 请求地址一般就是被叫方地址,与 MSN 中的好友 E - mail 地址类似

Via:SIP/2.0/UDP lab. high - voltage. org:5060;branch = z9hG4bKfw19b(标识一个唯一的**事务**)

<= SIP 版本号(2.0)、传输类型(UDP)、呼叫地址

<= branch 是一随机码,它被看作传输标识

<= Via 字段中的地址是消息发送方或代理转发方设备(服务器)地址,一般由主机地址和端口号组成

<= 传输类型可以为 UDP、TCP、TLS、SCTP

Max - Forwards:70

<= 最大跳跃数,就是经过 SIP 服务器的跳跃次数,主要是防止循环跳跃

<= 每经过一台代理服务器,该整数减 1

To:Marconisip:marconi@ radio. org

From:Tesla < sip:n. tesla@ high - voltage. org > ;tag = 76341

<= 表示请求消息的发送方和目标方

<= 如果里面有用户名标签,则地址要求用尖括号括起来

<= 对于 Invite 消息,可以在 From 字段中包含 tag,它也是个随机码

Call - ID:123456789@ lab. high - voltage. org

<= 呼叫 ID 是由本地设备生成的,全局唯一值。每次呼叫该值唯一不变

<= 对于用户代理发送 Invite 消息,本地将生成 From tag 和 Call - ID 全局唯一码,被叫方代理则生成 To tag 全局唯一码。这 3 个随机码作为整个对话中对话标识(dialog indentifier)在通话双方使用。

CSeq:1 SIP INVITE

<= CSeq(Command Seqence,命令队列),每发送一个新的请求,该数自动加 1

* 以上几个字段是所有 SIP 消息体所必需的,其他头字段有些是可选的,有些在特定请求中也是必需。

Subject:About That Power Outage...

Contact:sip:n. tesla@ lab. high - voltage. org (主叫方代理地址)

<= **Contact 是 Invite 消息所必需的**,它用来路由到被叫设备地址,也称为用户代理(UA)

```
Content - Type:application/sdp
Content - Length:158
 <= 最后两位附属字段说明消息体类型以及字段长度
v = 0
 <= SDP 版本号,目前都是 0
o = Tesla 2890844526 2890844526 IN IP4 lab. high - voltage. org
 <= 主叫源地址、类型等
s = Phone Call
 <= 主题
c = IN IP4 100. 101. 102. 103
 <= 连接
t = 0 0
 <= 时间戳
m = audio 49170 RTP/AVP 0
 <= 媒体
a = rtpmap:0 PCMU/8000
 <= 媒体属性
 <= 从上面的 SDP 消息体可以得出下面的信息
 <= 连接 IP 地址:100. 101. 102. 103
 <= 媒体格式:audio
 <= 端口号:49170
 <= 媒体传输类型:RTP(可见,媒体协商过程随呼叫流程也一起进行了)
 <= 媒体编码:PCM u Law
 <= 采样率:8000 Hz
```

6. 180 Ringing

当被叫方接收到 SIP INVITE 请求消息后，将回复 180 Ringing，也就是发回铃音，提示主叫方电话已连接上了，正等待被叫应答。被叫方接收到 INVITE 消息后也会发生响铃或者有其他呼入提示，这由被叫方设定。180 响应又被称为消息及时响应，它是用来测试被叫状态的一种响应。

具体 180 响应消息如下：

```
SIP/2. 0 180 Ringing
Via:SIP/2. 0/UDP lab. high - voltage. org:5060;branch = z9hG4bKfw19b ;
received = 100. 101. 102. 103
 <= 这里增加一个 received 参数,标识接收方 IP 地址
To:Marconi < sip:marconi@ radio. org > ;tag = a53e42
 <= To tag 作为被叫方标识
From:Tesla < sip:n. tesla@ high - voltage. org > ;tag = 76341
 <= 表示请求消息的发送方和目标方
 <= 如果里面有用户名标签,则地址要求用尖括号包起来
 <= 对于 Invite 消息,可以在 From 字段中包含 tag,它也是一个随机码
Call - ID: 123456789@ lab. high - voltage. org(表示同一个会话)
```

CSeq:1 INVITE

Contact:sip:marconi@ tower. radio. org （被叫方代理地址）

Content - Length:0

<= 对于 180 Ringing 响应,基本上就是将 Invite 的 Via、To、From、Call - ID 和 CSeq 内容复制过来,对于首行标出 SIP 版本号、响应代码(180)和动作原因(reason phrase)

<= 注意这里的 From 和 To 地址,因为它们用来指定呼叫方向,所以这里的 200 OK 响应并没有将地址对调,仍然保持原样。不同的是,To 头字段添加了由被叫方 Marconi 生成的 tag 标识

7. 200 OK

SIP Invite 被叫响铃后，如果被叫用户 Marconi 接起电话，则发出 200 OK 响应。这个响应除了作为接通指示之外，还有一个功能就是用来指定被叫允许的连接媒体格式，让主叫方确认是否可以接收该媒体。

消息体如下：

SIP/2. 0 200 OK

Via:SIP/2. 0/UDP lab. high - voltage. org:5060;branch = **z9hG4bKfw19b** ;

received = 100. 101. 102. 103

To:Marconi < sip:marconi@ radio. org > ;tag = a53e42

From:Tesla < sip:n. tesla@ high - voltage. org > ;tag = 76341

Call - ID: 123456789@ lab. high - voltage. org

CSeq:1 INVITE

Contact:sip:marconi@ tower. radio. org （被叫方代理地址）

Content - Type:application/sdp

Content - Length:155

<= 头字段部分基本同上

v = 0

o = Marconi 2890844528 2890844528 IN IP4 tower. radio. org

s = Phone Call

c = IN IP4 200. 201. 202. 203

t = 0 0

m = audio 60000 RTP/AVP 0

a = rtpmap:0 PCMU/8000

<= 从上面 SDP 消息体可以得出下面的信息:

<= 终端 IP 地址:200. 201. 202. 203

<= 媒体格式:audio

<= 端口号:60000

<= 媒体传输类型:RTP

<= 媒体编码:PCM u Law

<= 采样率:8000 Hz

8. ACK

SIP INVITE 通话前的最后一步是主叫方确认 200 OK 响应。该项确认证明连接被允许，即将使用另一种协议开始媒体连接。这里说的另一种协议就是上面在 SDP 消息段中所协商好的 RTP 格式。

该 ACK 响应内容如下：

```
ACK sip:marconi@ tower. radio. org SIP/2. 0
Via:SIP/2. 0/UDP lab. high - voltage. org:5060;branch = z9hG4bK321g
Max - Forwards:70
To:G.  Marconi < sip:marconi@ radio. org > ;tag = a53e42
From:Nikola Tesla < sip:n. tesla@ high - voltage. org > ;tag = 76341
Call - ID: 123456789@ lab. high - voltage. org
CSeq:1  ACK
Content - Length:0
```

至此，主叫方和被叫方之间的呼叫过程已经完成，可以进行相应方式（音频、视频）的通信。

9. 重要头域

- To：用于表示请求的接收者，TAG 标签用来区分不同被叫建立的会话。
- From：用于标识请求的发起者。以呼叫为例，可能是主叫也可能是被叫，服务器将此字段从请求消息复制到响应消息。
- Call - ID：用于唯一标识一次邀请或者一次注册。
- Cseq：用于表示请求的顺序号。
- Via：用于表示请求经过的 SIP 实体和路由响应，Branch 用于唯一标识一个事务。

以上 5 个头域必须包含在每个 SIP 消息中。

- Max - Forwards：用于表示请求经过的 SIP 实体和路由响应。

以上 6 个头域必须包含在每个 SIP 请求消息中。

- Contact：消息发送者的联系地址，可以有 expires 参数，表明注册有效期。
- Route：对请求消息进行路由转发。
- Record - Route：为一个会话的后续请求记录 Route 消息头的条目，用于会话流程，对后续会话流程进行路由转发。
- Service - Route：P - CSCF 通过该消息头找到 S - CSCF。
- Path：S - CSCF 在后续的会话过程中通过该消息头找到 P - CSCF。

5.3 第三招　一招鲜吃遍天——SIP 呼叫流程详析

我们先通过一个简单的 SIP 流程示例来大致了解一下 SIP 呼叫流程如图 5-9 所示。

① 主叫方 A 摘机拨号，终端在判断使用 SIP 进行呼叫后，使用 SIP 发起 Invite 请求消息。SIP 的目的地址不一定是被叫的地址，在实际的网络中也可能是中间 SIP 代理设备的地址，即主叫的 SIP 代理。此时，主叫 SIP Invite 消息中的 SDP 消息会携带本端媒体会话的信息，如本端地址、端口号、编码方式和带宽等信息。此时主叫的媒体面资源已经具备。

② 主叫的 SIP 代理与 ENUM/DNS 交互，将被叫 E. 164 格式的号码转换为 E. 164 arpa 记录，使用 NAPTR 指针解析到 SIP URI 规整格式域名，再继续使用 SRV 记录和 A 记录解析出被叫的 SIP 代理。

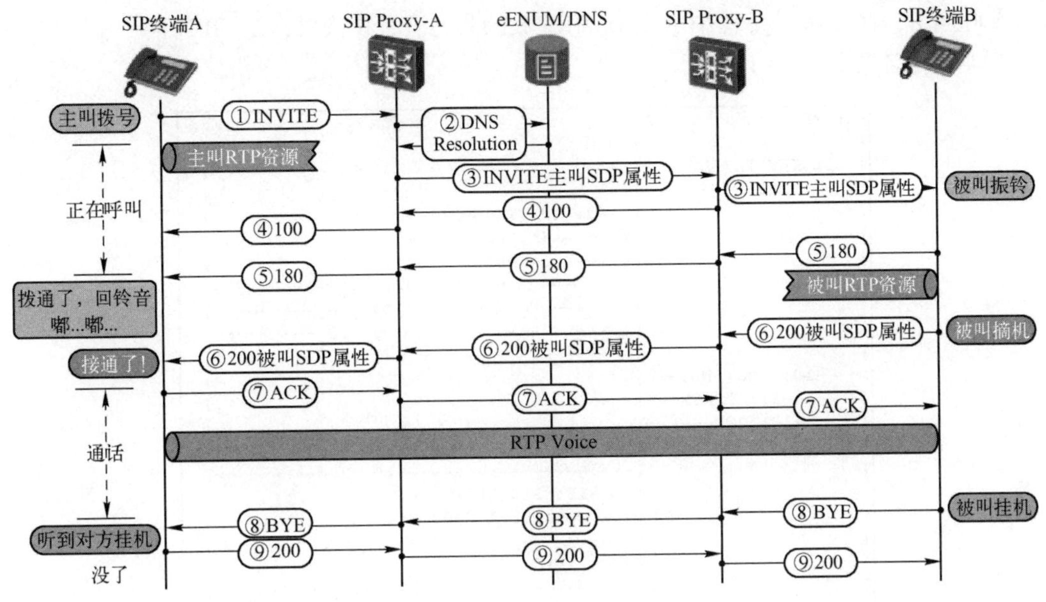

图 5-9　SIP 呼叫流程

③ 主叫 SIP 代理向被叫 SIP 代理发送 Invite 消息，该消息会被发送给被叫终端。

④ 被叫 SIP 代理在成功将 Invite 消息发给被叫后，会向主叫方向发送状态码是 100 的临时响应，表明正在尝试 TRYING。此时主叫终端上显示正在拨号，而不是拨号失败。

⑤ 被叫振铃，被叫 SIP 代理会返回状态码是 180 RINGING 的响应。主叫在收到 180 后，会在听筒中播放“嘟…嘟…”（缓慢的）的等待对方接听的回铃音。

⑥ 被叫摘机后，被叫给主叫返回状态码是 200 的最终成功响应消息。

⑦ 主叫收到被叫的 200 消息后，再反馈 ACK 确认消息给被叫。

在这之后，主叫和被叫就建立了媒体的连接，可以互相传送数据，进行通话。最后，主叫和被叫都可以通过挂机拆除 SIP 会话。SIP 会话的拆除是双方都确认的过程，以便双方都释放自己已经分配的资源。

下面以主叫彩铃放音流程为例，对 SIP 呼叫的基本呼叫信令流程进行简单的介绍，如图 5-10 所示。应用场景如下：

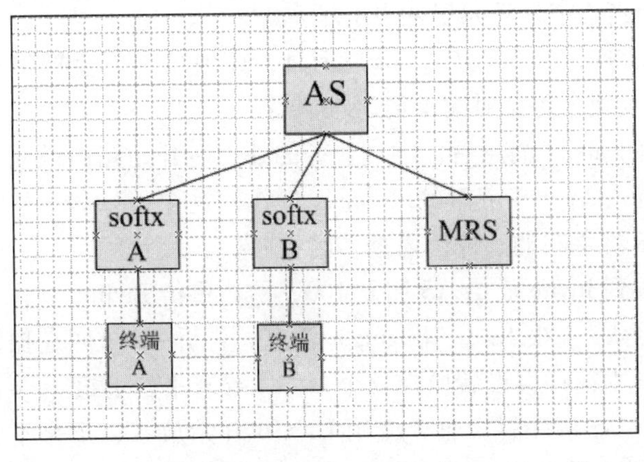

图 5-10　彩铃放音组网图

A 呼叫 B，在 B 振铃过程中 A 听到 MRS 放的彩铃音，B 摘机，A、B 通话。

呼叫信令流程如图 5-11 所示。

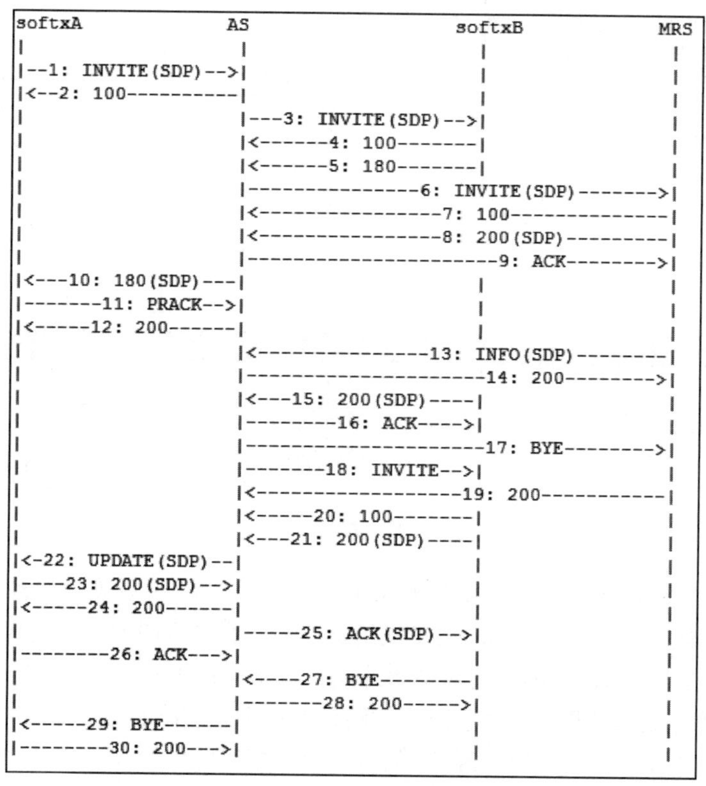

图 5-11　呼叫信令流程

根据上面的呼叫信令可以看出，这个呼叫包含 3 个会话，主叫软交换与 AS 的会话，被叫软交换与 AS 的会话，MRS 与 AS 的会话。下面对呼叫信令进行具体的描述。由于涉及的信令比较多，在阅读以下说明之前建议先使用附件中的工具打开附件中的日志，对着工具中的信令流程进行阅读。

1）主叫拨打被叫时，主叫软交换就会触发 Invite 消息到 AS，消息中携带主叫的媒体信息（SDP），这个就相当于窄带呼叫里的 IDP 消息。

2）AS 给主叫软交换回复 100（Trying）消息，该消息中不会携带有用信息，仅仅是告诉对端请求消息已经收到，防止对端重传请求消息。

3）AS 收到主叫的 Invite 消息后，经过业务的处理后开始路由被叫，于是给被叫软交换下发 Invite 消息，这个相当于窄带里的 Connect 操作，这个 Invite 消息里也携带了主叫的媒体信息，其实就是 AS 将主叫的媒体信息透传给被叫。

4）被叫软交换收到 Invite 后给 AS 回复 100，防止重传 Invite。

5）被叫软交换给 AS 上报 180（Ringing）消息，告诉 AS 被叫在振铃。平台将 180 定义为 Alerting 事件，业务中往往会设置监控这个事件，要求平台上报。

6）平台上报 Alerting 事件后，业务使用 UI SIB 开始放音，于是平台给 MRS 下发 Invite 消息，这个相当于窄带里的 ETC 操作，消息中携带主叫的媒体信息。

7）MRS 给 AS 回 100 消息。

8）MRS 给 AS 回复 200（OK）消息，这是对 Invite 请求的最终响应，表示 MRS 接受这个请求，可以开始放音，消息中携带了 MRS 的媒体信息。（SIP 中定义了 1 × × 消息为临时响应消息，2 × × 以上为最终响应消息，比如 200 OK，487 终止请求，503 服务器不可用等）。

9）AS 收到 MRS 的 200 消息后，需要给 MRS 回复一个确认消息 ACK，因为 200 消息是一个最终响应消息，对流程有关键的作用，必须保证可靠传输，因此协议规定当一方收到另一方的最终响应时，需要回复 ACK。

10）此时 MRS 可以开始放音了，AS 需要告诉主叫软交换，让主叫软交换和 MRS 建立放音链路，给主叫放音，所以 AS 就给主叫软交换回复了 180 消息，其中携带了 MRS 的媒体信息。为什么要带上 MRS 的媒体信息？在 SIP 呼叫里，任何两方通信都必须要先完成媒体协商。简单地说，就是交换媒体信息，让双方都知道对方支持什么格式的媒体，否则双方就无法通信。这里，AS 在 6 的 Invite 消息里将主叫的媒体信息带给了 MRS，而 MRS 在 8 的 200 消息里把 MRS 的媒体信息告诉了 AS，AS 在 10 的 180 消息里将 MRS 的媒体信息透传给了主叫，这样主叫和 MRS 就完成了媒体信息的交换，即完成了媒体协商。

11）主叫软交换收到 180 后给 AS 回复 PRACK（临时响应的确认消息），一般情况下对于临时响应（1 × ×）是不需要回复确认消息的，但是由于这里的 180 携带了 MRS 的媒体信息，对于主叫软交换和 MRS 间的媒体协商起到了关键的作用，因此必须保证可靠传输，此时的 180 中会携带"supported：100rel"或"required：100rel"头域，主叫软交换发现 180 中携带了这些头域时，就会给对端回复 PRACK。

12）AS 收到 PRACK 后给主叫软交换回复 200 消息，表示已经收到了 PRACK，这样 AS 和主叫软交换间就完成了一次握手，确保了 180（携带媒体信息）的可靠传输。此时，主叫开始听到 MRS 的彩铃音。

13）MRS 给 AS 上报 INFO 消息，其中携带信息"cause = 200；text = " pa completed""，作用是通知 AS 放音完成。

14）AS 给 MRS 回复 200 消息，这是对 INFO 消息的响应。

15）被叫软交换给 AS 上报 200 消息，其中携带了被叫的媒体信息，这是对 3 invite 的最终响应，表示被叫摘机。

16）AS 给被叫软交换回复确认消息 ACK，这是对 200 的确认。

17）被叫已经摘机，无须再放彩铃音了，所以 AS 给 MRS 下发了 BYE 信令，终止给 MRS 的会话。MRS 在 19 处回复了 200，这是对 BYE 请求的响应。

18）AS 再次给被叫软交换下发 Invite 消息（这就是常说的 re - invite），如图 5-12 所示。这里大家可能会觉得很奇怪，既然被叫已经摘机，那么主、被叫就应该可以通话了，为什么要给被叫发 re - invite？这里又涉及媒体协商了，前面说过在 SIP 呼叫里，任何两方通话都必须要先完成媒体协商，就是双方交换媒体信息。

由图 5-12 可知，被叫已经获得了主叫的媒体信息（在 3Invite 消息里 AS 将主叫的媒体信息透传给被叫了），但是主叫还不知道被叫的媒体信息，就是说主、被叫的媒体协商还没完成，因此现在还不能通话，必须再进行媒体协商。这里 AS 给被叫下发 re - invite 其实就是开始媒体协商的过程。

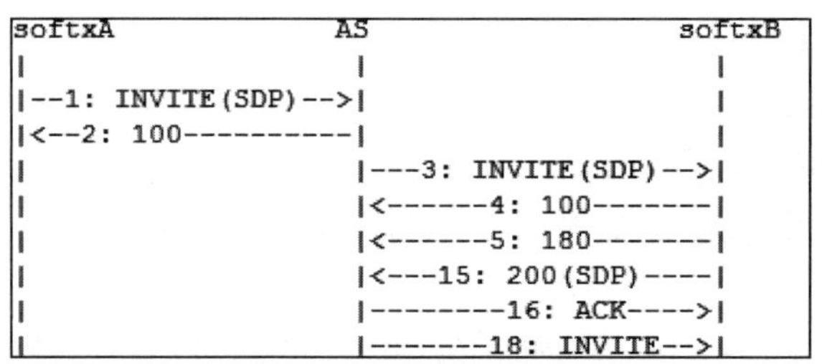

图 5-12　re - invite 信令流程

细心的同学可能还有疑问：在 15 处的 200 消息里已经携带了被叫的媒体信息，此时 AS 只要直接给主叫回复 200，通过这条 200 消息把被叫的媒体信息透传给主叫就可以了，为什么还要重新开始媒体协商呢？这里就要综合前面的信令流程来分析了（其实 SIP 协议的难点就在这里，很灵活，没有固定的流程，必须要根据具体信令交互过程来分析），仔细看看前面的信令流程，如图 5-13 所示。

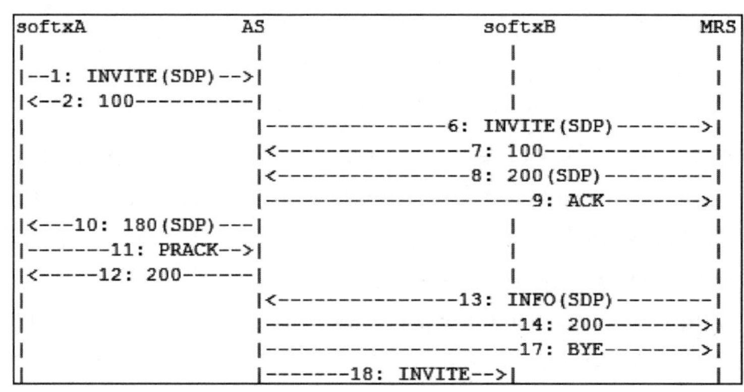

图 5-13　信令交互流程

由图 5-13 可以发现，此时主叫已经完成了一次媒体协商，但这是同 MRS 的媒体协商。

① 6: Invite：AS 将主叫的媒体信息透传给 MRS，MRS 获得了主叫的媒体信息。

② 8: 200：MRS 通过 200 将自己的媒体信息带给了 AS。

③ 10: 180：AS 通过 180 将 MRS 的媒体信息透传给主叫，主叫获得了 MRS 的媒体信息。

也就是说，当前主叫侧记录的对端媒体信息是 MRS 的媒体信息，只有当主叫侧还没完成媒体协商时才可以通过 200 消息直接把被叫的媒体信息告诉主叫，但此时肯定是不能这样了。

1）MRS 对 17 BYE 回复的 200 响应。

2）被叫收到 AS 的 re - invite 后，给 AS 回复临时响应 100。

3）被叫给 AS 回复 200 响应，这是对 re - invite 的最终响应，其中携带了被叫的媒体信息。

4）AS 给主叫下发 UPDATE 消息，其中携带了被叫的媒体信息，其实就是将 21: 200 中的媒体信息透传给主叫。前面已经说到了当前主叫侧记录的对端媒体信息是 MRS 的媒体信息，所以 AS 要通过 UPDATE 消息告诉主叫更新媒体信息为 UPDATE 消息中携带的媒体信息。此时主叫侧获取到了被叫的媒体信息。

5）主叫对 UPDATE 消息回复 200 响应，其中携带了主叫的媒体信息，其实就是主叫希望通过 200 响应消息将自己的媒体信息带给对端。

6）AS 给主叫回复 200 响应，这是对初始 Invite（1 invite）的最终响应，就是告诉主叫可以开始通话了。

7）AS 给被叫回复 ACK 消息，这里携带了主叫的媒体信息，这是对 21∶200 响应的确认消息。通过这条消息将主叫的媒体信息透传给被叫，至此主、被叫的媒体协商完成。媒体协商关键信令如图 5-14 所示。

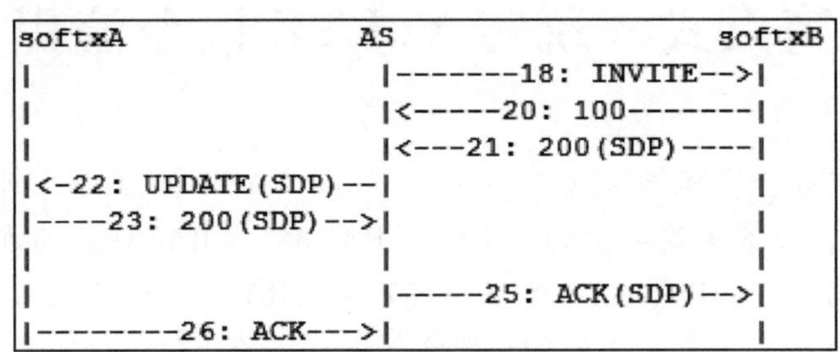

图 5-14　媒体协商关键信令

① 21∶200：被叫通过 200 响应携带了自己的媒体信息。

② 22∶UPDATE∶AS 通过 UPDATE 将被叫的媒体信息透传给主叫（主叫获得了被叫的媒体信息）

③ 23∶200：主叫通过 200 响应携带了自己的媒体信息。

④ 25∶ACK∶AS 通过 ACK 将主叫的媒体信息透传给被叫（被叫获得了主叫的媒体信息）。

8）主叫对 24∶200 的确认消息，此时主、被叫开始通话。

9）被叫挂机，给 AS 上报 BYE 请求。

10）AS 给被叫回 200 响应，这是对 BYE 的响应。

11）AS 给主叫下 BYE 请求，告诉主叫结束呼叫。

12）主叫给 AS 回 200 响应，这是对 BYE 的响应，至此通话结束。

第二篇　硬件升级，装备进阶

第六式　玩转 VoLTE 信令流程

在 3G 时代，语音业务承载在 CS（Circuit Switch）域中，涉及的网元主要是 NodeB、RNC 和 MSC/MGW，大家主要关注的是 RRC、RANAP 和 RASAP。而在 4G 时代，VoLTE 集成了 Voice Over IP（VoIP）、LTE 无线网（E－UTRAN）、LTE 核心网（EPC）和 IMS（IP Multimedia Subsystem）来支持在 LTE 网络上进行语音业务，组网更加复杂。SIP（Session Initiation Protocol）在 VoLTE 通话中扮演了重要角色，用来创建、更新和中止一个 VoLTE 通话，这也是信令层面上 VoLTE 和传统 CS 域语音通话最大的不同。在一次 VoLTE 通话过程中，SIP 消息和 2G/3G 语音通话的过程类似，也存在类似的消息，如 CALL SETUP、SETUP、ALERTING、CONNECT 等。掌握以 SIP 为主的信令流程是 VoLTE 优化的基础。

SIP 消息在 QCI5 承载上传输，QCI5 作为默认承载，连接 UE 和 IMS APN，因此 SIP 信令实际上是承载在 PS（Packet Switch）域，而非传统的 CS 域上。

VoLTE 服务依赖于 IMS 的部署，IMS 是一个新引入的复杂系统，包含了许多新网元。典型 IMS 网元描述见表 6-1。

表 6-1　典型 IMS 网元描述

功能实体	主要功能
P－CSCF（Proxy－CSCF）	是 IMS 中与用户的第一个连接点，提供代理（Proxy）功能，即接受业务请求并转发，但不能修改 Invite 消息中的 Request URI 字段；P－CSCF 也可提供用户代理（UA）功能，即在异常情况下中断和独立产生 SIP 会话
I－CSCF（Interrogating CSCF）	归属网络第一入口点，分配 S－CSCF、路由查询以及域间拓朴隐藏功能。不管用户所属的 P－CSCF 是属于拜访网络的还是归属网络，一定会路由到归属网络的 I－CSCF。P－CSCF 是根据注册消息的 R_ URI 查询 DNS 获得 I－CSCF 地址
S－CSCF（Serving CSCF）	IMS 核心网中处于核心的控制地位，负责对 UE 的注册鉴权和会话控制，执行针对主叫端及被叫端 IMS 用户的基本会话路由功能，并根据用户签约的 IMS 触发规则，在条件满足时进行到 AS 的增值业务路由触发及业务控制交互
HSS（Home Subscriber Server ）	归属网络中保存用户的 IMS，鉴权向量，基本标识、路由信息以及业务签约信息等，是综合数据库，位于 IMS 核心网络架构的最顶层
BGCF（Border Gateway Control Function）	边界网关控制功能，根据互通规则配置或被叫分析，用来选择与 PSTN 域切入点相连的网络，收到 S－CSCF 请求，为呼叫选择适当的 PSTN 接口点

（续表）

功能实体	主要功能
MGCF（Media Gateway Control Function）	提供IMS网络与传统PLMN（Public Switched Telephone Network）网络之间的互通功能；实现IMS核心控制面与CS的交互，支持ISUP/BICC与SIP的协议交互及呼叫互通，通过H.248控制IM-MGW完成CS TDM承载与IMS域用户面RTP的实时转换
IM-MGW（IMS-Media Gateway Function）	完成IMS与PSTN及CS域用户面宽窄带承载互通及必要的Codec编解码变换，承载语音媒体通道资源
MRFC（Multimedia Resource Function Controller）	根据来自S-CSCF及AS的指示来通过H.248控制MRFP上的媒体资源
SCC-AS	作为UE的SIP UA将CS用户接入IMS，完成IMS会话建立和控制。它是归属网络中的IMS应用服务器，通过主叫或被叫iFC插入到会话路径中，是主叫路径的第一个AS，被叫路径的最后一个AS。作为终呼接入时，可以根据接入网情况、UE能力、IMS注册情况、CS状态和运营商策略等因素进行域选择 作为业务连续性的AS，SCC-AS主要实现下面的功能：①提供接入域选择T-ADS的能力；②和其他网元配合保证切换（即SRVCC和eSRVCC）业务的连续性，以及同一用户不同终端之间的切换；③在ICS网络架构下，是ICS用户在IMS网络的代理
TAS	域选之前会去TAS里面查被叫是否支持VoLTE。TAS包括MMETEL和SCC

6.1 第一招 初涉世事——从注册谈起

一个VoLTE电话能成功拨通的前提是UE能够成功附着在EPS并在IMS注册。

- 3GPP IR.92标准推荐VoLTE使用双APN架构-Internet APN和IMS APN。
- VoLTE终端在附着到Internet APN时创建QCI9默认承载，在附着到IMS APN时创建QCI5默认承载。

1. EPS附着

VoLTE终端在初始附着时，会建立两个默认承载；一个为数据业务的默认承载（根据开卡信息与核心网策略决定，一般为QCI9），另一个为QCI=5的SIP信令的默认承载，如图6-1所示。

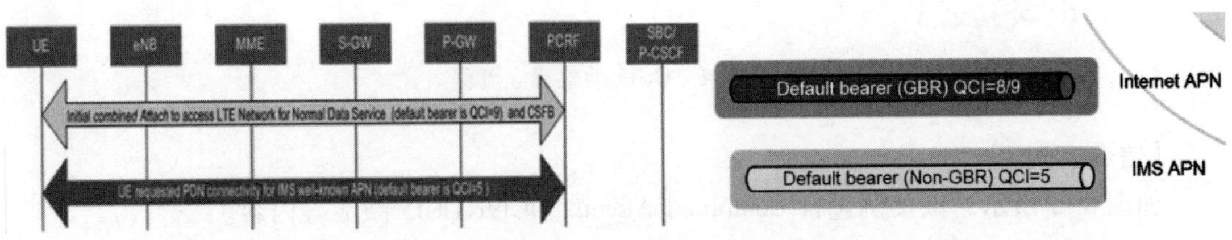

图6-1 默认承载建立

VoLTE终端在Attach Request消息（见图6-2）里指示语音方案选择偏好和SRVCC能力。

```
pS-inter-RAT-HO-from-GERAN-to-UTRAN-Iu-mode-capability:not-supported (0)
pS-inter-RAT-HO-from-GERAN-to-E-UTRAN-S1-mode-capability:not-supported (0)
eMM-Combined-procedures-capability:supported (1)
iSR-support:supported (1)
sRVCC-to-GERAN-UTRAN-capability:supported (1)
ePC-capability:supported (1)
nF-capability:notification-procedure-not-supported (0)
spare:0x0 (0)
```

```
▼ voice-domain-preference-and-ues-usage-setting
    spare:0x0 (0)
    ues-usage-setting:voice-centric (0)
    voice-domain-preference-for-E-UTRAN:ims-ps-voice-preferred-cs-voice-as-secondary (3)
```

图 6-2　Attach Request 消息解析

EPC 通过 Attach Accept 消息（见图 6-3）指示 CN 是否支持 VoLTE。

```
▼ eps-network-feature-support
    spare:0x0 (0)
    cs-lcs:no-information-about-support-of-location-services-via-cs-domain-is-available (0)
    epc-lcs:location-services-via-epc-not-supported (0)
    emc-bs:emergency-bearer-services-in-s1-mode-not-supported (0)
    ims-vops:supported (1)
```

图 6-3　Attach Accept 消息解析

IMS 附着后，QCI5 承载建立流程，如图 6-4 所示。

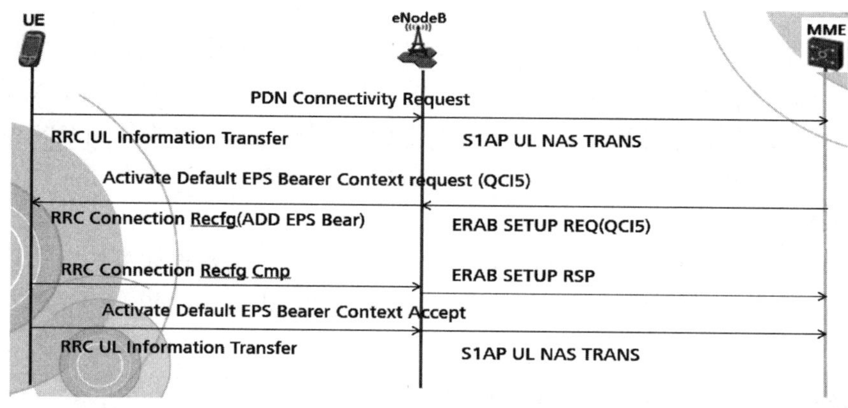

图 6-4　QCI5 承载建立流程

【信令实例 1】

如图 6-5 所示，该实例包含 Combined Attach、QCI9&QCI5 激活等内容。

Attach Request 消息中会标注 Combined Attach 字段，说明终端具备联合附着的能力，如图 6-6 所示。

Attach Request 消息中还会申明该终端为语音优先终端还是数据业务优先终端，并且申明对于语音业务优先使用 VoLTE 还是传统 CS 域，如图 6-7 所示。

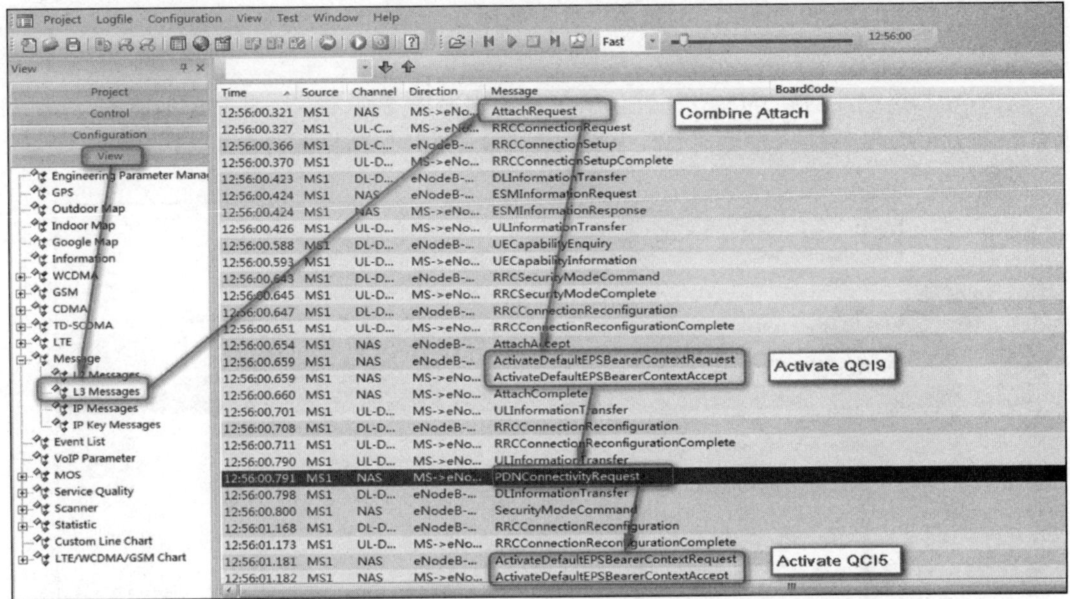

图 6-5　EPS Attachment 实例

```
Message Browser - MsgExplain
        ▼ MsgEnter
00000111 T
          ▼ no-security-protection-MM-message
            ▼ msg-body
01000001 T                                          step1: Attach Request
              ▼ attachRequest
                ▼ nAS-key-set-identifier
0-------            tsc:native-security-context (0)
-000----            nAS-key-set-identifier:nas-KSI0 (0)
                ▼ ePS-attach-type
----0---            spare:0x0 (0)
-----010            ePS-attach-type-value:combined-attach (2)
00001011 L
                ▼ old-GUTI-or-IMSI
-----110            type-of-identity:guti (6)
----0---            odd-or-even-indic:even-number-and-also-when-the-EPS-Mobile-Identity-is-used (0)
1111----            spare:0xf (15)
```

图 6-6　Attach Request 消息解析

```
00000000            codec-Bitmap-for-SysID1-bits-9-to-16:0x0 (0)
              ▼ Supported-Codec
00000000            bitmapSysId:0x0 (0)
00000010 L
                ▼ codec-Bitmap-Contents                    step1: Attach Request
00011111            codec-Bitmap-for-SysID1-bits-1-to-8:0x1f (31)
00000000            codec-Bitmap-for-SysID1-bits-9-to-16:0x0 (0)
01011101 T
00000001 L
              ▼ voice-domain-preference-and-ues-usage-setting
00000---            spare:0x0 (0)
-----0--            ues-usage-setting:voice-centric (0)
------11            voice-domain-preference-for-E-UTRAN:ims-ps-voice-preferred-cs-voice-as-secondary (3)
1110---- T
              ▼ old-guti-type
----000-            spare:0x0 (0)
-------0            old-guti-type-value:native-guti (0)
```

图 6-7　Attach Request 消息解析

可看到对应的 QCI9 和 QCI5 的相关信息，如图 6-8 所示。

2. IMS 注册

当 VoLTE 终端注册到 IMS APN 时会建立一条 QCI5 默认承载，但此时还不能进行 VoLTE 通话，因为 VoLTE 终端还需要到 IMS 上进行注册，SIP 注册消息承载在 QCI5 上。

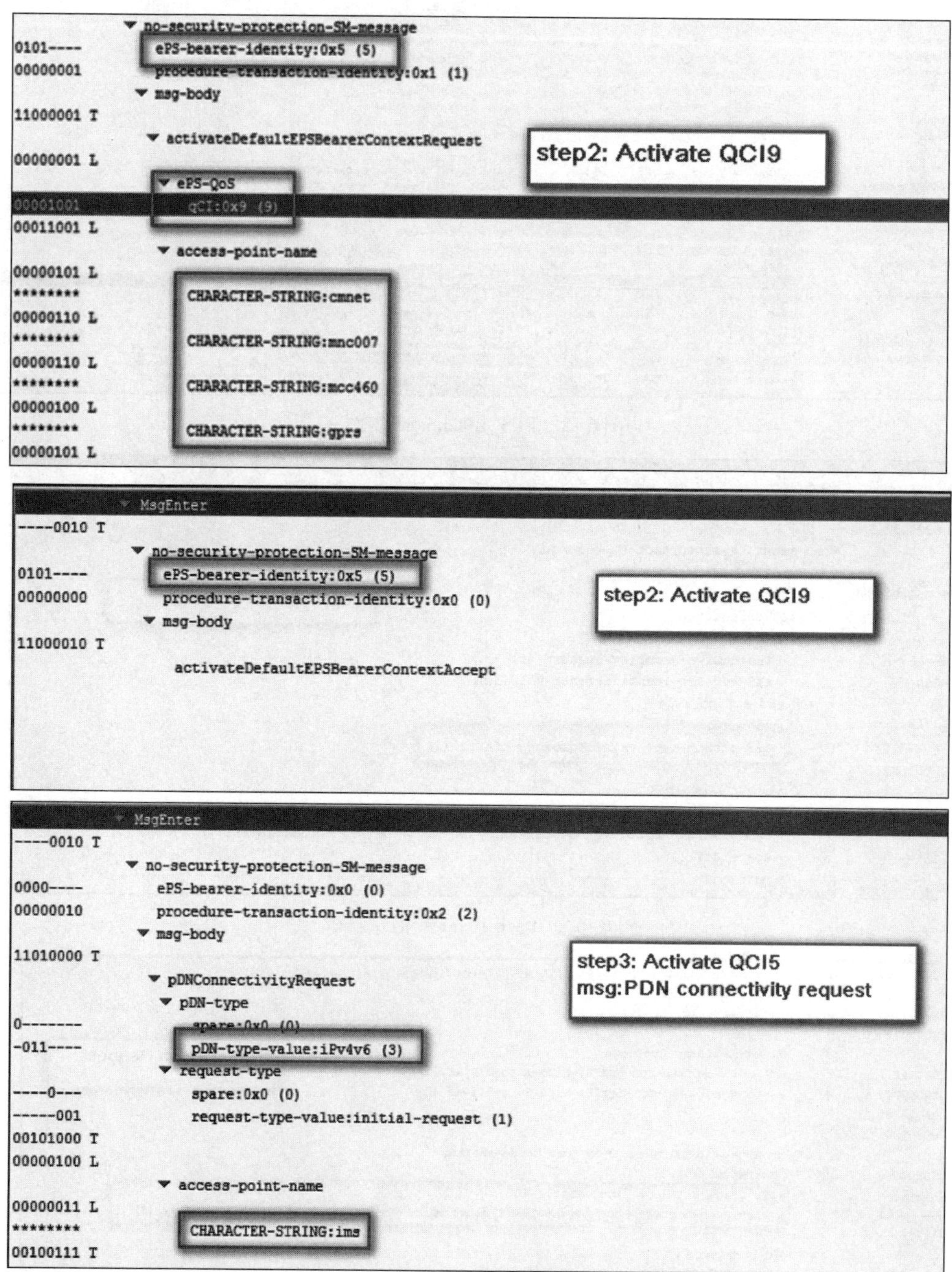

图 6-8　Active QCI5 和 Active QCI9 消息解析

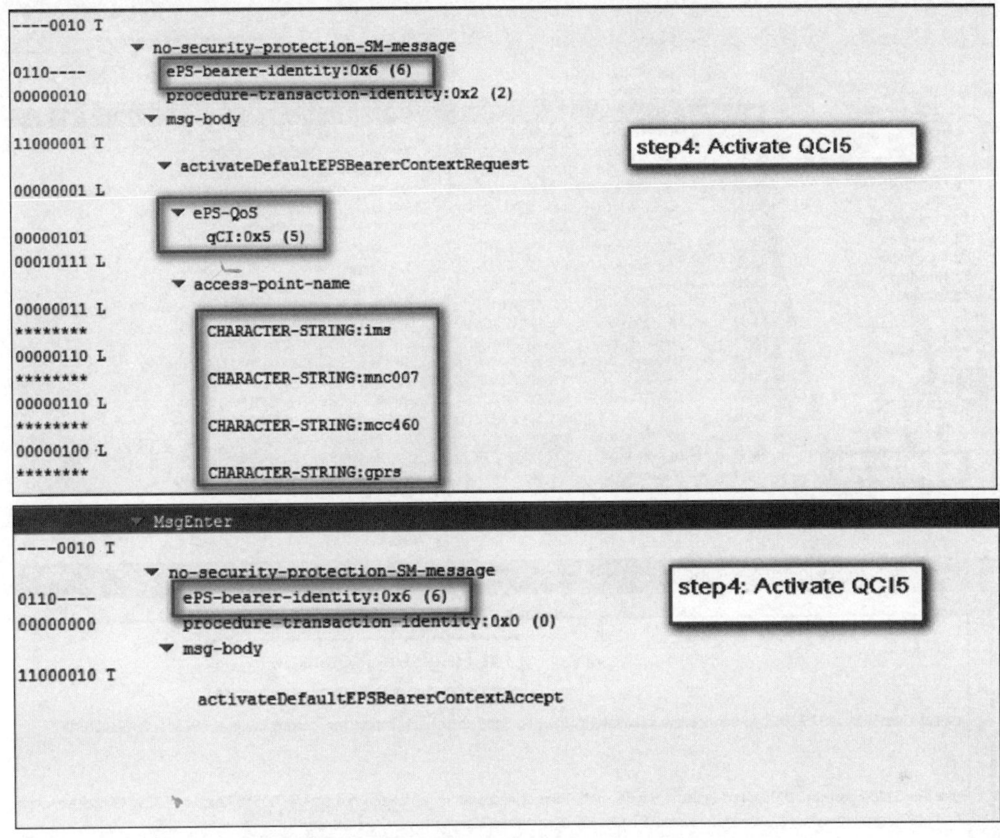

图 6-8　Active QCI5 和 Active QCI9 消息解析（续）

SIP 注册流程如图 6-9 所示。

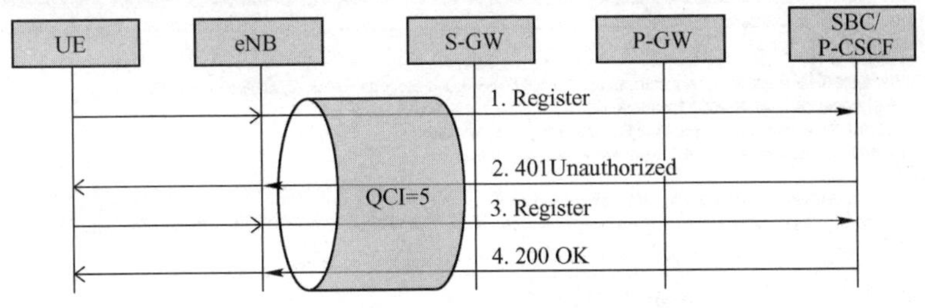

图 6-9　SIP 注册流程

SIP 的注册流程介绍如下。

1）Register：UE 读取 IMSI，发送 Register 消息给 CSCF。

2）401：CSCF 提取和保存 IK 和 CK，在 401 响应中转发 RAND 和 AUTN 给 UE。

3）Register：UE 使用共享秘钥和 RAND 计算 RES，重构 Register 消息，并发送给 CSCF。

4）200 OK：CSCF 响应 200 OK 给 UE，来指示基本注册成功。

注意：P－CSCF 是 IMS 的入口设备。

【信令实例 2】SIP 基本注册流程

该实例如图 6-10～图 6-14 所示。

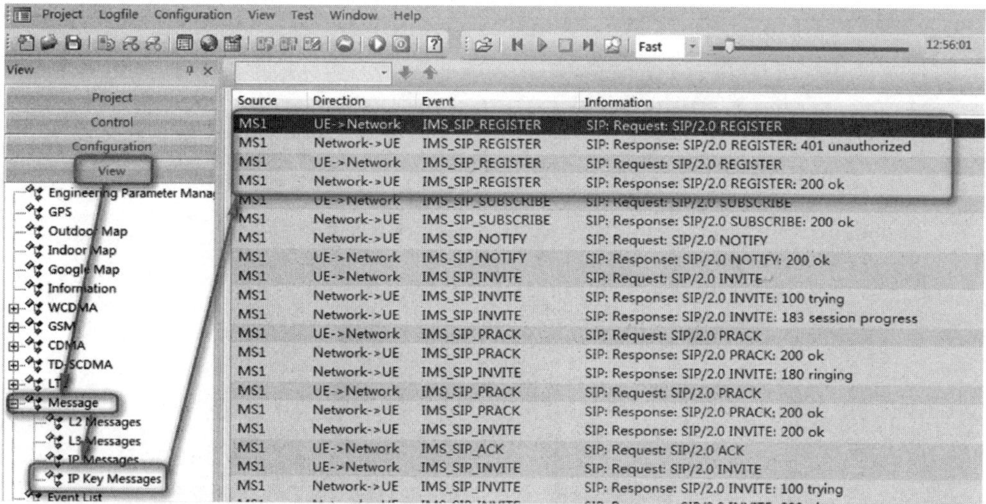

图 6-10　SIP 基本注册流程

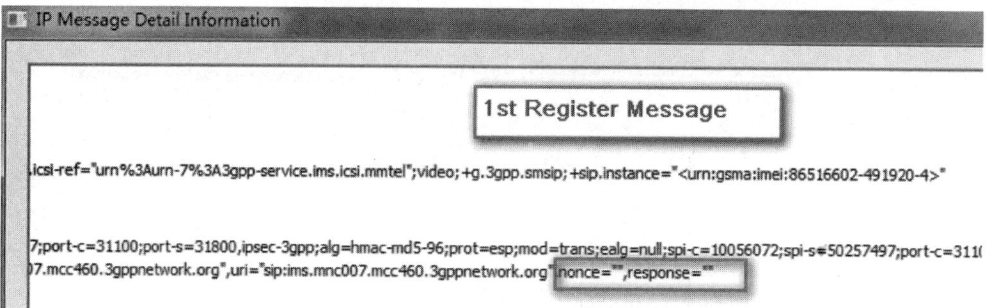

图 6-11　Register 消息解析

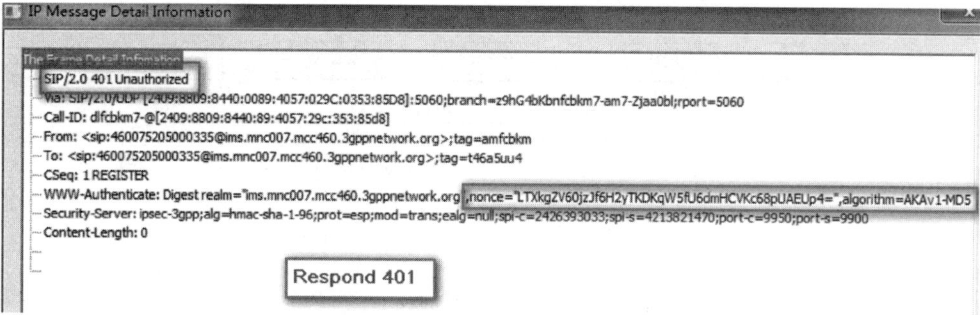

图 6-12　Respond 401 消息解析

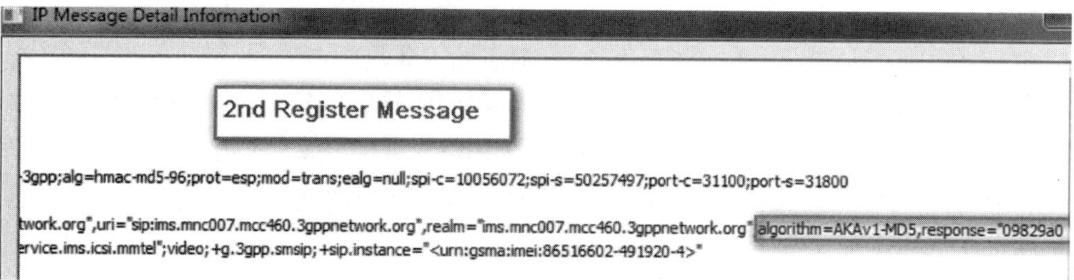

图 6-13　2nd Register 消息解析

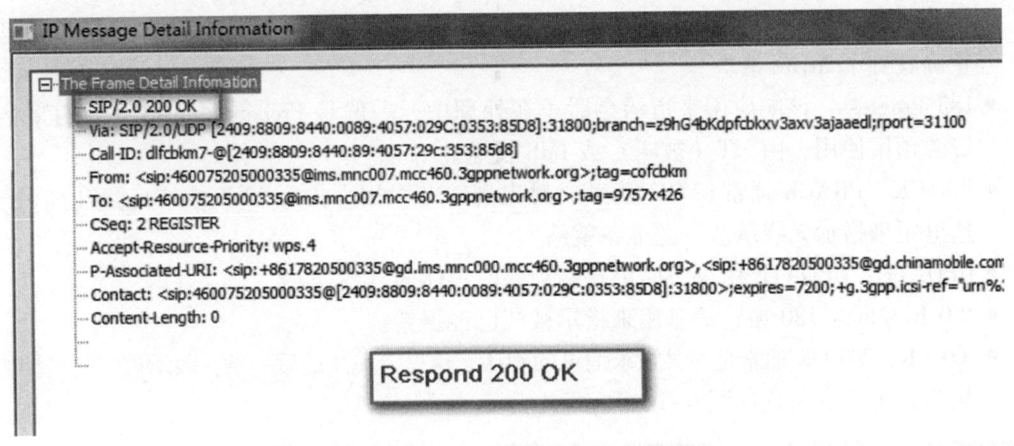

图 6-14 Respond 200 OK 消息解析

6.2 第二招 自始至终——主被叫流程

和 SIP 注册类似，VoLTE 通话也需要使用 SIP 消息来初始化 MO 和 MT 之间的会话。一个 VoLTE 基本呼叫的 SIP 信令流程如图 6-15 所示。

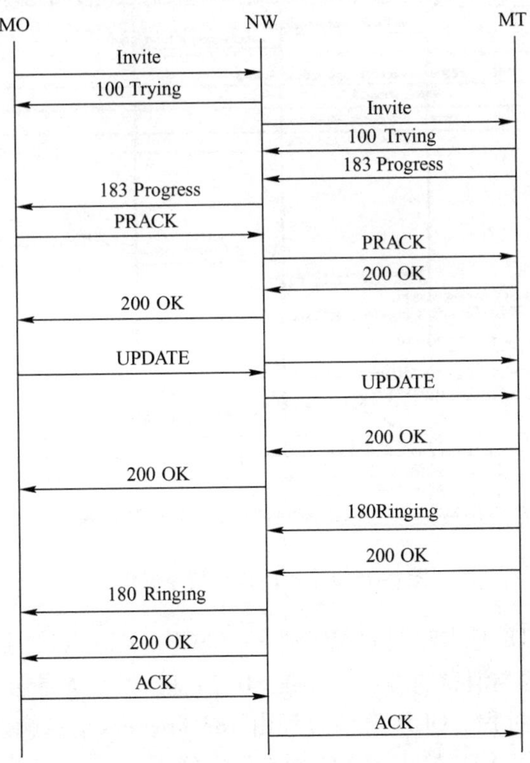

图 6-15 一个 VoLTE 基本呼叫的 SIP 信令流程

SIP 信令流程详细说明如下

- Invite：MO（主叫）发起一个 VoLTE 呼叫，向 MT（被叫）发送一条 Invite 请求消息。

- 100 Trying：Invite 请求的临时响应消息，通常是 MT（被叫）或者 IMS 用来指示已经正确收到了 Invite 请求。
- 183 Progress：该响应用来指示会话正在处理中，一般是 Precondition 打开时用来指示资源预留使用，由 MT（被叫）或 IMS 发送。
- PRACK：PRACK 通常和 183 消息成对出现，一般用来指示 1XX 响应已经正常收到，这里用来指示无线承载资源准备就绪。
- UPDATE：UPDATE 用来协商更新端到端的媒体面参数等。
- 180 Ringing：180 振铃消息用来指示被叫已经振铃。
- 200 OK：200 OK 通常是对某请求消息的确认，这里要关注最后一条，表示被叫已经摘机。

主被叫详细信令流程如图 6-16 所示。

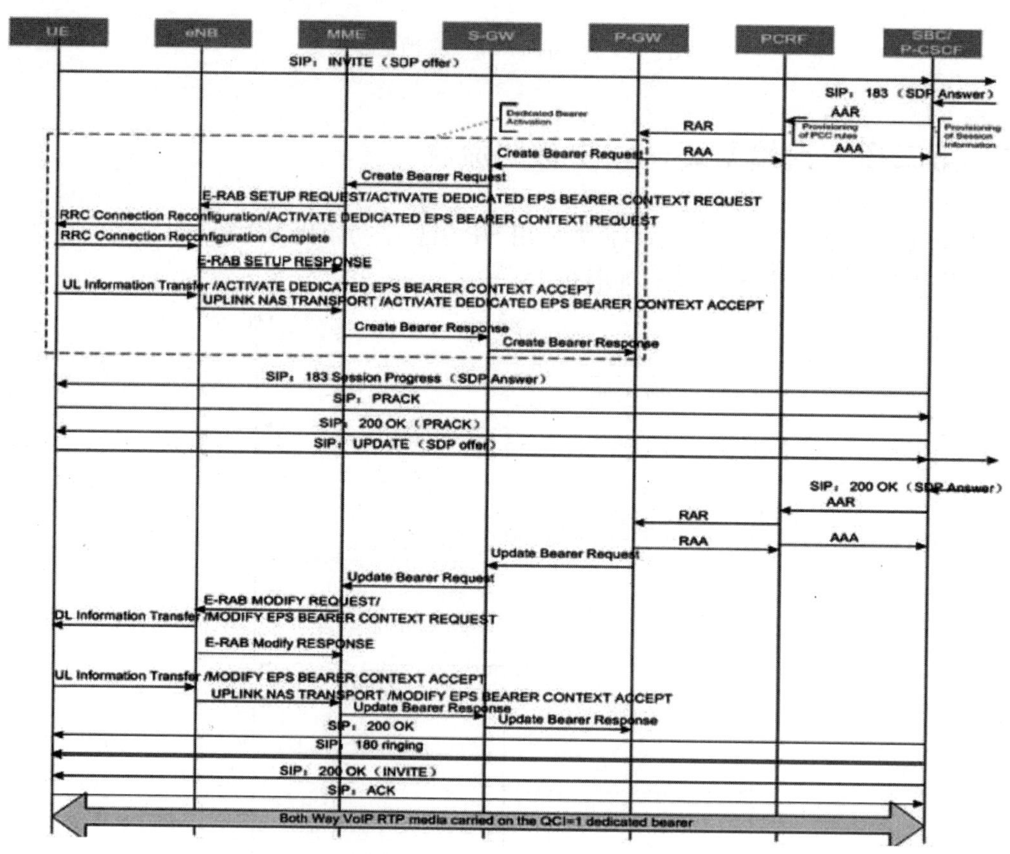

图 6-16　主被叫详细信令流程

图 6-16 所示为 VoLTE 基本呼叫的 MO 到 P-CSCF（IMS 入口网元）流程部分。

该呼叫流程中包括两类消息内容：一类是 SIP 消息；另一类是层 3 消息，其中方框中的消息内容为 QCI1 的激活过程。QCI1 激活过程由 183 Progress 消息触发。

【信令实例 3】 完整 VoLTE 接入 SIP 信令流程实例

该实例如图 6-17 所示。

Invite 消息中包括了主被叫的号码以及支持的编码方式，Invite 消息详析如图 6-18 所示。

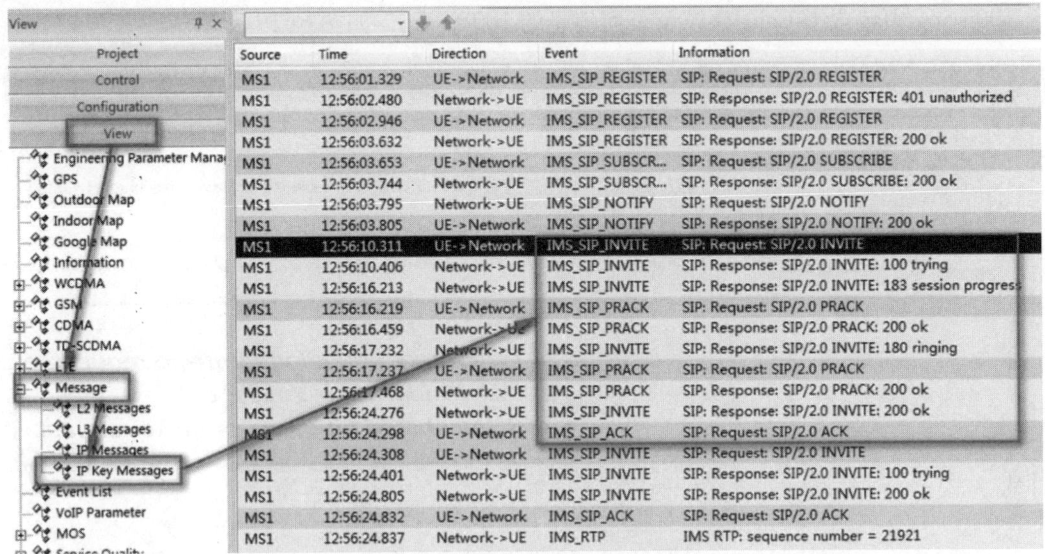

Source	Time	Direction	Event	Information
MS1	12:56:01.329	UE->Network	IMS_SIP_REGISTER	SIP: Request: SIP/2.0 REGISTER
MS1	12:56:02.480	Network->UE	IMS_SIP_REGISTER	SIP: Response: SIP/2.0 REGISTER: 401 unauthorized
MS1	12:56:02.946	UE->Network	IMS_SIP_REGISTER	SIP: Request: SIP/2.0 REGISTER
MS1	12:56:03.632	Network->UE	IMS_SIP_REGISTER	SIP: Response: SIP/2.0 REGISTER: 200 ok
MS1	12:56:03.653	UE->Network	IMS_SIP_SUBSCR...	SIP: Request: SIP/2.0 SUBSCRIBE
MS1	12:56:03.744	Network->UE	IMS_SIP_SUBSCR...	SIP: Response: SIP/2.0 SUBSCRIBE: 200 ok
MS1	12:56:03.795	Network->UE	IMS_SIP_NOTIFY	SIP: Request: SIP/2.0 NOTIFY
MS1	12:56:03.805	UE->Network	IMS_SIP_NOTIFY	SIP: Response: SIP/2.0 NOTIFY: 200 ok
MS1	12:56:10.311	UE->Network	IMS_SIP_INVITE	SIP: Request: SIP/2.0 INVITE
MS1	12:56:10.406	Network->UE	IMS_SIP_INVITE	SIP: Response: SIP/2.0 INVITE: 100 trying
MS1	12:56:16.213	Network->UE	IMS_SIP_INVITE	SIP: Response: SIP/2.0 INVITE: 183 session progress
MS1	12:56:16.219	UE->Network	IMS_SIP_PRACK	SIP: Request: SIP/2.0 PRACK
MS1	12:56:16.459	Network->UE	IMS_SIP_PRACK	SIP: Response: SIP/2.0 PRACK: 200 ok
MS1	12:56:17.232	Network->UE	IMS_SIP_INVITE	SIP: Response: SIP/2.0 INVITE: 180 ringing
MS1	12:56:17.237	UE->Network	IMS_SIP_PRACK	SIP: Request: SIP/2.0 PRACK
MS1	12:56:17.468	Network->UE	IMS_SIP_PRACK	SIP: Response: SIP/2.0 PRACK: 200 ok
MS1	12:56:24.276	Network->UE	IMS_SIP_INVITE	SIP: Response: SIP/2.0 INVITE: 200 ok
MS1	12:56:24.298	UE->Network	IMS_SIP_ACK	SIP: Request: SIP/2.0 ACK
MS1	12:56:24.308	UE->Network	IMS_SIP_INVITE	SIP: Request: SIP/2.0 INVITE
MS1	12:56:24.401	Network->UE	IMS_SIP_INVITE	SIP: Response: SIP/2.0 INVITE: 100 trying
MS1	12:56:24.805	Network->UE	IMS_SIP_INVITE	SIP: Response: SIP/2.0 INVITE: 200 ok
MS1	12:56:24.832	UE->Network	IMS_SIP_ACK	SIP: Request: SIP/2.0 ACK
MS1	12:56:24.837	Network->UE	IMS_RTP	IMS RTP: sequence number = 21921

图 6-17　SIP 信令流程实例

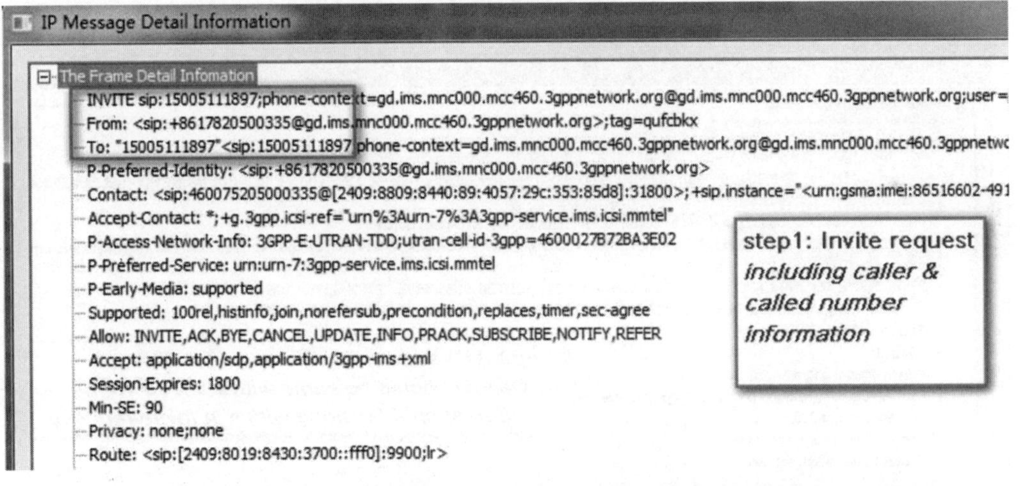

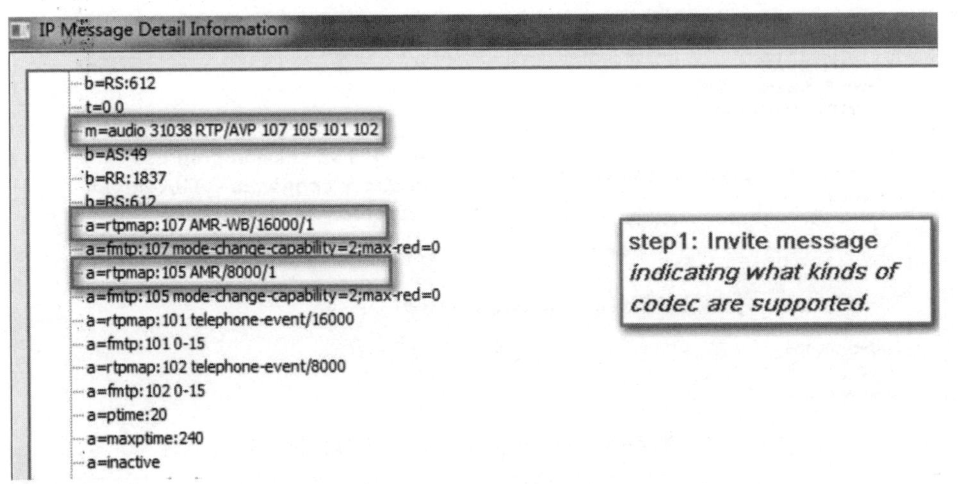

图 6-18　Invite 消息详析

100trying 中包含了 Call ID 以及是何消息的 100 trying，如图 6-19 所示。

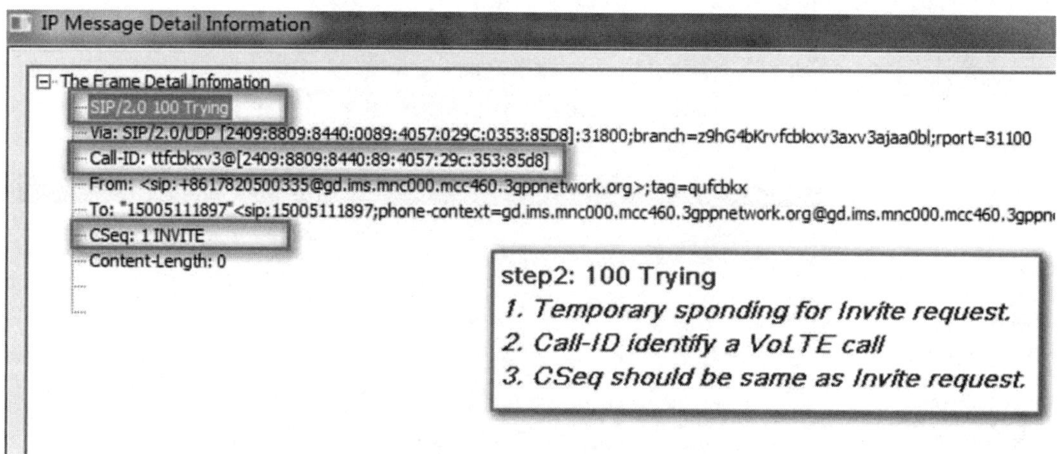

图 6-19　100Trying 消息详析

183session progress 消息中包含了 Call ID 以及选择的编码方式等，如图 6-20 所示。

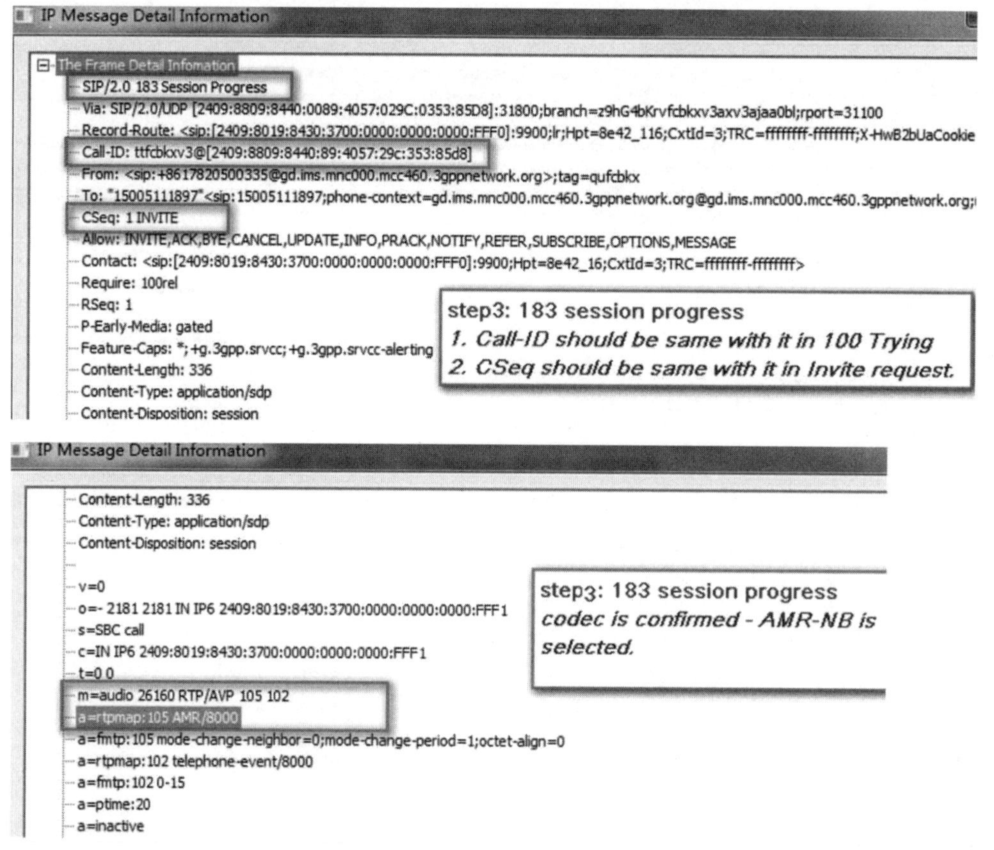

图 6-20　183 session progress 消息详析

相应的层三信令需要激活 QCI1 的承载，如图 6-21 所示。

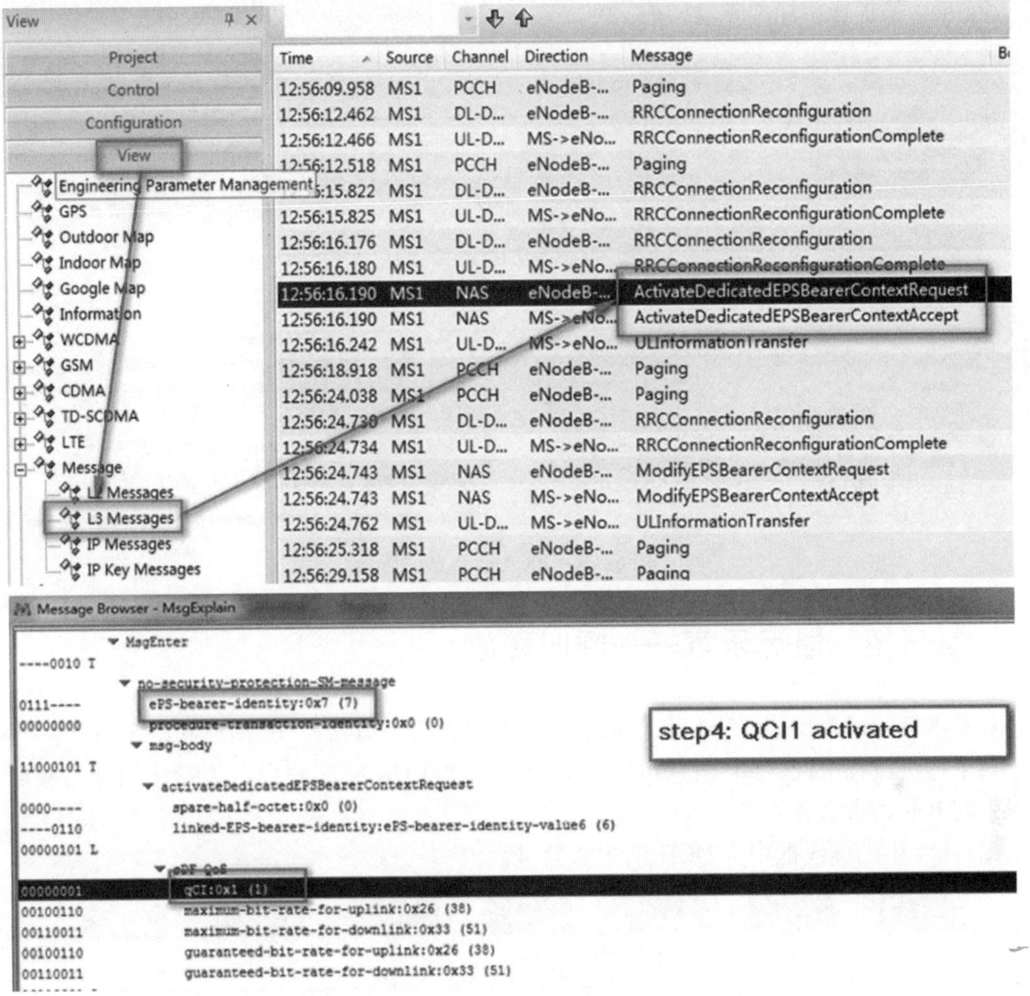

Time	Source	Channel	Direction	Message
12:56:09.958	MS1	PCCH	eNodeB-...	Paging
12:56:12.462	MS1	DL-D...	eNodeB-...	RRCConnectionReconfiguration
12:56:12.466	MS1	UL-D...	MS->eNo...	RRCConnectionReconfigurationComplete
12:56:12.518	MS1	PCCH	eNodeB-...	Paging
12:56:15.822	MS1	DL-D...	eNodeB-...	RRCConnectionReconfiguration
12:56:15.825	MS1	UL-D...	MS->eNo...	RRCConnectionReconfigurationComplete
12:56:16.176	MS1	DL-D...	eNodeB-...	RRCConnectionReconfiguration
12:56:16.180	MS1	UL-D...	MS->eNo...	RRCConnectionReconfigurationComplete
12:56:16.190	MS1	NAS	eNodeB-...	ActivateDedicatedEPSBearerContextRequest
12:56:16.190	MS1	NAS	MS->eNo...	ActivateDedicatedEPSBearerContextAccept
12:56:16.242	MS1	UL-D...	MS->eNo...	ULInformationTransfer
12:56:18.918	MS1	PCCH	eNodeB-...	Paging
12:56:24.038	MS1	PCCH	eNodeB-...	Paging
12:56:24.730	MS1	DL-D...	eNodeB-...	RRCConnectionReconfiguration
12:56:24.734	MS1	UL-D...	MS->eNo...	RRCConnectionReconfigurationComplete
12:56:24.743	MS1	NAS	eNodeB-...	ModifyEPSBearerContextRequest
12:56:24.743	MS1	NAS	MS->eNo...	ModifyEPSBearerContextAccept
12:56:24.762	MS1	UL-D...	MS->eNo...	ULInformationTransfer
12:56:25.318	MS1	PCCH	eNodeB-...	Paging
12:56:29.158	MS1	PCCH	eNodeB-...	Paging

```
Message Browser - MsgExplain
            ▼ MsgEnter
----0010 T
              ▼ no-security-protection-SM-message
0111----         ePS-bearer-identity:0x7 (7)
00000000         procedure-transaction-identity:0x0 (0)
               ▼ msg-body
11000101 T
                 ▼ activateDedicatedEPSBearerContextRequest
0000----            spare-half-octet:0x0 (0)
----0110            linked-EPS-bearer-identity:ePS-bearer-identity-value6 (6)
00000101 L
                  ▼ ePS-QoS
00000001             qCI:0x1 (1)
00100110             maximum-bit-rate-for-uplink:0x26 (38)
00110011             maximum-bit-rate-for-downlink:0x33 (51)
00100110             guaranteed-bit-rate-for-uplink:0x26 (38)
00110011             guaranteed-bit-rate-for-downlink:0x33 (51)
```

step4: QCI1 activated

图 6-21　QCI1 专用承载激活消息详析

180ring 代表振铃消息，从被叫发出，通过网络传给主叫，相当于 3G 时代的 Alerting 消息。此消息中仍然包括 Call ID 和哪条消息的 180 ring，如图 6-22 所示。

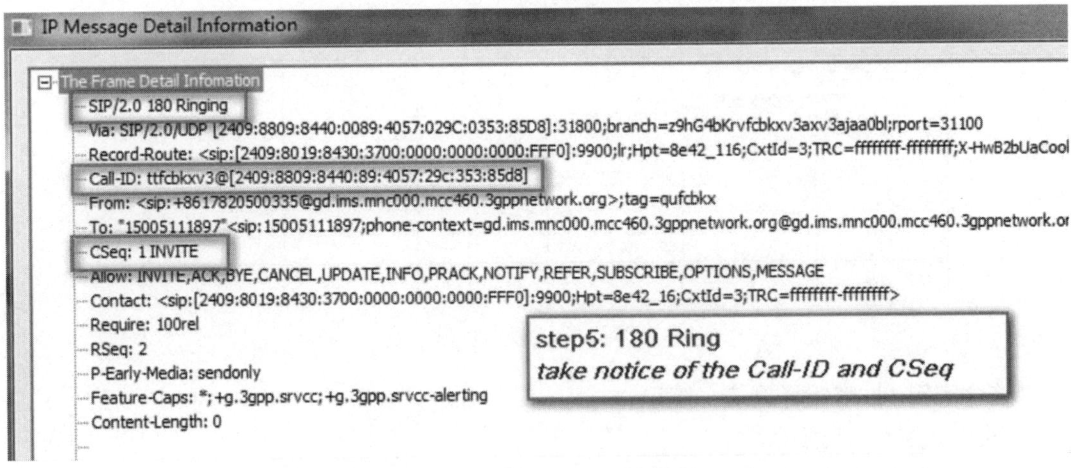

图 6-22　180 Ring 消息详析

200 OK 消息详析如图 6-23 所示。

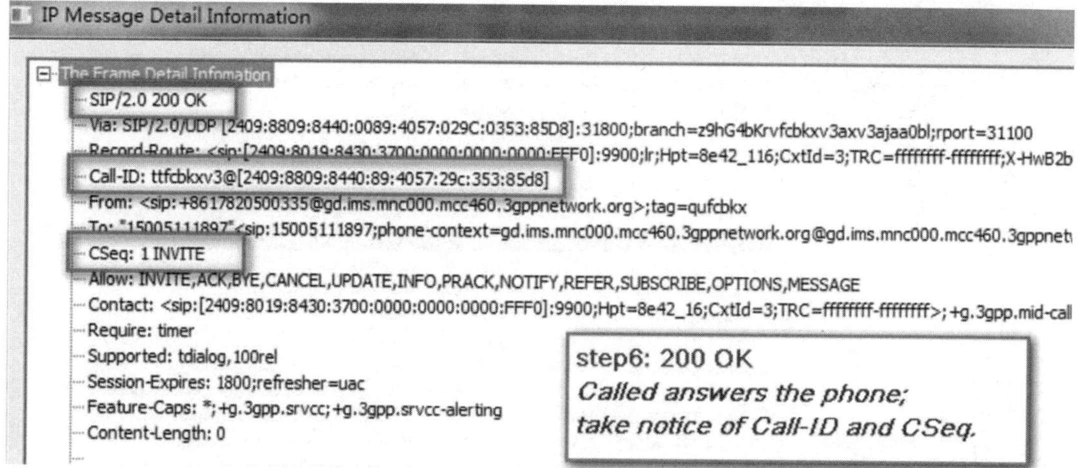

图 6-23　200 OK 消息详析

6.3　第三招　最后乐章——呼叫释放

和基本呼叫过程类似，VoLTE 挂机流程中也包含两类消息：SIP 消息和层 3 消息。

对于挂机流程来说，SIP 消息包括 Bye 消息和 200 OK 响应消息，无论主叫还是被叫均可以发起 Bye 请求消息。

图 6-24 中的虚线框中为 QCI1 的去激活过程。

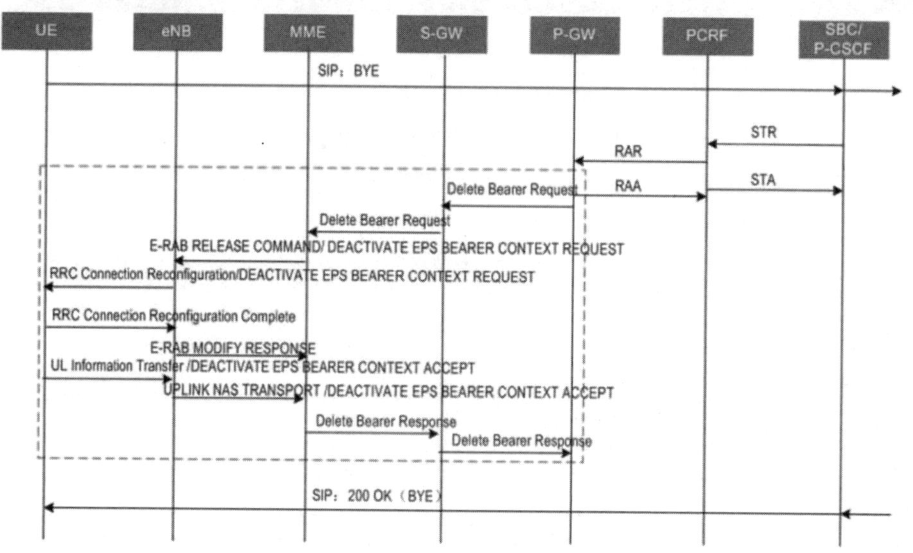

图 6-24　去激活过程

【信令实例 4】呼叫释放信令流程

该实例如图 6-25 所示。

Bye 消息中包括了 Call ID 和原因等信息，如图 6-26 所示。

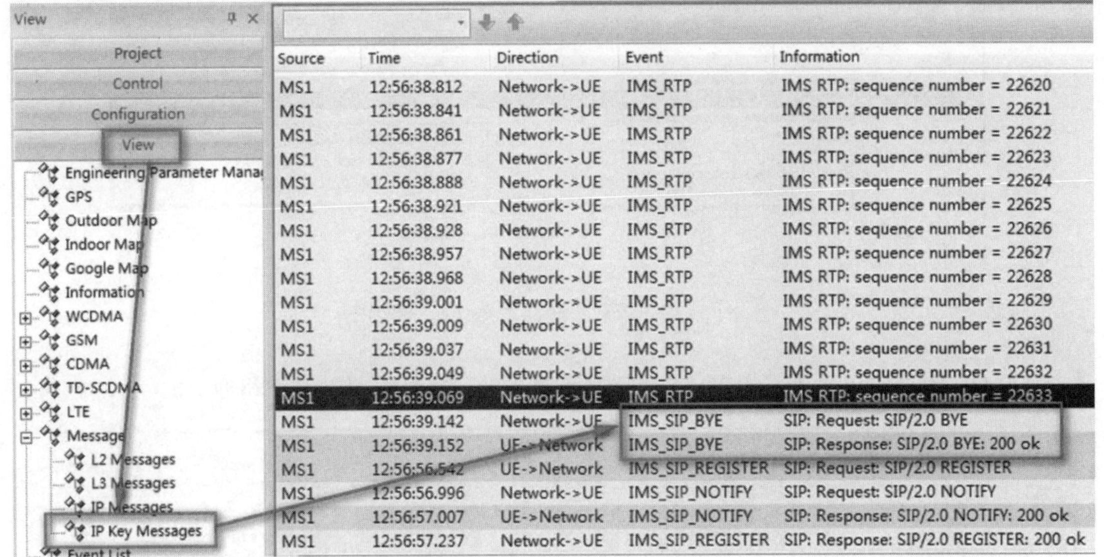

图 6-25　呼叫释放信令流程

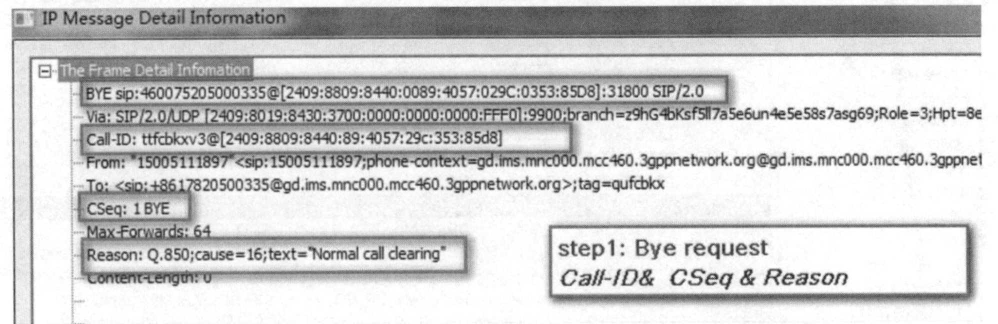

图 6-26　Bye request 消息详析

与此同时，层三信令需要去激活 QCI1 的承载信息，如图 6-27 所示。

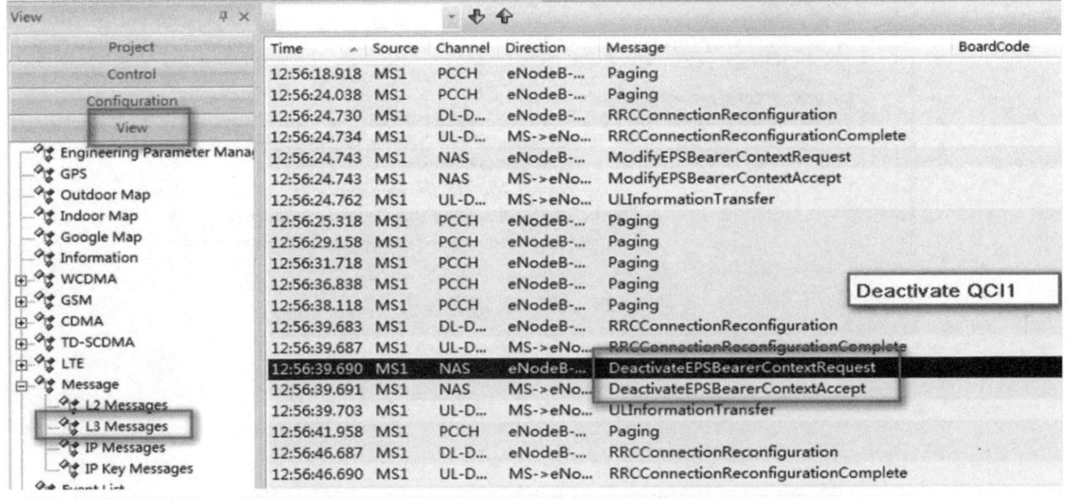

图 6-27　承载去激活消息详析

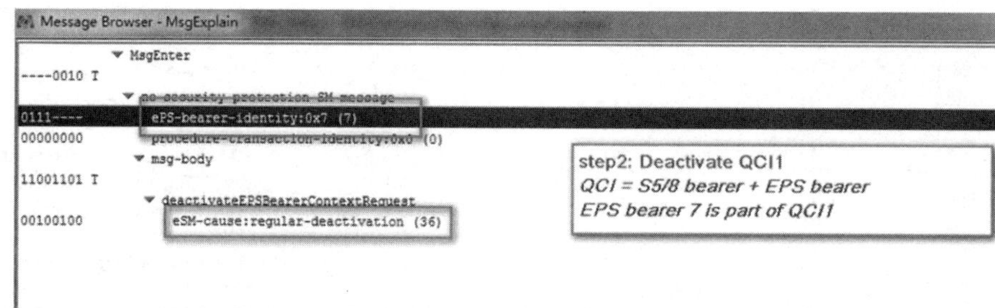

图 6-27　承载去激活消息详析（续）

200 OK 消息中包含了 Call ID 和对应那条消息的 200 OK，如图 6-28 所示。

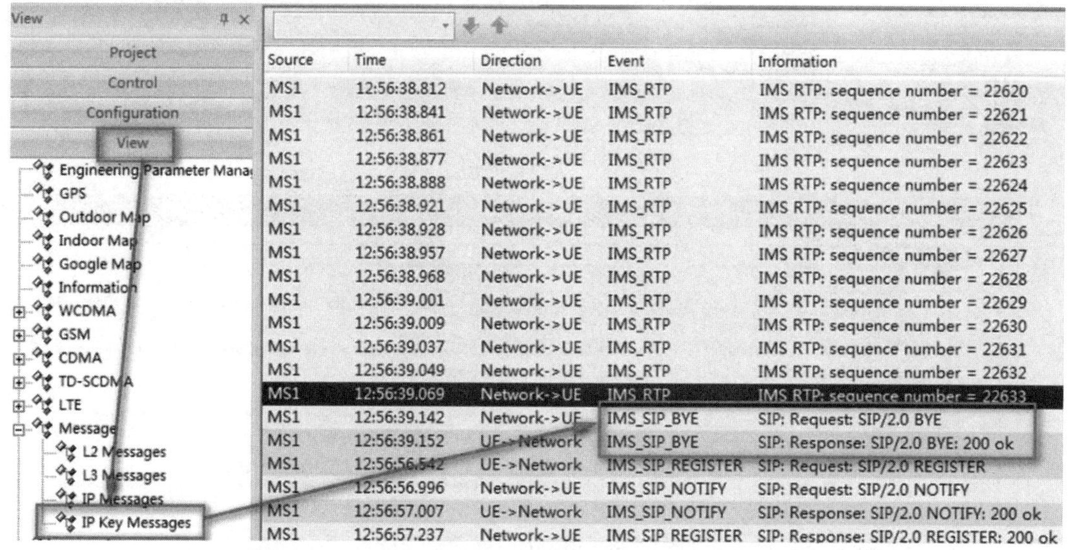

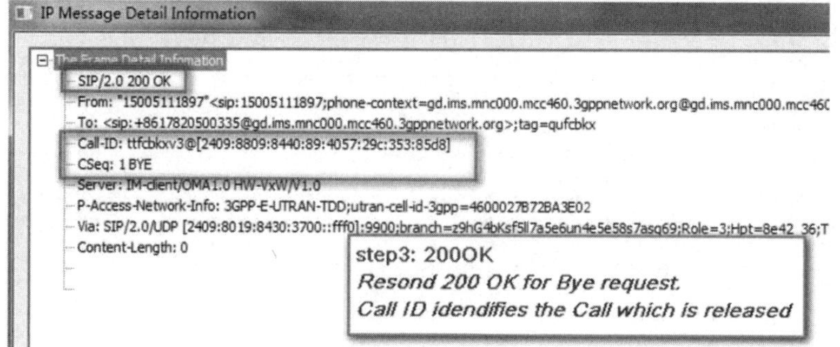

图 6-28　200 OK 消息详析

第七式　关键参数打通 VoLTE 脉络

基础功能和参数部署后，UE 就可以发起语音业务。同时，3GPP 也规定了 ROHC、RLC 分片、TTI Bounding、SPS、SRVCC 等 VoLTE 的关键特性，可以根据网络的实际情况选择性开启。为了提升语音业务的性能（如容量提升、覆盖改善、语音质量改善等），可以发掘演进语音速率控制、语音特征感知调度、语音业务优先接入等特性功能并区分场景加以应用。

7.1　第一招　夯实根基——基础参数定标

每种功能的开通都需要进行基础参数的设置，以保证功能的正常开通使用，VoLTE 也是如此。由于 VoLTE 对时延的要求比普通的 PS 业务要高，因此除了必要的 VoLTE 开关需要打开外，RLC、PDCP 层的参数配置也需要进行重新定标，避免出现频发的语音质量和接续问题。

7.1.1　RLC 参数配置建议

RLC 层的主要功能是分割与重组上层数据包，使得其大小适应于无线接口进行的实际传输。对于需要无差错传输的无线承载来说，RLC 层也可以通过重传来恢复丢包。另外，RLC 层通过重排序来弥补由于底层混合自动重传请求（HARQ）操作产生的乱序接收。建议 QCI1 采用 UM 模式，QCI5 采用 AM 模式，并且相邻小区模式统一，以防止 RLC 不匹配造成的掉话。RIC 模式取值见表 7-1。

表 7-1　RLC 模式取值

类　别	参 数 名	功 能 含 义	取 值 范 围	VoLTE 环境下的取值
RLC 相关参数	RlcMode	RLC 模式	RlcMode_AM、Rlc-Mode_UM	该参数表示 RLC 传送模式，只能选择 AM 和 UM 两种模式 建议值： QCI1：RlcMode_UM（UM 模式） QCI2：RlcMode_UM（UM 模式） QCI5：RlcMode_AM（AM 模式） QCI9：RlcMode_AM（AM 模式）

7.1.2　逻辑信道配置建议

MAC 层会将多个逻辑信道复用到同一个传输信道上进行传输，由于 VoLTE 会引入 3 个承载（QCI1、QCI2 和 QCI5），因此需要对逻辑信道进行优化以满足不同 QCI 的传输需求。逻辑信道取值见表 7-2。

表 7-2　逻辑信道取值

类　　别	参　数　名	功 能 含 义	取 值 范 围	VoLTE 环境下的取值
LogicalChannelConfig 相关参数	Priority	该参数表示逻辑信道优先级	INTEGER (1..16)	可根据不同的 QCI 进行配置，QCI5 的取值最低，即优先级最高，QCI1 其次。建议：QCI5 的优先级 > QCI1 的优先级 > QCI2 的优先级 > QCI9 的优先级

7.1.3　PDCP 参数配置建议

LTE 系统 PDCP 层的主要目的是发送或接收对等 PDCP 实体的分组数据，其主要完成以下几方面的功能：IP 包头压缩与解压缩（ROHC）、数据与信令的加密，以及信令的完整性保护。建议开启头压缩功能，头压缩至少支持 Profile1。PDCP 参数取值见表 7-3。

表 7-3　PDCP 参数取值

类　　别	参　数　名	功 能 含 义	取 值 范 围	VoLTE 环境下的取值
PDCP 相关参数	pdcp - SN - Size	PDCP 层 SN 号长度	ENUMERATED {len7bits, len12bits}	建议为 QCI1 的无线承载建立 PDCP 实体时配置为 12 bit；建议为 QCI5 的无线承载建立 PDCP 实体时配置为 12 bit
	discardTimer	PDCP SDU 的丢弃时间	ENUMERATED {ms50, ms100, ms150, ms300, ms500, ms750, ms1500, infinity}	建议 QCI1 配置为 100ms、QCI5 配置为 1500 ms。对无线网络性能的影响：如果参数配置过大，则会造成业务延时不能满足 QCI 要求；如果配置过小，则会造成 PDCP 层数据丢弃严重，影响吞吐量

7.2　第二招　内外兼修——eSRVCC 通话不中断

为保证语音业务感知，在 4G 覆盖较差的地区，终端需要通过 eSRVCC 方式互操作至 2G。对于 eSRVCC 互操作，需通过邻区配置和参数进行优化。eSRVCC 典型组网架构如图 7-1 所示。

7.2.1　邻区配置建议

场景一：

如果 4G 与 2G 小区共站，则 4G 首先需要配置所有共站的 2G 小区频点及小区；同时需要继承其中同方向角的 2G 共站小区（系统实现时可考虑一定的角度放宽，暂定 60°内）的 2G 邻区频点及小区。

场景二：

如果 4G 仅与 3G 小区共站，则 4G 需要配置所有 3G 共站小区的 2G 邻区频点及邻区。

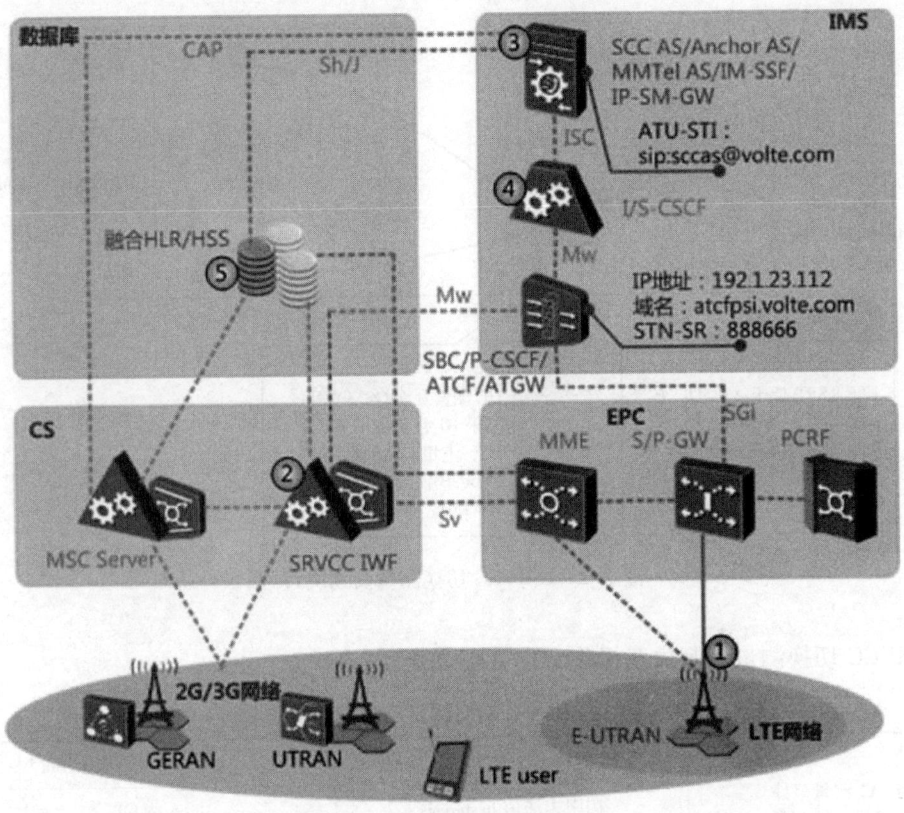

图 7-1　eSRVCC 典型组网架构

场景三：

如果 4G 站点为新建站，则优先添加第一圈 2G 邻区频点及邻区。应重点核查以下两类漏配 2G 小区频点及小区：

1）距离 4G 站点最近的 N 个 2G 站址中，如果存在室外小区，则选择天线方向指向本小区的 2G 小区（相对方向角小于 180°）；如果存在室分小区，则无须考虑方向角，上述室内外频点共 M 个（N 建议小于 9 个，建议距离在 2 km 范围内）。

2）4G 小区天线法向方向正面对打小区且两小区天线相对方向角度在 60°之内最近的两个候选邻区频点及其对应的小区（该邻区距本小区不超过 1 km）。如果这两个小区频点被包含于前述 M 个小区频点，则需配邻区频点个数为 M，否则为 $M+2$ 个。

场景四：

如果 4G 与 2G 共室分，则 4G 需要配置该 2G 室分频点及小区，以及该 2G 室分小区的邻区频点及邻区。

注：CSFB 的邻区和 VoLTE 的邻区不复用，需保证 VoLTE 邻区配置正确。

7.2.2　参数配置建议

由于语音业务与数据业务的不同，为保证 LTE 语音业务连续性，语音业务异系统门限建议高于数据业务异系统门限，以避免 LTE 弱覆盖场景下的掉话问题。

eSRVCC 切换测量及判决过程如图 7-2 所示。

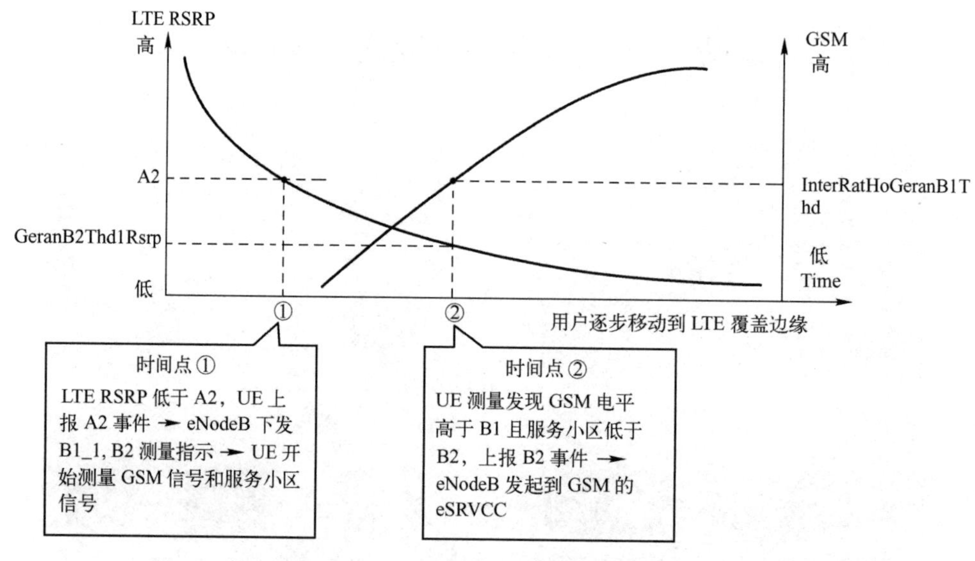

图 7-2　eSRVCC 切换测量及判决过程

eSRVCC 切换测量及判决互操作参数见表 7-4。

表 7-4　eSRVCC 切换测量及判决互操作参数

4G A2 测量事件（触发异系统测量）	本系统判决门限（含门限迟滞值）	-105 ~ -100 dBm
	门限迟滞值 hysteresis	1 dB
	触发时间 timetotrigger	320 ms
4G B2 测量事件	本系统判决门限（含门限迟滞值）	-118 ~ -115 dBm
	异系统判决门限（含门限迟滞值）	-95 ~ -85 dBm
	门限迟滞值 hysteresis	1 dB
	触发时间 timetotrigger	320 ms

7.3　第三招 特性助力——VoLTE 基础特性

3GPP 规定了 DRX、ROHC、RLC 分片、TTI Bounding、SPS 等 VoLTE 的关键基础特性，用于提升 VoLTE 的覆盖和容量。DRX、ROHC 和 RLC 分片是普遍开启的基础特性，而 SPS 和 TTI Boundning 应用的场景有限，可以根据网络的实际情况选择性开启。

7.3.1　ROHC 特性

ROHC 头压缩特性开启后，可以大大降低头开销，提高 VoLTE 语音用户容量，提高数据业务吞吐量，增强边缘覆盖。压缩方和解压方分别有 3 种状态和 3 种工作模式。通过压缩方和解压方的状态迁移以及工作模式的转换，可以适应不同质量的无线环境，确保在不同无线环境下压缩包可以被正常解压。ROHC 工作模式如图 7-3 所示。ROHC 开启相关参数见表 7-5。

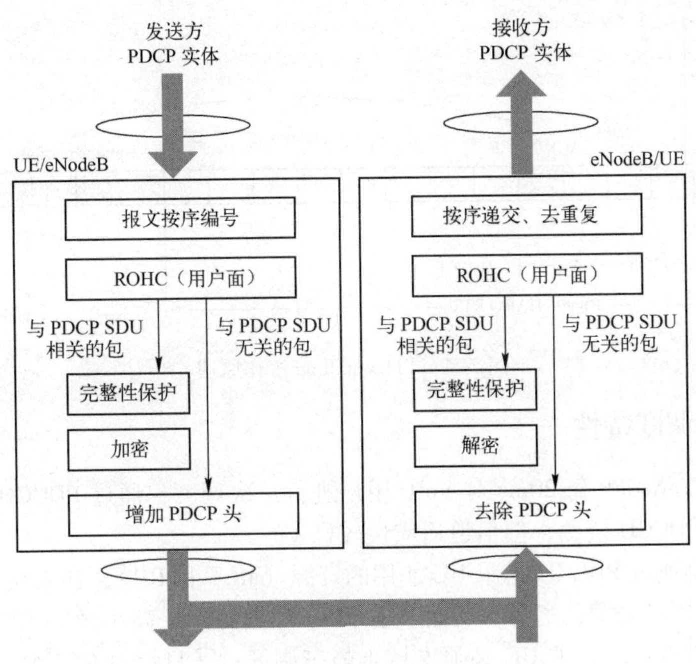

图 7-3　ROHC 工作模式

表 7-5　ROHC 开启相关参数

参数名称	设置值描述
ROHC 开关	打开该参数，表示 eNodeB 启用 ROHC 功能。ROHC 功能对无线网络性能的影响：当开关打开时，启用 ROHC 头压缩功能，减小报文头部在空口的传输开销，提高 VoIP 业务容量，改善 VoIP 业务覆盖
ROHC 最高模式	该参数表示 ROHC 的运行模式。其中，单向模式（Unidirectional Mode）报文只能从压缩方到解压方单向发送，不强制要求有反馈通道，因此这种模式的可靠性低于优化模式和可靠模式，但反馈占用的开销也最低。优化模式（Bi - directional Optimistic Mode）解压方可以向压缩方发送反馈信息，指示异常或上下文同步成功。该模式的可靠性比单向模式要高，需要的反馈信息量也不如可靠模式大。可靠模式（Bi - Directional Reliable Mode）压缩方和解压方上下文的可靠性最高，但由于反馈频繁，因此链路开销也最大
压缩协议类型	该参数表示 eNodeB 支持的压缩协议类型

7.3.2　TTI Bundling 特性

TTI bundling 特性通过 4 个连续子帧进行一个包的传输，以增大传输成功率，从而提高接收成功率，避免过多的 HARQ 重传，达到覆盖增强的效果，如图 7-4 所示。TTI Bundling 只支持子帧配比 0、子帧配比 1、子帧配比 6，且对于单终端来说，TTI Bundling 与半静态调度互斥。另外，需要考虑终端兼容性，建议谨慎开启该功能。TTI Bundling 开启相关参数见表 7-6。

表 7-6　TTI Bundling 开启相关参数

参数名称	设置值描述
TTI Bundling 开关	打开该开关，开启 TTI Bundling 功能。当为 UE 配置 TTI bundling 传输模式后，在 VOIP 空口时延预算内获得更多传输机会，提高上行覆盖

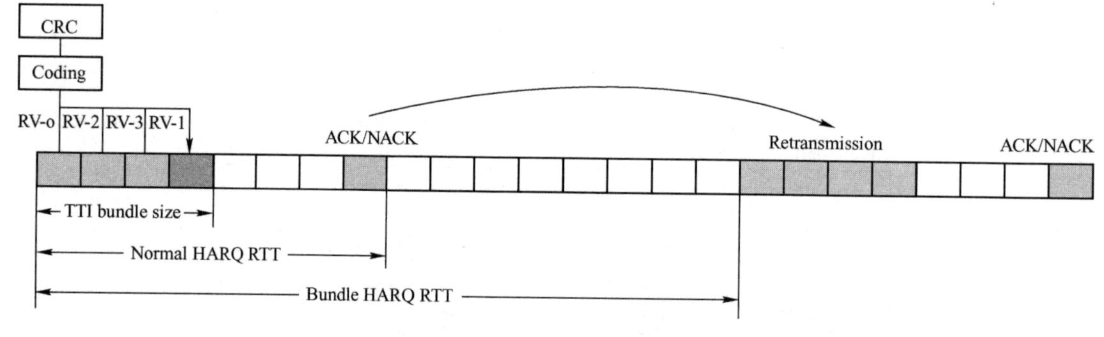

图 7-4　TTI Bundling 工作原理

7.3.3　半静态调度特性

动态调度时，eNodeB 每 20ms 对 VoIP 用户进行一次调度，通过 PDCCH 信道指示用户，这样会消耗较多 PDCCH 资源，但信道适应性较好。

半静态调度会通过 PDCCH 指示 UE 使用的资源（MCS 和 RB），在未接收到新的资源调度前，UE 一直占用已分配的资源，从而节省 PDCCH 资源，提高小区 VoIP 平均用户数。半静态调度特性关键点：①要求 UE 必须支持半静态调度；②只针对 QCI 为 1 的 VoIP 语音业务进行。半静态调度开启相关参数见表 7-7。

表 7-7　半静态调度开启相关参数

参数名称	设置值描述
上行调度开关	打开该开关，表示采用上行半静态调度
下行调度开关	打开该开关表示采用下行半静态调度

7.3.4　DRX 省电特性

随着 LTE 应用的丰富和智能手机的发展，手机的待机与使用时长成为了用户的重要体验之一。3GPP 在制定 LTE 协议时就充分考虑到了 UE 的能耗，引入了 DRX 特性。在不发送数据的时间段内，DRX 使 UE 进入休眠期，达到省电的目的。DRX 的典型应用场景为周期性连续小包业务，如语音业务。DRX 参数可以基于不同的 QCI 业务特殊定制，当 UE 进行语音业务时，会建立 QCI1 承载，其 DRX 参数配置需要与语音包的规律相匹配。在存在多个 QCI 级别的业务时，以最小周期为原则。DRXI 工作原理如图 7-5 所示。DRX 开启相关参数见表 7-8。

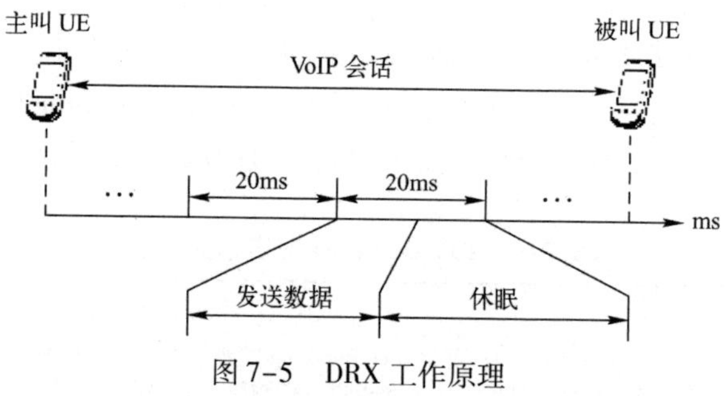

图 7-5　DRX 工作原理

表 7-8 DRX 开启相关参数

类别	参数名	功能含义	取值范围	VoLTE 环境下的取值
CDRX 相关参数	onDurationTimer	在 DRX 循环周期中 UE 苏醒的时间长度	ENUMERATED {psf1, psf2, psf3, psf4, psf5, psf6, psf8, psf10, psf20, psf30, psf40, psf50, psf60, psf80, psf100, psf200}	8
	drx - InactivityTimer	每当 UE 被调度以初传数据时，就会启动（或重启）一个定时器 drx - Inactivity Timer，UE 将一直位于激活态直到该定时器超时	ENUMERATED {psf1, psf2, psf3, psf4, psf5, psf6, psf8, psf10, psf20, psf30, psf40, psf50, psf60, psf80, psf100, psf200, psf300, psf500, psf750, psf1280, psf1920, psf2560, spare10, spare9, spare8, spare7, spare6, spare5, spare4, spare3, spare2, spare1}	4
	drx - RetransmissionTimer	DRX 的 HARQ 重传定时器，应用于下行重传的 HARQ RTT 定时器超时时，保证重传有时间能下发	ENUMERATED {psf1, psf2, psf4, psf6, psf8, psf16, psf24, psf33}	4
	longDRX - Cycle	DRX 长周期的长度	ENUMERATED {sf10 , sf20, sf32, sf40, sf64, sf80 , sf128, sf160, sf256, sf320, sf512, sf640 , sf1024, sf1280, sf2048, sf2560}	sf40
	shortDRX - Cycle	短 DRX 周期	ENUMERATED {sf2, sf5, sf8, sf10, sf16, sf20, sf32, sf40, sf64, sf80, sf128, sf160, sf256, sf320, sf512, sf640},	建议不配置
	drxShortCycleTimer	DRX 短周期定期器	INTEGER (1..16)	建议不配置

7.4 第四招 融会贯通——VoLTE 演进功能

VoLTE 业务的 QoS 要要高于其他业务，随着 VoLTE 用户的逐渐增多和用户需求的不断提升，基础特性越来越难满足用户发展的需求。诸如 AMRC、Flash eSRVCC、基于时延的调度等特性适时演进并出现，突破了基础特性遇到的瓶颈，将 VoLTE 的性能和感知提升到一个新的高度。

7.4.1 AMRC

AMRC（语音自适应速率调整）通过 eNB 参与 AMR 的速率调整过程，使得在小区中心时，eNB 通过速率请求调整至最大速率，获得 MOS 增益；在小区边缘时，eNB 通过 AMR 速率请求调整为较低速率，从而实现弱覆盖下的语音质量提升，如图 7-6 所示。即基于用户信道质量适配不同的 AMR 速率，获得最优 MOS 体验。

在 eNB 中可以设置调速丢包率门限点，当统计周期 UE 的丢包率达到门限后，eNB 尝试修改 AMR 语音包头的 CMR 字段，触发 UE 调整编码速率，从而达到根据信道质量进行编码速率的动态调整：在中近点采用高速率，在远点采用低速率。

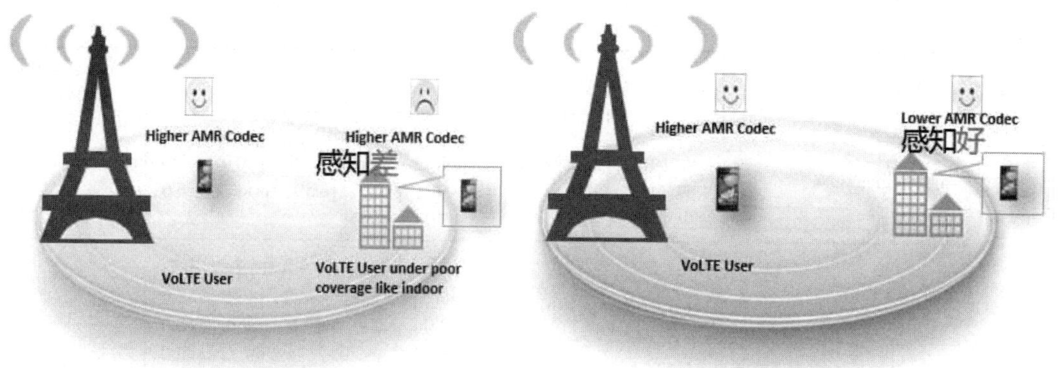

图 7-6　不同编码速率远近点差异

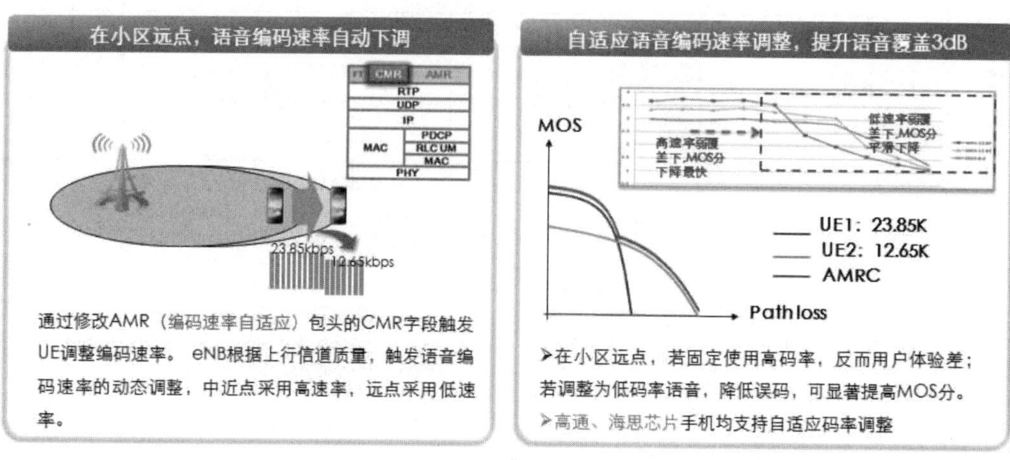

图 7-7　AMRC 原理

7.4.2　Flash eSRVCC 提升边缘用户感知

基于覆盖的 VoLTE 体验优化特性根据上行信道质量对语音专用承载进行接纳判决，eNodeB 识别弱覆盖区域用户并拒绝语音专用承载建立，IMS 要求终端重试 CSFB 呼叫，保证语音呼叫成功。

针对弱场环境，主被叫 VoLTE 起呼时，终端发生 bSRVCC 切换对用户感知造成的影响，引入 Flash eSRVCC 功能 VoLTE Flash eSRVCC 切换方案，可以极大提升弱覆盖场景呼叫成功率，如图 7-8 所示。

Flash eSRVCC 主要为解决在弱覆盖场景下起呼成功率问题，在 eNB 中进行弱覆盖用户的识别，当识别为弱覆盖用户在终端发起语音建立承载请求时 eNB 会发起承载拒绝的响应，当核心网收到承载拒绝响应后 IMS 核心网想终端回复 503 媒体承载建立失败的响应，此时终端发起联合附着转 CSFB 或者 ultra - flash CSFB 业务，如图 7-9 所示。

目前，终端收到 VoLTE 承载建立失败转 CSFB 功能已在 iPhone 6s/6 mate 等终端均已具备。Flash eSRVCC 相关参数见表 7-9。

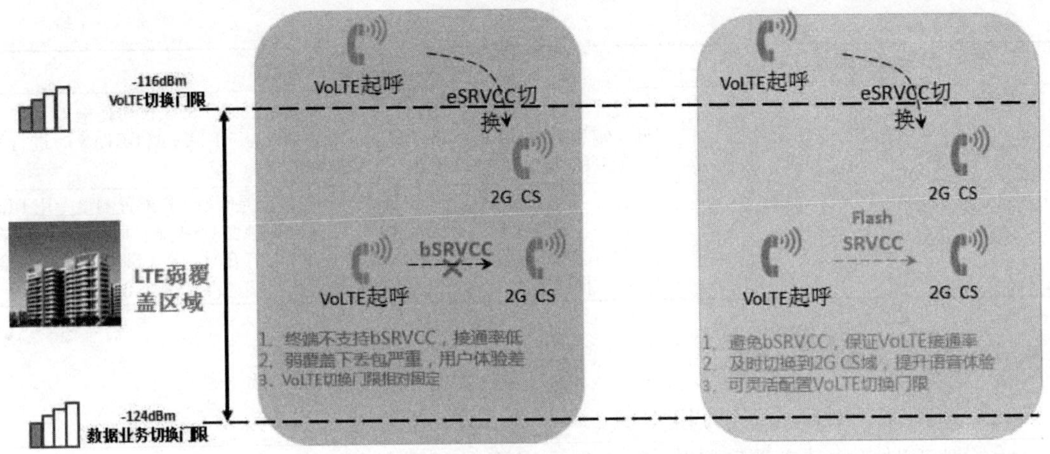

图 7-8　FLASH eSRVCC 应用场景

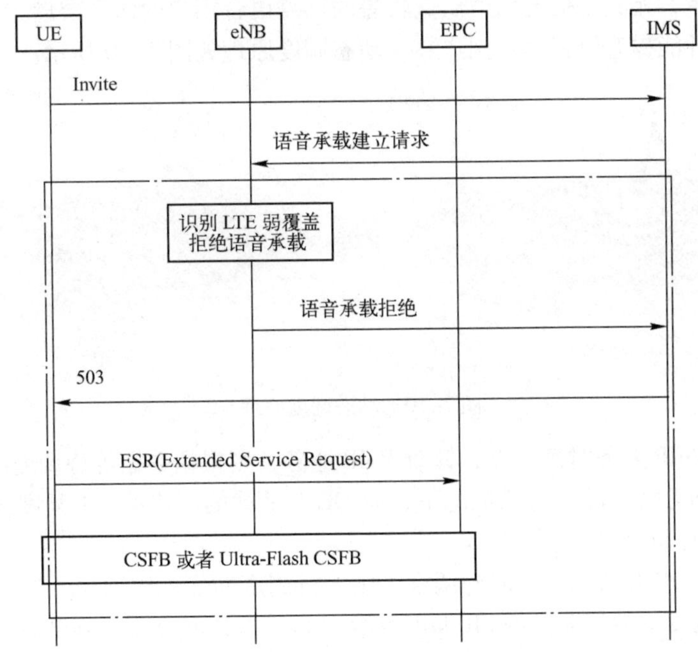

图 7-9　Flash - eSRVCC 信令流程

表 7-9　Flash eSRVCC 相关参数

参数名称	设置值描述
LTE CSFB to Geran 开关	打开/LTE CSFB to Geran 开关
极快速 Cs fallback 至 Utran 算法开关	关闭/关闭 Cs fallback 至 Utran 算法开关，保证 CSFB 均至 GSM
Flash eSRVCC 算法	打开/Flash SRVCC 算法开关打开
CSFB 测量时删除异频测量开关	打开/控制在触发 LTE 到 GERAN 的 CSFB 流程中启动 GSM 测量后是否要删除异频测量

（续）

参数名称	设置值/描述
ultra Flash CSFB 盲切换失效开关	打开/当盲切换开关为开时，如果 Ultra - Flash CSFB 盲切换失效开关为开，则表示 UE 采用 Ultra - Flash CSFB 回落至 UTRAN 或 GETAN 时进行基于测量的切换
DRX 优化测量开关	打开/该参数表示 CSFB 触发 GSM 测量时，是否给 UE 配置测量专用 DRX 参数的控制开关。当开关关闭时，在 CSFB 触发 GSM 测量时，只给 UE 配置测量 GAP 来进行 GSM 系统测量；当开关打开时，在 CSFB 触发 GSM 测量时，同时下发 DRX 参数和测量 GAP 给终端进行 GSM 系统测量

7.4.3 质量改善相关参数

（1）上行基于时延的动态调度

上行基于时延的动态调度是指 eNodeB 在采用上行动态调度时，调度优先级会考虑数据等待调度的时长。对语音业务采用基于时延的调度优先级排序能获得更加均衡的调度序列，从而提高语音质量，尤其是提升信道质量较差的远点语音用户的语音质量。在语音业务高负载场景下，该特性能提升语音满意用户数。动态调度原理如图 7-10 所示。

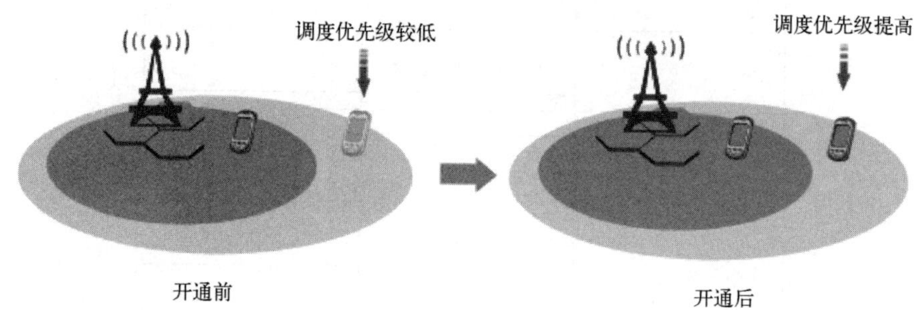

图 7-10　动态调度原理

如果配置为 VoIP 业务时延调度，针对 VoIP 业务，则根据数据等待调度的时长进行调度优先级排序。相同等待调度的时长情况下，有 QCI1 承载的用户的 SR 调度优先级高于没有 QCI1 承载的用户的 SR 调度优先级。

如果配置为 VoIP 和数据业务时延调度，则上行调度的优先级顺序：控制信令 > VoIP 业务的 BSR 和 SR 调度 > 数据业务的 SR 调度 > 数据业务的 BSR 调度。在数据和语音混合业务重载场景下，语音业务能够优先被调度，从而保障了语音质量。

（2）上行 VoLTE 动态调度数据量估算

eNodeB 可以准确获得下行各业务的数据量，但无法准确获得 UE 上行各业务的数据量，因此 eNodeB 需要对 UE 的上行调度数据量进行计算，尽量一次完成调度。

上行 VoLTE 动态调度数据量计算是指根据 VoLTE 业务模型和上行调度间隔计算 VoLTE 业务的上行动态调度数据量。

当上行语音业务处于通话期时，根据上行调度间隔估算 UE 缓存中的语音包个数，再根据语音包大小计算 VoLTE 业务的上行动态调度数据量。

当上行语音业务处于静默期时，按一个语音包大小估算 VoLTE 业务的上行动态调度数据量。上行 VoLTE 动态调度数据量计算使得对语音业务的上行动态调度数据量计算更准确，减小由于上行调度数据量计算不足导致的额外的 VoLTE 包时延，可以在小区重载和 DRX 场景下提升语音质量。动态调度数据量原理如图 7-11 所示。

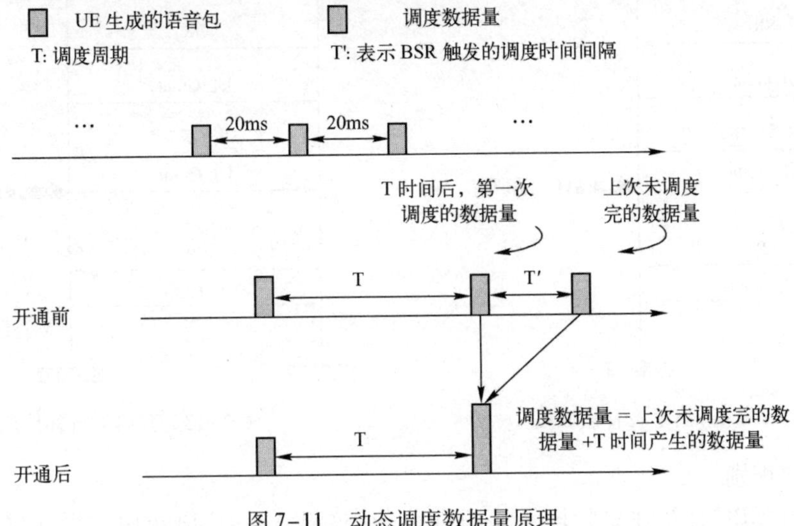

图 7-11　动态调度数据量原理

上行 VoLTE 动态调度数据量估算通过参数上行增强的 VoIP 调度开启。

(3) 语音业务 UE 不活动定时器独立配置功能

在语音呼叫中，如果被叫未接听，则主叫可能会因 UE 不活动定时器超时被 eNodeB 释放，呼叫无法继续。

动态 DRX 场景或其他场景，eNodeB 都会从优先级最高的 QCI 中，选取不活动定时器的最大值，作为该 UE 的不活动定时器。

(4) 上行补偿调度

上行数据发送依赖于 UE 上报的调度请求 SR（Scheduling Request），如果 eNodeB 出现 SR 漏检，则可能导致 eNodeB 不能及时调度，出现语音包等待时延增加甚至超时丢包现象，如图 7-12 所示。

(5) 上行补偿调度开启前

上行补偿调度是指 eNodeB 对语音用户进行识别，并监控语音用户在上行链路没有被调度的时间间隔。如果语音用户在一定时间内上行链路没有被调度过，则 eNodeB 主动给该语音用户发送 UL Grant，保证上行语音包可以及时发送，减少语音包等待时延，改善由于超过 PDCP Discard Timer 带来的丢包，如图 7-13 所示。

语音通话期和静默期的补偿调度最小间隔分别通过参数设置。

由于通话期和静默期的判决有一定延迟，因此导致在静默期转为通话期及初始接入时，不能及时触发上行补偿调度。通过缩短通话期判决延迟，减少静默期误判，从而及时触发上行补偿调度，可以进一步减少语音包等待时延和语音上行丢包，改善语音质量，尤其是初始接入和切换场景的语音质量。

(6) 语音业务优先接入

语音业务优先接入是指 eNodeB 为 VoLTE 语音用户预留用户数资源，当小区在线用户数目超过（小区用户数规格 - VoLTE 预留用户数）时，通过使用预留资源或者抢占数据用户资源，确保 VoLTE 语音用户能够接入，数据用户释放或者重定向到异频或者异系统小区。

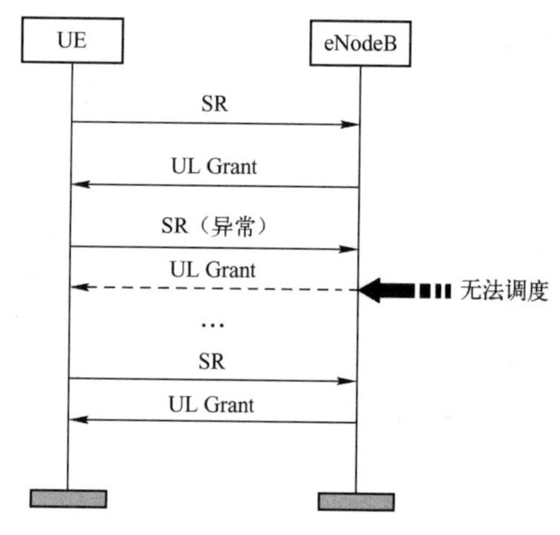

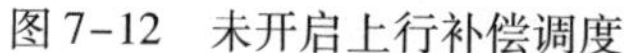
图 7-12 未开启上行补偿调度

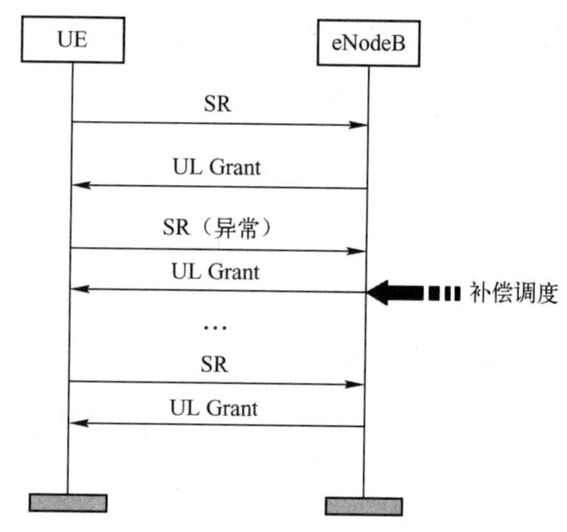

图 7-13 开启上行补偿调度

（7）用户识别

eNodeB 在 RRC 连接建立阶段无法识别业务类型，VoLTE 语音用户目前仅支持在 E-RAB 建立阶段进行识别。

允许使用 VoLTE 语音预留资源接入的用户范围包括 RRC 连接新建用户、RRC 重建用户及系统内切换入用户。这些用户接入后，则启动 VoLTE 优先接入判决定时器。在定时器超时前，如果用户成功建立 QCI1 承载，则识别为 VoLTE 语音用户；否则，识别为数据用户。

语音业务优先接入功能开启后，当小区在线用户数目超过“小区用户数规格 - VoLTE 预留用户数”时，针对识别出来的语音和数据用户进行如下处理。

1）VoLTE 语音用户抢占开关关闭。

① 针对新接入的 VoLTE 语音用户，使用 VoLTE 预留用户数资源接入小区进行语音业务。

② 针对新接入的数据用户，将其重定向至异频/异系统小区或者直接释放。

2）参数的 VoLTE 语音用户抢占开关开启。

① 针对新接入的 VoLTE 语音用户，抢占低优先级数据用户资源，并且将被抢占的数据用户重定向至异频/异系统小区或者直接释放。如果抢占失败，则新接入的 VoLTE 语音用户使用 VoLTE 预留用户数资源接入小区进行语音业务。

② 针对新接入的数据用户，将其重定向至异频/异系统小区或者直接释放。

③ 数据用户被重定向还是释放通过参数配置。推荐异频或者异系统重定向。没有异频或异系统邻区时，采用直接释放的方式。

（8）上行语音静音恢复

上行语音静音恢复功能是指针对识别出的上行语音静音的用户，通过小区内切换或者 RRC 释放，尝试恢复正常通话。

上行语音静音恢复功能通过上行语音静音恢复开关开启，针对语音静音用户进行如下处理：

1）针对 PDCP、RLC 异常导致的静音，eNodeB 对该用户进行小区内切换，从而重置无线承载。

2）针对其他情况导致的静音，eNodeB 对该用户进行 RRC 释放。有异频目标，进行异频盲重定向，RRC 释放消息中携带异频频点。

无异频目标，eNodeB 对该用户进行 RRC 释放，RRC 释放消息中不携带异频频点。

(9) 上行时延调度策略

该策略是上行调度计算用户调度优先级和用户排序的策略。上行调度策略支持 MAX C/I、PF、RR、EPF 四种调度策略。MAX C/I 调度策略即最大载干比调度策略，按照用户平均信干噪比从大到小排序。PF 调度策略即比率公平调度策略，用户优先级为用户速率与用户平均信干噪比的比值，按照优先级从小到大排序。RR 调度策略即轮询调度策略，依次调度每个用户。EPF 调度策略即增强的比率公平调度策略，根据用户速率、用户平均 SINR、用户所有业务 QoS 保证速率以及用户差异化需求来计算优先级，按照优先级从小到大的顺序排序。MAX C/I、PF、RR 三种调度策略是上行调度默认支持的基本调度策略，EPF 调度策略应用于商用场景。质量改善相关参数见表 7-10。

表 7-10 质量改善相关参数

参数名称	设置值描述
上行时延调度策略	该参数用于控制上行时延调度策略
	如果配置为无时延调度，则上行动态调度不采用上行时延调度策略
	配置为 VoIP 业务时延调度，针对 VoIP 业务，根据数据等待调度时长进行调度优先级排序
	配置为 VoIP 和数据业务时延调度，在数据和语音混合业务重载场景下，语音优先被调度
	如果配置为区分 VoIP 业务的时延调度，针对 VoIP 业务，则根据数据等待调度的时长进行调度优先级排序。相同等待调度的时长情况下，有 QCI1 承载的用户的 SR 调度优先级高于没有 QCI1 承载的用户的 SR 调度优先级
上行增强的 VoIP 调度开关	对 VoLTE 业务估算上行动态调度数据量，可减小 VoLTE 业务的包时延和丢包率，提升语音质量
	在 QCI = 1 的用户间计算优先级时考虑等待调度时长
	用于控制上行 VoIP 调度优化功能是否生效
语音业务通话期上行补偿调度最小间隔	配置语音业务通话期上行补偿调度的最小间隔
语音业务静默期上行补偿调度最小间隔	配置语音业务静默期上行补偿调度的最小间隔
	语音业务轻载场景，建议设置为 50 ms；其他场景，建议设置为 80 ms
语音用户 SINR 校正算法 IBLER 目标值	该参数用于设置非 TTI Bundling 状态语音用户动态调度的 SINR 校正算法的 IBLER 目标值
	建议在小区轻载场景设置为≤10%，在小区重载场景设置为 10%
VoLTE 预留用户数	该参数用于设置 VoLTE 用户优先接入预留用户数。如果设置为 0，则表示 VoLTE 预留用户数为 0，语音业务优先接入功能不生效；如果设置为 $X(X\neq0)$，则当 X < 小区用户数规格时，语音业务优先接入功能生效；否则不生效
VoLTE 优先接入定时器	该参数表示判断用户是否是 VoLTE 用户的定时器时长。如果设置为 0，则表示 VoLTE 优先接入定时器时长为 0，语音业务优先接入功能不生效；如果设置为 $X(X\neq0)$，则 VoLTE 优先接入定时器时长为 X s，语音业务优先接入功能生效。根据 VoLTE 语音从用户上下文建立成功到 QCI1 语音承载建立成功的时延来配置，如果建立时延较小，则建议为 VoLTE 优先接入定时器配置较小值。建议配置为 5 s

第八式　大道至简优化关键指标

关键性能指标（KPI）和关键质量指标（KQI）是客观反映网络性能的手段，也为日常的优化指明了方向。通常将KPI分为接入类、保持类、移动类，与KQI相关的是语音质量。KPI和KQI的监控和提升能够让人们在实际的工作中及时发现网络的质量问题并有针对性地进行优化，极大程度上避免了投诉的发生。

8.1　第一招　先入为主——接入性指标优化

接入性指标主要是衡量VoLTE用户的接通性能，由于起呼过程中经历的网元较多，因此分段排查是目前行之有效的排查优化手段。

8.1.1　VoLTE端到端呼叫流程

端到端呼叫信令流程如图8-1所示。

1）UE_A向IMS拜访网络入口P-CSCF_A发送Invite消息发起会话。

2）P-CSCF_A从Invite消息中获得主叫UE_A会话信息，将用户的信令地址、媒体带宽等信息通过认证/授权请求消息AAR发送给PCRF_A，通知PCRF_A建立承载。

3）PCRF_A向P-CSCF_A发送认证/授权应答消息AAA响应。

4）P-CSCF_A收到Invite消息，将自己的地址放到Via和Record-Route头域，将注册时保存的S-CSCF地址加入Route头域，根据本地记录的主叫用户注册S-CSCF_A地址，路由消息到S-CSCF_A。

5）S-CSCF_A收到Invite消息，判断P-Asserted-Identity头域中的主叫号码已注册，根据主叫用户签约的iFC模板数据，触发MMTel AS_A。

6）MMTel AS_A向主叫UE_A提供语音业务后，发送Invite消息到S-CSCF_A。

7）S-CSCF_A根据号码格式，查询ENUM/DNS，获取下一跳路由地址。

8）DNS根据SIP号码中的域名解析出被叫I-CSCF_B的IP地址，将其返回给S-CSCF_A。

9）S-CSCF_A将Invite消息发送到被叫I-CSCF_B。

10）I-CSCF_B向融合HLR/HSS发送LIR消息，请求获取UE_B注册的S-CSCF_B地址。

11）融合HLR/HSS收到LIR消息后，根据本地数据库中的用户注册信息，查看被叫用户的S-CSCF_B地址，向I-CSCF_B发送LIA消息，提供S-CSCF_B的服务器地址。

12）S-CSCF_B收到Invite消息后，根据iFC模板数据，向MMTel AS_B发送Invite消息触发被叫业务和被叫网络域选。

13）MMTel AS/SCC AS_B向融合HLR/HSS发送UDR消息，请求获取被叫用户的T-ADS信息。

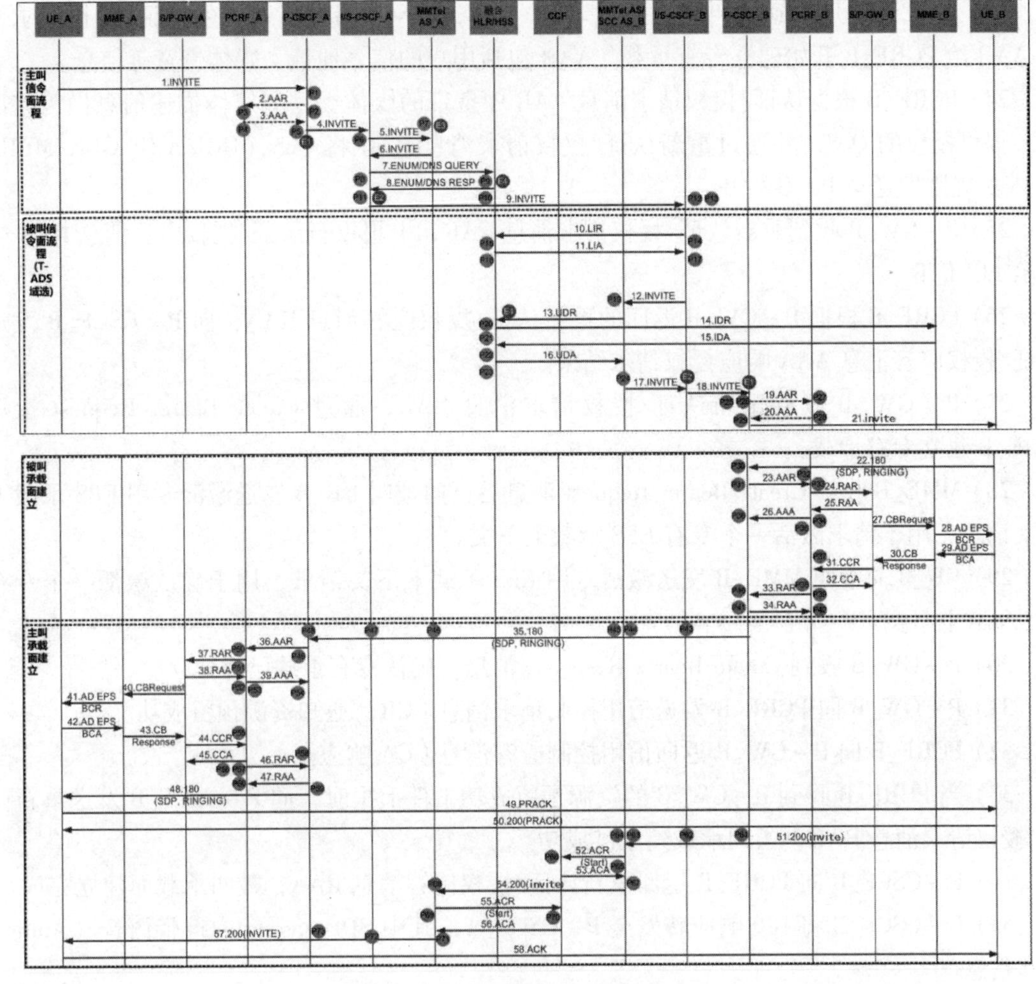

图 8-1　端到端呼叫信令流程

14）融合 HLR/HSS 通过 IDR 消息向 MME_B 查询被叫用户的 T－ADS 信息。

15）MME_B 将查询的结果通过 IDA 消息向融合 HLR/HSS 发送被叫用户的 T－ADS 信息。

16）融合 HLR/HSS 根据 MME_B 返回的 IDA 消息将 T－ADS 信息通过 UDA 消息返回给 MMTel AS/SCC AS_B。

17）MMTel AS/SCC AS_B 基于获取的 T－ADS 信息，判断当前域选到 IMS 网络。MMTel AS/SCC AS_B 确定被叫域选的网络后，通过 Invite 消息指示 S－CSCF_B 将呼叫接续到特定网络。

18）S－CSCF_B 查询本地保存的被叫用户注册的 P－CSCF_B 地址，将呼叫请求通过 Invite 消息发送到 P－CSCF_B。

19）P－CSCF_B 从 Invite 消息中获得主叫 UE_A 会话信息，将用户的信令地址、媒体带宽等信息通过认证/授权请求消息 AAR 发送给 PCRF_B，通知 PCRF_B 建立专有承载。

20）PCRF_B 向 P－CSCF_B 发送认证/授权应答消息 AAA 响应。

21）P－CSCF_B 通过 Invite 消息将呼叫请求接续到 UE_B。

22）被叫 UE_B 返回 180 响应，在 SDP 中携带协商完成后的媒体类型及媒体编解码能力。

23）P－CSCF_B 收到被叫侧返回的 180（SDP，RINGING）后，下发认证/授权请求消息 AAR 给 PCRF_B 开始建立专有承载。AAR 包括用户的信令地址、媒体带宽等信息。

24）PCRF_B 根据认证/授权请求消息 AAR 中携带的媒体类型和媒体描述信息做策略决策，提供授权的 QoS，并通过重新认证/授权请求消息 RAR 将 QoS（QCI/ARP/GBR/MBR）和 PCC 规则发送至 P－GW_B。

25）P－GW_B 收到重新认证/授权请求消息 RAR，上报重新认证/授权应答消息 RAA 响应给 PCRF_B。

26）PCRF_B 根据 P－GW_B 返回的重新认证/授权应答消息 RAA，向 P－CSCF_B 发送认证/授权应答消息 AAA 响应授权请求结果。

27）P－GW_B 收到重新认证/授权请求消息 RAR，通过 Create Bearer Request 指示 MME_B 建立专有承载。

28）MME_B 收到 Create Bearer Request 消息后，向被叫 UE_B 发送激活专用 EPS 承载上下文请求，用于请求激活一个专有 EPS 承载上下文。

29）UE_B 向被叫 MME_B 发送激活专用 EPS 承载上下文请求，用于确认激活一个专有 EPS 承载上下文。

30）P－GW_B 收到 Create Bearer Response 消息，确认专有承载已经建立。

31）P－GW_B 向 PCRF_B 发送信用控制请求消息 CCR，通知资源预留成功。

32）PCRF_B 向 P－GW_B 返回信用控制应答消息 CCA 响应。

33）当 PCRF_B 收到 P－GW_B 的资源预留成功事件上报时，向 P－CSCF_B 发送重新认证/授权请求消息 RAR，通知承载建立已成功。

34）P－CSCF_B 向 PCRF_B 返回重新认证/授权应答消息 RAA，被叫承载面建立完成。

35）P－CSCF_B 将 180 响应转发至 P－CSCF_A，其中 SDP answer 中携带语音（Audio）媒体信息。

36）P－CSCF_A 收到被叫侧返回的 180（SDP，Ringing）下发认证/授权请求消息 AAR 消息给 PCRF_A 开始建立专有承载。AAR 包括用户的信令地址、媒体带宽等信息。

37）PCRF_A 根据认证/授权请求消息 AAR 中携带的媒体类型和媒体描述信息做策略决策，提供授权的 QoS，并通过重新认证/授权请求消息 RAR 消息将 QoS（QCI、ARP、GBR 和 MBR）和 PCC 规则发送至 P－GW_A。

38）P－GW_A 收到重新认证/授权请求消息 RAR，上报重新认证/授权应答消息 RAA 响应给 PCRF_A。

39）PCRF_A 根据 P－GW_A 返回的重新认证/授权应答消息 RAA，给 P－CSCF_A 通过认证/授权应答消息 AAA 响应授权请求结果消息。

40）P－GW_A 收到重新认证/授权请求消息 RAR，通过建立承载请求指示 MME_A 建立专有承载。

41）MME_A 收到建立承载请求消息后，向主叫 UE_A 发送激活专用 EPS 承载上下文请求消息，用于请求激活一个专有 EPS 承载上下文。

42）UE_A 向主叫 MME_A 发送激活专用 EPS 承载上下文请求消息，用于确认激活一个专有 EPS 承载上下文。

43）P－GW_A 收到建立承载请求消息，确认专有承载已经建立。

44）P－GW_A 向 PCRF_A 发送信用控制请求消息 CCR 消息，通知资源预留成功。

45）PCRF_A 向 P－GW_A 返回信用控制应答消息 CCA 响应。

46）当 PCRF_A 收到 P－GW_A 的资源预留成功事件上报时，向 P－CSCF_A 发送重新认证/授权请求消息 RAR，通知承载建立已成功。

47）P－CSCF_A 向 PCRF_A 返回重新认证/授权应答消息 RAA。

48）P－CSCF_A 将 180 响应转发至主叫 UE_A，其中 SDP answer 中携带语音（Audio）媒体信息。

49）被叫网络收到主叫网络发送的 PRACK 请求，表示主叫网络成功接收 180 响应，并且已完成资源预留。

50）被叫 UE 返回针对 PRACK 请求的 200 响应，表示成功接收 PRACK 请求。

51）被叫用户接听电话，被叫 UE 向主叫网络返回针对 Invite 请求的 200（Invite）响应。

52）当 MMTel AS/SCC AS_B 收到 200（Invite）消息后，开始向本域的 CCF 发送 ACR[Start]消息。

53）CCF 收到正确的 ACR[Start]消息后，将其保存，创建被叫 AS CDR，并向 MMTel AS/SCC AS_B 发送计费响应消息 ACA。

54）MMTel AS/SCC AS_B 向主叫 MMTel AS_A 转发 200（INVITE）消息。

55）当 MMTel AS_A 收到 200（INVITE）消息后，开始向本域的 CCF 发送 ACR[Start]消息。

56）CCF 收到正确的 ACR[Start]消息后，将其保存，创建主叫 AS CDR，并向 MMTel AS_A 发送计费响应消息 ACA（Accounting Answer）。

57）返回针对 Invite 请求的 200（Invite）响应消息到主叫 UE_A。

58）主叫 UE 向被叫网络返回针对 200（Invite）响应的 ACK 确认消息，主、被叫 UE 成功建立会话。

8.1.2 接通率问题现象分类

VoLTE 接通失败原因分类如图 8-2 所示。

在出现未接通问题时，各网元异常问题表现见表 8-1。

表 8-1　各网元异常问题表现

网　元	分析数据源	问 题 表 现
UE	DT 或者 CQT 数据	1）因空口质量问题或 MME 不发 QCI1 承载建立请求，导致终端 TCALL 或 TQOS 定时器超时，终端发 CANCEL 或发 580 资源预留失败错误码 2）终端异常，直接发 CANCEL 消息终止呼叫 3）终端在 QCI1 建立后，RRC 异常释放，导致 IMS 相关定时器超时 4）终端收到 IMS 发的 480、487、499、500、503 等错误码，导致呼叫建立流程中断 5）被叫终端未响应寻呼 6）被叫终端响应呼叫发 603 消息终止呼叫
eNodeB	虚用户跟踪信令	1）RRC 异常释放，通过虚用户跟踪可看到 RRC 异常释放原因 2）QCI5 未建立，或 QCI5 承载建立失败 3）MME 未向 ENODEB 下 QCI1 承载建立请求 4）QCI1 建立失败 5）QCI1 承载被删除

（续）

网　　元	分析数据源	问 题 表 现
MME	MME 侧单用户跟踪	1）MME 和 HSS 的 IDR/IDA（流程 14、15）异常 2）MME 有没有向 eNodeb 发 QCI5/QCI1 承载建立请求 3）QCI5/QCI1 承载建立失败 4）MME 没有收到 P/SGW 发的 CBRequest 消息（流程 27） 5）MME 释放 QCI1 承载
P/SGW	PGW 或 SGW 侧单用户跟踪	1）和 PCRF 的 RAR/RAA 交互流程异常（流程 24/25） 2）没有向 MME 发送 CBRequest 消息（流程 27），导致 QCI1 承载无法正常建立 3）向 MME 发送 CBRequest 消息后，没有收到 MME 回应的 CBResponse（流程 30）
PCRF	PCRF 侧单用户跟踪或抓包文件	1）和 PGW 的 RAR/RAA 交互流程异常（流程 24/25） 2）和 P－CSCF 的 AAR/AAA 交互流程异常（流程 23/26）
IMS	P－CSCF 单用户跟踪或抓包文件	1）和 P－CSCF 的 AAR/AAA 交互流程异常（流程 23/26），导致 QCI1 承载无法正常建立 2）收到终端发的 CANCEL/580/603 等导致呼叫中断的消息 3）SIP 信令流程异常，IMS 等待终端发送 SIP 消息时间超时，发送 CANCEL 或 480/499 等错误码 4）P－CSCF 向 PCRF 发 AAR，等待 AAA 消息超时，发送 503 错误码 5）IMS 内部异常，或取其他网元交互异常，发送 500/503 等错误码，导致呼叫中断
路测工具	路测测试数据	1）因测试暂停等原因，导致事件打点丢失 2）软件异常导致事件打点乱序、错误、丢失

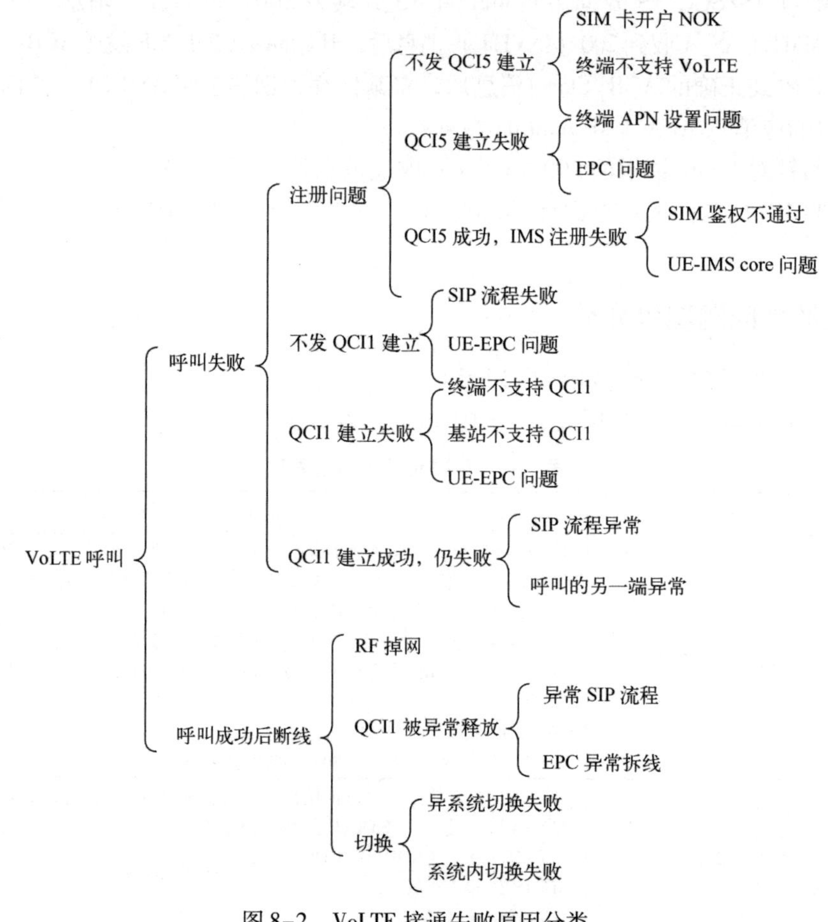

图 8-2　VoLTE 接通失败原因分类

8.1.3 优化分析

优化 VoLTE 成功率，需要把 RF 原因导致的 QCI5 SIP 包收发超时或丢包问题与端到端流程造成的异常分类，以展开 RF 优化，或定界到问题产生网元解决相关问题，如图 8-3 所示。

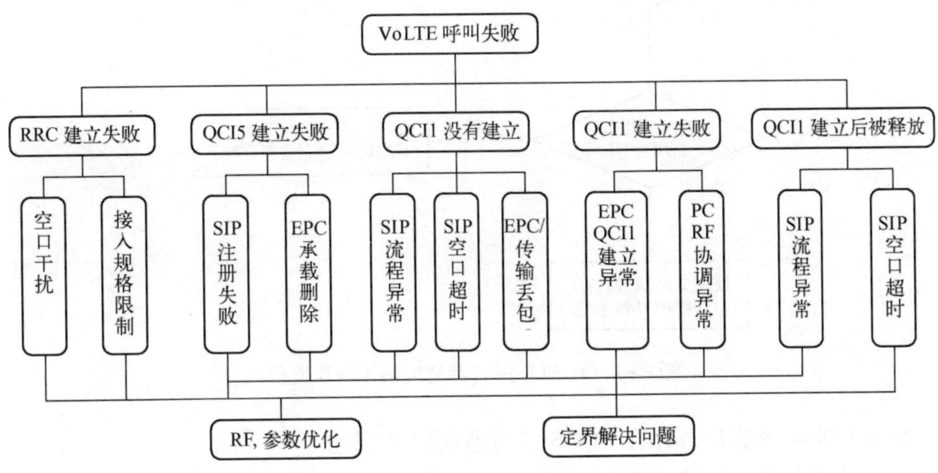

图 8-3 VoLTE 呼叫失败处理流程

分析 VoLTE 接通率，在通过测试软件记录空口 LOG 的同时，需要进行 eNodeb、MME、P/SGW、PCRF、IMS 多点信令跟踪，端到端进行问题分析。

1. 终端侧问题分析

通过测试 Log 记录空口数据，重点查看测试软件记录的 SIP 信令、RRC 信令、NAS 信令及表征空口质量的 RSRP、SINR、BLER 等指标。分析思路如下：

1）查看主叫终端是否存在 TCALL 定时器超时的问题。

终端 TCALL 定时器：当主叫终端发出 Invite 消息后，TCALL 定时器开始记时，当主叫收到 IMS 下发的 100 TRYING 消息后，定时器停止。若该定时器超时，则主叫终端发 CANCEL 消息，转 CSFB。

在测试软件 SIP 信令窗口看到主叫发 Invite 后，一直没有收到下行的 100 TRYING 消息，10 s 后启动转 CSFB，就会出现上述问题，如图 8-4 所示。

接下来的分析思路如下：

① 首先查看主叫终端发 Invite 消息后，RRC 是否未能正常建立或 RRC 建立后异常释放。

RRC 未能正常建立，看是否存在 RPRP 过低、上行存在干扰、PRACH 功控参数设置不合理等问题。

RRC 建立后异常中断，看是否 RSRP 过低或 SINR 过低导致上行或下行失步，导致 RRC 异常释放。如果空口质量无问题，则需要查看 eNodeb 的虚用户跟踪，来判断 RRC 异常释放的原因。

② 若 RRC 建立成功且未正常释放，则需要查看 P－CSCF 侧信令，看主叫终端发送的 Invite 消息 P－CSCF 是否收到，P－CSCF 是否发 100 TRYING ，定界问题所在。

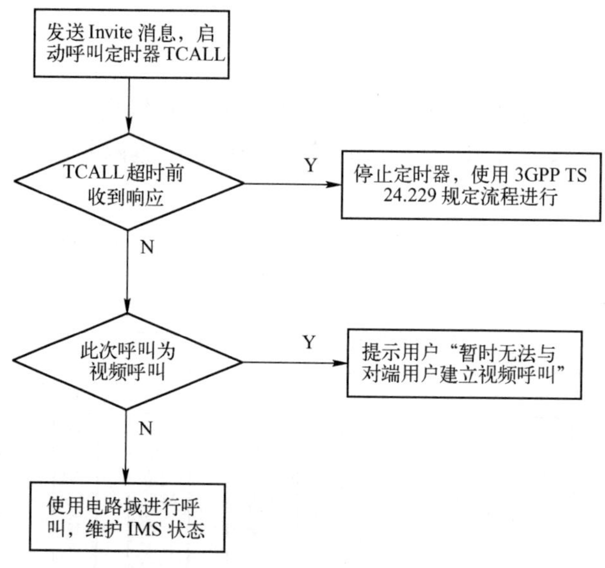

图 8-4　TCALL 定时器超时转 CSFB 流程

2）查看主被叫终端是否存在 TQOS 定时器超时的问题。

TQOS 定时器在主叫收到 183 Session Progress 或被叫发送 183 Session Progress 后记时，当主叫或被叫 QCI1 承载成功建立后停止记时。若该定时器超时，则主叫终端发 CANCEL 消息，转 CSFB（见图 8-5）；被叫终端发 580 Precondition Failure 消息，终止呼叫(见图 8-6)。

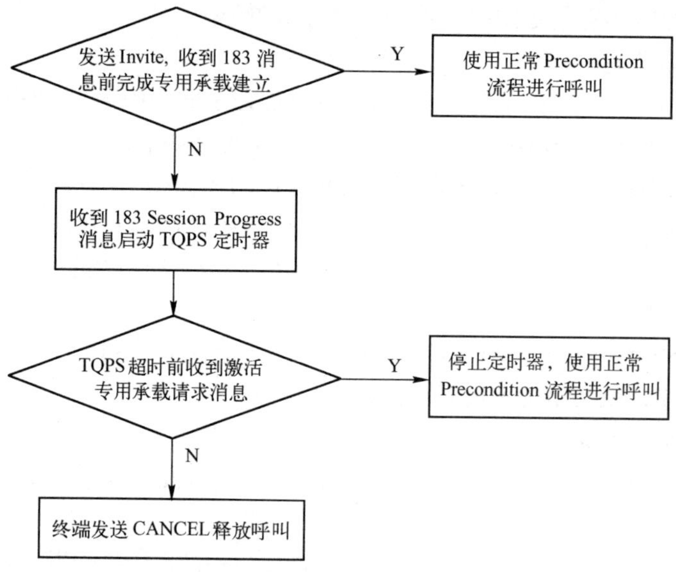

图 8-5　主叫 VoLTE 终端 TQOS 定时器超时异常流程

接下来的分析思路如下：

① 首先查看是否存在 RRC 异常释放。若存在 RRC 异常释放，需要查看是否存在 RSRP 和 SINR 值偏低的空口质量问题，必要时结合虚用户跟踪判断 RRC 异常释放的原因。

② RRC 已建立，但终端未收到 QCI1 承载建立请求。

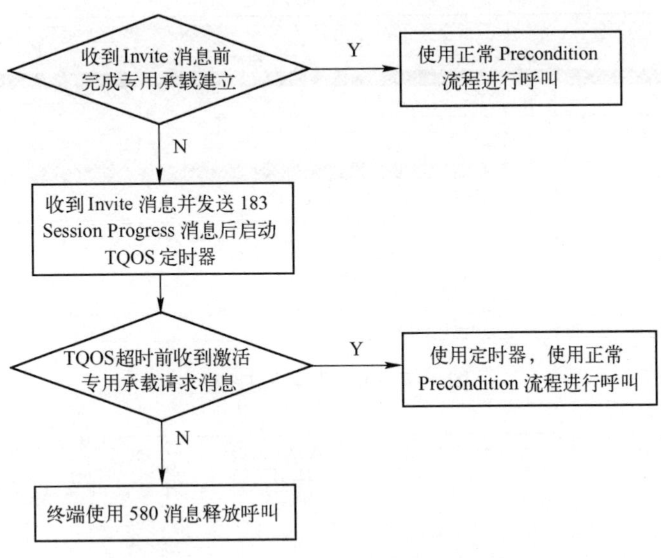

图 8-6 被叫终端 TQOS 定时器超时异常流程

- 从虚用户跟踪或 MME 侧跟踪上，可以看到 MME 根本没有向终端发 QCI1 承载建立请求。
- RRC 已建立，但 QCI1 承载建立失败。需要查看 eNodeb 虚用户跟踪和 MME 侧单用户跟踪来判断 QCI1 承载建立失败的原因。

3）查看终端在 QCI1 正常建立后，是否存在 RRC 异常释放，导致 SIP 信令中断，IMS 相关流程定时器超时导致呼叫建立失败。

需要查看是否存在 RSRP 和 SINR 值偏低的空口质量问题，导致 RRC 异常释放，必要时结合虚用户跟踪判断 RRC 异常释放的原因。这里要明确是 RRC 异常释放导致 SIP 信令中断还是 SIP 信令中断，不活动定时器超时导致 RRC 释放。对于 RRC 异常释放导致 SIP 信令中断场景，避免 RRC 异常释放在前，IMS 发的错误码在后（或者终端中断时间过长根本收不到 IMS 发的错误码）。而 SIP 信令中断，不活动定时器超时导致 RRC 释放，则必是终端或 IMS 发 CANCEL 或错误码在前，不活动定时器超时后，RRC 才释放。

4）终端 QCI1 建立后又被 EPC 释放。

终端 QCI1 建立后又被释放可能是由本侧的呼叫异常导致的，也可能是对端的呼叫异常导致的。通过查看测试软件或 P－CSCF 跟踪的 SIP 信令，如果是本端先发 CANCEL、580 Precondition Failure，或先收到 IMS 发的错误码，则认为呼叫建立失败是本端引起的，否则呼叫建立失败可能是由对端引起的。

图 8-7 所示为 P－CSCF 信令跟踪结果，呼叫流程中最先出现的 500 错误消息中的 CALL ID 是被叫的，可以判断呼叫建立失败是被叫侧 SIP 流程出现异常。

5）被叫不响应寻呼。

下面的案例为典型被叫不响应寻呼导致主叫出现的未接通。16:14:26，主叫终端（17820500390）发 Invite，但实际上被叫终端从 16:14:12～16:14:15（17820500390）3 min 内没有建立 RRC 连接。16:14:28.156，IMS 将 Invite 转给被叫后，无法得到被叫回应。半分钟后，16:14:58.237，IMS 向主叫发 499 BAD REQUEST 消息，呼叫建立失败，如图 8-8 所示。

				TRACE_SIPC_TXNUP	ACK
				TRACE_SIPC_APP	ACK
				TRACE_SIPC_ABCF	TRACE_MSG_ACK_REQ
10.185.84.36	5060	10.132.170.2	5060	>TRACE_SIPC_UP	100 TRYING
10.185.84.36	5060	10.132.170.2	5060	>TRACE_SIPC_UP	500 SERVER INTERNAL ERROR
10.132.170.2	5060	10.185.84.36	5060	<TRACE_SIPC_DOWN	ACK
				TRACE_MSG_SIPC_S...	TRACE_MSG_SIPC_TPTD
				TRACE_SIPC_TXNUP	500 SERVER INTERNAL ERROR
				TRACE_SIPC_APP	500 SERVER INTERNAL ERROR
				TRACE_SIPC_ABCF	TRACE_MSG_INVITE_OXX_RSP
10.132.170.3	5060				
10.185.81.4	5060				

SIP消息跟踪

```
SIP/2.0 500 Server Internal Error
Via: SIP/2.0/UDP 10.132.170.2:5060;branch=z9hG4bKyfadawygfxvv5giwrcavea5sb;Role=3;Hpt=8e52_16;TRC=7ce-ffffffff;srti
Call-ID: 4wfV651441523O5kbcGhEfCiJdg@GZS90.MSS.GZ.CMCC.COM
From: <tel:+8617820500390>;tag=05003220532046
To: <tel:+8613746255>;tag=wvvrxter
CSeq: 75073 INVITE
Warning: 399 0.0.I.261.5.101.0.11.1.0.0.gd.chinamobile.com "Server Internal Error"
Content-Length: 0
```

图 8-7　500 错误消息跟踪

2015-04-23 16:14:26.764	2409:8809:8440:88:6D2E:E2C6:3DE0:9F96	31100	2409:8019:8430:3700:0:0:0:FFF0	9900	>TRACE_SIPC_UP	INVITE	INVITE sip:17820500389
2015-04-23 16:14:26.764	2409:8019:8430:3700:0:0:0:FFF0	9950	2409:8809:8440:88:6D2E:E2C6:3DE0:9F96	31800	<TRACE_SIPC_DOWN	100 TRYING	SIP/2.0 100 Trying Via: S
2015-04-23 16:14:26.764					TRACE_SIPC_TXNUP	INVITE	4C 61 79 65 72 20 46 75
2015-04-23 16:14:26.764					TRACE_SIPC_APP	INVITE	4C 61 79 65 72 20 46 75
2015-04-23 16:14:26.764					TRACE_SIPC_ABCF	TRACE_MSG_INVITE_REQ	92 01 00 00 BC 00 00 00
2015-04-23 16:14:26.785					TRACE_CALL_SIPC	TRACE_MSG_FEED_BACK	92 01 00 00 E4 00 00 00
2015-04-23 16:14:26.771					TRACE_ABCF_SIPC	INVITE	49 4E 56 49 54 45 20 73
2015-04-23 16:14:26.771					TRACE_CALL_SIPC	TRACE_MSG_INVITE_REQ	92 01 00 00 E4 00 00 00
2015-04-23 16:14:26.771					TRACE_SIPC_TUDOWN	INVITE	4C 61 79 65 72 20 46 75
2015-04-23 16:14:26.771	10.132.170.2	5060	10.185.84.37	5060	<TRACE_SIPC_DOWN	INVITE	INVITE sip:17820500389
2015-04-23 16:14:26.771					TRACE_MSG_SIPC_S...	TRACE_MSG_SIPC_TPTD	92 01 00 00 BC 00 00 00
2015-04-23 16:14:26.782	10.185.84.37	5060	10.132.170.2	5060	>TRACE_SIPC_UP	100 TRYING	SIP/2.0 100 Trying Via: S
2015-04-23 16:14:28.145	10.185.84.37	5060	10.132.170.1	5060	>TRACE_SIPC_UP	INVITE	INVITE sip:46007520500
2015-04-23 16:14:28.145	10.132.170.1	5060	10.185.84.37	5060	<TRACE_SIPC_DOWN	100 TRYING	SIP/2.0 100 Trying Via: S
2015-04-23 16:14:28.145					TRACE_SIPC_TXNUP	INVITE	4C 61 79 65 72 20 46 75
2015-04-23 16:14:28.146					TRACE_SIPC_APP	INVITE	4C 61 79 65 72 20 46 75
2015-04-23 16:14:28.146					TRACE_SIPC_ABCF	TRACE_MSG_INVITE_REQ	94 01 00 00 BC 00 00 00
2015-04-23 16:14:28.146					TRACE_CALL_SIPC	TRACE_MSG_FEED_BACK	94 01 00 00 E4 00 00 00
2015-04-23 16:14:28.156					TRACE_ABCF_SIPC	INVITE	49 4E 56 49 54 45 20 73
2015-04-23 16:14:28.156					TRACE_CALL_SIPC	TRACE_MSG_INVITE_REQ	94 01 00 00 E4 00 00 00
2015-04-23 16:14:28.156					TRACE_SIPC_TUDOWN	INVITE	4C 61 79 65 72 20 46 75
2015-04-23 16:14:28.156	2409:8019:8430:3700:0:0:0:FFF0	9950	2409:8809:8440:8C:3D86:638C:CEFC:9C1E	31800	<TRACE_SIPC_DOWN	INVITE	INVITE sip:46007520500
2015-04-23 16:14:28.156					TRACE_MSG_SIPC_S...	TRACE_MSG_SIPC_TPTD	94 01 00 00 BC 00 00 00
2015-04-23 16:14:58.150					TRACE_SIPC_TXNUP	499 BAD REQUEST	4C 61 79 65 72 20 46 75
2015-04-23 16:14:58.150					TRACE_SIPC_APP	499 BAD REQUEST	4C 61 79 65 72 20 46 75
2015-04-23 16:14:58.150					TRACE_SIPC_ABCF	TRACE_MSG_INVITE_OXX_RSP	94 01 00 00 BC 00 00 00
2015-04-23 16:14:58.151					TRACE_CALL_SIPC	TRACE_MSG_INVITE_OXX_RSP	94 01 00 00 E4 00 00 00
2015-04-23 16:14:58.151					TRACE_CALL_SIPC	TRACE_MSG_REL_SIPC_REQ	94 01 00 00 E4 00 00 00
2015-04-23 16:14:58.151					TRACE_CALL_SIPC	TRACE_MSG_REL_SIPC_REQ	94 01 00 00 E4 00 00 00
2015-04-23 16:14:58.151					TRACE_SIPC_TUDOWN	499 BAD REQUEST	4C 61 79 65 72 20 46 75
2015-04-23 16:14:58.151	10.132.170.1	5060	10.185.84.37	5060	<TRACE_SIPC_DOWN	499 BAD REQUEST	SIP/2.0 499 Bad Reques
2015-04-23 16:14:58.151					TRACE_MSG_SIPC_S...	TRACE_MSG_SIPC_TPTD	94 01 00 00 BC 00 00 00
2015-04-23 16:14:58.236	10.185.84.37	5060	10.132.170.2	5060	>TRACE_SIPC_UP	499 BAD REQUEST	SIP/2.0 499 Bad Reques
2015-04-23 16:14:58.236	10.132.170.2	5060	10.185.84.37	5060	<TRACE_SIPC_DOWN	ACK	ACK sip:17820500389;p
2015-04-23 16:14:58.236					TRACE_SIPC_TXNUP	499 BAD REQUEST	4C 61 79 65 72 20 46 75
2015-04-23 16:14:58.236					TRACE_SIPC_APP	499 BAD REQUEST	4C 61 79 65 72 20 46 75
2015-04-23 16:14:58.236					TRACE_SIPC_ABCF	TRACE_MSG_INVITE_OXX_RSP	92 01 00 00 BC 00 00 00
2015-04-23 16:14:58.237					TRACE_CALL_SIPC	TRACE_MSG_INVITE_OXX_RSP	92 01 00 00 E4 00 00 00
2015-04-23 16:14:58.237					TRACE_CALL_SIPC	TRACE_MSG_REL_SIPC_REQ	92 01 00 00 E4 00 00 00
2015-04-23 16:14:58.237					TRACE_CALL_SIPC	TRACE_MSG_REL_SIPC_REQ	92 01 00 00 E4 00 00 00
2015-04-23 16:14:58.237					TRACE_SIPC_TUDOWN	499 BAD REQUEST	4C 61 79 65 72 20 46 75
2015-04-23 16:14:58.237	2409:8019:8430:3700:0:0:0:FFF0	9950	2409:8809:8440:88:6D2E:E2C6:3DE0:9F96	31800	<TRACE_SIPC_DOWN	499 BAD REQUEST	SIP/2.0 499 Bad Reques

图 8-8　被叫不响应寻呼失败现象

这个场景产生的根本原因是 IMS 将 Invite 转给被叫后，无法得到被叫回应，IMS 超时释放呼叫。正常场景主叫侧应放音，但目前放音流程尚未做好，IMS 超时通过发送 499 错误码释放呼叫。

6）终端问题或异常操作导致未接通。

① 主叫终端异常终止呼叫。如图 8-9 所示，终端在发送 Invite 消息后马上发 CANCEL，并且连续多次，明显是终端异常导致。

199	MS2	17:16:17.257	SIP Message	SIP: Request: SIP/2.0 INVITE
200	MS2	17:16:17.261	SIP Message	SIP: Response: SIP/2.0 INVITE: 1
201	MS2	17:16:17.293	SIP Message	SIP: Response: SIP/2.0 INVITE: 1
202	MS2	17:16:17.308	SIP Message	SIP: Request: SIP/2.0 CANCEL
203	MS2	17:16:17.315	SIP Message	SIP: Response: SIP/2.0 CANCEL: 2
204	MS2	17:16:17.318	SIP Message	SIP: Response: SIP/2.0 INVITE: 4
205	MS2	17:16:17.573	SIP Message	SIP: Request: SIP/2.0 ACK
206	MS2	17:16:39.740	SIP Message	SIP: Request: SIP/2.0 INVITE
207	MS2	17:16:39.741	SIP Message	SIP: Response: SIP/2.0 INVITE: 1
208	MS2	17:16:39.754	SIP Message	SIP: Response: SIP/2.0 INVITE: 1
209	MS2	17:16:39.901	SIP Message	SIP: Request: SIP/2.0 CANCEL
210	MS2	17:16:39.905	SIP Message	SIP: Response: SIP/2.0 CANCEL: 2
211	MS2	17:16:39.906	SIP Message	SIP: Response: SIP/2.0 INVITE: 4
212	MS2	17:16:41.396	SIP Message	SIP: Request: SIP/2.0 ACK

图 8-9　主叫终端异常终止信令流程

注意，该问题要和主叫 TQOS 定时器超时现象区分开。主叫 TQOS 定时器超时一定是 183 Session Progress 后，QCI 承载未建立，主叫发 CANCEL 消息转 CSFB。

② 呼叫未建立前，被叫终端终止呼叫。如图 8-10 所示，MS2 是主叫，MS1 是被叫。被叫在未摘机前就主动挂机，上报 603 Decline 消息。

MS1	07:57:33.301	Network->UE	IMS_SIP_INVITE	SIP: Request: SIP/2.0 INVITE
MS1	07:57:33.305	UE->Network	IMS_SIP_INVITE	SIP: Response: SIP/2.0 INVITE: 100 trying
MS1	07:57:33.330	UE->Network	IMS_SIP_INVITE	SIP: Response: SIP/2.0 INVITE: 183 session progress
MS2	07:57:37.999	Network->UE	IMS_SIP_INVITE	SIP: Response: SIP/2.0 INVITE: 183 session progress
MS2	07:57:38.006	UE->Network	IMS_SIP_PRACK	SIP: Request: SIP/2.0 PRACK
MS2	07:57:38.061	UE->Network	IMS_SIP_UPDATE	SIP: Request: SIP/2.0 UPDATE
MS2	07:57:38.382	Network->UE	IMS_SIP_PRACK	SIP: Response: SIP/2.0 PRACK: 200 ok
MS1	07:57:34.283	Network->UE	IMS_SIP_PRACK	SIP: Request: SIP/2.0 PRACK
MS1	07:57:34.288	UE->Network	IMS_SIP_PRACK	SIP: Response: SIP/2.0 PRACK: 200 ok
MS1	07:57:34.645	Network->UE	IMS_SIP_UPDATE	SIP: Request: SIP/2.0 UPDATE
MS1	07:57:34.668	UE->Network	IMS_SIP_UPDATE	SIP: Response: SIP/2.0 UPDATE: 200 ok
MS1	07:57:34.698	UE->Network	IMS_SIP_INVITE	SIP: Response: SIP/2.0 INVITE: 180 ringing
MS2	07:57:39.141	Network->UE	IMS_SIP_UPDATE	SIP: Response: SIP/2.0 UPDATE: 200 ok
MS2	07:57:39.148	Network->UE	IMS_SIP_INVITE	SIP: Response: SIP/2.0 INVITE: 180 ringing
MS1	07:57:42.650	UE->Network	IMS_SIP_INVITE	SIP: Response: SIP/2.0 INVITE: 603 decline
MS1	07:57:42.903	Network->UE	IMS_SIP_ACK	SIP: Request: SIP/2.0 ACK
MS2	07:57:46.887	Network->UE	IMS_SIP_UPDATE	SIP: Request: SIP/2.0 UPDATE
MS2	07:57:46.914	UE->Network	IMS_SIP_UPDATE	SIP: Response: SIP/2.0 UPDATE: 200 ok

图 8-10　被叫终端终止呼叫信令流程

③ 主叫拨打被叫，被叫正在响应其他呼叫。如图 8-11 所示，MS2 是主叫，MS1 是被叫。07：58：11.092，MS1 呼叫 MS2，但实际上 MS2 正在拨打另外一个电话。MS2 收到 IMS 发送的 Invite 消息，发 486 Busy Here 消息。

MS2	07:58:11.092	UE->Network	IMS_SIP_INVITE	SIP: Request: SIP/2.0 INVITE
MS2	07:58:11.262	Network->UE	IMS_SIP_INVITE	SIP: Response: SIP/2.0 INVITE: 100 trying
MS1	07:58:08.714	UE->Network	IMS_SIP_INVITE	SIP: Request: SIP/2.0 INVITE
MS1	07:58:08.873	Network->UE	IMS_SIP_INVITE	SIP: Response: SIP/2.0 INVITE: 100 trying
MS1	07:58:08.909	Network->UE	IMS_SIP_INVITE	SIP: Request: SIP/2.0 INVITE
MS1	07:58:08.910	UE->Network	IMS_SIP_INVITE	SIP: Response: SIP/2.0 INVITE: 100 trying
MS1	07:58:08.915	UE->Network	IMS_SIP_INVITE	SIP: Response: SIP/2.0 INVITE: 486 busy here
MS1	07:58:08.986	Network->UE	IMS_SIP_INVITE	SIP: Response: SIP/2.0 INVITE: 403 forbidden
MS1	07:58:08.986	UE->Network	IMS_SIP_ACK	SIP: Request: SIP/2.0 ACK
MS1	07:58:09.235	Network->UE	IMS_SIP_ACK	SIP: Request: SIP/2.0 ACK
MS2	07:58:13.518	Network->UE	IMS_SIP_INVITE	SIP: Response: SIP/2.0 INVITE: 183 session progress
MS2	07:58:13.526	UE->Network	IMS_SIP_PRACK	SIP: Request: SIP/2.0 PRACK
MS2	07:58:13.735	Network->UE	IMS_SIP_PRACK	SIP: Response: SIP/2.0 PRACK: 200 ok
MS2	07:59:11.286	UE->Network	IMS_SIP_CANCEL	SIP: Request: SIP/2.0 CANCEL
MS2	07:59:11.526	Network->UE	IMS_SIP_CANCEL	SIP: Response: SIP/2.0 CANCEL: 200 ok
MS2	07:59:11.531	Network->UE	IMS_SIP_INVITE	SIP: Response: SIP/2.0 INVITE: 487 request terminated
MS2	07:59:11.532	UE->Network	IMS_SIP_ACK	SIP: Request: SIP/2.0 ACK

图 8-11　被叫正在响应其他呼叫信令流程

2. eNodeb 侧问题分析

IMS 信令流程对 eNodeb 是透传的，一般通过 eNodeb 侧的虚用户跟踪来判断 RRC 和 QCI1 承载、QCI5 承载未建立或建立失败的原因。

虚用户跟踪信令可用业务数据回顾工具、OMSATR 或 FMA 来打开。由于前台测试时间和 eNodeb 系统时间可能不一致，因此首先需要做信令时间点对齐工作。

通过 RRC Connection Setup Complte 的 NAS 消息来做路测软件上信令和 eNodeb 上虚用户跟踪的信令对齐。

eNodeb 虚用户跟踪 RRC Connection Setup Complte 信令，如图 8-12 所示。

路测数据 L3 上 RRC Connection Setup Complte 信令，如图 8-13。

可以看到虚用户跟踪和路测层 3 上 RRC Connection Setup Complte 信令的 NAS 消息码流都是 C7 05 52 90，这样就可以做到虚用户跟踪和路测数据的信令时间对齐。

1）判断终端发的 RRC 信令，eNodeb 有无正常接收。

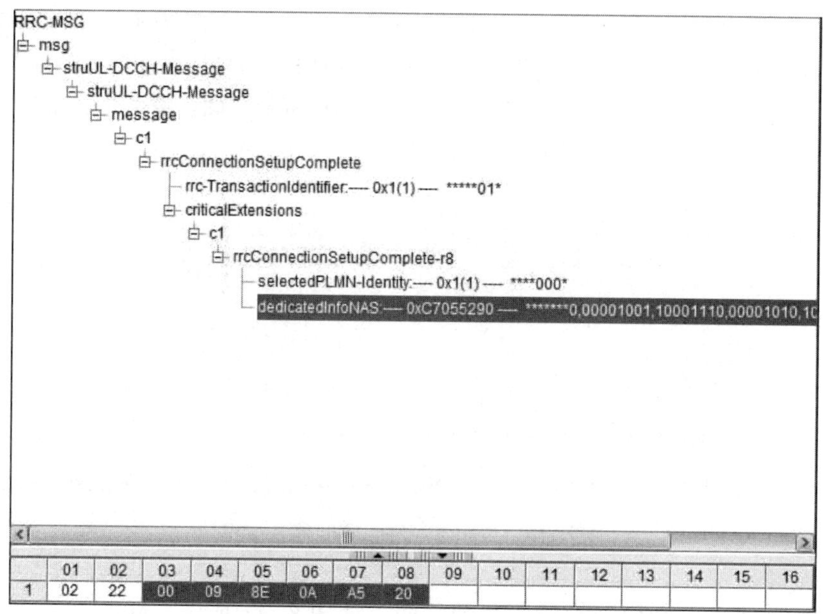

图 8-12　RRC Connection Setup Complte 后台信令解析

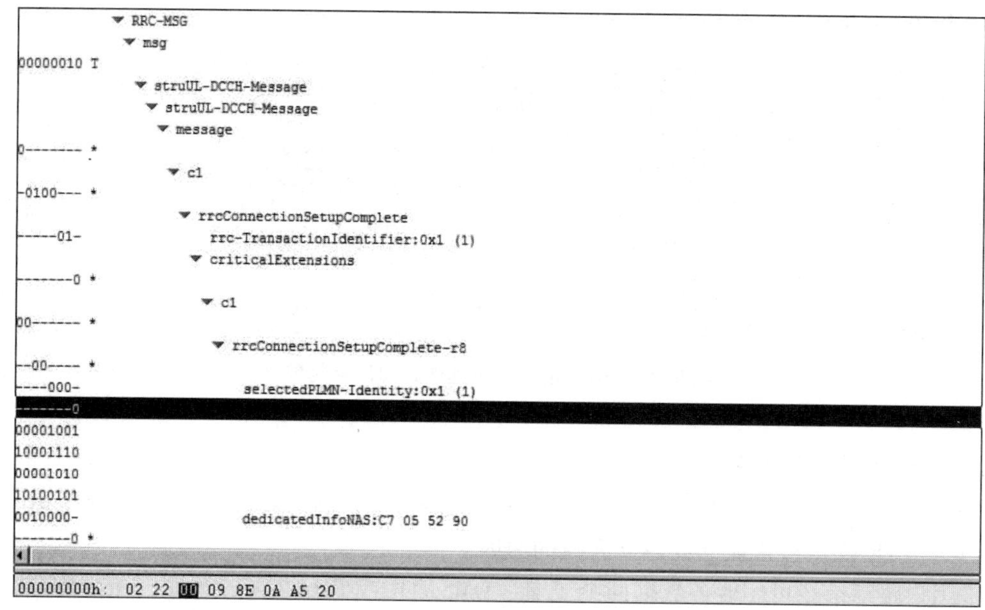

图 8-13　RRC Connection Setup Complte 测试信令解析

2）通过虚用户跟踪判断 RRC 释放原因。

在 eNodeb 发 RRC Connection Release 消息前，会向 MME 发送 UE Context REL_REQ 消息，其中带有 RRC 释放的原因，如图 8-14 所示。RRC 释放的原因为 User INActvity（UE 不活动定时器超时）。

3）通过虚用户跟踪查看 QCI1、QCI5 承载是否正常建立。

如果在 QCI1 承载建立时，eNodeb 已经收到 MME 发送的 ERAB SETUP REQUEST，但终

17/04/2015 00:27:19 (1)	RRC_MEAS_RPRT	接收自UE
17/04/2015 00:27:19 (1)	RRC_MEAS_RPRT	接收自UE
17/04/2015 00:27:19 (212)	RRC_CONN_RECFG	发送到UE
17/04/2015 00:27:19 (231)	RRC_CONN_RECFG_CMP	接收自UE
17/04/2015 00:27:19 (256)	S1AP_ERAB_SETUP_REQ	接收自MME
17/04/2015 00:27:19 (259)	RRC_CONN_RECFG	发送到UE
17/04/2015 00:27:19 (276)	RRC_CONN_RECFG_CMP	接收自UE
17/04/2015 00:27:19 (276)	S1AP_ERAB_SETUP_RSP	发送到MME
17/04/2015 00:27:19 (286)	RRC_UL_INFO_TRANSF	接收自UE
17/04/2015 00:27:19 (286)	S1AP_UL_NAS_TRANS	发送到MME
17/04/2015 00:27:20 (615)	RRC_CONN_RECFG	发送到UE
17/04/2015 00:27:20 (634)	RRC_CONN_RECFG_CMP	接收自UE
17/04/2015 00:27:22 (755)	RRC_CONN_RECFG	发送到UE
17/04/2015 00:27:22 (779)	RRC_CONN_RECFG_CMP	接收自UE
17/04/2015 00:27:26 (755)	RRC_CONN_RECFG	发送到UE
17/04/2015 00:27:26 (769)	RRC_CONN_RECFG_CMP	接收自UE
17/04/2015 00:27:39 (591)	S1AP_UE_CONTEXT_REL_REQ	发送到MME
17/04/2015 00:27:39 (614)	S1AP_UE_CONTEXT_REL_CMD	接收自MME

N/A	46000	N/A	2

```
消息解释 - 46
protocolIEs
  SEQUENCE
    id: ---- 0x0(0) ---- 00000000,00000000
    criticality: ---- reject(0) ---- 00******
    value
      mME-UE-S1AP-ID: ---- 0x23cfd88(37551496) ---- 11000000,00000010,00111100,1
  SEQUENCE
    id: ---- 0x8(8) ---- 00000000,00001000
    criticality: ---- reject(0) ---- 00******
    value
      eNB-UE-S1AP-ID: ---- 0x2b03b8(2819000) ---- 10000000,00101011,00000011,101
  SEQUENCE
    id: ---- 0x2(2) ---- 00000000,00000010
    criticality: ---- ignore(1) ---- 01******
    value
      cause
        radioNetwork: ---- user-inactivity(20) ---- ****0010,100*****
```

图 8-14　RRC 释放原因信令解析

端侧没有收到激活专用 EPS 承载上下文请求消息，则说明 QCI1 承载未建立，可能为空口原因。如果 eNodeb 根本就没有收到 MME 发送的 ERAB SETUP REQUEST，则说明 QCI1 未建立和 MME 未发承载建立请求相关，和空口关系不大。

图 8-15 所示为起呼 RRC 建立后 MME 没有发 QCI1 承载请求。

2015-04-23 15:11:19(672)	RRC_CONN_REQ	Received From UE	mmec=D8; tmsi=F0 2C DF CA; RRCC...	-1
2015-04-23 15:11:19(672)	RRC_CONN_SETUP	Send to UE	transmissionMode=tm2; SRS-Index=15...	-1
2015-04-23 15:11:19(672)	RRC_CONN_SETUP_CMP	Received From UE		-1
2015-04-23 15:11:19(672)	S1AP_INITIAL_UE_MSG	Send to MME	enbs1apid=3724732; RRCCause=mt-A...	4
2015-04-23 15:11:19(672)	S1AP_INITIAL_CONTEXT_SETUP_REQ	Received From MME	enbs1apid=3724732; mmes1apid=156...	4
2015-04-23 15:11:19(672)	RRC_SECUR_MODE_CMD	Send to UE		-1
2015-04-23 15:11:19(672)	RRC_CONN_RECFG	Send to UE	cqi-Aperiodic=rm30;	-1
2015-04-23 15:11:19(686)	RRC_SECUR_MODE_CMP	Received From UE		-1
2015-04-23 15:11:19(691)	RRC_CONN_RECFG_CMP	Received From UE		-1
2015-04-23 15:11:19(692)	S1AP_INITIAL_CONTEXT_SETUP_RSP	Send to MME		4
2015-04-23 15:11:19(695)	RRC_UE_CAP_ENQUIRY	Send to UE		-1
2015-04-23 15:11:19(696)	RRC_CONN_RECFG	Send to UE	AddMearID=1,2,3,4,5,6,7,8; AddMearObj...	-1
2015-04-23 15:11:19(711)	RRC_UE_CAP_INFO	Received From UE		-1
2015-04-23 15:11:19(726)	RRC_CONN_RECFG_CMP	Received From UE		-1
2015-04-23 15:11:20(255)	RRC_MEAS_RPRT	Received From UE	MSID=2; servRSRP=-79; servRSRQ=-6;	-1
2015-04-23 15:11:20(256)	RRC_MEAS_RPRT	Received From UE	MSID=7; servRSRP=-79; servRSRQ=-6;	-1
2015-04-23 15:11:20(296)	RRC_CONN_RECFG	Send to UE	cqi-Aperiodic=rm30;	-1
2015-04-23 15:11:20(316)	RRC_CONN_RECFG_CMP	Received From UE		-1
2015-04-23 15:11:20(571)	RRC_MEAS_RPRT	Received From UE	MSID=4; servRSRP=-85; servRSRQ=-6;	-1
2015-04-23 15:11:21(297)	RRC_CONN_RECFG	Send to UE		-1
2015-04-23 15:11:21(314)	RRC_CONN_RECFG_CMP	Received From UE		-1
2015-04-23 15:11:21(611)	RRC_CONN_RECFG	Send to UE	cqi-Aperiodic=rm30;	-1
2015-04-23 15:11:21(635)	RRC_CONN_RECFG_CMP	Received From UE		-1
2015-04-23 15:11:25(612)	RRC_CONN_RECFG	Send to UE		-1
2015-04-23 15:11:25(635)	RRC_CONN_RECFG_CMP	Received From UE		-1
2015-04-23 15:11:26(289)	RRC_CONN_RECFG	Send to UE	cqi-Aperiodic=rm30;	-1
2015-04-23 15:11:26(314)	RRC_CONN_RECFG_CMP	Received From UE		-1
2015-04-23 15:11:28(329)	RRC_CONN_RECFG	Send to UE	cqi-Aperiodic=rm30;	-1

图 8-15　不下发 QCI1 承载请求消息信令

图 8-16 所示为 MME 发送 QCI1 承载请求的信令，消息内容中可以看到 ERAB ID 为 7，QCI 为 QCI1。

3. MME 侧问题分析

MME 侧信令跟踪重点关注以下两个流程：

1）HSS 和被叫方 MME 的 IDR/IDA（流程 14、流程 15）是否正常。HSS 应向被叫方 MME 发送 Insert Subscriber Data Request（IDR）消息，MME 应回 Insert Subscriber Data Answer 消息。

23	2015-04-23 15:11:21(611)	RRC_CONN_RECFG	Send to UE
24	2015-04-23 15:11:21(635)	RRC_CONN_RECFG_CMP	Received From UE
25	2015-04-23 15:11:25(612)	RRC_CONN_RECFG	Send to UE
26	2015-04-23 15:11:25(635)	RRC_CONN_RECFG_CMP	Received From UE
27	2015-04-23 15:11:26(289)	RRC_CONN_RECFG	Send to UE
28	2015-04-23 15:11:26(314)	RRC_CONN_RECFG_CMP	Received From UE
29	2015-04-23 15:11:28(329)	RRC_CONN_RECFG	Send to UE
30	2015-04-23 15:11:28(354)	RRC_CONN_RECFG_CMP	Received From UE
31	2015-04-23 15:11:30(529)	RRC_CONN_RECFG	Send to UE
32	2015-04-23 15:11:30(553)	RRC_CONN_RECFG_CMP	Received From UE
33	2015-04-23 15:11:31(530)	RRC_CONN_RECFG	Send to UE
34	2015-04-23 15:11:31(554)	RRC_CONN_RECFG_CMP	Received From UE
35	2015-04-23 15:11:32(531)	RRC_CONN_RECFG	Send to UE
36	2015-04-23 15:11:32(554)	RRC_CONN_RECFG_CMP	Received From UE
37	2015-04-23 15:11:33(039)	S1AP_ERAB_SETUP_REQ	Received From MME
38	2015-04-23 15:11:33(042)	RRC_CONN_RECFG	Send to UE
39	2015-04-23 15:11:33(064)	RRC_CONN_RECFG_CMP	Received From UE

```
Message Explanation - 37
SEQUENCE
  id:--- 0x11(17) --- 00000000,00010001
  criticality:--- reject(0) --- 00******
  value
    e-RABToBeSetupItemBearerSUReq
      e-RAB-ID:--- 0x7(7) --- **00111*
      e-RABlevelQoSParameters
        qCI:--- 0x1(1) --- **000000,00000001
        allocationRetentionPriority
          priorityLevel:--- 0x9(9) --- **1001**
          pre-emptionCapability:--- shall-not-trigger-pre
          pre-emptionVulnerability:--- pre-emptable(1) -
        gbrQosInformation
          e-RAB-MaximumBitrateDL:--- 0xc738(51000) -
          e-RAB-MaximumBitrateUL:--- 0x15f90(90000)
          e-RAB-GuaranteedBitrateDL:--- 0xc738(5100
          e-RAB-GuaranteedBitrateUL:--- 0x15f90(9000
      transportLayerAddress:--- '0110010001000001111'
      gTP-TEID:--- 0x0FC61A43 --- 00001111,11000110,
```

图 8-16　QCI1 承载请求消息解析

2）QCI1/QCI5 承载建立是否正常，其中包括 MME 和 P/SGW、eNodeB 和终端的交互。P/SGW 向 MME 发送 Create Bearer Request 消息，MME 向 P/SGW 回 Create Bearer Response 消息。

IDR/IDA 所携带消息关键信源如图 8-17 所示。图 8-18 所示为 Create Bearer Request 信令详细内容，LABEL－QCI 信元显示是请求哪种 QCI 的承载。

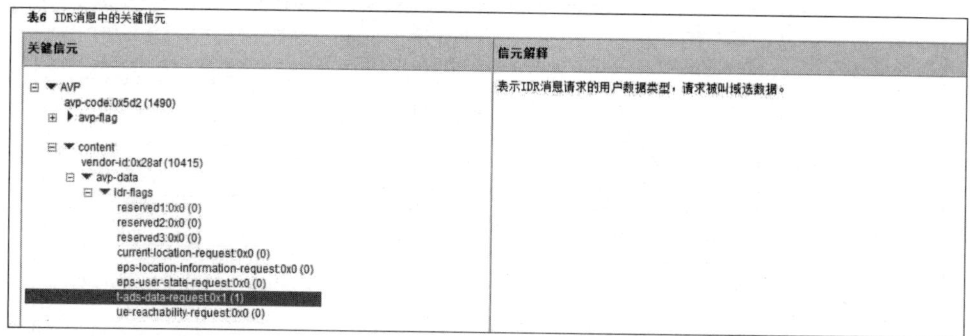

表6 IDR消息中的关键信元

关键信元	信元解释
AVP avp-code:0x5d2 (1490) avp-flag content vendor-id:0x28af (10415) avp-data Idr-flags reserved1:0x0 (0) reserved2:0x0 (0) reserved3:0x0 (0) current-location-request:0x0 (0) eps-location-information-request:0x0 (0) eps-user-state-request:0x0 (0) t-ads-data-request:0x1 (1) ue-reachability-request:0x0 (0)	表示IDR消息请求的用户数据类型，请求被叫域选数据。

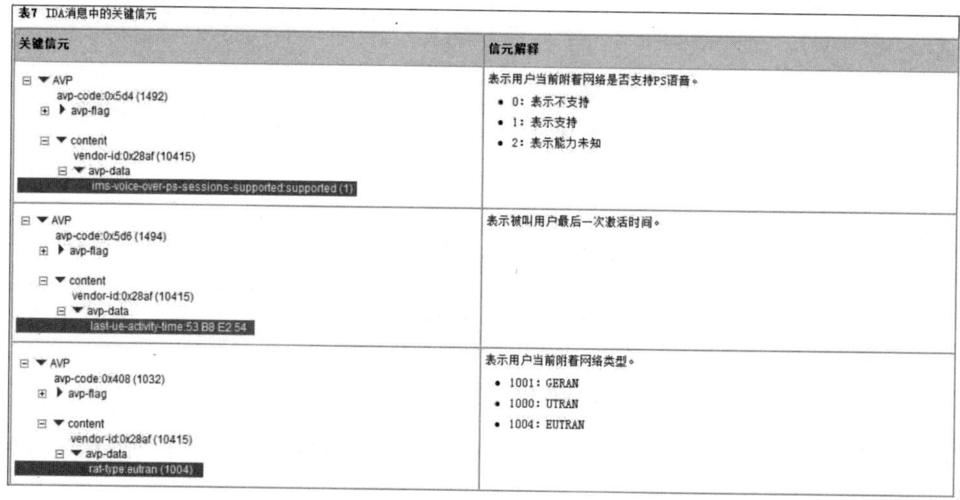

表7 IDA消息中的关键信元

关键信元	信元解释
AVP avp-code:0x5d4 (1492) avp-flag content vendor-id:0x28af (10415) avp-data ims-voice-over-ps-sessions-supported:supported (1)	表示用户当前附着网络是否支持PS语音。 • 0：表示不支持 • 1：表示支持 • 2：表示能力未知
AVP avp-code:0x5d6 (1494) avp-flag content vendor-id:0x28af (10415) avp-data last-ue-activity-time:53 B8 E2 54	表示被叫用户最后一次激活时间。
AVP avp-code:0x408 (1032) avp-flag content vendor-id:0x28af (10415) avp-data rat-type:eutran (1004)	表示用户当前附着网络类型。 • 1001：GERAN • 1000：UTRAN • 1004：EUTRAN

图 8-17　IDR/IDA 所携带消息关键信源

MME 向 eNodeb 发送 E－RAB Setup Request 消息，eNodeB 向 MME 回 E－RAB Setup Response 消息。

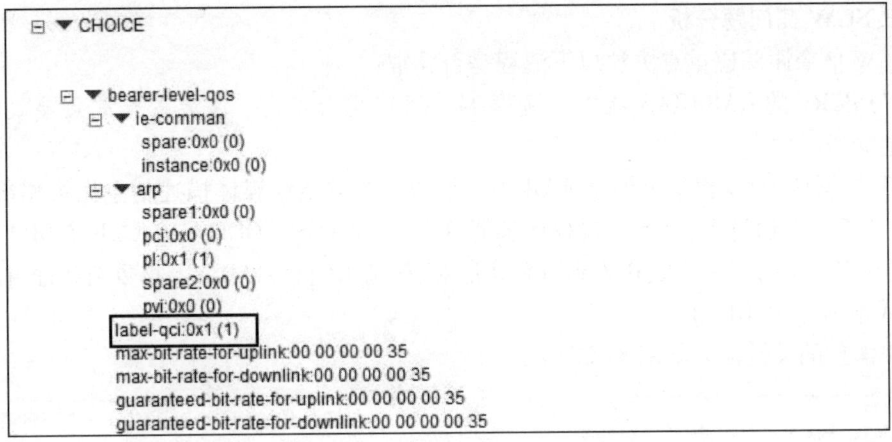

图 8-18　Create Bearer Request 信令解析

MME 向 UE 发送 Activate Dedicated EPS Bearer Context Request 消息，UE 向 MME 回 Activate Dedicated EPS Bearer Context Accept 消息。

图 8-19 所示为一个通话正常的流程，HSS 首先和被叫方 MME 进行 IDR/IDA 流程，然后 P/SGW 向 MME 发送 Create Bearer Request 消息，启动 QCI1 承载建立流程。

```
10:34:47,488 MME    <- HSS   S6a   Diameter Insert subscriber data request
10:34:47,489 MME    -> HSS   S6a   Diameter Insert subscriber data answer
10:34:48,136 MME    <- HSS   S6a   Diameter Insert subscriber data request
10:34:48,137 MME    -> HSS   S6a   Diameter Insert subscriber data answer
10:34:48,687 MME    <- SGW   S11   GTPv2-C  Create bearer request
10:34:48,687 UE     <- MME   S1    NAS      Activate dedicated EPS bearer context request
10:34:48,688 eNodeB <- MME   S1    S1AP     E-RAB setup request
10:34:48,739 eNodeB -> MME   S1    S1AP     E-RAB setup response
10:34:48,750 eNodeB -> MME   S1    S1AP     Uplink NAS transport
10:34:48,750 UE     -> MME   S1    NAS      Activate dedicated EPS bearer context accept
10:34:48,751 MME    -> SGW   S11   GTPv2-C  Create bearer response
```

图 8-19　通话正常流程

图 8-20 所示为一个通话异常的场景，MME 和 HSS 进行 IDR/IDA 流程（流程 14、15）交互后，P/SGW 未向 MME 发送 Create Bearer Request 消息，导致 QCI1 承载未建立。

```
10:34:32,360 MME    <- HSS   S6a   Diameter Insert subscriber data request
10:34:32,361 MME    -> HSS   S6a   Diameter Insert subscriber data answer
10:34:32,434 MME    <- SGW   S11   GTPv2-C  Downlink data notification
10:34:32,435 eNodeB <- MME   S1    S1AP     Paging
10:34:32,435 MME    -> SGW   S11   GTPv2-C  Downlink data notification acknowledge
10:34:33,055 MME    <- HSS   S6a   Diameter Insert subscriber data request
10:34:33,055 MME    -> HSS   S6a   Diameter Insert subscriber data answer
10:34:35,036 eNodeB -> MME   S1    S1AP     Initial UE message
10:34:35,036 UE     -> MME   S1    NAS      Tracking area update request
10:34:35,038 MME    -> MSC   SGs   SGsAP    SGsAP location update request
10:34:35,081 MME    <- MSC   SGs   SGsAP    SGsAP location update accept
10:34:35,082 UE     <- MME   S1    NAS      Tracking area update accept
10:34:35,082 eNodeB <- MME   S1    S1AP     Initial context setup request
10:34:35,124 eNodeB -> MME   S1    S1AP     Initial context setup response
10:34:35,125 MME    -> SGW   S11   GTPv2-C  Modify bearer request
10:34:35,923 MME    <- SGW   S11   GTPv2-C  Modify bearer response
10:34:43,076 eNodeB -> MME   S1    S1AP     Path switch request
10:34:43,078 MME    -> SGW   S11   GTPv2-C  Modify bearer request
10:34:43,332 MME    <- SGW   S11   GTPv2-C  Modify bearer response
10:34:43,332 eNodeB <- MME   S1    S1AP     Path switch request acknowledge
10:34:44,337 eNodeB -> MME   S1    S1AP     Path switch request
10:34:44,338 MME    -> SGW   S11   GTPv2-C  Modify bearer request
10:34:45,012 MME    <- SGW   S11   GTPv2-C  Modify bearer response
10:34:45,012 eNodeB <- MME   S1    S1AP     Path switch request acknowledge
```

图 8-20　通话异常信令流程

4. P/SGW 侧问题分析

P/SGW 信令跟踪应重点关注以下流程是否异常：

1）与 PCRF 的 RAR/RAA 流程（流程 24、25）是否正常。该流程异常会导致 QCI1 承载无法建立。

PCRF 根据认证/授权请求消息 AAR 中携带的媒体类型和媒体描述信息做策略决策，提供授权的 QoS，并通过重新认证/授权请求消息 RAR 将 QoS（QCI/ARP/GBR/MBR）和 PCC 规则发送至 P－GW；P－GW_B 收到重新认证/授权请求消息 RAR，上报重新认证/授权应答消息 RAA 响应给 PCRF_B。

RAR 消息的关键信元如图 8-21 所示。

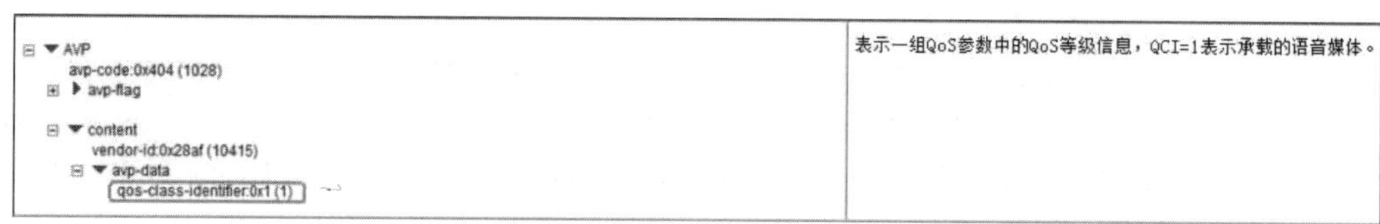

图 8-21　RAR 消息关键信元

2）和 MME 交互的 CB Request 和 CB Response 流程是否存在异常（流程 27、30）。

在 P/SGW 与 PCRF 完成 RAR/RAA 流程（流程 24、25）交互后，P/SGW 向 MME 发送 Create Bearer Request 消息要求建立 QCI1 承载，MME 向 P/SGW 回 Create Bearer Response 消息，表示 QCI1 承载已完成。

5. PCRF 侧问题分析

PCRF 网元信令交互重点关注以下两点：

1）和 PGW 网元的 RAR/RAA 流程（流程 24、25）是否正常。PCRF 根据认证/授权请求消息 AAR 中携带的媒体类型和媒体描述信息做策略决策，提供授权的 QoS，并通过重新认证/授权请求消息 RAR 将 QoS（QCI/ARP/GBR/MBR）和 PCC 规则发送至 P－GW_B；P－GW_B 收到重新认证/授权请求消息 RAR，上报重新认证/授权应答消息 RAA 响应给 PCRF_B。RAR/RAA 流程流程异常，会导致 QCI1 承载无法正常建立。

2）和 P－CSCF 的 AAR/AAA 流程（流程 23、26）是否正常。P－CSCF 收到被叫侧返回的 183（SDP）后，下发认证/授权请求消息 AAR 给 PCRF_B 开始建立专有承载。AAR 包括用户的信令地址、媒体带宽等信息；PCRF 根据 P－GW 返回的重新认证/授权应答消息 RAA，向 P－CSCF 发送认证/授权应答消息 AAA 响应授权请求结果。

6. P－CSCF（SBC）网元侧问题分析

获取到 P－CSCF 网元信令后，首先要进行信令过滤。在 P－CSCF 信令回顾工具里面，点“过滤”菜单，在弹出的对话框中单击“新建”或“修改”按钮，设置过滤条件，如图 8-22 所示。

过滤条件设置方式如图 8-22 所示，即在消息接口类型中选择字符串包含 SIP 和 DIAM 的消息。将 P－CSCF 侧 SIP 信令和终端信令做对比时，需要做信令时间点对齐。方法很简单，SIP 信令中都有 CALL ID 信元，对于主叫侧或被叫侧来说，每次呼叫的 CALL ID 都是基本唯一的，相同 CALL ID 的 SIP 信令属于同一次呼叫，可通过 CALL ID 来实现信令时间对齐。

拿到 P－CSCF 侧单用户信令，主要从以下两方面进行分析：

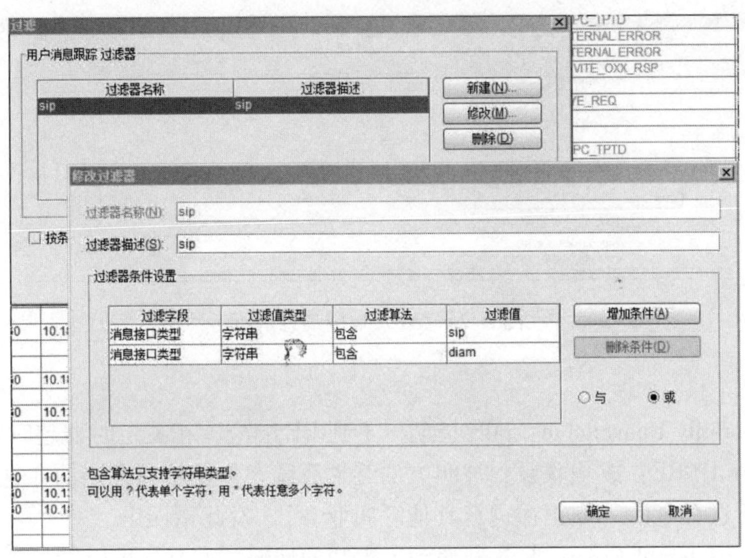

图 8-22　P-CSCF 信令过滤方法

1）查看 P-CSCF 与 PCRF 的 AAR/AAA 流程是否异常。

P-CSCF 与 PCRF 的 AAR/AAA 流程用于 QCI1 承载的建立或修改。P-CSCF 将用户的信令地址、媒体带宽等信息通过认证/授权请求消息 AAR 发送给 PCRF，通知 PCRF 建立专有承载。从 AAR 消息中的内容可以看到终端的 IP 地址，可以据此判断该 AAR 消息是用于主叫的 QCI1 承载建立或修改，还是被叫侧的，如图 8-23 所示。

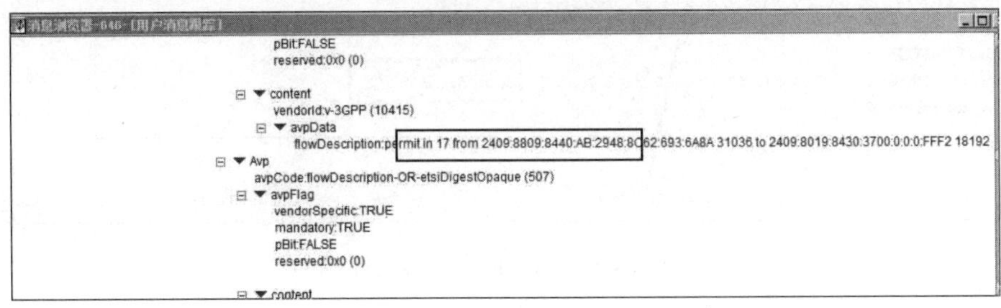

图 8-23　AAR 消息解析

PCRF_B 向 P-CSCF_B 发送认证/授权应答消息 AAA 响应。从消息内容中可以看到流程是否成功，如图 8-24 所示。

2）P-CSCF 侧信令和路测软件 SIP 信令做对比，判断 SIP 流程异常的原因。

① 观察终端发送的 SIP 信令，P-CSCF 是否正常收到，或 P-CSCF 发出的信令，终端有无正常收到，通话 SIP 信令流程在哪一步存在信令缺失或异常。

② 查看 IMS 是否发送错误码，导致了呼叫建立失败，根据错误码来判断呼叫建立失败的原因。

一些常见错误码列举如下。

- Request Terminated：IMS 在发现异常（出现 CANCEL 消息或其他错误码）后用 487 Request Terminated 终止呼叫。
- 481Call/Transaction Does Not Exist：IMS 收到 UE 发送消息后，发现呼叫已不存在，发

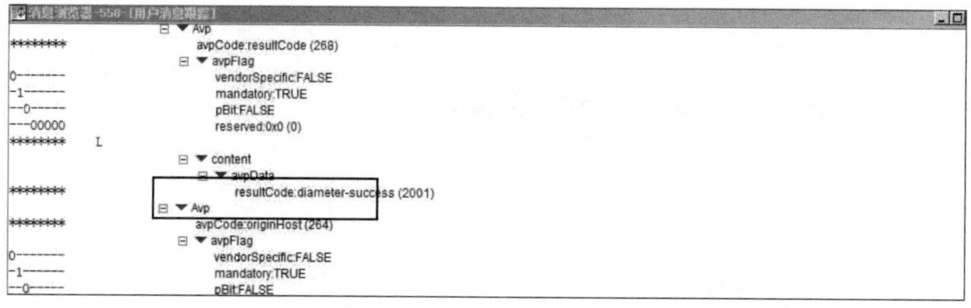

图 8-24　AAA 响应消息解析

此错误码

- 480Temporarily Unavailable：IMS 长期得不到 UE 响应，相关定时器超时发此错误码。
- 486 BUSY HERE：成功联系到被叫方的终端系统，但是被叫方当前在这个终端系统上不能接听这个电话（如正在进行其他呼叫业务），发此错误码。
- 500 Server Internal Error：服务器遇到了未知的情况，并且不能继续处理请求，一般为 IMS 内部问题或和其他网元交互异常。
- 503 Service Unavailable：服务不可用，一般为 IMS 内部问题或和其他网元交互异常。
- 603Decline：寻呼到被叫后，被叫在摘机前终止此次呼叫，一般发此错误码。

IMS 侧错误码示列如图 8-25 所示。状态码解释见表 8-2。

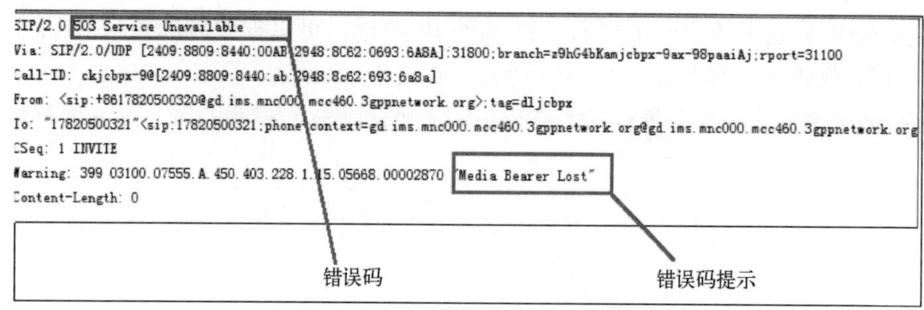

图 8-25　IMS 侧错误码示例

表 8-2　状态码解释

类　型	状　态　码	状 态 说 明
临时应答（1XX）		
100	Trying	正在处理中
180	Ringing	振铃
181	Call Deing Forwarder	呼叫正在前向
182	Queue	排队
183	Session Progress	会话进行
会话成功（2XX）		
200	OK	会话成功
重定向（3XX）		
300	Multiple	多重选择

（续）

类　型	状 态 码	状 态 说 明
301	Moved Permanently	永久移动
302	Moved Temporaily	临时移动
305	Use Proxy	用户代理
380	Alternative Service	替代服务
请求失败（4XX）		
400	Bad Request	错误请求
401	Unauthorized	未授权
402	Payment Required	付费要求
403	Forbidden	禁止
404	Not found	未发现
405	Method No Allowed	方法不允许
406	Not Acceptable	不可接受
407	Proxy Authentication Required	代理需要认证
408	Request Timeout	请求超时
410	Gone	离开
413	Request Entity Too Large	请求实体太大
414	Request - URL Too Long	请求 URL 太长
415	Unsupported Media Type	不支持的媒体类型
416	Unsupported Url Scheme	不支持的 URL 计划
420	Bad Extension	不良扩展
421	Extension Required	需要扩展
423	Interval Too Brief	间隔太短
480	Temporarily Unavailable	临时失效
481	Call/transaction Does Not Exist	呼叫/事务不存在
482	Loop Detected	发现环路
483	Too Many Hops	跳数太多
484	Address Incomplete	地址不完整
485	Ambiguous	不明朗
486	Busy here	这里忙
487	Request Terminated	请求终止
488	Not Acceptable Here	这里请求不可接收
491	Request Pending	未决请求
493	Undecipherable	不可辨识
服务器失败（5XX）		
500	Server Internal Error	服务器内部错误
501	Not Implemented	不可执行

（续）

类　　型	状 态 码	状 态 说 明
502	Bad Gateway	坏网关
503	Service Unavailable	服务无效
504	Server Time - Out	服务器超时
505	Version Not Supported	版本不支持
513	Message Too Large	消息太大
全局性错误（6XX）		
600	Busy Everywhere	全忙
603	Decline	丢弃

8.2 第二招　如影随形——保持性指标优化

保持性指标与掉话相关，掉话的主要原因如下：

1）无线环境恶化，导致脱网掉话，或者终端进行 RRC 重建，但最终失败。

2）MME 异常 RRC 重建后，QCI1 承载由于 MME 的原因没有恢复。

网络优化主要解决第一类问题，避免弱覆盖脱网或触发 RRC 重建失败。如果弱覆盖是无法避免的，则可以通过 eSRVCC 将语音通话切换至 GSM，从而保持呼叫的延续。

8.2.1 语音掉话问题定位

语音掉话问题的定位和普通数据业务掉话问题的定位步骤类似。关联指标分析时可以将语音的掉话和普通数据业务的掉话进行关联，分析是语音掉话率恶化，还是所有业务掉话率恶化。具体分析时还要考虑语音掉话和普通数据业务掉话的差异。

VoIP 释放时的 RRC 重配置过程失败，VoIP 通话过程中发生 RRC 正常释放都会统计成掉话，在分析时要重点关注 VoIP 业务和普通数据业务在该过程的差异。

语音业务通常的掉话原因包括 RRC 重配置（包括语音挂机触发）失败、终端 RRC 重建失败、UE LOST 检测打开后终端重同步失败等。VoLTE 掉话主要有以下几个原因：

1. 弱覆盖

弱覆盖是优化 VoLTE 掉话率时需要做的最基本工作。如果现网站点分布不能满足 VoLTE 业务需求，则需要开启 eSRVCC 特性，避免在 LTE 弱覆盖时出现掉话。

弱覆盖问题需要结合实际路测情况及工参进行调整优化。

2. 切换导致的掉话

在 LTE 系统中，在时间轴上，可以将切换分为以下 3 类：过早切换、过晚切换及乒乓切换。由于重建的引入，通常过早切换能重建回原小区，因此不会引发掉话，而过晚切换及乒乓切换易导致掉话。

从信号变化趋势上来看，过晚切换主要会出现以下现象。

1）拐角效应：源小区 RSPR/SINR 陡降，目标小区 RSRP/SINR 陡升（即突然出现在邻小区列表中就是很高的值）。

2）针尖效应：源小区 RSPR/SINR 快速下降一段时间后上升，目标小区出现短时间的陡升后立即陡降。

过晚切换从信令流程上看，一般在掉话前 UE 上报了邻区的 A3 测量报告，eNodeB 也收到了测量报告，并下发了切换命令，但是 UE 侧收不到，此时如果目标小区能有 UE 的上下文且能重建成功，或者重建失败后重新接入恢复 QCI1 承载，就可以不掉话。

乒乓切换在信号变化趋势上有以下表现。

1）主服务小区变化快：两个或者多个小区交替成为主服务小区，主服务小区具有较好的 RSRP 和 SINR 且每个小区成为主导小区的时间很短。

2）无最优小区：存在多个小区，RSRP 正常而且相互之间差别不大，每个小区的 SINR 都很差。

从信令流程上看，一般可以看到 UE 刚刚完成一次切换后就有新的测量报告上报并发起另一次切换，由于切换后还有较多的重配置消息下发（CQI 上报模式、sounding 等），因此在乒乓区域易导致这些命令超时失败引起掉话。

解决切换过晚导致的掉话问题，可以通过调整天线位置，修改切换参数或者配置 CIO 使目标小区能够提前发生切换。解决乒乓切换带来的掉话问题，主要通过调整天线位置改善 RF，使得该区域能有一个稳定的最优小区。

对于异频切换和异系统切换，在切换前需要通过启动 GAP 来进行异频或者异系统频点的测量，故需要对 A2 参数进行合理配置，保证及时地启动 GAP 测量，从而避免启动 GAP 过晚导致终端来不及测量目标侧小区的信号引起掉话，并合理地配置目标小区的门限。

3. 干扰引起的掉话

通常干扰分为上行干扰、下行干扰、系统内干扰及外来干扰。不论哪种类型的干扰都会导致掉话。

通常，对于下行，当服务小区的 RSRP 高于 -90 dBm，但是 SINR 低于 -3 dB，基本上可以认为是下行干扰的问题（当邻小区错配/漏配或切换不及时时，也可能出现服务小区 RSRP 信号很好，但 SINR 很差的情况）。下行的干扰通常是指导频污染，指覆盖地区存在 3 个以上的小区满足切换条件，由于信号的波动常常出现频繁小区重选或者乒乓切换，可能会导致掉话。

通常在没有干扰的情况下，上下行是平衡。当下行存在干扰时，会体现在下行受限，上行不受限；当上行存在干扰时，则是上行受限，下行不受限。

4. 流程交互失败

一些需要信令交互的流程（如 CQI 上报周期、MIMO 模式、SRS、ANR 流程等）常常会由于无线环境的原因，eNodeB 与终端侧兼容方面的原因或者 UE 本身的问题导致流程失败，最后导致掉话。

VoLTE 相比普通业务需要建立 QCI1 的专有承载，当切换和 QCI1 专有承载修改/建立/删除冲突时，可能导致 QCI1 对应的 NAS 流程失败，最终导致掉话。

这类问题需要针对特定的流程进行分析，特殊情况特殊处理，没有一般性的处理方法。

5. 异常分析

在排除了以上原因之后，其他的掉话一般需要怀疑是否是设备存在问题，需要通过查看设备的日志文件、警告信息等进一步分析掉话原因。日常优化中可能会遇到以下几方面问题。

1）传输问题：S1、X2 口复位、闪断等。

2）eNB 故障：单板复位、射频通道故障、基带板内存泄露导致在发起小区资源核查时释放用户导致掉话等。

3）UE 故障：UE 死机、发热、版本缺点，还有在路测过程中易引起路测终端过热/死机，或者连线脱落/掉电导致的掉话等。

4）核心网侧问题：核心网重启导致的 eRAB 异常释放。

通常 eNodeB 侧的告警可通过在网管侧进行观察，对于每个告警，都有相关的处理建议，可通过网管的在线帮助进行阅读。

8.2.2 LTE 侧 2G 邻区配置优化

现网 CSFB 需要配置 2G 频点，不要求配置正确的 2G 邻区准确信息，同时 eNodeB 携带的频点组即使没有合适的 2G 频点信息，终端也会自主搜索其他频点，CSFB 呼叫不会失败，只是会增加 CSFB 接续时延。

SRVCC 实际相当于切换过程，要求 4G 侧必须配置 2G 邻区精确的信息（BCC，NCC，LAC 都必须正确），并且不能漏配合适 2G 小区。如果 2G 邻区配置不合适，就会导致终端测量不到合适的 2G 小区，触发不了 SRVCC 导致 VoLTE 掉话。

为了保证 SRVCC 正常执行，现网需要核查 4G 配置 2G 邻区是否漏配邻区信息。由于现网 GSM 翻频较频繁，要求 GSM 能够提供准确的工参，并且长期核查 4G 到 2G 邻区配置，因此这个会增加网优较大的工作量。Smart RNO 工具支持 4G 侧 2G 邻区规划工作，现网没有终端支持异系统 ANR，ANR 功能不能使用。

8.2.3 SRVCC 门限优化

现网数据业务开启的互操作策略基于测量重定向和盲重定向，即使测量时间来不及，盲重定向也可以生效，并且数据业务即使脱网到异系统影响也不大。但是语音业务使用 SRVCC 策略，要求必须测量到合适的小区才能触发。前期测试发现终端测量 2G 的时间为 2～10 s 波动比较大。在快衰落的场景下，由于来不及测量导致 SRVCC 失败的概率较大。SRVCC 异系统 A2 起测的门限既不能配置过低，也不能配置过高，门限过高会导致终端测量 2G 太早浪费网络资源，门限过低会导致切换失败。SRVCC 门限需要针对不同场景（电梯、地下室等）进行精细优化，网优工作量较大。

eSRVCC 切换不同场景参数设置建议见表 8-3。

表 8-3　eSRVCC 切换不同场景参数设置建议

场　景	分　类	推荐参数
电梯场景（E 频段）	eSRVCC 切换	A2 = －90/B2－LTE = －105/TTI = 128 ms
电梯场景（F/D 频段）	eSRVCC 切换	A2 = －90/B2－LTE = －115/TTI = 320 ms
进出地铁站	eSRVCC 切换	A2 = －105/B2－LTE = －110/TTI = 320 ms
进出室内外	eSRVCC 切换	A2 = －105/B2－LTE = －115/TTI = 320 ms

（续）

场　景	分　类	推荐参数
高速公路	eSRVCC 切换	A2 = -110/B2-LTE = -115/TTI = 320 ms
隧道场景	eSRVCC 切换	A2 = -105/B2-LTE = -115/TTI = 320 ms
地铁列车场景	eSRVCC 切换	A2 = -95/B2-LTE = -115/TTI = 320 ms
高铁场景	eSRVCC 切换	A2 = -105/B2-LTE = -115/TTI = 320 ms
高干扰站点（NI > -100 站点）	eSRVCC 切换	A2 = -105/B2-LTE = -110/TTI = 320 ms

8.3 第三招　一苇渡江——eSRVCC 指标优化

对于无线通信网络，弱覆盖是不可避免的场景，eSRVCC 优化就是一套 VoLTE 通话与无线环境激战的过程中，将切换武器的过程变得更快、更好的精妙招式。

本节主要立足于 eSRVCC 优化的办法。eSRVCC 流程本质是一个切换的流程，且是一个异系统的基于测量的切换流程。eSRVCC 指标优化本质上就是对此特殊切换过程的优化。因此，可以从切换事件优化、切换门限优化、邻区优化以及新技术 4 部分出发，探究 eSRVCC 的优化办法。

8.3.1 小试牛刀——切换事件优化

B1 测量的判决只对 GSM 电平有要求，当终端测量到 GSM 电平大于 GSM 判决门限时，即可进行切换；B2 测量的判决对服务小区电平和 GSM 电平均有要求，只有终端测量服务小区电平小于 B2 门限，且 GSM 电平高于 GSM 的判决门限，才满足上报条件。

在普遍无线环境下，eSRVCC 使用 B1 事件或 B2 事件并无太大的区别。但是在快衰场景下，配置基于 A2 + B2 的 eSRVCC 较 A2 + B1 的 eSRVCC 具有一定的优势。使用 B1 事件的 eSRVCC，由于只存在 GSM 侧的门限判决，因此需要把启测门限 A2 压得很低，否则可能出现在 LTE 电平还很好的情况下出现 eSRVCC，影响用户感知。使用 A2 + B2 的 eSRVCC，可以提高 A2 门限，使尽早达到异系统启测门限，提前触发异系统测量。当进入快衰场景时（如电梯、车库等），若使用 B1 事件，由于启测门限 A2 低，开始测量的时间较晚，可能存在还未测到 GSM 频点，电平就快衰到脱网的情况。使用 B2 事件，可提高 A2 门限，使终端提前进入测量状态，测到 GSM 频段。当终端上报满足 B2 条件服务小区门限时，即可触发 eSRVCC 切换，减少异系统测量的时间，可有效提高快衰场景的 eSRVCC 切换成功率。

以电梯场景为例，其异系统测量门限设置建议如图 8-26 所示。

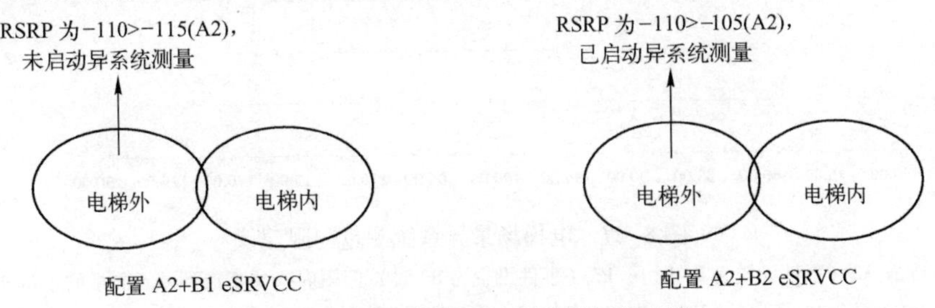

图 8-26　电梯场景异系统测量门限建议

电梯场景异系统测量门限设置建议测试用例见表 8-4。

表 8-4 电梯场景测试用例

事件	测 试 用 例	测试次数	异系统测试时延/ms	切换尝试次数	切换成功次数	未进行切换次数	掉话率（%）
B1	A2：-115	50	6384	37	37	13	26.00
B2	A2：-110;B2：-115	50	7392	43	43	7	14.00
B2	A2：-105;B2：-115	50	6892	47	47	3	6.00
B2	A2：-100;B2：-115	50	8273	50	50	0	0.00

采用 A2 + B2 事件进行 eSRVCC 判决，仍存在 eSRVCC 掉话的情况，但是掉话率与 A2 + B1 事件相比已经大幅降低。若继续提高 A2 门限，则可以进一步降低掉话率，但是过早进入异系统测量，由于 GAP 的存在，会影响用户感知，因此需设置合理的 A2 门限（推荐使用 -100 dBm）。

8.3.2 举重若轻——切换门限优化

现代通信网络无法通过信噪比来完全确切地评估其通信质量。简单地测试信噪比无法对其他参数进行评估，如译码损耗、误码以及话音活动检测等。语音质量的评估可分为主观和客观两种。

ITU - TP.800 定义了 MOS（Mean Opinion Score）的主观测试方法。也就是说，MOS 值在一定程度上可以代表用户实际使用的感知。从实际测试以及感知经验可知，MOS 小于 3.0 时对用户的感知有较明显的影响。为保证用户感知良好，建议把 MOS 3.0 作为一个 eSRVCC 切换的临界值，但是 eSRVCC 实际采用 RSRP 进行判决。由于无线环境复杂多变，存在农村、居民区、大型 CBD、高速公路、高铁等各种不同场景，在不同场景下相同的 RSRP 可能对应着不同的 MOS 值，因此在不同场景下，需要配置不同的 eSRVCC B2 门限，以保证感知相同。

在实际配置时，可针对现网不同情况，进行大数据测量，制作 RSRP 与 MOS 的点图，然后将这些采样点进行多项式拟合，将拟合曲线与纵坐标 MOS 3.0 的交点的 RSRP 作为eSRVCC 的最佳 A2（事件设置为 B1 时）、B2（事件设置为 B2 时）配置值，如图 8-27 所示。

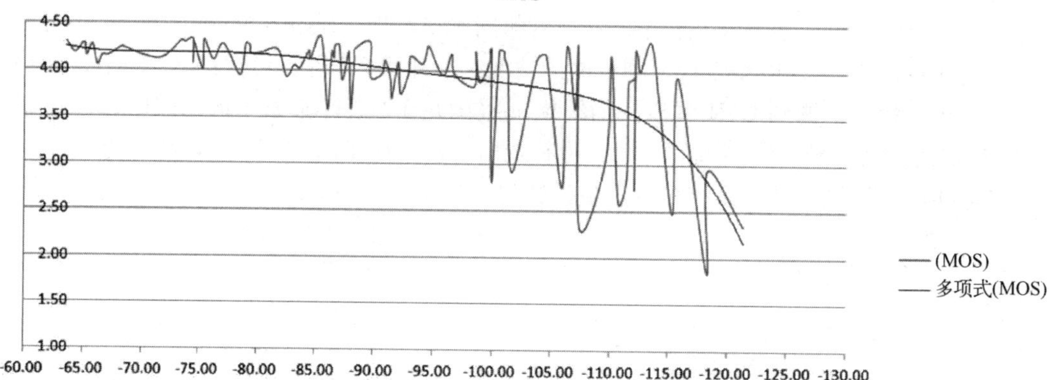

图 8-27 电梯场景异系统测量门限建议

注：在配置 A2（事件设置为 B1 时）、B2（事件设置为 B2 时）门限时，要考虑到基于测量的重定向和盲重定向对 eSRVCC 功能的影响，所以在配置 eSRVCC 参数时，需关掉 QCI1 的重定向功能。

8.3.3 协同互助——eSRVCC邻区优化

1. eSRVCC邻区关系配置原则

就当前发展状况而言，TD - LTE普遍存在与其他制式（特别是GSM）网络共存的情况，且因其频段较高，广覆盖性能较GSM差，所以其在覆盖方面还存在部分盲区。合理进行GSM邻区配置可以提高LTE与GSM之间的eSRVCC成功率，降低VoLTE掉话率，提升VoLTE用户的整体感知。配置GSM邻区需要提供的相关信息有小区BCCH频点号、BSIC、BSC_ID、LAC、RAC。

对于TDL与GSM之间的eSRVCC邻区配置，需遵循以下原则。

1）保证邻区信息的有效性与准确性，要求LTE配置GSM邻区的MCC、MNC、LAC、CI、BCCH、BSIC、RACODE均无误

2）频点数量：尽量多配（不超过32），避免出现漏配导致终端测量时找不到合适的邻区，从而出现eSRVCC失败。

3）频点优先级：不涉及，将eSRVCC所需要的频点配置到1个频点组中即可，且在配置时频点优先级不要设置为0。

4）RAcode：①可以全部配置为255或空。②如果GSM侧配置了RAcode，则LTE按GSM侧添加；如果GSM侧RACODE为空，则采用第一种方法，配置为255或空；不同的厂商可能会有差异。

5）配置共站GSM小区同方位角小区的原有邻区关系。

6）如果LTE仅与TDS小区共站，则LTE小区需继承该站点所有TDS小区的GSM邻区关系。

7）如果LTE为新开站，则添加该站的第一圈GSM站点作为邻区。

8）如果LTE与GSM共室分，则LTE需要配置该GSM室分小区为异系统邻区，且要配置该GSM室分小区的所有GSM邻区。

9）对于GSM室分小区来说，900和1800均可作为覆盖层，且在选择配置频点时，只用配置覆盖层即可。中国移动一般使用GSM900作为覆盖层、DCS1800作为容量层，故一般进行eSRVCC只需配置GSM900作为邻区即可。若某些地区较特殊使用DCS1800作为覆盖层，则可在这些地区配置DCS1800作为邻区。

2. eSRVCC邻区数量配置探究

eSRVCC是系统间的切换过程，配置不同的异系统、异频频点个数会对eSRVCC的过程产生影响。

1）GSM频点个数对eSRVCC的影响。

GSM频点个数对eSRVCC的影响实测结果见表8-5。

表8-5 GSM频点个数对eSRVCC的影响实测结果

异系统频点个数	呼叫次数	测量控制 - 测量报告/s	测量报告 - 切换/s
32	30	7.24	1.23
27	30	7.13	1.75
22	30	6.32	1.47
17	30	5.23	1.96
12	30	4.98	1.25
7	30	3.11	1.16
2组共17个频点	30	5.13	1.38

若异频频点个数不变，则测量的时间随 GSM 频点个数的增加而增加，但是不影响切换的准备时间。

当频点组中添加的频点数量大于实际添加的 GSM 邻区数量时，测量控制下发时以邻区为标准下发，无邻区的频点不下发。

频点组中添加 20 个 GSM 频点，但邻区只添加其中 4 个，测量控制只下发 4 个频点。若 GSM 频点组为两个且总频点数小于 32 个时，测量控制只下发一条，包含了两组频点信息，两个频点组同时下发测量控制，不影响测量时间；若两个频点组的总频点数大于 32 个，且频点均配置了邻区，则一个测量控制中下发两组测量频点，但终端不会上报 B2，无法触发 eSRVCC；若两个频点组总数超过 32 个，但邻区未超过 32 条，则测量控制以邻区为标准下发，可以上报 B2，触发 eSRVCC。

2）异频频点个数对 eSRVCC 的影响。

配置现网 GSM 频点个数为 20 个，且保持数量不变。分别配置系统内异频频点数量为 0 个、1 个、2 个、3 个、4 个。异频点个数对 eSRVCC 的影响测试结果见表 8-6。

表 8-6　异频频点个数对 eSRVCC 的影响测试效果

异频频点个数	呼 叫 次 数	测量控制 - 测量报告/s	测量报告 - 切换/s
4	10	6.31	1.21
3	10	6.14	1.17
2	10	6.21	1.12
1	10	2.15	1.21
0	10	1.02	1.02

从表 8-6 可以看出，配置 20 个 GSM 频点时，随着系统内异频频点数量的增加，测量时间变长，在添加两个或以上异频频点后，测量时间基本相当，影响不大；切换准备时间不受异频频点数量影响，基本保持在 1.2 s 左右。

只添加异频频点，不添加异频邻区。不添加异频邻区时异频频点个数对测量时间的影响见表 8-7。

表 8-7　不添加异频邻区时异频频点个数对测量时间的影响

异频频点个数	呼 叫 次 数	测量控制 - 测量报告/s	测量报告 - 切换/s
4	30	1.42	1.12
3	30	1.23	1.54
2	30	1.43	1.88
1	30	1.24	1.56
0	30	1.45	1.38

不添加异频邻区时，eSRVCC 不会下发异频频点，只下发 GSM 的频点。

综上所述，eSRVCC 的实际测量控制下发以邻区的个数为准（异频邻区和异系统邻区），GSM 频点组的多少不影响 eSRVCC。异频邻区个数对 eSRVCC 的测量时延具有较大影响，可进行精细化优化，尽可能减少异频邻区个数；异系统邻区个数增加对 eSRVCC 的测量时延具有一定影响，但考虑增加异系统频点对 eSRVCC 的成功率有所提高，建议多配置。

配置建议：

1）除高铁、地铁及部分室分等特殊场景外，GSM 邻区数应在 8 ~ 32；超过 32 个邻区关系终端无法进行 eSRVCC 切换。

2）需增加版本对 eSRVCC 功能的支持，使 eSRVCC 场景下异频邻区信息不随测量报告下发，减少不必要的测量时延。

8.3.4 罗袜生尘——新技术解决 eSRVCC 难题

1. Flash eSRVCC 特性

在 VoLTE 通话过程中，如果 LTE 弱覆盖情况，终端可以通过 eSRVCC 回落到 GU 保证通话不中断；但是在起呼阶段，终端和核心网不支持起呼时的 eSRVCC（bSRVCC），导致呼叫成功率很低，影响用户感知。

可以采用 Flash eSRVCC 特性来解决该问题。当 eNodeB 检测到终端处于弱信号情况，且信号条件不足以满足语音承载建立要求时，eNodeB 会拒绝语音承载建立请求，使终端回落到 GU，进行 CS 域呼叫，从而保证语音成功率。

2. Flash eSRVCC 主叫框架流程（见图 8-28）

1）终端进行 VoLTE 呼叫，建立语音承载（QCI = 1），eNodeB 判断终端的信号质量 RSRP（弱覆盖）/干扰 SINR（高干扰）。如果信号条件不满足语音承载要求，则 eNodeB 拒绝语音承载建立。

2）IMS 收到语音承载未成功消息时，IMS 会发送 503 消息给 VoLTE 终端。

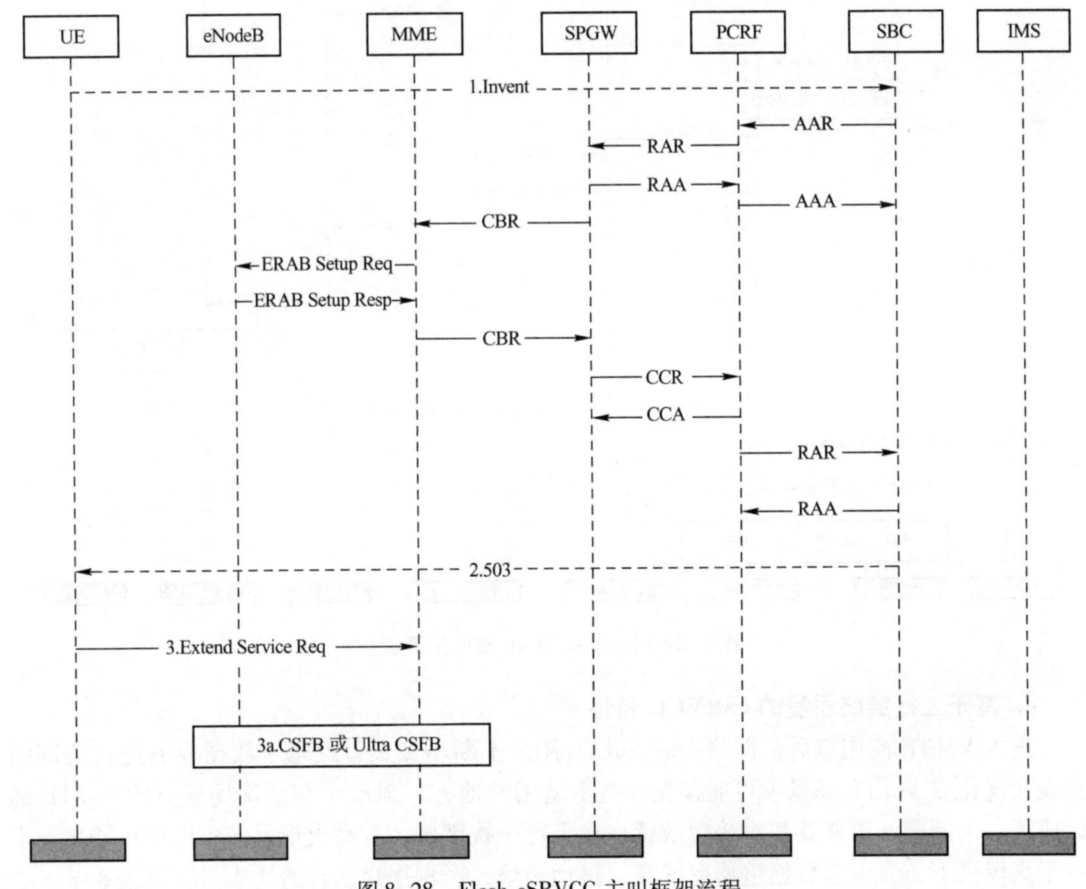

图 8-28 Flash eSRVCC 主叫框架流程

3）终端收到 503 错误时，会发送 ESR 给网络，触发普通的 CSFB 或者 Ultra CSFB 流程。

3. Flash eSRVCC 被叫框架流程（见图 8-29）

1）终端进行 VoLTE 被叫，建立语音承载（QCI = 1），eNodeB 判断终端的信号质量 RSRP（弱覆盖）/干扰 SINR（高干扰）。如果信号条件不满足语音承载要求，则 eNodeB 拒绝语音承载建立。

2）SBC 收到语音承载未建立成功消息时，会给 IMS 发送 503。

3）IMS 域收到 503 消息时，知道语音承载建立失败，转而进行 CS Retry。

4）MSC 收到 IMS 域来的寻呼消息后，向 MME 发送 SGs Paging Request，随后 MME 指示终端进行 CSFB。

5）终端发送 ESR 给网络，触发普通的 CSFB 或者 Ultra CSFB 流程。

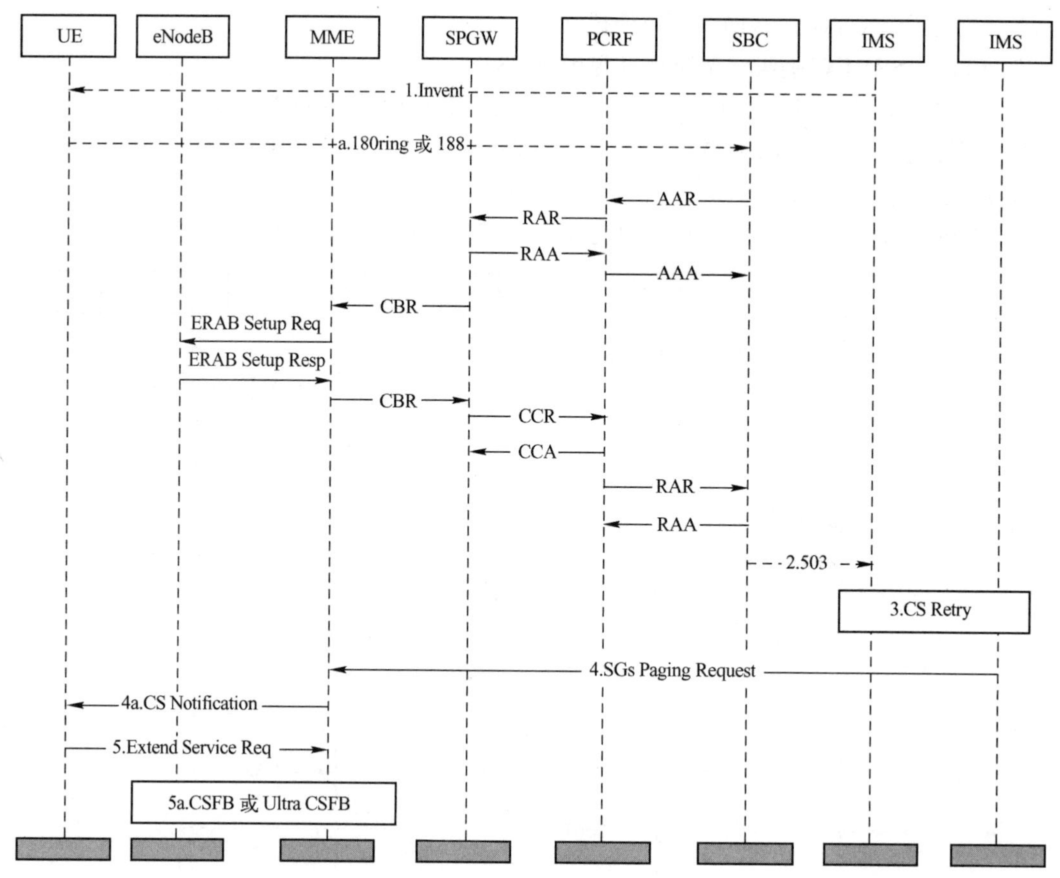

图 8-29　Flash eSRVCC 被叫框架流程

4. 基于上行链路质量的 eSRVCC 特性

进入 VoLTE 商用以后，网络中的 VoLTE 用户不断增加，曾经基于数据业务进行的网络建设和优化在 VoLTE 场景下可能存在一些不适用的地方。强电平高干扰场景下的 VoLTE 通话成了一个问题：语音业务对丢包敏感，在上行干扰区域，容易出现丢包和误块率增高。上行干扰场景下，会引起数据重传率增高、抖动频繁，影响用户语音通话质量，见表 8-8。

表 8-8　不同上行底噪下的 VoLTE 语音可接入性和语音质量

小区上行底噪/dBm	VoLTE 语音可接入性/dBm			最小可接入电平下的语音质量	
	-113	-100	-90	接通率（%）	MOS 分
-90	×	×	√	84	2.55
-100	√	√	√	70	3.49
-113	√	√	√	100	3.5

现有的 eSRVCC 基于电平的判决方式，在此场景下，由于电平实际很高不会生效，但用户在此情况下已经开始出现吞字、单通、掉话等问题，因此在该场景下需使用基于上行链路质量的 eSRVCC 特性。

基于上行链路质量的 eSRVCC 就是利用 MCS 和 BLER 来作为 eSRVCC 的判决条件。在 LTE 中，UE 根据 BLER 的大小，向 eNodeB 上报它所能解码的最高 MCS 阶数，也就是常说的 MCS 选阶的过程。因此 BLER 和 MCS 能够直观地反映上行链路的好坏。

注：

MCS（Modulation and Coding Scheme，调制与编码策略）：在一定程度上表征链路质量，MCS 上报越高表示无线环境越好。

BLER（Block Error Ratio，误块率）：传输块经过 CRC 校验后的错误概率，为有差错的块与总块数的比值，反应无线链路对差错重传的要求。

在强电平高干扰场景下，虽然此时接收信号的强度还很不错，但是由于上行干扰的存在，导致整体上行链路质量恶化，反映出来的现象就是上行 BLER 太高，上行 MCS 下降，因此使用上行 BLER 和上行 MCS 共同作为 eSRVCC 的触发条件，可以在干扰场景下尽快促使 UE 向 GSM 切换，有效提高用户感知。

eNodeB 周期性判决语音质量差用户，条件如下：

1）该 UE 的上行 MCS 索引小于上行质量差切换 MCS 门限时，进行该 UE 的上行 IBLER 的统计，当该用户的上行 MCS 索引大于等于上行质量差切换 MCS 门限时，停止基于上行链路质量的切换。

2）进行 UE 的上行 IBLER 统计时，当统计到的上行数传 IBLER 目标收敛值大于等于上行质量差切换 IBLER 门限时，触发基于上行链路质量的切换；当上行数传 IBLER 目标收敛值（-10%）大于等于上行质量差切换 IBLER 门限时，基于上行链路质量的切换采用盲切换的方式。当该用户的上行数传 IBLER 目标收敛值（-10%）小于该参数值时，停止基于上行链路质量的切换。

3）对选择出的语音质量差用户，触发 eSRVCC 切换，如图 8-30 所示。

由表 8-8 可以看出，在上行底噪为 -90 dBm 时，UE 需在电平 -90 dBm 的情况下才能进行接入。此时的接入成功率 84%、语音质量 2.55 都难以满足用户的要求，且不会触发基于 RSRP 的 eSRVCC，导致用户感知持续差，影响用户体验。

此时配置上行质量差切换 MCS 门限为 15，上行质量差切换 IBLER 门限为 5 时，可触发基于上行链路质量的 eSRVCC 切换，使 UE 从 LTE 切换到 GSM 上来，从而保证良好的用户感知体验。

上行链路质量的 eSRVCC 切换信令如图 8-31 所示。

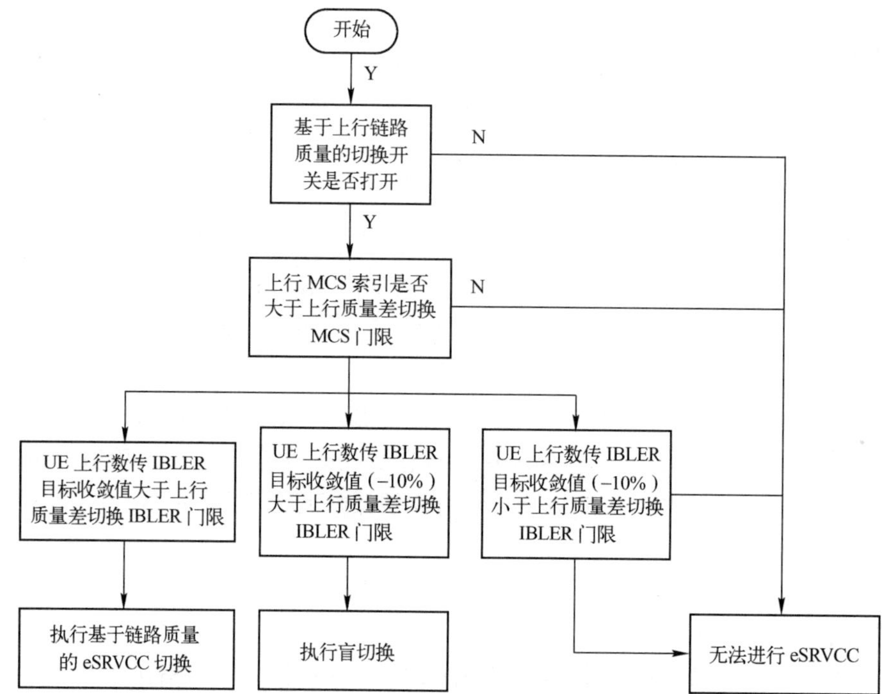

图 8-30　eSRVCC 切换触发流程

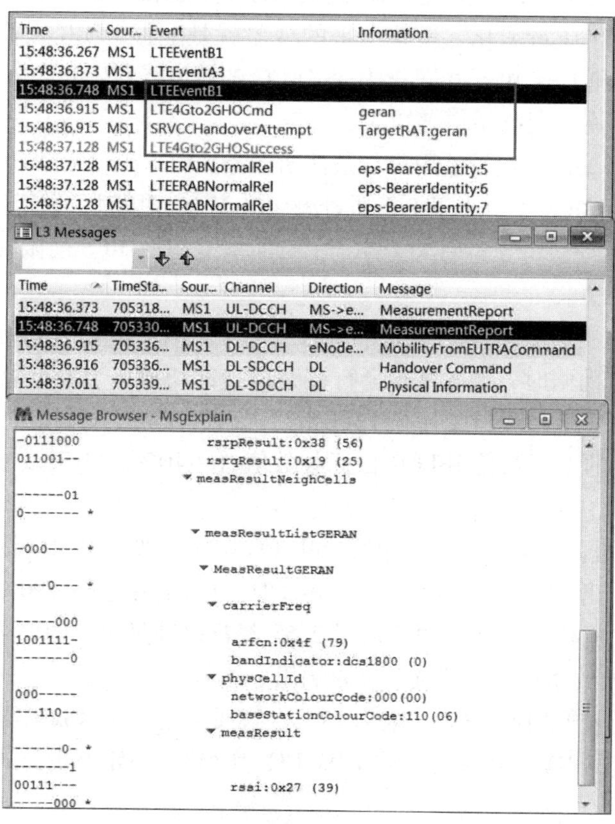

图 8-31　上行链路质量的 eSRVCC 切换信令

在强干扰导致语音断续、吞字严重的情况下，建议配置上行质量差切换 MCS 门限为15，上行质量差切换 IBLER 门限为5。

8.4 第四招 天罗地网——语音质量提升

KPI 反映出来的问题主要是与信令相关，很难反映出用户在没有异常事件的情况下的实际使用感知，故语音质量的评估与优化被适时引入进来。影响语音质量的因素如下：

1）频繁切换，需要对 MOS 评分前 8 s 内主叫 + 被叫切换超过 3 次的场景进行重点优化。

2）SINR 差，需要对 MOS 评分前 8 s 内 SINR < 0 的采样点超过 4 个的场景进行重点优化。

3）RSRP 低，对于 RSRP 低于 -110 dBm 路段需要重点优化。

4）RRC 中断、终端 CSFB 或 eSRVCC 到 2G，需要对于此类问题点进行重点优化。

5）终端占用小区存在上行干扰，需要对上行干扰问题进行重点排查。

8.4.1 VoLTE 语音质量评估

语音质量问题主要分为两类：一类是可以用 MOS 分衡量的（称为语音 MOS 分问题），主要表现为 MOS 不达标；另一类是通过用户主观感受来衡量的，主要表现为单通、静音、杂音、掉话等。

MOS 值（Mean Opinion Score，语音质量的平均意见值）是衡量通信系统语音质量的重要指标。

1）各算法语音评分标准差异，见表 8-9。

表 8-9 语音评分标准差异

	POLQA SWB	PESQ WB P. 62. 2	POLQA NB	PESQ NB P. 862. 1
14 kHz 16 bit Linear	4. 75			
7 kHz 16 bit Linear	4. 5	4. 6		
AMR - WB 12. 65 kbit/s（50 ~ 7000 Hz）	4	3. 6		
3. 4 kHz 16 bit Linear	3. 8	3. 6	4. 5	4. 5
G. 711	3. 7		4. 3	4. 5
EFR/AMR - FR 12. 2 kbit/s	3. 6		4. 1	4. 1
EVRC 9. 5 kbit/s	3. 4		3. 9	3. 7
EVRC - B 9. 5 kbit/s	3. 5		4	3. 8
AMR - HR 7. 95 kbit/s	3. 4		3. 8	3. 6

注：① 目前 LTE 语音评估算法使用最多的是 POLQA 算法，它也是运营商目前测试推荐的算法。

② 目前 P863 标准是业界评价 WB 的主流标准，也是进行宽窄带语音质量评估对比的最佳标准，支持 P863 测试的仪器有 DSLA、Swissqual、Opits、Probe 等。

2）MOS 分和用户满意度。

MOS 分和用户满意度的对应关系见表 8-10。

影响 MOS 分的因素包括以下几个方面。

① 测试规范：UE - UE（UE - PSTN），工具（软件、硬件），语音样本，测试用例，测

试区域等。

表 8-10　MOS 分和用户满意度的对应关系

MOS 值	语音传输质量类别	用户满意度
4.34	最好	非常满意
4.03	好	满意
3.6	一般	部分用户不满意
3.1	较差	较多用户不满意
2.58	差	几乎所有用户不满意

② 语音编码方式：语音编解码版本（AMR NB、AMR WB、G.711）及编解码次数。

③ 网络质量。

直接因素：丢包、抖动、时延。

间接因素：覆盖、干扰、切换、传输、算法、设备。

④ 测试设备差异。

⑤ 丢包、时延和抖动是影响语音质量的关键指标，也是无线侧优化需要重点关注的，如图 8-32 所示，丢包对 MOS 分的影响最大，丢包率在 1% 时，MOS 分就出现一个比较大的下降；抖动在 166 ms 时，MOS 才出现一个大的下降；而时延相对来说，MOS 分不是那么敏感。

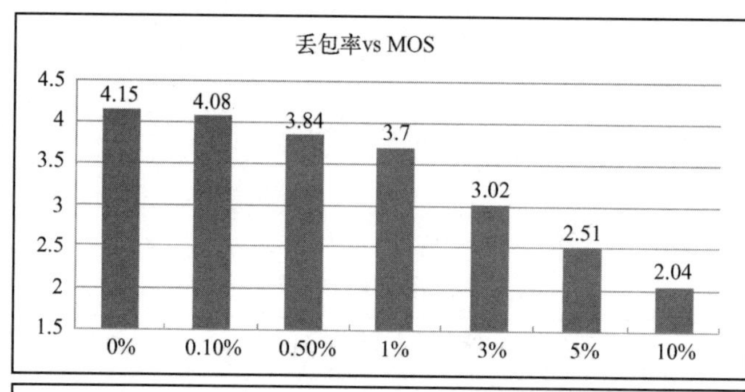

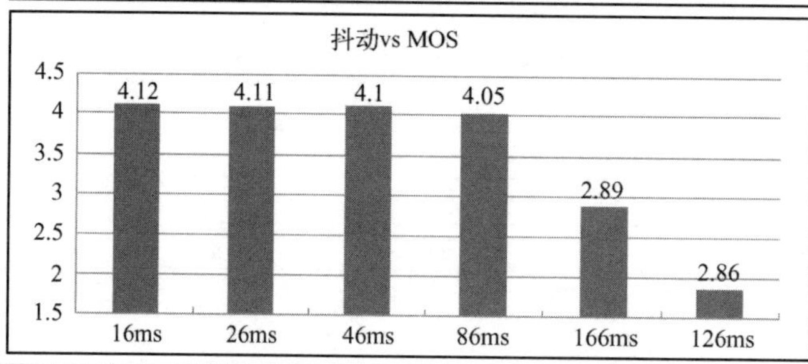

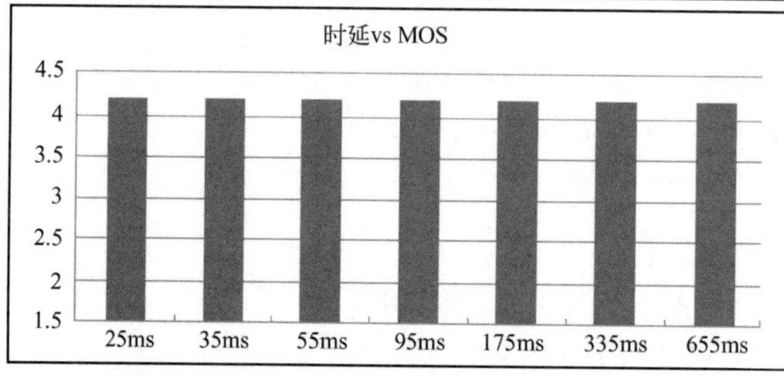

图 8-32　语音质量影响因素与 MOS 的关系

⑥ 不同网元对 MOS 分的影响见表 8-11。

表 8-11　不同网元对 MOS 的影响

设　备	问题表现	影响因素
UE	终端能力、软件配置、语音编码	硬件性能、参数设置、软件限制
eNodeB	基站处理能力、算法特性限制	参数配置、工程错误、基站异常、版本问题
CN	核心网参数配置等	参数配置、特性 TrFO
空口管道	空口编码、空口资源、空口时延、QoS 配置、空口其他原因丢包	参数配置错误、话务容量受限、覆盖差、外部干扰、切换异常、版本问题
承载网管道	大时延、抖动，丢包、乱序	参数配置、容量或能力限制、传输质量问题

⑦ 相比数据业务，语音对丢包更敏感。MOS 优化主要就是排查丢包问题，除了非空口原因丢包（核心网丢包、终端上层丢包、传输丢包），作为网优工程师，更关注空口的丢包原因。UE 空口丢包主要影响因素见表 8-12。基站空口丢包主要影响因素见表 8-13。

表 8-12　UE 空口丢包主要影响因素

丢包根本原因（UE）	场　景
达到最大 HARQ 重传次数	4 次 HARQ 重传错误（弱覆盖、强干扰）
	上行 DTX 误检（弱覆盖、强干扰）
	UE 将 NACK 误检为 ACK（弱覆盖、强干扰）
	UE 上行 PDCCH 虚警（PUSCH 不带 BSR）
PDCP Discard Timer 超时	SR 漏检（弱覆盖、强干扰）
	上行 RLC 分段数过多（弱覆盖、强干扰）
	UE 上行 PDCCH 虚警（PUSCH 带 BSR）
	上行 RB 资源受限（拥塞）
	上行 CCE 资源受限（拥塞）
	上行调度优先级低（拥塞）
	切换中断时延过长（弱覆盖、强干扰等）
RLC Reordering Timer 超时切换导致丢包	切换时有上行 HARQ 重传未完成

表 8-13　基站空口丢包主要影响因素

丢包根本原因（eNodeB）	场　景
达到最大 HARQ 重传次数	最大下行 HARQ 重传次数错误（弱覆盖、强干扰等）
下行 HARQ 的最大重传次数是由 eNodeB 确定的，不同的厂家可能有不同的实现，UE 并不知道下行的最大重传次数	CQI 解错（L1 解调性能）
	RI 解错（L1 解调性能）
	下行 RB 资源受限
ENB 将 NACK 误检为 ACK	ENB 将 NACK 误检为 ACK（强干扰、弱覆盖）
PDCP Discard Timer 超时	下行 RB 资源受限（拥塞）
	下行 CCE 资源受限（拥塞）
	调度优先级低（拥塞）
	切换中断时延过长（强干扰、弱覆盖）
切换导致丢包	切换中断时延过长（强干扰、弱覆盖）
	切换时有下行 HARQ 重传未完成

8.4.2 影响 MOS 得分因素分析

1. 频繁切换对 MOS 分的影响因素分析

如果 eNodeB 给终端下发切换的测量重配置（在 EVENT 中统计为一次 Handover Start），就算为发生一次切换事件（不管切换成功或失败）。将每次 MOS 打点前 8 s 内的切换事件进行统计（主叫和被叫的切换事件统计在一起），结果见表 8-14。

表 8-14　频繁切换对 MOS 分的影响

MOS 分分布	小于 3.5	3.5 ~ 3.8	3.8 ~ 4	大于等于 4
MOS 采样点数	98	73	94	461
切换次数（主叫 + 被叫）	173	99	61	150
平均每 MOS 打点切换次数	1.77	1.36	0.65	0.33

以某地市某次测试为例：

如图 8-33 所示，MOS 评分低于 3.5 分的采样点中，98 个采样点发生了 173 次切换，每 MOS 分打点切换次数 1.77 次；而 MOS 分大于等于 4 的采样点中，461 个采样点只发生了 150 次切换，每 MOS 分打点切换次数只有 0.33。可见 MOS 打点前 8 s 内的频繁切换会对 MOS 评分造成明显影响。

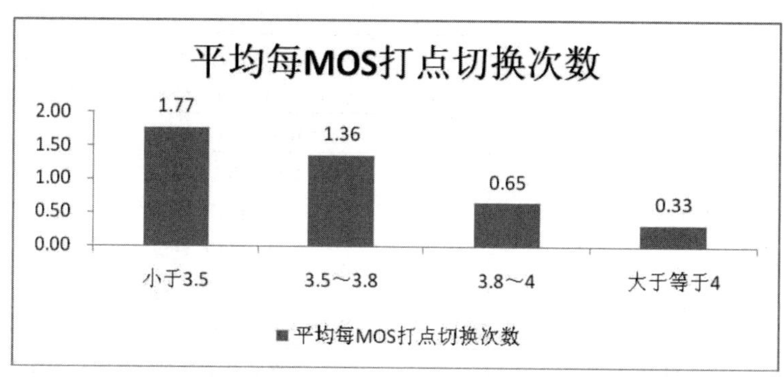

图 8-33　平均每 MOS 打点切换次数

对 MOS 评分 8 s 内切换次数为 0 次、1 次、2 次、3 次及以上（均为主叫 + 被叫）采样点的 MOS 平均分进行统计，结果如图 8-34 所示。

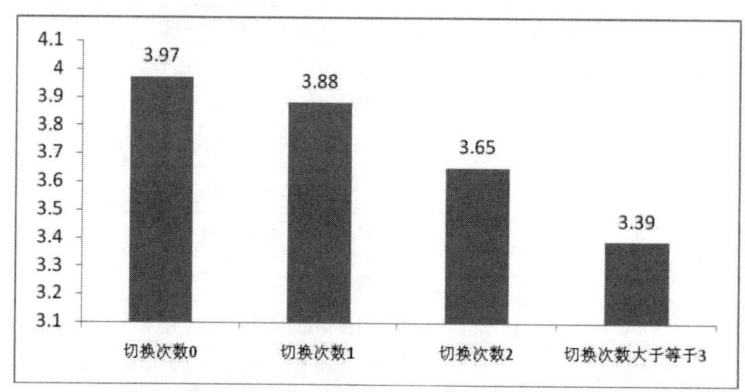

图 8-34　频繁切换次数对 MOS 评分的影响

可见，当一次 MOS 打点 8 s 内切换次数（主叫 + 被叫）大于等于 3 次时，平均 MOS 分只有 3.39 分，低于达标值 3.5。需要重点对 8 s 内切换次数超 3 次（主叫 + 被叫）频繁切换路段进行优化。

目前同频切换偏置为 2（1 dB），同频切换幅度磁滞为 4（2 dB），同频切换时间磁滞为 320（320MS）。对于切换频繁切换，建议将同频切换偏置由 2 修改为 4，同频切换时间磁滞由 320 修改为 640，减少频繁切换，提升 MOS 分。

2. SINR 值低对 MOS 分的影响分析

在输出统计表格中，每一秒输出一个 SINR 值。统计在每一个 SINR 区间内总时长和 MOS 分在 3.5 分以下的时长，以及 MOS 分低于 3.5 的时长占比，见表 8-15。

表 8-15　不同 SINR 区间 MOS 低于 3.5 分占比

SINR 分布	SINR 低于 -3	SINR 在 -3 ~ 0	SINR 在 0 ~ 3	SINR 在 3 ~ 6	SINR 在 6 ~ 12	SINR 在 12 ~ 18	SINR 在 18 以上
该 SINR 值下总长/s	196	303	618	1279	2971	3729	3998
MOS 低于 3.5 分时长/s	81	94	146	259	461	432	394
MOS 低于 3.5 分占比（%）	41.33	31.02	23.62	20.25	15.52	11.58	9.85

可见，当 SINR 值低于 0 时，MOS 低于 3.5 分占比就达到 30% 以上，可以认为当 SINR 低于 0 时，就会对 MOS 评分带来较明显的影响。

由于每次 MOS 打点需要评估 8 s 数据，主叫 + 被叫一共 16 个 SINR 采样点，对于有多少个 SINR 值低于 0 采样点会影响 MOS 分的评估见表 8-16。

表 8-16　低 SINR 采样点对 MOS 分的影响

8 s 内 SINR 低于 0 的采样点数（主叫 + 被叫）	0	1	2	3	4 及 4 以上
MOS 采样点数	584	32	30	17	63
MOS 低于 3.5 的采样点数	59	7	3	1	28
MOS 低于 3.5 的采样点占比（%）	10.10	21.88	10.00	5.88	44.44

可见，当 8 s 内有 4 个及以上 SINR 采样点（主叫 + 被叫）值小于 0 时，会有 44% 的比例 MOS 评分低于 3.5 分。故认为，在一个 MOS 评分的 8 s 周期内，如果有 4 个及以上的 SINR 采样点值低于 4，则会对 MOS 分产生严重影响。

3. RSRP 值低对 MOS 分的影响分析

在输出统计表格中，每一秒输出一个 RSRP 值。统计每一个 RSRP 区间平均 MOS 分，如图 8-35 所示。

当 RSRP 值低于 -110 时，MOS 平均值仅为 3.57，明显低于其他区间。可以认为当 SINR 低于 -110 时，会对 MOS 分产生明显影响。

4. RRC 中断对 MOS 分的影响分析

如果在 MOS 评估的 8 s 内，RRC 异常中断（终端收到 RRC Connection Release 或终端发送 RRC Connection Request、RRC Connection Reestablishment Request），则会对 MOS 分产生严重影响。在此次测试中，有两次 MOS 打点评估周期内出现 RRC 中断，最终 MOS 评分均低于 3.5 分。

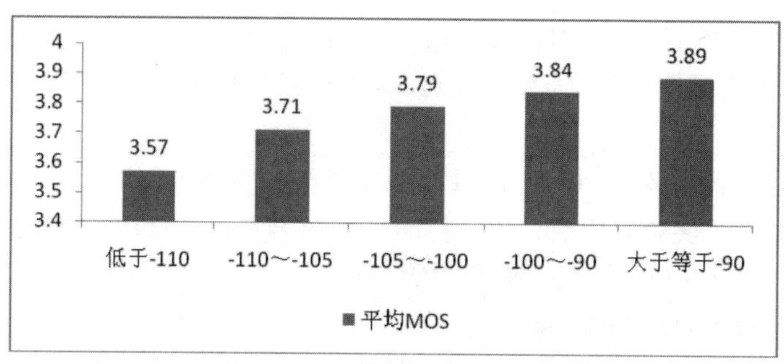

图 8-35　RSRP 值对 MOS 评分的影响

5. 终端 CSFB 或 eSRVCC 到 2G 对 MOS 分的影响分析

若主叫终端或被叫终端 CSFB 或 ESRVCC 到 2G 后，则语音编码方式将从 AMR WB 23.85K 变更为 AMR NB 12.2K 或更低的编码方式，会对 MOS 分产生严重影响。此次测试未出现 CSFB 和 eSRVCC 事件。

6. 上行干扰对 MOS 分的影响分析

如果主被叫终端占用的小区存在上行干扰，则将会对 MOS 分产生影响。如果 UL 初始 BLER 在 30% 以上，且 PUSCH TX PWR 接近 23，则怀疑小区可能存在上行干扰，通过核查小区每 RB 上行干扰电平值话统指标是否大于 -105dBm 来判定。此次测试未发现存在明显上行干扰的情况。

第九式　专题研究发力全面领先一步

在做好基础工作的同时，需要通过专题研究更进一步地挖掘网络潜力、拓展优化方向、改进优化手段。本章主要基于 VoLTE 的基本原理，介绍 VoLTE 的覆盖、容量规划优化方法、语音质量、切换优化方法，以及终端问题的定位排查分析思路、工具应用 5 项内容，以期指导将 VoLTE 网络从可用升级为好用网络的健康长远发展提供借鉴。

9.1　第一招　风卷残云——覆盖专题

9.1.1　覆盖影响因素

VoLTE 的覆盖是通过链路预算的方法给定的，其链路预算过程如图 9-1 所示。

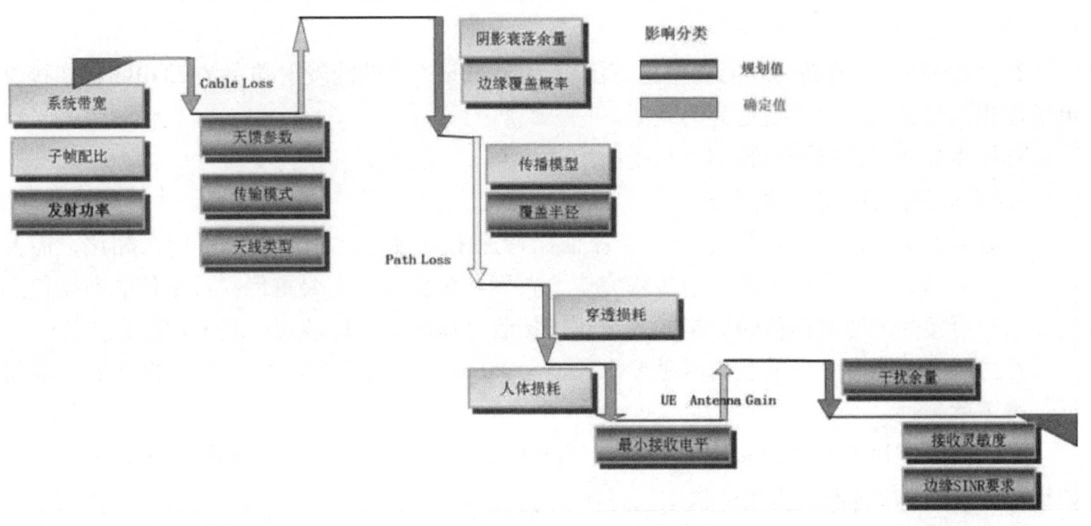

图 9-1　链路预算过程示意图

链路预算中的关键参数分类如下。

1）设备相关的参数：发射功率、接收机灵敏度、器件及线缆损耗、天线增益。

2）无线环境相关参数：慢衰落余量、穿透损耗、人体损耗、站高、终端高度、信道类型、环境、传播模型。

3）TD－LTE 技术相关参数：时隙配比、CP 长度、系统负载、硬切换增益、MCS、MIMO。

上述参数均是影响 LTE 覆盖能力的关键因素。

除此之外，VoLTE 特有的关键技术或特征对语音业务覆盖能力的影响主要体现在以下几个方面。

4）TTI Bundling：在 SA 配比 0、1、6 时开启该功能，理论上获取 6dB 的覆盖能力（在 eTU3 信道下，仿真输出的增益为 3 ~4dB），但中国区场景统一采用 SA 配比 2，无法获得该增益。

5）RLC 分片：RLC 分片数目越多，TBS 就越小，数据包就越能够容易被解调，从而增强覆盖。

6）RoHC：头压缩技术降低了开销，减小了 TBS 的大小，数据包容易被解调，从而增强了覆盖。

7）HARQ 重传：按照 QoS 要求，VoLTE 允许一定的时延，重传能够带来一定的重传增益（理论上，一次重传增益是 3dB），具体表现为对解调性能的要求降低，覆盖能力增强。

8）时隙配比：上行子帧数目越多，在用户感知允许的时延要求下，可以重传的次数就越多，覆盖能力就越强。

9.1.2 VoLTE 覆盖能力

本章节重点利用链路预算的方法，从不同的角度分析 VoLTE 理论覆盖能力的影响因素。

1. 上行受限分析

VoLTE 是上行覆盖受限系统，原因如下。

1）时隙配比：中国移动按照 3:1 的时隙配比进行商用配置，对于对称业务，其他条件相同时，上行资源少，容易受限。

2）发射功率：基站的发射功率推荐配置为 46 dBm；终端的发射功率为 23 dBm，在接收灵敏度相当的情况下，上行更容易受限。

具体需要通过链路预算得到上行受限结论。

2. 不同配比下的覆盖能力分析

与数据业务不同，VoLTE 是 GBR（保证比特速率）业务，即不管采用什么配比，需要在一个子帧内将固定大小的语音包传输完毕，否则认为丢包，需要重传，且重传的数据包必须在用户可接受的时延内传输完毕，才算正确接收（QoS 上允许端到端有 1% 的误包率）。

在协议上，语音业务的空口时延要求不高于 80 ms，重传次数越多，对接收性能要求越低，覆盖就越远。

对于时隙配比 3:1，80 ms 内有 16 个上行子帧，考虑到重传时间间隔为 10 ms，那么单个数据包在 80 ms 最多能够重传 7 次。

对于时隙配比 2:2，80 ms 内也有最大 7 次重传，但上行子帧多，可以分片更多，同样降低了单个 TTI 的数据包不同配比在不同情况下的大小，覆盖能力较强。

假设在 80 ms 内将 AMR12.2K 业务的 344 bit 大小的数据包传出去，重传时间间隔为 10 ms，那么不同配比在不同情况下的最大重传次数见表 9-1。

表 9-1　不同配比的最大重传次数

配　比	分 片 数	TTI Bundling	最大重传次数
配比 2:(3:1)	1	关	7
	2		7
	4		3
	8		1
	16		0

（续）

配　比	分 片 数	TTI Bundling	最大重传次数
配比 1:(2:2)	1	关	7
	2	关	7
	4	关	7
	8	关	3
	16	关	1
	32	关	0
	1	开	7
	2	开	3
	4	开	1
	8	开	0

注意：表 9-1 中的分片数目可以是任何自然数，为简单起见，表中只列出了 2n 个。

若配比 1 的 TTI Bundling 关闭：

当分片为 1 个和 2 个时，最大重传 7 次，3:1 和 2:2 覆盖无差异。

当分片数目为 4～32 个时，3:1 的重传次数小于 2:2 的重传次数，2:2 可以获得的重传增益多，覆盖好。

反过来，假定同样的最大重传次数（产品默认为 5），2:2 可以支持的分片数目较 3:1 多，覆盖更远。

若配比 2 的 TTI Bundling 开启，该功能本身能够获得 6 dB 的增益（仿真输出的增益为 3～4 dB）；当分片为 2 个时（即分片相同），2:2 比 3:1 的覆盖增益主要依赖 TTI Bundling 的增益。

在 8T8R、RLC 分片为 2 片、重传 1 次的条件下，考虑室外穿透室内的 13 dB 穿透损耗，那么配比 1 和配比 2 的覆盖能力对比如图 9-2 所示。

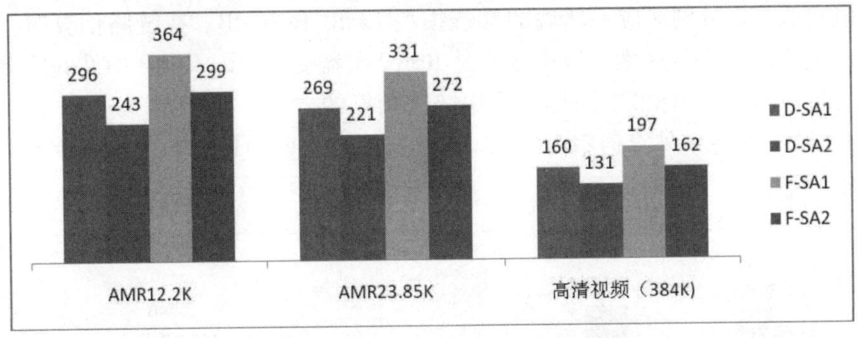

图 9-2　不同配比下的覆盖半径对比图

从覆盖估算的结果来看，配比 2 较配比 1 覆盖半径收缩大约 17%。

3. 多天线对覆盖的影响

8 天线相对于 2 天线分集增益、BF 增益，降低干扰，增强了链路上行接收的可靠性。在同样为 3:1 配比、分片数目为 2 片、重传 1 次的条件下，考虑室外穿透室内的 13 dB 穿透损耗，2 天线和 8 天线的链路预算结果如图 9-3 所示。

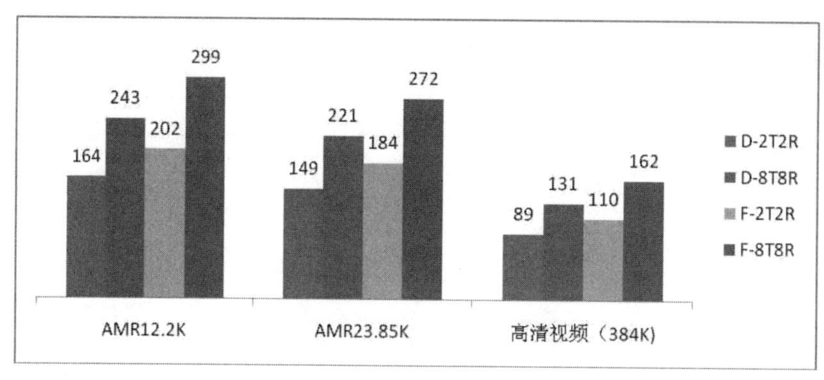

图 9-3　不同天线配置下的覆盖半径对比图

从覆盖估算的结果来看，8 天线比 2 天线的 VoLTE 覆盖能力好大约 47%。

4. 与数据业务覆盖能力对比

中国移动的 4G 一期商用网络主要以数据业务为目标，规划标准见表 9-2。

表 9-2　不同场景覆盖规划标准

类　型	穿透损耗	覆盖指标（95% 概率）			边缘用户速率指标（50% 负载）/Mbit/s
		RSRP 门限/dBm		RS－SINR 门限	
		F 频段	频段	(dB)	
城区	高	－100	－98	－3	1
	低	－103	－101	－3	1
一般城区		－103	－101	－3	1
县城及郊区		－105	－103	－3	1

注：根据建筑物穿透损耗将主城区分为高穿损、低穿损场景，高穿损场景指中心商务区、密集居民区等区域，其他区域为低穿损场景。

高穿损和低穿损分别对应一堵墙的穿透损耗 13 dB 和 10 dB。在链路估算时，可以根据表 9-2 中的电平门限进行区别。数据业务是 RSRP 覆盖受限，即 RSRP 的站间距要求是中国移动 4G 一期网络规划的标准。同样，采用链路预算的方法，在 8T8R 场景下，RLC 分片为 2 片，重传 1 次，考虑室外穿透室内的 13 dB 穿透损耗，VoLTE 业务与数据业务覆盖半径如图 9-4 所示。

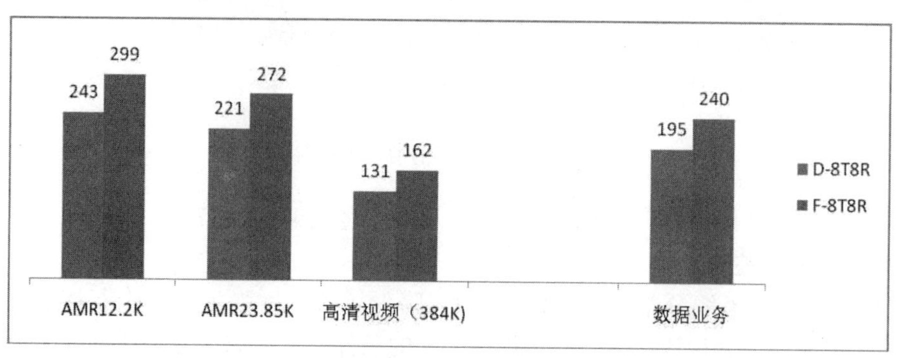

图 9-4　8T8R 下语音业务与数据业务站间距对比

可见，无论D频段还是F频段，语音业务类型的覆盖半径要求均大于数据业务RSRP的要求，即按照当前的规划指标设计的4G网络能够满足语音业务覆盖。

无论F频段和D频段，高清视频384K的覆盖半径要求小于数据业务RSRP的要求，即现有站间距要求无法满足高清视频384K的连续覆盖要求。

5. 与2G/3G语音覆盖能力比较

通过链路预算的办法，TD－LTE、TDS和GSM三个制式的语音业务和视频业务的覆盖半径对比见表9-3所示。

表9-3　不同频段覆盖半径对比

覆盖半径	TD－LTE1.9G	TD－TE 2.6G	TD－S2.0G	GSM900M	DCS1800M
AMR12.2K	299	43	83	95	13
AMR23.85K	272	221	不支持		

对于AMR12.2K业务，F频段的VoLTE的覆盖能力与TDS和DCS1800基本相当，但GSM900M依靠频段的优势，覆盖能力远大于3G和4G。由于频段的差异，D频段的语音覆盖能力相对于2G、3G较差。

6. 小结

无线侧的头压缩、RLC分片、TTI Bundling、HARQ技术均能够提升VoLTE的覆盖能力，从理论分析可以得到以下关键性结论：

1）VoLTE是对称业务，对于以下行数据业务为主的TDD系统，是上行覆盖受限。

2）3:1配比相对于2:2配比的覆盖半径收缩17%左右。

3）8天线相对于2天线具有上行接收分集增益、BF增益，其覆盖距离相对于2天线多出大约47%。

4）按照当前中国移动4G一期网络规划设计标准，未来部署VoLTE后，现网站间距能够满足语音业务的连续覆盖要求。对于视频384K业务，现有站间距无法满足高清视频384K的连续覆盖要求，对于AMR12.2K业务，VoLTE的覆盖能力与TDS和DCS1800基本相当，但GSM900M依靠频段的优势，覆盖能力远大于3G和4G。

9.1.3　覆盖规划指标

与数据业务一样，LTE的语音业务连续覆盖评估指标也以RSRP和SINR为关键指标。

1. 覆盖规划指标分析

此处通过链路预算给出语音业务连续覆盖所需要的RSRP和SINR，计算过程见表9-4。

表9-4　覆盖规划计算过程

项　目	单　位	序　号	说　明
终端发射功率	dBm	A	/
终端损耗	dB	B	/
人体损耗	dB	C	/
穿透损耗	dB	D	/
阴影衰落余量	dB	E	/
空间传输损耗	dB	F	F＝C＋D＋E

（续）

项　目	单　位	序　号	说　明
上行干扰余量	dB	G	/
热噪声功率	dBm	H	/
基站噪声系数	dB	I	/
基站 SINR 解调门限	dB	J	/
HARQ 重传增益	dB	K	/
基站 IRC 合并增益	dB	L	/
基站接收灵敏度	dBm	M	M = H + I + J
基站天线增益	dBi	N	/
基站馈线损耗	dB	Q	/
上行路径损耗	dBm	X	X = A - B - F - M - G + N + K + L - Q
基站发射功率	dBm	P	/
移动台接收电平	dBm	R	R = P - Q + N - E - X

由于上行链路场强在网络规划和优化中没有标准化的数据采集和表征手段，而 TD - LTE 系统传播损耗是上下行对称的，因此可以用下行 RSRP 表征上行链路场强。

1）上行链路 MAPL（最大可用路径损耗）：UE 最大发射功率 - 接收机灵敏度 + 增益 - 损耗 - 余量。

2）下行 RSRP：使上下行路损相等，根据下行每子载波发射功率和路损，结合阴影衰落余量计算出小区边缘的 RSRP 门限。

3）RS - SINR：根据小区边缘终端的 RSRP，结合终端的噪声功率及下行干扰余量，计算出小区边缘的 RS - SINR 门限。

计算结果如下：

- AMR 23.85K，RSRP > -115dBm，SINR > -4dB。
- AMR 12.65K，RSRP > -117dBm，SINR > -6dB。
- 视频 384K，RSRP > -107dBm，SINR > 1dB。

中国移动一期规划指标中仅考虑一堵墙浅覆盖场景，穿透损耗按照 13dB 与其对齐，可得室外道路规划指标要求见表 9-5。

表 9-5　主城区浅覆盖规划指标

场　景	业 务 类 型	D 频段		F 频段	
		RSRP/dBm	SINR 门限/dB	RSRP/dBm	SINR 门限/dB
主城区浅覆盖	AMR 12.2K/12.65K	104	-6	104	-6
	ARM 23.85K	2	-4	102	4
	视频 384K	94	1	94	1

建议按照两堵墙考虑深覆盖场景，穿透损耗取 18 dB，可得室外道路规划指标要求见表 9-6。

相比中国移动 4G 一期规划指标，可以看出无论是 F 频段还是 D 频段，仅考虑室内浅层覆盖 VoLTE 语音业务可以满足 LTE 一期规划设计指标，视频业务不能满足 LTE 一期规划设计指标。但是 VoLTE 语音业务和视频业务均不能满足室内深度覆盖的要求。

表 9-6　主城区浅覆盖规划标准（两堵墙）

场　景	业 务 类 型	D 频段		F 频段	
		RSRP/dBm	SINR 门限/dB	RSRP/dBm	SINR 门限/dB
主城区浅覆盖	AMR 12. 2K/12. 65K	-99	-6	-99	-6
	AMR 23. 85K	-97	-4	-97	-4
	视频 384K	-89	1	-89	1

2. 覆盖规划组网测试验证

VoLTE 23. 85K 高清语音编码测试采用 HTC M8 终端和 Ascom 软件，终端锁频到 F 频段，关闭 eSRVCC 功能，测试过程中没有 eSRVCC 切换到 GSM/TD - S 网络中。现网配置情况是 RoHC 打开，SPS 关闭，TTI - Bundling 关闭。

选取多栋高层、独栋高层、中层、低层等各种场景楼宇进行室内扫楼测试，遍布楼道、走廊、楼梯，所测试的楼宇和楼层见表 9-7。

表 9-7　VoLTE 深度覆盖测试场景

场　景	楼 宇 名 称	总　楼　层	测 试 楼 层
多栋高层（20 层以上）	××××	28	1、3、5、12、14、16、23、25、27
	××××	24	2、3、5、10、11、13、20、21、23
	××××	24	1、3、5、10、11、13、20、22、23
	××××	26	1、4、6、11、15、17、21、23、25
独栋高层（20 层以上）	××××	22	1、3、5、9、11、13、18、20、22
	××××	22	4、5、6、10、12、14、19、20、21
	××××	22	1、4、5、10、11、13、17、19、20
	××××	22	1、3、5、11、12、14、18、20、21
中层（8 ~ 20 层）	××××	18	1、5、10、11、16、17
	××××	18	1、3、5、10、11、16、17
	××××	18	4、5、10、11、16、17
低层（8 层以下）	××××	6	1、3、6
	××××	6	1、3、5
	××××	6	1、3、5
	××××	6	1、3、5

VoLTE 深度覆盖测试数据汇总见如表 9-8。

表 9-8　VoLTE 深度覆盖测试数据汇总

区域	测 试 地 点	平均 RSRP/dBm	CDF 95% RSRP/dBm	平均 RS - SINR/dB	CDF 95% RS - SINR/dB	平均 MOS
××1	25 m 以下	-99. 5	-117	6. 5	0. 8	3. 57
	25 ~ 50 m	-107. 2	-127. 1	2. 8	-3. 8	2. 51
	50 m 以上	-109. 3	-127. 6	-1. 7	-6. 7	2. 76
	室外绕楼	-85. 7	-98. 2	12. 2	4. 4	3. 88

（续）

区域	测试地点	平均 RSRP/dBm	CDF 95% RSRP/dBm	平均 RS－SINR/dB	CDF 95% RS－SINR/dB	平均 MOS
××2	25 m 以下	－93.5	－109.2	6.7	－0.3	3.72
	25～50 m	－96.4	－113.2	5	－1	3.53
	50 m 以上	－98.1	－115.3	5.7	－0.8	3.91
	室外绕楼	－81.1	－91.8	6.4	－0.2	3.82
××3	25 m 以下	－93.7	－111.6	4.9	－0.9	3.95
	25～50 m	－92	－110.5	3.5	－2.1	3.75
	50 m 以上	－99.2	－115.4	0.5	－4.2	3.38
	室外绕楼	－82.6	－89.2	9.55	5.4	3.83
××4	25 m 以下	－113.6	－124.3	4.1	－2.1	2.88
	25～50 m	－112.5	－124.8	1.7	－6	3.02
	50 m 以上	－112.6	－123	2	－5.5	3.13
	室外绕楼	－95.53	－101.2	7.93	－1.9	4.05
××5	25 m 以下	－104.2	－117.7	10.9	2.2	3.64
	25～50 m	－108.3	－120.2	1.3	－3.6	3.07
	50 m 以上	－104	－119.7	3.1	6	3.43
	室外绕楼	－91.4	－96.8	12.49	7	3.73
××6	25 m 以下	－104.9	－125.5	10.5	－2.5	3.32
	25～50 m	－103.7	－117.9	6	－5.2	3.26
	50 m 以上	－98	－111.1	11.4	3.3	3.61
	室外绕楼	－87.1	－95.3	8.75	2.6	3.72
××7	25 m 以下	－100.7	－115.2	15.1	5.8	3.7
	25～50 m	－98.9	－115.1	14.7	4.9	3.83
	50 m 以上	－98	－112.6	12.4	2.5	3.71
	室外绕楼	－92.4	－100.5	11.35	3.6	3.9
××8	25 m 以下	－99.8	－113.9	12.2	4.5	3.56
	25～50 m	－100.5	－111.6	3.7	－2.4	3.41
	50 m 以上	－103.4	－119.4	2.9	－5.1	3.08
	室外绕楼	－86.5	－98.8	12.9	3.6	3.91
××9	18 m 以下	－104.7	－119.8	11.2	0	3.55
	18～35 m	－94.6	－105.4	12.1	4.8	4.02
	35 m 以上	－100.5	－113.4	5.5	1.1	3.38
	室外绕楼	－82.2	－88.9	12.52	3.6	3.98
××10	18 m 以下	－103.4	－110.1	0.7	－2	3.36
	18～35 m	－107.6	－114.2	0.4	－3.8	3.36
	35 m 以上	－107.3	－113.9	1	－2.5	3.66
	室外绕楼	－93.5	－107	5.76	－3	3.51
××11	18 m 以下	－98.7	－106.5	8	2.5	4.01
	18～35 m	－103.5	－114.5	2.9	－2.7	3.55
	35 m 以上	－98.7	－109.9	2.1	－5.5	3.74
	室外绕楼	－85.5	－97.3	7.94	－0.5	3.95

（续）

区域	测试地点	平均 RSRP/dBm	CDF 95% RSRP/dBm	平均 RS－SINR/dB	CDF 95% RS－SINR/dB	平均 MOS
××12	6 m 以下	－115.9	－123.8	3.31	－2.1	3.04
	6～12 m	－110.08	－114.7	3.83	0.7	3.57
	12 m 以上	－104.2	－107.8	4.24	－2.5	3.75
	室外绕楼	－99.98	－104.4	4.19	－0.8	3.78
××13	6 m 以下	－114.3	－125.3	2.34	－2.8	3.1
	6～12 m	－114.2	－120.7	7.03	0.8	3.82
	12 m 以上	－105.9	－110.4	15.11	10.8	3.27
	室外绕楼	－96.6	－102.5	10.44	1.5	3.79
××14	6 m 以下	－114.8	－120.1	7.34	3.4	3.65
	6～12 m	－110.2	－116	9.67	5.1	3.94
	12 m 以上	－104.4	－111.1	12.41	7.1	3.88
	室外绕楼	－98.8	－103.5	12.16	7.4	3.99
××15	6 m 以下	－113.1	－119.8	7.89	3.5	3.17
	6～12 m	－107.4	－111.9	11.51	7.8	3.69
	12 m 以上	－102.6	－105.4	11.98	8.8	3.86
	室外绕楼	－98.6	－104.1	12.25	6.8	3.69

RSRP 与 MOS 的变化曲线如图 9-5 所示。

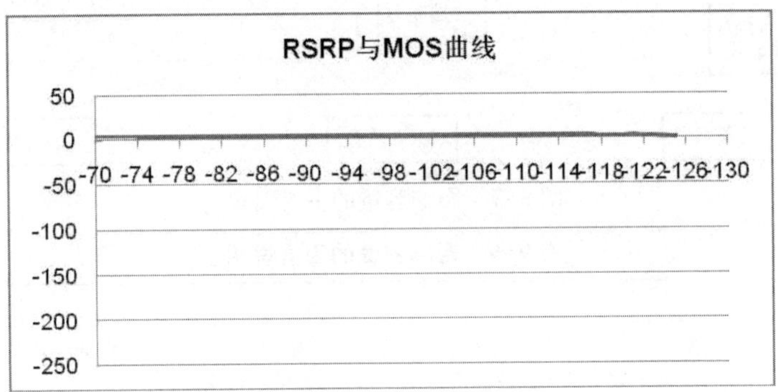

图 9-5　AMR23.85K 高清语音 RSRP 与 MOS 的变化曲线

SINR 与 MOS 的变化曲线如图 9-6 所示。

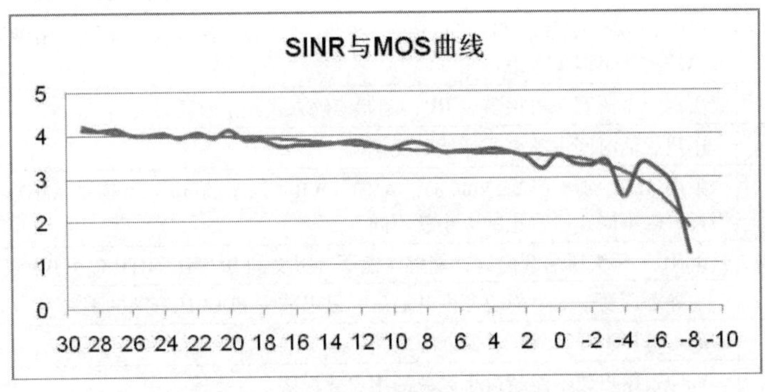

图 9-6　AMR23.85K 高清语音 SINR 与 MOS 的变化曲线

从测试数据来看，RSRP 在 -116dBm，RS SINR 在 -4dB 左右 MOS 分出现下降拐点，测试结果与理论估算基本符合。

从曲线来看，若语音用户平均 MOS > 3.5，则要求室内边缘 RSRP > -113 dBm，边缘 SINR > -2 dB。为保障语音用户体验，建议以 RSRP 门限 -113 dBm 作为室内深度覆盖的规划指标。MOS 的影响因素较多，覆盖并非唯一影响因素，因此上述只是网络轻载场景下的参考值，是 MOS 达到 3.5 分的必要条件，而非充分条件。

9.2 第二招 海纳百川——容量专题

9.2.1 影响容量的关键因素分析

影响容量的主要因素如图 9-7 所示。影响容量的因素说明见表 9-9。

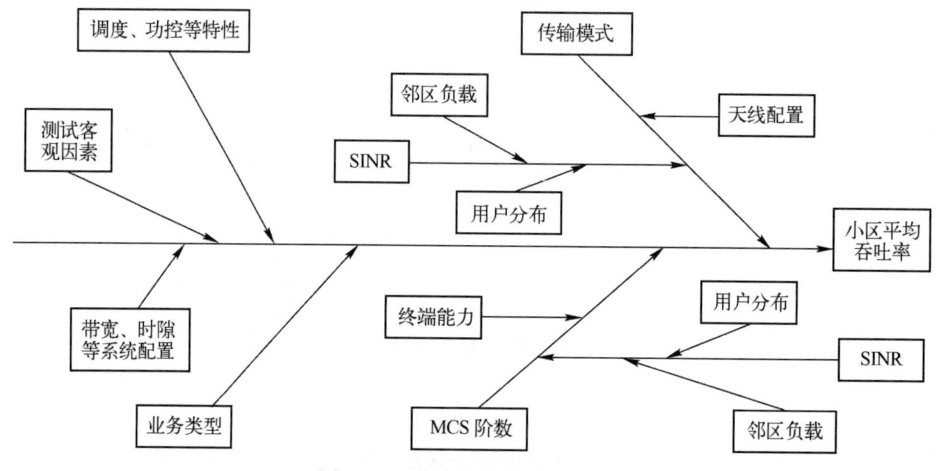

图 9-7 影响容量的主要因素

表 9-9 影响容量的因素说明

因素	说明
子帧配比	影响上下行子帧个数，决定容量是上行受限还是下行受限。例如配比 2，上行子帧个数为 2，下行子帧个数为 8（包括两个特殊子帧），容量上行受限
带宽	带宽决定了每个 TTI 有多少资源可以用来传输语音数据，一般还需要考虑 PUCCH 资源的开销，去除这些开销后的资源才可以用于语音报文传输
用户分布	用户不同的位置分布占用不同的资源，好点单个用户占用资源少，差点单个用户占用资源多
PDCCH	PDCCH 决定了每个 TTI 可以传送多少个用户的语音数据。如果采用半静态调度，则 PDCCH 资源的消耗可以不考虑
MCS	决定一个语音包占用多少 RB，调制编码方式跟信号质量等有关
语音业务激活因子	用户说话时间占整个通话期的比例
语音业务编码	采用 AMR - NB（12.2 kbit/s）、AMR - WB（12.65 kbit/s），还是 AMR - WB（23.85 kbit/s）。语音编码不同，语音包的大小就不同
增强特性	RoHC——头压缩开启后，能够压缩语音报文的 IP/UDP/RTP 包头开销
	半静态调度——半静态调度开启后，可以减少 PDCCH 资源的消耗
硬件处理能力	决定每 TTI 可以调度多少个用户
小区用户数规格	VoLTE 用户数不能超过小区总的用户数规格

语音包的大小是固定的（当前终端不支持 AMR 自适应），VoLTE 的容量是按照可容纳的用户数来评估的。VoLTE 主要关注的影响因素为 SA 配比、调度方式、RoHC 头压缩、TTI Bundling、RLC 分片。

（1）上下行资源比例

VoLTE 是对称业务，对于 TDD 系统来说，单小区的容量取决于上下行子帧的比例。当前国内外 TD－LTE 局点最常见的配比为3:1 和2:2，下行资源比上行资源数目多，再考虑基站和终端解调能力的差异，从业务信道角度考虑，VoLTE 业务是上行容量受限。因此理论上，2:2 比 3:1 可以容纳的用户数多一倍。

（2）调度方式

语音业务的调度方式有动态调度和半静态调度。动态调度是调度的基本属性，对于小包业务，用户数比较多，调度器分配的 Grant 也多，占用了过多的下行控制信道资源。见表 9-10 为 RoHC 打开的前提下，采用动态调度策略，网络资源利用率变化随着用户数变化的系统仿真结果。

表 9-10　不同配比利用率变化趋势

配　比	SA1			SA2	
用户数	80	100	120	60	80
CCE 占用率增量（%）	49.52	60.48	71.43	21.25	27.92
上行 RB 占用率增量（%）	35.50	41.40	46.40	45.21	54.40
下行 RB 占用率增量（%）	12.70	16.10	19.60	8.09	11.15

可见，配比 1 比配比 2 多一个上行子帧，在基本相等的负载（PRB 利用率）下，配比 1 容纳的用户数多。从配比 1 的仿真结果来看，同样的用户数下，CCE 资源占用比例最高，说明动态调度消耗过多的 CCE 资源；随着用户数的增加，CCE 资源消耗会越来越多，PDCCH 资源将受限。

为此，VoLTE 引入了半静态调度，20 ms 为一个调度周期。在半静态调度周期没有重新激活之前，则仅需要 1 个 DL Grant 或者 UL Grant，这样就减少了对控制资源的消耗，从而提升了容量。

RoHC：RoHC 的目的就是减少比特流的开销，降低用户的 TBS，高效传输有用的信息，使每个用户所占的 RB 数目降低，从而提升可容纳的用户数。

TTI Bundling：TTI 绑定是一种上行覆盖增强技术，主要在小区边缘无线环境恶化的情况下启动进入 TTI Bundling 模式。TTI Bundling 将 4 个 TTI 捆绑在一起传输同一份语音包，本质上是一种用资源换覆盖的技术。所以，采用 TTI Bundling 单个语音包占用的资源过多，必然减少了可容纳的用户数。

RLC 分片：在无线环境较差的情况下，RLC 分片降低了 MAC 包的大小，增强了链路接收的可靠性，提升了覆盖。但在 RLC 层引入了多个 RLC 头开销，HARQ 反馈错误造成丢包率大，都在一定程度上降低了资源利用率，也就是减小了语音用户容量。

9.2.2　VoLTE 业务相关资源消耗

（1）用户面——VoLTE 报文

前面已经计算了不同编码类型的语音包的包大小。中国移动要求使用 IPv6 技术，包头占 60B。同类型 VoIP 报文长度见表 9-11。

表 9-11　同类型 VoIP 报文长度

语音编解码	RoHC	IPv4/IPv6	RLC 分片个数	RTP Payload /B	RTP Header /B	UDP Header /B	IPV6 Header /B	PDCP 头 /B	RLC 头 /B	MAC 头 /B	Total /bit
AMR - WB 23.85K	ON	IPv6	1	63	6			1	1	2	584
AMR - WB 12.65K	ON	IPv6	1	35	6			1	1	2	360
AMR - NB 12.2K	ON	IPv6	1	33	6			1	1	2	344
AMR SID	ON	IPv6	1	8	6			1	1	2	144
AMR - WB 23.85K	OFF	IPv6	1	63	12	8	40	1	1	2	1016
AMR - WB 12.65K	OFF	IPv6	1	35	12	8	40	1	1	2	792
AMR - NB 12.2K	OFF	IPv6	1	33	12	8	40	1	1	2	776
AMR SID	OFF	IPv6	1	8	12	8	40	1	1	2	576

RLC 层是否要分片与 MAC 分配的 RB 数息息相关，如果分配的 RB 数能够承载的有效数据小于 RLC 层的数据报文大小，则 RLC 层将会做分片；分片个数与 RB 数和有效数据大小有关。评估容量时暂时不考虑 RLC 分片。

打包个数是指 VoIP 数据包多少个打包成一个，这与空口调度时延有关。如果空口调度能够做到 20 ms 调度一次，那么 VoIP 数据包不用打包；如果大于 40 ms 才能调度一次，那么 VoIP 数据需要打包（40 ms 打两个包，80 ms 打 4 个包）。

$$\text{MAC 包大小}=\frac{\text{语音包}+\text{RTP/UDP/IP(或 RoHC 压缩头)}+\text{PDCP 头}}{\text{分片数目 N}}\times\text{打包个数}+\text{RLC 头}+\text{MAC 头}$$

以 40 ms 调度周期为例，一个调度周期内语音包 MAC 层数据报文大小（考虑 RoHC）见表 9-12。

表 9-12　不同编码方式 MAC 层数据报文大小

编 码 方 式	AMR - WB 23.85k/bit	AMR - WB 12.65k/bit	AMR - WB 12.2k/bit
一个调度周期内 MAC 层数据报文大小	1144	696	664

（2）控制面——SIP 信令

SIP 信令在 VoIP 打电话时触发，通话期间会有心跳（流量相对较少），本专题考虑的场景主要是 VoLTE 用户长呼（即呼起电话后一直保持，直至测试结束），故 SIP 信令流量对容量的影响不大，在此可以忽略。

（3）空口控制面——PDCCH 资源

PDCCH 资源主要是用于语音数据包调度的 CCE 资源。

CCE 资源与空口带宽、子帧配比、PDCCH 符号数、天线数、PCICH 开销、PHICH 开销有关，见表 9-13。

频率上一个子载波及时域上一个 Symbol 称为一个 RE；REG 由 4 个频域上并排的 RE 组成；CCE 由 9 个 REG 组成。

表 9-13　PDCC 资源配置

带　宽	20 Mbit/s	Ng	1	UL CCE（Total）	61
配　比	SA2	PHICH（Total）	36	UL CCE（Usage）	48
PDCCH 符号数	3	CCE（Total）	84	DL CCE（Total）	23
天 线 数	2T	可用 CCE	68		
PCFICH（REG）	4	UL/DL CCE Ratio	10：01		

当 PDCCH 符号数为 3 时，下行子帧的前 3 个符号由 PCFICH + PHICH + PDCCH + 参考信号组成，两根天线意味着第一个 OFDM 符号有 1/3 的 RE 被占用作参考信号，那么每个 RB 剩下两个 REG，20 Mbit/s 有 100 个 RB，也就是剩下：$100 \times 2 = 200$REG，其他两个 OFDM 符号有 $2 \times 100 \times 3 = 600$REG，总共有 800REG，一般 PCFICH 占用 4 个 REG；PHICH group $=$ Ng ×（100/8）（整数，取上限），当 NG = 1 时，则有 12 个 PHICH group，每个 PHICH group 包含 3 个 REG，则 PHICH 占用 $3 \times 12 = 36$ 个 REG，最后 PDCCH REG $= 800 - 4 - 36 = 760$，则 CCE $= 760/9 = 84$。不同天线数时的参考信号如图 9-8 所示。

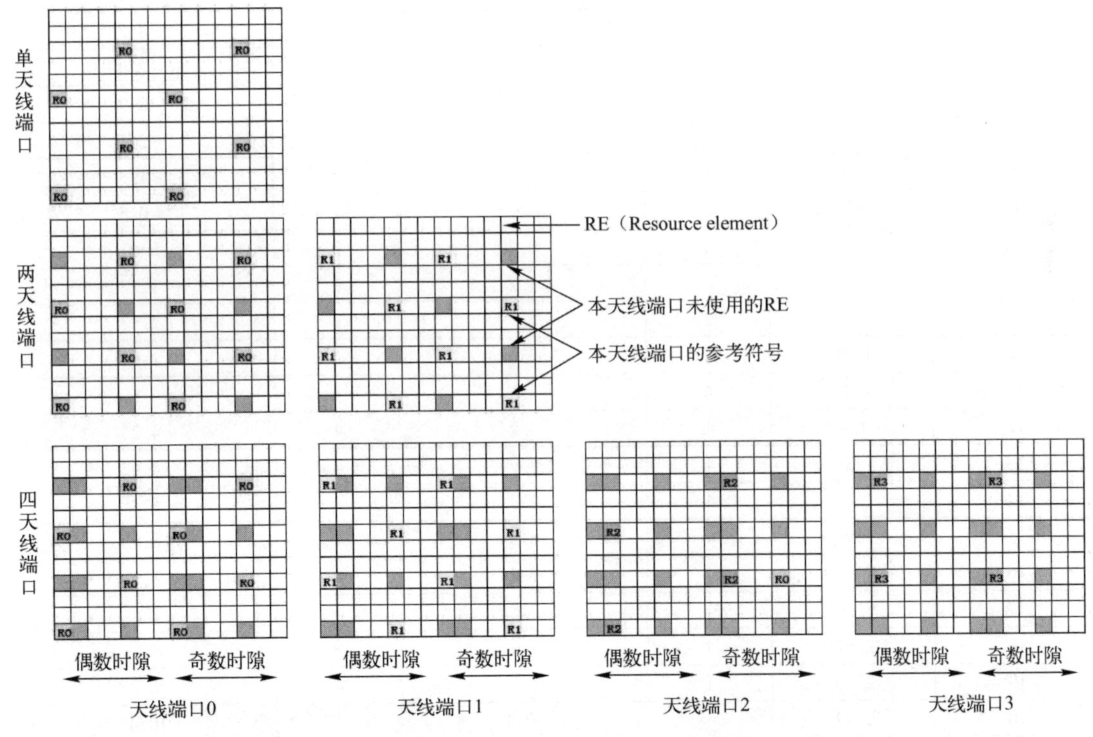

图 9-8　不同天线数时的参考信号

PDCCH 公共信令占用 16 个 CCE，则 PDCCH 信道中共有 68 个 CCE 供上行或下行使用。Eran 8.1 版本支持最大的上下行调度 CCE 比例为 10：1，即最大可供上行使用的 CCE 个数为 61 个。考虑 CCE 存在分配失败的情况，当分配成功的概率为 80% 时，上行可用 CCE 数为 48 个。

9.2.3 PUSCH 资源需求计算

20M 带宽上行 100RB，其中 PUCCH 最多占用 16RB，PRACH 配置周期为 10 ms，占用 6RB；考虑 IBLER 为 10% 时，只有 90% 的资源可以用于初传，PUSCH 资源计算如下：

(100 - 16) ×8-6 ×40/10) × (1 - 0.1) = 583 （按照 40ms 调度周期计算）

每个用户调度需要的 RB 数与该用户的数据包大小、MCS 有关。假设数据包大小不变（可能有时调度会有延迟情况，导致多个周期的数据打包在一起，但是长期来看，数据包大小平均下来应是趋于稳定的），要得出 RB 需求，必须先确定用户采用的阶数。

用户分布会有 SINR 范围，假设所有处于同一个点的用户 SINR 相同，通过表 9-14 根据 SINR 进行选阶。

表 9-14 MCS 与 SINR 的关系

MCS	频谱效率	支持 64QAM		不支持 64QAM	
		Qm	SINR（BLER10%）	Qm	SINR（BLER10%）
0	0.19	2	-6.2	2	-6.2
1	0.25	2	-4.8	2	-4.8
2	0.31	2	-3.9	2	-3.9
3	0.4	2	-2.9	2	-2.9
4	0.49	2	-2.1	2	-2.1
5	0.61	2	-1.3	2	-1.3
6	0.72	2	-0.5	2	-0.5
7	0.85	2	0.4	2	0.4
8	0.97	2	1.2	2	1.2
9	1.09	2	2.1	2	2.1
10	1.22	2	2.9	2	2.9
11	1.22	4	3.5	4	3.5
12	1.4	4	4.2	4	4.2
13	1.58	4	4.9	4	4.9
14	1.78	4	5.7	4	5.7
15	1.99	4	6.5	4	6.5
16	2.13	4	7.2	4	7.2
17	2.26	4	7.8	4	7.8
18	2.51	4	8.6	4	8.6
19	2.75	4	9.5	4	9.5
20	2.99	4	10.4	4	10.4
21	2.99	6	10.9	4	10.4
22	3.23	6	11.7	4	11.3
23	3.49	6	12.6	4	12.6
24	3.72	6	13.4	4	15.4
25	3.98	6	14.1	4	NA
26	4.24	6	14.9	4	NA
27	4.41	6	15.4	4	NA
28	5.13	6	17.9	4	NA

例如，用户 SINR 为 20 dB 以上时，MCS 选 24；SINR 在 5 ~ 12 dB 时，可以选中间的 MCS 18；SINR 在 -3 ~ 0 dB 时选中间的 MCS 5，每用户的 RB 数 = MAC 层数据报文大小/MCS 对应的频谱效率/144。

其中，频谱效率为每个 RE 采用对应的 MCS 时能够承载有效数据的效率，144 为 Normal CP 时除去 DMRS 开销后上行一个 RB 对中可用于传输 PUSCH 的 RE 数目。

例如，MCS = 24 时，频谱效率为 3.72，AMR 23.85K 语音包 40 ms 调度周期时 MAC 层包大小为 1144，则每语音包的 RB 数 = 1144/3.72/144 = 3；静默帧 MAC 层包大小为 144，则每静默帧的 RB 数 = 144/3.72/144 = 1；假设语音激活比为 0.5，则每用户的平均 RB 数 = 3 × 0.5 + (1 × 0.5) × 40/160 = 1.7。

当 MCS = 18 时，频谱效率为 2.51，AMR 23.85K 语音包 40 ms 调度周期时 MAC 层包大小为 1144，则每语音包的 RB 数 = 1144/2.51/144 = 4；静默帧 MAC 层包大小为 144，则每静默帧的 RB 数 = 144/2.51/144 = 1；假设语音激活比为 0.5，则每用户的 RB 数 = 4 × 0.5 + (1 × 0.5) × 40/160 = 2.2。

9.2.4 CCE 资源需求计算

CCE 存在 1，2，4，8 四种不同的聚合级别以适应不同的信道质量要求，信号越差，要求 CCE 聚合级别越高。当前默认配置下，根据 UE 上报的 CQI 及内部处理，最终可以对应到 CCE 聚合级别，见表 9-15 所示。

表 9-15 不同 SINR 对应的 CCE 聚合级别

CQI/MCS	SINR	DeltaMCS	折算后 SINRrs	SINRpdcch	CCE 聚合级别
0	-5.65	5	-8	-12	8
1	-4.5	5	-7.2	-11.2	8
2	-3.55	5	-6.4	-10.4	8
3	-2.35	5	-5.6	-9.6	8
4	-1.5	5	-4.8	-8.8	8
5	-0.5	5	-4	-8	8
6	0.5	5	-3.2	-7.2	8
7	1.45	5	-2.4	-6.4	8
8	2.45	5	-1.6	-5.6	8
9	3.4	5	-0.8	-4.8	8
10	3.7	5	0	-4	8
11	4.4	5	0.8	-3.2	8
12	5.4	5	1.6	-2.4	8
13	6.3	5	2.4	-1.6	4
14	7.25	5	3.2	-0.8	4
15	8.3	5	4	0	4
16	8.95	5	4.8	0.8	4
17	9.6	5	5.6	1.6	2
18	10.15	5	6.4	2.4	2
19	11.15	5	7.2	3.2	2
20	12.1	5	8	4	2

（续）

CQI/MCS	SINR	DeltaMCS	折算后 SINRrs	SINRpdcch	CCE 聚合级别
21	13. 15	5	8. 8	4. 8	2
22	14. 05	5	9. 6	5. 6	2
23	15. 1	5	10. 4	6. 4	2
24	16	5	11. 2	7. 2	2
25	17	5	12	8	2
26	18. 1	5	12. 8	8. 8	2
27	19	5	13. 6	9. 6	2
28	20. 1	5	14. 4	10. 4	2

VoLTE 动态调度周期为 40 ms 时，则 40 ms 内上行可用的 CCE 总数为 48 ×2 ×40/10 =384。

9. 2. 5　VoLTE 用户数估算

（1）用户分布

VoLTE 用户数与用户的位置分布有关。按照中国移动外场测试规范要求，用户均匀分布按照 1:2:4:3 的比例在极好点、好点、中点、差点进行分布。

极好点、好点、中点、差点的 RS SINR 要求如下。

极好点：RS - SINR >22 dB。

好点：RS - SINR 在 15 ~20 dB。

中点：RS - SINR 在 5 ~10 dB。

差点：RS - SINR 在 -3 ~0 dB。

这里以 1:2:4:3 的用户分布为例，进行 VoLTE 用户数估算。

按照上节的计算方法，对 PUSCH 进行容量估算，每用户占用的 RB 资源见表 9-16 与表 9-17 。

表 9-16　动态调度每用户占用的 RB 资源

SINR	MCS	AMR 23. 85K			AMR 12. 65K		
		语音包 RB 需求	静默帧 RB 需求	RB/PerUE	语音包 RB 需求	静默帧 RB 需求	RB/PerUE
>22 dB	24	3	1	1. 7	2	1	1. 2
15 ~20 dB	24	3	1	1. 7	2	1	1. 2
5 ~12 dB	18	4	1	2. 2	2	1	1. 2
-3 ~ 0 dB	5	14	2	7. 3	8	2	4. 3

表 9-17　用户分布模型

SINR	用户分布模型	各点用户数占比（%）
>22 dB	1	10
15 ~20 dB	2	20
5 ~12 dB	4	40
-3 ~ 0 dB	3	30

40 ms 调度周期时，PUSCH 上行可用的 RB 总数为 583。假设 PUSCH 可以支持的 VoLTE 用户总数为 X，语音通话激活比为 c。

对于 AMR 23.85K，由(1.7×10%+1.7×20%+2.2×40%+7.3×30%)×X<583 可得：X<162。

对于 AMR 12.65K，由(1.2×10%+1.2×20%+1.2×40%+4.3×30%)×X<583 可得：X<273。

即动态调度下 PUSCH 信道可支持 23.85K 最大用户数为 162，12.65K 最大用户数为 273。

对于半静态调度特性（SPS），MCS 的选择最高为 15 阶，高于 15 阶的情况都按照 15 阶的编码效率进行计算；对于静默帧，系统采用动态调度，与数据业务的 MCS 选择方法一致。半静态调度每用户占用的 RB 资源见表 9-18。

表 9-18　半静态调度每用户占用的 RB 资源

SINR	MCS	AMR 23.85K			AMR 12.65K		
		语音包 RB 需求	静默帧 RB 需求	RB/PerUE	语音包 RB 需求	静默帧 RB 需求	RB/PerUE
>22 dB	15	4	1	2.2	3	1	1.7
15～20 dB	15	4	1	2.2	3	1	1.7
5～12 dB	15	4	1	2.2	3	1	1.7
−3～0 dB	5	14	2	7.3	8	2	4.3

40 ms 调度周期时，PUSCH 上行可用的 RB 总数为 583。假设 PUSCH 可以支持的 VoLTE 用户总数为 X，语音通话激活比为 c。

对于 AMR 23.85K，由(2.2×10%+2.2×20%+2.2×40%+7.3×30%)×X<583 可得：X<156。

对于 AMR 12.65K，由(1.7×10%+1.7×20%+1.7×40%+4.3×30%)×X<583 可得：X<235。

即半静态调度下 PUSCH 信道可支持 23.85K 最大用户数为 156，12.65K 最大用户数为 235。

对 PDCCH 容量进行估算，用户分布模型与对应的 CCE 聚合级别见表 9-19。

表 9-19　用户分布模型与 CCE 聚合级别对应表

SINR	CCE 聚合级别	均匀分布比例（%）
>22 dB	2	10
15～20 dB	2	20
5～12 dB	4	40
−3～0 dB	8	30

40ms 调度周期时，PDCCH 上行可用的 CCE 总数为 384。假设 PDCCH 可以支持的 VoLTE 用户总数为 X，语音通话激活比为 c。

对于 AMR 23.85K 或 AMR 12.65K，由(2×10%+2×20%+4×40%+8×30%)×X×c+(2×10%+2×20%+4×40%+8×30%)×X×(1−c)×40/160<384 可得：X<133，即 PDCCH 信道可支持的最大用户数为 133。

按照 1:2:4:3 的比例在极好点、好点、中点、差点进行分布的均匀分布模型，动态调度场景下：

VoLTE 容量为 Min(PUSCH 容量,PDCCH 容量)=133（PDCCH 资源受限）。

对于 SPS 打开场景默认 PDCCH 不受限。半静态调度场景下，VoLTE 容量为 23.85K 最大用户数为 156，12.65K 最大用户数为 235。

高铁场景的容量规格和容量估算方法与公网保持一致。

9.2.6 混合业务容量模型

在语音和数据混合业务下，随着语音用户增多，数据业务吞吐率变化曲线如图 9-9 所示。

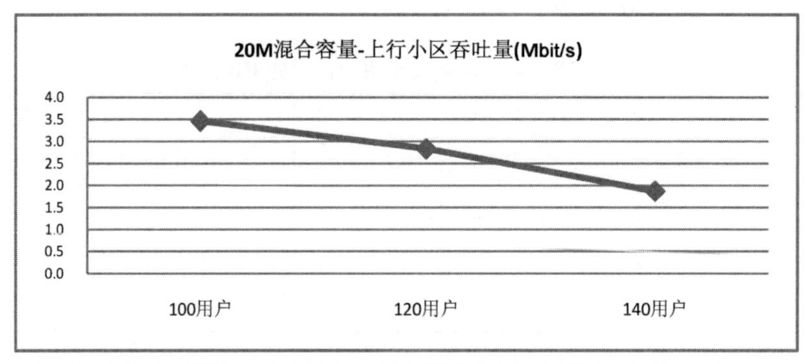

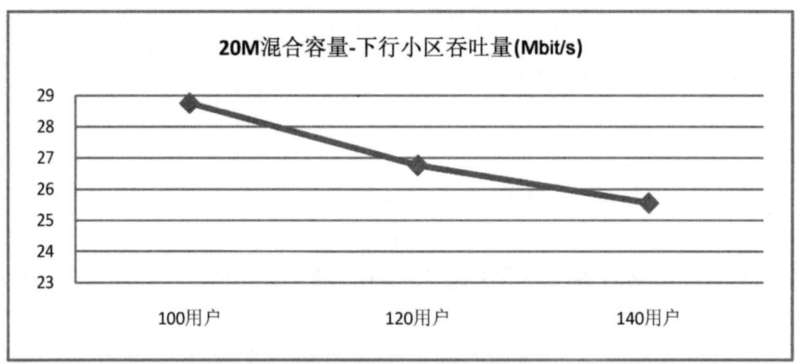

图 9-9　语音数据混合业务测试结果参考

如图 9-10 所示，在混合业务下，随着语音用户数增多，数据业务流量下降，且上行影响较大，下行影响相对较小。

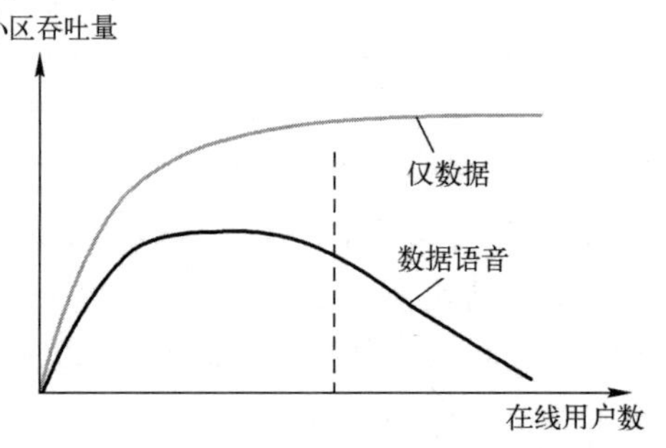

图 9-10　语音用户增多情况下的数据业务流量变化趋势曲线

9.2.7 容量测试结果

远端语音用户 MOS 测试情况见表 9-20。

表 9-20 远端语音用户 MOS 测试情况

用户数	MOS 均值	MOS 最大值	MOS 小于 3 的比例（%）
70	3.64	4.03	9.00
80	3.12	4.04	16.30

远点混合业务测试情况见表 9-21。

表 9-21 远点混合业务测试情况

用户数	MOS 均值	MOS 小于 3.5 的比例（%）	MOS 小于 3 的比例（%）	端到端时延 /ms	时间抖动	GBR 吞吐率	NON GBR 吞吐率/(Mbit/s)
50	3.76	15.38	4.90	259.46	10.64	608K	11.7
60	3.79	19.77	5.20	264.31	12.87	750 K	11
70	3.66	30.05	10	263.39	16.05	909 K	12.56
80	3.3	53.24	23.60	265.81	17.59	1310 K	10.97
90	3.13	55.19	37.70	275.64	20.85	/	/
100	2.92	74.70	46.90	267.86	19.1	/	/

均匀分布语音用户 MOS 测试情况见表 9-22。

表 9-22 均匀分布语音用户 MOS 测试情况

用户数	MOS 均值	MOS 最大值	MOS 小于 3 的比例（%）
70	3.79	4.06	3.40
80	3.54	4.03	18.00

均匀分布混合业务测试情况见表 9-23。

表 9-23 均匀分布混合业务测试情况

用户数	MOS 均值	MOS 最大值	MOS 小于 3 的比例（%）	NON GBR 吞吐率/(Mbit/s)
132	3.02	4.02	49.50	5.04
120	3.69	4.03	12.90	16.33
110	3.64	4.05	12.80	16.4
100	3.78	4.05	10	22.2
90	3.63	4.05	12.80	20.25
83	3.49	4.05	18.40	20.21
70	3.44	4.06	16.20	21.34
60	3.72	4.04	9	19.21
50	3.83	4.07	7.80	20.68
40	3.74	4.05	3.30	18.45

（续）

用户数	MOS 均值	MOS 最大值	MOS 小于 3 的比例（%）	NON GBR 吞吐率/(Mbit/s)
30	3.86	4.06	0	19.83
20	3.86	4.08	2.40	18.18
10	4.01	4.07	0	29.66

高清视频 384 K 也是对称业务，在 3∶1 配比下，系统是上行容量受限的。3∶1 的上行理论峰值速率和上行平均速率分别为 10 Mbit/s 和 6 Mbit/s（一般网络的拉网水平和系统仿真结果），那么小区能够容纳的最大和平均用户数见表 9-24。

表 9-24　高清视频的用户数估算

业务	峰值 10 Mbit/s	小区平均速率 6 Mbit/s
标清语音 + 高清视频	23	13
高清语音 + 高清视频	22	13

9.2.8　基于用户感知的 VoLTE 容量评估

LTE 网络用户的感知与业务模型息息相关。当前的移动宽带业务可分为 10 类，包括 Web 浏览、视频流、VoIP 业务、社交网络、即时消息、云、邮件、文件传输、游戏和 M2M 业务。根据各类业务的特征不同，可将业务模型聚合成更简单的大包、中包、小包类型。E-RAB（E-UTRAN Radio Access Bearer）唯一标识一个 S1 承载和相应的数据无线承载连接（TS36.300 定义），可以理解为每次数据业务连接传送的数据包的大小，是无线网管定义的可提取和统计的标准参数。以平均每 E-RAB 流量将业务分为小包、中包、大包 3 类，见表 9-25。

表 9-25　小包、中包、大包分类标注

业务	每 E-RAB 流量/KB
小包类业务	<300
中包类业务	<1000
	>300
大包类业务	>300

当前中国移动集团扩容门限如下：

根据业务模型差异，将小区分为小包（即时通信）、中包（Web）、大包（视频）3 类。

小包小区：利用率门限为 40%，有效 RRC 数门限为 50 个，下流量门限与上流量门限分别为 2.2 GB、0.3 GB。

中包小区：利用率门限为 50%，有效 RRC 数门限为 20 个，下流量门限与上流量门限分别为 3.5 GB、0.3 GB。

大包小区：利用率门限为 70%，有效 RRC 数门限为 10 个，下流量门限与上流量门限分别为 5 GB、0.3 GB。

采集现网 VoLTE 商用网络数据进行分析，1 个语音包大小约为 74 B，平均速率为 29.6 kbit/s，QCI1 每 E-RAB 包的大小 91% 以上小于 300 KB，因此 VoLTE 属于小包业务，如图 9-11 所示。

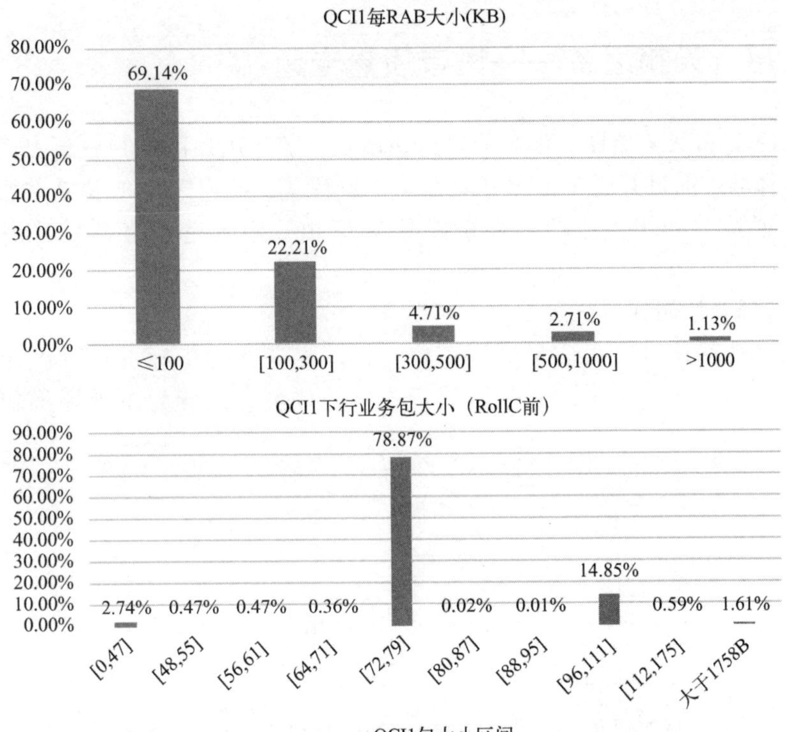

图 9-11　现网 VoLTE 业务特征

VoLTE 扩容门限建议：有效 RRC 数门限不超过 50 个。

外场测试：多用户均匀分布，混合业务，不断增加 VoLTE 用户数，观察 MOS 分的变化，如图 9-12 所示。

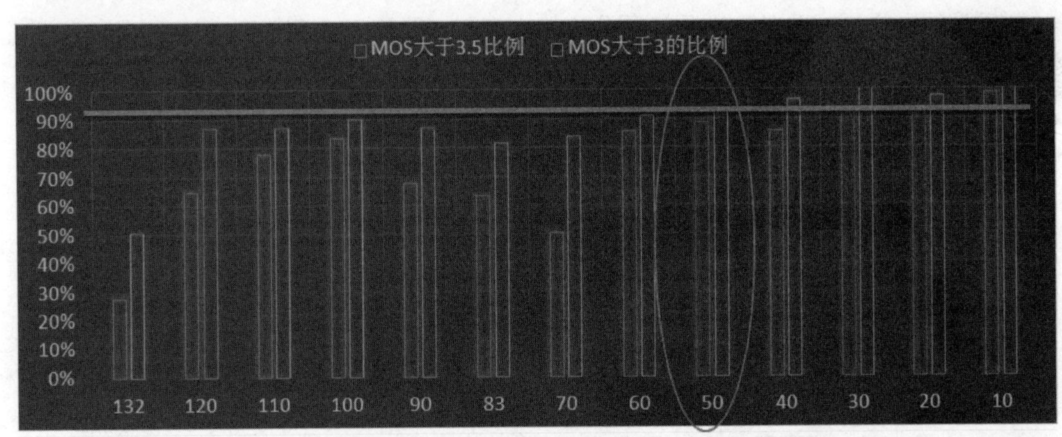

图 9-12　不同用户数下的 MOS 比例

为使 MOS 分大于 3 的满足度大于 90%，VoLTE 有效 RRC 用户数应不超过 50 个。因此，为保证用户 MOS 体验，建议 VoLTE 的扩容门限为有效 RRC 数不超过 50。

9.3 第三招 天籁之音——语音质量专题

目前 VoLTE 已进入商用期，用户数量迅速增长，随之出现的用户投诉，严重地影响用户的高清语音体验。通过开展 VoLTE 语音质量专题优化，确定 VoLTE 语音和视频质量相关的评价标准，通过“四步十三招”轻松提升 MOS 值，形成完整的 VoLTE 语音质量优化方案。

1. VoLTE 语音质量评价方法

语音质量评估就是对语音质量进行评定，并用定量化的指标进行标识和分级，从而公正客观地评估各种语音服务的质量。语音质量的评价方法分为主观评价和客观评价两种，如图 9-13 所示。

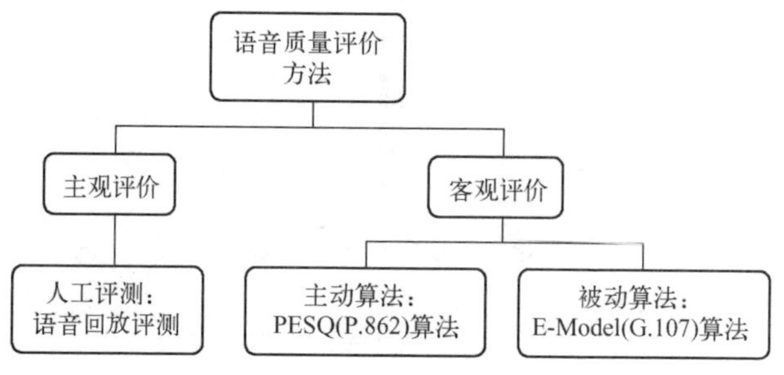

图 9-13 语音质量的评价方法

本专题基于 VoLTE 运维工具，采用 E－Model 模型对语音质量进行评估和优化。G. 107（E－Model）是一种客观评价方法，通过计算网络传输层面 R 系数，推导 MOS 值。考虑 IP 网络特有因素对语音质量的影响，可实现故障回溯，不过这种算法只关注 IP 网络传输因素对语音质量的影响，对噪声等音质问题分析能力有限。为将 VoLTE 用户感知用具体的量化数据来进行客观评估，以便准确还原用户真实感知，建立了一套 VoLTE 语音质量评价体系，如图 9-14 所示：

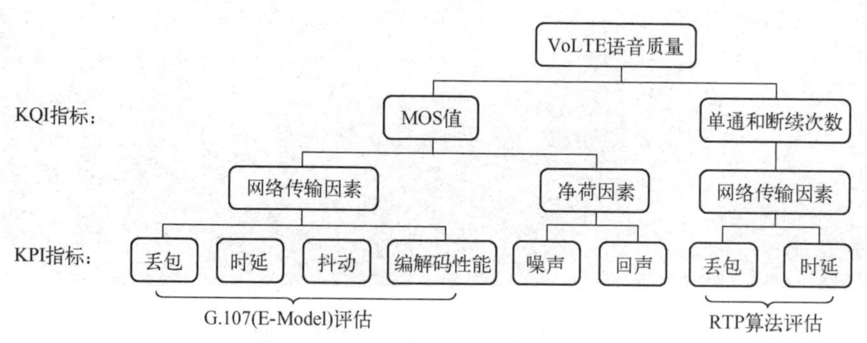

图 9-14 可量化的 KQI/KPI 指标

1）KPI 可以直接从媒体流中提取，现网有两类获取手段：端到端 RTCP 和分段 RTP。RTCP 用于评估手机端到端的语音质量；RTP 用于分段评估各接口的语音质量，定界定位接口问题。

2）KQI 选用 MOS 值，是基于 ITU－T G. 107 算法计算网络传输层面 R 系数，再由 R 系数推导出 MOS 值，计算公式为 R = Ro－Is－Id－Ie－eff + A，如图 9-15 所示。

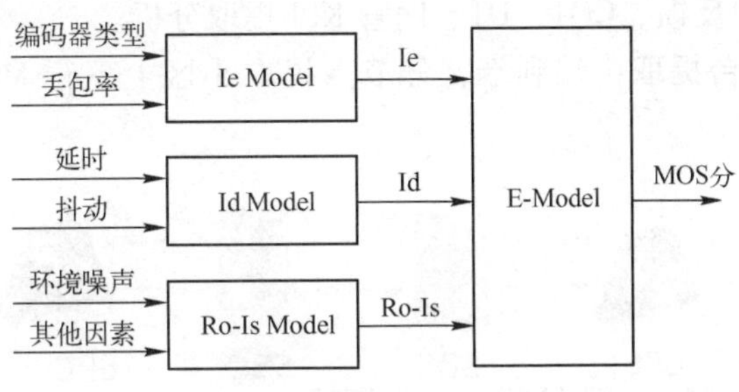

图 9-15　MOS 关系图

2. “四步十三招”，轻松定位、提升 MOS 值

相比较于传统的网络优化手段，端到端的网络优化系统更能适应 LTE 的网络特点，时时监控网络质量状况，并提供快速、准确的网络优化服务。“四步十三招”从小区级低 MOS 问题入手，通过定界、定位，处理逐步深入，有效地处理现网低 MOS 小区，从而提升用户感知度。

（1）什么是“四步十三招”

四步：是指 VoLTE 质差小区锁定，VoLTE 质差问题定界，VoLTE 质差原因定位，VoLTE 质差问题闭环，逐步深入解决问题，提升用户感知。

十三招：从调度、覆盖、干扰、故障 4 个方面，处理本端上行问题。十三招包括算法问题、大话务、CCE 受限、邻区漏配，越区覆盖、弱覆盖、SRVCC、切换参数、上行干扰、下行干扰、基站故障、天馈故障和传输故障，如图 9-16 所示。

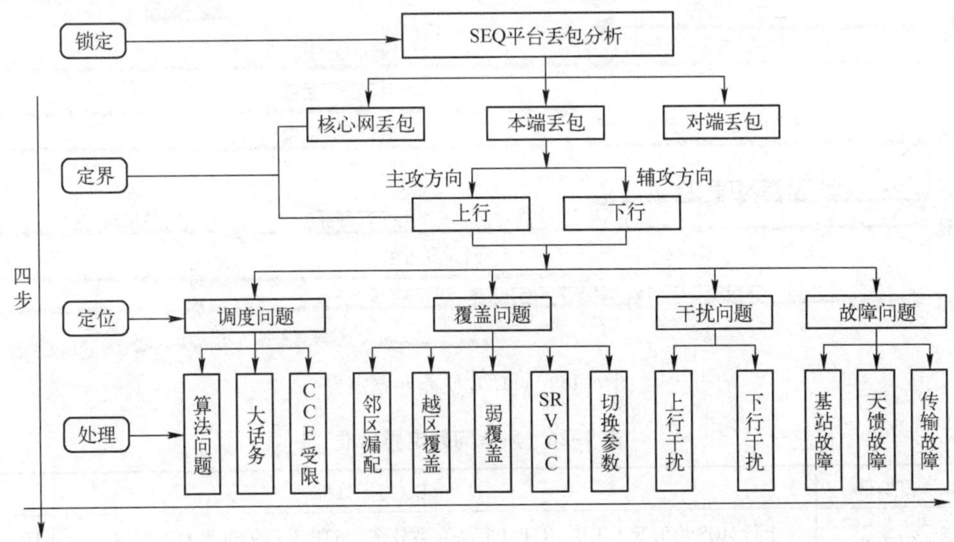

图 9-16　故障定位处理

第一步：VoLTE 质差小区锁定

VoLTE 质差小区是指包括在通话过程中出现断续、单通、延迟、杂音、回声、抖动、低 MOS 问题及现象的小区。VoLTE 质差小区锁定有以下两种方法。

① **传统手段**：用户反馈、CQT、DT、网管 KPI 提取分析。

② **端到端 SEQ 平台提取**：端到端，分节点提取小区上下行 MOS/IPMOS，如图 9-17 所示。

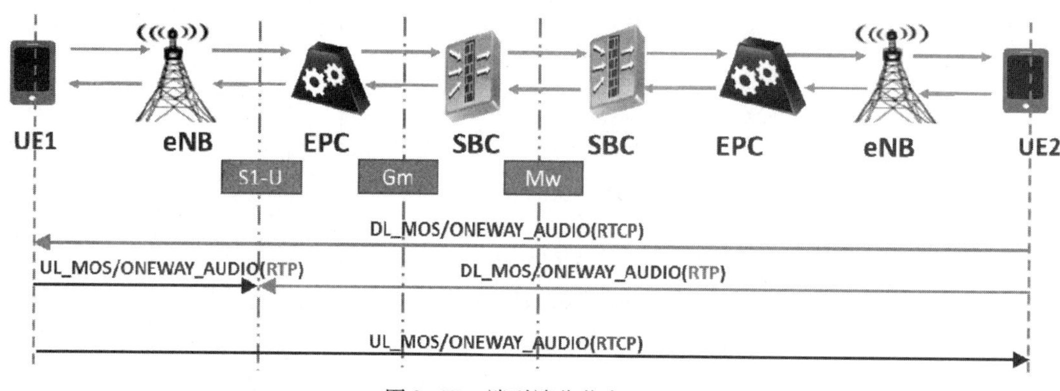

图 9-17　端到端分节点 MOS

第二步：VoLTE 质差问题定界

通过 S1－U 口上下行 MOS/IPMOS、RTP/RTCP 数据判断是本端问题还是对端问题，如图 9-18 所示。质差问题定界标准见表 9-26。

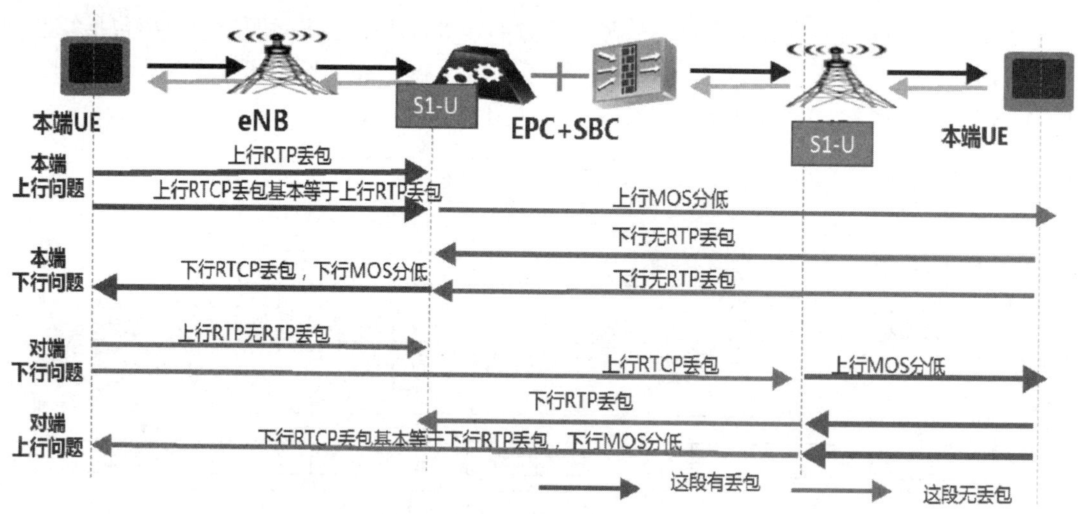

图 9-18　VoLTE 质差问题定界

表 9-26　质差问题定界标准

空口质差场景	SEQ 指标分析
本端上行质差	上行 MOS 均值低于 3.0，RTP 上行丢包数较多，RTP 上行丢包率大于 2% 以上，RTP 上行丢包基本等于 RTCP 上行丢包
对端上行质差	下行 MOS 均值低于 3.0，RTP 下行丢包数较多，RTCP 下行丢包数较多，RTP 下行丢包数基本等于 RTCP 下行丢包数（可以排除本端下行问题），RTP 下行丢包率大于 2%

（续）

空口质差场景	SEQ 指标分析
本端下行质差	下行 MOS 均值低于 3.0，RTP 下行无丢包或者很少，下行 RTP 丢包率大于 1%，RTCP 下行丢包数较多，（RTCP 下行丢包数 - RTP 下行丢包数）/RTCP 下行包数大于 2%
对端下行质差	上行 MOS 均值低于 3.0，RTP 上行无丢包或者很少，上行 RTP 丢包率低于 1%，RTCP 上行丢包数较多，（RTCP 上行丢包数 - RTP 上行丢包数）/RTCP 下行包数大于 2%

第三步：VoLTE 质差问题定位

通过对 S1 - MME 与 S1 - U 接口信令和媒体消息中相关字段的关联，提取全网各小区下语音呼叫 MOS 值，进一步筛选语音 MOS 质差小区，进行重点攻关和优化。根据综合分析处理质差小区经验，本端上行质差一般归于 4 种问题：调度问题、覆盖问题、干扰问题、故障问题。通过前后台配合处理问题，质差小区会得到明显改善，如图 9-19 所示。

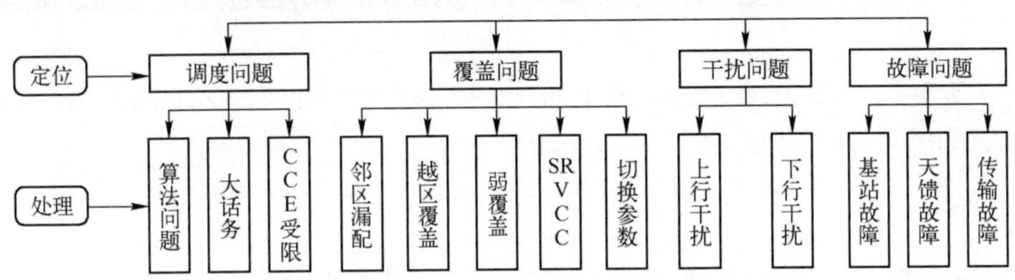

图 9-19　VoLTE 质差问题定位

第四步：VoLTE 质差问题闭环

通过对调度问题、干扰问题、覆盖问题、故障问题进行分类处理，解决 VoLTE 质差，见表 9-27。

表 9-27　质差问题处理方法

调度问题	上行 CCE 分配失败高——调整初始上下行 CCE 分配比例为 10：1
	调度散列化机制与 DRX 冲突——关闭 QCI1 的 DRX 开关
干扰问题	PUCCH 系统内干扰——P0_PUCCH 修改为 - 115，PUCCH 功控周期修改为 20 ms，PUCCH 功控目标 SINR 偏置 +3 dB
	PUCCH 系统外干扰——采用当前设置 P0_PUCCH = - 105 作为闭环功控 P0，开启 PUCCH IRC 功能
	PUSCH 上行干扰——PUCCH 外环功控关闭，抬高 P0_PUCCH，开启 UL COMP 功能
覆盖问题	邻区缺失——完善系统内邻区和系统间邻区
	缺少关键站点——增加站点或增加拉远扇区
	eSRVCC——调整互操作门限
	越区覆盖 & 站下覆盖不足——调整天馈下倾角
故障问题	故障处理

（2）“四步十三招”实战案例

1）GSM 杂散干扰引起的 VoLTE 业务高丢包率。

问题描述：某 VoLTE 用户 1875316 ××× 投诉 6 月 26 日上午多次通话过程中，可以听清对方声音，但对方听到的话音存在吞字断续现象。

问题分析：

查询故障用户质量定界详单，提取关键信息：通过 SEQ“故障用户质量定界”功能查询该用户当天上午语音质量话单，提取关键信息，发现用户在多次通话中均存在上行吞字和上行断续问题，上行丢包较为严重，而下行无明显异常，如图 9-20 所示。

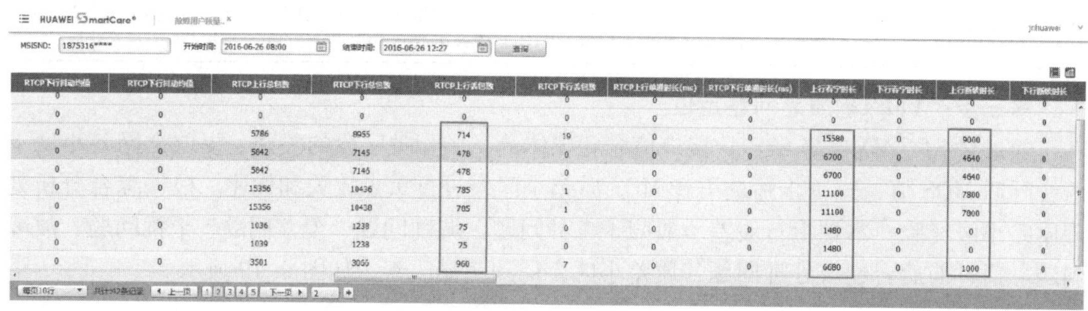

HUAWEI SmartCare®

MSISND: 1875316**** 开始时间: 2016-06-26 08:00 结束时间: 2016-06-26 12:27 查询

RTCP下行抖动均值	RTCP下行抖动均值	RTCP上行总包数	RTCP下行总包数	RTCP上行丢包数	RTCP下行丢包数	RTCP上行单通时长(ms)	RTCP下行单通时长(ms)	上行吞字时长	下行吞字时长	上行断续时长	下行断续时长
0	0	0	0	0	0	0	0	0	0	0	0
0	0	0	0	0	0	0	0	0	0	0	0
0	1	5786	8955	714	19	0	0	15580	0	9000	0
0	0	5842	7145	478	0	0	0	6700	0	4640	0
0	0	5842	7145	478	0	0	0	6700	0	4640	0
0	0	15356	18436	785	1	0	0	11100	0	7800	0
0	0	15356	18438	705	1	0	0	11100	0	7800	0
0	0	1036	1238	75	0	0	0	1480	0	0	0
0	0	1039	1238	75	0	0	0	1480	0	0	0
0	0	3501	3066	960	7	0	0	6680	0	1000	0

图 9-20　用户上行丢包

用户主要驻留“LXZ0118343RF_经七纬二－德亨大厦”和“LXZ0110101HF_市旅游局”两个小区，如图 9-21 所示。

HUAWEI SmartCare®　故障用户质量..

MSISND: 1875316　开始时间: 2016-06-26 08:25　结束时间: 2016-06-26 12:00　查询

结束eNodeB名称	起始eNodeBIp	结束eNodeBIp	RTP承载类型	SSRC跳变次数
LDZ011834R_经七纬二-德亨大厦	100.70.138.239	100.70.147.159	102	0
LDZ011834R_经七纬二-德亨大厦	100.70.138.239	100.70.147.159	102	0
	100.70.147.159	100.70.147.159	101	0
LDZ011010H_市旅游局	100.70.147.159	100.70.138.227	101	0
LDZ011010H_市旅游局	100.70.147.159	100.70.138.227	102	0
LDZ011010H_市旅游局	100.70.147.159	100.70.138.227	102	0
LDZ011834R_经七纬二-德亨大厦	100.70.147.159	100.70.147.159	102	0
LDZ011010H_市旅游局	100.70.138.227	100.70.138.227	102	0
LDZ011010H_市旅游局	100.70.138.227	100.70.138.227	102	0
	100.70.147.159	100.70.147.159	101	0

每页10行　共计:40条记录　上一页 1 2 3 4 下一页 2

图 9-21　用户驻留小区

结合拓扑图分析故障单据，进行问题定界：RTCP 测量的端到端上行 RTP 丢包 1603 个，上行丢包率为 24.5%，进行一步查看主叫 UE 到主叫侧 S1 口的上行 RTP 丢包 1621 个，说明语音丢包基本都发生在主叫 UE 到主叫 S1 口之间，问题定界为主叫无线侧问题，如图 9-22 所示。

相关专业科室排查问题原因，进行问题定位：无线优化人员对主叫无线侧进行进一步分析发现，该用户占用的两个小区均存在较强的上行干扰，结合现场人员排查，确定主要是由于周边学校考试使用干扰仪造成的。

问题处理：周边学校考试结束后，两个小区干扰消除，该用户 VoLTE 通话语音质量恢复正常。

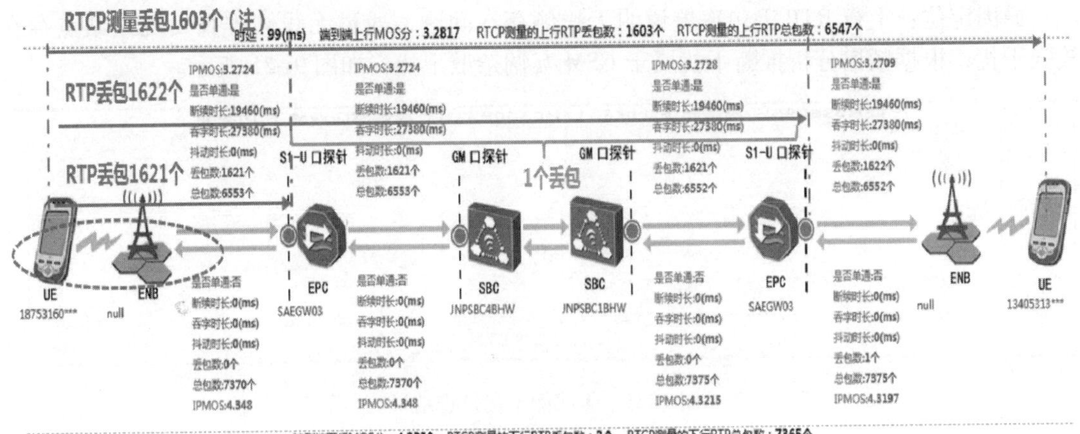

图 9-22 问题定界拓扑图

注：RTCP 测量的 RTP 丢包数可能会略少于单接口统计的 RTP 丢包数。RTCP 测量的上行 RTP 丢包数是由终端每 5 s 一个周期进行测量得到的累加结果，如果通话的最后一个周期不足 5 s，则该最后周期的 RTP 丢包情况统计不到。

2）上行 RTP 丢包导致语音质差。

问题描述： 利用 SEQ“多维数据查询”功能可以对小区级 VoLTE 上行 RTP 丢包率进行统计，通过查询发现小区“ LFH0360951H1_高青赵店业绩王”上行 RTP 丢包率指标长期较差。

问题分析：

网元信息查询：通过多维数据查询，发现该小区上行 RTP 丢包率连续多天均大于 5%，如图 9-23 所示当丢包率大于 5% 时，用户能够明显感知通话质量恶化，影响通话，如图 9-24 所示。

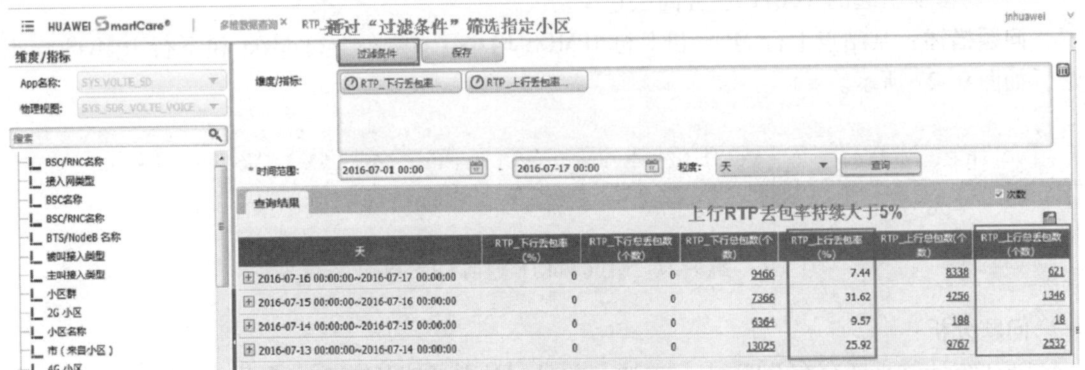

天	RTP_下行丢包率(%)	RTP_下行总丢包数(个数)	RTP_下行总包数(个数)	RTP_上行丢包率(%)	RTP_上行总包数(个数)	RTP_上行总丢包数(个数)
2016-07-16 00:00:00~2016-07-17 00:00:00	0	0	9466	7.44	8338	621
2016-07-15 00:00:00~2016-07-16 00:00:00	0	0	7366	31.62	4256	1346
2016-07-14 00:00:00~2016-07-15 00:00:00	0	0	6364	9.57	188	18
2016-07-13 00:00:00~2016-07-14 00:00:00	0	0	13025	25.92	9767	2532

图 9-23 网元丢包查询

取值范围	质量影响
[0%，1%)	能够偶尔感知通话不流畅
[1%，5%)	能够感知通话不流畅
[5%，10%)	能够明显感知通话质量变差，影响通话
[10%，100%]	能够明显感知通话断掉，严重影响通话

图 9-24 丢包对通话感知的影响

原因定位：上行 RTP 丢包率差说明无线侧存在问题，通过无线侧排查发现该站点存在较强干扰，根据频谱分析推断干扰属于 GSM 互调杂散干扰，如图 9-25 所示。

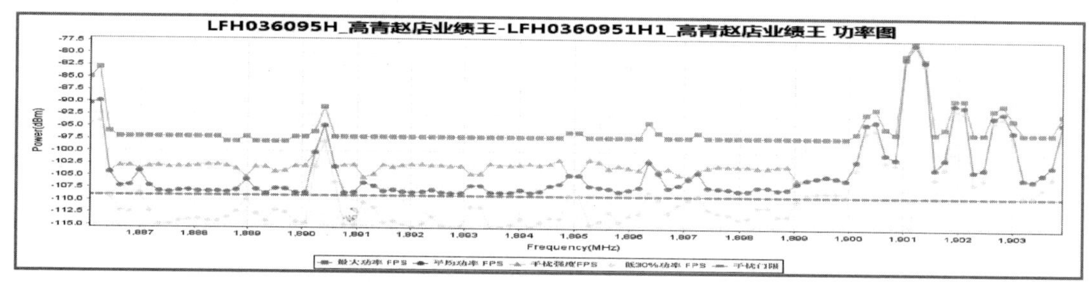

图 9-25　无线侧干扰排查结果

关闭 GSM 小区之后干扰消失，问题定位，如图 9-26 所示。

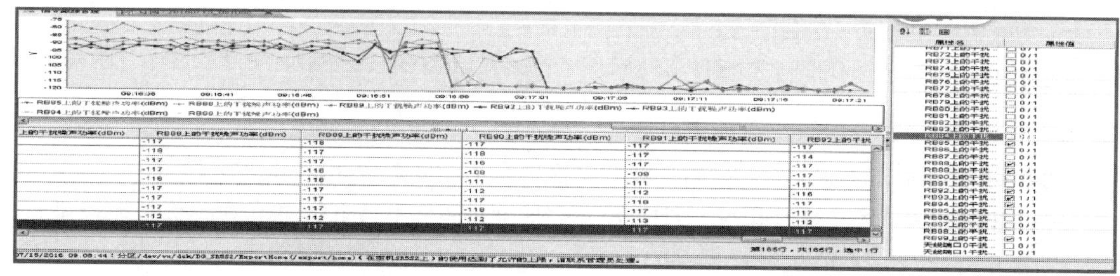

图 9-26　干扰定位图

问题处理：通过增加系统间天馈隔离度降低系统间干扰。

3）弱覆盖引起的 VoLTE 业务高丢包率。

问题描述：某站点上行 MOS 和上行 IPMOS 均小于 3%，下行 MOS 和下行 IPMOS 均正常，如图 9-27 所示。

VoLTE上行MOS	VoLTE下行MOS	VoLTE下行IP MOS_S1U	VoLTE上行IP MOS_S1U
2.66	3.21	3.21	2.82

图 9-27　站点 VoLTE 通话 MOS 指标

问题分析：

SEQ 统计该小区存在 RTP_上行单通，并且累计单通时长 137 s，如图 9-28 所示。

RTCP_下行单通时长/ms	RTP_下行单通时长/ms	RTCP_上行单通时长/ms	RTP_上行单通时长/ms
0	0	0	137606

图 9-28　单通时长统计

SEQ 统计 S1－U 口上行 RTP 丢包率和上行 RTCP 丢包率均大于 4%，初步定位本端上行质差，如图 9-29 所示。

VoLTE下行RTCP丢包率(%)	VoLTE上行RTP丢包率_S1U(%)	VoLTE下行RTP丢包率_S1U(%)	VoLTE上行RTCP丢包率(%)
0	4.84	0	4.75

图 9-29 丢包率统计

OMC 统计该小区存在严重弱覆盖，eSRVCC 次数较多，导致 MOS 较低，如图 9-30 所示。

MR弱覆盖	告警	干扰	eSRVCC次数
32.51%	无	-116dBm	32

图 9-30 MR 覆盖率统计

问题处理：站点站高 45 m 电下倾 3°，机械下倾 6°，垂直波瓣角 15°，最远覆盖距离 1.7 km。抬升机械下倾角 3°，最远覆盖距离变为无穷，但可以和邻区之间正常切换，如图 9-31 与图 9-32 所示。

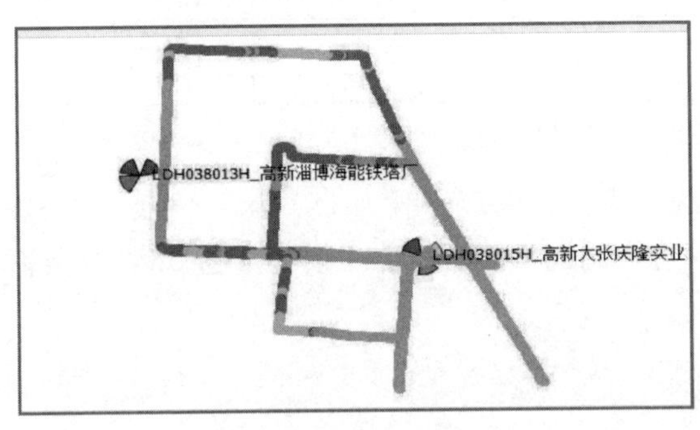

图 9-31 调整前 RSRP 图

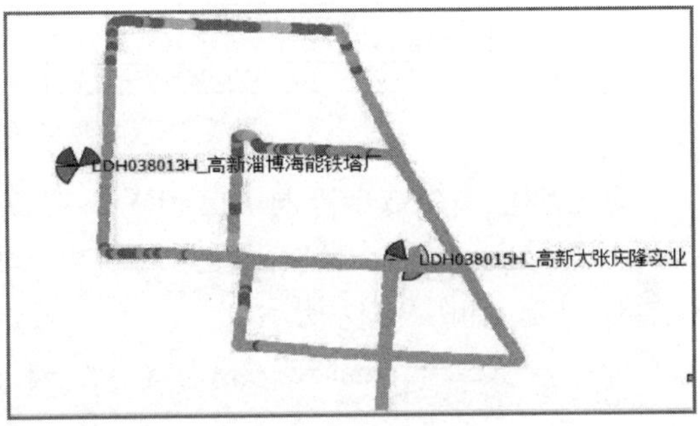

图 9-32 调整后 RSRP 图

优化覆盖效果之后，观察该小区连续 3 天上行 MOS 分值均大于 3，如图 9-33 与图 9-34 所示。

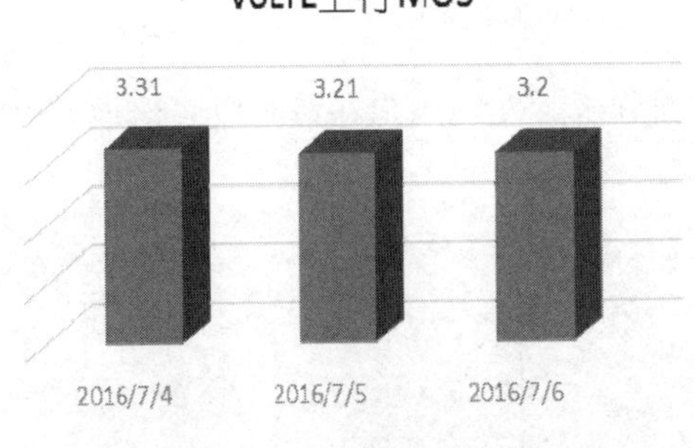

图 9-33 VoLTE 上行 MOS

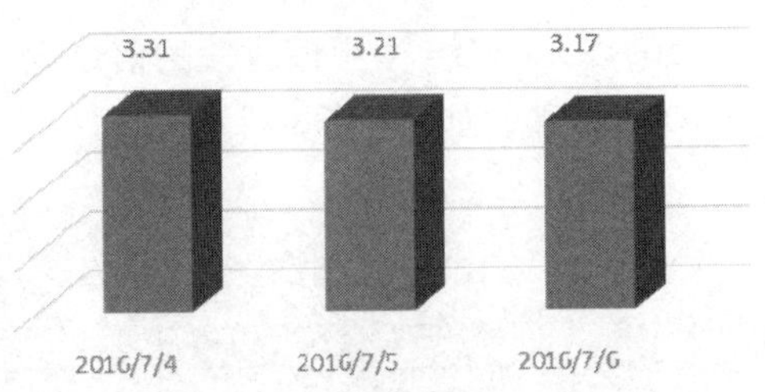

图 9-34 VoLTE 上行 IP MOS_S1U

4）频繁 eSRVCC 导致差小区案例。

问题分析：ECI 为 208826883 小区 7 月 6 日 18:00－19:00，SRVCC 失败次数较多，其他时段指标正常。查询该基站在该时段无告警，且 MR 无异常波动，如图 9-35 所示。

开始时间	小区	E-UTRAN向GERAN切换出SRVCC的尝试次	E-UTRAN向GERAN切换出SRVCC的执行次	E-UTRAN向GERAN切换出SRVCC的成功次	失败次数
07/06/2016 18:00:00	LDH0197843R1_唐王北批发市场-韩新	226	226	5	221
07/06/2016 19:00:00	LDH0197843R1_唐王北批发市场-韩新	34	34	2	32
07/07/2016 09:00:00	LDH0197843R1_唐王北批发市场-韩新	11	11	7	4
07/07/2016 21:00:00	LDH0197843R1_唐王北批发市场-韩新	3	3	1	2

图 9-35　SRVCC 失败次数统计

问题分析：

查询两两小区对，发现该小区往不同 GERAN 小区切换都存在 SRVCC 失败现象，且失败均发生在执行阶段，如图 9-36 所示。

开始时间	ECELL_GCELL	E-UTRAN向GERAN特定两小区间切换出尝试次数	E-UTRAN向GERAN特定两小区间切换出执行次数	E-UTRAN向GERAN特定两小区间切换出成功次数	失败次数
07/06/2016 18:15:0	GERAN小区标识=371	39	39	1	38
07/06/2016 18:15:0	GERAN小区标识=52301	35	35	0	35
07/06/2016 18:15:0	GERAN小区标识=377	36	36	2	34
07/06/2016 18:00:0	GERAN小区标识=371	31	31	1	30
07/06/2016 18:00:0	GERAN小区标识=52301	24	24	0	24
07/06/2016 18:15:0	GERAN小区标识=39382	19	19	1	18
07/06/2016 18:00:0	GERAN小区标识=39382	16	16	0	16
07/06/2016 18:00:0	GERAN小区标识=377	15	15	0	15
07/06/2016 19:00:0	GERAN小区标识=371	8	8	0	8

图 9-36　两两小区 SRVCC 失败次数统计

通过 SEQ 多维数据查询定位 SRVCC 切换失败原因，发现号码为 150 ××××3816 用户在 LDH0197843R1_唐王北批发市场 - 韩新小区下向不同的 GERAN 小区频繁发起 SRVCC 且基本全部失败，如图 9-37 所示。

查询结果　　☑次数

1小时	切换的目标小区	SRVCC切换成功率(%)	SRVCC切换失败次数	SRVCC切换请求次数
2016-07-06 19:00:00~2016-07-06 20:00:...	4600054F6CC4D	20	4	5
2016-07-06 18:00:00~2016-07-06 19:00:...	4600054F6CC4D	1.61	61	62

图 9-37　SEQ 多维数据查询 SRVCC 次数

对 150 ××××3816 用户该时段的信令进行回溯分析，发现用户在该时段频繁地 bSRVCC 导致 SRVCC 失败，如图 9-38 所示。

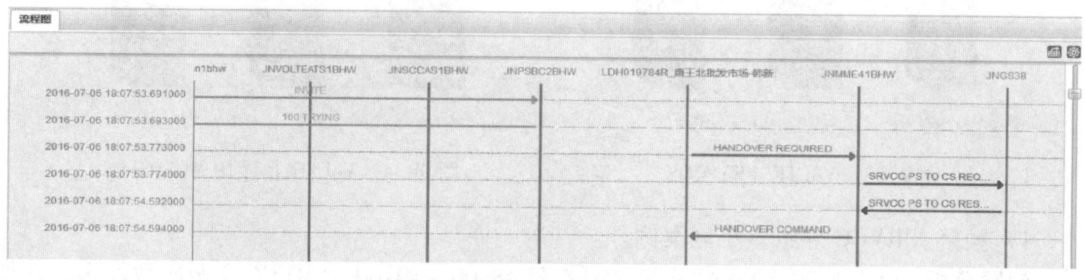

图 9-38　用户通话信令流程

定位原因：因核心网协议不支持 bSRVCC 导致切换失败。

问题处理：调整网络侧 SRVCC 触发门限。

9.4 第四招 移花接木——切换专题

无线通信的最大特点在于其移动性控制，对于终端在不同小区间的移动，网络侧需要实时监测 UE 并控制在适当时刻命令 UE 做跨小区的切换，以保持其业务连续性。在切换的过程中，终端与网络侧相互配合完成切换信令交互，尽快恢复业务，在 LTE 系统中，VoLTE 的切换过程为硬切换，业务在切换过程中是中断的，为了不影响用户业务，切换过程需要保证切换成功率、切换中断时延、切换 MOS 分 3 个重要指标，其中最重要的是切换成功率和 MOS 分，如果切换出现失败，将严重影响用户感受，切换中断时延也会不同程度地影响用户感受。本节结合现网的特点，分场景给出切换策略，旨在指导后续的优化工作。

9.4.1 切换原理

1. 切换的信令交互

要完成切换过程，UE 与 eNB 需要配合。该配合是通过信令来交互信息的。完整信令交互过程如下。

源 eNB 控制 UE 测量 => 在 UU 接口体现为 RRC COnnect Reconfig 信令，UE 收到此信令后，回复 eNB 表示收到此消息并已正确处理

UE 回复 eNB 收到控制消息 => 在 UU 接口体现为 RRC Connect Reconfig CMP 信令，之后 UE 将按测量控制要求实时测量，一旦发现满足条件，将触发切换事件测量报告

UE 把测量报告发给源 eNB => 在 UU 接口体现为 RRC Measurement Report 信令

源 eNB 收到测量报告后，进行相关条件判断，如果决定切换，则网络侧将准备相关切换资源（这个过程对 UE 侧不可见），根据不同的切换场景，有不同的切换信令交互

=> 站内切换时，没有额外的外部信令交互

=> 跨 X2 接口的站间切换时，X2 口体现为 Handover Request 和 Handover Request ACK 信令

=> 跨 S1 接口的站间切换时，源 eNB 侧 S1 口体现为 Handover Required、Handver Command，目标 eNB 侧 S1 口体现为 Handover Request、Handover Request ACK 信令

源 eNB 下发切换命令 => 在 UU 接口体现为 RRC Connect Reconfig 信令

UE 收到切换命令后，中断与源 eNB（小区）的交互，并尝试接入目标 eNB（小区），这个交互过程有 3 条交互信息，但在标准信令接口仅体现第 3 条（习惯上称为 MSG3）

UE 在目标小区发 MSG3，即切换完成消息 => 在 UU 接口体现为 RRC Connect Reconfig CMP 信令

后续的网络侧 S1 接口切换只涉及站间切换，站内切换不涉及，这个过程不涉及空口，失败的概率较小，通常的切换问题定位关注较少

上面提到的测量控制和切换的交互信令，从消息名称看都相同（均为 RRC Connect Reconfig、和 RRC Connect Reconfig CMP），但重配置消息中的内容不同，如图 9-39 与图 9-40 所示。

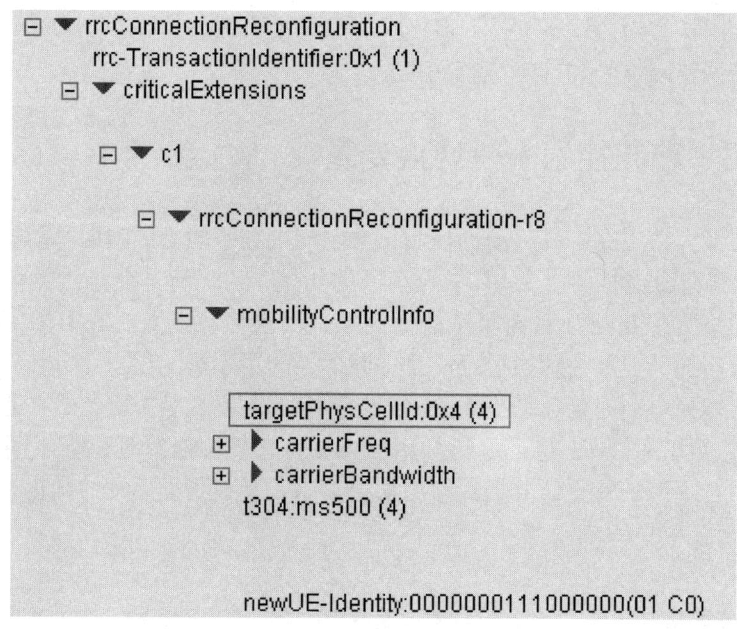

图 9-39　切换重配置命令

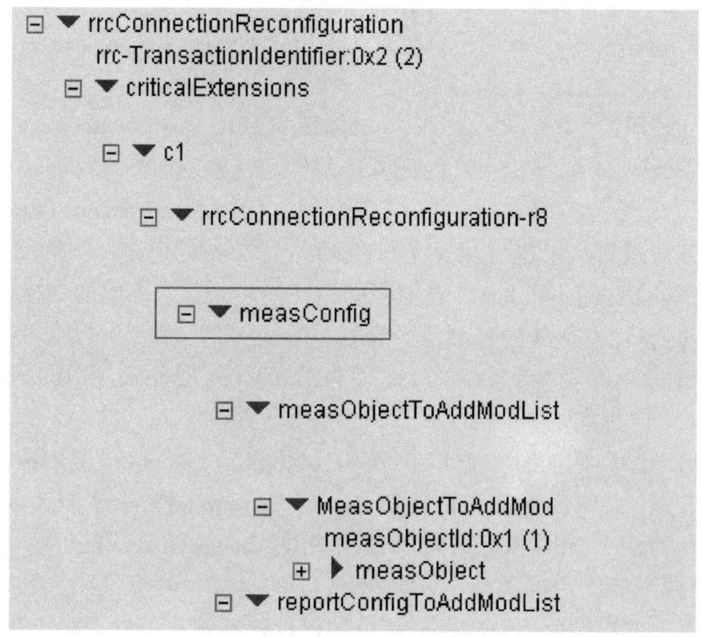

图 9-40　测量控制重配置命令

测量控制的过程在 UE 接入后配置，即使此 UE 不在切换区或一直不切换。我们关注的切换问题通常处于触发切换（测量报告）后的过程，所以在进行切换问题定位时通常只关注从触发测量报告开始，即从测量报告消息这条信令开始。

信令的交互根据切换的不同类型而不同，LTE 系统内的切换类型可分为站内切换和站间切换，站间切换又分为跨 X2 切换和跨 S1 切换。

2. 站内切换信令交互

站内切换 UE 与 eNB 的交互过程如图 9-41 所示。

3. 跨 X2 的站间切换信令交互

跨 X2 的站间切换信令交互过程如图 9-42 所示：

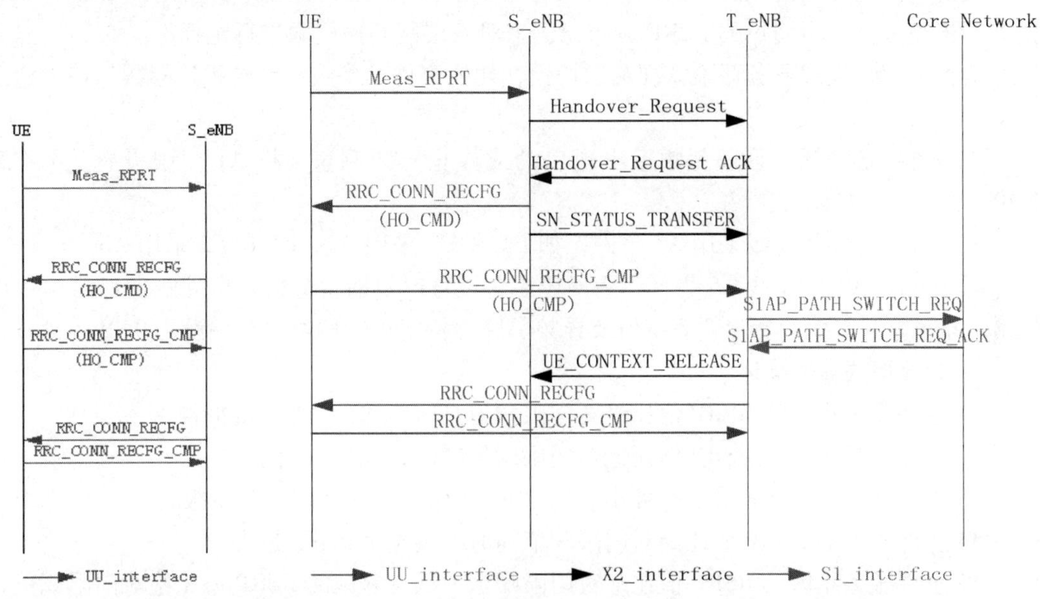

图9-41　站内切换信令交互过程　　　图 9-42　跨 X2 的站间切换信令交互过程

4. 跨 S1 的站间切换信令交互

跨 S1 的站间切换信令交互过程如图 9-43 所示。

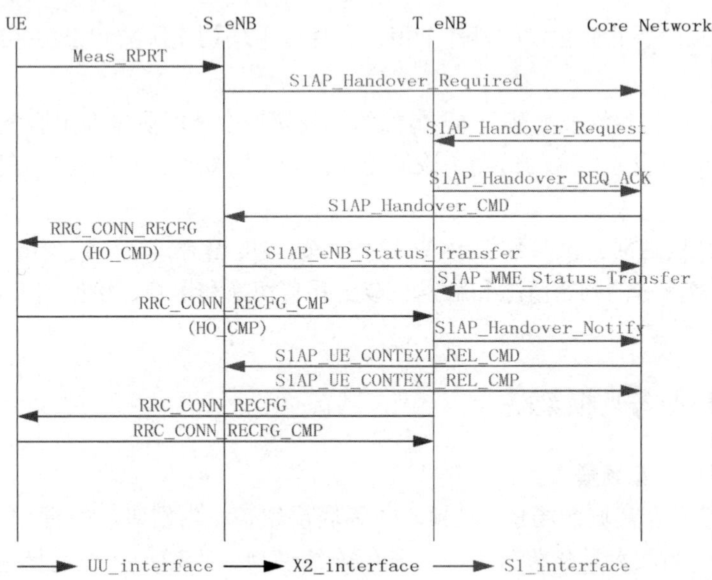

图 9-43　跨 S1 的站间切换信令交互过程

9.4.2 VoLTE 切换参数策略及事件描述

1. VoLTE 切换参数策略

当前的测量控制门限及切换判决门限均是基于 RSRP 的，优化中针对网络中的 F/D 频段的实际覆盖差异，由用户的 RSRP 分布比例来对双层网切换门限进行定标。

为保证用户发起业务后不立即触发切换，切换事件及参数配置与重选参数保持一定的继承性。

为节省终端功耗，且避免频繁出现启动或停止异频测量，将 A1 门限设置为较 A2 高 3 dB。

同频段内和同优先级采用 A3 事件，如 D1 和 D2 采用 A3，E1 和 E2 采用 A3。

对于 A1、A2、A4 或 A5 事件，为便于后台设置以及前台分析，事件触发迟滞统一设为 0 dB，异频邻区频率的特定频率偏值及异频邻区的特定小区偏值也统一设为 0 dB。

2. 参数相关事件描述

A1 事件服务小区的 RSRP 值比绝对门限阈值高时，输出 A1 测量报告。

A2 事件服务小区的 RSRP 值比绝对门限阈值低时，输出 A2 测量报告。

A3 事件邻区的 RSRP 值比服务小区的 RSRP 值高时，输出 A3 测量报告。

A4 事件邻区的 RSRP 值比绝对门限阈值高时，输出 A4 测量报告。

A5 事件服务小区的 RSRP 值比绝对门限阈值 1 低且邻区的 RSRP 值比绝对门限阈值 2 高时，输出 A5 测量报告。

异频切换时间迟滞：该参数表示异频切换测量事件触发的时间迟滞。当异频测量事件满足触发条件时并不立即上报，而是当该事件在时间迟滞内，一直满足触发门限，才触发上报该事件测量报告。

该参数可以减少偶然性触发的事件上报，并降低平均切换次数和误切换次数，防止不必要切换的发生。

异频 A3 偏置：该参数表示基于 A3 事件的异频切换中邻区质量高于服务小区的偏置值，用来确定邻近小区与服务小区的边界。该值越大，表示需要目标小区有更好的服务质量才会发起切换。

异频 A1A2 幅度迟滞：该参数表示 A1A2 事件的幅度迟滞，用于减少由于无线信号波动导致的对小区切换测量的频繁解除和触发，减少乒乓切换和误判，该值越大越容易防止乒乓切换和误判。

9.4.3 VoLTE 业务切换策略

1. D 连续、F 插花场景

D 连续、F 插花密集城区场景，D 频段作为底层覆盖，内层吸收数据用户，F 插花作为补盲和深度覆盖，吸收大量弱覆盖用户，避免连续切换，VoLTE 优先选择连续覆盖的 D 频段 F 频段插花。

（1）室外宏站协同切换策略

D→F：采用 A2 + A4 切换策略，采用基于业务分层的切换策略，优先占用 D。

F→D：采用 A2 + A4 切换策略，避免控制切换。

（2）室内外协同切换策略

E→D：采用 A2 + A4 切换策略，室分为高优先级，有分布的区域用户尽量留在室内，可以用门口 5 ~ 10 m 处的电平作为参考。

D→E：采用 A2 + A5 切换策略，和 D 到 F 的 A2 门限保持一致，但是服务小区 A5 门限可以适当降低，控制 D 和 E 的切换区域。

E→F：采用 A2 + A4 切换策略，和 D 频段保持一致。

F→E：采用 A2 + A5 切换策略，和 F 到 D 的 A2 + A3 策略区分，使用不同参数进行控制，满足不同的切换场景，见表 9-28。

表 9-28　D 连续、F 插花协同切换策略

场景描述	切换策略	事件触发持续时间	事件触发迟滞	异频小区测量启动门限	异频小区测量停止门限	小区偏移量	异频测量 A4 判决门限	服务小区低于 A5 第一门限	异频邻区高于 A5 第二门限
D 连续、F 插花	D1→D2（A3）	320 ms	1 dB	-84 dBm	-80 dBm	4 dB	N/A	N/A	N/A
	F→D（A4）	320 ms	1 dB	-88 dBm	-84 dBm	N/A	-86 dBm	N/A	N/A
	D→F（A4）	320 ms	1 dB	-90 dBm	-6 dBm	N/A	-84 dBm	N/A	N/A
	E→D（A4）	320 ms	1dB	-94 dBm	-90 dBm	N/A	-92 dBm	N/A	N/A
	E→F（A4）	320 ms	1 dB	-94 dBm	-90 dBm	N/A	-92 dBm	N/A	N/A
	D→E（A5）	320 ms	1 dB	-90 dBm	-86 dBm	N/A	N/A	-90 dBm	-92 dBm
	F→E（A5）	320 ms	1 dB	-88dBm	-84 dBm	N/A	N/A	-90 dBm	-92 dBm

2. F 连续、D 插花场景

F 连续、D 插花场景，F 频段作为基础覆盖，D 频段作为数据业务的容量层，VoLTE 优先占用 F，尽量少用 D 频段，实现业务分层，减少切换，提升感知。

（1）室外宏站协同切换策略

D→F：采用 A2 + A4 切换策略，优先占用 F，将 A2 门限适当提高，降低 A4 门限，减小 D 到 F 切换的难度。

F→D：采用 A2 + A4 切换策略，优先占用 F，适当降低 A2 门限，提高 A4 门限，增加 F 到 D 切换的难度。

（2）室内外协同切换策略

E→D：采用 A2 + A4 切换策略，室分为高优先级，有分布的区域用户尽量留在室内，可以用门口 5 ~ 10 m 处的电平作为参考。

D→E：采用 A2 + A5 切换策略，和 D 到 F 的 A2 门限保持一致，但是服务小区 A5 门限可以适当降低，控制 D 和 E 的切换区域。

E→F：采用 A2 + A4 切换策略，和 E 到 D 策略保持一致。

F→E：采用 A2 + A5 切换策略，和 F 到 D 的 A2 + A4 策略区分，使用不同参数进行控制，满足不同的切换场景，见表 9-29。

表 9-29　F 连续、D 插花协同切换策略

场景描述	切换策略	事件触发持续时间	事件触发迟滞	异频小区测量启动门限	异频小区测量停止门限	小区偏移量	异频测量 A4 判决门限，异频邻区高于该值时进行切换判决	服务小区低于 A5 第一门限	异频邻区高于 A5 第二门限
F 连续、D 插花	F→D (A4)	320 ms	1 dB	-96 dBm	-92 dBm	N/A	-86 dBm	N/A	N/A
	D→F (A4)	320 ms	1 dB	-90 dBm	-86 dBm	N/A	-92 dBm	N/A	N/A
	E→D (A4)	320 ms	1 dB	-94 dBm	-90 dBm	N/A	-88 dBm	N/A	N/A
	E→F (A4)	320 ms	1 dB	-94 dBm	-90 dBm	N/A	-84 dBm	N/A	N/A
	D→E (A5)	320 ms	1 dB	-90 dBm	-86 dBm	N/A	N/A	-92 dBm	-92 dBm
	F→E (A5)	320 ms	1 dB	-96 dBm	-92 dBm	N/A	N/A	-96 dBm	-92 dBm

3. D 连续、F 连续场景

D 连续、F 连续的密集城区场景，F 频段作为底层覆盖，深度覆盖，为减少切换，增加同频切换的 A 迟滞，同时 F 作为 VoLTE 高优先级；D 作为数据容量层，内层 D 吸收话务，为 VoLTE 低优先级。

（1）室外宏站协同切换策略

D→F：采用 A2 + A4 切换策略，优先占用 F，将 A2 门限适当放低，提高 A4 门限，增加 D 到 F 切换的难度。

F→D：采用 A2 + A4 切换策略，采用基于优先级的切换，D 为高优先级，满足 A4 门限优先切换驻留，吸收话务。

（2）室内外协同切换策略

E→D：采用 A2 + A4 切换策略，室分为高优先级，有分布的区域用户尽量留在室内，可以用门口 5 ~ 10 m 处的电平作为参考。

D→E：采用 A2 + A5 切换策略，和 D 到 F 的 A2 门限保持一致，但是服务小区 A5 门限可以适当降低，控制 D 和 E 的切换区域。

E→F：采用 A2 + A4 切换策略，服务小区 A5 门限可以适当降低 2 ~ 4 dB，使其优先切换到室外 D 频段小区。

F→E：采用 A2 + A5 切换策略，和 F 到 D 的 A2 + A3 策略区分，使用不同参数进行控制，满足不同的切换场景，见表 9-30。

表 9-30　D 连续、F 连续协同切换策略

切换策略	事件触发持续时间	事件触发迟滞	异频小区测量启动门限	异频小区测量停止门限	小区偏移量	异频测量 A4 判决门限，异频邻区高于该值时进行切换判决	服务小区低于 A5 第一门限	异频邻区高于 A5 第二门限
D1/F→D2/F (A3)	320 ms	1 dB	-84 dBm	-80 dBm	4 dB	N/A	N/A	N/A

（续）

切换策略	事件触发持续时间	事件触发迟滞	异频小区测量启动门限	异频小区测量停止门限	小区偏移量	异频测量 A4 判决门限，异频邻区高于该值时进行切换判决	服务小区低于 A5 第一门限	异频邻区高于 A5 第二门限
F→D（A4）	320 ms	1 dB	-96 dBm	-92 dBm	N/A	-86 dBm	N/A	N/A
D→F（A3）	320 ms	1 dB	-84 dBm	-80 dBm	2 dBm	- N/A	N/A	N/A
E→D（A4）	320 ms	1 dB	-94 dBm	-90 dBm	N/A	-88 dBm	N/A	N/A
E→F（A4）	320 ms	1 dB	-94 dBm	-90 dBm	N/A	-84 dBm	N/A	N/A
D→E（A5）	320 ms	1 dB	-90 dBm	-86 dBm	N/A	N/A	-92 dBm	-92 dBm
F→E（A5）	320 ms	1 dB	-96 dBm	-92 dBm	N/A	N/A	-96 dBm	-92 dBm

9.4.4　VoLTE 切换策略验证结果

主要验证 D 连续、F 插花场景切换点的合理性及话务在不同频点的分布情况，对选定区域进行参数修改，最终按照 D 连续、F 插花密集城区场景描述进行调整。

测试区域： 试验区域选定场景内包含高校、工厂区域、行政办公区域，原有 LTE 网络为 D1 频点覆盖，共计 75 个站点，其中 F+D 改造 29 个站点，占比 38.7%，如图 9-44 所示。

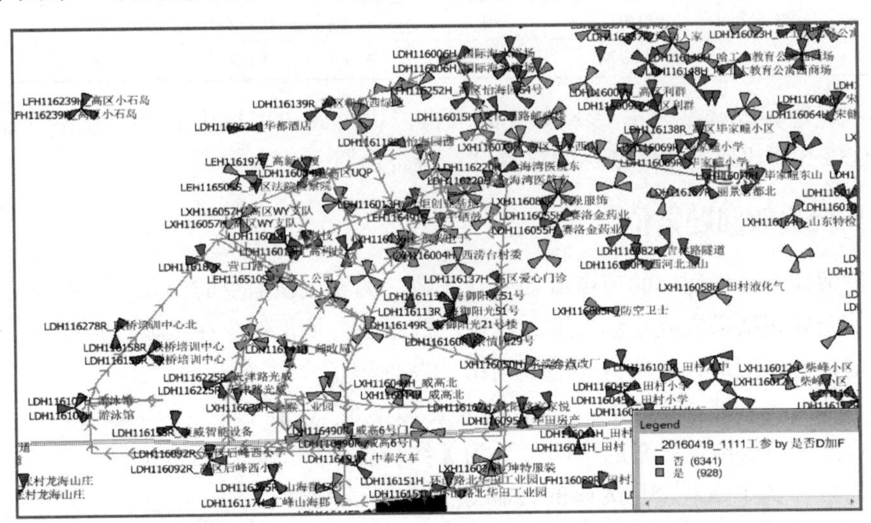

图 9-44　D/F 站点分布

测试方法： 测试区域内 FTP 遍历性 DT 测试+后台指标统计分析。

路测指标分析： 从路测指标来看，双层网策略第二阶段，覆盖率提升 0.67%，SINR 较调整前提升 1.95%，MOS≥3 比率占比调整前提升 4.66%，见表 9-31。

表 9-31　调整前后对比

方　案	覆盖率（%）	平均 RSRP /dBm	平均 SINR /dB	VoLTE 掉话次数	切换成功率（%）	eSRVCC 发生次数	平均 MOS 值	MOS≥3 比率（%）	VoLTE 呼叫成功率（%）	VoLTE 掉话率（%）	主叫时延/s	eSRVCC 成功率（%）	RTP 丢包率（%）
调整前	98.18	-81.41	14.78	0	100	--	3.72	87.57%	100	0	2.51	--	0.399

（续）

方　案	覆盖率（%）	平均 RSRP /dBm	平均 SINR /dB	VoLTE 掉话次数	切换成功率（%）	eSRVCC 发生次数	平均 MOS 值	MOS≥3 比率（%）	VoLTE 呼叫成功率（%）	VoLTE 掉话率（%）	主叫时延/s	eSRVCC 成功率（%）	RTP 丢包率（%）
调整后第一阶段	98.45	-83.31	15.67	0	100	1	3.76	90.41	100	0	2.47	100	0.446
调整后第二阶段	98.85	-82.53	15.95	0	100	--	3.79	92.23	100	0	2.61		0.417

后台指标分析：凌晨进行指标修改，主要 KPI 指标调整前后基本稳定，切换成功率稳中有升，见表 9-32。

表 9-32　KPI 指标前后对比

日　　期	无线接通率（%）	ERAB 建立成功率（ALL）（%）	RRC 连接成功率（%）	VoLTE 接通率（%）	VoLTE 掉话率（%）	VoLTE 切换成功率（%）	eSRVCC 切换成功率（%）
调整前 4 周	99.79	99.97	99.82	99.67	0.015 5	99.83	99.21
调整前 3 周	99.78	99.97	99.81	99.74	0.022	99.87	99.36
调整前 2 周	99.78	99.97	99.81	99.65	0.025 1	99.85	99.44
调整前 1 周	99.8	99.97	99.82	99.68	0.024 1	99.76	98.23
调整后 1 周	99.8	99.97	99.83	99.77	0.012 9	99.91	99.43
调整后 2 周	99.8	99.97	99.83	99.69	0.046 5	99.91	99.27
调整后 3 周	99.81	99.97	99.84	99.69	0.026 6	99.88	99.56

小结：经过参数调整，主要 KPI 指标平稳，切换成功率稳中有升，路测显示覆盖率、SINR、MOS≥3.0 比率占比等指标明显提升，符合预期。

9.4.5　切换失败问题定位

切换失败通常是指切换的信令流程交互失败，关注点在信令的交互，只有在信令交互出现丢失或信令处理结果失败才会失败。其中，信令丢失是指信令在传输过程中出错或不能到达对端，信令处理结果失败是指终端或网络侧在处理信令时出现异常导致流程不能正常进行（如切换时资源不足）。信令传输失败根据信令传输媒介的不同可分为无线传输失败和有线传输失败，其中 X2、S1 接口的传输通常为有线传输，UU 口为无线传输。其中，有线传输失败的概率较小，无线传输失败的概率较大，特别是信号质量较差的切换区。

1. UU 接口信令异常

对于切换流程，在 UU 接口只有 3 条信令：测量报告（MEASUREMENT REPORT）、切换命令（RRC CONN RECFG）、切换完成（RRC RECFG CMP）。但有时在定位切换后立即掉话或重建问题时，也关注切换后的第一次重配置信令（RRC CONN RECFG）交互。严格来说，切换后的重配置消息已经与切换流程没有关系，且此消息不可预期，如图 9-45 所示。

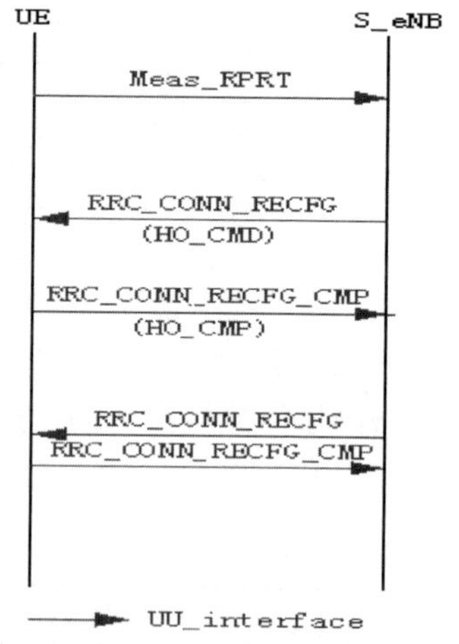

图 9-45　切换信令流程中 UU 口消息交互

UU 接口信令异常的常见原因如下。

（1）测量报告丢失

1）UE 内部层间丢失，如 L3 把测量报告发送给 L2 时，L2 处理失败。

2）UE 上发测量报告的 UL GRANT 没有收到，下行 PDCCH 受限。

3）UE 上发的测量报告，eNB 没有收到（或收到但 CRC 错），上行 PUSCH 受限。

（2）切换命令丢失

1）eNB 切换内部流程处理（如邻区漏配、资源不够等）出错，没有下发切换命令。

2）UE 下行 PDCCH 解析失败，下行 PDCCH 受限。

3）UE 下行 PDSCH 解析失败，下行 PDSCH 受限。

（3）切换完成信令丢失

1）UE 在目标小区的 PREAMBLE，eNB 没有收到，上行 PRACH 受限。

2）UE 下行接收 RAR 失败，下行 PDSCH 受限。

3）UE 上发切换完成，eNB 没有收到，上行 PUSCH 受限。

UU 口的传输为无线传输，其信道质量可以分为上、下行来分析。如果终端侧能够捕获 RSRP、SINR、IBLER、DL/UL_Grant 等信息，并配合网络侧的信令跟踪，则大多情况都可以判断上、下行的问题。信道质量的观察量通常有以下几个。

RSRP：下行导频接收功率。导频与数据域的信道质量有一定差异，通过导频 RSRP、SINR 可以大致了解数据信道状况。一般 RSRP > -85 dBm，用户位于近点；RSRP = -95 dBm，用户位于中点；RSRP < -105 dBm，用户位于远点。判断用户位于近点、中点、远点并不能完全判断用户的信道质量，尤其在加载场景下，有可能中点、近点用户的信道质量仍然不理想（当邻区 RSRP 与服务小区 RSRP 较接近时，干扰较大），需要依据其他指标来判断信道质量。

SINR：下行导频 SINR。通过导频 SINR 可以大致了解数据信道状况。如果 SINR < 0 dB，则说明下行信道质量较差。当 SINR < -3 dB 时，说明下行信道质量恶劣，处于解调门限附近，容易造成切换信令丢失，导致切换失败。上行 SINR 可以通过 LMT 用户性能跟踪获得。

IBLER：正常情况下，IBLER 应该收敛到目标值（目标值为 10%，当信道质量很好时，IBLER 接近或等于 0）。如果 IBLER 偏高，则说明信道质量较差，数据误码较多，很容易造成掉话、切换失败，或者切换时延。

在判断上、下行信道质量时，有时不能完全依靠 L3 上下行信令是否丢失来判断。例如，下行信道质量差不仅会影响下行信令的解调，下行 PDCCH 解调错误，还会影响上行调度，造成上行信令丢失。信道质量问题通常是由于弱覆盖或干扰引起的。

对于空口问题定位，需要把问题定位到覆盖（弱覆盖、越区覆盖等）、干扰、邻区漏配、切换不及时等几类，再采用相应的措施解决问题。

2. X2 接口信令异常

对于切换流程，只有经过 X2 的站间切换在 X2 口有切换流程的信令。在 X2 接口通常情况下有以下 4 条信令：切换请求（HANDOVER REQUEST）、切换响应（HANDOVER REQUEST ACK）、SN 状态转发（SN STATUS TRANSFER）、UE 上下文释放（UE CONTEST RELEASE），如图 9-46 所示。

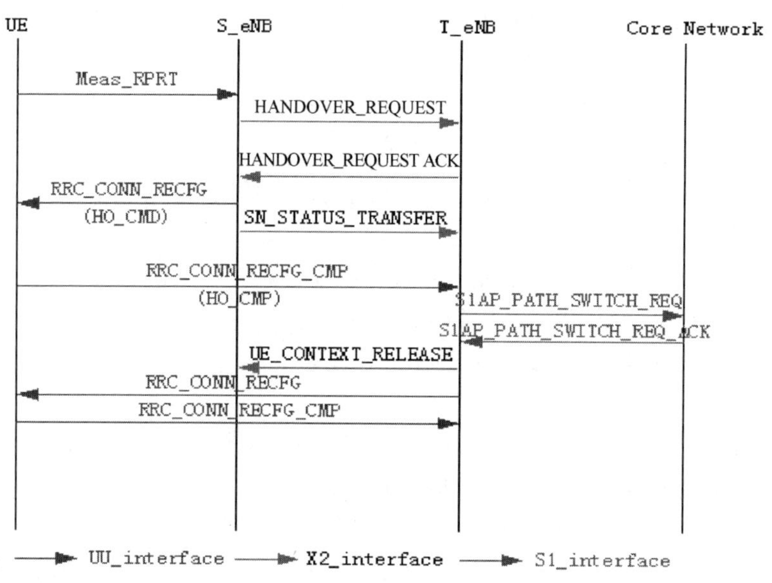

图 9-46　切换信令流程中 X2 口消息交互

X2 接口信令异常的常见原因如下。

1）切换请求丢失，可能的原因主要为 eNB 内部处理测量报告异常，如邻区漏配、内部模块处理失败。

2）X2 口传输异常，如传输丢包。

3）切换响应丢失，可能的原因主要为源小区内部异常，源小区在目标小区回切换响应之前，向目标小区在 X2 口发 HANDOVER CANCEL 信令。

4）目标小区切换准备异常，这时通常会在 X2 口出现 HANDOVER PREPARATION FAILURE 信令。

5）X2 口传输异常，如传输丢包。

6）SN 状态前转信令丢失，可能的原因主要为 X2 口传输异常，如传输丢包、源小区内部错误。

7）UE 上下文释放信令丢失，可能的原因主要为 X2 口传输异常，如传输丢包，目标小区收到切换完成后内部处理错误，导致没有进行 S1 PATH 切换，或 S1 PATH 切换失败。

8）对于 X2 口消息交互出现异常，通常是传输失败或基站内部处理出错，而基站内部处理出错的概率较小，传输失败的可能性较大，但比较难以定位，需要在传输的两端抓包确认。

3. S1 接口信令异常

对于切换流程，只要是跨 eNB 切换，不管是经 S1 切换还是经 X2 切换，在 S1 口均有信令交互。在经 X2 接口切换时，S1 接口仅有两条信令：S1AP PATH SWITCH REQ、S1AP PATH SWITCH REQ ACK；在经 S1 接口切换时，S1 接口信令会在源 eNB 和目标 eNB 有较多的交互，如图 9-47 和图 9-48 所示。

跨 X2 切换的 S1AP PATH SWITCH REQ 丢失，可能的原因主要为目标 eNB 内部处理切换完成信令失败，S1 口传输异常，如传输丢包。

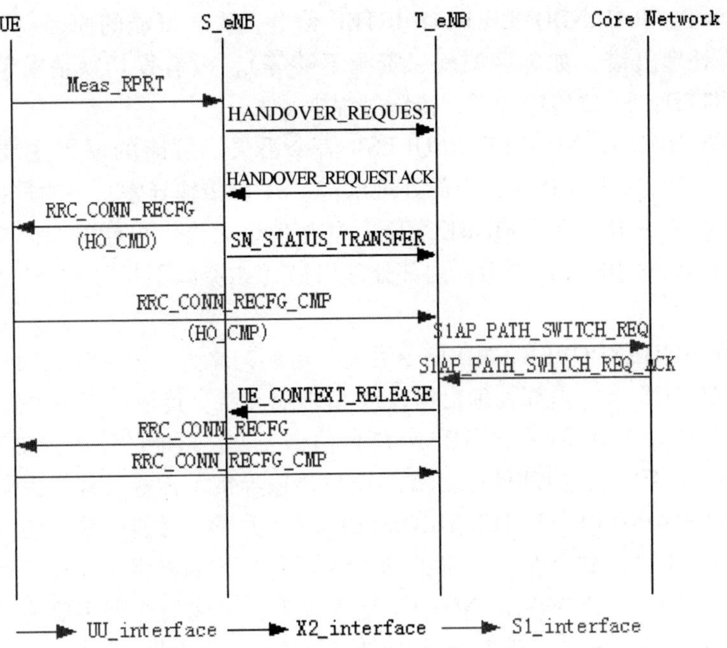

图 9-47　切换信令流程中 X2 口消息交互

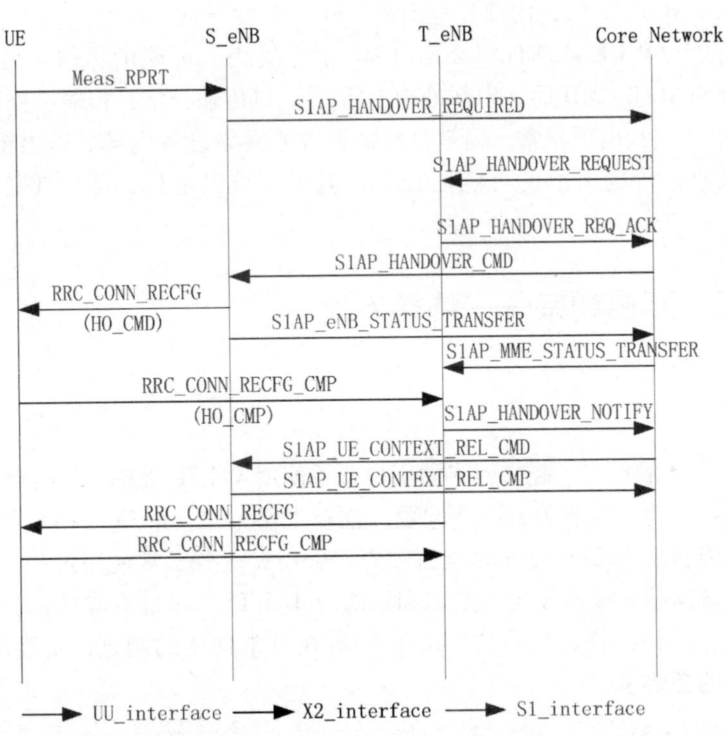

图 9-48　切换信令流程中 S1 口消息交互

跨 X2 切换的 S1AP PATH SWITCH REQ ACK 丢失，可能的原因主要为核心网收到 S1AP PATH SWITCH REQ 消息后，内部处理失败。

跨 S1 切换的 S1AP HANDOVER REQUIRTED 信令丢失，可能的原因主要为源小区因为在切换内部流程处理出错（如邻区漏配、资源不够等），没有发切换请求消息 S1AP HANDOVER REQUIRTED，S1 口传输异常，传输过程中丢失。

跨 S1 切换的 S1AP HANDOVER REQUEST 信令丢失，可能的原因主要为核心网收到 S1AP HANDOVER REQUIRTED 后，内部处理出错，S1 口传输异常，传输过程中丢失。

跨 S1 切换的 S1AP HANDOVER REQUEST ACK 信令丢失，可能的原因主要为目标小区收到 S1AP HANDOVER REQUEST 后，内部处理出错（如资源不足等），S1 口传输异常，传输过程中丢失。

跨 S1 切换的 S1 HANDOVER CMD 信令丢失，可能的原因主要为核心网收到 S1AP HANDOVER REQUEST ACK 后，内部处理出错，S1 口传输异常，传输过程中丢失。

跨 S1 切换的 S1AP ENB STATUS TRANSFER 信令丢失，可能的原因主要为源小区处理收到 S1 HANDOVER CMD 后，内部处理出错，S1 口传输异常，传输过程中丢失。

跨 S1 切换的 S1AP MME STATUS TRANSFER 信令丢失，可能的原因主要为核心网收到 S1AP ENB STATUS TRANSFER 后，内部处理出错，S1 口传输异常，传输过程中丢失。

跨 S1 切换的 S1AP HANDOVER NOTIFY 信令丢失，可能的原因主要为目标小区收到切换完成消息后，内部处理出错，S1 口传输异常，传输过程中丢失。

跨 S1 切换的 S1AP UE CONTEST REL CMD 信令丢失，可能的原因主要为核心网收到 S1AP HANDOVER NOTIFY 后，内部处理出错，S1 口传输异常，传输过程中丢失。

跨 S1 切换的 S1AP UE CONTEST REL CMP 信令丢失，可能的原因主要为源小区收到 S1AP UE CONTEST REL CMD 后，内部处理出错，S1 口传输异常，传输过程中丢失。

对于 S1 口消息交互出现异常，通常是传输失败或网络设备内部处理出错，设备内部处理出错的概率较小，传输失败的可能性较大，但比较难以定位，需要在传输的两端抓包确认。

9.5 第五招 万佛朝宗——终端专题

9.5.1 背景

随着 VoLTE 业务的推广，越来越多的用户开始使用 VoLTE 终端，只有确保 VoLTE 商用过程中用户的良好体验，聚焦关键网络问题，创新工作方法，推动 VoLTE 网络质量与运维能力双提升，才能实现 VoLTE 业务的全面领先。VoLTE 业务日常使用过程中，最直接影响用户感知的是终端问题，提前发现、定位和解决 VoLTE 终端可能存在的问题，是奠定用户良好体验的基础。多种品牌、型号的 VoLTE 终端在日常使用的测试，是终端问题早发现、早定位、早解决的必要手段。

9.5.2 终端测试方法

1. 终端测试用例

终端测试要求从用户的角度去发现终端使用过程中的问题，提升 VoLTE 用户的使用感知，在保证业务正常的前提下，提升终端与用户的交互。测试包括视频用例、功能用例、性能用例、增值和补充业务问题等测试内容，还包含拨打特殊号码（如95533等短号）、手机界面设置问题等日常使用测试。

2. 终端测试抓包方法

（1）常用终端版本号检验及 VoLTE 开通

1）iPhone 6。

版本号查询：设置→通用→关于本机→版本→××××

开启 VoLTE 方法：设置→蜂窝移动网络→启用4G→语音与数据

VoLTE 已开启检测：拨打电话不再回落2G

2）华为 Mate 8：

版本号查询：设置→关于手机→版本号→××××

开启 VoLTE 方法：设置→更多→移动网络→VoLTE 通话

VoLTE 已开启检测：拨打电话不再回落2G；右上角显示 HD 标识。

3）三星 S6：

版本号查询：设定→关于手机→版本号→××××

开启 VoLTE 方法：设定→移动网络→高清语音

VoLTE 已开启检测：拨打电话不再回落2G；右上角显示 HD 标识。

4）小米5：

版本号查询：设置→关于手机→MIUI 版本→××××

开启 VoLTE 方法：设置→双卡和移动网络→启动 VoLTE 高清通话

VoLTE 已开启检测：拨打电话不再回落2G；右上角显示 VOLTE 标识。

5）vivo X6L：

版本号查询：设置→更多设置→关于手机→版本信息→××××

开启 VoLTE 方法：设置→电话→VoLTE

VoLTE 已开启检测：拨打电话不再回落2G；右上角显示 HD 标识。

（2）高通 QXDM 使用说明

QXDM（The QUALCOMMExtensible Diagnostic Monitor）是高通公司（Qualcomm）发布的可以对手机终端所发数据进行跟踪的工具，通过对数据的分析可以诊断信令流程、分析数据包的正确与否等。在测试中有重要作用，正确合理地使用可以为测试提供便捷的定位手段。

QPST 是一个针对高通芯片开发的传输软件，所以 QXDM 必须使用 QPST 才能实现手机终端和 PC 用户图形界面的交互功能，如图9-49所示。

终端侧利用 QXDM 抓取所有 Log，此方法主要利用 QXDM 进行多层的信令分析、语音回放等。

1）手机端与计算机连接。

① 在抓取 QXDM 的 Log 前，要安装 QXDM、QCAT、QPST 软件（安装顺序为 QPST→QXDM→QCAT）。

② 手机终端进行 QXDM 连接，需要保证终端的端口被打开，不同的终端有不同的打开方式，但是 QXDM 软件只能连接高通芯片的终端。

③ 计算机安装好手机驱动，在 COM 口保证能够找到手机端口。手机自带驱动不能正常

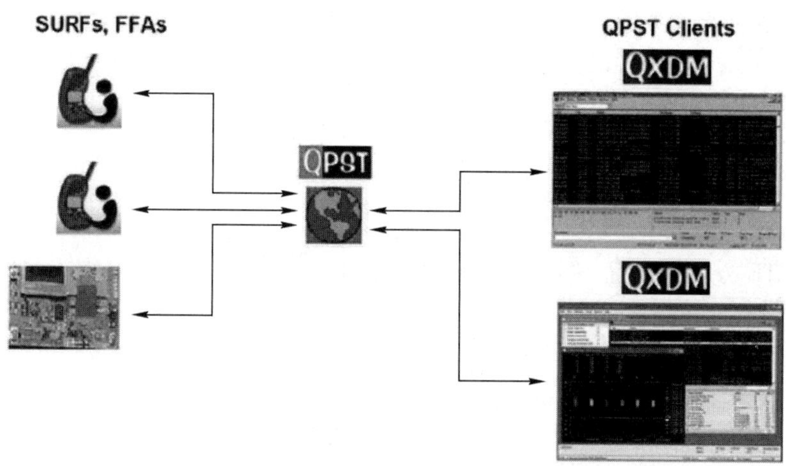

图 9-49　物理连接架构图

显示端口，使用驱动精灵安装驱动后正常。QXDM 打开后，QPST 自动打开并显示端口号。

2）新建和保存项目。

① 首先打开 QXDM，单击 Option→Log View Configuration 命令，把 Message Packet、Log Packets、Event Reports 等子菜单下的选项全勾上。

② 单击 Option→Message View Configuration 命令，把 Message Packet、Log Packets、Log Packets（OTA））等子菜单下的选项全勾上。

Options 选项中的 Message View Config 配置的主要目的是抓取扩展调试消息（Extended Debug Message），而 Log View Config 配置的主要目的是获取 Log 信息及捕获信令包。Log View 和 Message View 是为了和传统的日志查看相兼容。如果不用这个菜单，可以通过 Filtered View 来进行日志的过滤和查看。可以获取所有的 ITEM，然后利用过滤查看来查看所需要信息。如果要查看信令流程，则可以查看 Log View；如果要查看手机终端各个子层的信息，则可以查看 Message View。

③ 单击 options→Communications 命令，选择正常的端口，单击 OK 按钮。

④ 打开 LogView、MessageView、ItemView 窗口（快捷键为 F1、F3、F11）打印相应的 Log，最后保存 F11 的 Log，F11 的 Log 会把 F1 和 F3 的 Log 都保存上。

保存 Log 时有以下两种方法：

- 按〈Ctrl + A〉键选中所有的 Log，然后单击鼠标右键，在弹出的快捷菜单中选择 Copy All items，给 Log 取一个名字保存在相应的位置即可。
- 单击 File→Save Items 命令，给 Log 取一个名字保存到相应位置即可。

⑤ 新建一个项目。从使用 QXDM 开始，它就开始捕获数据。而对于我们来说，前面的数据我们没打电话，没发短信，抓取的 Log 没有多大意义，所以我们想重新再捕获一次，但又不想要保存之前的数据，这就可以利用 File 选项中的 New Items（Alt + I）。要注意的是，如果设置了保存选项，在新建时 QXDM 会要求我们保存，否则会自动清除所有内容。而 File 选项中的 Save Items（Ctrl + I）就是保存项目，保存路径可以自己选择，保存文件扩展名为 .isf，命名规则为 yy - dd. hh - mm. isf（日期时间）。而 Log 自动保存文件夹默认为 C:\Program Files\Qualcomm\QXDM\Bin。

3）语音回放。

① 保存的 Log 利用 QCAT 进行回放，可以查看终端上行和下行组包情况。

② 打开 QCAT 软件，打开 Log。

③ 单击 Vocoder playback 可以回放语音数据

QCAT 可以将 QXDM 抓取的信令 Log 转换成 PCAP 格式，使用 Wireshark 打开。

（3）常见手机型号 Log 抓取方法

1）三星 S6 手机抓 Log 的方法。

Silent Log 抓取方法如下：

① 在拨号盘，按 keystring * # 9900 #。

② 改变 Debug level Disabled/Low 为 MID（手机会自动重启）。

③ 开机后，按 keystring * # 9900 #。

④ 按 Silent log：off，然后选择 Default。

⑤ 点击 TCP DUMP START（如弹出秘钥窗口，请联系三星工程师）→any→OK。

⑥ 开飞行模式→关飞行模式→再现问题。

⑦ 在拨号界面上按 * #9900#后，选择 TCP DUMP STOP。

⑧ 点击 Silent Log:On。

⑨ 点击最上面的 Run dumpstate→logcat→modem log。

⑩ 选择 COPY TO SDCARD;

⑪ 到“我的文件”把“Log”文件夹复制到计算机中。

⑫ 在拨号界面上按 * #9900#，改变 Debug level Enabled/MID 为 LOW。

所有的 Log 文件都保存在我的问题→全部→手机存储→Log 文件夹里。通过计算机将这个文件夹下的所有文件压缩并发送给三星。

⑬ 在拨号界面上按 * #9900#，点击 TCP DUMP START→any→OK。

⑭ 开飞行模式→关飞行模式→再现问题。

⑮ 在拨号界面上按 * #9900#后，选择 TCP DUMP STOP，然后选择 COPY TO SDCARD。

⑯ Log 文件保存在根目录的 log/下面。

⑰ 复制 Log 文件，压缩时请注意文件命名与问题对应。

2）华为 Mate8——Volte Beta 用户 Log 工具的使用。

① 工具安装。

安装完成后，手机桌面会增加一个“日志系统升级”的图标，点击该图标。

点击“START”按钮，手机会重启，进行日志系统升级。

② 抓取 Log 的方法如下：

点击桌面“手机服务”应用，在弹出的界面中点击下方的“BETA 俱乐部”。

a. 点击“研发人员专用通道”。

b. 点击“Modem 日志”。

c. 点击“开始抓取”。

d. 点击“全部日志”。

e. 点击“开始抓取”。

遇到问题后，停止抓取 modem 日志。测试发现问题后，直接点击“停止抓取 modem 日志”按钮即可，全部日志会自动停止。

③ 导出 Log 的方法如下：

手机选择存储模式，Log 路径为：此计算机\HUAWEI NXT－TL00\内部存储\log\modem\balonglte。

LPD 的 Log 格式需要联系华为工程师，等待回复。

3）iPhone 抓 Log 的方法如下：

方法一：商用 iPhone 抓取 Log。

将商用 iPhonelog 配置文件通过邮件发送到手机端（通过手机自带邮箱工具才可以进行安装），手机点击安装后启动相应的 Log 抓取，然后用 itunes 同步到计算机的文件夹中。

① 配置手机邮箱（一定要用苹果自带邮箱）的步骤如下：

设置→邮箱、通讯录、日历→添加账户→QQ 邮箱→输入电子邮件密码→存储。

② 组件安装的步骤如下：

点击“TelephonyDiagnosticsProfile”→点击安装→安装后点完成。

③ 进入抓 Log 界面的步骤如下：

设置→蜂窝移动网络→蜂窝移动数据选项→电话日志（9.2.1）。

④ Log 抓取与保存的步骤如下（Log 工具一段时间后会自动删除，重新下载即可）。

- 点击 Enable Logging 开始抓取（此处点击后无反应，属正常现象）。
- 复现问题后点击 Save Log 保存 Log。
- 在弹出的 Log 名称界面中输入 Log 名称，点击 OK 按钮。
- 提示 Log 保存成功，点击 OK 按钮即可。
- Log 导出步骤如下：连接终端到计算机→打开 iTunes→同步。
- 如果计算机是 Windows XP 操作系统，则 Log 文件在 C:\Documentsand Settings\ <your name>\Application Data\AppleComputer\Logs\CrashReporter\MobileDevice\Telephony 目录下。
- 如果计算机是 Windows Vista/Windows 7 操作系统，则 Log 文件在：C:\users\ <user-name>\AppData\Roaming\Apple computer\Logs\CrashReporter\MobileDevice\Telephony 目录下。
- 如果是 Windows 8，则 Log 文件在 C:\Users\pc\AppData\Roaming\Apple Computer\Logs\CrashReporter\MobileDevice\Telephony 目录下。

方法二：使用 Charles 进行 iPhone 手机抓包。

设备：笔记本式计算机、手机。

笔记本式计算机与手机在同一个局域网内，计算机做中转服务器，用来抓包。

在手机上连接 WiFi，设置代理即可。

4）vivo X6L 抓 Log 方法。

① 校准终端时间，以方便定位和分析问题。

终端侧设置方法：设置→更多设置→日期和时间→开启自动设置。

② 拨号 *#*#3646633#*#* 进入工程模式。

③ 选择“Log and Debugging”分页（左右滑动选择）。

④ 选择“MTKLogger”，点击右上角的“设置”按钮，确保“MobileLog”“ModemLog”

"Network""GPSLog"均开启。

⑤ 点击最下方正中间的按钮即可开始录制 Log。

⑥ 复现问题后，点击本界面下方的"停止"按钮，Log 自动保存。

⑦ Log 保存路径。对应的 Log 生成后会存储在手机根目录下的"mtklog"文件夹中，整体打包导出即可。因为每次 Log 生成的名字均为"mtklog"，为防止本次 Log 冲掉上次的 Log，每次保存 Log 后必须对文件夹进行重命名；初次测试前建议检查根目录，有"mtklog"文件夹请删除，以免混淆。

5）小米 5 抓 Log 方法。

① 在拨号界面输入 * # * #995995# * # *，开始抓取 Log。

② 出现问题后，再次输入 * # * #995995# * # * 停止抓取。

③ 输入 * # * #284# * # * 保存 Log，过大概 1 min 即可。

④ Log 存放路径。

Modem LOG 存放路径：文件管理→diag_Logs。

Bugreport 存放路径：文件管理→MIUI→debug_Log。

⑤ Log 导出：连接计算机，调出响应菜单，在 USB 选项处选择传输文件（MTP）即可。

9.5.3 终端问题分析情况

目前市场上 VoLTE 终端型号较多，所有型号 VoLTE 终端问题的发现和定位不易实现。对市场占比较高、用户数多的终端进行测试已定位的问题共涉及 39 款不同的终端，其中主流终端 iPhone、华为 Mate8、三星 S6/S7 都存在部分问题，如图 9-50 所示。

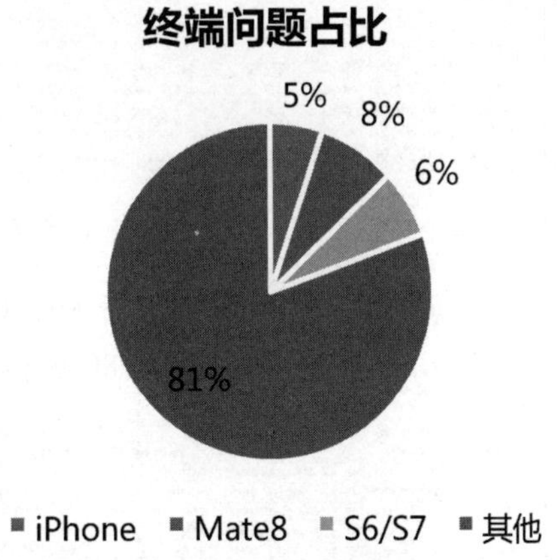

主流厂商服务能力强，终端问题能够及时地在新版本的推动中改进、解决，但终端市场还有大量市场份额较小的非主流终端。测试中非主流终端发现的问题数量更多，占总数的 81%，且问题种类多，涉及各种终端问题，需要逐步推动解决，如图 9-51 所示。

终端问题定位举例：

问题 1： CS 用户呼叫 VoLTE 用户无应答前转接通后无声问题。

2G/3G 用户 A 呼叫 VoLTE 用户 B，B 归属中兴 VoLTE 核心网，用户 B 无应答（或遇忙或不可及）前转到 CS 用户 C，C 接通后，A 上还是显示拨号中，能听到 C 用户的声音，但 C 用户听不到 A 用户的声音，单通。

图 9-50 终端问题占比

经分析，发现是 AS 发送 UPDATE 后同一时间收到 200OK 及 UPDATE，信令跟踪显示，收到 UPDATE 在前，200OK 在后，顺序反了。再结合 MGCF 上的顺序，发现 MGCF 的顺序是正确的。之所以 MGCF 发送顺序正确，而 AS 上顺序不对，是由于网络时延或抖动造成的。

进行测试，并抓取 CSCF、AS、MGCF 涉及网元及手机 Log 进行信令分析。

上述场景下呼叫流程经过网元：用户 A 所在端局触发 B 用户的被叫锚定流程，前插码

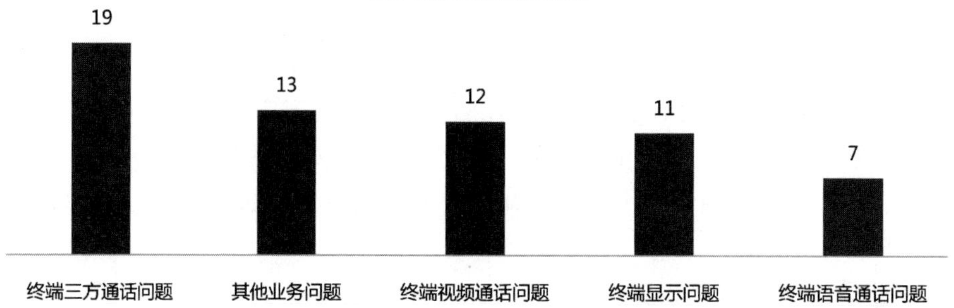

图 9-51　非主流终端问题分布

通过关口局送给 MGCF，MGCF 送给 I - CSCF，I - CSCF 找到 B 用户所在 S - CSCF，S - CSCF 触发 B 用户的业务送给 AS，呼叫 B，B 振铃后不接，无应答前转到 C，由于 C 号码为 CS 域用户，所有 S - CSCF 会将呼叫送给 MGCF 出局到关口局。

1）根据上述现象，说明呼转成功，C 号码已经振铃，依次查看各网元信令，发现在 CSCF 发送呼转号码 C 的 invite 后，一直没有收到 C 号码的 180 振铃及 200OK（invite）消息，如图 9-52 所示。

序号	时间	类型	源	目标	消息	消息摘要
104	2016-03-30 17:26:28.291	SIP	10.187.89.130:5154	10.187.89.131:5060	INVITE	INVITE tel:+8615153152773 SIP/2.0
105	2016-03-30 17:26:28.291	SIP	10.187.89.130:5154	10.187.89.131:5060	INVITE	INVITE tel:+8615153152773 SIP/2.0
106	2016-03-30 17:26:28.299	SIP	10.187.89.131:5112	10.187.89.12:5060	INVITE	INVITE tel:+8615153152773 SIP/2.0
107	2016-03-30 17:26:28.391	SIP	10.187.89.130:5150	10.187.89.132:5148	100(INVITE)	SIP/2.0 100 Trying
108	2016-03-30 17:26:28.431	SIP	10.187.89.132:5148	10.187.89.130:5154	100(INVITE)	SIP/2.0 100 Trying
109	2016-03-30 17:26:28.431	SIP	10.187.89.130:5147	10.187.89.132:5148	100(INVITE)	SIP/2.0 100 Trying
110	2016-03-30 17:26:28.461	SIP	10.187.89.132:5148	10.187.89.130:5147	100(INVITE)	SIP/2.0 100 Trying
111	2016-03-30 17:26:28.461	SIP	10.187.89.130:5154	10.187.89.132:5148	100(INVITE)	SIP/2.0 100 Trying
112	2016-03-30 17:26:28.499	SIP	10.187.89.131:5108	10.187.89.130:5154	100(INVITE)	SIP/2.0 100 Trying
113	2016-03-30 17:26:28.491	SIP	10.187.89.131:5108	10.187.89.130:5154	100(INVITE)	SIP/2.0 100 Trying
114	2016-03-30 17:26:28.509	SIP	10.187.89.12:5060	10.187.89.131:5112	100(INVITE)	SIP/2.0 100 Trying
115	2016-03-30 17:26:29.491	SIP	10.187.89.142:5060	10.187.89.130:5148	487(INVITE)	SIP/2.0 487 Request Terminated
116	2016-03-30 17:26:29.491	SIP	10.187.89.130:5148	10.187.89.142:5060	ACK	ACK sip:460029632915501@[2409:8807:a0...
117	2016-03-30 17:26:29.491	SIP	10.187.89.130:5147	10.187.89.132:5148	487(INVITE)	SIP/2.0 487 Request Terminated
118	2016-03-30 17:26:29.501	SIP	10.187.89.132:5148	10.187.89.130:5151	ACK	ACK tel:+8615908941734 SIP/2.0
119	2016-03-30 17:26:31.759	SIP	10.187.89.12:5060	10.187.89.131:5112	183(INVITE)	SIP/2.0 183 Session Progress

图 9-52　网元信令流程

2）根据这个线索，继续查看 MGCF 的信令，发现确实如此，收到 C 号码过来的 ACM 和 ANM 后，没有向 CSCF 转发 180 振铃及 200OK（invite）消息，如图 9-53 所示。

序号	时间	实体类型	事件	方向	局向ID	IMSI
52	2016-03-30 17:26:31.800	SIP	200	发送	39(QDAMGCF3BZX_QDASCSCF4BZX)	
53	2016-03-30 17:26:31.800	H248	EVT_H248S_MODIFY_REQ	发送	191(QDAMGCF3BZX_QDAIMGW2BZX_...	
54	2016-03-30 17:26:31.800	SIP	UPDATE	发送	39(QDAMGCF3BZX_QDASCSCF4BZX)	
55	2016-03-30 17:26:31.830	SIP	491	接收	39(QDAMGCF3BZX_QDASCSCF4BZX)	
56	2016-03-30 17:26:31.870	SIP	PRACK	接收	39(QDAMGCF3BZX_QDASCSCF4BZX)	
57	2016-03-30 17:26:31.870	SIP	200	发送	39(QDAMGCF3BZX_QDASCSCF4BZX)	
58	2016-03-30 17:26:31.870	H248	EVT_H248S_MOD_RPL	接收	191(QDAMGCF3BZX_QDAIMGW2BZX_...	
59	2016-03-30 17:26:32.310	H248	EVT_H248S_NOTIFY_REQ	接收	101(QDAMGCF3BZX_QDAIMGW3BZX_...	
60	2016-03-30 17:26:32.310	H248	EVT_H248S_NOTIFY_RPL	发送	101(QDAMGCF3BZX_QDAIMGW3BZX_...	
61	2016-03-30 17:26:32.680	BICC	ACM	接收	121(QDADS2)	
62	2016-03-30 17:26:41.900	BICC	ANM	接收	121(QDADS2)	
63	2016-03-30 17:27:00.880	BICC	REL	接收	121(QDADS2)	
64	2016-03-30 17:27:00.880	H248	EVT_H248S_MODIFY_REQ	发送	101(QDAMGCF3BZX_QDAIMGW3BZX_...	
65	2016-03-30 17:27:00.890	SIP	480	发送	49(QDAMGCF3BZX_QDABGCF4BZX)	
66	2016-03-30 17:27:00.880	H248	EVT_H248S_SUBTRACT_REQ	发送	101(QDAMGCF3BZX_QDAIMGW3BZX_...	
67	2016-03-30 17:27:00.910	SIP	ACK	接收	49(QDAMGCF3BZX_QDABGCF4BZX)	
68	2016-03-30 17:27:00.960	H248	EVT_H248S_SUB_RPL	接收	101(QDAMGCF3BZX_QDAIMGW3BZX	

图 9-53　MGCF 信令流程 1

3）定位问题出在 MGCF 上，继续向上分析，发现 MGCF 收到 UPDATE（51 行）后同一时间发送了 200OK（UPDATE）及新的 UPDATE（54 行），但没有收到 UPDATE（54 行）对应的 200OK，如图 9-54 所示。

序号	时间	实体类型	事件	方向	局向ID
46	2016-03-30 17:26:31.710	H248	EVT_H248S_ADD_RPL	接收	101(QDAMGCF3BZX_QDAIMGW3BZX_...
47	2016-03-30 17:26:31.720	SIP	183	发送	49(QDAMGCF3BZX_QDABGCF4BZX)
48	2016-03-30 17:26:31.720	BICC	APM	接收	121(QDADS2)
49	2016-03-30 17:26:31.720	H248	EVT_H248S_MODIFY_REQ	发送	101(QDAMGCF3BZX_QDAIMGW3BZX_...
50	2016-03-30 17:26:31.760	H248	EVT_H248S_MOD_RPL	接收	101(QDAMGCF3BZX_QDAIMGW3BZX_...
51	2016-03-30 17:26:31.800	SIP	UPDATE	接收	39(QDAMGCF3BZX_QDASCSCF4BZX)
52	2016-03-30 17:26:31.800	SIP	200	发送	39(QDAMGCF3BZX_QDASCSCF4BZX)
53	2016-03-30 17:26:31.800	H248	EVT_H248S_MODIFY_REQ	发送	191(QDAMGCF3BZX_QDAIMGW2BZX_...
54	2016-03-30 17:26:31.800	SIP	UPDATE	发送	39(QDAMGCF3BZX_QDASCSCF4BZX)

图 9-54　MGCF 信令流程 2

4）根据 MGCF 发送的 UPDATE（54 行），顺序查找各网元信令，找到 AS 收到（68 行）UPDATE，但没有发出 200OK，如图 9-55 所示。

序号	类型	时间	源	目标	消息	消息摘要
58	SIP	2016-03-30 17:26:28.423	10.187.89.132:5148	10.187.89.130:5147	100(INVITE)	SIP/2.0 100 Trying
59	SIP	2016-03-30 17:26:28.443	10.187.89.130:5154	10.187.89.132:5148	100(INVITE)	SIP/2.0 100 Trying
60	SIP	2016-03-30 17:26:29.463	10.187.89.130:5147	10.187.89.132:5148	487(INVITE)	SIP/2.0 487 Request Terminated
61	SIP	2016-03-30 17:26:29.463	10.187.89.132:5148	10.187.89.130:5151	ACK	ACK tel:+8615908941734 SIP/2.0
62	SIP	2016-03-30 17:26:31.743	10.187.89.130:5154	10.187.89.132:5148	183(INVITE)	SIP/2.0 183 Session Progress
63	SIP	2016-03-30 17:26:31.743	10.187.89.132:5148	10.187.89.130:5147	183(INVITE)	SIP/2.0 183 Session Progress
64	SIP	2016-03-30 17:26:31.753	10.187.89.130:5147	10.187.89.132:5148	183(INVITE)	SIP/2.0 183 Session Progress
65	SIP	2016-03-30 17:26:31.753	10.187.89.132:5148	10.187.89.130:5154	183(INVITE)	SIP/2.0 183 Session Progress
66	SIP	2016-03-30 17:26:31.773	10.187.89.130:5150	10.187.89.132:5148	183(INVITE)	SIP/2.0 183 Session Progress
67	SIP	2016-03-30 17:26:31.773	10.187.89.132:5148	10.187.89.130:5147	UPDATE	UPDATE sip:10.187.89.11:5060 SIP/2.0
68	SIP	2016-03-30 17:26:31.813	10.187.89.130:5147	10.187.89.132:5148	UPDATE	UPDATE sip:10.187.89.132:5148;zte-did=6-...
69	SIP	2016-03-30 17:26:31.813	10.187.89.130:5147	10.187.89.132:5148	200(UPDATE)	SIP/2.0 200 OK

图 9-55　网元信令流程

5）问题转向 AS，经分析，发现是 AS 发送 UPDATE 后同一时间收到 200 及 UPDATE，信令跟踪显示，收到 UPDATE 在前，200OK 在后，顺序反了。再结合 MGCF 上的顺序（见图 9-54），发现 MGCF 的顺序是正确的。

6）原因分析：只有 MGCF 发送顺序正确，而 AS 上顺序不对，是由于网络时延或抖动造成的。

7）在 MGCF 上修改到 CSCF 局向的参数（延迟发送 SIP 证实消息定时器时长），如图 9-56 所示。目的是在收到 UPDATE，发送 200OK 后，延迟 50 ms 再发送新的 UPDATE，以避免网络延迟造成的乱序。

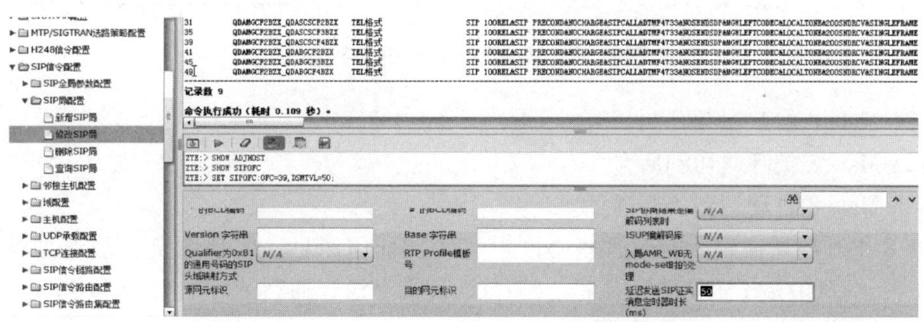

图 9-56　MGCF 上修改到 CSCF 局向的参数

修改参数后，重新测试验证，问题解决，如图 9-57 所示。

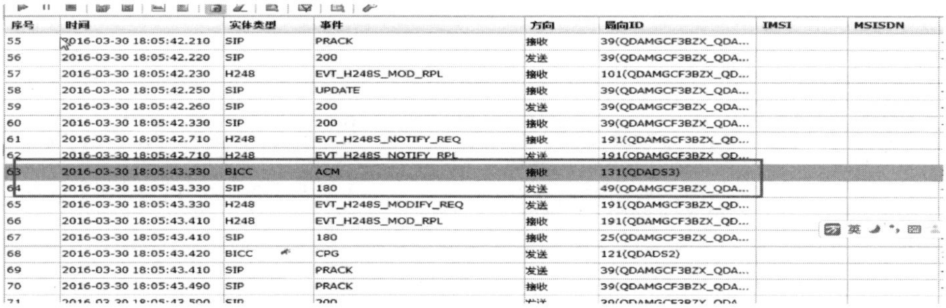

序号	时间	实体类型	事件	方向	局向ID	IMSI	MSISDN
55	2016-03-30 18:05:42.210	SIP	PRACK	接收	39(QDAMGCF3BZX_QDA...		
56	2016-03-30 18:05:42.220	SIP	200	发送	39(QDAMGCF3BZX_QDA...		
57	2016-03-30 18:05:42.230	H248	EVT_H248S_MOD_RPL	接收	101(QDAMGCF3BZX_QD...		
58	2016-03-30 18:05:42.250	SIP	UPDATE	接收	39(QDAMGCF3BZX_QDA...		
59	2016-03-30 18:05:42.260	SIP	200	发送	39(QDAMGCF3BZX_QDA...		
60	2016-03-30 18:05:42.330	SIP	200	接收	39(QDAMGCF3BZX_QDA...		
61	2016-03-30 18:05:42.710	H248	EVT_H248S_NOTIFY_REQ	接收	191(QDAMGCF3BZX_QD...		
62	2016-03-30 18:05:42.710	H248	EVT_H248S_NOTIFY_RPL	发送	191(QDAMGCF3BZX_QD...		
63	2016-03-30 18:05:43.330	BICC	ACM	接收	131(QDADS3)		
64	2016-03-30 18:05:43.330	SIP	180	发送	49(QDAMGCF3BZX_QDA...		
65	2016-03-30 18:05:43.330	H248	EVT_H248S_MODIFY_REQ	发送	191(QDAMGCF3BZX_QD...		
66	2016-03-30 18:05:43.410	H248	EVT_H248S_MOD_RPL	接收	191(QDAMGCF3BZX_QD...		
67	2016-03-30 18:05:43.410	SIP	180	接收	25(QDAMGCF3BZX_QDA...		
68	2016-03-30 18:05:43.420	BICC	CPG	发送	121(QDADS2)		
69	2016-03-30 18:05:43.410	SIP	PRACK	发送	39(QDAMGCF3BZX_QDA...		
70	2016-03-30 18:05:43.490	SIP	PRACK	接收	39(QDAMGCF3BZX_QDA...		
71	2016-03-30 18:05:43.500	SIP	200	发送	39(QDAMGCF3BZX_QDA		

图 9-57　修改参数后信令流程

问题 2：三星 S7 与华为 Mate 8 视频呼叫过程中自动切换至语音后，Mate 8 无法重新发起视频呼叫。

华为 Mate 8 在与三星 S7 终端进行视频通话的过程中，如果将 Mate 8 通话界面切换至后台，等待几秒钟后视频通话会自动切换成语音通话（通话并未中断），此时 Mate 8 想重新发起视频呼叫，点击视频呼叫图标后，S7 收不到视频呼叫的申请，Mate 8 则始终保持在“等待对方接受邀请”的界面。同样条件下，如果是 S7 再次发起视频呼叫，则 Mate 8 可以正常收到视频呼叫请求。

从核心网跟踪的信令来看，主叫 Mate 8 呼叫切换到后台后，是被叫三星终端发起 INVITE 切换到语音通话，并且三星发起的切换消息和正常手动切换语音的消息不同，多了资源预留流程。

核心网分析如图 9-58 所示。

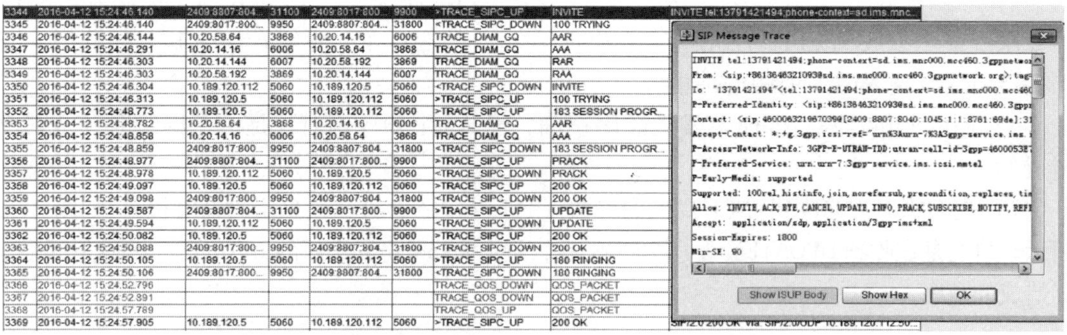

3344	2016-04-12 15:24:46.140	2409:8807:804...	31100	2409:8017:800...	9900	>TRACE_SIPC_UP	INVITE	INVITE tel:13791421494;phone-context=sd.ims.mnc...
3345	2016-04-12 15:24:46.140	2409:8017:800...	9950	2409:8807:804...	31800	<TRACE_SIPC_DOWN	100 TRYING	
3346	2016-04-12 15:24:46.144	10.20.58.64	3868	10.20.14.16	6006	TRACE_DIAM_GQ	AAR	
3347	2016-04-12 15:24:46.291	10.20.14.16	6006	10.20.58.64	3868	TRACE_DIAM_GQ	AAA	
3348	2016-04-12 15:24:46.303	10.20.14.144	6007	10.20.58.192	3869	TRACE_DIAM_GQ	RAR	
3349	2016-04-12 15:24:46.303	10.20.58.192	3869	10.20.14.144	6007	TRACE_DIAM_GQ	RAA	
3350	2016-04-12 15:24:46.304	10.189.120.112	5060	10.189.120.5	5060	<TRACE_SIPC_DOWN	INVITE	
3351	2016-04-12 15:24:46.313	10.189.120.5	5060	10.189.120.112	5060	>TRACE_SIPC_UP	100 TRYING	
3352	2016-04-12 15:24:48.773	10.189.120.5	5060	10.189.120.112	5060	>TRACE_SIPC_UP	183 SESSION PROGR...	
3353	2016-04-12 15:24:48.782	10.20.58.64	3868	10.20.14.16	6006	TRACE_DIAM_GQ	AAR	
3354	2016-04-12 15:24:48.858	10.20.14.16	6006	10.20.58.64	3868	TRACE_DIAM_GQ	AAA	
3355	2016-04-12 15:24:48.859	2409:8017:800...	9950	2409:8807:804...	31800	<TRACE_SIPC_DOWN	183 SESSION PROGR...	
3356	2016-04-12 15:24:48.977	2409:8807:804...	31100	2409:8017:800...	9900	>TRACE_SIPC_UP	PRACK	
3357	2016-04-12 15:24:48.978	10.189.120.112	5060	10.189.120.5	5060	<TRACE_SIPC_DOWN	PRACK	
3358	2016-04-12 15:24:49.097	10.189.120.5	5060	10.189.120.112	5060	>TRACE_SIPC_UP	200 OK	
3359	2016-04-12 15:24:49.098	2409:8017:800...	9950	2409:8807:804...	31800	<TRACE_SIPC_DOWN	200 OK	
3360	2016-04-12 15:24:49.587	2409:8807:804...	31100	2409:8017:800...	9900	>TRACE_SIPC_UP	UPDATE	
3361	2016-04-12 15:24:49.594	10.189.120.112	5060	10.189.120.5	5060	<TRACE_SIPC_DOWN	UPDATE	
3362	2016-04-12 15:24:50.082	10.189.120.5	5060	10.189.120.112	5060	>TRACE_SIPC_UP	200 OK	
3363	2016-04-12 15:24:50.088	2409:8017:800...	9950	2409:8807:804...	31800	<TRACE_SIPC_DOWN	200 OK	
3364	2016-04-12 15:24:50.105	10.189.120.5	5060	10.189.120.112	5060	>TRACE_SIPC_UP	180 RINGING	
3365	2016-04-12 15:24:50.106	2409:8017:800...	9950	2409:8807:804...	31800	<TRACE_SIPC_DOWN	180 RINGING	
3366	2016-04-12 15:24:52.796					TRACE_QOS_DOWN	QOS_PACKET	
3367	2016-04-12 15:24:52.891					TRACE_QOS_DOWN	QOS_PACKET	
3368	2016-04-12 15:24:57.789					TRACE_QOS_UP	QOS_PACKET	
3369	2016-04-12 15:24:57.905	10.189.120.5	5060	10.189.120.112	5060	>TRACE_SIPC_UP	200 OK	SIP/2.0 200 OK Via: SIP/2.0/UDP 10.189.120.112:50...

SIP Message Trace

```
INVITE tel:13791421494;phone-context=sd.ims.mnc000.mcc460.3gppnetwo
From: <sip:+8613646321093@sd.ims.mnc000.mcc460.3gppnetwork.org>;tag=
To: "13791421494"<tel:13791421494;phone-context=sd.ims.mnc000.mcc460
P-Preferred-Identity: <sip:+8613646321093@sd.ims.mnc000.mcc460.3gppn
Contact: <sip:460006321967039@[2409:8807:8040:1045:1:1:8761:69de]:31
Accept-Contact: *;+g.3gpp.icsi-ref="urn%3Aurn-7%3A3gpp-service.ims.i
P-Access-Network-Info: 3GPP-E-UTRAN-TDD;utran-cell-id-3gpp=4600053E
P-Preferred-Service: urn:urn-7:3gpp-service.ims.icsi.mmtel
P-Early-Media: supported
Supported: 100rel,histinfo,join,norefersub,precondition,replaces,tim
Allow: INVITE,ACK,BYE,CANCEL,UPDATE,INFO,PRACK,SUBSCRIBE,NOTIFY,REFE
Accept: application/sdp,application/3gpp-ims+xml
Session-Expires: 1800
Min-SE: 90
```

Show ISUP Body　Show Hex　OK

图 9-58　Mate 8 视频呼叫信令流程

15:24 Mate 8 发起视频呼叫。

15:25 Mate 8 把呼叫切到后台。

15:25 Mate 8 自动切到语音通话。

Mate 8 把呼叫切换到后台时，核心网没有收到任何消息，但是切换到语音是被叫三星 S7 发起的，消息中多了资源预留流程。S7 自动切换至语音通话消息如图 9-59 所示。

S7 手动切换至语音消息如图 9-60 所示。

15:26 Mate 8 再次发起视频呼叫，S7 无相应提示。

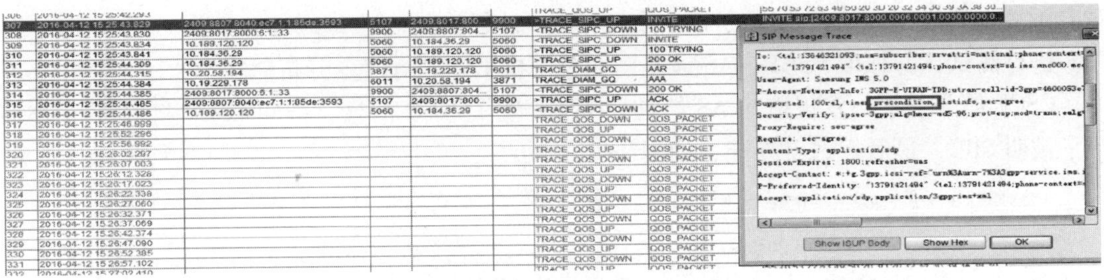

图 9-59　三星 S7 切换至语音通话

图 9-60　三星 S7 语音通话信令流程

15:27 Mate 8 挂机。

从核心网信令中看，切换至语音通话后，核心网一直没有收到 Mate 8 发起的视频呼叫请求，直到 15:27:32，Mate 8 挂断电话，呼叫结束，如图 9-61 所示。

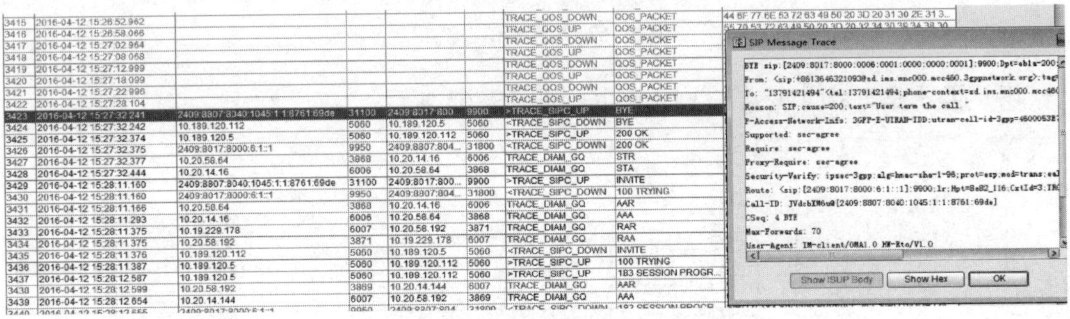

图 9-61　核心网信令流程

从核心网信令中看，华为 Mate 8 将视频通话切换到后台之后，会引起三星 S7 自动发起中断视频通话。与 S7 手动中断视频通话不同，这种情况下华为 Mate 8 无法再次发起视频呼叫，核心网也收不到 Mate 8 发起视频呼叫的消息。

判断为华为 Mate 8 与三星 S7 存在协议问题，不能排除华为或三星终端与异厂家终端存在协议匹配问题，此类问题很可能会影响到用户感受，需终端厂家对问题做进一步分析，未来也需要对终端协议制定相应的规范。

问题 3：VoLTE 用户语音呼叫中切换视频通话不接 40 s 后释放呼叫问题。

VoLTE 用户 A 拨打 VoLTE 用户 B，语音通话过程中，A 或 B 发起切换视频请求，如果对方不接受切换视频请求，则约 40 s 后整个呼叫被释放。

进行测试，并抓取 CSCF、AS 涉及网元及手机 Log 进行信令分析。

CSCF 信令分析，发现被叫 AS 给被叫 CSCF 发了 BYE 消息，被叫 CSCF 将 BYE 消息发给了被叫 SBC，最后发送至终端，如图 9-62 所示。

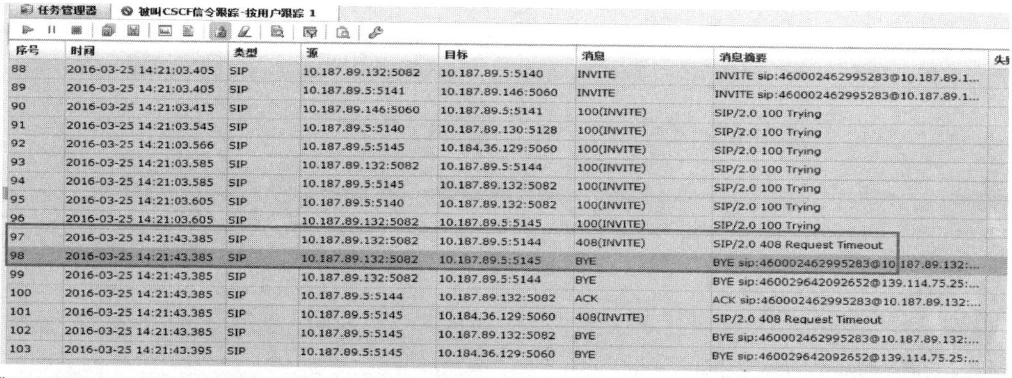

任务管理器　被叫CSCF信令跟踪-按用户跟踪 1

序号	时间	类型	源	目标	消息	消息摘要	失
88	2016-03-25 14:21:03.405	SIP	10.187.89.132:5082	10.187.89.5:5140	INVITE	INVITE sip:460002462995283@10.187.89.1...	
89	2016-03-25 14:21:03.405	SIP	10.187.89.5:5141	10.187.89.146:5060	INVITE	INVITE sip:460002462995283@10.187.89.1...	
90	2016-03-25 14:21:03.415	SIP	10.187.89.146:5060	10.187.89.5:5141	100(INVITE)	SIP/2.0 100 Trying	
91	2016-03-25 14:21:03.545	SIP	10.187.89.5:5140	10.187.89.130:5128	100(INVITE)	SIP/2.0 100 Trying	
92	2016-03-25 14:21:03.566	SIP	10.187.89.5:5145	10.184.36.129:5060	100(INVITE)	SIP/2.0 100 Trying	
93	2016-03-25 14:21:03.585	SIP	10.187.89.132:5082	10.187.89.5:5144	100(INVITE)	SIP/2.0 100 Trying	
94	2016-03-25 14:21:03.585	SIP	10.187.89.5:5145	10.187.89.132:5082	100(INVITE)	SIP/2.0 100 Trying	
95	2016-03-25 14:21:03.605	SIP	10.187.89.5:5140	10.187.89.132:5082	100(INVITE)	SIP/2.0 100 Trying	
96	2016-03-25 14:21:03.605	SIP	10.187.89.132:5082	10.187.89.5:5145	100(INVITE)	SIP/2.0 100 Trying	
97	2016-03-25 14:21:43.385	SIP	10.187.89.132:5082	10.187.89.5:5144	408(INVITE)	SIP/2.0 408 Request Timeout	
98	2016-03-25 14:21:43.385	SIP	10.187.89.132:5082	10.187.89.5:5145	BYE	BYE sip:460002462995283@10.187.89.132:...	
99	2016-03-25 14:21:43.385	SIP	10.187.89.132:5082	10.187.89.5:5144	BYE	BYE sip:460029642092652@139.114.75.25:...	
100	2016-03-25 14:21:43.385	SIP	10.187.89.5:5144	10.187.89.132:5082	ACK	ACK sip:460002462995283@10.187.89.132:...	
101	2016-03-25 14:21:43.385	SIP	10.187.89.5:5145	10.184.36.129:5060	408(INVITE)	SIP/2.0 408 Request Timeout	
102	2016-03-25 14:21:43.385	SIP	10.187.89.5:5145	10.187.89.132:5082	BYE	BYE sip:460002462995283@10.187.89.132:...	
103	2016-03-25 14:21:43.395	SIP	10.187.89.5:5145	10.184.36.129:5060	BYE	BYE sip:460029642092652@139.114.75.25:...	

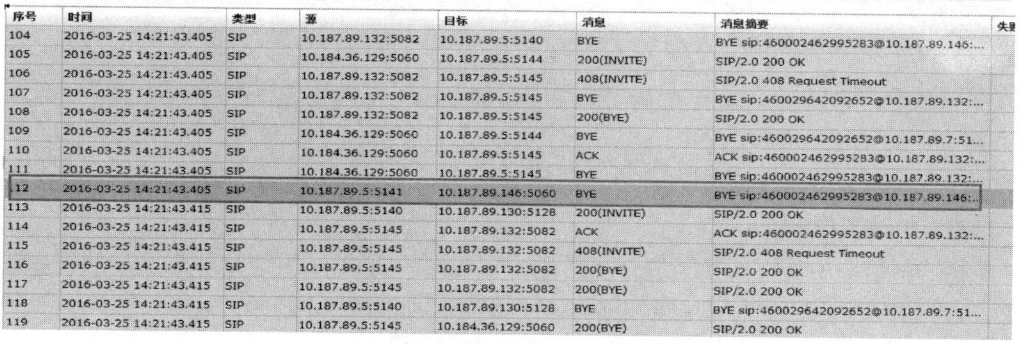

序号	时间	类型	源	目标	消息	消息摘要	失
104	2016-03-25 14:21:43.405	SIP	10.187.89.132:5082	10.187.89.5:5140	BYE	BYE sip:460002462995283@10.187.89.146:...	
105	2016-03-25 14:21:43.405	SIP	10.184.36.129:5060	10.187.89.5:5144	200(INVITE)	SIP/2.0 200 OK	
106	2016-03-25 14:21:43.405	SIP	10.187.89.132:5082	10.187.89.5:5145	408(INVITE)	SIP/2.0 408 Request Timeout	
107	2016-03-25 14:21:43.405	SIP	10.187.89.132:5082	10.187.89.5:5145	BYE	BYE sip:460029642092652@10.187.89.132:...	
108	2016-03-25 14:21:43.405	SIP	10.187.89.132:5082	10.187.89.5:5145	200(BYE)	SIP/2.0 200 OK	
109	2016-03-25 14:21:43.405	SIP	10.184.36.129:5060	10.187.89.5:5144	BYE	BYE sip:460029642092652@10.187.89.7:51...	
110	2016-03-25 14:21:43.405	SIP	10.184.36.129:5060	10.187.89.5:5145	ACK	ACK sip:460002462995283@10.187.89.132:...	
111	2016-03-25 14:21:43.405	SIP	10.184.36.129:5060	10.187.89.5:5145	BYE	BYE sip:460002462995283@10.187.89.132:...	
12	2016-03-25 14:21:43.405	SIP	10.187.89.5:5141	10.187.89.146:5060	BYE	BYE sip:460002462995283@10.187.89.146:...	
113	2016-03-25 14:21:43.415	SIP	10.187.89.5:5140	10.187.89.130:5128	200(INVITE)	SIP/2.0 200 OK	
114	2016-03-25 14:21:43.415	SIP	10.187.89.5:5145	10.187.89.132:5082	ACK	ACK sip:460002462995283@10.187.89.132:...	
115	2016-03-25 14:21:43.415	SIP	10.187.89.5:5145	10.187.89.132:5082	408(INVITE)	SIP/2.0 408 Request Timeout	
116	2016-03-25 14:21:43.415	SIP	10.187.89.5:5145	10.187.89.132:5082	200(BYE)	SIP/2.0 200 OK	
117	2016-03-25 14:21:43.415	SIP	10.187.89.5:5145	10.187.89.132:5082	200(BYE)	SIP/2.0 200 OK	
118	2016-03-25 14:21:43.415	SIP	10.187.89.5:5140	10.187.89.130:5128	BYE	BYE sip:460029642092652@10.187.89.7:51...	
119	2016-03-25 14:21:43.415	SIP	10.187.89.5:5145	10.184.36.129:5060	200(BYE)	SIP/2.0 200 OK	

图 9-62　CSCF 信令流程

该 BYE 消息由被叫 AS 信令网元产生，如图 9-63 所示。

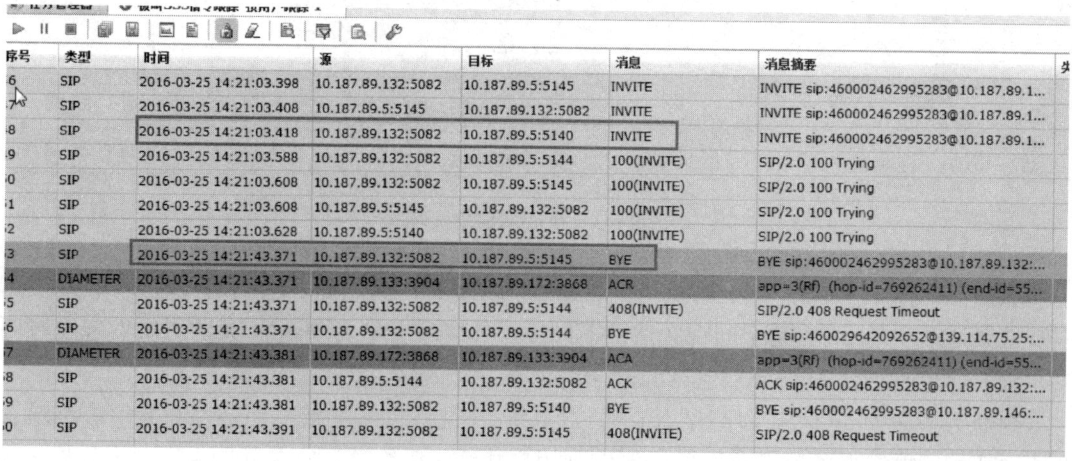

序号	类型	时间	源	目标	消息	消息摘要	失
6	SIP	2016-03-25 14:21:03.398	10.187.89.132:5082	10.187.89.5:5145	INVITE	INVITE sip:460002462995283@10.187.89.1...	
7	SIP	2016-03-25 14:21:03.408	10.187.89.5:5145	10.187.89.132:5082	INVITE	INVITE sip:460002462995283@10.187.89.1...	
8	SIP	2016-03-25 14:21:03.418	10.187.89.132:5082	10.187.89.5:5140	INVITE	INVITE sip:460002462995283@10.187.89.1...	
9	SIP	2016-03-25 14:21:03.588	10.187.89.132:5082	10.187.89.5:5144	100(INVITE)	SIP/2.0 100 Trying	
0	SIP	2016-03-25 14:21:03.608	10.187.89.132:5082	10.187.89.5:5145	100(INVITE)	SIP/2.0 100 Trying	
1	SIP	2016-03-25 14:21:03.608	10.187.89.5:5145	10.187.89.132:5082	100(INVITE)	SIP/2.0 100 Trying	
2	SIP	2016-03-25 14:21:03.628	10.187.89.5:5140	10.187.89.132:5082	100(INVITE)	SIP/2.0 100 Trying	
3	SIP	2016-03-25 14:21:43.371	10.187.89.132:5082	10.187.89.5:5145	BYE	BYE sip:460002462995283@10.187.89.132:...	
4	DIAMETER	2016-03-25 14:21:43.371	10.187.89.133:3904	10.187.89.172:3868	ACR	app=3(Rf) (hop-id=769262411) (end-id=55...	
5	SIP	2016-03-25 14:21:43.371	10.187.89.132:5082	10.187.89.5:5144	408(INVITE)	SIP/2.0 408 Request Timeout	
6	SIP	2016-03-25 14:21:43.371	10.187.89.132:5082	10.187.89.5:5144	BYE	BYE sip:460029642092652@139.114.75.25:...	
7	DIAMETER	2016-03-25 14:21:43.381	10.187.89.172:3868	10.187.89.133:3904	ACA	app=3(Rf) (hop-id=769262411) (end-id=55...	
8	SIP	2016-03-25 14:21:43.381	10.187.89.5:5144	10.187.89.132:5082	ACK	ACK sip:460002462995283@10.187.89.132:...	
9	SIP	2016-03-25 14:21:43.381	10.187.89.132:5082	10.187.89.5:5140	BYE	BYE sip:460002462995283@10.187.89.146:...	
0	SIP	2016-03-25 14:21:43.391	10.187.89.132:5082	10.187.89.5:5145	408(INVITE)	SIP/2.0 408 Request Timeout	

图 9-63　AS 信令流程

被叫 AS 产生 BYE 消息的原因：当一方发起视频请求后，被叫 AS 发送 re - invite 消息到终端后，终端不接，定时器就超时释放。该定时器查询结果如图 9-64 所示，设置值为 40 s，与测试现象吻合。

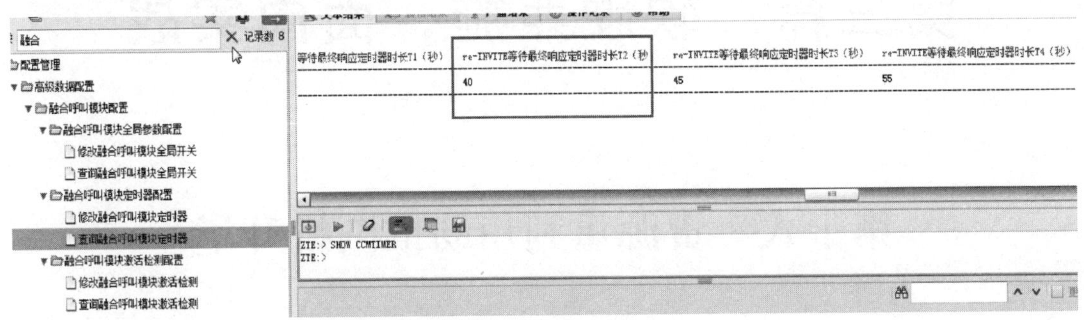

图 9-64　定时器查询结果

定时器超时释放的依据如下协议描述：

RFC 3261　SIP：Session Initiation Protocol　June 2002

If a UA receives a non - 2xx final response to a re - INVITE, the sessionparameters MUST remain unchanged, as if no re - INVITE had been issued. Note that, as stated in Section 12. 2. 1. 2, if the non - 2xx finalresponse is a 481 (Call/Transaction Does Not Exist), or a 408 (Request Timeout), or no response at all is received for the re - INVITE (that is, a timeout is returned by the INVITE clienttransaction), the UAC will terminate the dialog.

根据协议（RFC3261）中的描述，终端不响应就是要终结呼叫，目前 SIP 里没有定义在对话内取消一个请求的办法。

第三篇　软硬兼施，面向实战

第十式　资源重利用助推网络升华

VoLTE 业务对覆盖要求高，前期 D/F 双层网、微站、楼间对打等覆盖提升方案已经广泛部署，本章从 6 种创新性的特型覆盖提升方案入手，深度阐述其原理及应用方法，全面为 VoLTE 业务质量保驾护航。

VoLTE 业务作为一种上行覆盖受限业务，对覆盖的敏感性较高。目前市区深度覆盖能力不足是普遍存在的问题，尤其是居民楼、办公区等室内深度覆盖场景弱覆盖情况更为严重。农村、景区等特殊场景的广度覆盖连续性也存在较大提升空间。在覆盖较差的情况下会严重影响 VoLTE 用户的感知，所以本节从提升 VoLTE 业务感知出发，对提升“广、深”覆盖的规划方案进行研究，提出多元化的解决方案，以便在不同的普通场景可以通过相应合适的解决方案加强覆盖。

通过大量测试数据分析，总结 RSRP、SINR 等覆盖参数指标与高清语音的 MOS 的关系，从而得出基于实际测试业务感知的覆盖要求，并以此为 VoLTE 室内、室外覆盖规划、建设的依据，针对低于 VoLTE 覆盖规划要求的场景，选择不同的覆盖增强招式进行覆盖加强，保证 VoLTE 的基础业务感知。

RSRP 与高清语音的 MOS 变化曲线如图 10-1 所示。

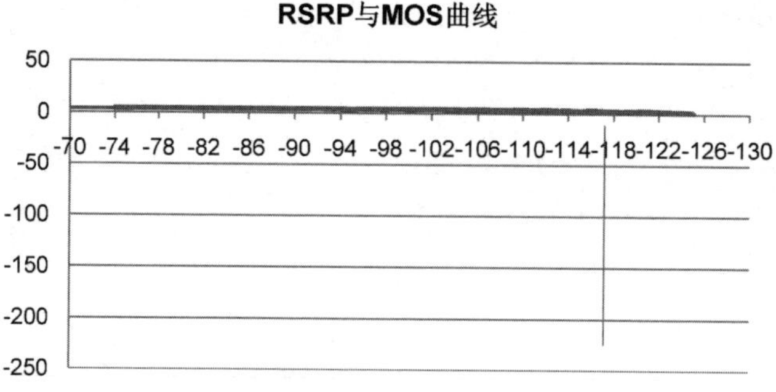

图 10-1　AMR 23.85K 高清语音 RSRP 与 MOS 的变化曲线

SINR 与高清语音的 MOS 的变化曲线如图 10-2 所示。

从测试数据分析来看，若要求语音用户 MOS >3.5，则 RSRP 在 -113 dBm、RS SINR 在 -3 dB 左右 MOS 分出现下降拐点。为保障语音用户体验，建议以 RSRP 门限 -113 dBm 作为室内深度覆盖的规划指标。考虑 18 dB ~ 30 dB 穿损，则室外道路测试要求达到 -95 ~ -83 dbm。

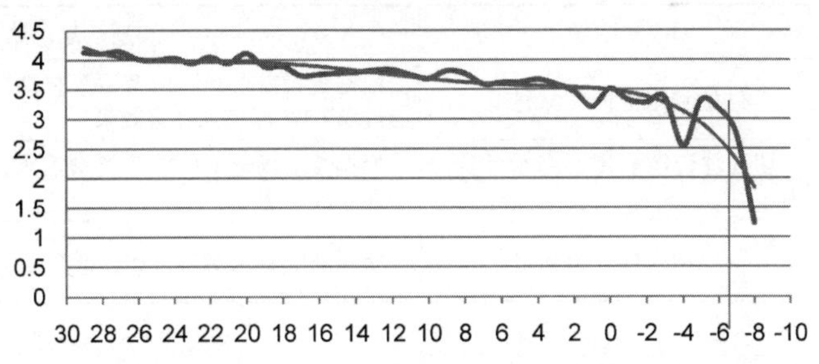

图 10-2　AMR 23.85K 高清语音 SINR 与 MOS 的变化曲线

针对市区的深度覆盖不足以及郊区和乡镇的广度覆盖受限两方面的问题，本节针对广、深短板指标，结合现有资源及网络现状，根据网络使用的频段、覆盖场景以及利用设施情况等因素，通过创新试点，利用 WLAN 杆建设基站，将基站带宽 20 MHz 改 10 MHz、修改天线权值、四扇区、双流合并单流等创新内容解决 LTE 广、深覆盖不足的短板，如图 10-3 所示。

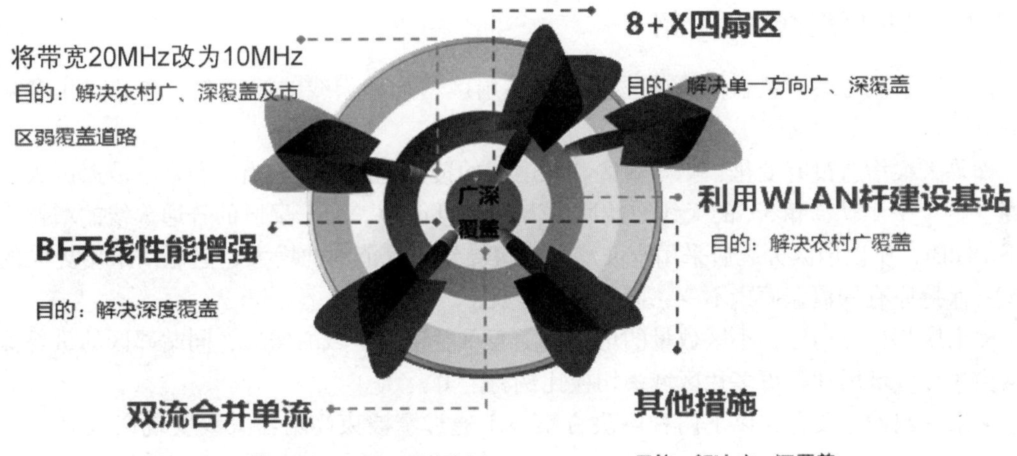

图 10-3　创新覆盖规划方案

针对上述覆盖方案，通过 DT 测试、MR 数据分析、话统数据分析等多个维度验证方案的效果以及对网络的影响，更好地指导其他地市的应用和评估。本节所涉及的覆盖方案共分为 6 个招式，每个招式的新思路、旧资源整合方案对比见表 10-1。

表 10-1　新、旧资源整合方案对比表

方　案	旧 资 源	新 思 路
四扇区	站址利用硬件 BBU、基带等资源利用频率资源统一	增加一个扇区，加强 360°覆盖效果；8 +2 可以小区合并，减少同频干扰
带宽灵活配置	一切硬件资源利用充分利用现有频谱资源	灵活使用 10 MHz、5 MHz 等带宽类型，不同场景、不同话务量区域进行灵活配置
波束赋形	一切硬件资源利用所有软件资源利用	不同波束宽度灵活配置，根据场景所需宽度和深度的不同灵活配置

（续）

方　　案	旧 资 源	新 思 路
利用 WLAN 杆	站址利用抱杆资源利用	根据覆盖需求，增加 WLAN 杆微站的覆盖；难选址的区域通过 WLAN 杆加强补盲效果
双流合并	一切硬件资源利用所有软件资源利用	根据覆盖场景下的业务类型需求，灵活配置单双流情况，加强深度覆盖
算法解决方案	一切硬件资源利用	使用新的算法对覆盖和容量产生正向增益

10.1　第一招　360 度全方位覆盖——8 + X 四扇区方案

LTE 网络发展已完成规模建设，基本实现连续覆盖。深度覆盖不足问题对网络健康发展的掣肘现象日益突出，增强深度覆盖成为了提升网络质量和用户感知的重要课题。多扇区组网应用就是在站点和频谱资源受限的情况下的一种新型组网建设解决方案。四扇区方案能有效地补充常规三扇区的覆盖不足，形成 360°全方位的覆盖。

10.1.1　多扇区组网原理介绍

多扇区解决方案对覆盖的影响主要体现在扇区增加和天线的波瓣图、增益变化带来的影响。

如果天线增益没有变化，则多扇区和三扇区的覆盖范围基本相当。通常窄波瓣的天线增益高（如水平半功率角 33°的天线增益通常为 19 ~ 21 dBi），而三扇区的普通天线的增益一般低于 18 dBi，所以扇区分裂后采用窄波瓣天线将导致覆盖范围的增大，但可以采用更大的下倾角，保持原有的覆盖面积不变，同时减少干扰。

多扇区相比三扇区，小区数量的增多伴随着重叠覆盖区域的增加，同站邻区的重叠覆盖区域由 3 片区域增加到更多片区域，切换比例将上升。

多扇区组网主要存在以下两种解决方案：①通过窄波束高增益天线实现扇区分裂（见图 10-4）；

② 通过 8 + X 实现四扇区组网，针对性解决区域弱覆盖和深度覆盖不足问题（见图 10-5）。

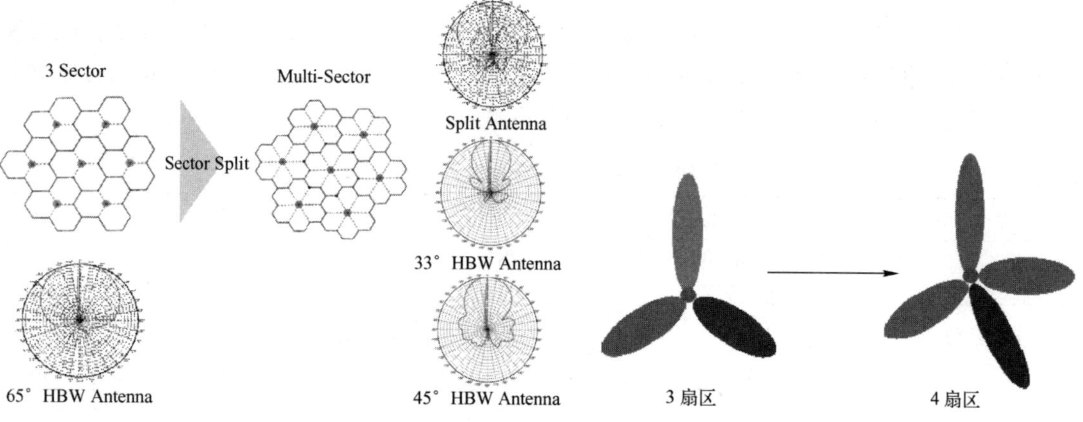

图 10-4　扇区分裂示意图　　　　图 10-5　8 + X 四扇区示意图

多扇区组网可以有效解决以下运营商痛点问题，从而实现简便、高效地对 LTE 网络进行补盲和扩容，既不增加基站站址数量，同时又降低工作量和复杂度。

- 解决新建站选址困难问题。
- 解决新建站点高成本问题。
- 解决载波扩容需要更多频谱问题。
- 解决扩容不能及时满足迅猛增长的业务量问题。

多扇区相对于传统三扇区方案来说，根据密集城区、普通城区或郊区农村等不同场景，使用不同的推荐天线方案最高可带来覆盖增益约 2 ~ 3 dB、扇区容量增益约 70% ~ 85%。由于扇区数量的增加，将导致干扰的上升和邻区数量的增加，通过网络优化措施，可以保证相关 KPI 指标无明显恶化。

10.1.2 多扇区方案选择

1. 扇区数量选择

针对六扇区和四扇区两种解决方案的优势和劣势进行对比见表 10-2。

表 10-2 两种多扇区方案对比

<table>
<tr><th colspan="2">扇区分裂六扇区组网</th><th colspan="2">8 + X 四扇区组网</th></tr>
<tr><th>优　势</th><th>劣　势</th><th>优　势</th><th>劣　势</th></tr>
<tr><td>利用智能天线的波束赋形能力，增强边缘覆盖</td><td>六扇区重叠覆盖度增高</td><td>对现网指标影响小</td><td>2 通道 RRU 的功率较小</td></tr>
<tr><td>发挥 F 频段 30 Mbit/s 带宽优势，提高小区容量</td><td>MOD3 干扰负面影响大</td><td>2 通道可灵活实现小区合并和小区分裂</td><td>2 通道需新增基带板</td></tr>
<tr><td rowspan="4">降低上下行不平衡问题，提升用户接入能力</td><td>造价成本高，改造难度大</td><td>硬件安装方便，实现简单</td><td rowspan="4">个别站点需新增抱杆</td></tr>
<tr><td>RF 优化工作量大</td><td>无多余 RF 优化工作</td></tr>
<tr><td>弱覆盖场景针对性不强</td><td>弱覆盖场景针对性强</td></tr>
<tr><td>目前只支持 F 频段</td><td>支持现网满足条件多数站点</td></tr>
</table>

综合比较两种方案和现网实际需求，从实现难易程度、对现网的影响、适用场景针对性和全省推广可行性等多方面考虑，选择进行 8 + X 四扇区组网研究。

2. “8 + X” 的实现方案

现网三扇区改造为四扇区需要增加一个物理扇区，X 指的就是第四个扇区采用何种实现方式。增加的物理扇区可以选择 **A:8 通道的宏站 RRU**，也可以选择比较灵活的 **B:2 通道的微型 RRU**。两种方案优缺点对比如下：

(1) 8 +2 方案

优点：

- 多产品选择：可以选择 Bookrru、Easymacro、RRU3172 等设备，支持多 RRU 小区合并。
- 体积小，安装方便。
- 可以与 8 通道宏站扇区进行小区合并，达到抗干扰的目的，合并后没有容量增益，适用于对覆盖要求高的区域。
- 可以通过分裂的方式实现容量的增加。

缺点：

- 2 通道 RRU 的功率较小，覆盖距离相对 8 通道 RRU 较小。
- 窄波瓣覆盖范围较小。
- Bookrru 仅支持 D 频段设备，另外两种可以支持 FAD 全频段。

（2）8 +8 方案

优点：

- 8 通道 RRU 可以和宏站之间通过 beaforming 的特性进行干扰抑制。
- 满功率发射覆盖距离较远，可以通过天线权值调整覆盖范围。

缺点：

- 波瓣宽度较大，重叠覆盖不易控制。
- 体积大，天面空间占用较多。
- 不能进行小区合并。

本方案验证选用 8 +2 和 8 +8 两种方案进行实施验证，对比实际覆盖效果。场景选定原则：

1）三扇区覆盖不能形成连续覆盖，需要加强覆盖广度。

2）深度覆盖不足，MR 弱覆盖比例较高，需要加强覆盖深度。

3）站点硬件设备尽量改造小，如基带板需配置 UBBP 板能容纳 4 扇区。

4）天面空间充足，足以支撑四扇区的设备安装。

5）存量抱杆充足或空间可新增抱杆。

6）施工方便，物业、供电等协调方便，便于施工改造。

7）采用 8 +2 和 8 +8 两种方式，先进行 8 +2 的试点工作，效果验证完成后再进行 8 +8 的试点。

本次项目试点，综合考虑多种因素，最终选定 LDH030001H_张店公司总部站点进行改造。该站点位于移动大厦楼顶，站高 45 m，周边道路覆盖良好，站点西侧金色之韵大楼和沿街楼层处于两扇区中间夹角，存在深度覆盖不足问题，该站 1 小区方位角 340°，需兼顾约 150°的广度覆盖，能力稍显不足，如图 10-6 所示。

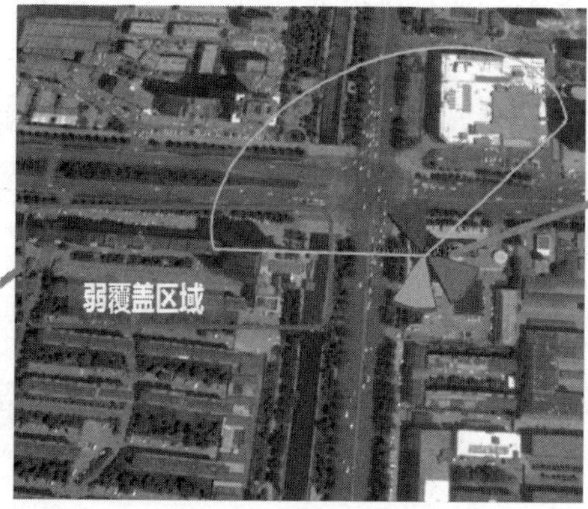

图 10-6　弱覆盖场景

10.1.3 硬件改造

1. 8 +2 四扇区硬件改造

1）近端：2 通道和 8 通道 RRU 不能共用基带板，BBU 侧需新增一块 LBBP 基带板，如图 10-7 所示。

图 10-7　BBU 侧新增基带板

2）远端：楼顶 RRU 侧使用微型设备 Easy Macro（AAU3240），RRU 和天线集成一体，布放简单、安装方便，如图 10-8 所示。

图 10-8　RRU 侧使用 Easy Macro

2. 8 +8 四扇区硬件改造

1）近端：8 通道 RRU 可插在原基带板第 4 个光口，BBU 侧无须新增单板，如图 10-9 所示。

图 10-9　BBU 侧使用 4 光口

2）远端：楼顶 RRU 侧安装 RRU3277 + 高增益天线，如图 10-10 所示。

图 10-10　RRU 侧增加 RRU 和天线

10.1.4　效果验证

1. 8+2 四扇区效果验证

新增的 2 通道第 4 扇区与原 1 扇区进行小区合并，PCI=196，增强覆盖广度和深度的同时，较大程度减少切换、降低干扰。

1）外场测试：对比发现，本次试点 8+2 四扇区改造后，对金色之韵楼内信号覆盖存在一定程度改善，对沿街商铺信号强度改善明显，对周边道路覆盖未产生明显变化。改造后的室内覆盖平均 RSRP 有所提升，覆盖好点比例升高，弱覆盖比例降低；平均 SINR 略有提升，质量好点比例升高，质量差点比例降低，未引入明显负面影响，如图 10-11 所示。

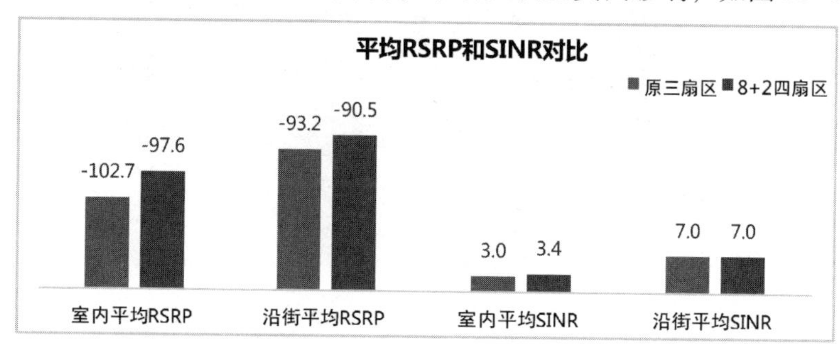

图 10-11　室内 RSRP 区间对比

2）MR 对比：分析 MR 电平值低于 -110 dBm 采样点占比，通过对比原三扇区（2 月 5 号）和 8+2 四扇区改造后（2 月 15 号）的 MR 弱覆盖占比，1 小区（采用小区合并）下降 37%，3 小区下降 65%，2 小区指标下降 2%，属正常波动。说明 8+2 四扇区解决单方向弱覆盖问题具有较大可行性。MR 弱覆盖指标对比图如 10-12 所示。

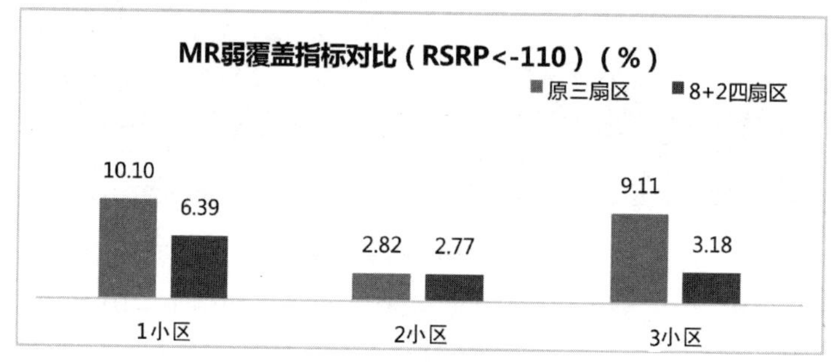

图 10-12　MR 弱覆盖指标对比

3）网管指标对比：跟踪对比改造前后的网管主要 KPI 指标波动正常，未有明显恶化或异常。

4）干扰指标：跟踪对比改造前后的干扰噪声指标发现，8 +2 四扇区改造后未引入其他干扰，指标波动正常，如图 10-13 所示。

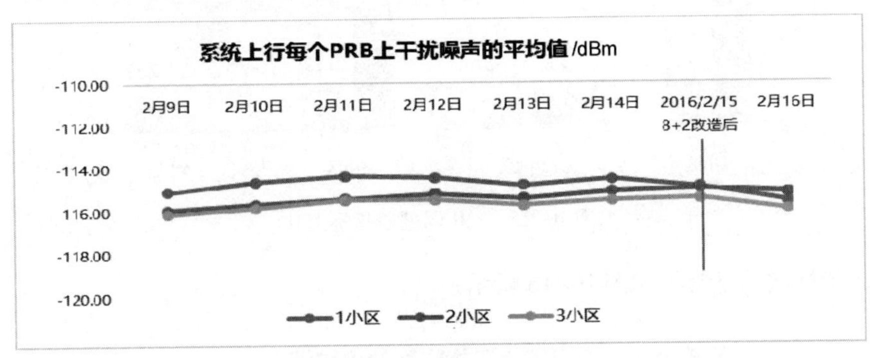

图 10-13　干扰噪声指标对比

2. 8 +8 四扇区效果验证

新增的 8 通道第 4 扇区规划使用 PCI = 194，与相邻小区规避 MOD3 干扰，开启 beaforming 自适应进行干扰抑制。

1）外场测试：对比发现，本次试点 8 +8 四扇区改造后，对金色之韵楼内信号覆盖存在一定程度改善，对沿街商铺信号强度改善明显，对周边道路覆盖未产生明显变化。对比 8 +8 改造前后的室内 RSRP 覆盖情况：改造后的室内覆盖平均 RSRP 有所提升，覆盖好点比例升高，弱覆盖比例降低；平均 SINR 略有提升，质量好点比例升高，质量差点比例降低，未引入明显负面影响，如图 10-14 所示。

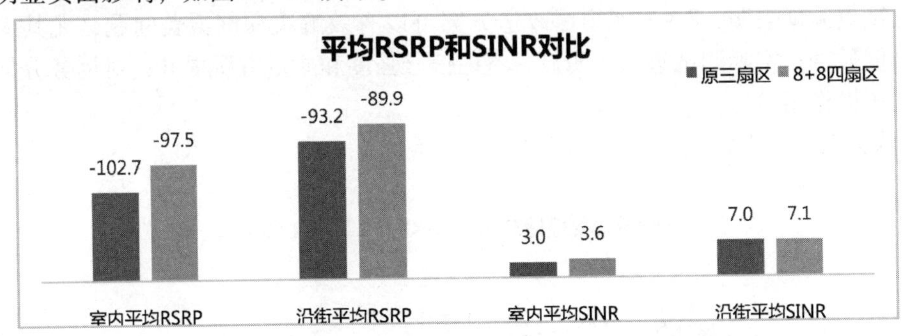

图 10-14　室内 RSRP 区间对比

2）MR 指标对比：通过对比原三扇区（2 月 5 号）和 8 +8 四扇区改造后（2 月 18 号）的 MR 弱覆盖占比，1 小区下降 50%，3 小区下降 66%，2 小区指标下降 12%，新增 4 小区比例（2. 79%）低于平均值。说明 8 +8 四扇区解决单方向弱覆盖问题具有较大可行性，如图 10-15 所示。

3）网管指标对比：跟踪对比改造前后的网管主要 KPI 指标波动正常，未有明显恶化或异常。

4）干扰指标对比：跟踪对比改造前后的干扰噪声指标发现，8 +2 四扇区改造后未引入

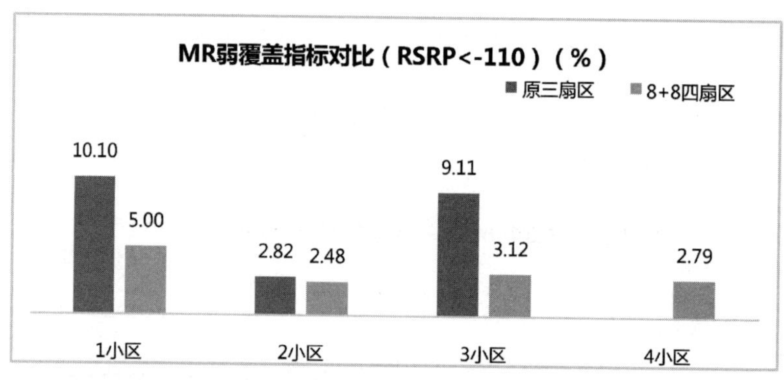

图 10-15　MR 弱覆盖指标对比

其他干扰，指标波动正常，如图 10-16 所示。

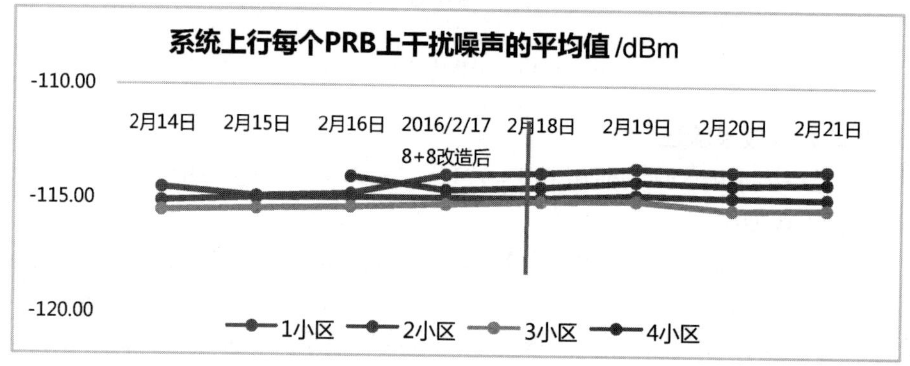

图 10-16　干扰噪声指标对比

本次试点验证表明：8 + X 四扇区改造方案可以有效解决深度覆盖问题，尤其 MR 弱覆盖比例降低显著；实际测试感知较明显，室内信号强度和质量有所提升；对话务分担和吸收流量起到积极作用。

MR 弱覆盖指标大幅度降低，如图 10-17 所示。

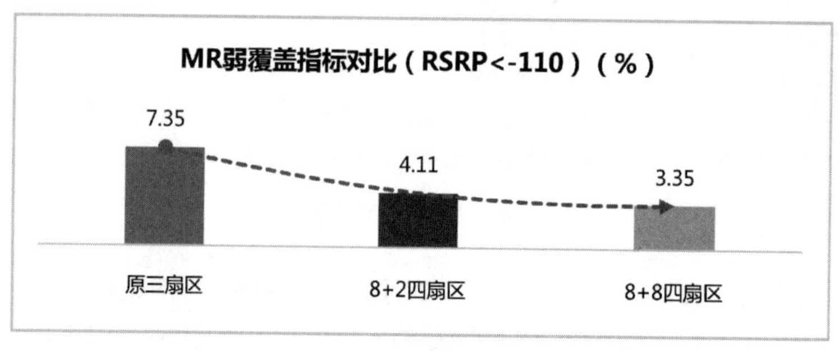

图 10-17　MR 指标对比

基站整体吸收数据流量有所提升，如图 10-18 所示。

测试区域覆盖增强，信号优良比提升，如图 10-19 所示。

针对存在单一方向弱覆盖或深度覆盖不足场景：

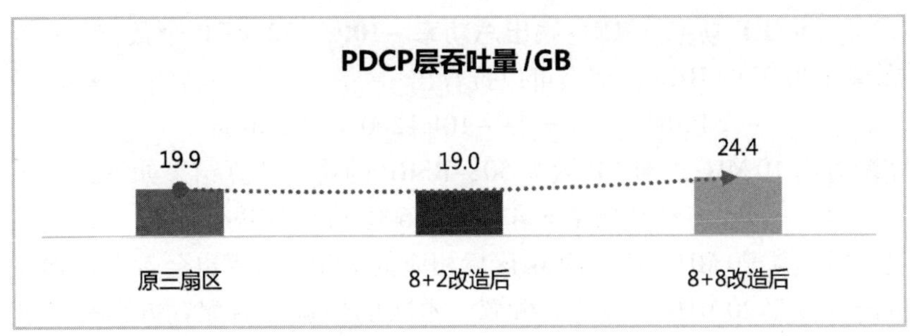

图 10-18　吞吐量对比

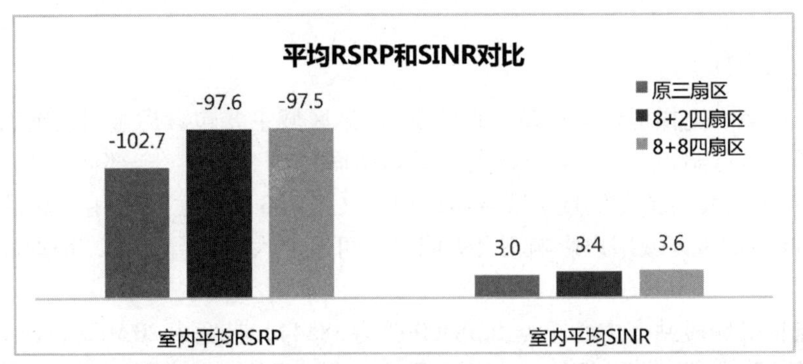

图 10-19 覆盖测试对比

- 优先推荐使用 8 +2 改造方案，在满足改善覆盖的前提下，可以选择进行小区合并和小区分裂，灵活应对现网需求。
- 8 +8 改造方案，满功率发射覆盖距离较远，可以通过 beaforming 特性进行干扰抑制，并且可以调整天线权值改变覆盖距离，对某些场景的覆盖提升更加明显。
- 8 + X 四扇区改造适合特定弱覆盖场景，对于基站密度较大区域，会相应增加网络重叠覆盖度，建议使用窄波束天线并权衡利弊综合考虑。

10.2　第二招　话务高低远近分级——带宽灵活配置方案

10.2.1　带宽灵活配置方案介绍

LTE 的小区支持灵活的系统带宽配置，支持 1.4 MHz、3 MHz、5 MHz、10 MHz、15 MHz、20 MHz 带宽，支持成对和非成对频谱带宽。在相同的硬件和功率配置情况下，不同的带宽对应的参考信号的接收功率也不尽相同。通常 LTE 小区的覆盖情况与 RSRP 的功率情况有直接的关系。

LTE 的 RSRP（Reference Signal Receiving Power，参考信号接收功率）是在某个符号内承载参考信号的所有 RE（资源粒子）上接收到的信号功率的平均值，也就是子载波功率，这相当于 GSM 的 BCCH 或 CDMA 里面的导频功率。对于 LTE，一个 OFDM 子载波是 15 kHz，这样只要知道载波带宽，就可以知道里面有几个子载波，也就能推算 RSRP 功率了。

以单载波 20 MHz 带宽的配置为例，共有 1200 个子载波，RSRP 的功率计算如下：

$$\text{RSRP 功率} = \text{RRU 输出总功率} - 10\lg(12 \times \text{RB 个数})$$

如果是单端口 20 W 的 RRU，那么可以推算出

$$\text{RSRP 功率} = 43 - 10\lg 1200 = 12.2\ \text{dBm}$$

如果带宽配置为 10 MHz，则 RB 数为 50，RSRP 的功率计算结果如下：

$$\text{RSRP 功率} = 43 - 10\lg 600 = 15.2\ \text{dBm}$$

由此可见，带宽从 20 MHz 变为 10 MHz 后相应的 RSRP 功率也会带来 3 dB 的增益。

目前现网统一按照 20 MHz 带宽进行配置。本次的带宽灵活配置方案是通过将现网使用的 20 MHz 带宽根据实际业务需求进行配置，能更好地满足话务量较低，但是深度覆盖需求较高的场景。

10.2.2 场景选择

本次试点区域 1 选择桓台马桥镇（F 频段），该区域主要包含后金村、北营一村、小庄村等几个村子。区域站点共计 14 个站点，平均站间距约 900 m，全部使用 F1 频段 38400，其中 13 个站点大气波导频发，且该区域用户较少（连续 3 天小区最大用户数最多小区为 68 个），带宽修改后对该区域用户影响不会太明显。可改善大气波导干扰，增加农村区域深度覆盖。

本次试点将 F 频段站点中心频点由 38400 改为 38544，带宽由 20 MHz 修改为 10 MHz。D 频段试点区域选择高新房镇，该区域内站点共计 4 个，平均站间距约 600 m，全部使用 D 频段 37900 频点。经核查该区域用户较少，带宽修改后对该区域用户的影响不会太明显。本次试点将 D 频段站点中心频点由 37900 改为 37850，带宽由 20 MHz 修改为 10 MHz，验证 10 MHz 基站带宽对网络的影响。D、F 试点区域范围如图 10-20 所示。

图 10-20　D、F 试点区域范围

10.2.3 CQT 测试效果对比

F 频段试点：在第一批站点桓台马桥博汇办公楼、桓台马桥西孙、桓台马桥前金中选择 3 个地点进行定点测试。带宽由 20 MHz 改为 10 MHz 后平均下载速率下降 23.36%，平均 RSPR 提升 6.07%，从定点测试整体效果上来看，下载速率下降明显，RSRP 有所提升。

D 频段试点：在试点区域选择高新房镇高南、高新高南联通、高新房镇于小小区作为 D 频段站点定点测试区域。带宽由 20 MHz 改为 10 MHz 后平均下载速率下降约 42.19%，上传速率下降 58.06%，平均 RSRP 由 −79.05 dBm 提升至 −75.41 dBm，如图 10-21 所示。

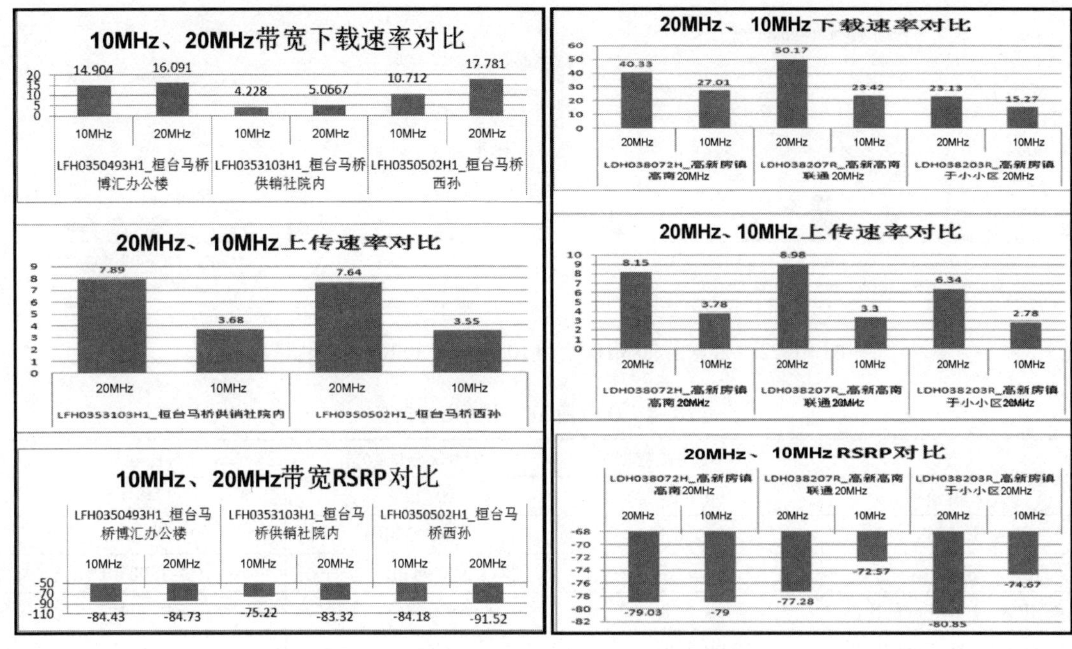

图 10-21　F 频段（左）与 D 频段（右）CQT 测试对比

10.2.4　DT 拉网测试验证

1. F 频段测试结果对比

实验区 14 个站点中心频率从 38400 改为 38544，带宽由 20 MHz 改为 10 MHz，边界站点异频切换、重选参数修改完成后，对整个实验区进行拉网测试比对。整体测试对比指标见表 10-3。

表 10-3　整体测试对比指标

指　　标	10 MHz 测试数据	20 MHz 测试数据	对比效果
LTE 覆盖率	97.82%	96.42%	1.40%
RSRP	-84.69 dBm	-91.99 dBm	7.3 dBm
SINR	12 dB	11.57 dB	0.43 dB
RSRP≥-100 dBm 的比例	94.72%	77.41%	17.31%
RSRP≥-105 dBm 的比例	99.07%	88.81%	10.26%
SINR≥0 dB 的比例	95.21%	94.42%	0.79%
平均下行吞吐率（PDCP 层）	13.19 Mbit/s	21.26 Mbit/s	-8.07 Mbit/s

20 MHz 带宽改为 10 MHz 带宽后，整体测试 RSRP 改善明显，部分弱覆盖区域改善明显，好点采样点增加明显，如图 10-22 所示。

2. D 频段测试结果对比

实验区 4 个站点中心频率从 37900 改为 37850，带宽由 20 MHz 改为 10 MHz，边界站点异频切换、重选参数修改完成后，对整个实验区进行拉网测试对比。整体测试对比指标见表 10-4。

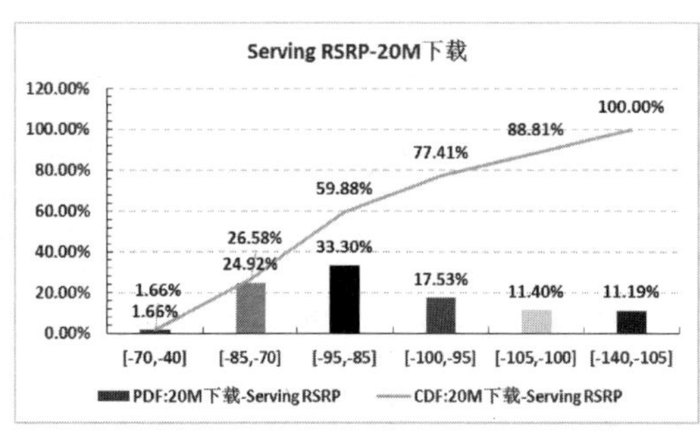

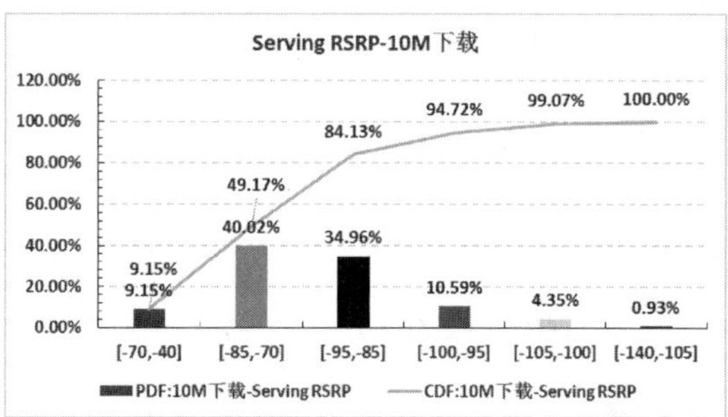

图 10-22　带宽由 20 MHz 改为 10 MHz 后 RSRP 的变化情况

表 10-4　D 频段 DT 测试指标对比

验　收　项	20 MHz 测试数据	10 MHz 测试数据	对比效果
LTE 覆盖率	96. 80%	99. 25%	2. 45%
RSRP	-86. 56 dBm	-84. 13 dBm	2. 43 dBm
SINR	10. 91 dB	8. 93 dB	-1. 98 dB
RSRP≥-100 dBm 的比例	88. 14%	92. 67%	4. 53%
RSRP≥-105 dBm 的比例	96. 81%	97. 82%	3. 80%
SINR≥0 dB 的比例	95. 85%	92. 05%	3. 80%
平均下行吞吐率	26. 256 Mbit/s	14. 684 Mbit/s	-11. 572 Mbit/s

20 MHz 带宽改为 10 MHz 带宽后，平均 RSRP 由 -86. 56 dBm 提升至 -84. 13 dBm，如图 10-23 所示。

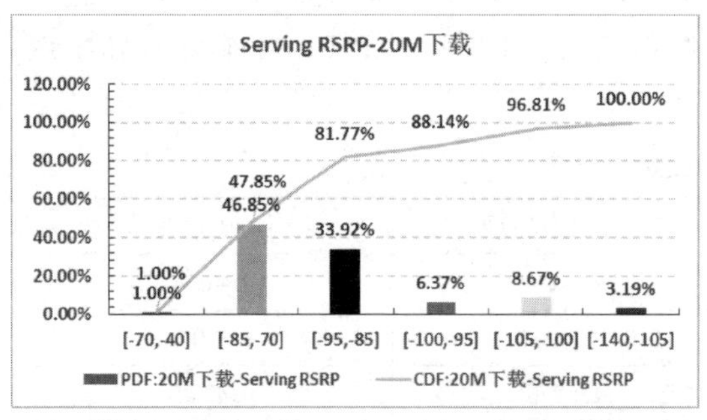

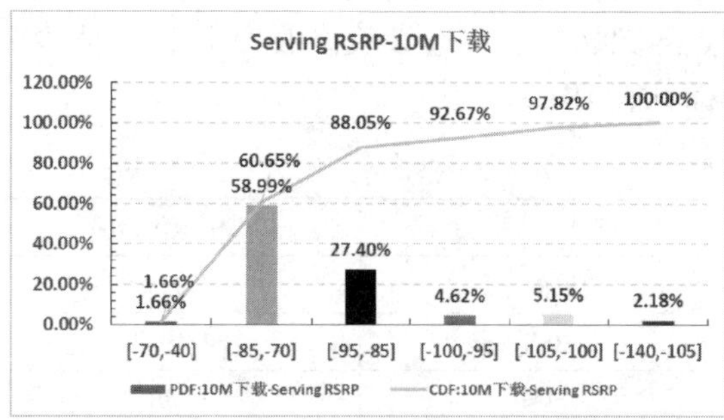

图 10-23　带宽由 20 MHz 改为 10 MHz 后 RSRP 测试对比

10. 2. 5　后台指标统计部分

F 频段 20 MHz 带宽改为 10 MHz 带宽后，由于带宽变窄，频率变更可能会引起统计指标问题，需要对指标进行比对，对比带宽修改前后指标，无明显波动。D 频段 20 MHz 带宽改为 10 MHz 带宽后，指标正常，无明显波动，如图 10-24 所示。

带宽修改后，示范区及其周边小区上行干扰正常，无 TOP 小区，如图 10-25 所示。

3 月 22 日 16 点左右，F 频段区域全部参数修改完后，流量有所下降，对比最近 3 天流量变化情况，只有 22 日当天白天流量增加明显，主要为测试人员测试导致。3 月 22 日流量

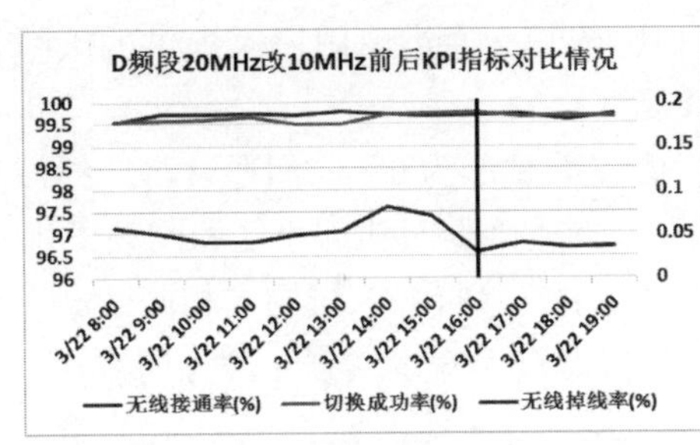

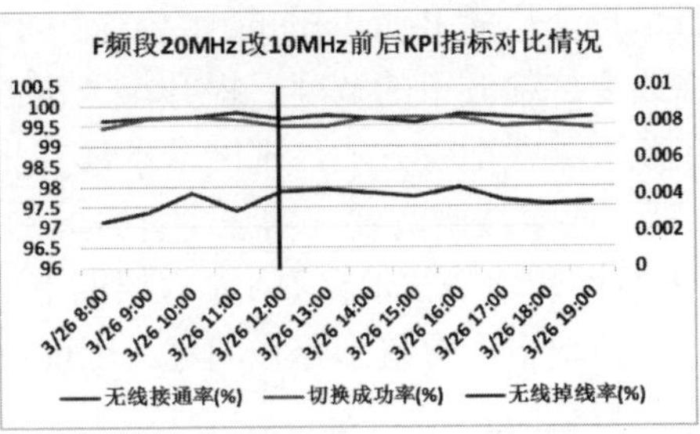

图 10-24　F 频段（左）、D 频段（右）KPI 变化图

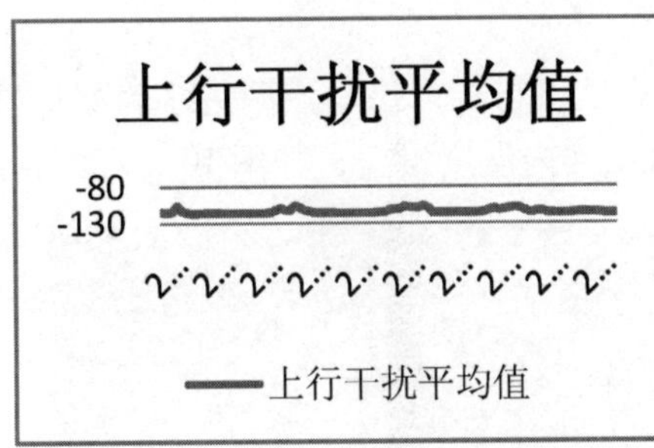

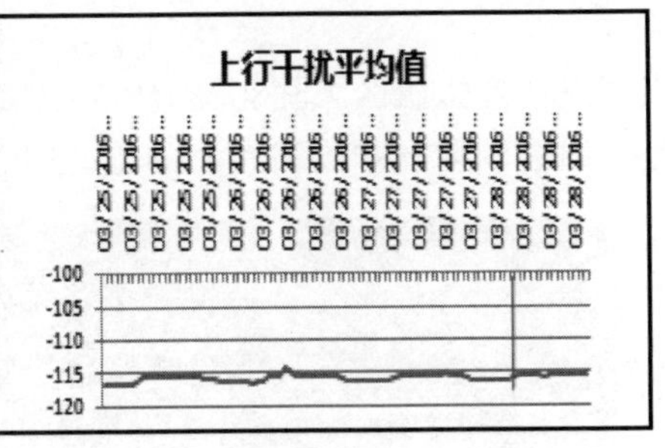

图 10-25　F 频段（左）、D 频段（右）上行干扰变化情况

整体上未受到影响，3 月 26 日 9 ~ 11 点左右，D 频段区域流量增加明显，主要是由于测试人员现场测试导致，最近几天流量未发生较大波动，如图 10-26 所示。

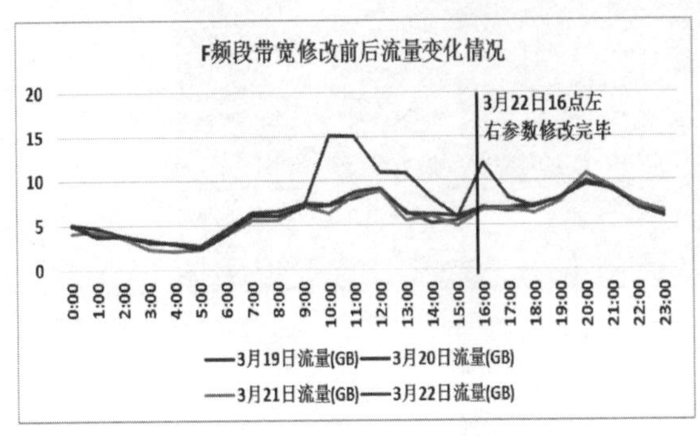

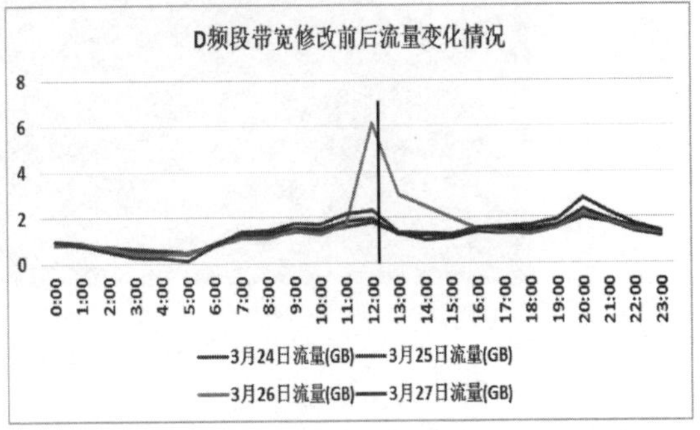

图 10-26　F 频段（左）、D 频段（右）流量变化情况

通过对试点区域 F、D 频段站点进行 20 MHz 改 10 MHz 带宽性能效果验证，带宽修改后整体覆盖提升较明显，但业务速率下降较多，下载速率下降约 36.89%，上传速率下降约 55.76%，严重影响了用户感知。带宽修改后，边界区域移动性正常，网络 KPI 指标稳定，无明显波动。该方案可解决部分区域广、深覆盖不足问题，但方案存在一定的局限性，适用范围仅限于低话务且用户感知不敏感区域。

10.3　第三招　集中火力拉深覆盖——BF 天线性能增强方案

10.3.1　BF 天线性能增强方案介绍

广播 Beamforming 是 eNodeB 针对公共信道的信号进行加权的波束赋形技术，即对广播波束进行赋形。广播 Beamforming 主要应用于 8T8R 场景，通过应用厂家提供的天线权值参数，可以改变广播波束的宽度，提升小区覆盖性能。

波束赋形天线配置方式，现网基本都是将广播波束赋形为 65°。而通过将广播波束赋性改为 30°后，收窄波瓣宽度，增强主打方向的覆盖，同时降低对相邻小区的同频干扰。

BF 天线性能增强技术在 D + F 双层网上的应用，由于 D + F 双层网在相同区域存在 6 个扇区，一般情况下广覆盖不存在问题，因此可通过收窄波瓣宽度增强主瓣方向覆盖，解决楼宇内部深度覆盖问题。

10.3.2 场景选择

本次试点选择张店区医院北院 D + F 双层网为试点目标。该站点附近多为居民楼，深度覆盖较差，通过调整 F 频段站点波瓣宽度加强居民楼内深度覆盖，如图 10-27 所示。

图 10-27　张店医院北院站址情况

10.3.3 方案实施

1. 天线信息采集

修改天线权值前，首先需要对天线信息进行采集，根据采集信息制作该小区权值文件，如图 10-28 所示。

2. 生成天线文件

根据天线信息用相关软件模拟生成该款天线 65°和 30°的波形，根据波形变化情况决定是否适合试点站点，如图 10-29 所示。

3. 下载激活天线文件

基站天线文件激活如下：从本地将生成的 30°天线权值文件上传至 FTP 服务器，通过 U2000 将该文件下载至基站，激活天线权值文件，最后应用天线信息即可。天线权值修改情况如图 10-30 所示。相关命令如下：

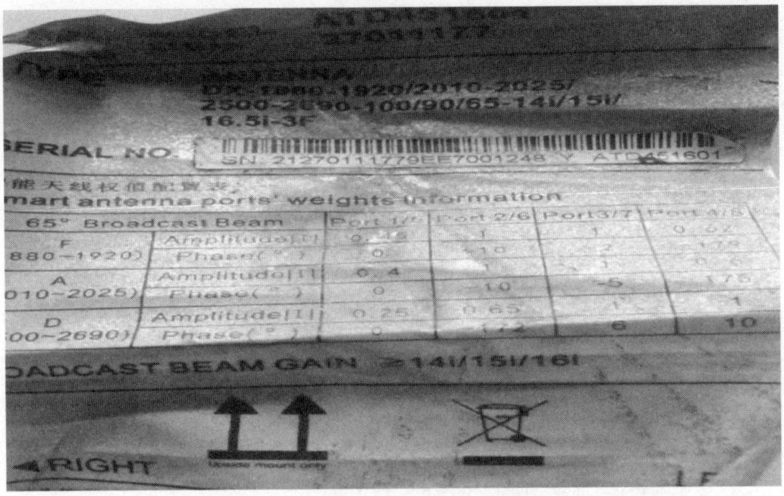

图 10-28　采集到的天线信息

DLD BFANTDB:IP = "10. 214. 15. 18", USR = "ftpuser", PWD = " ************ ", SRCF = "/bin/exAntenna30. xml";

ACT BFANTDB:OPMODE = DLDFILE;

ADDBFANT:DEVICENO = 0, MANUFACTORY = HuaweiAgisson, CONNSRN = 200, MODELNO = "ANJIEXIN - D", TILT = 6, BAND = 39;

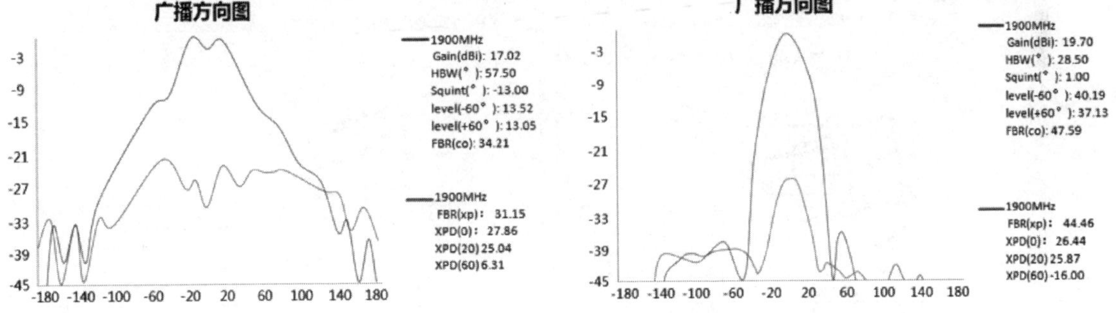

图 10-29　天线 30°、65°天线权值波瓣变化情况

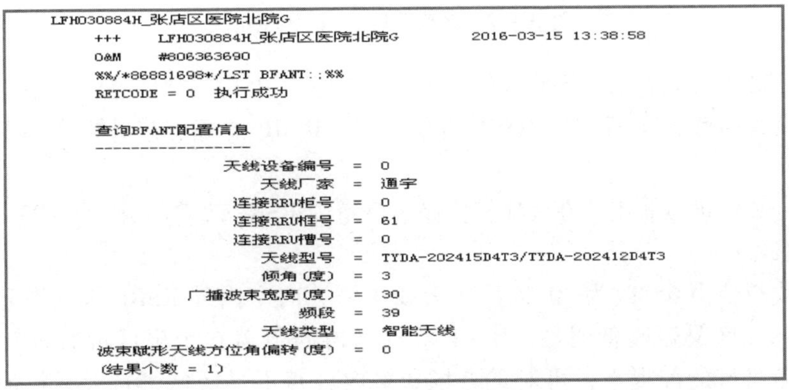

```
LFH030884H_张店区医院北院G
    +++    LFH030884H_张店区医院北院G          2016-03-15 13:38:58
    O&M    #806363690
    %%/*86881698*/LST BFANT::%%
    RETCODE = 0  执行成功

    查询BFANT配置信息
    -----------------
                        天线设备编号  =  0
                            天线厂家  =  通宇
                         连接RRU柜号  =  0
                         连接RRU框号  =  61
                         连接RRU槽号  =  0
                            天线型号  =  TYDA-202415D4T3/TYDA-202412D4T3
                            倾角(度)  =  3
                    广播波束宽度(度)  =  30
                                频段  =  39
                            天线类型  =  智能天线
    波束赋形天线方位角偏转(度)  =  0
    (结果个数 = 1)
```

图 10-30　天线权值修改情况

4. 查询天线权值

华为基站，通过命令 DSP BRANT 可查询天线权值是否已修改完成，如图 10-31 所示。

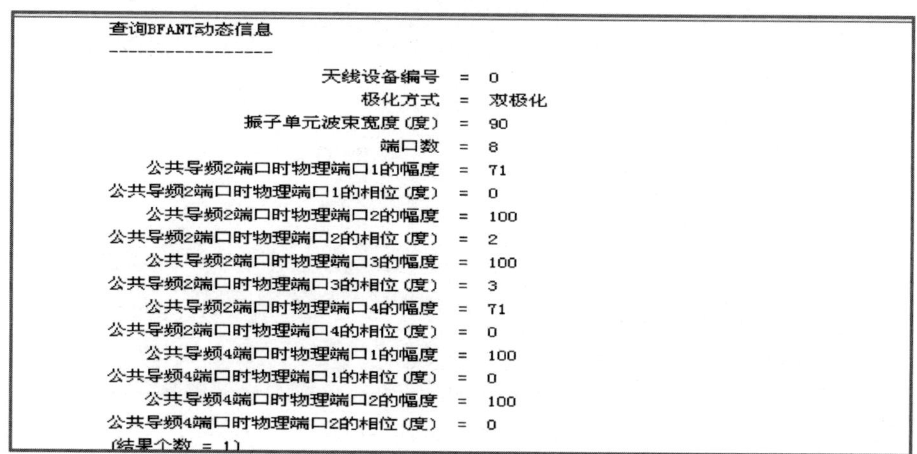

查询BFANT动态信息

天线设备编号	=	0
极化方式	=	双极化
振子单元波束宽度(度)	=	90
端口数	=	8
公共导频2端口时物理端口1的幅度	=	71
公共导频2端口时物理端口1的相位(度)	=	0
公共导频2端口时物理端口2的幅度	=	100
公共导频2端口时物理端口2的相位(度)	=	2
公共导频2端口时物理端口3的幅度	=	100
公共导频2端口时物理端口3的相位(度)	=	3
公共导频2端口时物理端口4的幅度	=	71
公共导频2端口时物理端口4的相位(度)	=	0
公共导频4端口时物理端口1的幅度	=	100
公共导频4端口时物理端口1的相位(度)	=	0
公共导频4端口时物理端口2的幅度	=	100
公共导频4端口时物理端口2的相位(度)	=	0

(结果个数 = 1)

图 10-31　天线权值修改成功后查询内容

10.3.4　效果验证

针对试点区域的覆盖情况进行前后对比测试分析。测试覆盖对比情况如图 10-32 所示。

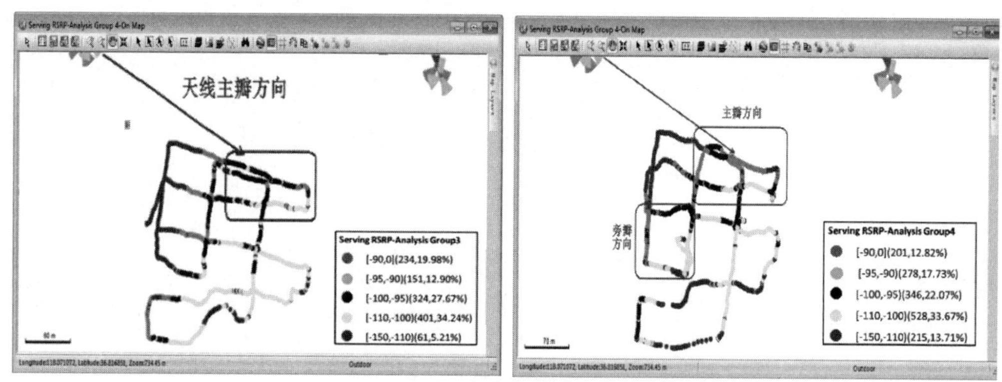

图 10-32　修改前后 RSRP 测试情况

从图 10-32 中可以看出，天线权值修改后主瓣方向 RSRP 提升明显，但由于权值修改后波瓣宽度变窄，因此在旁瓣方向 RSRP 有所下降。RSRP 的好点统计也有明显的改善，如图 10-33所示。

从图 10-33 中可以看出，在天线权值修改后室内 RSRP 改善明显，[-95，-90]间采样点提升约 30%。

本次天线权值由 65°改为 30°以后，天线主瓣方向室内外 RSRP 覆盖提升明显，居民区及楼宇内部深度覆盖改善明显。D + F 双层网协同覆盖 6 个扇区可有效解决广覆盖问题。在广覆盖良好的前提下，可对重点场景室内分布不足区域进行天线权值修改，增强深度覆盖。

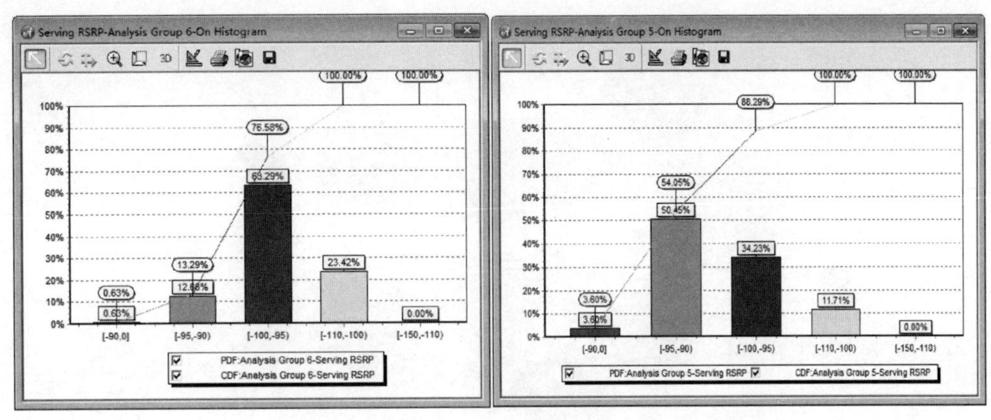

图 10-33　65°和 30°天线权值室内 RSRP 分布情况

10.4　第四招　整合资源填充盲点——利用 WLAN 杆方案

10.4.1　方案背景介绍

随着移动 4G 网络及用户快速发展，4G 中低端手机逐渐普及和各类营销活动推广，乡镇、农村 4G 用户逐渐增多，而前期工程建设中主要以大型乡镇、行政村覆盖为主，导致部分农村乡镇广覆盖较差。

现网农村弱覆盖导致 2G 高倒流情况严重。以淄博试点区域为例，目前高倒流小区共计 448 个，其中乡镇、农村高倒流小区 298 个，严重影响 4G 驻留比；LTE MR 弱覆盖小区（统计弱覆盖比例大于 20%，总采样点大于 1000）中，农村弱覆盖小区高达 2312 个，占总弱覆盖小区的 87.79%。农村区域 LTE 热点投诉逐月递增，上述问题绝大多数为农村无覆盖、弱覆盖导致。如何利用现有网络资源以最便捷方式和最小成本提升 4G 广覆盖是需要探索的问题。农村覆盖现状如图 10-34 所示。

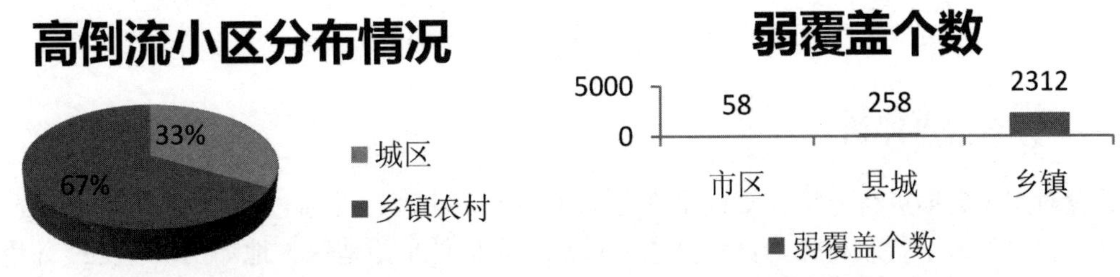

图 10-34　农村覆盖现状

10.4.2　WLAN 杆方案介绍

农村站址存在选址困难、建设成本高、传输成本高等特点，而农村相对市区用户较少，新建宏站性价比低且周期长。农村场景房屋多为平房，村内一般空旷，无高层建筑，阻挡较少，信号衰减小，居民房屋较集中，在村子中开通微基站或拉远 RRU 即可解决农村广覆盖问题，如图 10-35 所示。

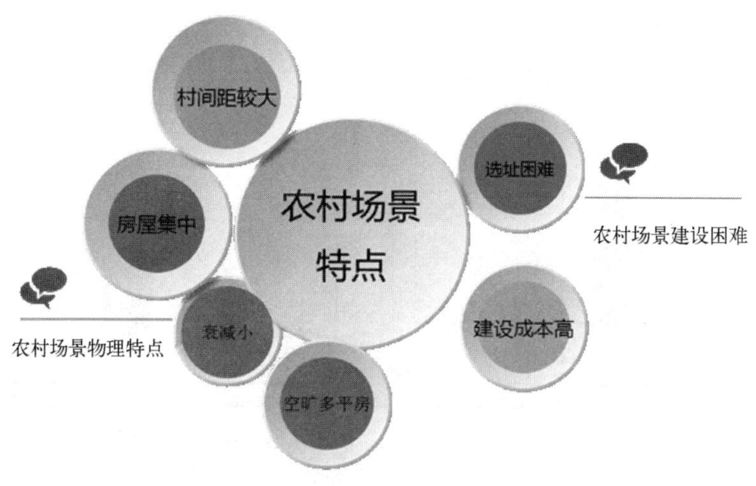

图 10-35　农村场景特点

通过对现网资源进行核查，发现农村 WLAN 杆资源丰富，高度在 12～21 m，钢杆，水泥杆居多，WLAN 杆位置多在村边和村内，适合利用设备进行农村场景广覆盖。目前各地广、深覆盖属于短板指标，WLAN 杆覆盖可有效解决农村广覆盖问题。试点区域 WLAN 杆分布情况，如图 10-36 所示。

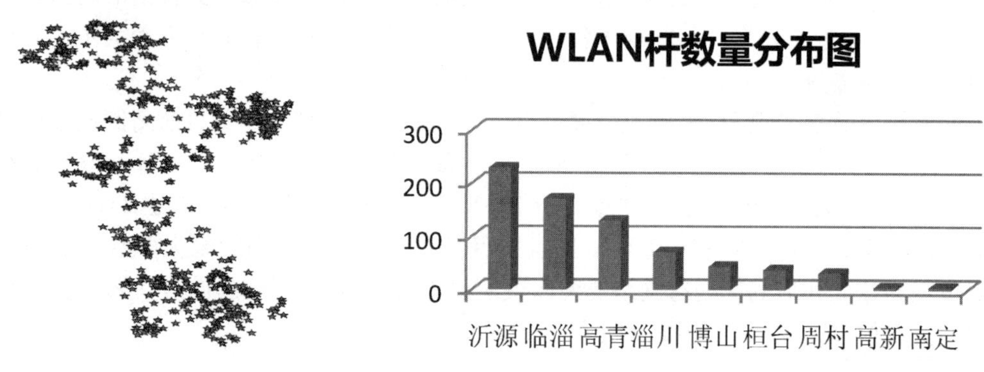

图 10-36　试点区域 WLAN 杆分布情况

10.4.3　方案试点评估

通过对 MR 数据进行分析，筛选出部分弱覆盖严重小区，并通过实际勘查选取西贾村、胡东村、韩家村 3 个行政村作为试点站点，试点站点地处平原地区，地势空旷，无线环境较为简单，房屋多为平房，阻挡较少，可以利用现有 WLAN 杆直接安装设备，大大节约了成本。本次 3 个站点使用 RRU3172FAD。

桓台韩家村：未新增站点前主要由桓台田庄翔龙助胶 2 小区、桓台新城玻钢厂 1 小区覆盖，距离最近基站桓台田庄小庞基站距离 1.25 km。由于周边基站距韩家村较远，且村内居民房密集，阻挡严重，信号无法有效覆盖，导致韩家村整体覆盖较差。韩家村勘查情况如图 10-37 所示。韩家村拉网测试指标见表 10-5。

图 10-37　韩家村勘查情况

表 10-5　韩家村拉网测试指标

村　　庄	平均 RSRP/dBm	平均 SINR/dB	下载速率/Mbit/s
韩家村	-110	1.2	11

桓台胡东村：未新增站点前主要由桓台田庄高楼 3 小区、桓台胡东村 3 小区、桓台祝家村 1 小区及桓台田庄胡家 1、2 小区共同覆盖，由于周边基站距胡东村较远，且村内居民房密集，阻挡严重，信号无法有效覆盖，导致胡东村整体覆盖较差。胡东村勘查情况如图 10-38 所示。胡东村拉网测试指标见表 10-6。

图 10-38　胡东村勘查情况

表 10-6　胡东村拉网测试指标

村　　庄	平均 RSRP/dBm	平均 SINR/dB	下载速率/Mbit/s
胡东村	-100	4.4	13

桓台西贾村：未新增站点前主要由 LFH035183H_桓台新城北邢 3 小区覆盖，距离约 850 m。由于周边基站距西贾村较远，且村内居民房密集，高矮不一，阻挡严重，信号无法有效覆盖，导致西贾村整体覆盖较差。西贾村勘查情况如图 10-39 所示。西贾村拉测试指标见表 10-7。

表 10-7　西贾村拉网测试指标

村　　庄	平均 RSRP/dBm	平均 SINR/dB	下载速率/（Mbit/s）
西贾村	-102	2.98	15

图 10-39　西贾村勘查情况

10.4.4　实施效果评估

WLAN 杆微站安装开通后，行政村内 LTE 覆盖及其他相关指标提升明显。MR 弱覆盖比例改善明显，MR 统计平均参考信号功率改善 5 dBm 左右，如图 10-40 ~ 图 10-42 所示。

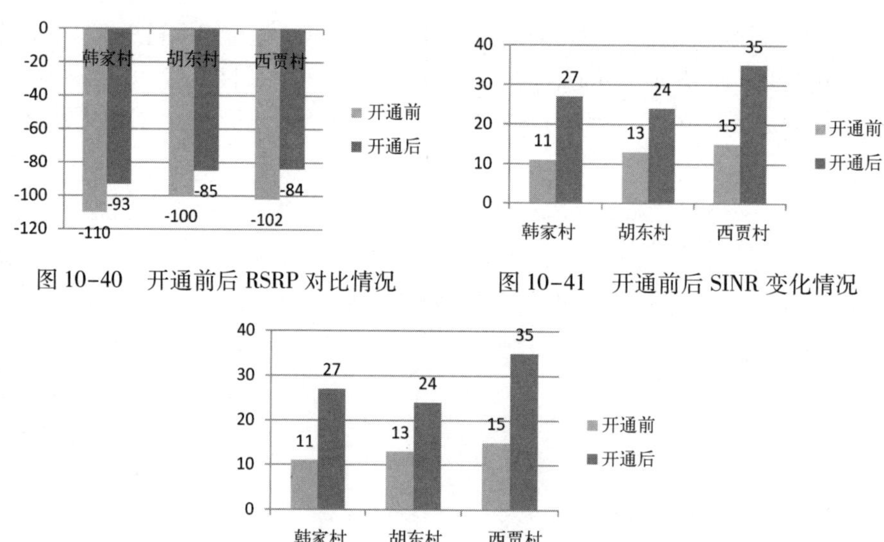

图 10-40　开通前后 RSRP 对比情况

图 10-41　开通前后 SINR 变化情况

图 10-42　开通前后下载速率对比

微基站、拉远宏站 RRU 结合 WLAN 杆可以有效解决农村广覆盖，针对农村热点投诉、农村广覆盖不足及 2G 高倒流效果良好。利用 WLAN 杆可在短期内以较少资源成本解决 LTE 网络覆盖问题。

10.5　第五招　业务需求量身定制——双流合并单流方案

10.5.1　双流合并单流方案介绍

LTE 网络可以根据实际情况进行单、双流的配置切换，两种模式的对比如下。

双流：结合复用和智能天线技术，进行多路波束赋形发送，既可以提高用户的信号强度，又可以提高用户的峰值和均值速率。双流采用 TM3、TM8 传输模式，RANK = 2；速率可以大于等于 120 Mbit/s。

单流：发射端利用上行信号来估计下行信道的特征，在下行信号发送时，每根天线上乘以相应的权值，使其天线阵列发射信号具有波束赋形效果。单流采用 TM2、TM7 传输模式，RANK = 1。

为了保证用户的速率感知，LTE 网络大多采用双流的配置方式。如果要加强网络的深度覆盖效果，则可以采用单流模式。双流合并后的理论吞吐率见表 10-8。

表 10-8　双流合并增益

理论推算	双流合并（1Port 20M）	理论推算	双流合并（1Port 20M）
下行峰值	56.236 8 Mbit/s	上行峰值	10.204 8 Mbit/s

市区场景下，针对功率无法提升、无法新增站点、非流量热点区域，可以通过双流合并单流的方式，加强室内覆盖效果。

10.5.2　验证场景选择

根据无线网优平台中"每日 LTEMR"统计报表，选择 VoLTE 示范区内 MR 弱覆盖指标大于 10% 的 10 个宏站小区进行验证。

表 10-9　每日 LTEMR 统计报表

ECI	小区名	MR 指标（%）
93790722	LXH0300043HD_张店市府三宿舍	28.77
93805824	LDH0300921H1_张店豪哥之星	27.53
93818625	LDH0301942R1_张店五里桥社区 26 号楼	24.48
204800770	LDH0301803H1_张店大润发	22.24
93788931	LXH0300274HD_张店利民大厦	22.20
93786625	LDH0300182H1_张店圣恩老年公寓	19.21
205183744	LDH0307071H1_张店技师学院	15.81
93836032	LXH0301701HD_张店长城宾馆	15.05
93822465	LDH0302012R1_张店黄金国际 11 号楼	13.97
93822722	LDH0302023R1_张店黄金国际 19 号楼	13.67

10.5.3　方案实施

从现网提取小区静态配置参数，备份相关配置信息。制作修改及回退的集中任务脚本。执行脚本时，打开告警监控窗口，检查脚本执行后是否有新告警产生。

配置命令：MOD CELL:LOCALCELLID = 1，CrsPortNum = CRS_PORT_1，CrsPortMap = NOT_CFG。

回退命令：MOD CELL:LOCALCELLID = 1，CrsPortNum = CRS_PORT_2，CrsPortMap =

NOT_CFG。

10.5.4 效果验证

通过将双流合并成单流，各个小区的MR弱覆盖指标均有提升，如图10-43所示。

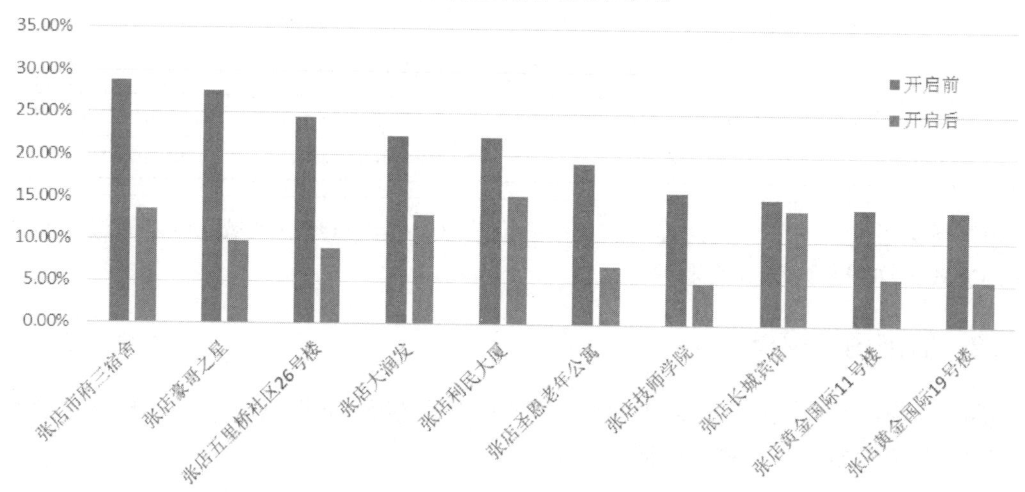

图10-43　双流合并单流MR对比

后台监控VoLTE的接通率、掉线率及切换成功率等KPI指标保持平稳，如图10-44所示。

图10-44　KPI指标验证

将小区双流合并成单流，提升覆盖，降低MR的弱覆盖比例，同时对各项KPI指标没有明显影响。对于业务速率要求不高的区域可以通过双流合并的方案加强深度覆盖。

10.6 第六招　软实力添砖加瓦——算法解决方案

VoLTE特有的关键技术或特征影响语音业务覆盖能力主要体现在以下几个方面：

1）TTI Bundling：在小区边缘存在瞬时传输速率较高、上行功率受限等情况，会导致上行覆盖受限，在一个 TTI 内终端可能无法满足数据发送的误块率（BLER）要求。TTIbundling 可以提升上行覆盖性能，但增加了传输时延，如图 10-45所示。

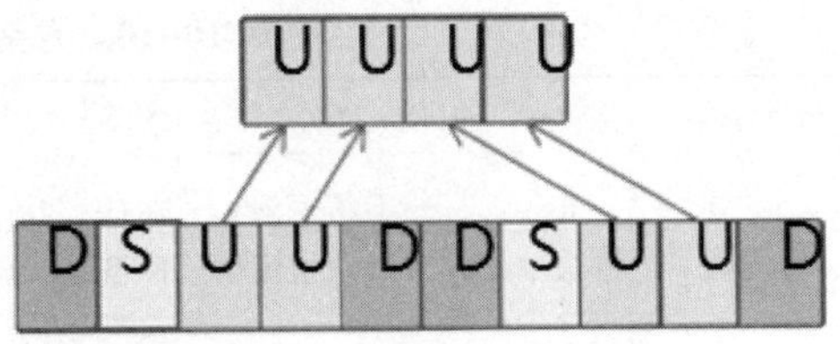

图 10-45 TTI Bundling 传输模式

TTI Bundling 使用 4 个连续 TTI 传输同一个数据包的 4 个不同版本，增大了传输成功率，从而提高数据解调成功率，对上行覆盖范围有一定的改善。

在配比 0、1、6 时开启该功能，理论上获取 6 dB 的覆盖能力（在 eTU3 信道下，仿真输出的增益为 3 ~4 dB)，现网采用配比 2，无法获得该增益。

2）RLC 分片：当小区边缘 UE 功率受限时，上行覆盖能力下降，有可能导致 UE 无法在一个 TTI 时间内发送一个完整的数据包；通过引入 RLC 分段（RLC Segmentation)，可以将一个 RLC SDU 拆分成若干个小的 PDU，从而减小了每个子帧上传输的数据量，提升了小区上行边缘覆盖能力。RLC 分片如图 10-46 所示。

RLC 数据包在 RLC 层被分成多段，有利于提高网络传输正确性，提升小区的边缘覆盖。RLC 分片数目越多，TBS 就越小，数据包就越能够容易被解调，从而增强了覆盖。

3）RoHC：头压缩技术降低开销，减小了 TBS 的大小，数据包容易被解调，从而增强了覆盖。

如图 10-47 所示，典型 VoLTE 数据包净荷为 32 B，IP 头开销甚至超过净荷本身，IPv4 的包头为 40 B，头开销也有 125%。

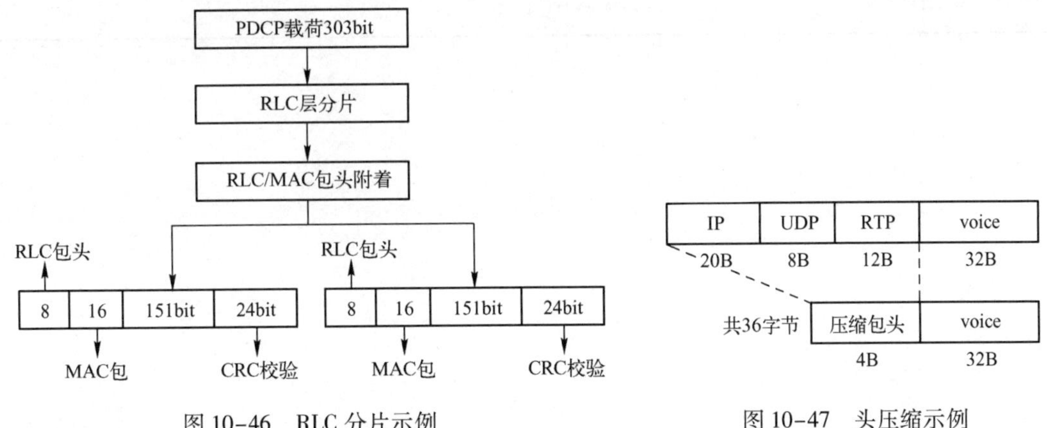

图 10-46 RLC 分片示例

图 10-47 头压缩示例

经过 RoHC 压缩后，包头开销从 40 ~60 B 降为 4 ~6 B，开销占比降为 12.5% ~18.8%，从而对 VoLTE 业务信道覆盖和容量有显著增益。

4）HARQ 重传：按照 QoS 要求，VoLTE 允许一定的时延，重传能够带来一定的重传增益（理论上，一次重传增益是 3 dB)，具体表现为对解调性能的要求降低，覆盖能力增强。

5）时隙配比：上行子帧数目越多，在用户感知允许的时延要求下，可以重传的次数就越多，覆盖能力就越强。

综合上述方案验证，各种方案的优缺点及适用场景见表 10-10。

表 10-10　方案优缺点及适用场景总结

方　　案	优　　点	缺　　点	适用场景
四扇区	共站址，节省频率资源，快速解决单一方向用户密度大、深度覆盖不足等场景	仅能解决单一方向弱覆盖或深度覆盖不足区域，具有一定使用局限性，需要硬件资源	宏站某些方向存在覆盖不足或业务量较大区域，无法通过现有天馈调整满足需求的场景，如商业区，十字路口等
带宽灵活配置	简单快捷，效果明显，节约频谱资源，同时能抵抗大气波导干扰影响	带宽减少影响下载速率，也会对网络容量产生影响	应用于较明显弱覆盖区域、对下行速率要求不高的场景，受大气波导影响严重的区域可以选择性使用
波束赋形	简单快捷，成本低，只需网管修改，达到快速提升深度覆盖、降低重叠覆盖、减少干扰的目的	旁瓣覆盖降低，原来覆盖较好的区域可能会产生弱覆盖，应用场景单一	天线辐射方向用户集中，存在弱覆盖的场景，如高速公路、居民区等
利用 WLAN 杆	共站址、电源、传输等资源，可节省成本、提高建站补点效率	覆盖范围有限，需根据行政村规模、宏站距离、用户密度、WLAN 杆材质等因素综合进行方案选择	无法靠宏站形成连续覆盖，存在明显用户需求区域且有 WLAN 杆资源的场景，如乡镇、农村等
双流合并	应用灵活，成本低，只需网管改动，可提升一倍 RS 功率，快速改善边缘用户基本感知	下行采用单流传输，下行峰值速率受影响	对下行速率要求不高、连续覆盖不足的场景，如高速公路、农村、乡镇等
算法解决方案	配置简单，多种方案自由组合，无须硬件调整的情况下实现覆盖的增强	方案的执行需要终端的配合，终端难以统一，算法的覆盖提升的同时也会造成其他方面的损失（如容量）	全场景适用，部分算法需要终端支持

第十一式　高速公路、高铁极致体验的领跑者

高速公路、高铁、地铁“两高一地”场景组网复杂，优化难度大，本章针对这些场景从网络规划、优化、新技术应用等方面多维度、全方位进行了详细阐述。

11.1　第一招　场景细化覆盖衔接——高速公路场景解决方案

截止到2015年年底，全国高速公路通车总里程达到12.3万km。2015年约5.4亿人次选择由高速公路出行，21%选择全程自驾游。LTE网络凭借带宽大、时延短的特性提供了手机导航、高速公路客车监控、乘客上网冲浪等丰富多样的业务，正在逐步成为高速公路移动通信的最佳方案。

11.1.1　高速公路场景面临的主要挑战

高速公路具有非常丰富的场景，需要指定场景化的覆盖解决方案，如图11-1所示。

图11-1　高速公路覆盖场景

VoLTE引入之后，高速公路仍然以覆盖需求为主，但是现有2G网络存在2km以上的站间距，需要区分场景应对高速公路覆盖。

11.1.2　高速公路场景规划原则

1. 高速公路场景覆盖规划原则

高速公路场景下汽车的穿透损耗与车型以及天线主瓣方向的入射角度有关，通常为8~12dB，如图11-2所示。

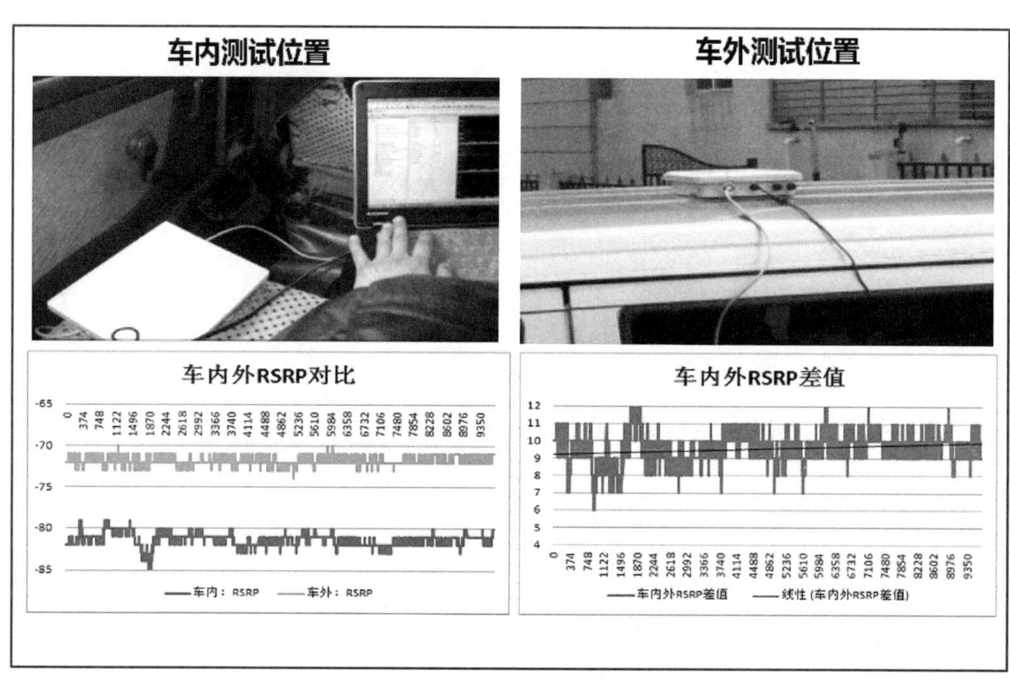

图 11-2　车内外测试对比

部分高速公路具有防护林，遮挡信号，根据防护林的高度和宽度，损耗通常为 3 ~ 5 dB，如图 11-3 所示。

图 11-3　高速公路防护林

为保障 VoLTE 业务体验，建议高速公路考虑车体损耗 12 dB，有防护林的路段需额外考虑树林损耗 5 dB，车内的接收信号 RSRP 不低于 - 110 dBm，SINR 大于 - 3 dB。

2. 高速公路场景组网规划原则

在普通场景下，按照站点覆盖距离可以根据实际覆盖需求选择宏站或者微站，对于覆盖需求较远而又需要保证容量的区域，可以采用 16T16R 方案，如图 11-4 所示。

针对特殊路段场景覆盖，可以采取小区合并的方法，有效降低干扰，减少切换，如

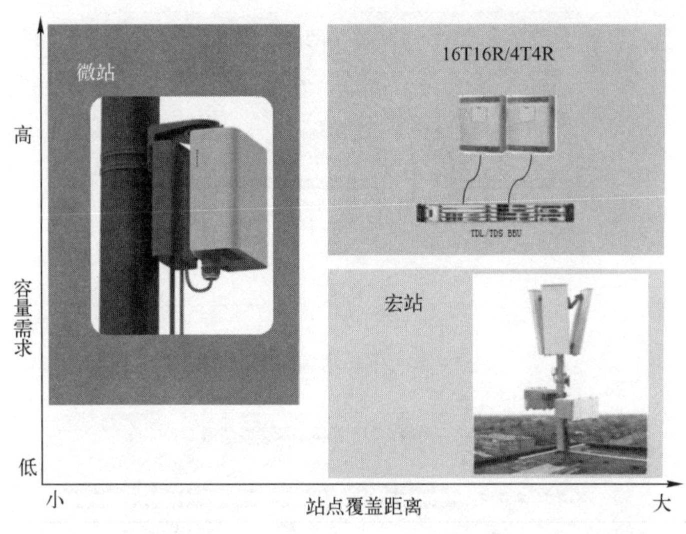

图 11-4　站点覆盖距离与容量需求的关系

图 11-5所示的路段。

图 11-5　高速公路特殊路段的解决方案

11.1.3　高速公路场景切换带优化

合理的重叠覆盖区域规划是实现 VoLTE 业务连续的基础，重叠覆盖区域过小会导致切换失败、过大会导致干扰增加，影响用户业务感知。重叠覆盖距离需要同时满足系统内切换和重选时延要求，建议普通道路不低于 150 m、隧道场景不小于 130 m，如图 11-6 所示。

系统内同频切换时，重叠距离 = 2 ×（电平迟滞对应距离 + 周期上报距离 + 时间迟滞距离 + 切换执行距离），如图 11-7 所示。汽车移动速度对应切换带距离设计见表 11-1。

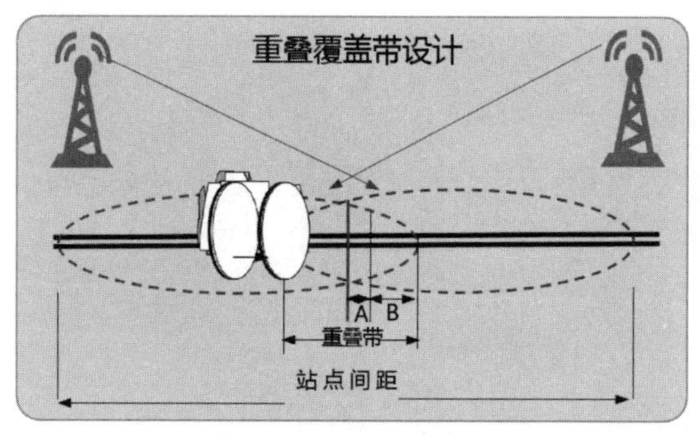

图 11-6　重叠覆盖带设计图

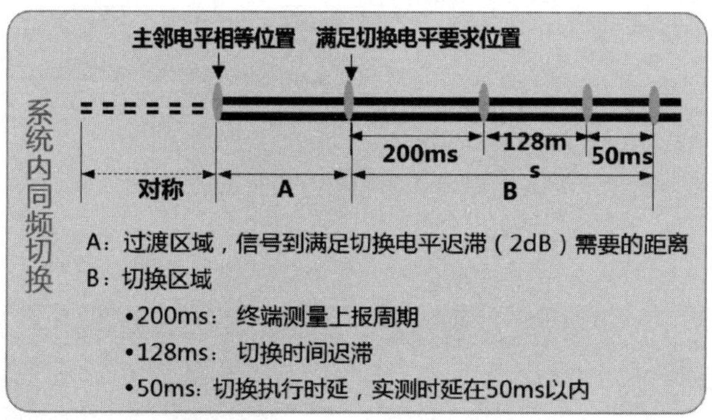

图 11-7　系统内同频切换带设计图

表 11-1　汽车移动速度对应切换带距离设计

移动速度/（km/h）	过渡区域 A/m	切换区域 B/m	重叠需求距离/m
50	40	6	92
80	40	9	92
100	40	11	102
120	40	13	106

系统内重选时，重叠距离 = 2 ×（电平迟滞对应距离 + 时间迟滞距离），如图 11-8 所示。汽车移动速度对应重选重叠距离设计见表 11-2。

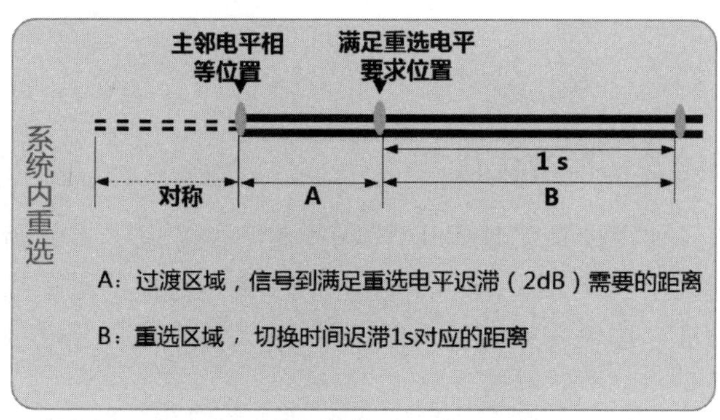

图 11-8　系统内重选时重叠距离设计

表 11-2　汽车移动速度对应重选重叠距离设计

移动速度/（km/h）	过渡区域 A/m	切换区域 B/m	重叠需求距离/m
50	40	14	108
80	40	23	126
100	40	28	136
120	40	34	148

高速公路的站间距要求与是否兼顾周边覆盖有关，在利用 2G/3G 站点和新增站点时，需要满足不同覆盖场景下高速公路的站间距要求，如图 11-9 所示。

图 11-9　不同覆盖场景站间距设计

11.2　第二招　公专网协同业务分层——高铁场景解决方案

随着 LTE 数据业务的持续增长和 VoLTE 用户的逐步增加，用户对业务的感知需求也越来越高，很多区域都已经部署了高铁专网。高铁专网优化面临车损大、车速快等诸多挑战，对优化工作提出了更高的要求。

11.2.1　高铁专网面临的主要挑战

1. LTE 业务增长导致容量不足

随着 4G 网络建设的日趋完善，4G 用户越来越多，网络容量形势日益严峻。尤其是高铁场景下，大量用户短时间内同时处于一个相对封闭的环境中，LTE 小区更容易遭受到大话务的冲击，严重时甚至导致小区拥塞，对网络性能和用户感知造成很大的影响。

2. 高铁 VoLTE 业务优化要求高

VoLTE 是将语音业务承载于 4G 网络上，可实现数据与语音业务在同一网络下的统一。VoLTE 技术为用户带来更低的接入时延、更高的质量、更自然的音视频通话效果。因此，LTE 时代的语音解决方案无论对运营商提升无线频谱利用率、降低网络成本还是提升用户体验都十分重要，但由于 VoLTE 业务在传输时延、网络质量、用户感知等方面提出了更高的要求，因此针对 VoLTE 业务优化需要从语音质量、网络覆盖、容量以及资源占用率等方面进行重点研究分析，探讨出切实可行的优化方法。

3. 公专网协同优化难度大

由于高铁车体损耗大且高速运行会导致网络覆盖变差、切换重选频繁等诸多问题，因此高铁专网的建设应运而生。它属于封闭性连续覆盖专网，在很大程度上保证了信号覆盖强度，降低了高速移动带来的网络问题，但同时因为高铁会穿越市区、郊区、农村、站台等很多场景，这也直接导致了专网和公网之间不可避免地会产生交叉，因此只有进行分场景的公网和专网协同优化，才能更好地保障网络的整体性能和质量。

11.2.2 基于 VoLTE 演进的高铁专网规划标准

POLQA 语音评估标准可以客观地反映出用户对 VoLTE 业务质量的感知，业界公认的 MOS 标准为平均 MOS 分大于3.5 分，并且要求覆盖 RSRP >-110、SINR >-3 占比大于95%。因此，可以从这两个角度出发确定高铁专网的规划标准。**F 频段 VoLTE 链路预算见表 11-3，D 频段 VoLTE 链路预算见表 11-4**。

表 11-3　F 频段 VoLTE 链路预算

F 频段 VoLTE 链路预算	F 频段郊区 UL	F 频段城区 UL	RSRP
业务类型	AMR 23.85K	AMR 23.85K	下行 RSRP（-110 dBm）
场景	高铁	高铁	高铁
DL:UL	3:1	3:1	3:1
带宽/MHz	20	20	20
天线端口数	2	2	2
天线配置	1Tx×2Rx	1Tx×2Rx	2Tx×2Rx
信道类型	HST	HST	HST
MCS 阶数	MCS5	MCS5	
TBS/bit	304	304	
重传次数	1	1	
RLC 分片数	2	2	
发射端			
最大发射功率 /dBm	23	23	43
终端天线增益/dBi	0	0	21
RB 数	4	4	100
馈线和接头损耗 /dB	0	0	0.5
EIRP/dBm	6.19	6.19	32.7
接收端			
基站天线增益/dBi	21	21	/
IRC 增益/dB	0	0	
TTI Bundling 增益/dB	0	0	
馈线和接头损耗 /dB	0.5	0.5	

（续）

F 频段 VoLTE 链路预算	F 频段郊区 UL	F 频段城区 UL	RSRP
热噪声功率谱密度（dBm/Hz）	-173.98	-173.98	/
热噪声功率	-132.22	-132.22	
接收机噪声系数/dB	3	3	
接收机噪声功率/dB	-129.2	-129.2	
MCS 级别的 SNR/dB	0.84	0.84	
接收机灵敏度/dBm	-128.4	-128.4	
干扰余量/dB	3	3	
人体损耗/dB	3	3	
最小接收电平/dBm	-142.9	-142.9	-110
储备余量			
阴影衰落余量/dB	5.82	8.64	5.82
终端损耗 /dB	6	6	0
穿透损耗 /dB	27	27	27
商用终端储备/dB	0	0	0
区域覆盖概率（%）	95	95	95
储备总计/dB	38.8	41.6	32.8
最大允许路/dB	110.25	107.43	109.89
传播模型信息			
频率/MHz	1890	1890	1890
基站天线高度/m	20	20	20
终端天线高度/m	1.5	1.5	1.5
传播模型	Cost231 - Hata（Huawei）	Cost231 - Hata（Huawei）	Cost232 - Hata（Huawei）
覆盖半径/km	0.562	0.47	0.55
站间距/m（200 m 站轨距）	1083（向下取整为 1000）	891（向下取整为 800）	1057

按照表 11-3 预算下行电平正好约为 -110 dBm。从实测结果来看，此时平均 MOS 分可达 3.5 分以上。

表 11-4　D 频段 VoLTE 链路预算

D 频段 VoLTE 链路预算	D 频段郊区	D 频段郊区	RSRP
业务类型	AMR 23.85k	AMR 23.85k	下行 RSRP（-110 dBm）
场景	高铁	高铁	高铁
DL:UL	3:1	3:1	3:1
带宽（MHz）	20	20	20
天线端口数	2	2	2
天线配置	1Tx×2Rx	1Tx×2Rx	2Tx×2Rx
信道类型	HST	HST	HST

（续）

D 频段 VoLTE 链路预算	D 频段郊区	D 频段郊区	RSRP
MCS 阶数	MCS5	MCS5	
TBS/bit	304	304	
重传次数	1	1	
RLC 分片数	2	2	
发射端			
最大发射功率/dBm	23	23	43
终端天线增益/dBi	0	0	21
RB 数	4	4	100
馈线和接头损耗/dB	0	0	0. 5
EIRP/dBm	6. 19	6. 19	32. 7
接收端			
基站天线增益（dBi）	21	21	/
IRC 增益/dB	0	0	
TTI Bundling 增益/dB	0	0	
馈线和接头损耗/dB	0. 5	0. 5	
热噪声功率谱密度/dBm/Hz	-173. 98	-173. 98	
热噪声功率	-132. 22	-132. 22	
接收机噪声系数/dB	3	3	
接收机噪声功率/dBm	-129. 2	-129. 2	
MCS 级别的 SNR/dB	0. 84	0. 84	
接收机灵敏度/dBm	-128. 4	-128. 4	
干扰余量/dB	3	3	
人体损耗/dB	3	3	
最小接收电平/dBm	-142. 9	-142. 9	-110
储备余量			
阴影衰落余量/dB	5. 82	8. 64	5. 82
终端损耗/dB	6	6	0
穿透损耗/dB	29	29	29
商用终端储备/dB	0	0	0
区域覆盖概率（%）	95	95	95
储备总计/dB	40. 8	43. 6	34. 8
最大允许路/dB	108. 25	105. 43	107. 89
传播模型信息			
频率/MHz	2600	2600	2600
基站天线高度/m	20	20	20
终端天线高度/m	1. 5	1. 5	1. 5

（续）

D 频段 VoLTE 链路预算	D 频段郊区	D 频段郊区	RSRP
传播模型	Cost231 - Hata（Huawei）	Cost231 - Hata（Huawei）	Cost232 - Hata（Huawei）
覆盖半径/km	0.368	0.308	0.36
站间距/m（200 m 站轨距）	673（向上取整为 700）	538（向上取整为 550）	654

按照表 11-4 预算下行电平正好约为 - 110 dBm，从实测结果来看，此时平均 MOS 分可达 3.5 分以上。

实测数据验证

1. RSRP 与 MOS 分、SINR 与 MOS 分的关系——实测数据

多趟列车数据拟合后可以看出，MOS 分随着 RSRP 的降低而降低，如图 11-10 所示。RSRP 与 MOS 的关系见表 11-5。

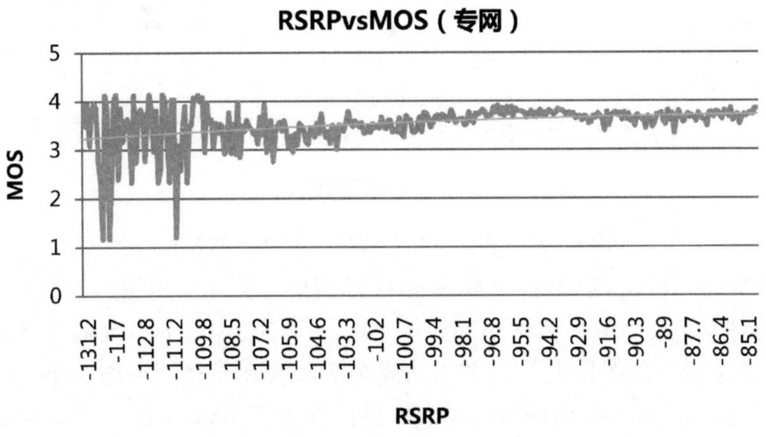

图 11-10　RSRP 与 MOS 分的关系

表 11-5　RSRP 与 MOS 分的关系

	<-113	[-113，-110)	[-110，-100)	[-100，-90)	>-90
MOS >3.0 占比（%）	68.97	74.14	76.71	89.91	87.76
MOS >3.5 占比（%）	58.62	65.52	69.88	83.92	78.73
平均 MOS	3.21	3.35	3.43	3.71	3.6

MOS 分随着 SINR 的降低而降低，如图 11-11 所示。SINR 与 MOS 分的关系见表 11-6。

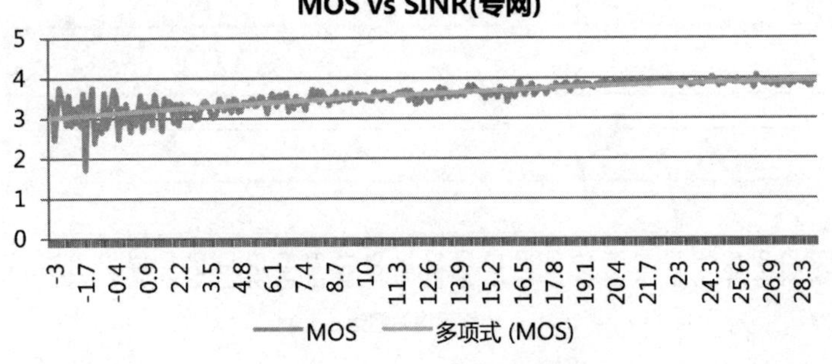

图 11-11　SINR 与 MOS 分的关系

表 11-6　SINR 与 MOS 分的关系

MOS 区间	<-6	[-6，-3)	[-3，0)	[0，5)	[5，10)	>10
MOS>3.0 占比（%）	43.90	62.07	63.44	68.78	79.31	92.60
MOS>3.5 占比（%）	34.15	43.10	51.08	55	68.40	87.34
平均 MOS	2.72	2.98	3.09	3.22	3.45	3.75

在 SINR>-3 的前提下，RSRP 满足大于 -110 dBm 即可满足平均 MOS 分大于 3.5 分。

2. 站间距与 MOS 分的关系——实测数据

小区平均站间距与 MOS 分的关系，如图 11-12 所示。

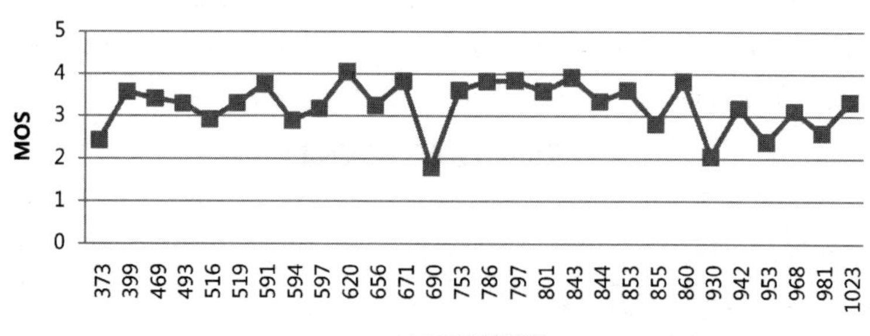

图 11-12　小区平均站间距与 MOS 分的关系

MOS 打点周期为 11 s，每个站间距与 MOS 的对应关系无法得出，因此只能分析平均站间距与 MOS 的对应关系。由于测试小区仅有 28 个，因此从每个小区的平均站间距与平均 MOS 的对应关系来看，波动较大。当平均站间距大于 840 m 时，平均 MOS 分基本低于 3.5 分，甚至低于 3 分，此时小区内的所有站点的站间距大于 1000 m 的占比大于 20%，说明过大站间距下 MOS 分较低。当平均站间距小于 840 m 时，平均 MOS 分在 2.5～4 分间波动，依赖于实际小区内站间距的分布情况，如图 11-13 所示。因此，建议 F 频段郊区场景合并小区内最大站间距严格不超过 1000 m。

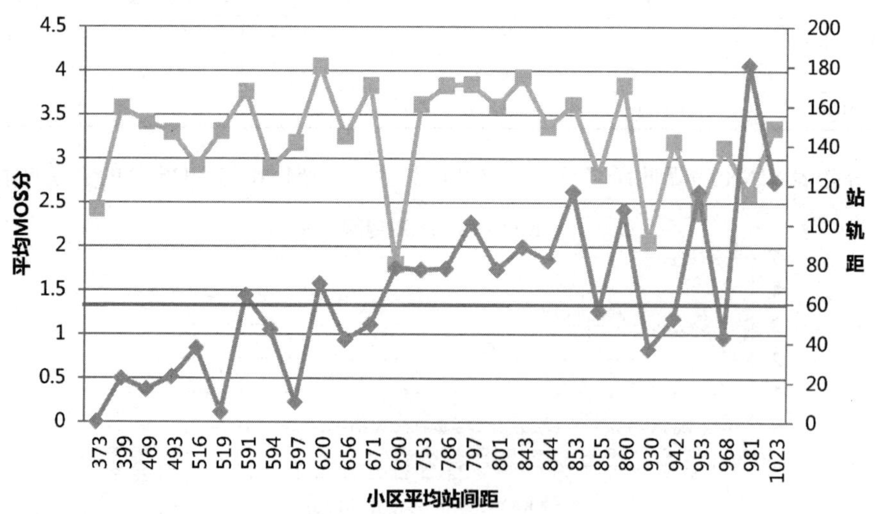

图 11-13　站轨距与 MOS 分的关系

3. 站轨距与 MOS 分的关系——实测数据

可以看出，当平均站轨距小于 60 m 时，受到频偏影响，MOS 分基本达不到 3.5 分，因此建议站轨距也要按照要求规划，站轨距最好在 100 ~ 200 m 之间。

根据链路预算和实测结果，可得 VoLTE 的站间距规划要求（20 m 站高，200 m 站轨距）见表 11-7。

表 11-7　VoLTE 的站间距规划要求

频　段	场　景	VoLTE 高清语音	
		合并小区内站间距/m	合并小区间站间距/m
F 频段	郊区	1000	700
	城区	800	500
D 频段	郊区	700	400
	城区	550	300

11.2.3　基于 VoLTE 的高铁专网组网策略演进

目前中国大部分高铁专网使用的是单载波组网模式，在一些话务较高的区域使用的是双载波组网，随着 LTE 用户和 VoLTE 用户的逐渐增加，将来会演进至三载波或者 TDD + FDD 混合组网，见表 11-8。

表 11-8　不同场景组网策略

场　景	高铁专网频点	公　网	高铁双载波扩容频率	高铁未来演进
1	F	D1	F1 + D2	F + 2D
			F1 + F2（10 MHz）	F + A + FDD
2	F	D1 + D2	F1 + D3	F1 + D3 + [F2(10 MHz) 或 A] + FDD
			F1 + F2（10 MHz）	F + A + FDD
			F1 + D2（周边公网退出 D2）	F + D2 + D3
3	F	F1 + D1	F2（20 MHz）+ D2（F 频段开启公专网协同）	F + 2D
			F1 + F2（10 MHz）（周边公网退出 F 频段）	F + A + FDD
4	F	F1 + D1 + D2	F1 + D3	F1 + D3 + [F2(10 MHz) 或 A] + FDD
			F1 + F2（10 MHz）（周边公网退出 F 频段）	F + A + FDD
			F2（20 MHz）+ D2（F 频段开启公专网协同，周边公网退出 D2）	F + 2D
5	D2	D1	D2 + F1	F + 2D
		F1	D2 + D1	（1）F2 + 2D，F 频段开启公专网协同（若 RRU 为 3172） （2）D1 + D2 + D3（若 RRU 为 3182）
		F1 + D1	D2 + F2（F 频段开启公专网干扰协同）/D2 + F2（10 MHz）	F + 2D

（续）

场　　景	高铁专网频点	公　　网	高铁双载波扩容频率	高铁未来演进
6	隧道场景	/	F1 + F2	F + A + FDD
		/	F1 + D1	F + 2D

11.2.4　基于 VoLTE 的高铁专网优化策略演进

为了更好地解决目前高铁专网存在的技术难题，提升用户感知，从高铁双层网部署、高铁 VoLTE 优化、公专网交界协同优化、新算法功能开启 4 个维度，探索出一套契合高铁现网需求的优化策略，具体如下。

1. 双层网组网策略

高铁专网目前主要用的是单层网和双层网，可采用的双层组网方式主要有以下两种：D + F 组网和 F1 + F2 组网。其中，前者更适合沿线用户数较多或者站间距较小的地市；而后者则是在 D 频段不连续的情况下，作为一个过渡方案。具体而言，D 频段相对于 F 的覆盖较差，站间距需求较高，建议站间距在 600 ~ 700 m 以下或者小区最大用户数超 600 的地市使用 D + F 组网；而 F2 与 F1 有着相近的覆盖水平，在沿线用户较少的时候可以作为一个过渡方案，建议小区最大用户数低于 600 的地市使用 F1 + F2 组网，如图 11-14 所示。

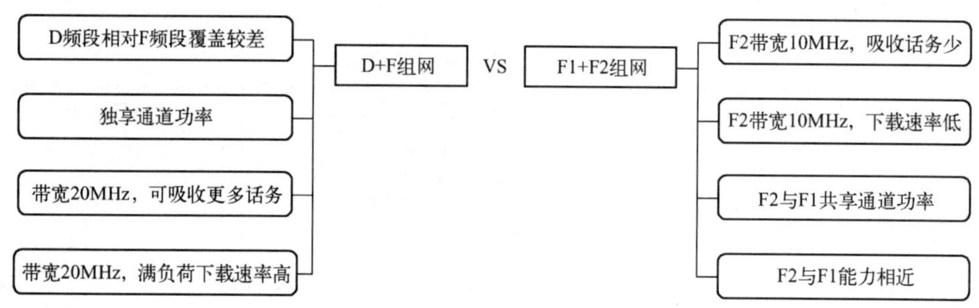

图 11-14　D + F 组网与 F1 + F2 组网对比

依据 VoLTE 业务特性可知，其对网络质量、时延等方面要求很高，直接关系到用户感知。基于此，根据业务类型将 VoLTE 业务优先承载到 F 频点上，实现业务分层。即将 F 频段作为 VoLTE 专用层，主要吸收 VoLTE 业务，负荷达到一定门限之后开启连接态的均衡，实现同覆盖场景下 D + F 的业务均衡。同时将 D 频段作为容量层，主要吸收数据业务，开启基于业务的异频切换，使 D 频段上 QCI = 1/2 的 VoLTE 业务发起异频切换到 F。

考虑到高铁沿线 VoLTE 业务的连续性，建议采用高铁沿线切换带优化策略和 eSRVCC 优化策略，同时针对车站区域 VoLTE 业务的迅猛增长，也制定了相应大话务的优化策略，以最大程度地保障用户 VoLTE 业务感知。

2. 公专网交界协同优化策略

高铁的运行可能会涉及城区、郊区、车站等多个场景，高铁通信网络虽然是一个专网建设，但也不能完全独立存在，而必须充分考虑到上述不同场景下专网与公网之间的交互，进行公专网协同优化，否则将会直接影响网络的整体性能和质量。

目前采用的协同优化策略主要有：①车站场景的公专网协同优化，即车站室内采用室分覆盖小区加过渡小区覆盖的方式，保证在候车厅将要乘坐高铁的用户都能够进入专网；②公专网异厂家优化策略，即当异厂家 D + F 组网时，需要对齐帧偏置设置，否则会引起较大的 TDD 系统内干扰，直接影响正常业务使用。另外，还有公专网交界同频干扰优化策略和增强版公网低速用户迁出策略。

3. 新算法功能开启策略

为了更好地提升 VoLTE 用户的体验感知，在加强网络覆盖、改善网络质量的同时，也需要积极地发掘能够提升 VoLTE 业务性能的新的算法和功能。经过充分的研究验证，目前可采用的新功能主要涉及以下 3 个方面：AMRC 编码自适应功能、下行预纠偏机制和视频业务自适应调速功能。

（1）AMRC 编码自适应算法

由于信号衰减，因此 VoLTE 的 MOS 值在小区边缘明显下降，华为新版本可部署 AMRC 自适应编码功能，在高铁场景下开启后，可改善切换带、隧道等信号较弱区域的语音感知。

语音速率控制特性根据上行信道质量和语音质量对上行语音业务进行 AMR - NB /AMRWB 速率调整。当上行信道质量和语音质量较好时，采用高语音编码速率，进一步提升语音质量；较差时，采用低语音编码速率，降低上行丢包率，提升上行语音覆盖，如图 11-15 所示。

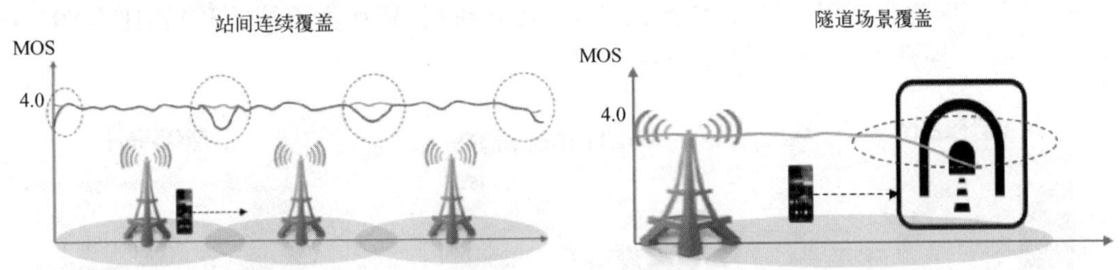

图 11-15　不同覆盖场景 MOS 值的变化

（2）下行预纠偏机制

多普勒频移一直影响着高速移动场景下的移动通信系统，eNodeB 通过纠正 UE 的频率偏差，以降低多普勒频移对解调的影响，保障 UE 的业务正常并保持良好的性能。

下行预纠偏方案则是在小区合并下，不同扇区的交叠重合区域，UE 接收到的两个扇区信号间存在一正一反两个较大的频偏，两相邻扇区需分别进行相对纠偏，减小频偏量，如图 11-16所示。

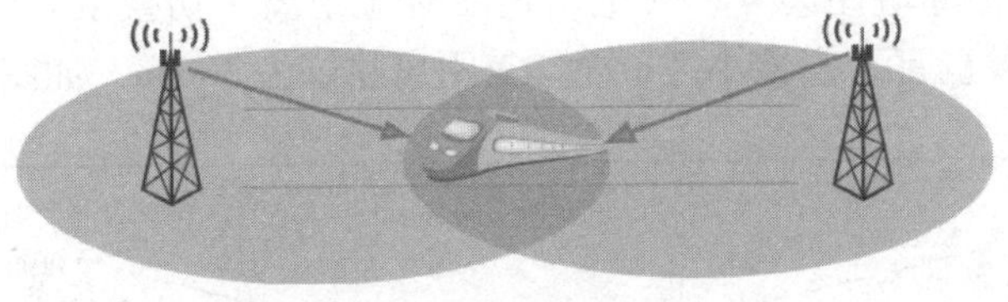

图 11-16　下行预纠偏机制设计

（3）视频业务自适应调速

视频业务自适应调速方案是借助核心网或第三方业务感知设备，对视频业务或下载业务进行分类识别，将识别结果通过用户报文的 DSCP 携带，eNodeB 解析用户报文的 DSCP，并根据配置的业务类型（视频业务、下载业务或其他业务）对视频或下载业务做相应的 QoS 保障，如图 11-17 所示。

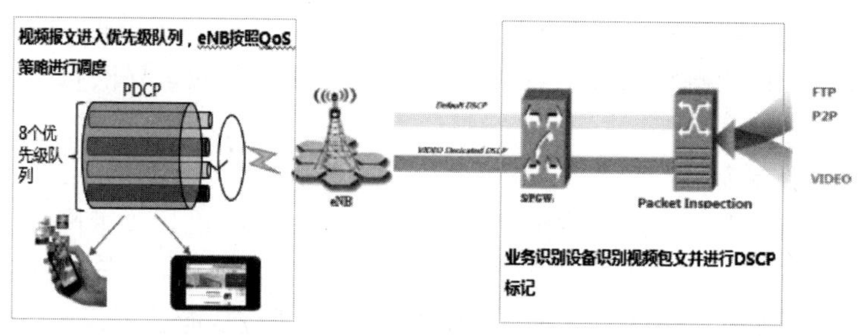

图 11-17　视频业务自适应调速设计

4. 高铁 VoLTE 业务的优化方案

（1）基于 VoLTE 业务的异频切换方案

该方案的主要目的是根据业务类型，将 VoLTE 业务优先承载到 F1 频点上，实现业务分层，从而有效提升 VoLTE 用户在高铁上的感知。

该方案在高铁双层网应用后效果明显：D 频段占用比例从 10.72% 下降至 0.25%，VoLTE 覆盖率从 87.95% 提升至 91.66%，MOS 值由 3.6 提升到 4，MOS 大于等于 3.0 占比由 89.61% 升到 96.70%，提升了 7.09%，如图 11-18 所示。

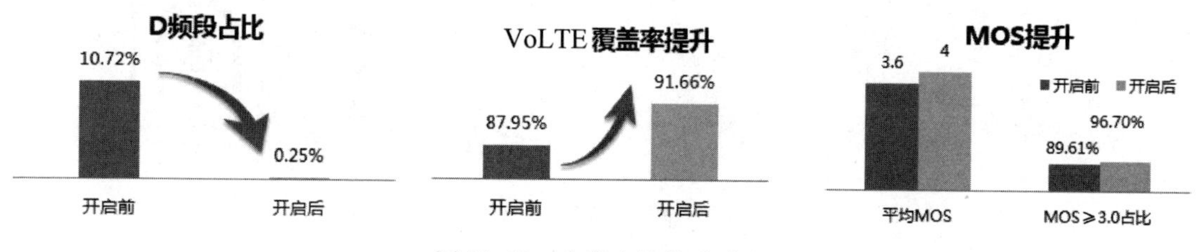

图 11-18　方案实施前后对比

（2）VoLTE 切换带优化方案

合理地重叠覆盖区域规划是实现 VoLTE 业务连续的基础，重叠覆盖区域过小，在切换带会出现弱覆盖，导致切换失败；过大会导致干扰增加，影响 VoLTE 用户业务感知。

5. 切换带规划原则

考虑单次切换时，重叠距离 =2 ×（电平迟滞对应距离 + 切换触发时间对应距离 + 切换执行距离）。根据计算验证，高铁小区重叠覆盖距离建议为 300 m，如图 11-19 所示。

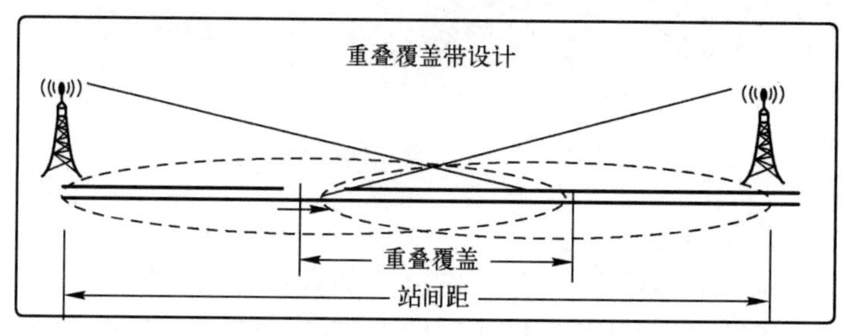

图 11-19　切换带设计

6. 切换带优化研究

通过多轮数据分析，在 RSRP 低于 - 110 dBm 的情况下，切换带 SINR 值较非切换带 SINR 值低 7 dB；在 RSRP 高于 - 95 dBm 情况下，切换带 SINR 值与非切换带 SINR 值相差小于 4 dB，如图 11-20 所示。

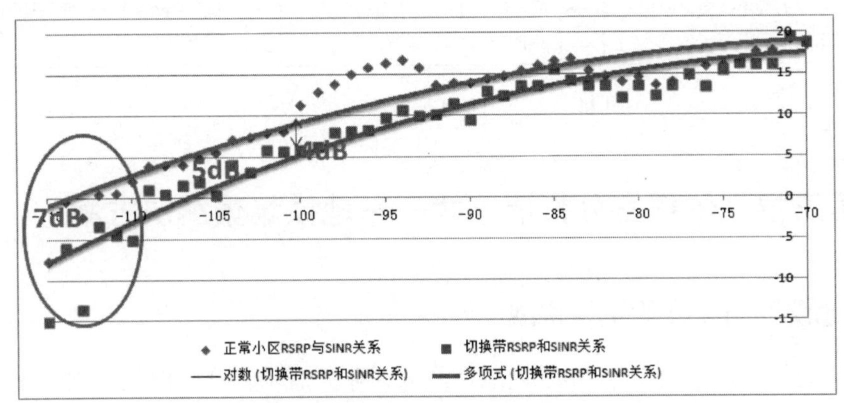

图 11-20　不同覆盖对应切换带与非切换带 SINR 对比

通过分析发现，如果切换带重叠覆盖区域过大，则重叠区域会出现干扰，导致 MOS 值低；如果切换带重叠覆盖区域过小，则切换期间会出现弱覆盖问题。

eSRVCC 功能是保障高铁 VoLTE 用户在高铁专网弱覆盖区域（缺站、站点故障）业务连续的重要手段。通过合理配置 LTE 小区到 GSM 的邻区，能够有效地避免 VoLTE 用户业务掉话，提升用户感知。eSRVCC 后，用户通过终端自主 FR、2G→4G 重选或者网络 FR 返回 LTE 网络。

7. eSRVCC 优化关键点

首先确保 LTE 侧和 GSM 侧相关开关都已打开，高铁 LTE 专网小区配置 GSM 专网小区为邻区，并保证 GSM 小区信息的准确性。由于高铁车速较快，快衰落场景也较多，因此在 LTE 覆盖较差的路段，应适当减少“异系统 A1/A2 事件时间迟滞”，并提升“GERAN 切换 B2 RSRP 门限”，让 eSRVCC 及时发生，避免切换不及时导致掉话，从而影响用户感知，如图 11-21 所示。

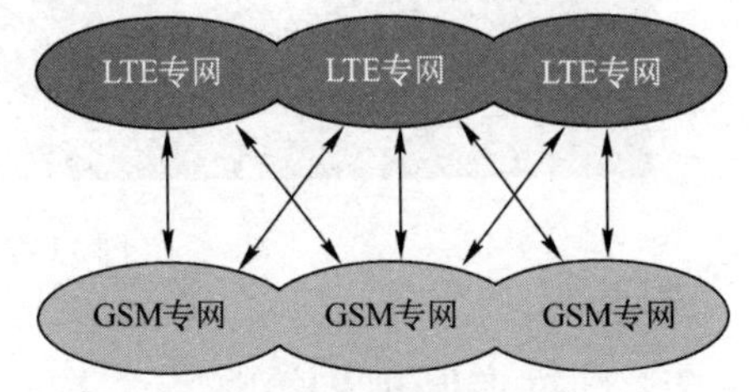

图 11-21　LTE 专网与 GSM 专网对应邻区关系

随着 VoLTE 业务的逐步推广，在高铁车站发现 VoLTE 业务上行丢包严重的现象，其主要原因为基站开启 DRX 长时间无调度、上行 CCE 资源不足等，可通过关闭 QCI 1 的 DRX 开关和增加上行 CCE 预留资源解决。

8. 基站开启 DRX 长时间无调度

当终端上报 BSR 不为 0 时，需基站主动调度，但实际未调度。分析发现，BSR 320 ms 定时器超时后才会重新发送 SR 请求基站资源，而此时终端已进入 DRX 态。可通过关闭 QCI1 的 DRX 开关来规避。

9. 上行 CCE 资源不足

针对车站、小区上行丢包率高的问题，通过分析基站侧数据发现，存在连续的上行调度失败，失败原因为上行 CCE 资源不足。可通过以下手段解决此类问题，如图 11-22 所示。

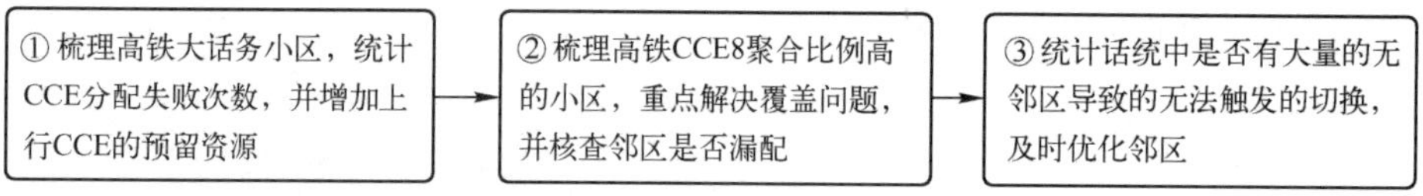

① 梳理高铁大话务小区，统计CCE分配失败次数，并增加上行CCE的预留资源 → ② 梳理高铁CCE8聚合比例高的小区，重点解决覆盖问题，并核查邻区是否漏配 → ③ 统计话统中是否有大量的无邻区导致的无法触发的切换，及时优化邻区

图 11-22　上行 CCE 资源不足解决方法

11.3　第三招　依托室分扫清干扰——地铁场景解决方案

11.3.1　地铁专网面临的主要挑战

随着 LTE 业务的不断推广，地铁内通话及数据业务需求剧增，但是地铁属于封闭场景，室外站无法覆盖，必须有专有的室内覆盖系统。LTE 频段高、损耗大，改造后容易出现 LTE 弱覆盖。如果小区规划不合理，则会直接引起切换及掉话问题。新增 LTE 系统后，还会存在多系统相互干扰的问题，这些问题都会直接影响用户 VoLTE 业务的感知。地铁站台场景如图 11-23 所示。

图 11-23　地铁站台场景

11.3.2　地铁专网规划策略

规划是基础，优化是手段，合理的规划能够在网络建设初期规避掉很多引入 VoLTE 后的风险。

1. 地铁覆盖规划策略

对于隧道部分，建议使用 DBS + POI + DAS + 漏缆的方式来进行覆盖，如图 11-24 所示。

该方式的优点如下：

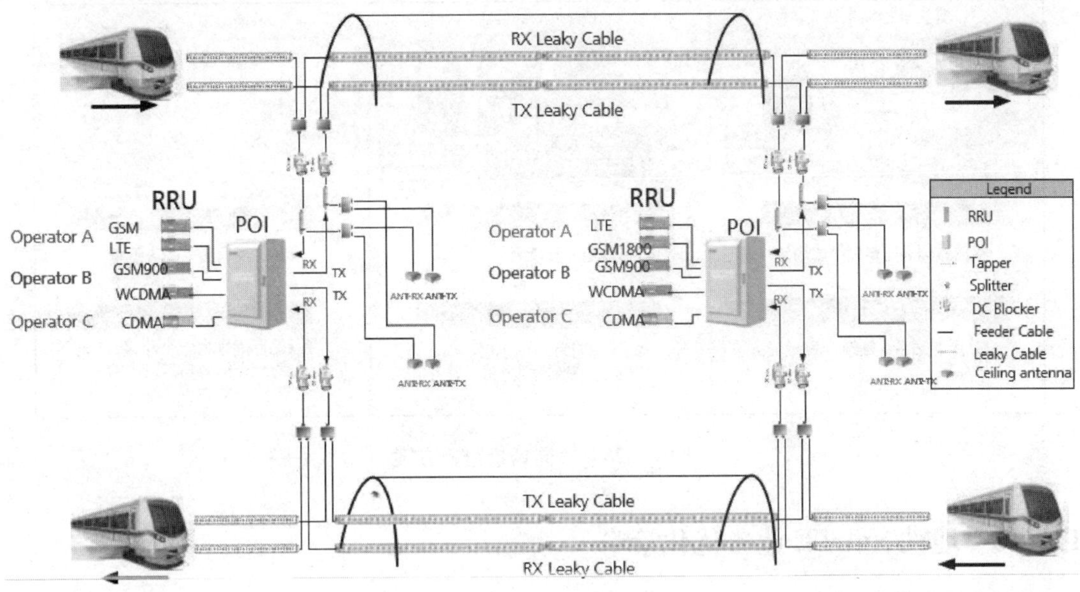

图 11-24　地铁专网隧道规矩策略

1）节省馈线损耗，组网灵活、方便。

2）节省建站投资。

3）RRU 相对光纤直放站更具备稳定性优势。

4）易扩容，支持系统平滑演进。

在地铁进出口、大厅、换乘站上下层区域建议采用分布系统的方式进行覆盖，如图 11-25 所示。

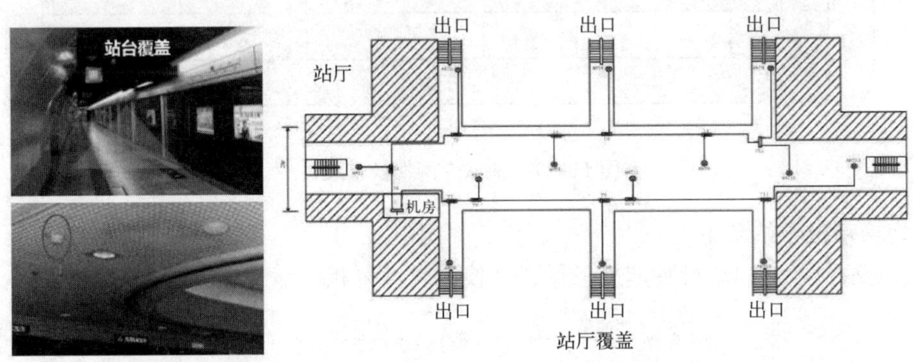

图 11-25　地铁专网进出口、大厅、换乘站上下层规划策略

在站台站厅里布放天线，以保证重点区域的覆盖效果。

在切换区域布放天线以保证切换成功率。

在出入口容易发生信号泄露的地方，布放定向天线。

2. 地铁小区划分策略

根据地铁场景结构和话务特点，可以划分为 3 种场景，每种场景的小区划分方案如图 11-26 所示。

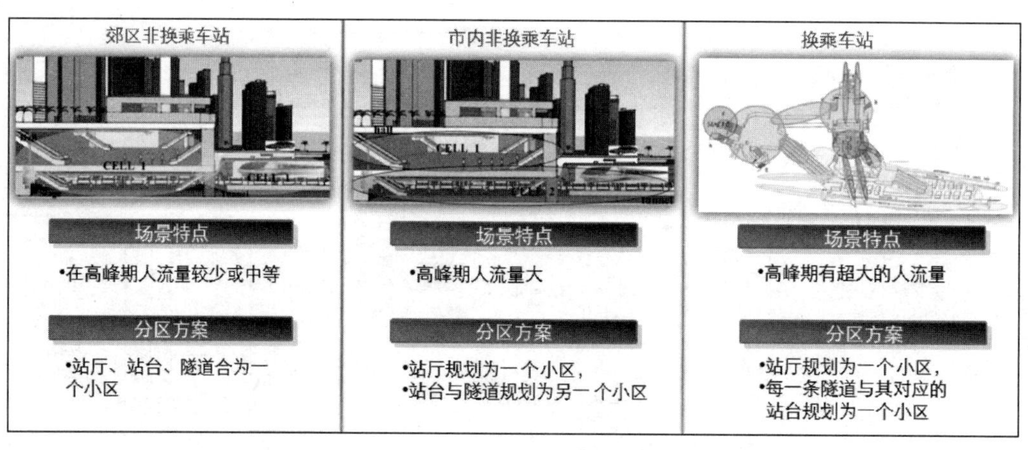

图 11-26　不同场景覆盖方案

11.3.3　地铁 VoLTE 业务优化策略

1. 切换带优化

虽然有良好的覆盖基础，但是不同区域之间的切换问题仍然需要关注和处理。

2. 切换带位于隧道中间

在隧道中部，列车高速行驶，切换区必须设置得足够长，以保证切换的正常进行，如图 11-27 所示。

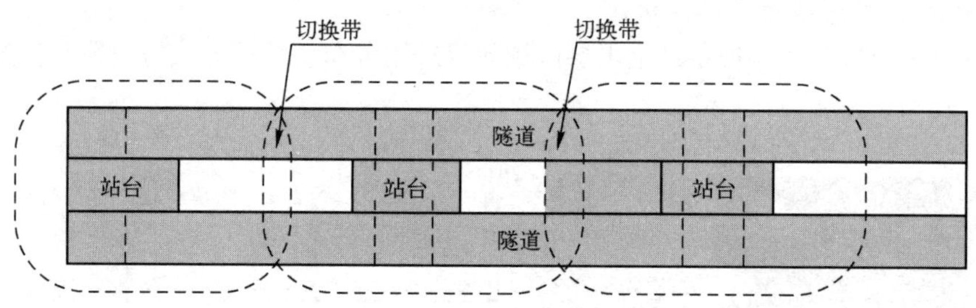

图 11-27　地铁专网切换带设计

3. 切换带位于站台附近

在临近站台处，列车行驶速度较低，切换区长度可相应缩减，如图 11-28 所示。

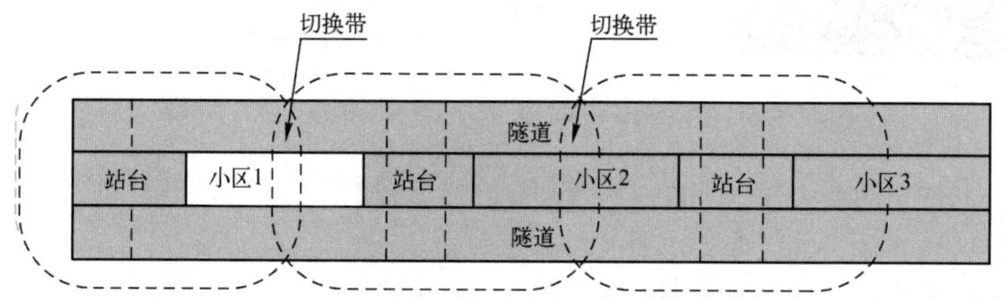

图 11-28　地铁专网站台切换带设计

基于以上分析，考虑到目前地铁的运营速度普遍在 60～100 km/h 以内，综合切换和重选的要求，建议隧道内重叠覆盖区域为100 m 左右。距离在500 m 以内的隧道，切换区优先设置在距离站台100 m 左右的隧道内；距离超过1 km 的隧道，切换区设置在子隧道中间。不同场景组网方式如图11-9 所示。

表11-9　不同场景组网方式

场景	高铁专网频点	公网	高铁双载波扩容频率	高铁未来演进
1	F	D1	F1 + D2	F + 2D
			F1 + F2(10 MHz)	F + A + FDD
2	F	D1 + D2	F1 + D3	F1 + D3 + [F2(10 M)或 A] + FDD
			F1 + F2(10 MHz)	F + A + FDD
			F1 + D2（周边公网退出 D2）	F + D2 + D3
3	F	F1 + D1	F2(20 MHz) + D2(F 频段开启公专网协同)	F + 2D
			F1 + F2(10 MHz)(周边公网退出 F 频段)	F + A + FDD
4	F	F1 + D1 + D2	F1 + D3	F1 + D3 + [F2(10 M)或 A] + FDD
			F1 + F2(10 M)(周边公网退出 F 频段)	F + A + FDD
			F2(20 M) + D2(F 频段开启公专协同，周边公网退出 D2)	F + 2D
5	D2	D1	D2 + F1	F + 2D
		F1	D2 + D1	① F2 + 2D，F 频段开启公专网协同(若 RRU 为 3172)；② D1 + D2 + D3(若 RRU 为 3182)
		F1 + D1	D2 + F2(F 频段开启公专网干扰协同)/D2 + F2(10 M)	F + 2D
6	隧道场景	/	F1 + F2	F + A + FDD
		/	F1 + D1	F + 2D

切换重叠区长度设计要合适，过短无法满足系统切换要求，过长则会引起室内信号外泄。

4. 地铁出站口切换带

站厅出入口属于步行慢速切换场景，将天线安装在靠近出入口处，以保证顺利切换，使得地铁覆盖小区稍微向外延伸几米，但要严格控制泄漏，如图11-29 所示。

5. 地铁隧道口切换带

在隧道出口处的漏缆尾端加装定向天线，室外隧道出口区域与室外网络构成重叠区域，加大切换区长度，保证切换顺利进行，如图11-30 所示。

6. 干扰排查优化

隧道场景系统间干扰严重，其中，互调干扰提高了接收机的底噪，杂散干扰使被接收机的上行链路变差，阻塞干扰使被接收机推向饱和，三者是最常见的干扰，也会直接影响VoLTE 用户的感知，建议取抑制3 种干扰所需隔离度的最大值，作为系统间隔离度需求。系统间干扰与隔离度设计见表11-10。

①如果室外信号弱，则天线应考虑安装在位置A处
②如果室外信号强，则天线应考虑安装在位置B处

图 11-29　地铁专网出站口切换带设计

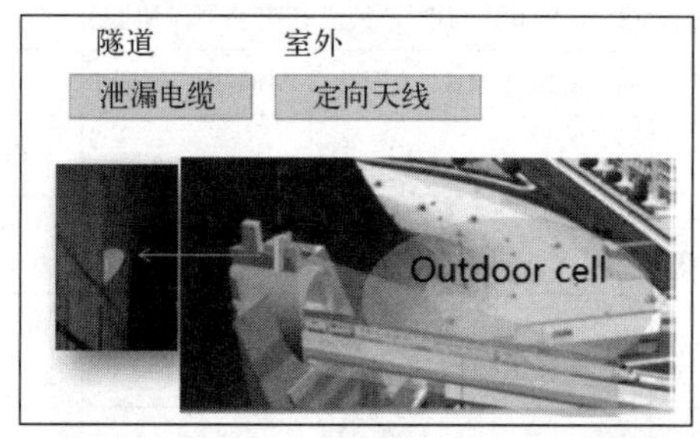

图 11-30　地铁专网隧道口切换带设计

表 11-10　系统间干扰与隔离度设计

关注系统	异系统	所需隔离度/dB
LTE TDD（F）	GSM 900	42
	DCS1800 (1805 - 1850 MHz)	64
	DCS1800 (1850 - 1873 MHz)	71
	TD - SCDMA（A）	61
	WCDMA	61
	CDMA 800	31
	PHS	91
LTE TDD（D）	GSM 900	41
	DCS 1800 (1805 - 1873 MHz)	47
	TD - SCDMA（A）	31
	CDMA 800	33
	WCDMA	61

关注系统	异系统	所需隔离度/dB
LTE TDD（E）	GSM 900 共室分	41
	GSM 900 独立室分	-16 *
	DCS 1800 共室分	47
	DCS 1800 独立室分	-10 *
	TD - SCDMA（A）共室分	31
	TD - SCDMA（A）独立室分	-33 *
	WCDMA 共室分	62
	WCDMA 独立室分	-1 *
	WLAN 共室分	87
	WLAN 独立室分	42
	CDMA 800 共室分	31
	CDMA 800 独立室分	-29 *

第十二式　大话务保障的新一代神器

重要会议具有影响力大、与会 VIP 用户及媒体公众人物多等特点，而大型体育赛事和演唱会，观看人数和媒体公众人物同样众多，会直接抬升网络负荷，引起用户感知下降的风险。会议或者赛事期间网络一旦出现问题，就会对网络公司形象产生极其严重的影响，所以需要在事前、事中和事后 3 个阶段进行精心筹划、精密组织，确保万无一失。

重要会议场景具备室分场景比例高、网络质量要求高、无线资源占用率高、硬件资源消耗高、业务单一等特点。由于大型体育赛事或者演唱会的观众较多，因此会造成体育场周边站点高负荷。为避免用户激增造成网络事故，保障区域内用户感知，需针对赛场周边涉及站点实施监控保障措施。大话务场景保障流程可以分为保障准备、保障实施、保障结束 3 个阶段，如图 12-1。

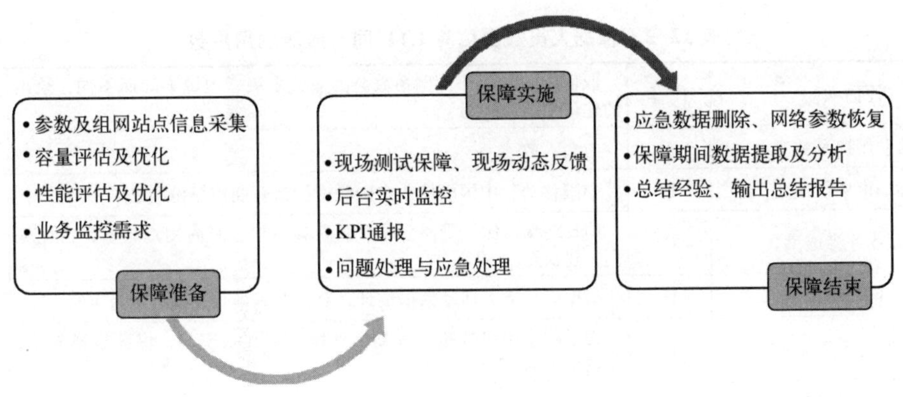

图 12-1　大话务场景保障流程

12.1　第一招　未雨绸缪——保障准备

重要会议和大型体育赛事场景均为大话务场景，具有用户数多、无线资源占用率高、硬件资源消耗高、业务多样性等特点。需要根据以上特点，对其进行评估优化，以满足保障需求。

1. 告警清零及参数核查

(1) 告警清零

获取会议时间表，在会议召开前保障区域内所有活动告警都需要清零，所有历史告警都需要进行分析确认，但在告警量较多时，以下告警应作为最高优先级进行处理和分析，见表 12-1。

表 12-1　高优先级告警列表

序号	告警名称	序号	告警名称
1	远程维护通道故障告警	7	射频单元驻波告警
2	单板硬件故障告警	8	小区不可用告警
3	单板过载告警	9	小区服务能力下降告警
4	单板软件运行异常告警	10	小区闭塞告警
5	射频单元维护链路异常告警	11	射频单元业务不可用告警
6	时钟参考源异常告警		

（2）大话务场景参数实施

重要会议也属于大话务场景，根据大话务场景参数核查会场内室分及周边宏站参数设置，对未执行大话务场景参数的站点进行调整。

2. 容量评估及优化

（1）容量评估方法

根据会前获取的与会人数、渗透率等数据计算给出各站点小区的可能用户数，结合现网配置情况，给出扩容以及应急通信车应用建议，见表 12-2。

表 12-2　根据人员数量估算 LTE 同时激活的用户数

评估项	代号	取值说明（以下比例系数会因业务发展、地域不同而不同，给出的建议值仅作参考）	举例
移动用户基数	A	与会人数	1000
移动市场份额	B	中国移动、中国电信、中国联通的运营商市场份额	0.7
LTE 业务渗透率	C	LTE 终端占比：重要会议一般高端用户、时尚用户较多，占比偏高，建议至少 80%	0.8
TD - LTE 同时激活用户比	D	根据以往重大活动数据估计，会议及其他：建议至少为 40%	0.4
TD - LTE 冗余安全系数	E	为了防止用户数超出预期，保留一定冗余空间，保证容量安全，建议至少为 20%	0.2
TD - LTE 激活用户数	F	$F = A \times B \times C \times D/(1 - E)$	280

媒体现场及采访发布信息的场景对上行容量以及网络质量需求较高，容量评估时应格外注意。

（2）设备信令负荷评估

依据历史的用户数和 CPU 情况，给出预期用户数和负荷情况，提前制定应对措施。

评估方法：连续采集待评估站点一周小时级“小区内的最大用户数”和“单板 CPU 最大占用率”指标。

输出及结论：输出当前站点用户数和主控/基带板一周的数据，预测该站点在“预期用户数”设备负荷是否接近/超过流控门限。如果接近/超过，则需要增加基带板分担负荷，或者新增站点吸收话务。

（3）信道和资源利用率评估

从目前的经验来看，主要是 CCE 资源信道资源受限，尤其是上行 CCE 资源受限较严重。忙时指标计算资源占用情况见表 12-3。

应对措施：如果常态下的小区 CCE 资源受限，则往往和外界环境相关，如干扰、远点用户多。需要消除干扰，控制覆盖范围；打开子帧差异化开关等大话务参数；扩容载波/新建站点均衡吸收话务。寻呼过于频发，则需要分裂 TAL，减少寻呼量。

（4）基于用户感知评估

用户感知评估见表 12-4（按照一个载波 20 MHz 计算）。

表 12-3　资源占用率评估

容量指标	告警门限
CCE 占用率	>70%
上行 CCE 资源占用率	>60%
PUSCH RB 占用率	>80%
PUCCH 资源	~
寻呼能力	>60%

表 12-4　用户感知评估表

用户体验	平均用户数
上网、下载、即时通信	120，可以保证较好的用户体验
微博、微信	230，可以有较好的体验

（5）负载均衡优化方案（MLB）

目前 MLB 功能支持负载均衡应用场景：同站同覆盖场景、同站大小覆盖场景、同站交叠覆盖场景、异站交叠覆盖场景、宏微站交叠覆盖场景。依据现网频点和组网情况，给出负载均衡策略，输出参数调整方案并进行实施，如图 12-2 所示。

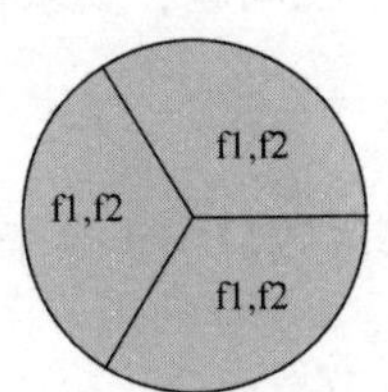

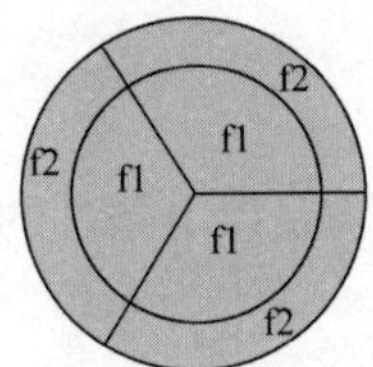

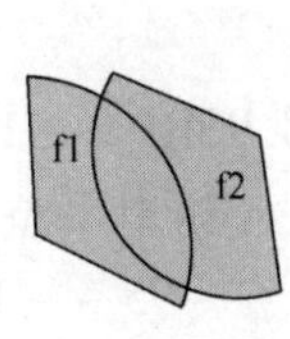

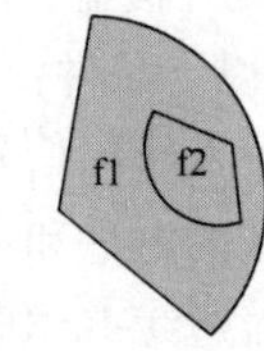

图 12-2　不同场景对应不同负载均衡优化方案

MLB 功能开启后，当本小区的负载达到一定程度时，将本小区的部分 UE 切换到低负载的邻区中，降低本小区负载，防止出现小区过载。负载均衡优化方案设计如图 12-3 所示。

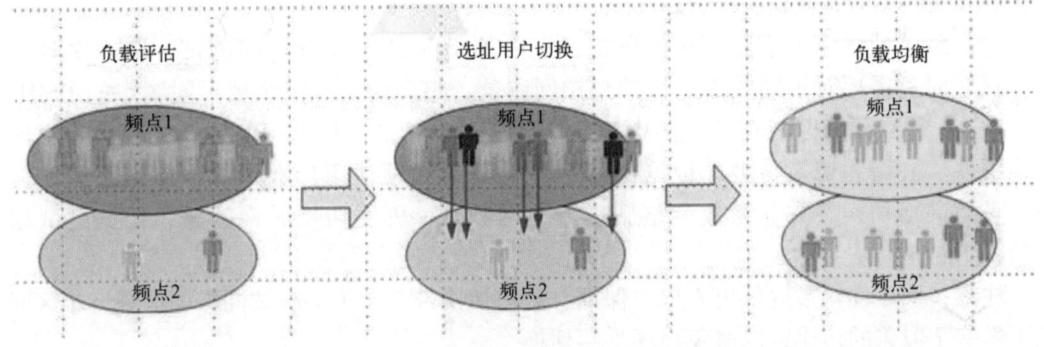

图 12-3　负载均衡优化方案设计

MLB 按照触发方式，分为基于 PRB 利用率和基于用户数两种。在重要会议场景下，大流量用户比例非常低，基于 PRB 利用率的 MLB 难以选出足够数量的用户执行负载均衡，效果不理想，因此推荐基于用户数的 MLB。

MLB 按照执行方式，分为连接态 MLB 和空闲态 MLB 两种。连接态 MLB 适用于各种覆盖场景，但却有切换信令开销，在高话务场景下对 CPU 和空口资源开销有一定影响。因此在重要会议场景下优先推荐空闲态 MLB。

（6）载波聚合优化方案

由于重要会议往往有大量媒体参加报道，因此为追求新闻的实时性、提高用户的感知，在会场内开通载波聚合，既能提升网络容量，又能提升网络性能，如图 12-4 所示

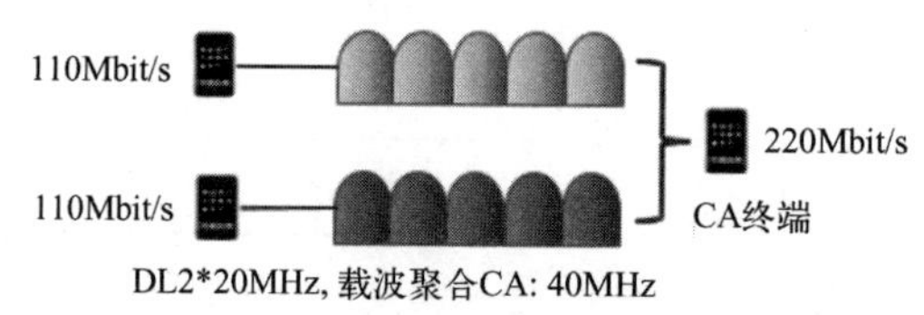

图 12-4　载波聚合优化方案设计

3. 性能评估及优化

（1）覆盖评估

对保障区域（道路、室内）进行拉网测试，识别弱覆盖区域、过覆盖区域，通过加站和 RF 优化提升覆盖、降低干扰。为了避免过度重叠覆盖，引起同频干扰问题，要求保障区域信号满足以下条件：

1）主覆盖小区信号 RSRP > －105 dBm。

2）邻区的电平和主小区电平差大于－6 dB，且满足以上条件的邻区数目小于等于 1。

3）覆盖边缘 RSRP 在－95～－105 dBm。

（2）干扰控制

为了有效控制用户增长后系统内干扰的增加，需要从频率、站型、天线、仿真、测试、参数优化等维度做好优化。

（3）驻留切换关系梳理

梳理小区间驻留切换关系，制定驻留切换策略，保证连续覆盖，避免出现乒乓切换，尤其是重点关注多频点同覆盖区域。

对保障区域（室外道路、室内场馆、室内外出入口）进行拉网测试，存在多频点共覆盖区域时，需要对不同频点进行锁频拉网测试，整理输出保障区域不同频点的 RSRP 和 PCI 情况，重点保障区域在位置图中标出小区名称、频点、PCI、RSRP。梳理当前小区的切换关系、驻留和切换参数。根据保障区域的覆盖和预估用户数情况，制定驻留切换策略，调整驻留切换参数。参数调整后进行拉网测试，关注切换异常问题，根据测试结果进行参数微调。

注意：重点优化室内外出入口，保证合理的切换带。对于多载波同覆盖区域，小区间尽量不做基于覆盖的切换，以避免出现乒乓切换。

（4）质差小区清理

详细分析小区历史运行 KPI，关注接通率、掉线率、切换成功率、CSFB 成功率、上行干扰、流量、用户数、PRB 利用率情况，逐个清理掉质差点，确保会议期间站点 KPI 正常。

1）保障开始前一周，分析所有保障站点历史两周的 KPI，发现质差小区即进行分析处理。

2）后续每天分析一次所有保障站点的 KPI，发现质差小区即及时进行分析处理。

3）保障过程中，针对重要保障站点，每 1 h 分析一次 KPI，发现质差小区即及时进行分析处理。

4. 业务监控需求

网管上订阅需要实时监控的话统分析项，以及辅助问题定位或者后续模型分析的话统指标，15 min 周期粒度，确认导出的指标值没有 NIL 等无效值。如果存在部分话统指标没有订阅的情况，则需要对保障站点进行订阅，见表 12-5。

表 12-5 KPI 监控项及快速通报格式制定

区域	日期	起始时间	截止时间	告警情况	无线接通率（%）	切换成功率（%）	掉线率（%）	区域最大用户数	单小区最大用户数	上行数据总吞吐量/GB	下行数据总吞吐量/GB	上行PRB利用率（%）	下行PRB利用率（%）	主控单板最大CPU负荷	基带单板最大CPU负荷

12.2 第二招 运筹帷幄——保障实施

1. 设备运行情况后方实时分析

安排人力对 KPI 和告警进行实时监控，每小时用短信/微信通报一次站点运行状态和 KPI 情况。

(1) 告警监控

会议过程中需要关注的告警及处理建议见表 12-6。

表 12-6 会议过程中需要关注的告警及处理建议

类型	告警名称	触发原因	处理建议
CPU 过载	单板过载告警	当单板处理芯片占用率过高时，产生此告警	如果确定是业务量导致的（如用户数接近规格），则需要进行用户数控制 如果不是，则建议重启单板 如果仍不能恢复，则需要更换单板
硬件故障	单板硬件故障告警	出现单板硬件故障时，产生此告警	建议首先重启单板 如果仍不能恢复，则需要考虑更换单板
License 容量不足	系统超出 License 容量限制告警	当网元系统业务量持续超出 License 容量限制（可设置）时，产生此告警。当网元系统业务量持续低于 License 容量限制的 90%（可设置）时，恢复该告警	启用固定期限/紧急 License
传输拥塞	SCTP 链路拥塞告警	当 SCTP 发送缓存被大量需要重传的数据占用，占用比例达到整个发送缓冲区的拥塞产生门限时，产生此告警	如果是用户数引起的，则需要进行用户数控制 尝试重置 SCTP 链路 重启单板

（续）

类型	告警名称	触发原因	处理建议
小区状态	小区不可用告警	当基站检测到小区不能提供业务时，产生此告警	重启基站
	小区无话务量告警	当 eNodeB 检测到小区在设置时间内无用户接入时，产生此告警	重启基站
	小区服务能力下降告警	当基站射频资源或基带资源不能满足当前小区的配置规格时，产生此告警	依据设备告警帮助文件进行处理

（2）KPI 监控

监控保障准备中订阅的 KPI 指标，每 15 min 通报当前告警，每 15 min 通报常规 KPI 指标。

通过信令跟踪，实时监控各小区用户数变化。通过对高用户数小区功率进行动态调整，平衡各小区间的用户数。KPI 指标监控如图 12-5 所示

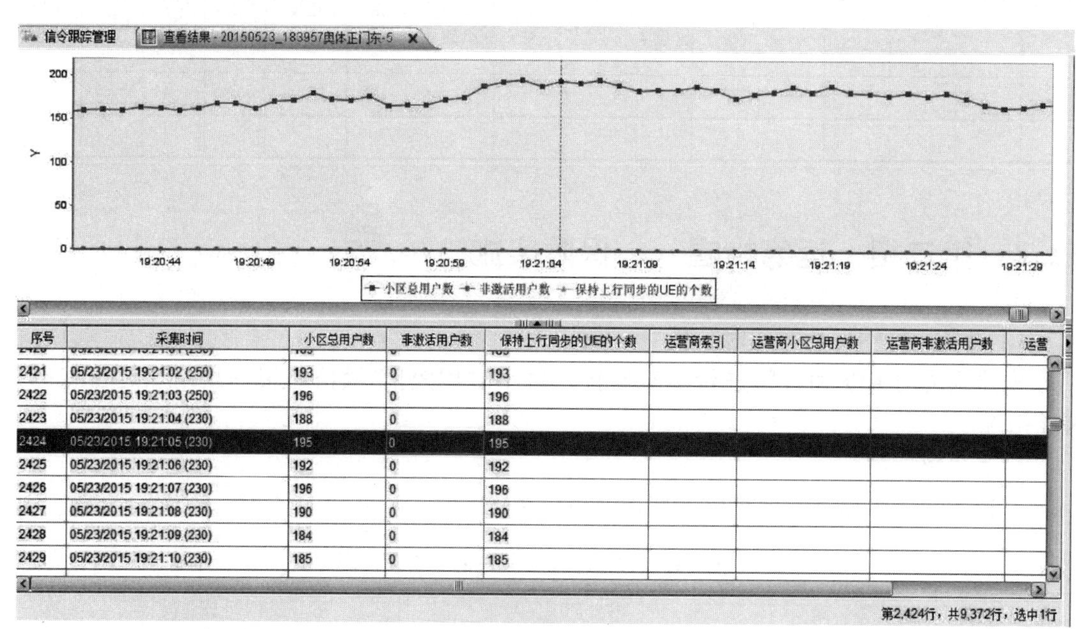

图 12-5　KPI 指标监控

（3）KPI 通报

会议期间需定期发送 KPI 监控数据，以便于及时了解详细情况。发送格式及发送频度，应该提前达成一致。举例：

【××移动××会议保障通报】8:00 到 9:00 指标监控如下：单小区内最大用户数为 232，区域内最大用户数为 1243，无线接通率为 99.74%，无线掉线率为 0.12%，切换成功率为 99.58%，上行数据总流量为 16.74 GB，下行数据总流量为 12.25 GB。VoLTE 语音业务拨打 236 次，成功 236 次。

2. 问题处理

会议期间，一般 KPI 问题由保障人员及时处理，重大故障类问题及时与运维人员进行沟

通，尽处处理。问题处理流程如图 12-6 所示。

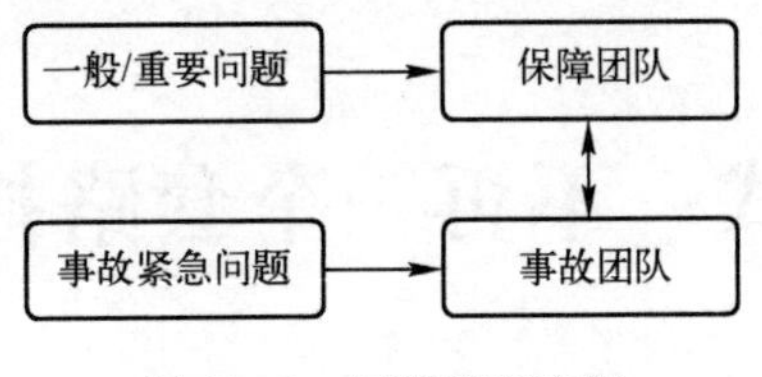

图 12-6　问题处理流程

12.3　第三招　善始善终——保障结束

1. 网络参数恢复

会议保障结束后，需要将会场区域内设计站点的参数恢复到之前的状态。

2. 保障期间数据的保存

及时备份日志数据，因为高话务期间日志数据量大，保存时间短，因此需要在每天保障结束后保存基站日志。另外，保障站点的配置文件也要一并保存。

3. 输出总结报告

输出总结报告的内容包括赛事期间订阅的各项 KPI 指标、保障期间问题的总结、原因分析、提出的整改方案，以便今后更好地执行保障工作。

第十三式　不再一个套路打遍天下

多系统复杂的组网方式，VoLTE 建网初期缺乏丰富的优化和分析方法，需要运营商在理论支撑的基础上，通过 VoLTE 使用发现问题并通过分析优化积累丰富的优化经验。

VoLTE 语音网络与其他网络相比，具有以下特征：

1）VoLTE 语音对覆盖要求更高。

2）VoLTE 语音对移动性能要求更高。

3）VoLTE 语音需要端对端进行优化。

根据 VoLTE 流程及相关网元梳理问题定位结点，VoLTE 网络问题主要分为终端类、无线类、EPC 类、IMS 类四类，如图 13-1 所示。

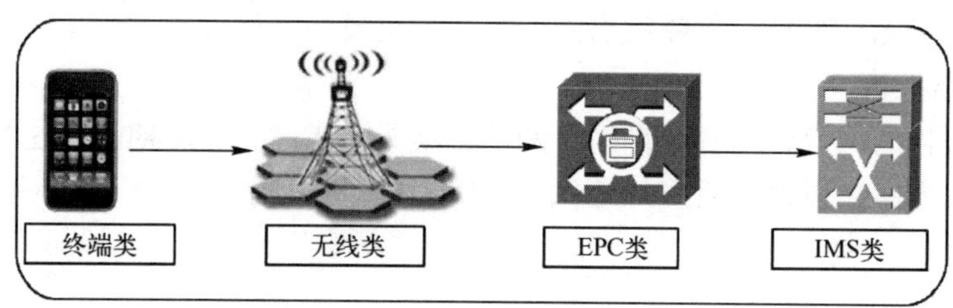

图 13-1　VoLTE 网络问题分类

终端类：随着 VoLTE 商用，VoLTE 终端厂家、种类也随之增多，VoLTE 终端问题也随之暴露，主要包括终端软硬件功能缺陷、规范不明确、协议兼容性不够等。

无线类：通过 DT、投诉、信令平台等方式，定位 VoLTE 无线侧问题，主要从特性限制、VoLTE 算法、参数设置、定时器设置、基站状态等几方面发现并定位无线问题。

EPC 类：通过核心网信令平台，主要从 EPC 寻呼策略、流程冲突、参数配置、厂家设备硬件、异厂家兼容等方面发现并定位 EPC 问题。

IMS 类：作为新增的 VoLTE 专用网元，通过信令监控平台主要从流程异常、流程简化、参数设置、协议规范、端到端问题研究等几个方面发现并定位 IMS 问题。

13.1　第一招　见贤思齐——终端侧优化思路及典型案例

1. 三方会议结束，恢复两方通话后无法发起语音转视频呼叫问题分析

【问题描述】：

选取 3 部 VoLTE 终端（支持 VoLTE 网络），测试号码：134 ××××0016（开启呼叫等待）/178 ××××0032/188 ××××1294，3 个终端任意两部进行语音通话，通话过程中可正常切换视频通话，三方会议时，通话正常。当有一方退出三方会议后，剩余两方正常通话，此时主席再发起视频通话时则失败。已测试小米 4 标准版、华为 Mate 8 等终端，均出现该现

象。华为 Mate 8 提示“对方拒绝了您的视频邀请”，小米 4 标准版显示电话会议未结束，如图 13-2所示。

图 13-2　左侧为 Mate 8 异常，右侧为小米 4 标准版异常

【问题分析】：

1）跟踪层三信令 A（178 ××××0032）、B（188 ××××1294）、C（134 ××××0016）建立三方通话后，17:46:47 s　A 终端挂断，17:47:17 s　B 终端挂断，如图 13-3 所示。在 A 终端挂断后，B 终端挂断前，进行了 B 和 C 终端的视频业务请求。在此期间，终端并没有上发 QCI =2（视频业务承载 QCI =2）的业务建立请求，如图 13-4 所示。随后挂机，两方通话中发起视频业务，正常建立。

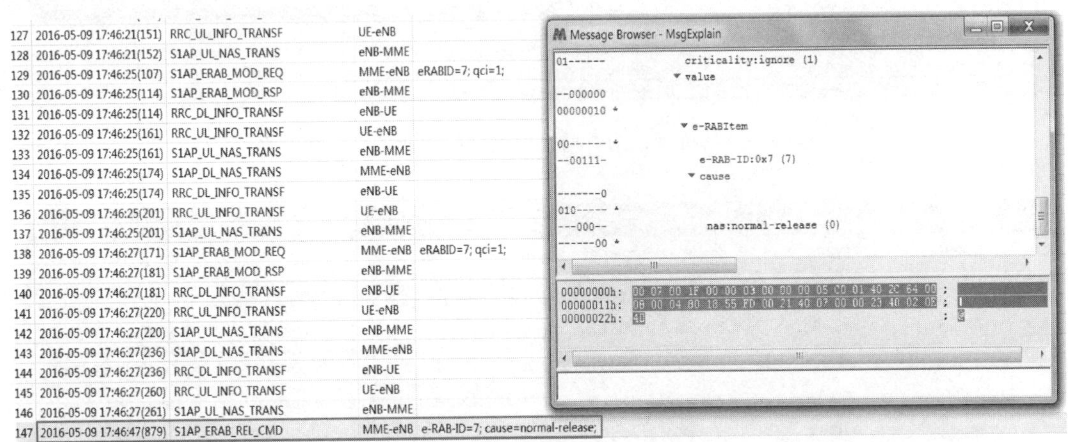

127	2016-05-09 17:46:21(151)	RRC_UL_INFO_TRANSF	UE-eNB	
128	2016-05-09 17:46:21(152)	S1AP_UL_NAS_TRANS	eNB-MME	
129	2016-05-09 17:46:25(107)	S1AP_ERAB_MOD_REQ	MME-eNB	eRABID=7; qci=1;
130	2016-05-09 17:46:25(114)	S1AP_ERAB_MOD_RSP	eNB-MME	
131	2016-05-09 17:46:25(114)	RRC_DL_INFO_TRANSF	eNB-UE	
132	2016-05-09 17:46:25(161)	RRC_UL_INFO_TRANSF	UE-eNB	
133	2016-05-09 17:46:25(161)	S1AP_UL_NAS_TRANS	eNB-MME	
134	2016-05-09 17:46:25(174)	S1AP_DL_NAS_TRANS	MME-eNB	
135	2016-05-09 17:46:25(174)	RRC_DL_INFO_TRANSF	eNB-UE	
136	2016-05-09 17:46:25(201)	RRC_UL_INFO_TRANSF	UE-eNB	
137	2016-05-09 17:46:25(201)	S1AP_UL_NAS_TRANS	eNB-MME	
138	2016-05-09 17:46:27(171)	S1AP_ERAB_MOD_REQ	MME-eNB	eRABID=7; qci=1;
139	2016-05-09 17:46:27(181)	S1AP_ERAB_MOD_RSP	eNB-MME	
140	2016-05-09 17:46:27(181)	RRC_DL_INFO_TRANSF	eNB-UE	
141	2016-05-09 17:46:27(220)	RRC_UL_INFO_TRANSF	UE-eNB	
142	2016-05-09 17:46:27(220)	S1AP_UL_NAS_TRANS	eNB-MME	
143	2016-05-09 17:46:27(236)	S1AP_DL_NAS_TRANS	MME-eNB	
144	2016-05-09 17:46:27(236)	RRC_DL_INFO_TRANSF	eNB-UE	
145	2016-05-09 17:46:27(260)	RRC_UL_INFO_TRANSF	UE-eNB	
146	2016-05-09 17:46:27(261)	S1AP_UL_NAS_TRANS	eNB-MME	
147	2016-05-09 17:46:47(879)	S1AP_ERAB_REL_CMD	MME-eNB	e-RAB-ID=7; cause=normal-release;

图 13-3　17:46:47 s　A 终端挂断

2）在 A 终端挂断后，B 终端挂断前，进行了 B 和 C 终端的视频业务请求。在此期间，B 终端并没有上发 QCI =2（视频业务承载 QCI =2）的业务建立请求，如图 13-5 所示。

分析核心网话单发现，号码 B 在 17:45:33 s 建立呼叫，随后建立 IMS 会议，17:47:27 s 会议结束。在此期间，没有视频呼叫的话单，如图 13-6 所示。

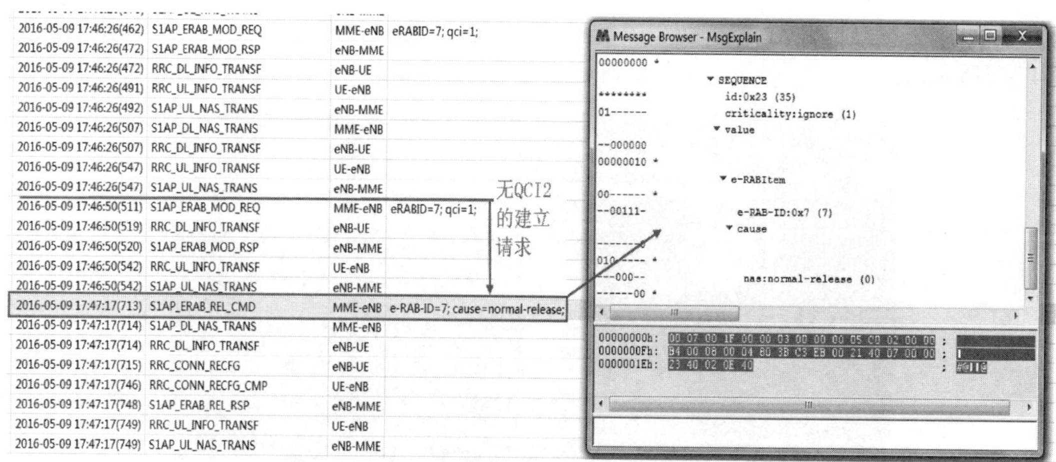

图 13-4　终端未上发 QCI = 2 的业务建立请求

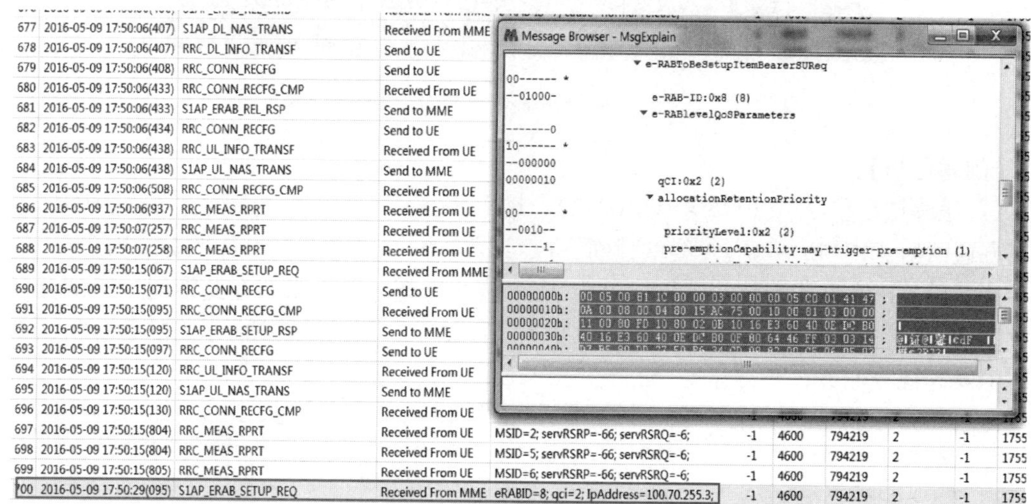

图 13-5　挂机后，两方通话中发起视频业务，正常建立

序号	业务类型	业务场景	开始时间	结束时间	LTE...	主叫号码	主...	被叫号码
1	呼叫业务	语音呼叫	2016-05-09 17:39:41.890	2016-05-09 17:39:57.680		+8618853111294...		+8613406060016@sd.i...
2	呼叫业务	语音呼叫	2016-05-09 17:45:33.202	2016-05-09 17:46:34.801		+8613406060016...		+8618853111294
3	呼叫业务	IMS会议	2016-05-09 17:45:33.442	2016-05-09 17:47:27.909		+8613406060016...		+8618853111294@sd.i...
4	呼叫业务	IMS会议	2016-05-09 17:45:33.616	2016-05-09 17:47:25.792		+8613406060016		+8618853111294@sd.i...
5	呼叫业务	语音呼叫	2016-05-09 17:45:50.903	2016-05-09 17:46:17.801		+8617864100032...		18853111294
6	呼叫业务	视频呼叫	2016-05-09 17:48:01.092	2016-05-09 17:48:15.813		+8618853111294...		13406060016
7	呼叫业务	语音呼叫	2016-05-09 17:48:12.877	2016-05-09 17:48:40.803		+8618853111294...		+8613406060016@sd.i...
8	呼叫业务	IMS会议	2016-05-09 17:48:12.877	2016-05-09 17:48:57.803		+8618853111294...		13406060016
9	呼叫业务	IMS会议	2016-05-09 17:48:13.075	2016-05-09 17:48:53.784		+8618853111294...		+8613406060016
10	呼叫业务	语音呼叫	2016-05-09 17:50:14.401	2016-05-09 17:51:07.902		+8618853111294...		+8617864100032@sd.i...

图 13-6　核心网话单查询

在此期间 SBC 也未收到视频请求，如图 13–7 所示。

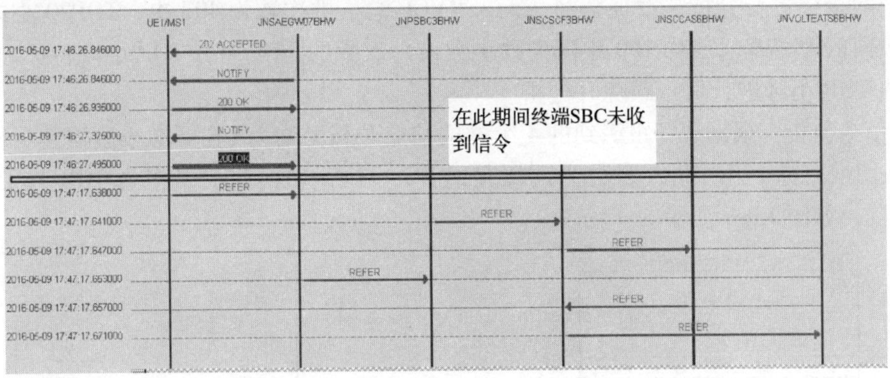

图 13–7　核心网查询信令流程

关于三方通话视频通话的集团终端规范：

1）终端应默认本地关闭视频呼叫的呼叫等待业务，在以下场景中终端应使用 486 消息拒绝呼叫：

- 终端在视频呼叫过程中收到第三方的音频或者视频呼叫请求。
- 终端在音频呼叫过程中收到第三方的视频呼叫请求。

2）终端在视频呼叫过程中应禁止用户发起针对第三方的音视频通话。

3）不要求终端支持多方视频通话。

综合以上分析，得出结论，初步判定为，因为终端未发起视频请求，所以导致视频建立失败。

【解决方案】：

目前终端的处理机制：三方通话有一方挂断后，终端认为三方通话未结束，不会处理视频请求。而在集团规范中也没有明确相关流程。

解决方案：建议增加相应流程规范，规定多方通话一旦只剩下两方，多方通话的主席终端就可以向另一方发起视频呼叫。后续，推动终端公司处理。

2. UE 收到切换命令，发 RRC 重建回源小区，切换取消导致 eSRVCC 切换失败问题分析

【问题描述】：

UE 收到切换命令，发 RRC 重建回源小区，切换取消导致 eSRVCC 切换失败。eSRVCC 切换成功率统计如图 13–8 所示。

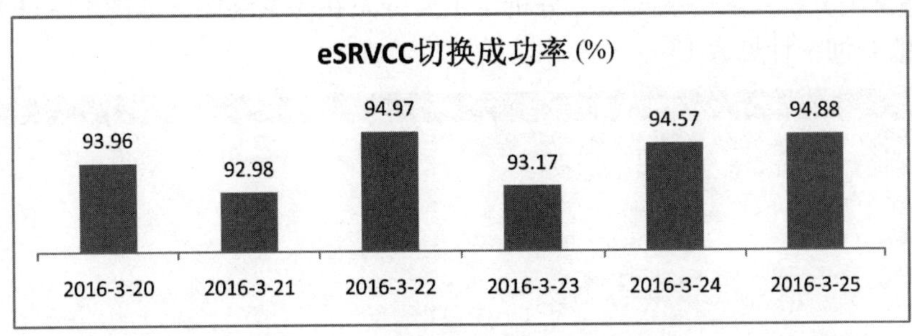

图 13–8　eSRVCC 切换成功率统计

【问题分析】:

对全网指标进行分析，发现全网一天 eSRVCC 总失败次数为 407 次，TOP20 小区失败次数占总次数的 59.7% ，TOP100 小区失败次数占总次数的 86%，有 TOP 小区特征。

挑选 TOP 小区进行信令跟踪并分析。

1）信令分析：根据现场跟踪到的 4 个站的信令分析，均为 UE 回源小区重建后回复切换取消；从切换目标小区分析，多数为同覆盖的 2G 小区，切换前测量报告中电平在 -110 ~ -115左右，如图 13-9 所示。

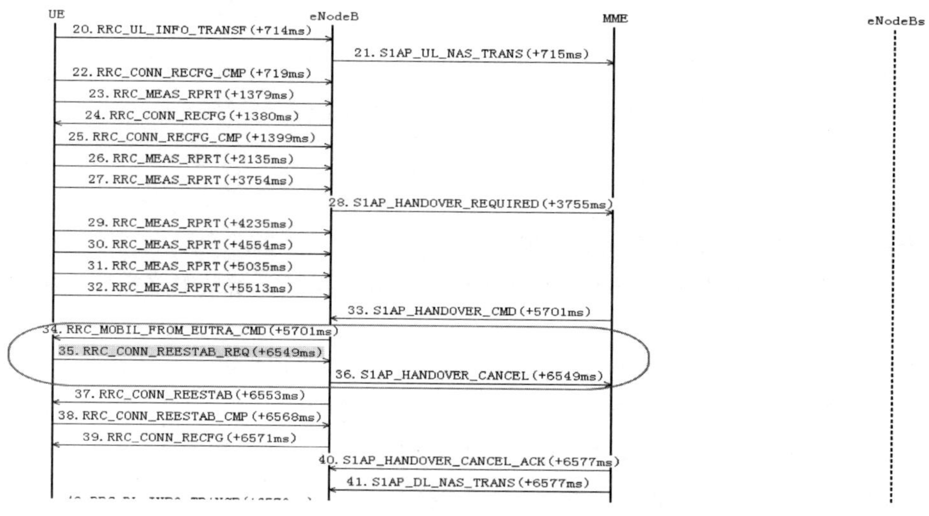

图 13-9　现场跟踪信令流程

2）SEQ 数据分析：从 SEQ 上分析，80% 的失败也是切换取消导致，如图 13-10 所示。

Sv 切换准备阶段

时间	Sv SRVCC切换请求次数...	Sv SRVCC切换成功率(%	Sv SRVCC切换失败次数(次数)	Sv SRVCC切换响应失...	Sv SRVCC切换取消通知...
.6-03-23 07:00:00	245	95.10	12	1	12
.6-03-23 08:00:00	472	76.69	110	1	109
.6-03-23 09:00:00	469	80.60	91	0	91
.6-03-23 10:00:00	427	95.32	20	4	18
.6-03-23 11:00:00	418	93.30	28	4	24
.6-03-23 12:00:00	378	92.06	30	10	21
.6-03-23 13:00:00	393	87.28	50	5	45

图 13-10　SEQ 查询切换失败原因

3）终端聚类分析：从终端类型上分析，主要分布在 5 款终端，如图 13-11 所示。不同终端切换失败查询统计见表 13-1。

时间	终端型号		Sv SRVCC切换请求...	Sv SRVCC切换成功...	Sv SRVCC切换失败...	Sv SRVCC切换响应...	Sv SRVCC切换取消...
16-03-23 09:00:...	GN9010	金立，联发科MT6753	71	12.68	62	1	62
16-03-23 15:00:...	ZTE Q529T	中兴，联发科MT6735	198	71.72	56	1	56
16-03-23 08:00:...	M821	N1，高通MSM8916	115	66.09	39	2	38
16-03-23 08:00:...	N1		50	28.00	36	1	34
16-03-23 12:00:...	VOTO GT11	维图山寨韩国的国内品牌，河源生产，芯片不详	38	21.05	30	0	30
16-03-23 17:00:...	VOTO GT7		54	44.44	30	1	30
16-03-23 07:00:...	VOTO GT7		41	34.15	27	1	27

图 13-11　切换失败终端类型查询

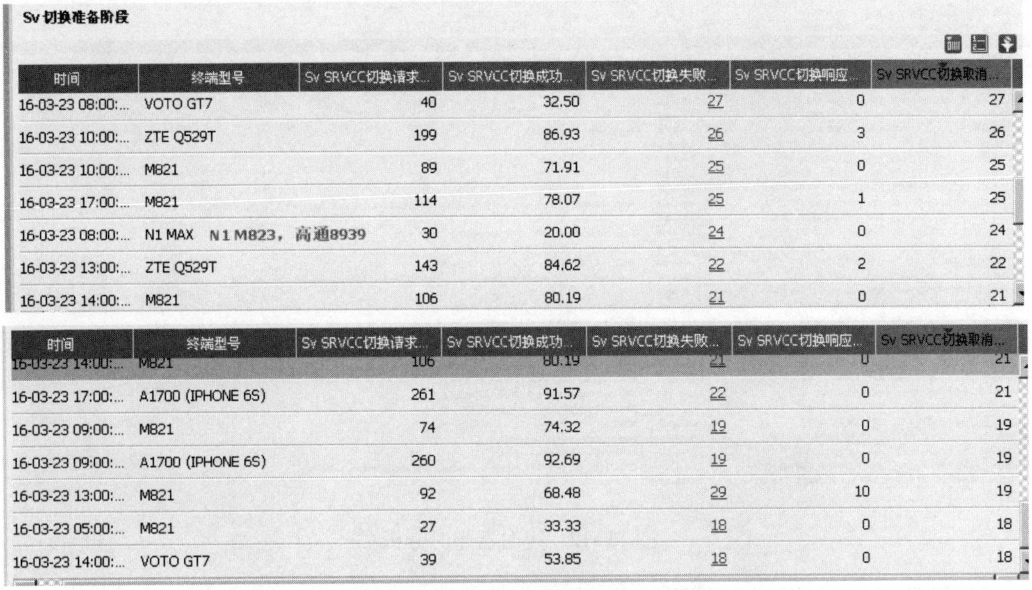

Sv切换准备阶段

时间	终端型号	Sv SRVCC切换请求...	Sv SRVCC切换成功...	Sv SRVCC切换失败...	Sv SRVCC切换响应...	Sv SRVCC切换取消...
16-03-23 08:00:...	VOTO GT7	40	32.50	27	0	27
16-03-23 10:00:...	ZTE Q529T	199	86.93	26	3	26
16-03-23 10:00:...	M821	89	71.91	25	0	25
16-03-23 17:00:...	M821	114	78.07	25	1	25
16-03-23 08:00:...	N1 MAX N1 M823，高通8939	30	20.00	24	0	24
16-03-23 13:00:...	ZTE Q529T	143	84.62	22	2	22
16-03-23 14:00:...	M821	106	80.19	21	0	21

时间	终端型号	Sv SRVCC切换请求...	Sv SRVCC切换成功...	Sv SRVCC切换失败...	Sv SRVCC切换响应...	Sv SRVCC切换取消...
16-03-23 14:00:...	M821	106	80.19	21	0	21
16-03-23 17:00:...	A1700 (IPHONE 6S)	261	91.57	22	0	21
16-03-23 09:00:...	M821	74	74.32	19	0	19
16-03-23 09:00:...	A1700 (IPHONE 6S)	260	92.69	19	0	19
16-03-23 13:00:...	M821	92	68.48	29	10	19
16-03-23 05:00:...	M821	27	33.33	18	0	18
16-03-23 14:00:...	VOTO GT7	39	53.85	18	0	18

图 13-11 切换失败终端类型查询（续）

表 13-1 不同终端切换失败查询统计

终端型号	Sv SRVCC 切换请求次数	Sv SRVCC 切换成功率（%）	Sv SRVCC 切换取消通知次数
A1700（IPHONE 6S）	521	92.32	40
ZTE Q529T	540	80.74	104
M821	667	70.16	199
VOTO GT7	174	41.38	102
VOTO GT11	38	21.05	30
N1 MAX	30	20.00	24
GN9010	71	12.68	62

大部分的信令点发生在重建回源时，4G 侧电平基本正常，这是现场 eSRVCC 指标差的主要原因。重建原因是切换失败，初步判断为定时器超时或 2G 侧接入失败。

4）定时器超时分析。T304 定时器含义：该参数表示切换到 GERAN 时使用的定时器 T304 的时长。如果 UE 在该时长内无法完成对应的切换过程，则进行相应的资源回退，并发起 RRC 连接重建过程，现网一般设置为 8 s。

协议 3GPP TS 36.331 定义：

1 > if T304 expires (handover failure): NOTE: Following T304 expiry any dedicated preamble, if provided within the rach – ConfigDedicated, is not available for use by the UE.

如图 13-12 所示，从跟踪到的信令分析，UE 收到切换命令到发送 RRC 重建一般在 200 ~ 800 ms 之间，不同的终端重建的时延不同，但远远小于网络侧配置的 8 s，怀疑终端侧可能有自己的定时器，需要进一步抓取终端日志分析。

5）2G 接入分析：选取部分失败的 TOP 小区较集中的时间段进行对应 2G 小区指标分析，2G 干扰指标正常，无信道拥塞情况，异系统切换入指标正常，接入指标正常。若进一步证明是否因接入问题导致，则需要现场测试跟踪空口和接入侧信令进行分析，TOP 小区指标如图 13-13 所示。

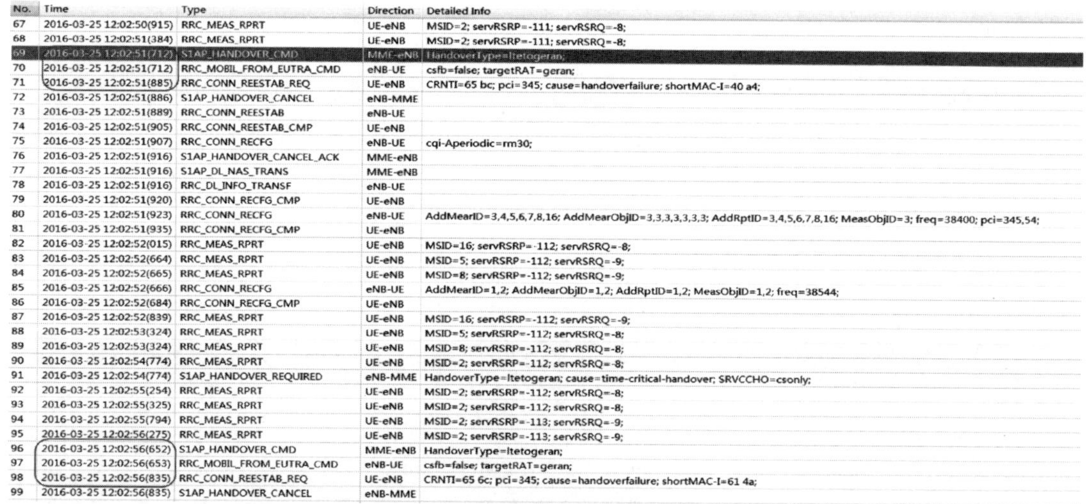

No.	Time	Type	Direction	Detailed Info
67	2016-03-25 12:02:50(915)	RRC_MEAS_RPRT	UE-eNB	MSID=2; servRSRP=-111; servRSRQ=-8;
68	2016-03-25 12:02:51(384)	RRC_MEAS_RPRT	UE-eNB	MSID=2; servRSRP=-111; servRSRQ=-8;
69	2016-03-25 12:02:51(712)	S1AP_HANDOVER_CMD	MME-eNB	HandoverType=ltetogeran;
70	2016-03-25 12:02:51(712)	RRC_MOBIL_FROM_EUTRA_CMD	eNB-UE	csfb=false; targetRAT=geran;
71	2016-03-25 12:02:51(885)	RRC_CONN_REESTAB_REQ	UE-eNB	CRNTI=65 bc; pci=345; cause=handoverfailure; shortMAC-I=40 a4;
72	2016-03-25 12:02:51(886)	S1AP_HANDOVER_CANCEL	eNB-MME	
73	2016-03-25 12:02:51(889)	RRC_CONN_REESTAB	eNB-UE	
74	2016-03-25 12:02:51(905)	RRC_CONN_REESTAB_CMP	UE-eNB	
75	2016-03-25 12:02:51(907)	RRC_CONN_RECFG	eNB-UE	cqi-Aperiodic=rm30;
76	2016-03-25 12:02:51(916)	S1AP_HANDOVER_CANCEL_ACK	MME-eNB	
77	2016-03-25 12:02:51(916)	S1AP_DL_NAS_TRANS	MME-eNB	
78	2016-03-25 12:02:51(916)	RRC_DL_INFO_TRANSF	eNB-UE	
79	2016-03-25 12:02:51(920)	RRC_CONN_RECFG_CMP	UE-eNB	
80	2016-03-25 12:02:51(923)	RRC_CONN_RECFG	eNB-UE	AddMearID=3,4,5,6,7,8,16; AddMearObjID=3,3,3,3,3,3,3; AddRptID=3,4,5,6,7,8,16; MeasObjID=3; freq=38400; pci=345,54;
81	2016-03-25 12:02:51(935)	RRC_CONN_RECFG_CMP	UE-eNB	
82	2016-03-25 12:02:52(015)	RRC_MEAS_RPRT	UE-eNB	MSID=16; servRSRP=-112; servRSRQ=-8;
83	2016-03-25 12:02:52(664)	RRC_MEAS_RPRT	UE-eNB	MSID=5; servRSRP=-112; servRSRQ=-9;
84	2016-03-25 12:02:52(665)	RRC_MEAS_RPRT	UE-eNB	MSID=8; servRSRP=-112; servRSRQ=-9;
85	2016-03-25 12:02:52(666)	RRC_CONN_RECFG	eNB-UE	AddMearID=1,2; AddMearObjID=1,2; AddRptID=1,2; MeasObjID=1,2; freq=38544;
86	2016-03-25 12:02:52(684)	RRC_CONN_RECFG_CMP	UE-eNB	
87	2016-03-25 12:02:52(839)	RRC_MEAS_RPRT	UE-eNB	MSID=16; servRSRP=-112; servRSRQ=-9;
88	2016-03-25 12:02:53(324)	RRC_MEAS_RPRT	UE-eNB	MSID=5; servRSRP=-112; servRSRQ=-8;
89	2016-03-25 12:02:53(324)	RRC_MEAS_RPRT	UE-eNB	MSID=8; servRSRP=-112; servRSRQ=-8;
90	2016-03-25 12:02:54(774)	RRC_MEAS_RPRT	UE-eNB	MSID=2; servRSRP=-112; servRSRQ=-8;
91	2016-03-25 12:02:54(774)	S1AP_HANDOVER_REQUIRED	eNB-MME	HandoverType=ltetogeran; cause=time-critical-handover; SRVCCHO=csonly;
92	2016-03-25 12:02:55(254)	RRC_MEAS_RPRT	UE-eNB	MSID=2; servRSRP=-112; servRSRQ=-8;
93	2016-03-25 12:02:55(325)	RRC_MEAS_RPRT	UE-eNB	MSID=2; servRSRP=-112; servRSRQ=-8;
94	2016-03-25 12:02:55(794)	RRC_MEAS_RPRT	UE-eNB	MSID=2; servRSRP=-113; servRSRQ=-9;
95	2016-03-25 12:02:56(275)	RRC_MEAS_RPRT	UE-eNB	MSID=2; servRSRP=-113; servRSRQ=-9;
96	2016-03-25 12:02:56(652)	S1AP_HANDOVER_CMD	MME-eNB	HandoverType=ltetogeran;
97	2016-03-25 12:02:56(653)	RRC_MOBIL_FROM_EUTRA_CMD	eNB-UE	csfb=false; targetRAT=geran;
98	2016-03-25 12:02:56(835)	RRC_CONN_REESTAB_REQ	UE-eNB	CRNTI=65 6c; pci=345; cause=handoverfailure; shortMAC-I=61 4a;
99	2016-03-25 12:02:56(835)	S1AP_HANDOVER_CANCEL	eNB-MME	

图 13-12　定时器超时分析

起始时间	CI	求和项:AS4200A:信道处于干扰带1的平均数目(SDCCH)(无)	求和项:AS4200B:信道处于干扰带2的平均数目(SDCCH)(无)	求和项:AS4200C:信道处于干扰带3的平均数目(SDCCH)(无)	求和项:AS4200D:信道处于干扰带4的平均数目(SDCCH)(无)	求和项:AS4200E:信道处于干扰带5的平均数目(SDCCH)(无)	求和项:AS4207A:信道处于干扰带1的平均数目(TCHF)(无)	求和项:AS4207B:信道处于干扰带2的平均数目(TCHF)(无)	求和项:AS4207C:信道处于干扰带3的平均数目(TCHF)(无)	求和项:AS4207D:信道处于干扰带4的平均数目(TCHF)(无)	求和项:AS4207E:信道处于干扰带5的平均数目(TCHF)(无)	TCH掉话率(含切换)(%)	TCH掉话率(不含切换)(%)	TCH拥塞率(占用遇全忙)(%)	TCH拥塞率(含切换)(%)	SD拥塞率(%)	切换成功率(%)	无线切换成功率(%)	无线接入性(%)	TH363:系统间入小区切换成功率(%)
03/25/2016 12:00:0	3253	36.5	0.383	0	0.149	0	15.021	0.064	0	0.021	0	0	0	0	0	0	100	90.18	100	100
03/25/2016 12:00:0	3721	39.904	1.29	0	0	0	17.904	1.398	0	0	0	0	0	0	0	0	99.36	75.80	100	100
03/25/2016 12:00:0	3723	27.282	3.25	0.12	0	0	19.533	0.772	0.119	0	0	0	0	0	0	0	100	100	100	100
03/25/2016 12:00:0	3852	51.29	0.366	0	0	0	19.978	0.065	0	0	0	0	0	0	0	0	100	99.32	100	100
03/25/2016 12:00:0	3853	43.322	0.29	0	0	0	12.096	0	0	0	0	0	0	0	0	0	100	100	100	100
03/25/2016 12:00:0	33752	43.234	0.455	0.021	0.011	0	11.338	0.032	0	0	0	0	0	0	0	0	100	100	100	100

图 13-13　TOP 小区指标

6）终端 Log 分析：现场测试抓取终端 Log，从终端 Log 看，4G 基站下发切换命令，终端在 2G 侧进行同步过程，同步过程中 L1 CRC 校验一直失败。需将 Log 发给高通，查看 CRC 校验失败的原因，如图 13-14 所示。

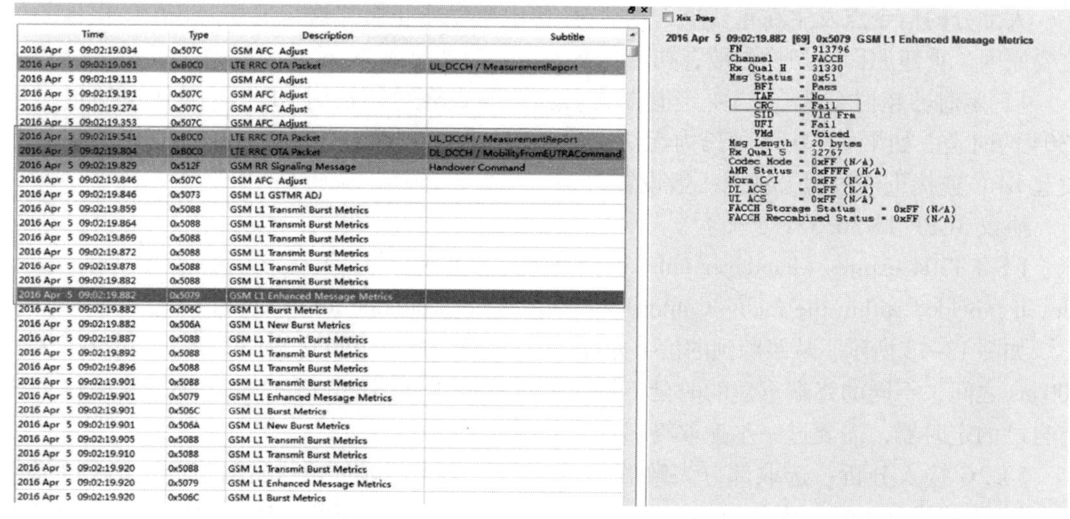

Time	Type	Description	Subtitle
2016 Apr 5 09:02:19.034	0x507C	GSM AFC Adjust	
2016 Apr 5 09:02:19.061	0xB0C0	LTE RRC OTA Packet	UL_DCCH / MeasurementReport
2016 Apr 5 09:02:19.113	0x507C	GSM AFC Adjust	
2016 Apr 5 09:02:19.191	0x507C	GSM AFC Adjust	
2016 Apr 5 09:02:19.274	0x507C	GSM AFC Adjust	
2016 Apr 5 09:02:19.353	0x507C	GSM AFC Adjust	
2016 Apr 5 09:02:19.541	0xB0C0	LTE RRC OTA Packet	UL_DCCH / MeasurementReport
2016 Apr 5 09:02:19.804	0xB0C0	LTE RRC OTA Packet	DL_DCCH / MobilityFromEUTRACommand
2016 Apr 5 09:02:19.829	0x512F	GSM RR Signaling Message	Handover Command
2016 Apr 5 09:02:19.846	0x507C	GSM AFC Adjust	
2016 Apr 5 09:02:19.846	0x5073	GSM L1 GSTMR ADJ	
2016 Apr 5 09:02:19.859	0x5088	GSM L1 Transmit Burst Metrics	
2016 Apr 5 09:02:19.864	0x5088	GSM L1 Transmit Burst Metrics	
2016 Apr 5 09:02:19.869	0x5088	GSM L1 Transmit Burst Metrics	
2016 Apr 5 09:02:19.872	0x5088	GSM L1 Transmit Burst Metrics	
2016 Apr 5 09:02:19.878	0x5088	GSM L1 Transmit Burst Metrics	
2016 Apr 5 09:02:19.882	0x5088	GSM L1 Transmit Burst Metrics	
2016 Apr 5 09:02:19.882	0x5079	GSM L1 Enhanced Message Metrics	
2016 Apr 5 09:02:19.882	0x506C	GSM L1 Burst Metrics	
2016 Apr 5 09:02:19.882	0x506A	GSM L1 New Burst Metrics	
2016 Apr 5 09:02:19.887	0x5088	GSM L1 Transmit Burst Metrics	
2016 Apr 5 09:02:19.892	0x5088	GSM L1 Transmit Burst Metrics	
2016 Apr 5 09:02:19.896	0x5088	GSM L1 Transmit Burst Metrics	
2016 Apr 5 09:02:19.901	0x5088	GSM L1 Transmit Burst Metrics	
2016 Apr 5 09:02:19.901	0x5079	GSM L1 Enhanced Message Metrics	
2016 Apr 5 09:02:19.901	0x506C	GSM L1 Burst Metrics	
2016 Apr 5 09:02:19.901	0x506A	GSM L1 New Burst Metrics	
2016 Apr 5 09:02:19.905	0x5088	GSM L1 Transmit Burst Metrics	
2016 Apr 5 09:02:19.910	0x5088	GSM L1 Transmit Burst Metrics	
2016 Apr 5 09:02:19.920	0x5088	GSM L1 Transmit Burst Metrics	
2016 Apr 5 09:02:19.920	0x5079	GSM L1 Enhanced Message Metrics	
2016 Apr 5 09:02:19.920	0x506C	GSM L1 Burst Metrics	

```
Hex Dump
2016 Apr 5 09:02:19.882 [69] 0x5079 GSM L1 Enhanced Message Metrics
FN          = 913796
Channel     = FACCH
Rx Qual H   = 31330
Msg Status  = 0x51
    BFI     = Pass
    TAF     = No
    CRC     = Fail
    SID     = Vld Frm
    UFI     = Fail
    VMd     = Voiced
Msg Length  = 20 bytes
Rx Qual S   = 32767
Codec Mode  = 0xFF (N/A)
AMR Status  = 0xFFFF (N/A)
Norm C/I    = 0xFF (N/A)
DL ACS      = 0xFF (N/A)
UL ACS      = 0xFF (N/A)
FACCH Storage Status    = 0xFF (N/A)
FACCH Recombined Status = 0xFF (N/A)
```

图 13-14　终端 Log 分析

【解决方案】：

综上可知，大部分的失败是目标小区接入失败和切换失败重建回源小区，核心侧表现为切换取消导致失败，而信令侧 4G 电平基本正常，这是现场 eSRVCC 指标差的主要原因。重建导致的切换失败共两种可能：①定时器超时，但现场排查网络侧定时器为 8 s，未超时；②2G 侧接入失败。现网有明显的 TOP 终端，从终端 Log 看，UE 在 2G 接入时 CRC 校验失败，TOPUE 在低电平下比较敏感或者信号解析差异，具体需要终端分析。后续需针对 M821、N1 MAX、ZTE Q529T 等终端类型进行终端 Log 分析。

3. Mate 8 终端在呼叫等待场景下，第三方通话呼入后原通话语音断续问题分析

【问题描述】：

选取 3 部终端（DUT1 = 开启 VoLTE，驻留 LTE 并注册 IMS，SIM 卡未开通呼叫等待；DUT2 = 任意终端，任意用户；DUT3 = 任意终端，未开通 VoLTE 业务），终端型号分别为 DUT1：Mate 8 终端（终端开启呼叫等待功能），DUT2：10086，DUT3：三星 S6；测试号码为 DUT 1：182 ××××4154（VoLTE 用户），DUT2：10086，DUT3：186 ×××× 4638（非 VoLTE 用户）。

对于没有开通呼叫等待业务的 SIM 卡，插入 DUT1（Mate 8）后，在 Mate 8 终端上开启呼叫等待，此时用 Mate 8 呼叫 DUT2，接通后保持通话；此时 DUT3（非 VoLTE 用户）呼叫 DUT1（Mate 8）用户，DUT1（Mate 8）终端显示新来电，同时 DUT1（Mate 8）用户的原有通话出现语音断续问题，DUT2 不受影响，如图 13-15 与图 13-16 所示。

图 13-15　通话过程

【问题分析】：

更换其他未开通呼叫等待的 SIM 卡进行同样操作，此问题仍然存在；更换已开通呼叫等待的 SIM 卡，则通话正常；将未开通呼叫等待的 SIM 卡放到其他终端，同样通话正常，故排除 SIM 卡因素。

测试时终端所处无线环境良好，RSRP 的值为 -76 dBm、SINR 的值为 30 dB，且其他终端在此无线环境下使用正常，故排除无线网因素。

该问题现定位为终端问题。版本：NXT-TL00C01B168。

【解决措施】：

解决方案：提交终端公司解决。

4. 潍坊 VoLTE 呼叫保持第三方接通后显示振铃态的问题分析

【问题描述】：

选取 3 部终端，分别为 N1、N1 MAX 和 Mate 8。当 N1 手机在 CSFB 的情况下同其他终端通话时，Mate 8 呼叫 N1，接通后可正常通话，但是 Mate 8 手机屏幕显示对方振铃且 Mate 8 手机通话时间不读秒。

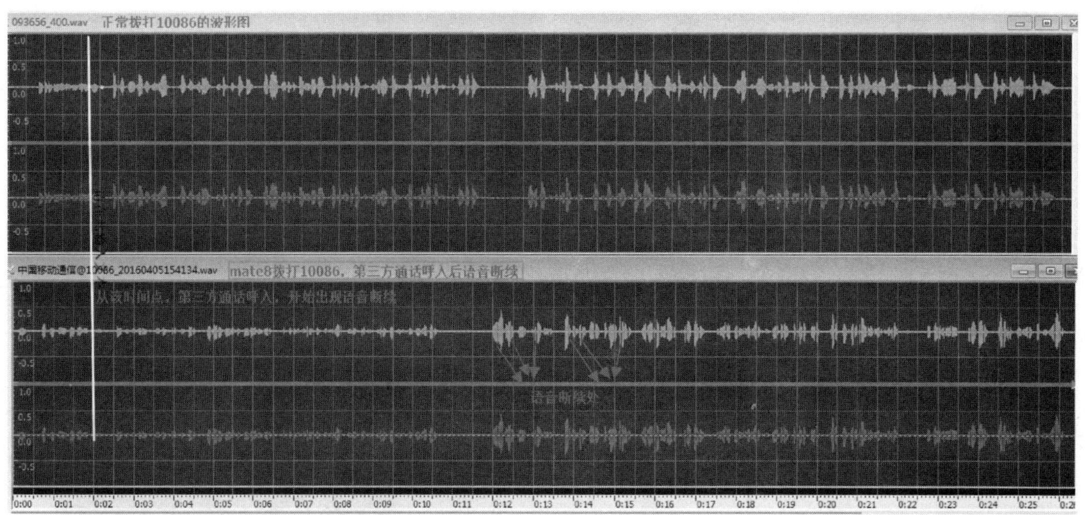
093656_400.wav 正常拨打10086的波形图
mate8拨打10086，第三方通话呼入后语音断续
从该时间点，第三方通话呼入，开始出现语音断续
语音断续处

图 13-16　语音波形图对比

【问题分析】：

1）Mate 8 呼叫 B，进行呼叫等待业务。B 应答之前 MMTEL 给 Mate 8 播放呼叫等待提示音，B 应答之后，MMTEL 需要向 B 发送不带媒体的 Reinvite，用于重新协商 B 与 C 之间的媒体。MMTEL 收到 B 的媒体后，通过 UDPATE 发给 Mate 8，Mate 8 回 UPDATE 的 200 OK。由于 200（UPDATE）携带的参数，MMTEL 认为，必须要等待 Preconditon 完成才能发送缓存的应答消息，而之后主被叫都没有进行后续的媒体协商，从而导致终端显示异常，如图 13-17 所示。

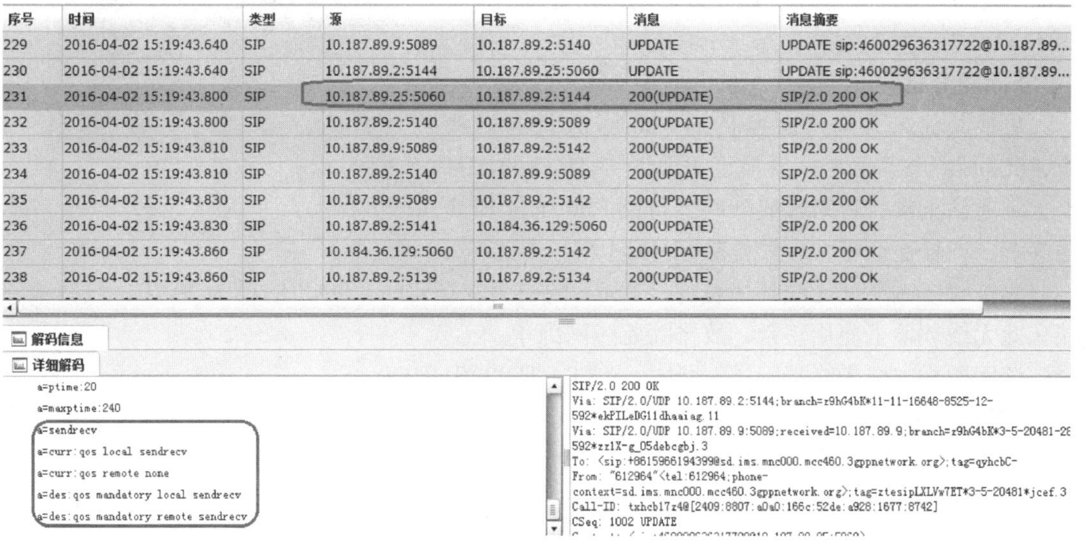

序号	时间	类型	源	目标	消息	消息摘要
229	2016-04-02 15:19:43.640	SIP	10.187.89.9:5089	10.187.89.2:5140	UPDATE	UPDATE sip:460029636317722@10.187.89...
230	2016-04-02 15:19:43.640	SIP	10.187.89.2:5144	10.187.89.25:5060	UPDATE	UPDATE sip:460029636317722@10.187.89...
231	2016-04-02 15:19:43.800	SIP	10.187.89.25:5060	10.187.89.2:5144	200(UPDATE)	SIP/2.0 200 OK
232	2016-04-02 15:19:43.800	SIP	10.187.89.2:5140	10.187.89.9:5089	200(UPDATE)	SIP/2.0 200 OK
233	2016-04-02 15:19:43.810	SIP	10.187.89.9:5089	10.187.89.2:5142	200(UPDATE)	SIP/2.0 200 OK
234	2016-04-02 15:19:43.810	SIP	10.187.89.2:5140	10.187.89.9:5089	200(UPDATE)	SIP/2.0 200 OK
235	2016-04-02 15:19:43.830	SIP	10.187.89.9:5089	10.187.89.2:5142	200(UPDATE)	SIP/2.0 200 OK
236	2016-04-02 15:19:43.830	SIP	10.187.89.2:5141	10.184.36.129:5060	200(UPDATE)	SIP/2.0 200 OK
237	2016-04-02 15:19:43.860	SIP	10.184.36.129:5060	10.187.89.2:5142	200(UPDATE)	SIP/2.0 200 OK
238	2016-04-02 15:19:43.860	SIP	10.187.89.2:5139	10.187.89.2:5134	200(UPDATE)	SIP/2.0 200 OK

解码信息
详细解码
a=ptime:20
a=maxptime:240
a=sendrecv
a=curr:qos local sendrecv
a=curr:qos remote none
a=des:qos mandatory local sendrecv
a=des:qos mandatory remote sendrecv
SIP/2.0 200 OK
Via: SIP/2.0/UDP 10.187.89.2:5144;branch=z9hG4bK*11-11-16648-8525-12-592*ekPILeDG11dhaaiag.11
Via: SIP/2.0/UDP 10.187.89.9:5089;received=10.187.89.9;branch=z9hG4bK*3-5-20481-28
592*zz1X-g_05debcgbj.3
To: <sip:+8615966194399@sd.ims.mnc000.mcc460.3gppnetwork.org>;tag=qyhcbC-
From: "612964"<tel:612964;phone-context=sd.ims.mnc000.mcc460.3gppnetwork.org>;tag=ztesipLXLVw7ET*3-5-20481*jcef.3
Call-ID: txhcb17z4@[2409:8807:a0a0:166c:52de:a928:1677:8742]
CSeq: 1002 UPDATE

图 13-17　信令流程

2）UPDATE 信令流程如图 13-18 所示。根据信令流程分析，判断主叫 Mate 8 终端在此时回复的 UPDATE 200 OK 中所携带的 SDP 并不合适。

Mate 8 回 200（UPDATE）中 SDP 部分内容如下：

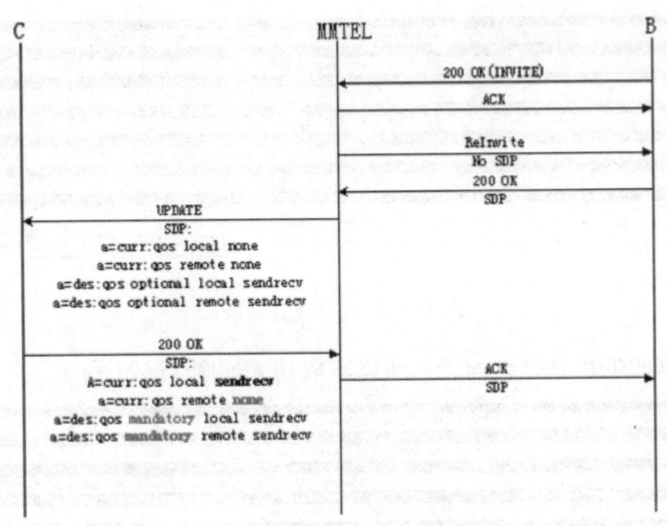

图 13-18　UPDATE 信令流程

a = curr：qos local sendrecv

a = curr：qos remote none

a = des：qos mandatory local sendrecv

a = des：qos mandatory remote sendrecv。

①“a = des：qos mandatory remote sendrecv”表示强烈期望对端资源状态 sendrecv 完成。

②“a = curr：qos remote none”表示 Mate 8 返回自己的状态是 none，与期望值不一致。

AS 认为，必须等待 Preconditon 完成才能发送缓存的应答消息 200（invite），而主被叫都没有进行后续的媒体协商，导致 AS 一直没有把 200（invite）发送给 Mate 8 终端，造成了 Mate 8 上还显示是振铃态，通话时间不走秒，初步判断为终端问题。

【解决措施】：

利用 SSS 规避手段，将 1410 改成 2 可以解决：SET SYS GLOBPARA：IDX = 1410，CURVAL = "2"，3 = 0。

5. 中兴 B2015（高通芯片）呼转业务概率性失败案例分析

【问题描述】：

测试时发现中兴 B2015（高通芯片、支持 VoLTE 网络）设置遇忙呼叫转移失败，测试 15 次，失败 15 次，概率为 100%；设置无条件呼转成功。

手机版本是最新版本 B2015CMCCV1.0.0B06，如图 13-19 所示。

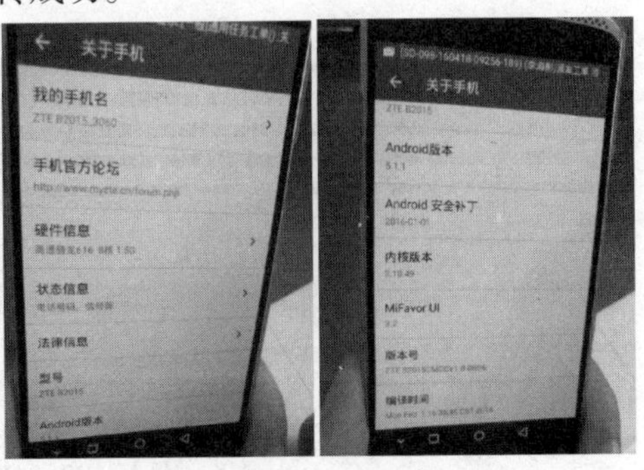

图 13-19　手机版本

【问题分析】：

1）在使用中兴 B2015 做遇忙呼叫转移时均失败，核心网抓包分析如下：

从图 13-20 中看到手机查询的是默认前转业务（call - forwarding - default - busy），而默认前转业务是不允许查询的，所以返回 409 拒绝，如图 13-20 所示。

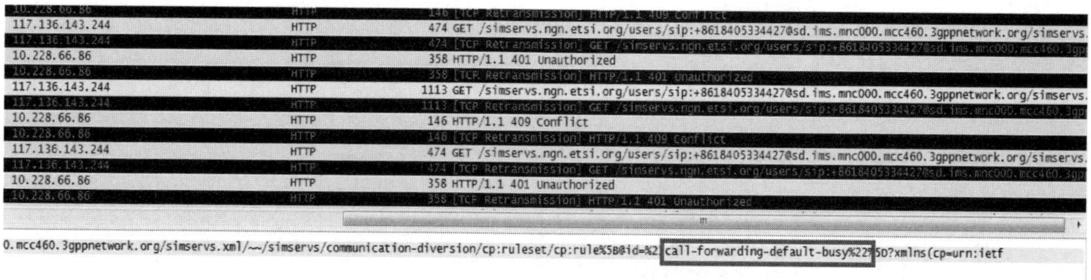

图 13-20　核心网侧分析

2）因为后面修改的也是默认前转，所以不成功，如图 13-21 所示。

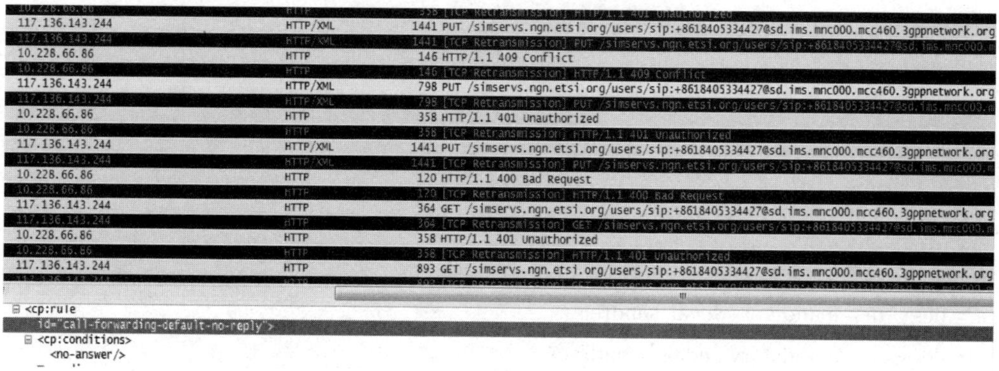

图 13-21　核心网侧后续流程

3）因为正常的无条件呼叫转移并没有查询默认业务，无 default 字段，所以无条件呼叫转移设置成功，如图 13-22 所示。

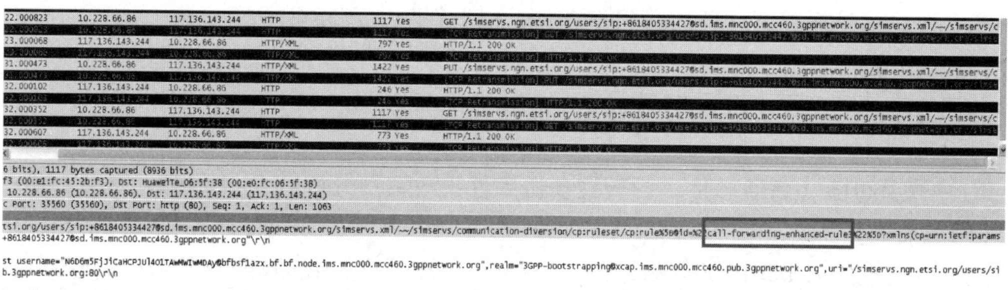

图 13-22　核心网侧正常呼叫转移

通过多次测试确定中兴 B2015（高通芯片）存在遇忙呼叫转移设置失败问题，是终端上发错误字段导致。

【解决方案】：

解决方案：需中兴手机厂家抓包分析协助解决。

6. 中国移动 N1 max 建立电话会议后，通话记录显示混乱问题分析

【问题描述】：

中国移动 N1 max 手机 A 拨打 B，进行 VoLTE 通话，通话建立后，拨打 C，并进行合并通话，建立电话会议，A 结束电话会议后，通话记录显示 B、C、C、“+86B”“+86 本机号码”共计 5 条通话记录。

1）首先将通话记录列表清空，如图 13-23 所示。

2）先后拨通测试号码 183 ××××9455（VoLTE 通话）和 188 ××××0769，进行合并通话，建立电话会议，如图 13-24 所示。

3）结束通话后，查看通话记录如图 13-25 所示（5 条记录）。应该只有 B 和 C 两条记录才正确。

图 13-23　清空通话记录

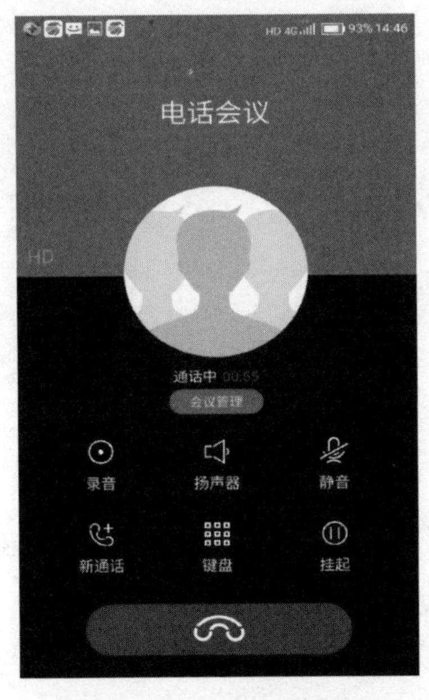

图 13-24　电话会议建立

图 13-25　通话记录

【问题分析】：

1）经过测试分析，定位中国移动 N1 max 建立电话会议后，通话记录显示混乱问题的可能原因如下：

① IMS 域或 CS 核心网侧问题。

② 无线网络信号问题。

③ 手机终端问题。

2）针对以上分析结果，对造成该故障的原因逐一进行排查。

① 核查 IMS 域和 CS 核心网数据：

● 创建承载请求，如图 13-26 所示。

892	892	2016-04-08 15:36:10	13	1:8:SPP:2	MMSDB	Internal	MM_SDB_DYNAMIC	460025538709514	1140	02 00 FF FF 30 E4 00 00 7F 10 00...
893	**893**	**2016-04-08 15:36:10**	**13**	**0:1:SGP:0**	**MME -> eNodeB**	**Protocol**	**DOWNLINK NAS TRANSPORT**	**460025538709514**	**139**	**24 00 00 16 0C 01 00 00 24 00 00...**
894	894	2016-04-08 15:36:10	13	0:1:SGP:0	S1APADP -> SCTP	Internal	DOWNLINK_NAS_TRANSPORT	460025538709514	139	24 00 00 16 0C 01 00 00 24 00 00...
895	895	2016-04-08 15:36:10	49	0:1:SGP:0	SCTP -> S1APADP	Internal	UPLINK NAS TRANSPORT	460025538709514	163	24 00 00 16 F5 00 00 00 24 00 00...
896	896	2016-04-08 15:36:10	49	0:1:SGP:0	S1APADP -> S1AP	Internal	UPLINK_NAS_TRANSPORT	460025538709514	163	24 00 00 16 0B 01 00 00 24 00 00...
897	**897**	**2016-04-08 15:36:10**	**49**	**0:1:SGP:0**	**eNodeB -> MME**	**Protocol**	**UPLINK NAS TRANSPORT**	**460025538709514**	**163**	**24 00 00 16 0B 01 00 00 24 00 00...**
898	898	2016-04-08 15:36:10	49	0:1:SGP:0	S1AP -> MM	Internal	UPLINK NAS TRANSPORT	460025538709514	99	24 00 00 16 0C 01 00 00 71 01 00...
899	899	2016-04-08 15:36:10	52	1:8:SPP:2	S1AP -> MM	Internal	S1AP_SPU_UPLINK_NAS_TRANSPORT	460025538709514	99	24 00 00 16 0C 01 00 00 71 01 00...
900	**900**	**2016-04-08 15:36:10**	**52**	**1:8:SPP:2**	**UE -> MME**	**Protocol**	**Security Mode Complete**	**460025538709514**	**19**	**47 8F C5 11 77 00 07 5E 23 09 83...**
901	901	2016-04-08 15:36:10	52	1:8:SPP:2	MM -> MM	Internal	MM_MM_INTERNAL	460025538709514	103	71 01 00 15 04 00 00 00 71 01 00...
902	902	2016-04-08 15:36:10	52	1:8:SPP:2	MM -> MM	Internal	MM_MM_INTERNAL	460025538709514	76	71 01 00 15 09 00 00 00 71 01 00...
903	903	2016-04-08 15:36:10	52	1:8:SPP:2	MM -> MM	Internal	MM_MM_INTERNAL	460025538709514	72	71 01 00 15 00 00 00 00 71 01 00...
904	904	2016-04-08 15:36:10	52	1:8:SPP:2	MM -> MM	Internal	MM_MM_INTERNAL	460025538709514	76	71 01 00 15 09 00 00 00 71 01 00...
905	905	2016-04-08 15:36:10	52	1:8:SPP:2	MM -> MM	Internal	MM_MM_INTERNAL	460025538709514	84	71 01 00 15 06 00 00 00 71 01 00...
906	906	2016-04-08 15:36:10	52	1:8:SPP:2	MM -> SM	Internal	MM_SM_CTRL_CREATE_DEFAULT_BEARER_...	460025538709514	152	71 01 00 15 E4 00 00 00 71 01 00...
907	907	2016-04-08 15:36:10	52	1:8:SPP:2	MMCB	Internal	MM_CB	460025538709514	4350	64 00 52 35 78 90 15 F4 68 38 57...
908	908	2016-04-08 15:36:10	52	1:8:SPP:2	MMSDB	Internal	MM_SDB_STATIC	460025538709514	1018	01 00 FF FF 30 E4 00 00 7F 10 00...
909	909	2016-04-08 15:36:10	52	1:8:SPP:2	MMSDB	Internal	MM_SDB_DYNAMIC	460025538709514	1140	02 00 FF FF 30 E4 00 00 7F 10 00...
910	910	2016-04-08 15:36:10	52	1:8:SPP:2	SM-PROC-TRC	Internal	SM_PROC_TRC	460025538709514	2079	10 0D 00 00 17 08 00 00 0E 53 6...
911	911	2016-04-08 15:36:10	53	1:8:SPP:2	USER -> UPSEL	Internal	E_USER_UPSEL_UPNDSEL_REQ	460025538709514	69	FF FF FF FF 80 00 00 00 FF FF FF...
912	912	2016-04-08 15:36:10	53	1:8:SPP:2	SM -> DNS	Internal	SM_DNS_REQ	460025538709514	613	71 01 00 15 E5 00 00 00 71 01 00...
913	913	2016-04-08 15:36:10	53	1:8:SPP:2	SM-MPDP-CB-SDB	Internal	SM_MPDP_CB_SDB	460025538709514	7484	02 0D 00 00 01 01 01 FF 00 00 00...
914	914	2016-04-08 15:36:10	53	1:8:SPP:2	SM-USER-CB-SDB	Internal	SM_USER_CB_SDB	460025538709514	3137	01 0D 00 00 01 03 0E FF 00 14 89...
915	915	2016-04-08 15:36:10	53	1:8:SPP:2	SM-PROC-TRC	Internal	SM_PROC_TRC	460025538709514	295	10 0D 00 00 1F 01 00 00 1B 53 6...
916	916	2016-04-08 15:36:10	56	1:8:SPP:2	DNS -> SM	Internal	DNS_SM_RSP	460025538709514	2973	71 01 00 15 D2 00 00 00 71 01 00...
917	917	2016-04-08 15:36:10	56	1:8:SPP:2	SM-MPDP-CB-SDB	Internal	SM_MPDP_CB_SDB	460025538709514	7484	02 0D 00 00 01 01 01 FF 00 00 00...
918	918	2016-04-08 15:36:10	56	1:8:SPP:2	SM-USER-CB-SDB	Internal	SM_USER_CB_SDB	460025538709514	3137	01 0D 00 00 01 03 0E FF 00 14 89...
919	919	2016-04-08 15:36:10	56	1:8:SPP:2	UPSEL -> USER	Internal	E_UPSEL_USER_UPNDSEL_RSP	460025538709514	69	FF FF FF FF 83 00 00 00 FF FF FF...
920	920	2016-04-08 15:36:10	56	1:8:SPP:2	SM-PROC-TRC	Internal	SM_PROC_TRC	460025538709514	70	10 0D 00 00 3E 00 00 00 1C 53 6...
921	921	2016-04-08 15:36:10	56	1:8:SPP:2	SM-PROC-TRC	Internal	SM_PROC_TRC	460025538709514	76	10 0D 00 00 44 00 00 00 43 43 48...
922	**922**	**2016-04-08 15:36:10**	**56**	**1:8:SPP:2**	**MME(SGSN) -> SGW**	**Protocol**	**Create Session Request**	**460025538709514**	**431**	**71 01 00 15 E5 00 00 00 71 01 00...**
923	923	2016-04-08 15:36:10	56	1:8:SPP:2	SM-MPDP-CB-SDB	Internal	SM_MPDP_CB_SDB	460025538709514	7484	02 0D 00 00 01 01 01 FF 00 00 00...
924	924	2016-04-08 15:36:10	56	1:8:SPP:2	SM-PDP-CB-SDB	Internal	SM_PDP_CB_SDB	460025538709514	2342	03 0D 00 00 01 01 01 FF 00 00 00...
925	925	2016-04-08 15:36:10	56	1:8:SPP:2	SM-USER-CB-SDB	Internal	SM_USER_CB_SDB	460025538709514	3137	01 0D 00 00 01 03 0E FF 00 00 00...
926	**926**	**2016-04-08 15:36:10**	**105**	**1:8:SPP:2**	**SGW -> MME(SGSN)**	**Protocol**	**Create Session Response**	**460025538709514**	**358**	**71 01 00 15 D1 00 00 00 71 01 00...**
927	927	2016-04-08 15:36:10	105	1:8:SPP:2	SM-MPDP-CB-SDB	Internal	SM_MPDP_CB_SDB	460025538709514	7484	02 0D 00 00 01 01 01 FF 00 00 00...
928	928	2016-04-08 15:36:10	105	1:8:SPP:2	SM-PDP-CB-SDB	Internal	SM_PDP_CB_SDB	460025538709514	2342	03 0D 00 00 01 01 01 FF 00 00 00...
929	929	2016-04-08 15:36:10	105	1:8:SPP:2	SM-USER-CB-SDB	Internal	SM_USER_CB_SDB	460025538709514	3137	01 0D 00 00 01 03 09 FF 00 60 8D...
930	930	2016-04-08 15:36:10	105	1:8:SPP:2	SM -> GTPC	Internal	SPU_GTPC_RECOVERY_NOTIFY_REQ	460025538709514	197	71 01 00 15 E5 00 00 00 71 01 00...
931	931	2016-04-08 15:36:10	105	1:8:SPP:2	SM-MPDP-CB-SDB	Internal	SM_MPDP_CB_SDB	460025538709514	7484	02 0D 00 00 01 01 01 FF 00 00 00...
932	932	2016-04-08 15:36:10	105	1:8:SPP:2	SM-PDP-CB-SDB	Internal	SM_PDP_CB_SDB	460025538709514	2342	03 0D 00 00 01 01 01 FF 00 00 00...
933	933	2016-04-08 15:36:10	105	1:8:SPP:2	SM-USER-CB-SDB	Internal	SM_USER_CB_SDB	460025538709514	3137	01 0D 00 00 01 03 09 FF 00 00 00...
934	934	2016-04-08 15:36:10	105	1:8:SPP:2	SM-PROC-TRC	Internal	SM_PROC_TRC	460025538709514	33	10 0D 00 00 19 00 00 00 18 43 74...
935	935	2016-04-08 15:36:10	105	1:8:SPP:2	SM-PROC-TRC	Internal	SM_PROC_TRC	460025538709514	33	10 0D 00 00 19 00 00 00 18 43 74...

图 13-26　创建承载请求

● 承载建立，如图 13-27 所示。

1024	1024	2016-04-08 15:36:10	363	1:8:SPP:2	S1AP -> MM	Internal	S1AP_SPU_UPLINK_NAS_TRANSPORT	460025538709514	136	24 00 00 16 0C 01 00 00 71 01 00...
1025	**1025**	**2016-04-08 15:36:10**	**363**	**1:8:SPP:2**	**UE -> MME**	**Protocol**	**PDN Connectivity Request**	**460025538709514**	**50**	**02 04 D0 31 28 04 03 69 6D 73 27...**
1026	1026	2016-04-08 15:36:10	363	1:8:SPP:2	MM -> SM	Internal	MM_SM_FWD_L3_MSG	460025538709514	192	71 01 00 15 E4 00 00 00 71 01 00...
1027	1027	2016-04-08 15:36:10	363	1:8:SPP:2	USER -> MPDP	Internal	E_USER_MPDP_FWD_NAS24301_PDN_CONN...	460025538709514	571	FF FF FF FF 80 00 00 00 FF FF FF...
1028	1028	2016-04-08 15:36:10	363	1:8:SPP:2	SM-PROC-TRC	Internal	SM_PROC_TRC	460025538709514	2303	10 0D 00 00 F7 08 00 00 0E 53 6...
1029	1029	2016-04-08 15:36:10	363	1:8:SPP:2	MPDP -> UPSEL	Internal	E_MPDP_UPSEL_UPNDSEL_REQ	460025538709514	69	FF FF FF FF 81 00 00 00 FF FF FF...
1030	1030	2016-04-08 15:36:10	363	1:8:SPP:2	SM -> DNS	Internal	SM_DNS_REQ	460025538709514	629	71 01 00 15 E5 00 00 00 71 01 00...
1031	1031	2016-04-08 15:36:10	363	1:8:SPP:2	SM-MPDP-CB-SDB	Internal	SM_MPDP_CB_SDB	460025538709514	7484	02 0D 00 00 01 02 03 FF 00 EC 6...
1032	1032	2016-04-08 15:36:10	363	1:8:SPP:2	SM-USER-CB-SDB	Internal	SM_USER_CB_SDB	460025538709514	3137	01 0D 00 00 01 02 01 FF 00 E4 31...
1033	1033	2016-04-08 15:36:10	363	1:8:SPP:2	SM-PROC-TRC	Internal	SM_PROC_TRC	460025538709514	298	10 0D 00 00 22 01 00 00 1B 53 6...
1034	1034	2016-04-08 15:36:10	364	1:8:SPP:2	DNS -> SM	Internal	DNS_SM_RSP	460025538709514	810	71 01 00 15 D2 00 00 00 71 01 00...
1035	1035	2016-04-08 15:36:10	364	1:8:SPP:2	SM-MPDP-CB-SDB	Internal	SM_MPDP_CB_SDB	460025538709514	7484	02 0D 00 00 01 02 03 FF 00 EC 6...
1036	1036	2016-04-08 15:36:10	364	1:8:SPP:2	SM-USER-CB-SDB	Internal	SM_USER_CB_SDB	460025538709514	3137	01 0D 00 00 01 02 01 FF 00 E4 31...
1037	1037	2016-04-08 15:36:10	364	1:8:SPP:2	UPSEL -> MPDP	Internal	E_UPSEL_MPDP_UPNDSEL_RSP	460025538709514	69	FF FF FF FF 83 00 00 00 FF FF FF...
1038	1038	2016-04-08 15:36:10	364	1:8:SPP:2	SM-PROC-TRC	Internal	SM_PROC_TRC	460025538709514	64	10 0D 00 00 38 00 00 00 19 53 6D...
1039	1039	2016-04-08 15:36:10	364	1:8:SPP:2	SM-PROC-TRC	Internal	SM_PROC_TRC	460025538709514	76	10 0D 00 00 44 00 00 00 43 43 48...
1040	**1040**	**2016-04-08 15:36:10**	**364**	**1:8:SPP:2**	**MME(SGSN) -> SGW**	**Protocol**	**Create Session Request**	**460025538709514**	**448**	**71 01 00 15 E5 00 00 00 71 01 00...**
1041	1041	2016-04-08 15:36:10	364	1:8:SPP:2	SM-MPDP-CB-SDB	Internal	SM_MPDP_CB_SDB	460025538709514	7484	02 0D 00 00 01 02 03 FF 00 00 00...
1042	1042	2016-04-08 15:36:10	364	1:8:SPP:2	SM-PDP-CB-SDB	Internal	SM_PDP_CB_SDB	460025538709514	2342	03 0D 00 00 01 01 01 FF 00 00 00...
1043	1043	2016-04-08 15:36:10	364	1:8:SPP:2	SM-USER-CB-SDB	Internal	SM_USER_CB_SDB	460025538709514	3137	01 0D 00 00 01 02 01 FF 00 E4 31...
1044	**1044**	**2016-04-08 15:36:10**	**394**	**1:8:SPP:2**	**SGW -> MME(SGSN)**	**Protocol**	**Create Session Response**	**460025538709514**	**390**	**71 01 00 15 D1 00 00 00 71 01 00...**
1045	1045	2016-04-08 15:36:10	394	1:8:SPP:2	SM-MPDP-CB-SDB	Internal	SM_MPDP_CB_SDB	460025538709514	7484	02 0D 00 00 01 02 04 FF 00 D8 29...
1046	1046	2016-04-08 15:36:10	394	1:8:SPP:2	SM-PDP-CB-SDB	Internal	SM_PDP_CB_SDB	460025538709514	2342	03 0D 00 00 01 01 01 FF 00 00 00...
1047	1047	2016-04-08 15:36:10	394	1:8:SPP:2	SM-USER-CB-SDB	Internal	SM_USER_CB_SDB	460025538709514	3137	01 0D 00 00 01 02 01 FF 00 E4 31...
1048	1048	2016-04-08 15:36:10	394	1:8:SPP:2	SM -> GTPC	Internal	SPU_GTPC_RECOVERY_NOTIFY_REQ	460025538709514	197	71 01 00 15 E5 00 00 00 71 01 00...
1049	1049	2016-04-08 15:36:10	394	1:8:SPP:2	SM-MPDP-CB-SDB	Internal	SM_MPDP_CB_SDB	460025538709514	7484	02 0D 00 00 01 02 04 FF 00 00 00...
1050	1050	2016-04-08 15:36:10	394	1:8:SPP:2	SM-PDP-CB-SDB	Internal	SM_PDP_CB_SDB	460025538709514	2342	03 0D 00 00 01 01 01 FF 00 00 00...
1051	1051	2016-04-08 15:36:10	394	1:8:SPP:2	SM-USER-CB-SDB	Internal	SM_USER_CB_SDB	460025538709514	3137	01 0D 00 00 01 02 01 FF 00 E4 31...
1052	1052	2016-04-08 15:36:10	394	1:8:SPP:2	SM-PROC-TRC	Internal	SM_PROC_TRC	460025538709514	33	10 0D 00 00 19 00 00 00 18 43 74...
1053	1053	2016-04-08 15:36:10	394	1:8:SPP:2	SM -> MM	Internal	SM_MM_SPU_S1AP_E_RAB_SETUP_REQ	460025538709514	311	71 01 00 15 E5 00 00 00 71 01 00...
1054	1054	2016-04-08 15:36:10	394	1:8:SPP:2	SM-USER-CB-SDB	Internal	SM_USER_CB_SDB	460025538709514	3137	01 0D 00 00 01 02 01 FF 00 E4 31...
1055	1055	2016-04-08 15:36:10	394	1:8:SPP:2	SM-MPDP-CB-SDB	Internal	SM_MPDP_CB_SDB	460025538709514	7484	02 0D 00 00 01 02 04 FF 00 00 00...
1056	1056	2016-04-08 15:36:10	394	1:8:SPP:2	SM-PDP-CB-SDB	Internal	SM_PDP_CB_SDB	460025538709514	2342	03 0D 00 00 01 01 01 FF 00 00 00...
1057	1057	2016-04-08 15:36:10	395	1:8:SPP:2	MM -> MM	Internal	MM_MM_INTERNAL	460025538709514	52	71 01 00 15 07 00 00 00 71 01 00...
1058	**1058**	**2016-04-08 15:36:10**	**395**	**1:8:SPP:2**	**MME -> UE**	**Protocol**	**Activate Default EPS Bearer Context Request**	**460025538709514**	**138**	**62 04 C1 01 05 17 03 49 4D 53 06...**
1059	1059	2016-04-08 15:36:10	395	1:8:SPP:2	MM -> MM	Internal	MM_MM_INTERNAL	460025538709514	308	71 01 00 15 00 00 00 00 71 01 00...
1060	1060	2016-04-08 15:36:10	395	1:8:SPP:2	MM -> S1AP	Internal	SPU_S1AP_CHANGE_MM_CONN_INDEX	460025538709514	64	71 01 00 15 E4 00 00 00 24 00 00...
1061	1061	2016-04-08 15:36:10	395	1:8:SPP:2	MMCB	Internal	MM_CB	460025538709514	4350	64 00 52 35 78 90 15 F4 68 38 57...
1062	1062	2016-04-08 15:36:10	395	1:8:SPP:2	MMSDB	Internal	MM_SDB_STATIC	460025538709514	1018	01 00 FF FF 30 E4 00 00 7F 10 00...
1063	1063	2016-04-08 15:36:10	395	1:8:SPP:2	MMSDB	Internal	MM_SDB_DYNAMIC	460025538709514	1140	02 00 FF FF 30 E4 00 00 7F 10 00...
1064	1064	2016-04-08 15:36:10	395	1:8:SPP:2	MM -> S1AP	Internal	SPU_S1AP_E_RAB_SETUP_REQ	460025538709514	288	71 01 00 15 E4 00 00 00 24 00 00...
1065	1065	2016-04-08 15:36:10	395	1:8:SPP:2	MMCB	Internal	MM_CB	460025538709514	4350	64 00 52 35 78 90 15 F4 68 38 57...
1066	1066	2016-04-08 15:36:10	395	1:8:SPP:2	MMSDB	Internal	MM_SDB_STATIC	460025538709514	1018	01 00 FF FF 30 E4 00 00 7F 10 00...
1067	1067	2016-04-08 15:36:10	395	1:8:SPP:2	MMSDB	Internal	MM_SDB_DYNAMIC	460025538709514	1140	02 00 FF FF 30 E4 00 00 7F 10 00...

图 13-27　承载建立

● 三方通话，如图 13-28 所示。

● 通话结束，释放承载，如图 13-29 所示。

从信令来看，网络侧无异常。

② 测试终端所处位置的信号强度：通过测试发现，主被叫终端所处位置的 4G 与2G/3G信号强度正常，且终端上显示的信号强度正常，手机有 VoLTE 标识，故排除测试位置信号因素。

③ 检查该款终端：检查终端运行软件，未见异常软件；核查手机内存占用正常；最后将手机卡更换到华为 Mate 8 手机中，建立三方电话会议，通话记录显示正常，由此判断为中国移动 N1 max 终端问题。

1069	1069	2016-04-08 15:36:10	395	1:8:SPP:2	MMCB	Internal	MM_CB	460025538709514	4350	64 00 52 35 78 90 15 F4 68 38 57 ...
1070	1070	2016-04-08 15:36:10	395	1:8:SPP:2	MMSDB	Internal	MM_SDB_STATIC	460025538709514	1018	01 00 FF FF 30 E4 00 00 7F 10 00 ...
1071	1071	2016-04-08 15:36:10	395	1:8:SPP:2	MMSDB	Internal	MM_SDB_DYNAMIC	460025538709514	1140	02 00 FF FF 30 E4 00 00 7F 10 00 ...
1072	**1072**	**2016-04-08 15:36:10**	**394**	**0:1:SGP:0**	**MME -> eNodeB**	**Protocol**	**E-RAB SETUP REQUEST**	**460025538709514**	**303**	**24 00 00 16 0C 01 00 00 24 00 00...**
1073	1073	2016-04-08 15:36:10	394	0:1:SGP:0	S1APADP -> SCTP	Internal	E_RAB_SETUP_REQUEST	460025538709514	303	24 00 00 16 0C 01 00 00 24 00 00 ...
1074	1074	2016-04-08 15:36:10	440	0:1:SGP:0	SCTP -> S1APADP	Internal	E-RAB SETUP RESPONSE	460025538709514	136	24 00 00 16 F5 00 00 00 24 00 00 ...
1075	1075	2016-04-08 15:36:10	440	0:1:SGP:0	S1APADP -> S1AP	Internal	E_RAB_SETUP_RESPONSE	460025538709514	136	24 00 00 16 0B 01 00 00 24 00 00 ...
1076	1076	2016-04-08 15:36:10	440	0:1:SGP:0	SCTP -> S1APADP	Internal	UPLINK NAS TRANSPORT	460025538709514	153	24 00 00 16 F5 00 00 00 24 00 00 ...
1077	1077	2016-04-08 15:36:10	440	0:1:SGP:0	S1APADP -> S1AP	Internal	UPLINK_NAS_TRANSPORT	460025538709514	153	24 00 00 16 0B 01 00 00 24 00 00 ...
1078	**1078**	**2016-04-08 15:36:10**	**440**	**0:1:SGP:0**	**eNodeB -> MME**	**Protocol**	**E-RAB SETUP RESPONSE**	**460025538709514**	**136**	**24 00 00 16 0B 01 00 00 24 00 00 ...**
1079	1079	2016-04-08 15:36:10	440	0:1:SGP:0	S1AP -> MM	Internal	E RAB SETUP RSP	460025538709514	104	24 00 00 16 0C 01 00 00 71 01 00...
1080	**1080**	**2016-04-08 15:36:10**	**440**	**0:1:SGP:0**	**eNodeB -> MME**	**Protocol**	**UPLINK NAS TRANSPORT**	**460025538709514**	**153**	**24 00 00 16 0B 01 00 00 24 00 00 ...**
1081	1081	2016-04-08 15:36:10	440	0:1:SGP:0	S1AP -> MM	Internal	UPLINK NAS TRANSPORT	460025538709514	89	24 00 00 16 0C 01 00 00 71 01 00...
1082	1082	2016-04-08 15:36:10	443	1:8:SPP:2	S1AP -> MM	Internal	S1AP_SPU_E_RAB_SETUP_RSP	460025538709514	104	24 00 00 16 0C 01 00 00 71 01 00...
1083	1083	2016-04-08 15:36:10	443	1:8:SPP:2	MM -> SM	Internal	MM_SM_FWD_ACC_MSG	460025538709514	133	71 01 00 15 E4 00 00 00 71 01 00 ...
1084	1084	2016-04-08 15:36:10	443	1:8:SPP:2	S1AP -> MM	Internal	S1AP_SPU_UPLINK_NAS_TRANSPORT	460025538709514	89	24 00 00 16 0C 01 00 00 71 01 00...
1085	**1085**	**2016-04-08 15:36:10**	**443**	**1:8:SPP:2**	**UE -> MME**	**Protocol**	**Activate Default EPS Bearer Context Accept**	**460025538709514**	**3**	**62 00 C2**
1086	1086	2016-04-08 15:36:10	443	1:8:SPP:2	MM -> S1AP	Internal	SPU_S1AP_CHANGE_MM_CONN_INDEX	460025538709514	64	71 01 00 15 E4 00 00 00 24 00 00 ...
1087	1087	2016-04-08 15:36:10	443	1:8:SPP:2	MM -> SM	Internal	MM_SM_FWD_L3_MSG	460025538709514	145	71 01 00 15 E4 00 00 00 71 01 00 ...
1088	**1088**	**2016-04-08 15:36:10**	**443**	**1:8:SPP:2**	**MME(SGSN) -> SGW**	**Protocol**	**Modify Bearer Request**	**460025538709514**	**215**	**71 01 00 15 E5 00 00 00 71 01 00**
1089	1089	2016-04-08 15:36:10	443	1:8:SPP:2	SM-MPDP-CB-SDB	Internal	SM_MPDP_CB_SDB	460025538709514	7484	02 0D 00 00 01 02 07 FF 00 00 00...
1090	1090	2016-04-08 15:36:10	443	1:8:SPP:2	SM-PDP-CB-SDB	Internal	SM_PDP_CB_SDB	460025538709514	2342	03 0D 00 00 01 01 01 FF 00 00 00...
1091	1091	2016-04-08 15:36:10	443	1:8:SPP:2	SM-USER-CB-SDB	Internal	SM_USER_CB_SDB	460025538709514	3137	01 0D 00 00 01 02 01 FF 00 E4 31...
1092	**1092**	**2016-04-08 15:36:10**	**447**	**1:8:SPP:2**	**SGW -> MME(SGSN)**	**Protocol**	**Modify Bearer Response**	**460025538709514**	**249**	**71 01 00 15 D1 00 00 00 71 01 00...**
1093	1093	2016-04-08 15:36:10	447	1:8:SPP:2	SM-MPDP-CB-SDB	Internal	SM_MPDP_CB_SDB	460025538709514	7484	02 0D 00 00 01 02 08 FF 00 3C C...
1094	1094	2016-04-08 15:36:10	447	1:8:SPP:2	SM-PDP-CB-SDB	Internal	SM_PDP_CB_SDB	460025538709514	2342	03 0D 00 00 01 01 01 FF 00 00 00...
1095	1095	2016-04-08 15:36:10	447	1:8:SPP:2	SM-USER-CB-SDB	Internal	SM_USER_CB_SDB	460025538709514	3137	01 0D 00 00 01 02 01 FF 00 E4 31...
1096	1096	2016-04-08 15:36:10	447	1:8:SPP:2	SM -> GTPC	Internal	SPU_GTPC_RECOVERY_NOTIFY_REQ	460025538709514	197	71 01 00 15 E5 00 00 00 71 01 00 ...
1097	1097	2016-04-08 15:36:10	447	1:8:SPP:2	SM-MPDP-CB-SDB	Internal	SM_MPDP_CB_SDB	460025538709514	7484	02 0D 00 00 01 02 08 FF 00 00 00...
1098	1098	2016-04-08 15:36:10	447	1:8:SPP:2	SM-PDP-CB-SDB	Internal	SM_PDP_CB_SDB	460025538709514	2342	03 0D 00 00 01 01 01 FF 00 00 00...
1099	1099	2016-04-08 15:36:10	447	1:8:SPP:2	SM-USER-CB-SDB	Internal	SM_USER_CB_SDB	460025538709514	3137	01 0D 00 00 01 02 01 FF 00 E4 31.
1100	1100	2016-04-08 15:36:10	447	1:8:SPP:2	SM-EMS	Maintenan...	EMS_SIGNALING_NORMAL	460025538709514	422	01 00 00 00 00 00 00 00 00 00 00 ...
1101	1101	2016-04-08 15:36:10	447	1:8:SPP:2	SM-PROC-TRC	Internal	SM_PROC_TRC	460025538709514	352	10 0D 00 00 58 01 00 00 30 53 6D...
1102	1102	2016-04-08 15:36:10	447	1:8:SPP:2	MPDP -> USER	Internal	E_MPDP_USER_TRANS_FIN	460025538709514	69	FF FF FF FF 81 00 00 00 FF FF FF ...
1103	1103	2016-04-08 15:36:10	447	1:8:SPP:2	SM-PROC-TRC	Internal	SM_PROC_TRC	460025538709514	209	10 0D 00 00 C9 00 00 00 30 53 6...
1104	1104	2016-04-08 15:36:10	447	1:8:SPP:2	SM-PROC-TRC	Internal	SM_PROC_TRC	460025538709514	171	10 0D 00 00 A3 00 00 00 2B 53 6...
1105	**1105**	**2016-04-08 15:36:13**	**459**	**2:2:SPP:6**	**HSS -> MME(SGSN)**	**Protocol**	**Insert Subscriber Data Request**	**460025538709514**	**488**	**01 00 01 E8 C0 00 01 3F 01 00 00...**
1106	1106	2016-04-08 15:36:13	460	1:8:SPP:2	DIAM->UDM	Internal	DIAM_UDM_INS_SUB_REQ	460025538709514	444	65 01 00 15 0E 01 00 00 71 01 00 ...
1107	1107	2016-04-08 15:36:13	460	1:8:SPP:2	UDM -> MM	Internal	UDM_MM_INSERT_REQ	460025538709514	697	71 01 00 15 0D 01 00 00 71 01 00...
1108	1108	2016-04-08 15:36:13	460	1:8:SPP:2	MM -> UDM	Internal	MM_UDM_INSERT_RSP	460025538709514	216	71 01 00 15 E4 00 00 00 71 01 00 ...
1109	1109	2016-04-08 15:36:13	460	1:8:SPP:2	MMCB	Internal	MM_CB	460025538709514	4350	64 00 52 35 78 90 15 F4 68 38 57 ...
1110	1110	2016-04-08 15:36:13	460	1:8:SPP:2	MMSDB	Internal	MM_SDB_STATIC	460025538709514	1018	01 00 FF FF 30 E4 00 00 7F 10 00 ...
1111	1111	2016-04-08 15:36:13	460	1:8:SPP:2	MMSDB	Internal	MM_SDB_DYNAMIC	460025538709514	1140	02 00 FF FF 30 E4 00 00 7F 10 00 ...
1112	1112	2016-04-08 15:36:13	460	1:8:SPP:2	MM -> S1AP	Internal	SPU_S1AP_CHANGE_MM_CONN_INDEX	460025538709514	64	71 01 00 15 E4 00 00 00 24 00 00 ...

图 13-28　三方通话

1126	1126	2016-04-08 15:36:37	351	1:8:SPP:2	MMSDB	Internal	MM_SDB_STATIC	460025538709514	1018	01 00 FF FF 30 E4 00 00 7F 10 00 ...
1127	1127	2016-04-08 15:36:37	351	1:8:SPP:2	MMSDB	Internal	MM_SDB_DYNAMIC	460025538709514	1140	02 00 FF FF 30 E4 00 00 7F 10 00 ...
1128	**1128**	**2016-04-08 15:36:37**	**351**	**1:8:SPP:2**	**MME(SGSN) -> SGW**	**Protocol**	**Release Access Bearers Request**	**460025538709514**	**193**	**71 01 00 15 E5 00 00 00 71 01 00 ...**
1129	1129	2016-04-08 15:36:37	351	1:8:SPP:2	SM-USER-CB-SDB	Internal	SM_USER_CB_SDB	460025538709514	3137	01 0D 00 00 01 01 01 FF 00 00 00...
1130	1130	2016-04-08 15:36:37	351	1:8:SPP:2	SM-MPDP-CB-SDB	Internal	SM_MPDP_CB_SDB	460025538709514	7484	02 0D 00 00 01 01 01 FF 00 00 00 ...
1131	1131	2016-04-08 15:36:37	351	1:8:SPP:2	SM-PDP-CB-SDB	Internal	SM_PDP_CB_SDB	460025538709514	2342	03 0D 00 00 01 01 01 FF 00 00 00...
1132	1132	2016-04-08 15:36:37	351	1:8:SPP:2	SM-MPDP-CB-SDB	Internal	SM_MPDP_CB_SDB	460025538709514	7484	02 0D 00 00 01 01 01 FF 00 00 00 ...
1133	1133	2016-04-08 15:36:37	351	1:8:SPP:2	SM-PDP-CB-SDB	Internal	SM_PDP_CB_SDB	460025538709514	2342	03 0D 00 00 01 01 01 FF 00 00 00...
1134	**1134**	**2016-04-08 15:36:37**	**354**	**1:8:SPP:2**	**SGW -> MME(SGSN)**	**Protocol**	**Release Access Bearers Response**	**460025538709514**	**204**	**71 01 00 15 D1 00 00 00 71 01 00...**
1135	1135	2016-04-08 15:36:37	354	1:8:SPP:2	SM-USER-CB-SDB	Internal	SM_USER_CB_SDB	460025538709514	3137	01 0D 00 00 01 0F 1F FF 00 5C 31...
1136	1136	2016-04-08 15:36:37	354	1:8:SPP:2	SM-MPDP-CB-SDB	Internal	SM_MPDP_CB_SDB	460025538709514	7484	02 0D 00 00 01 01 01 FF 00 00 00 ...
1137	1137	2016-04-08 15:36:37	355	1:8:SPP:2	SM-PDP-CB-SDB	Internal	SM_PDP_CB_SDB	460025538709514	2342	03 0D 00 00 01 01 01 FF 00 00 00...
1138	1138	2016-04-08 15:36:37	355	1:8:SPP:2	SM-MPDP-CB-SDB	Internal	SM_MPDP_CB_SDB	460025538709514	7484	02 0D 00 00 01 01 01 FF 00 00 00 ...
1139	1139	2016-04-08 15:36:37	355	1:8:SPP:2	SM-PDP-CB-SDB	Internal	SM_PDP_CB_SDB	460025538709514	2342	03 0D 00 00 01 01 01 FF 00 00 00...
1140	1140	2016-04-08 15:36:37	355	1:8:SPP:2	SM -> GTPC	Internal	SPU_GTPC_RECOVERY_NOTIFY_REQ	460025538709514	197	71 01 00 15 E5 00 00 00 71 01 00 ...
1141	1141	2016-04-08 15:36:37	355	1:8:SPP:2	SM-USER-CB-SDB	Internal	SM_USER_CB_SDB	460025538709514	3137	01 0D 00 00 01 0F 1F FF 00 00 00...
1142	1142	2016-04-08 15:36:37	355	1:8:SPP:2	SM-MPDP-CB-SDB	Internal	SM_MPDP_CB_SDB	460025538709514	7484	02 0D 00 00 01 01 01 FF 00 00 00 ...
1143	1143	2016-04-08 15:36:37	355	1:8:SPP:2	SM-PDP-CB-SDB	Internal	SM_PDP_CB_SDB	460025538709514	2342	03 0D 00 00 01 01 01 FF 00 00 00...
1144	1144	2016-04-08 15:36:37	355	1:8:SPP:2	SM-MPDP-CB-SDB	Internal	SM_MPDP_CB_SDB	460025538709514	7484	02 0D 00 00 01 01 01 FF 00 00 00 ...
1145	1145	2016-04-08 15:36:37	355	1:8:SPP:2	SM-PDP-CB-SDB	Internal	SM_PDP_CB_SDB	460025538709514	2342	03 0D 00 00 01 01 01 FF 00 00 00...
1146	1146	2016-04-08 15:36:37	355	1:8:SPP:2	SM -> MM	Internal	SM_MM_CTRL_REL_CONN_CNF	460025538709514	80	71 01 00 15 E5 00 00 00 71 01 00 ...
1147	1147	2016-04-08 15:36:37	355	1:8:SPP:2	SM-USER-CB-SDB	Internal	SM_USER_CB_SDB	460025538709514	3137	01 0D 00 00 01 0F 1F FF 00 00 00...
1148	1148	2016-04-08 15:36:37	355	1:8:SPP:2	SM-MPDP-CB-SDB	Internal	SM_MPDP_CB_SDB	460025538709514	7484	02 0D 00 00 01 01 01 FF 00 00 00 ...
1149	1149	2016-04-08 15:36:37	355	1:8:SPP:2	SM-PDP-CB-SDB	Internal	SM_PDP_CB_SDB	460025538709514	2342	03 0D 00 00 01 01 01 FF 00 00 00...
1150	1150	2016-04-08 15:36:37	355	1:8:SPP:2	SM-MPDP-CB-SDB	Internal	SM_MPDP_CB_SDB	460025538709514	7484	02 0D 00 00 01 01 01 FF 00 00 00 ...
1151	1151	2016-04-08 15:36:37	355	1:8:SPP:2	SM-PDP-CB-SDB	Internal	SM_PDP_CB_SDB	460025538709514	2342	03 0D 00 00 01 01 01 FF 00 00 00...
1152	1152	2016-04-08 15:36:37	355	1:8:SPP:2	SM-PROC-TRC	Internal	SM_PROC_TRC	460025538709514	413	10 0D 00 00 95 01 00 00 30 53 6D...
1153	1153	2016-04-08 15:36:37	355	1:8:SPP:2	SM-PROC-TRC	Internal	SM_PROC_TRC	460025538709514	202	10 0D 00 00 C2 00 00 00 30 53 6...
1154	1154	2016-04-08 15:36:37	355	1:8:SPP:2	SM-PROC-TRC	Internal	SM_PROC_TRC	460025538709514	413	10 0D 00 00 95 01 00 00 30 53 6D...
1155	1155	2016-04-08 15:36:37	355	1:8:SPP:2	SM-PROC-TRC	Internal	SM_PROC_TRC	460025538709514	202	10 0D 00 00 C2 00 00 00 30 53 6...
1156	1156	2016-04-08 15:36:37	355	1:8:SPP:2	SM-PROC-TRC	Internal	SM_PROC_TRC	460025538709514	173	10 0D 00 00 A5 00 00 00 2C 53 6...
1157	1157	2016-04-08 15:36:37	355	1:8:SPP:2	MM -> MM	Internal	MM_MM_INTERNAL	460025538709514	52	71 01 00 15 07 00 00 00 71 01 00 ...
1158	1158	2016-04-08 15:36:37	355	1:8:SPP:2	MM -> MM	Internal	MM_MM_INTERNAL	460025538709514	80	71 01 00 15 00 00 00 00 71 01 00 ...
1159	1159	2016-04-08 15:36:37	355	1:8:SPP:2	MM -> S1AP	Internal	SPU_S1AP_UE_CONTEXT_RELEASE_CMD	460025538709514	68	71 01 00 15 E4 00 00 00 24 00 00 ...
1160	1160	2016-04-08 15:36:37	355	1:8:SPP:2	MMCB	Internal	MM_CB	460025538709514	4350	64 00 52 35 78 90 15 F4 68 38 57 ...
1161	1161	2016-04-08 15:36:37	355	1:8:SPP:2	MMSDB	Internal	MM_SDB_STATIC	460025538709514	1018	01 00 FF FF 30 E4 00 00 7F 10 00 ...
1162	1162	2016-04-08 15:36:37	355	1:8:SPP:2	MMSDB	Internal	MM_SDB_DYNAMIC	460025538709514	1140	02 00 FF FF 30 E4 00 00 7F 10 00 ...
1163	1163	2016-04-08 15:36:37	355	1:8:SPP:2	MM-EMS	Maintenan...	EMS_SIGNALING_NORMAL	460025538709514	324	00 00 00 00 00 00 00 00 00 00 00 ...
1164	1164	2016-04-08 15:36:37	348	0:1:SGP:0	SCTP -> S1APADP	Internal	UE CONTEXT RELEASE REQUEST	460025538709514	123	24 00 00 16 F5 00 00 00 24 00 00 ...
1165	1165	2016-04-08 15:36:37	348	0:1:SGP:0	S1APADP -> S1AP	Internal	UE_CONTEXT_REL_REQUEST	460025538709514	123	24 00 00 16 0B 01 00 00 24 00 00 ...
1166	**1166**	**2016-04-08 15:36:37**	**348**	**0:1:SGP:0**	**eNodeB -> MME**	**Protocol**	**UE CONTEXT RELEASE REQUEST**	**460025538709514**	**123**	**24 00 00 16 0B 01 00 00 24 00 00 ...**
1167	1167	2016-04-08 15:36:37	348	0:1:SGP:0	S1AP -> MM	Internal	UE CONTEXT RELEASE REQ	460025538709514	68	24 00 00 16 0C 01 00 00 71 01 00 ...
1168	**1168**	**2016-04-08 15:36:37**	**354**	**0:1:SGP:0**	**MME -> eNodeB**	**Protocol**	**UE CONTEXT RELEASE COMMAND**	**460025538709514**	**119**	**24 00 00 16 0C 01 00 00 24 00 00 ...**
1169	1169	2016-04-08 15:36:37	355	0:1:SGP:0	S1APADP -> SCTP	Internal	UE_CONTEXT_REL_COMMAND	460025538709514	119	24 00 00 16 0C 01 00 00 24 00 00...

图 13-29　通话结束，释放承载

【解决方案】：

由于排除了核心网和信号两方面因素，因此基本确定中国移动 N1 max 手机系统软件存在 Bug 问题。

手机软硬件信息如图 13-30 所示。

7. 苹果终端收不到长短信第 2 条短信问题

【问题描述】：

当联通短信平台发送长短信时，苹果手机用移动卡只能收到 1 条短信，无法收到第 2 条，短信维测台查询短信下发是正常的。A（联通短信平台）发短信给 B（B 为苹果 6S 终端，开启 VoLTE，驻留中国移动 LTE 并注册 IMS），观察 B 上短信的接收情况。A 给用户 B 发送长短信，但 B 用户只能收到第 1 条短信，收不到长短信的第 2 条。

【问题分析】：

通过 CSCF 信令回放，CSCF 正常下发短信，如图 13-31 所示。

图 13-30　手机软硬件信息

序号	时间	类型	源	目标	消息	消息摘要	失败原因
5	2016-04-19 11:10:13.767	SIP	10.188.0.150:5060	10.187.89.5:5074	MESSAGE	MESSAGE sip:+8615905424886@sd.ims.mnc000....	
6	2016-04-19 11:10:13.775	SIP	10.187.89.5:5111	10.187.89.146:5060	MESSAGE	MESSAGE sip:[2409:8807:a0c0:cb:39:f72b:c689:5...	
7	2016-04-19 11:10:14.265	SIP	10.187.89.5:5111	10.187.89.146:5060	MESSAGE	MESSAGE sip:[2409:8807:a0c0:cb:39:f72b:c689:5...	
8	2016-04-19 11:10:14.337	SIP	10.188.0.150:5060	10.187.89.5:5074	MESSAGE	MESSAGE sip:+8615905424886@sd.ims.mnc000....	
9	2016-04-19 11:10:15.265	SIP	10.187.89.5:5111	10.187.89.146:5060	MESSAGE	MESSAGE sip:[2409:8807:a0c0:cb:39:f72b:c689:5...	
10	2016-04-19 11:10:15.337	SIP	10.188.0.150:5060	10.187.89.5:5074	MESSAGE	MESSAGE sip:+8615905424886@sd.ims.mnc000....	
11	2016-04-19 11:10:15.415	SIP	10.187.89.146:5060	10.187.89.5:5111	200(MESSAGE)	SIP/2.0 200 OK	
12	2016-04-19 11:10:15.415	SIP	10.187.89.5:5114	10.188.0.150:5060	200(MESSAGE)	SIP/2.0 200 OK	
13	2016-04-19 11:10:15.421	SIP	10.187.89.146:5060	10.187.89.5:5060	MESSAGE	MESSAGE sip:bfipsmgw1azx.ipsmgw.bf.chinamobil...	
14	2016-04-19 11:10:15.435	SIP	10.187.89.5:5109	10.188.0.150:5060	MESSAGE	MESSAGE sip:bfipsmgw1azx.ipsmgw.bf.chinamobil...	
15	2016-04-19 11:10:15.455	SIP	10.188.0.150:5060	10.187.89.5:5109	200(MESSAGE)	SIP/2.0 200 OK	
16	2016-04-19 11:10:15.455	SIP	10.187.89.5:5113	10.187.89.146:5060	200(MESSAGE)	SIP/2.0 200 OK	
17	2016-04-19 11:10:16.997	SIP	10.188.0.150:5060	10.187.89.5:5074	MESSAGE	MESSAGE sip:+8615905424886@sd.ims.mnc000....	
18	2016-04-19 11:10:16.995	SIP	10.187.89.5:5114	10.187.89.146:5060	MESSAGE	MESSAGE sip:[2409:8807:a0c0:cb:39:f72b:c689:5...	

图 13-31　CSCF 正常下发短信信令

由第 5 行信令可知，CSCF 收到第一条短信后发送往终端，由于终端响应较慢，进行了重传（见第 6、7、9 行），并在第 18 行信令显示 CSCF 下发了第二条消息。

打开 Message 消息，加密后的短信内容如下：

第一条：

01180891683108504405F000A0640D91683112006596F90008614091110121238C05000300040257305DE167E530025DE167E5805A7126515A98CE5EC9653F5EFA8BBE3001533B96627BA1740630017ECF6D4E7BA174064E094E2A65B99762FF0C575A630195EE98985BFC5411FF0C628A53D173B095EE98983001627E51C695EE98984F5C4E3A4E3B89814EFB52A13002671F95F4542C53D653554F4D6C4762A530016DF15EA667E58BC10000

第二条：

01920891683108504405F000A0640D91683112006596F90008614091110121238C0500030004

01002877ED4FE16D4B8BD50029630971675E02536B751F8BA1751F59D451734E8E5F005C5559
27578B533B96625DE167E5768490E87F72FF0C62117EC44E8E003200300031003500205E74003
10032002067080031003700206 5E581F3003100320020670800320033002065E55BF997525C9B5E
024E2D5FC3533B96628FDB884C4E865B9E0000

【解决方案】:

回放 CSCF 信令跟踪发现，CSCF 正常下发短信，但终端未收到。另外，非 VoLTE 的苹果终端也存在该问题，初步判断为终端问题。可能原因为终端不识别这个平台消息中的某个字段，需要在终端侧进行排查。

8. VoLTE 苹果终端合并三方通话失败

【问题描述】:

iPhone 6S 与 Mate 8 进行 VoLTE 通话，通话正常建立；随后 2G 状态的 N1 呼叫 iPhone 6S，iPhone 6S 侧显示 Mate 8 通话结束，三方合并失败。

【问题分析】:

发起三方通话的信令如图 13-32 所示。

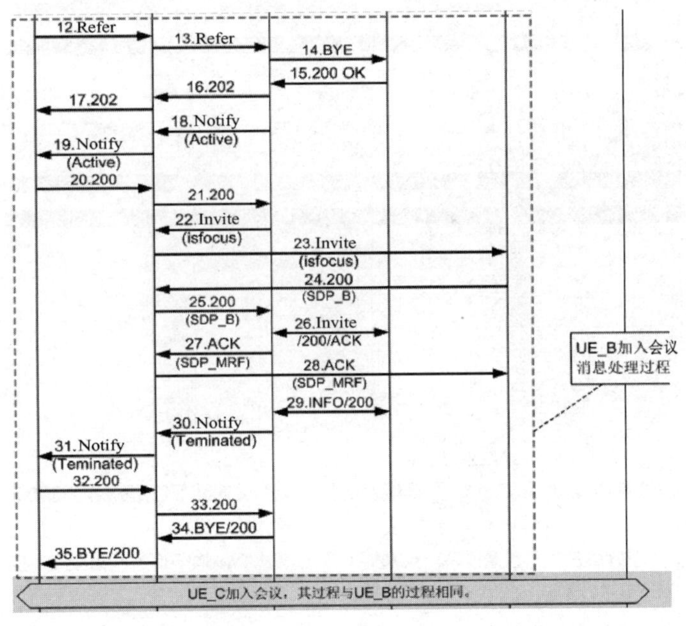

图 13-32　发起三方通话的信令

对测试中抓取到的信令进行分析：

正常情况下，Mate 8 作为主叫，合并三方通话过程中，按照流程完成 B 入会流程，再发起 C 入会邀请及流程，相关信令如图 13-33 所示。

苹果终端作为主叫，347 行去拉 C 入会，349 行收到 200 OK，351 行去放音。339 行去拉 B 入会，365 行才收到 200 OK。此时 C 已经入会且 367 行收到 Info 的消息后直接回 C 的 notify，终端收到此 notify 消息时认为用户已全部入会，直接发 BYE 消息拆掉了原来与 B 之间的通话，导致后续用户 B 无法成功入会，如图 13-34 所示。

25435	2016-03-24 17:18:50.926	>TRC_MI_SIPC_UP	200_OK	10.184.36.29	5060	10.189.120.11	60058	926	53 49 50 2F 32 2E 30 20 32 30 30 20 4F 4B 0D 0A 56 6...
25436	2016-03-24 17:18:50.926	TRC_MI_SIPC_TXNUP	200_OK		0		0	926	4C 61 79 65 72 20 46 75 6E 63 20 3D 20 53 69 70 54 7...
25437	2016-03-24 17:18:50.927	TRC_MI_SIPC_APP	200_OK		0		0	927	4C 61 79 65 72 20 46 75 6E 63 20 3D 20 53 69 70 55 6...
25443	2016-03-24 17:18:50.934	>TRC_MI_SIPC_UP	200_OK	10.184.36.29	5060	10.189.120.11	60058	934	53 49 50 2F 32 2E 30 20 32 30 30 20 4F 4B 0D 0A 56 6...
25444	2016-03-24 17:18:50.934	TRC_MI_SIPC_TXNUP	200_OK		0		0	934	4C 61 79 65 72 20 46 75 6E 63 20 3D 20 53 69 70 54 7...
25445	2016-03-24 17:18:50.935	TRC_MI_SIPC_APP	200_OK		0		0	935	4C 61 79 65 72 20 46 75 6E 63 20 3D 20 53 69 70 55 6...
25465	2016-03-24 17:19:04.254	>TRC_MI_SIPC_UP	REFER	10.184.36.29	5060	10.189.120.11	60058	254	52 45 46 45 52 20 73 69 70 3A 63 6F 6E 66 3D 30 30 3...
25466	2016-03-24 17:19:04.255	TRC_MI_SIPC_TXNUP	REFER		0		0	255	4C 61 79 65 72 20 46 75 6E 63 20 3D 20 53 69 70 54 7...
25467	2016-03-24 17:19:04.255	TRC_MI_SIPC_APP	REFER		0		0	255	4C 61 79 65 72 20 46 75 6E 63 20 3D 20 53 69 70 55 6...
25502	2016-03-24 17:19:04.265	TRC_MI_SIPC_TUDOWN	202_ACCEPTED		0		0	265	4C 61 79 65 72 20 46 75 6E 63 20 3D 20 53 69 70 55 6...
25503	2016-03-24 17:19:04.266	<TRC_MI_SIPC_DOWN	202_ACCEPTED	10.189.120.11	60058	10.184.36.29	5060	266	53 49 50 2F 32 2E 30 20 32 30 32 20 41 63 63 65 70 7...
25504	2016-03-24 17:19:04.266	TRC_MI_SIPC_TUDOWN	NOTIFY		0		0	266	4C 61 79 65 72 20 46 75 6E 63 20 3D 20 53 69 70 55 6...
25505	2016-03-24 17:19:04.266	<TRC_MI_SIPC_DOWN	NOTIFY	10.189.120.11	60058	10.184.36.29	5060	266	4E 4F 54 49 46 59 20 73 69 70 3A 34 36 30 30 37 38 3...
25506	2016-03-24 17:19:04.266	TRC_MI_SIPC_TUDOWN	BYE		0		0	266	4C 61 79 65 72 20 46 75 6E 63 20 3D 20 53 69 70 55 6...
25507	2016-03-24 17:19:04.266	<TRC_MI_SIPC_DOWN	BYE	10.189.120.11	60058	10.184.36.39	5060	266	42 59 45 20 73 69 70 3A 31 30 2E 31 38 34 2E 33 36 2...
25508	2016-03-24 17:19:04.267	TRC_MI_SIPC_TUDOWN	NOTIFY		0		0	267	4C 61 79 65 72 20 46 75 6E 63 20 3D 20 53 69 70 55 6...
25509	2016-03-24 17:19:04.267	<TRC_MI_SIPC_DOWN	NOTIFY	10.189.120.11	60058	10.184.36.29	5060	267	4E 4F 54 49 46 59 20 73 69 70 3A 34 36 30 30 37 38 3...
25518	2016-03-24 17:19:04.270	TRC_MI_SIPC_TUDOWN	BYE		0		0	270	4C 61 79 65 72 20 46 75 6E 63 20 3D 20 53 69 70 55 6...
25519	2016-03-24 17:19:04.270	<TRC_MI_SIPC_DOWN	BYE	10.189.120.11	60058	10.184.36.29	5060	270	42 59 45 20 73 69 70 3A 31 30 2E 31 38 34 2E 33 36 2...
25521	2016-03-24 17:19:04.282	>TRC_MI_SIPC_UP	REFER	10.184.36.29	5060	10.189.120.11	60058	282	52 45 46 45 52 20 73 69 70 3A 63 6F 6E 66 3D 30 30 3...
25522	2016-03-24 17:19:04.283	TRC_MI_SIPC_TXNUP	REFER		0		0	283	4C 61 79 65 72 20 46 75 6E 63 20 3D 20 53 69 70 54 7...
25523	2016-03-24 17:19:04.283	TRC_MI_SIPC_APP	REFER		0		0	283	4C 61 79 65 72 20 46 75 6E 63 20 3D 20 53 69 70 55 6...
25539	2016-03-24 17:19:04.290	>TRC_MI_SIPC_UP	200_OK	10.184.36.29	5060	10.189.120.11	60058	290	53 49 50 2F 32 2E 30 20 32 30 30 20 4F 4B 0D 0A 56 6...
25540	2016-03-24 17:19:04.290	TRC_MI_SIPC_TXNUP	200_OK		0		0	290	4C 61 79 65 72 20 46 75 6E 63 20 3D 20 53 69 70 54 7...
25541	2016-03-24 17:19:04.291	TRC_MI_SIPC_APP	200_OK		0		0	291	4C 61 79 65 72 20 46 75 6E 63 20 3D 20 53 69 70 55 6...
25561	2016-03-24 17:19:04.300	TRC_MI_SIPC_TUDOWN	202_ACCEPTED		0		0	300	4C 61 79 65 72 20 46 75 6E 63 20 3D 20 53 69 70 55 6...
25562	2016-03-24 17:19:04.300	<TRC_MI_SIPC_DOWN	202_ACCEPTED	10.189.120.11	60058	10.184.36.29	5060	300	53 49 50 2F 32 2E 30 20 32 30 32 20 41 63 63 65 70 7...
25563	2016-03-24 17:19:04.300	TRC_MI_SIPC_TUDOWN	NOTIFY		0		0	300	4C 61 79 65 72 20 46 75 6E 63 20 3D 20 53 69 70 55 6...
25564	2016-03-24 17:19:04.300	<TRC_MI_SIPC_DOWN	NOTIFY	10.189.120.11	60058	10.184.36.29	5060	300	4E 4F 54 49 46 59 20 73 69 70 3A 34 36 30 30 37 38 3...
25565	2016-03-24 17:19:04.300	TRC_MI_SIPC_TUDOWN	BYE		0		0	300	4C 61 79 65 72 20 46 75 6E 63 20 3D 20 53 69 70 55 6...
25566	2016-03-24 17:19:04.300	<TRC_MI_SIPC_DOWN	BYE	10.189.120.11	60058	10.184.36.39	5060	300	42 59 45 20 73 69 70 3A 31 30 2E 31 38 34 2E 33 36 2...
25567	2016-03-24 17:19:04.301	TRC_MI_SIPC_TUDOWN	BYE		0		0	301	4C 61 79 65 72 20 46 75 6E 63 20 3D 20 53 69 70 55 6...
25568	2016-03-24 17:19:04.301	<TRC_MI_SIPC_DOWN	BYE	10.189.120.11	60058	10.184.36.39	5060	301	42 59 45 20 73 69 70 3A 31 30 2E 31 38 34 2E 33 36 2...
25569	2016-03-24 17:19:04.301	TRC_MI_SIPC_TUDOWN	BYE		0		0	301	4C 61 79 65 72 20 46 75 6E 63 20 3D 20 53 69 70 55 6...
25570	2016-03-24 17:19:04.301	<TRC_MI_SIPC_DOWN	BYE	10.189.120.11	60058	10.184.36.29	5060	301	42 59 45 20 73 69 70 3A 34 36 30 30 37 38 35 34 31 31...
25571	2016-03-24 17:19:04.301	>TRC_MI_SIPC_UP	200_OK	10.184.36.39	5060	10.189.120.11	60058	301	53 49 50 2F 32 2E 30 20 32 30 30 20 4F 4B 0D 0A 56 6...

图 13-33　测试信令流程 1

336	2016-03-23 19:29:53.475	<TRC_MI_SIPC_DOWN	202_ACCEPTED
337	2016-03-23 19:29:53.475	<TRC_MI_SIPC_DOWN	NOTIFY
338	2016-03-23 19:29:53.498	>TRC_MI_SIPC_UP	200_OK
339	2016-03-23 19:29:53.501	<TRC_MI_SIPC_DOWN	INVITE
340	2016-03-23 19:29:53.514	>TRC_MI_SIPC_UP	100_TRYING
341	2016-03-23 19:29:53.622	>TRC_MI_SIPC_UP	REFER
342	2016-03-23 19:29:53.622	>TRC_MI_SIPC_UP	200_OK
343	2016-03-23 19:29:53.629	<TRC_MI_SIPC_DOWN	BYE
344	2016-03-23 19:29:53.630	<TRC_MI_SIPC_DOWN	202_ACCEPTED
345	2016-03-23 19:29:53.630	<TRC_MI_SIPC_DOWN	NOTIFY
346	2016-03-23 19:29:53.658	>TRC_MI_SIPC_UP	200_OK
347	2016-03-23 19:29:53.660	<TRC_MI_SIPC_DOWN	INVITE
348	2016-03-23 19:29:53.670	>TRC_MI_SIPC_UP	100_TRYING
349	2016-03-23 19:29:53.734	>TRC_MI_SIPC_UP	200_OK
350	2016-03-23 19:29:53.738	>TRC_MI_SIPC_UP	SUBSCRIBE
351	2016-03-23 19:29:53.738	<TRC_MI_SIPC_DOWN	INVITE
352	2016-03-23 19:29:53.744	<TRC_MI_SIPC_DOWN	200_OK
353	2016-03-23 19:29:53.745	<TRC_MI_SIPC_DOWN	NOTIFY
354	2016-03-23 19:29:53.762	>TRC_MI_SIPC_UP	200_OK
355	2016-03-23 19:29:53.778	>TRC_MI_SIPC_UP	100_TRYING
356	2016-03-23 19:29:53.778	>TRC_MI_SIPC_UP	200_OK
357	2016-03-23 19:29:53.791	TRC_MI_CCF_ATS	ACA
358	2016-03-23 19:29:53.791	TRC_MI_CCF_ATS	ACA
359	2016-03-23 19:29:53.838	>TRC_MI_SIPC_UP	200_OK
360	2016-03-23 19:29:53.838	>TRC_MI_SIPC_UP	200_OK
361	2016-03-23 19:29:53.846	<TRC_MI_SIPC_DOWN	ACK
362	2016-03-23 19:29:53.846	<TRC_MI_SIPC_DOWN	INFO
363	2016-03-23 19:29:53.847	<TRC_MI_SIPC_DOWN	ACK
364	2016-03-23 19:29:53.848	TRC_MI_ATS_CCF	ACR
365	2016-03-23 19:29:53.926	>TRC_MI_SIPC_UP	200_OK
366	2016-03-23 19:29:53.931	<TRC_MI_SIPC_DOWN	INVITE
367	2016-03-23 19:29:53.982	>TRC_MI_SIPC_UP	200_OK
368	2016-03-23 19:29:53.989	TRC_MI_ATS_CCF	ACR
369	2016-03-23 19:29:53.989	<TRC_MI_SIPC_DOWN	NOTIFY
370	2016-03-23 19:29:53.990	<TRC_MI_SIPC_DOWN	BYE
371	2016-03-23 19:29:53.990	<TRC_MI_SIPC_DOWN	NOTIFY
372	2016-03-23 19:29:53.994	>TRC_MI_SIPC_UP	100_TRYING
373	2016-03-23 19:29:54.042	>TRC_MI_SIPC_UP	200_OK
374	2016-03-23 19:29:54.048	<TRC_MI_SIPC_DOWN	ACK
375	2016-03-23 19:29:54.049	<TRC_MI_SIPC_DOWN	INFO
376	2016-03-23 19:29:54.049	<TRC_MI_SIPC_DOWN	ACK
377	2016-03-23 19:29:54.049	TRC_MI_ATS_CCF	ACR
378	2016-03-23 19:29:54.166	>TRC_MI_SIPC_UP	200_OK
379	2016-03-23 19:29:54.190	>TRC_MI_SIPC_UP	200_OK
380	2016-03-23 19:29:54.190	>TRC_MI_SIPC_UP	200_OK
381	2016-03-23 19:29:54.190	>TRC_MI_SIPC_UP	BYE
382	2016-03-23 19:29:54.205	<TRC_MI_SIPC_DOWN	NOTIFY
383	2016-03-23 19:29:54.206	<TRC_MI_SIPC_DOWN	BYE
384	2016-03-23 19:29:54.206	<TRC_MI_SIPC_DOWN	BYE
385	2016-03-23 19:29:54.222	>TRC_MI_SIPC_UP	200_OK
386	2016-03-23 19:29:54.222	>TRC_MI_SIPC_UP	487_REQUEST_TERMIN...
387	2016-03-23 19:29:54.238	>TRC_MI_SIPC_UP	200_OK
388	2016-03-23 19:29:54.241	<TRC_MI_SIPC_DOWN	200_OK
389	2016-03-23 19:29:54.286	>TRC_MI_SIPC_UP	200_OK

图 13-34　测试信令流程 2

解决方案：AS 通过修改软参，在 AS 向业务方 A 发送 Notify 消息通知中指明针对哪个 Refer 消息，这样苹果终端就不会主动拆除与 B 的呼叫；参数说明见表 13-2。

表 13-2　P1922（Refer 事件的 Notify 消息携带 ID 参数开关）

含义	该软参为“功能开关”类软参 该软参用于控制 ATS9900 是否在发送 Refer 事件的 Notify 消息中的 Event 头域中携带 ID 参数，其值为 Refer 消息中的 CSeq 头域值 该软参仅用于固定和移动融合（FMC）网络中
取值范围	0：不携带 ID 参数 1：携带 ID 参数 默认值：0
应用场景	在会议业务中，终端能够同时发起多个会话内的 Refer 消息拉参与方进入会议，可以将该软参配置为 1
对系统的影响	无
关联软参	无
生效方式	修改参数值后立即生效

【解决方案】：

AS 通过修改软参，在 AS 向业务方 A 发送 Notify 消息通知中指明针对哪个 Refer 消息，这样苹果终端就不会主动拆除与 B 的呼叫。经修改参数后已验证解决了该问题。

9. 三星 S7 手机 VoLTE 通话中无法用自带浏览器在线播放视频问题分析

【问题描述】：

三星 S7 手机与另外一部 VoLTE 终端进行 VoLTE 语音或者视频通话，三星 S7 手机无法用自带的浏览器在线播放任何视频，而用 UC 等其他浏览器可以在线播放，其他手机不存在这个问题，如图 13-35 所示。

图 13-35　VoLTE 通话下在线播放视频

【问题分析】：

1）经过测试分析，初步确定可能原因如下：

① IMS 域或 CS 核心网侧问题。

② 无线网络信号问题。

③ 手机终端问题。

2）针对以上分析结果，逐一进行排查。

① 对核心网侧信令进行分析，14:17:48 左右开始发起会叫，14:18 分的上网数据上下行正常，无丢包，信令流程如图 13-36 所示。

```
Filter: tcp.stream eq 26    Expression... Clear Apply Save
No.  Time                    Source           Destination      Protocol Length Info
890 2016-04-01 14:18:11.00  100.77.177.179   10.0.0.172       TCP      74 59009 > http [SYN] Seq=0 Win=65535 Len=0
894 2016-04-01 14:18:11.00  10.0.0.172       100.77.177.179   TCP      74 http > 59009 [SYN, ACK] Seq=0 Ack=1 Win=5
898 2016-04-01 14:18:11.00  100.77.177.179   10.0.0.172       TCP      66 59009 > http [ACK] Seq=1 Ack=1 Win=75776
904 2016-04-01 14:18:11.00  100.77.177.179   10.0.0.172       HTTP     971 GET http://117.169.21.245/185/52/77/letv-
907 2016-04-01 14:18:11.00  10.0.0.172       100.77.177.179   TCP      66 http > 59009 [ACK] Seq=1 Ack=906 Win=7604
910 2016-04-01 14:18:11.00  10.0.0.172       100.77.177.179   TCP      1314 [TCP segment of a reassembled PDU]
911 2016-04-01 14:18:11.00  10.0.0.172       100.77.177.179   TCP      278 [TCP segment of a reassembled PDU]
915 2016-04-01 14:18:11.00  100.77.177.179   10.0.0.172       TCP      66 59009 > http [ACK] Seq=906 Ack=1461 Win=7
919 2016-04-01 14:18:11.00  10.0.0.172       100.77.177.179   TCP      1314 [TCP segment of a reassembled PDU]
920 2016-04-01 14:18:11.00  10.0.0.172       100.77.177.179   TCP      1314 [TCP segment of a reassembled PDU]
921 2016-04-01 14:18:11.00  10.0.0.172       100.77.177.179   TCP      1314 [TCP segment of a reassembled PDU]
Internet Protocol Version 4, Src: 100.77.177.179 (100.77.177.179), Dst: 10.0.0.172 (10.0.0.172)
Transmission Control Protocol, Src Port: 59009 (59009), Dst Port: http (80), Seq: 1, Ack: 1, Len: 905
Hypertext Transfer Protocol
  [truncated] GET http://117.169.21.245/185/52/77/letv-gug/17/ver_00_22-1034849566-avc-242502-aac-32453-15120-541386-9ece71e47c
   [[truncated] Expert Info (Chat/Sequence): GET http://117.169.21.245/185/52/77/letv-gug/17/ver_00_22-1034849566-avc-242502-aa
     [Message [truncated]: GET http://117.169.21.245/185/52/77/letv-gug/17/ver_00_22-1034849566-avc-242502-aac-32453-15120-5413
     [Severity level: Chat]
     [Group: Sequence]
   Request Method: GET
   Request URI [truncated]: http://117.169.21.245/185/52/77/letv-gug/17/ver_00_22-1034849566-avc-242502-aac-32453-15120-541386-
```

图 13-36　核心网侧信令流程

② 测试终端所处位置的信号强度：通过测试发现，该终端在 VoLTE 通话中可以正常浏览网页；该终端所处位置的 2G/3G/4G 信号强度正常，终端上显示信号强度正常，且手机有 VoLTE 标识，排除用户位置信号因素。

③ 检查该款终端：检查终端运行软件，未见异常软件；核查手机内存占用正常，自带浏览器不能在线播放视频，而 UC 浏览器等可以正常在线播放视频；最后将手机卡更换到中国移动 N1 max 手机及 HTC M8f 手机中，则不存在该问题。由此判断为三星 S7 手机自带浏览器存在缺陷。

综上所述，基本确定为三星 S7 手机本身存在此类缺陷。

【解决方案】：

需要三星终端厂家进一步分析。

10. 华为 Mate 8 与三星 S7 视频呼叫过程中，自动切换至语音后 Mate 8 无法重新发起视频呼叫案例分析

【问题描述】：

测试终端 1：华为 Mate 8，测试号码：136 ××××1093。IMEI 及终端版本如图 13-37 所示。

测试终端 2：三星 S7，测试号码：137 ××××1494。IMEI 及终端版本如图 13-38 所示。

在华为 Mate 8 与三星 S7 终端进行视频通话的过程中，如果将 Mate 8 通话界面切换至后台，则等待几秒钟后视频通话会自动切换成语音通话（通话并未中断），此时 Mate 8 重新发起视频呼叫。点击视频呼叫图标后，S7 收不到视频呼叫的申请，Mate 8 则始终保持在“等待对方接受邀请”的界面。同样条件下，如果是 S7 再次发起视频呼叫，则 Mate 8 可以正常收到视频呼叫请求。图 13-39 所示为 Mate 8 发起视频呼叫 S7 无响应界面。

【问题分析】：

Mate 8 为主叫 136 ××××1093，S7 为被叫 137 ××××1494。

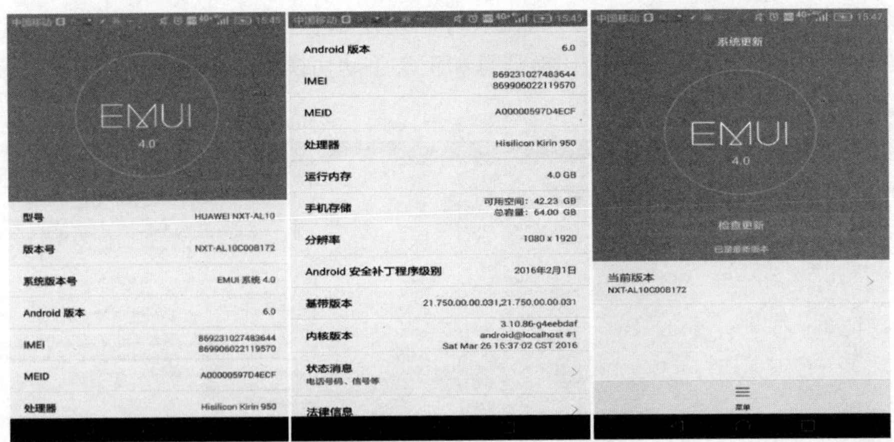

图 13-37　华为 Mate 8 MEI 及终端版本

图 13-38　三星 S7 MEI 及终端版本

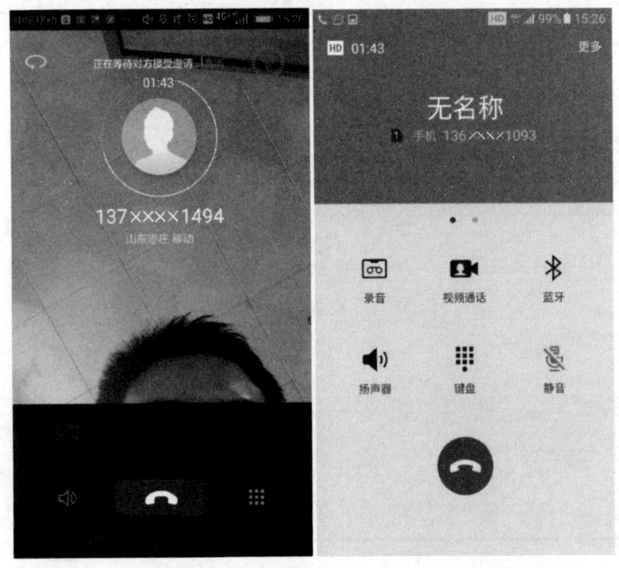

图 13-39　Mate 8 发起视频呼叫 S7 无响应界面

从核心网跟踪的信令来看，主叫 Mate 8 呼叫切换到后台后，被叫三星终端发起 INVITE 切换到语音通话，并且三星发起的切换消息和正常手动切换语音的消息不同，多了资源预留流程。核心网分析如图 13-40 所示。

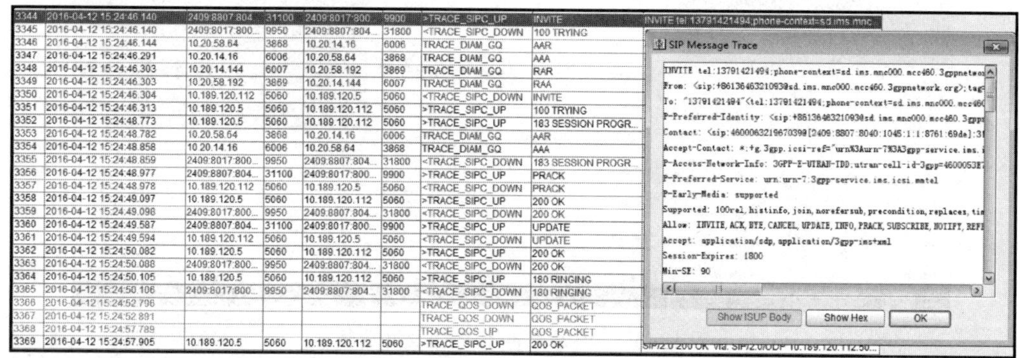

3344	2016-04-12 15:24:46.140	2409:8807:804...	31100	2409:8017:800...	9900	>TRACE_SIPC_UP	INVITE	INVITE tel:13791421494;phone-context=sd.ims.mnc...
3345	2016-04-12 15:24:46.140	2409:8017:800...	9950	2409:8807:804...	31800	<TRACE_SIPC_DOWN	100 TRYING	
3346	2016-04-12 15:24:46.144	10.20.58.64	3868	10.20.14.16	6006	TRACE_DIAM_GQ	AAR	
3347	2016-04-12 15:24:46.291	10.20.14.16	6006	10.20.58.64	3868	TRACE_DIAM_GQ	AAA	
3348	2016-04-12 15:24:46.303	10.20.14.144	6007	10.20.58.192	3869	TRACE_DIAM_GQ	RAR	
3349	2016-04-12 15:24:46.303	10.20.58.192	3869	10.20.14.144	6007	TRACE_DIAM_GQ	RAA	
3350	2016-04-12 15:24:46.304	10.189.120.112	5060	10.189.120.5	5060	<TRACE_SIPC_DOWN	INVITE	
3351	2016-04-12 15:24:46.313	10.189.120.5	5060	10.189.120.112	5060	>TRACE_SIPC_UP	100 TRYING	
3352	2016-04-12 15:24:48.773	10.189.120.5	5060	10.189.120.112	5060	>TRACE_SIPC_UP	183 SESSION PROGR...	
3353	2016-04-12 15:24:48.782	10.20.58.64	3868	10.20.14.16	6006	TRACE_DIAM_GQ	AAR	
3354	2016-04-12 15:24:48.858	10.20.14.16	6006	10.20.58.64	3868	TRACE_DIAM_GQ	AAA	
3355	2016-04-12 15:24:48.859	2409:8017:800...	9950	2409:8807:804...	31800	<TRACE_SIPC_DOWN	183 SESSION PROGR...	
3356	2016-04-12 15:24:48.977	2409:8807:804...	31100	2409:8017:800...	9900	>TRACE_SIPC_UP	PRACK	
3357	2016-04-12 15:24:48.978	10.189.120.112	5060	10.189.120.5	5060	<TRACE_SIPC_DOWN	PRACK	
3358	2016-04-12 15:24:49.097	10.189.120.5	5060	10.189.120.112	5060	>TRACE_SIPC_UP	200 OK	
3359	2016-04-12 15:24:49.098	2409:8017:800...	9950	2409:8807:804...	31800	<TRACE_SIPC_DOWN	200 OK	
3360	2016-04-12 15:24:49.587	2409:8807:804...	31100	2409:8017:800...	9900	>TRACE_SIPC_UP	UPDATE	
3361	2016-04-12 15:24:49.594	10.189.120.112	5060	10.189.120.5	5060	<TRACE_SIPC_DOWN	UPDATE	
3362	2016-04-12 15:24:50.082	10.189.120.5	5060	10.189.120.112	5060	>TRACE_SIPC_UP	200 OK	
3363	2016-04-12 15:24:50.088	2409:8017:800...	9950	2409:8807:804...	31800	<TRACE_SIPC_DOWN	200 OK	
3364	2016-04-12 15:24:50.105	10.189.120.5	5060	10.189.120.112	5060	>TRACE_SIPC_UP	180 RINGING	
3365	2016-04-12 15:24:50.106	2409:8017:800...	9950	2409:8807:804...	31800	<TRACE_SIPC_DOWN	180 RINGING	
3366	2016-04-12 15:24:52.796					TRACE_QOS_DOWN	QOS_PACKET	
3367	2016-04-12 15:24:52.891					TRACE_QOS_DOWN	QOS_PACKET	
3368	2016-04-12 15:24:57.789					TRACE_QOS_UP	QOS_PACKET	
3369	2016-04-12 15:24:57.905	10.189.120.5	5060	10.189.120.112	5060	>TRACE_SIPC_UP	200 OK	SIP/2.0 200 OK Via: SIP/2.0/UDP 10.189.120.112:50...

SIP Message Trace

```
INVITE tel:13791421494;phone-context=sd.ims.mnc000.mcc460.3gppnetwo
From: <sip:+8613646321093@sd.ims.mnc000.mcc460.3gppnetwork.org>;tag
To: "13791421494"<tel:13791421494;phone-context=sd.ims.mnc000.mcc460
P-Preferred-Identity: <sip:+8613646321093@sd.ims.mnc000.mcc460.3gpp
Contact: <sip:460006321967039@[2409:8807:8040:1045:1:1:8761:69de]:3
Accept-Contact: *;+g.3gpp.icsi-ref="urn%3Aurn-7%3A3gpp-service.ims.
P-Access-Network-Info: 3GPP-E-UTRAN-TDD;utran-cell-id-3gpp=4600053E
P-Preferred-Service: urn:urn-7:3gpp-service.ims.icsi.mmtel
P-Early-Media: supported
Supported: 100rel,histinfo,join,norefersub,precondition,replaces,ti
Allow: INVITE,ACK,BYE,CANCEL,UPDATE,INFO,PRACK,SUBSCRIBE,NOTIFY,REFE
Accept: application/sdp,application/3gpp-ims+xml
Session-Expires: 1800
Min-SE: 90
```

Show ISUP Body　Show Hex　OK

图 13-40　15:24 Mate 8 发起视频呼叫

15:25 Mate 8 把呼叫切换到后台，15:25 Mate 8 自动切换到语音通话。Mate 8 将呼叫切换到后台时，核心网没有收到任何消息，但是切换到语音是被叫三星 S7 发起的，消息中多了资源预留流程。S7 自动切换至语音通话消息，如图 13-41 所示。

306	2016-04-12 15:25:42.293					TRACE_QOS_UP	QOS_PACKET	55 70 53 72 63 49 50 20 3D 20 32 34 30 39 3A 38 30...
307	2016-04-12 15:25:43.829	2409:8807:8040:ec7:1:1:85de:3593	5107	2409:8017:800...	9900	>TRACE_SIPC_UP	INVITE	INVITE sip:[2409:8017:8000:0006:0001:0000:0000:0...
308	2016-04-12 15:25:43.830	2409:8017:8000:6:1::33	9900	2409:8807:804...	5107	<TRACE_SIPC_DOWN	100 TRYING	
309	2016-04-12 15:25:43.834	10.189.120.120	5060	10.184.36.29	5060	<TRACE_SIPC_DOWN	INVITE	
310	2016-04-12 15:25:43.841	10.184.36.29	5060	10.189.120.120	5060	>TRACE_SIPC_UP	100 TRYING	
311	2016-04-12 15:25:44.309	10.184.36.29	5060	10.189.120.120	5060	>TRACE_SIPC_UP	200 OK	
312	2016-04-12 15:25:44.315	10.20.58.194	3871	10.19.229.178	6011	TRACE_DIAM_GQ	AAR	
313	2016-04-12 15:25:44.384	10.19.229.178	6011	10.20.58.194	3871	TRACE_DIAM_GQ	AAA	
314	2016-04-12 15:25:44.385	2409:8017:8000:6:1::33	9900	2409:8807:804...	5107	<TRACE_SIPC_DOWN	200 OK	
315	2016-04-12 15:25:44.485	2409:8807:8040:ec7:1:1:85de:3593	5107	2409:8017:800...	9900	>TRACE_SIPC_UP	ACK	
316	2016-04-12 15:25:44.486	10.189.120.120	5060	10.184.36.29	5060	<TRACE_SIPC_DOWN	ACK	
317	2016-04-12 15:25:46.999					TRACE_QOS_DOWN	QOS_PACKET	
318	2016-04-12 15:25:52.286					TRACE_QOS_UP	QOS_PACKET	
319	2016-04-12 15:25:56.992					TRACE_QOS_DOWN	QOS_PACKET	
320	2016-04-12 15:26:02.297					TRACE_QOS_UP	QOS_PACKET	
321	2016-04-12 15:26:07.003					TRACE_QOS_DOWN	QOS_PACKET	
322	2016-04-12 15:26:12.328					TRACE_QOS_UP	QOS_PACKET	
323	2016-04-12 15:26:17.023					TRACE_QOS_DOWN	QOS_PACKET	
324	2016-04-12 15:26:22.338					TRACE_QOS_UP	QOS_PACKET	
325	2016-04-12 15:26:27.060					TRACE_QOS_DOWN	QOS_PACKET	
326	2016-04-12 15:26:32.371					TRACE_QOS_UP	QOS_PACKET	
327	2016-04-12 15:26:37.069					TRACE_QOS_DOWN	QOS_PACKET	
328	2016-04-12 15:26:42.374					TRACE_QOS_UP	QOS_PACKET	
329	2016-04-12 15:26:47.090					TRACE_QOS_DOWN	QOS_PACKET	
330	2016-04-12 15:26:52.385					TRACE_QOS_UP	QOS_PACKET	
331	2016-04-12 15:26:57.102					TRACE_QOS_DOWN	QOS_PACKET	
332	2016-04-12 15:27:02.410					TRACE_QOS_UP	QOS_PACKET	

SIP Message Trace

```
To: <tel:13646321093;noa=subscriber;srvattri=national;phone-context=
From: "13791421494" <tel:13791421494;phone-context=sd.ims.mnc000.mc
User-Agent: Samsung IMS 5.0
P-Access-Network-Info: 3GPP-E-UTRAN-TDD;utran-cell-id-3gpp=4600053e
Supported: 100rel,timer,precondition,histinfo,sec-agree
Security-Verify: ipsec-3gpp;alg=hmac-md5-96;prot=esp;mod=trans;ealg
Proxy-Require: sec-agree
Require: sec-agree
Content-Type: application/sdp
Session-Expires: 1800;refresher=uas
Accept-Contact: *;+g.3gpp.icsi-ref="urn%3Aurn-7%3A3gpp-service.ims.
P-Preferred-Identity: "13791421494" <tel:13791421494;phone-context=
Accept: application/sdp,application/3gpp-ims+xml
```

Show ISUP Body　Show Hex　OK

图 13-41　S7 自动切换至语音通话消息

S7 手动切换至语音消息，如图 13-42 所示。

405	2016-04-12 15:29:02.365					TRACE_QOS_DOWN	QOS_PACKET	44 6F 77 6E 53 72 63 49 50 20 3D 20 31 30 2E 31 3...
406	2016-04-12 15:29:07.270	2409:8807:8040:ec7:1:1:85de:3593	5107	2409:8017:800...	9900	>TRACE_SIPC_UP	INVITE	INVITE sip:[2409:8017:8000:0006:0001:0000:0000:0...
407	2016-04-12 15:29:07.270	2409:8017:8000:6:1::33	9900	2409:8807:804...	5107	<TRACE_SIPC_DOWN	100 TRYING	
408	2016-04-12 15:29:07.274	10.189.120.120	5060	10.184.36.29	5060	<TRACE_SIPC_DOWN	INVITE	
409	2016-04-12 15:29:07.282	10.184.36.29	5060	10.189.120.120	5060	>TRACE_SIPC_UP	100 TRYING	
410	2016-04-12 15:29:07.372					TRACE_QOS_UP	QOS_PACKET	
411	2016-04-12 15:29:07.372					TRACE_QOS_DOWN	QOS_PACKET	
412	2016-04-12 15:29:07.467					TRACE_QOS_UP	QOS_PACKET	
413	2016-04-12 15:29:07.714	10.184.36.29	5060	10.189.120.120	5060	>TRACE_SIPC_UP	200 OK	
414	2016-04-12 15:29:07.720	10.20.58.66	3868	10.20.14.16	6010	TRACE_DIAM_GQ	AAR	
415	2016-04-12 15:29:07.785	10.20.14.16	6010	10.20.58.66	3868	TRACE_DIAM_GQ	AAA	
416	2016-04-12 15:29:07.786	2409:8017:8000:6:1::33	9900	2409:8807:804...	5107	<TRACE_SIPC_DOWN	200 OK	
417	2016-04-12 15:29:07.895	2409:8807:8040:ec7:1:1:85de:3593	5107	2409:8017:800...	9900	>TRACE_SIPC_UP	ACK	
418	2016-04-12 15:29:07.896	10.189.120.120	5060	10.184.36.29	5060	<TRACE_SIPC_DOWN	ACK	
419	2016-04-12 15:29:15.911	10.184.36.29	5060	10.189.120.120	5060	>TRACE_SIPC_UP	INVITE	
420	2016-04-12 15:29:15.911	10.189.120.120	5060	10.184.36.29	5060	<TRACE_SIPC_DOWN	100 TRYING	
421	2016-04-12 15:29:15.915	2409:8017:8000:6:1::33	9951	2409:8807:804...	6000	<TRACE_SIPC_DOWN	INVITE	
422	2016-04-12 15:29:16.066	2409:8807:8040:ec7:1:1:85de:3593	5107	2409:8017:800...	9900	>TRACE_SIPC_UP	100 TRYING	
423	2016-04-12 15:29:17.368					TRACE_QOS_UP	QOS_PACKET	
424	2016-04-12 15:29:17.368					TRACE_QOS_DOWN	QOS_PACKET	
425	2016-04-12 15:29:18.188	2409:8807:8040:ec7:1:1:85de:3593	5107	2409:8017:800...	9900	>TRACE_SIPC_UP	200 OK	
426	2016-04-12 15:29:18.196	10.20.58.66	3868	10.20.14.16	6010	TRACE_DIAM_GQ	AAR	
427	2016-04-12 15:29:18.267	10.20.14.16	6010	10.20.58.66	3868	TRACE_DIAM_GQ	AAA	
428	2016-04-12 15:29:18.268	10.189.120.120	5060	10.184.36.29	5060	<TRACE_SIPC_DOWN	200 OK	
429	2016-04-12 15:29:18.682	10.184.36.29	5060	10.189.120.120	5060	>TRACE_SIPC_UP	ACK	
430	2016-04-12 15:29:18.684	2409:8017:8000:6:1::33	9951	2409:8807:804...	6000	<TRACE_SIPC_DOWN	ACK	
431	2016-04-12 15:29:21.971					TRACE_QOS_UP	QOS_PACKET	55 70 53 72 63 49 50 20 3D 20 32 34 30 39 3A 38 30...

SIP Message Trace

```
Allow: INVITE,ACK,OPTIONS,CANCEL,BYE,UPDATE,INFO,REFER,NOTIFY,MESSAG
Via: SIP/2.0/TCP [2409:8807:8040:ec7:1:1:85de:3593]:6000;branch=z9h
Contact: <sip:+8613791421494@[2409:8807:8040:ec7:1:1:85de:3593]:600
Max-Forwards: 70
Call-ID: asbcscnq707i7wwuuvc7lbpssddttnrw0ics@10.189.120.11
CSeq: 2 INVITE
To: <tel:13646321093;noa=subscriber;srvattri=national;phone-context=
From: "13791421494" <tel:13791421494;phone-context=sd.ims.mnc000.mc
User-Agent: Samsung IMS 5.0
P-Access-Network-Info: 3GPP-E-UTRAN-TDD;utran-cell-id-3gpp=4600053e
Supported: 100rel,timer,histinfo,sec-agree
Security-Verify: ipsec-3gpp;alg=hmac-md5-96;prot=esp;mod=trans;ealg
Proxy-Require: sec-agree
Require: sec-agree
```

Show ISUP Body　Show Hex　OK

图 13-42　S7 手动切换至语音通话消息

15:26 Mate 8 再次发起视频呼叫，S7 无相应提示。15:27 Mate 8 挂机。从核心网信令中看，切换至语音通话后，核心网一直没有收到 Mate 8 发起的视频呼叫请求，直到 15:27:32，Mate 8 挂断电话，呼叫结束，如图 13-43 所示。

3415	2016-04-12 15:26:52.962					TRACE_QOS_DOWN	QOS_PACKET
3416	2016-04-12 15:26:58.066					TRACE_QOS_UP	QOS_PACKET
3417	2016-04-12 15:27:02.964					TRACE_QOS_DOWN	QOS_PACKET
3418	2016-04-12 15:27:08.068					TRACE_QOS_UP	QOS_PACKET
3419	2016-04-12 15:27:12.999					TRACE_QOS_DOWN	QOS_PACKET
3420	2016-04-12 15:27:18.099					TRACE_QOS_UP	QOS_PACKET
3421	2016-04-12 15:27:22.996					TRACE_QOS_DOWN	QOS_PACKET
3422	2016-04-12 15:27:28.104					TRACE_QOS_UP	QOS_PACKET
3423	2016-04-12 15:27:32.241	2409:8807:8040:1045:1:1:8761:69de	31100	2409:8017:800...	9900	>TRACE_SIPC_UP	BYE
3424	2016-04-12 15:27:32.242	10.189.120.112	5060	10.189.120.5	5060	<TRACE_SIPC_DOWN	BYE
3425	2016-04-12 15:27:32.374	10.189.120.5	5060	10.189.120.112	5060	>TRACE_SIPC_UP	200 OK
3426	2016-04-12 15:27:32.375	2409:8017:8000:6:1::1	9950	2409:8807:804...	31800	<TRACE_SIPC_DOWN	200 OK
3427	2016-04-12 15:27:32.377	10.20.58.64	3868	10.20.14.16	6006	TRACE_DIAM_GQ	STR
3428	2016-04-12 15:27:32.444	10.20.14.16	6006	10.20.58.64	3868	TRACE_DIAM_GQ	STA
3429	2016-04-12 15:28:11.160	2409:8807:8040:1045:1:1:8761:69de	31100	2409:8017:800...	9900	>TRACE_SIPC_UP	INVITE
3430	2016-04-12 15:28:11.160	2409:8017:8000:6:1::1	9950	2409:8807:804...	31800	<TRACE_SIPC_DOWN	100 TRYING
3431	2016-04-12 15:28:11.166	10.20.58.64	3868	10.20.14.16	6006	TRACE_DIAM_GQ	AAR
3432	2016-04-12 15:28:11.293	10.20.14.16	6006	10.20.58.64	3868	TRACE_DIAM_GQ	AAA
3433	2016-04-12 15:28:11.375	10.19.229.178	6007	10.20.58.192	3871	TRACE_DIAM_GQ	RAR
3434	2016-04-12 15:28:11.375	10.20.58.192	3871	10.19.229.178	6007	TRACE_DIAM_GQ	RAA
3435	2016-04-12 15:28:11.376	10.189.120.112	5060	10.189.120.5	5060	<TRACE_SIPC_DOWN	INVITE
3436	2016-04-12 15:28:11.387	10.189.120.5	5060	10.189.120.112	5060	>TRACE_SIPC_UP	100 TRYING
3437	2016-04-12 15:28:12.587	10.189.120.5	5060	10.189.120.112	5060	>TRACE_SIPC_UP	183 SESSION PROGR...
3438	2016-04-12 15:28:12.599	10.20.58.192	3869	10.20.14.144	6007	TRACE_DIAM_GQ	AAR
3439	2016-04-12 15:28:12.654	10.20.14.144	6007	10.20.58.192	3869	TRACE_DIAM_GQ	AAA

SIP Message Trace

```
BYE sip:[2409:8017:8000:0006:0001:0000:0000:0001]:9900;Dpt=eb1a-200
From: <sip:+8613646321093@sd.ims.mnc000.mcc460.3gppnetwork.org>;tag
To: "13791421494"<tel:13791421494;phone-context=sd.ims.mnc000.mcc460
Reason: SIP;cause=200;text="User term the call."
P-Access-Network-Info: 3GPP-E-UTRAN-TDD;utran-cell-id-3gpp=4600053E
Supported: sec-agree
Require: sec-agree
Proxy-Require: sec-agree
Security-Verify: ipsec-3gpp;alg=hmac-sha-1-96;prot=esp;mod=trans;eal
Route: <sip:[2409:8017:8000:6:1::1]:9900;lr;Hpt=8e82_116;CxtId=3;TR
Call-ID: JVdcbIM6u9[2409:8807:8040:1045:1:1:8761:69de]
CSeq: 4 BYE
Max-Forwards: 70
User-Agent: IM-client/OMA1.0 HW-Rto/V1.0
```

Show ISUP Body　Show Hex　OK

图 13-43　Mate 8 发起视频呼叫后信令流程

【解决方案】：

从核心网信令中分析，华为 Mate 8 将视频通话切换到后台之后，会引起三星 S7 自动发起中断视频通话。与 S7 手动中断视频通话不同，这种情况下华为 Mate 8 无法再次发起视频呼叫，核心网也收不到 Mate 8 发起视频呼叫的消息。

此问题目前可以 100% 复现，从核心网信令判断是华为 Mate 8 与三星 S7 存在协议问题，也不能排除华为或三星终端与异厂家终端存在协议匹配问题，此类问题会影响到用户感受，需终端厂家对问题做进一步分析，未来也需要对终端协议制定相应的规范。

11. 蓝魔 M7 终端作为被叫进行视频通话时收到全时通短信问题分析

【问题描述】：

L 市移动发现 VoLTE 终端蓝魔 M7（支持高清语音，不支持视频通话）在测试过程中作为被叫，其他支持高清视频通话的 VoLTE 终端对其发起视频通话时，主叫提示“您拨打的用户暂时无法接通”，而被叫蓝魔 M7 收到全时通短信。

【问题分析】：

蓝魔 M7 不支持视频通话，在其他 VoLTE 用户发起视频通话时，蓝魔 M7 应可进行高清语音通话，但是主叫听到“暂时无法接通”的提示音，被叫蓝魔 M7 收到全时通短信。

正常 IMS 侧信令如图 13-44 所示。

蓝魔 M7 的 IMS 侧信令跟踪如图 13-45 所示，被叫收到 INVITE 消息且响应后，13s 网络侧没有收到 183 消息，定时器超时，网络侧下发 CANCEL 消息，如图 13-46 所示。

7 s 后终端挂机，网络侧回应 487 消息，如图 13-48 所示。

【解决方案】：

测试时无线环境良好，即使蓝魔 M7 终端不支持视频通话，正常情况下也可以建立 QCI = 1 的专用承载进行高清语音通话。需要终端厂商协助解决，后续需蓝魔终端公司协助解决。

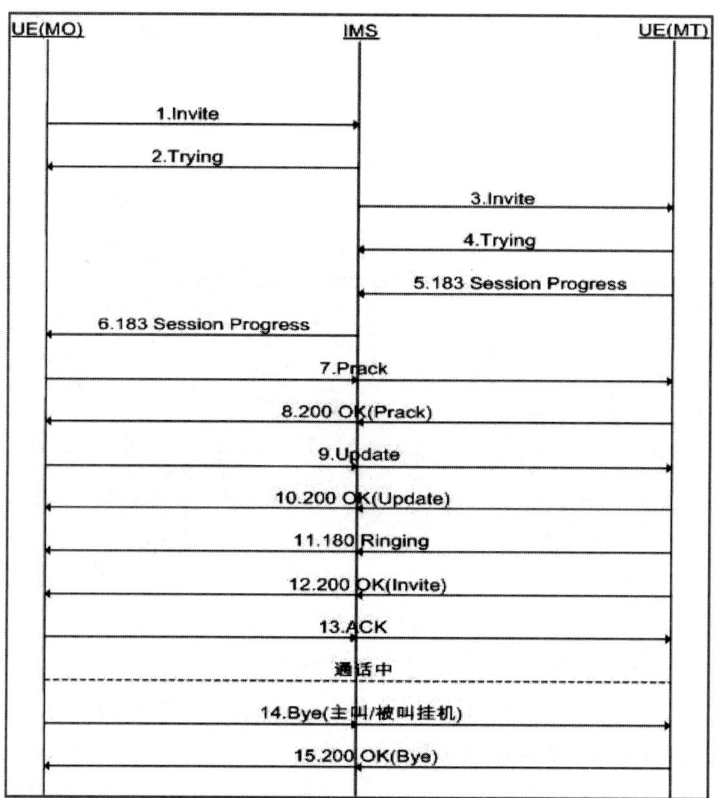

图 13-44　正常 IMS 侧信令

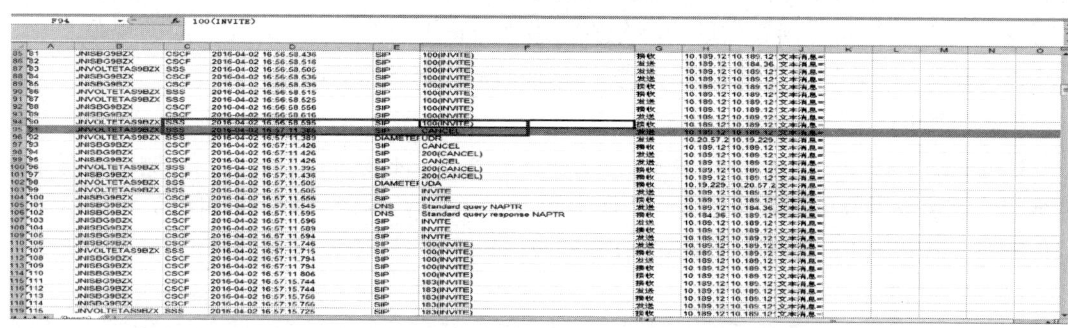

F94　100(INVITE)

	A	B	C	D	E	F	G	H	I	J
85	81	JNISBG9BZX	CSCF	2016-04-02 16:56:58.436	SIP	100(INVITE)	接收	10.189.12	10.189.12	文本消息=
86	82	JNISBG9BZX	CSCF	2016-04-02 16:56:58.516	SIP	100(INVITE)	发送	10.189.12	10.184.36	文本消息=
87	83	JNVOLTETAS9BZX	SSS	2016-04-02 16:56:58.505	SIP	100(INVITE)	发送	10.189.12	10.189.12	文本消息=
88	84	JNISBG9BZX	CSCF	2016-04-02 16:56:58.536	SIP	100(INVITE)	发送	10.189.12	10.189.12	文本消息=
89	85	JNISBG9BZX	CSCF	2016-04-02 16:56:58.536	SIP	100(INVITE)	接收	10.189.12	10.189.12	文本消息=
90	86	JNVOLTETAS9BZX	SSS	2016-04-02 16:56:58.515	SIP	100(INVITE)	接收	10.189.12	10.189.12	文本消息=
91	87	JNVOLTETAS9BZX	SSS	2016-04-02 16:56:58.525	SIP	100(INVITE)	发送	10.189.12	10.189.12	文本消息=
92	88	JNISBG9BZX	CSCF	2016-04-02 16:56:58.556	SIP	100(INVITE)	接收	10.189.12	10.189.12	文本消息=
93	89	JNISBG9BZX	CSCF	2016-04-02 16:56:58.616	SIP	100(INVITE)	发送	10.189.12	10.189.12	文本消息=
94	90	JNVOLTETAS9BZX	SSS	2016-04-02 16:56:58.595	SIP	100(INVITE)	接收	10.189.12	10.189.12	文本消息=
95	91	JNVOLTETAS9BZX	SSS	2016-04-02 16:57:11.385	SIP	CANCEL	发送	10.189.12	10.189.12	文本消息=
96	92	JNVOLTETAS9BZX	SSS	2016-04-02 16:57:11.389	DIAMETER	UDR	发送	10.20.57.2	10.19.229.	文本消息=
97	93	JNISBG9BZX	CSCF	2016-04-02 16:57:11.426	SIP	CANCEL	接收	10.189.12	10.189.12	文本消息=
98	94	JNISBG9BZX	CSCF	2016-04-02 16:57:11.426	SIP	200(CANCEL)	发送	10.189.12	10.189.12	文本消息=
99	95	JNISBG9BZX	CSCF	2016-04-02 16:57:11.426	SIP	CANCEL	发送	10.189.12	10.189.12	文本消息=
100	96	JNVOLTETAS9BZX	SSS	2016-04-02 16:57:11.395	SIP	200(CANCEL)	接收	10.189.12	10.189.12	文本消息=
101	97	JNISBG9BZX	CSCF	2016-04-02 16:57:11.436	SIP	200(CANCEL)	接收	10.189.12	10.189.12	文本消息=
102	98	JNVOLTETAS9BZX	SSS	2016-04-02 16:57:11.505	DIAMETER	UDA	接收	10.19.229.	10.20.57.2	文本消息=
103	99	JNVOLTETAS9BZX	SSS	2016-04-02 16:57:11.505	SIP	INVITE	发送	10.189.12	10.189.12	文本消息=
104	100	JNISBG9BZX	CSCF	2016-04-02 16:57:11.556	SIP	INVITE	接收	10.189.12	10.189.12	文本消息=
105	101	JNISBG9BZX	CSCF	2016-04-02 16:57:11.545	DNS	Standard query NAPTR	发送	10.189.12	10.184.36	文本消息=
106	102	JNISBG9BZX	CSCF	2016-04-02 16:57:11.595	DNS	Standard query response NAPTR	接收	10.184.36	10.189.12	文本消息=
107	103	JNISBG9BZX	CSCF	2016-04-02 16:57:11.596	SIP	INVITE	发送	10.189.12	10.189.12	文本消息=
108	104	JNISBG9BZX	CSCF	2016-04-02 16:57:11.589	SIP	INVITE	接收	10.189.12	10.189.12	文本消息=
109	105	JNISBG9BZX	CSCF	2016-04-02 16:57:11.594	SIP	INVITE	发送	10.189.12	10.189.12	文本消息=
110	106	JNISBG9BZX	CSCF	2016-04-02 16:57:11.746	SIP	100(INVITE)	发送	10.189.12	10.189.12	文本消息=
111	107	JNVOLTETAS9BZX	SSS	2016-04-02 16:57:11.715	SIP	100(INVITE)	接收	10.189.12	10.189.12	文本消息=
112	108	JNISBG9BZX	CSCF	2016-04-02 16:57:11.794	SIP	100(INVITE)	发送	10.189.12	10.189.12	文本消息=
113	109	JNISBG9BZX	CSCF	2016-04-02 16:57:11.794	SIP	100(INVITE)	接收	10.189.12	10.189.12	文本消息=
114	110	JNISBG9BZX	CSCF	2016-04-02 16:57:11.806	SIP	100(INVITE)	接收	10.189.12	10.189.12	文本消息=
115	111	JNISBG9BZX	CSCF	2016-04-02 16:57:15.744	SIP	183(INVITE)	接收	10.189.12	10.189.12	文本消息=
116	112	JNISBG9BZX	CSCF	2016-04-02 16:57:15.744	SIP	183(INVITE)	发送	10.189.12	10.189.12	文本消息=
117	113	JNISBG9BZX	CSCF	2016-04-02 16:57:15.756	SIP	183(INVITE)	接收	10.189.12	10.189.12	文本消息=
118	114	JNISBG9BZX	CSCF	2016-04-02 16:57:15.756	SIP	183(INVITE)	发送	10.189.12	10.189.12	文本消息=
119	115	JNVOLTETAS9BZX	SSS	2016-04-02 16:57:15.725	SIP	183(INVITE)	接收	10.189.12	10.189.12	文本消息=

图 13-45　蓝魔 M7 的 IMS 侧信令

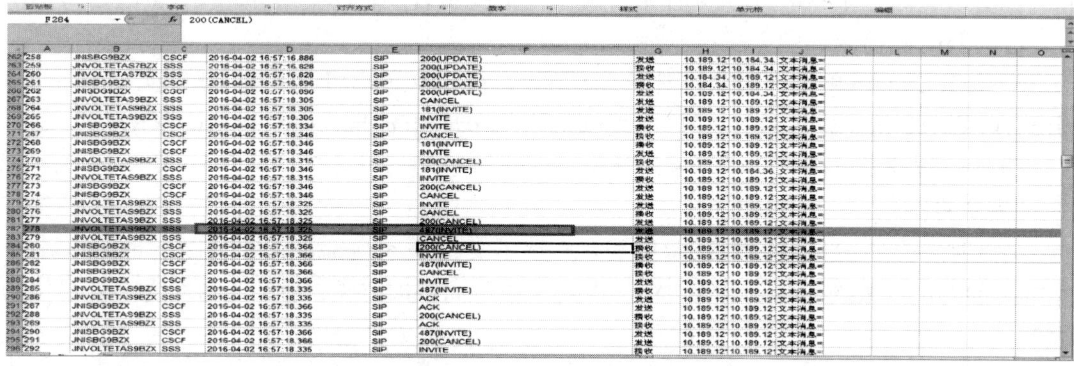

F284　200(CANCEL)

	A	B	C	D	E	F	G	H	I	J
262	258	JNISBG9BZX	CSCF	2016-04-02 16:57:16.886	SIP	200(UPDATE)	发送	10.189.12	10.184.34	文本消息=
263	259	JNVOLTETAS7BZX	SSS	2016-04-02 16:57:16.828	SIP	200(UPDATE)	接收	10.189.12	10.184.34	文本消息=
264	260	JNVOLTETAS7BZX	SSS	2016-04-02 16:57:16.828	SIP	200(UPDATE)	发送	10.184.34	10.189.12	文本消息=
265	261	JNISBG9BZX	CSCF	2016-04-02 16:57:16.896	SIP	200(UPDATE)	接收	10.184.34	10.189.12	文本消息=
266	262	JNISBG9BZX	CSCF	2016-04-02 16:57:16.896	SIP	200(UPDATE)	发送	10.189.12	10.184.34	文本消息=
267	263	JNVOLTETAS9BZX	SSS	2016-04-02 16:57:18.305	SIP	CANCEL	发送	10.189.12	10.189.12	文本消息=
268	264	JNVOLTETAS9BZX	SSS	2016-04-02 16:57:18.305	SIP	181(INVITE)	发送	10.189.12	10.189.12	文本消息=
269	265	JNVOLTETAS9BZX	SSS	2016-04-02 16:57:18.305	SIP	INVITE	发送	10.189.12	10.189.12	文本消息=
270	266	JNISBG9BZX	CSCF	2016-04-02 16:57:18.334	SIP	INVITE	接收	10.189.12	10.189.12	文本消息=
271	267	JNISBG9BZX	CSCF	2016-04-02 16:57:18.346	SIP	CANCEL	接收	10.189.12	10.189.12	文本消息=
272	268	JNISBG9BZX	CSCF	2016-04-02 16:57:18.346	SIP	181(INVITE)	接收	10.189.12	10.189.12	文本消息=
273	269	JNISBG9BZX	CSCF	2016-04-02 16:57:18.346	SIP	INVITE	发送	10.189.12	10.189.12	文本消息=
274	270	JNVOLTETAS9BZX	SSS	2016-04-02 16:57:18.315	SIP	200(CANCEL)	接收	10.189.12	10.189.12	文本消息=
275	271	JNISBG9BZX	CSCF	2016-04-02 16:57:18.346	SIP	181(INVITE)	发送	10.189.12	10.184.36	文本消息=
276	272	JNVOLTETAS9BZX	SSS	2016-04-02 16:57:18.315	SIP	INVITE	接收	10.189.12	10.189.12	文本消息=
277	273	JNISBG9BZX	CSCF	2016-04-02 16:57:18.346	SIP	200(CANCEL)	发送	10.189.12	10.189.12	文本消息=
278	274	JNISBG9BZX	CSCF	2016-04-02 16:57:18.346	SIP	CANCEL	发送	10.189.12	10.189.12	文本消息=
279	275	JNVOLTETAS9BZX	SSS	2016-04-02 16:57:18.325	SIP	INVITE	发送	10.189.12	10.189.12	文本消息=
280	276	JNVOLTETAS9BZX	SSS	2016-04-02 16:57:18.325	SIP	CANCEL	接收	10.189.12	10.189.12	文本消息=
281	277	JNVOLTETAS9BZX	SSS	2016-04-02 16:57:18.325	SIP	200(CANCEL)	发送	10.189.12	10.189.12	文本消息=
282	278	JNVOLTETAS9BZX	SSS	2016-04-02 16:57:18.325	SIP	487(INVITE)	发送	10.189.12	10.189.12	文本消息=
283	279	JNVOLTETAS9BZX	SSS	2016-04-02 16:57:18.325	SIP	CANCEL	发送	10.189.12	10.189.12	文本消息=
284	280	JNISBG9BZX	CSCF	2016-04-02 16:57:18.366	SIP	200(CANCEL)	接收	10.189.12	10.189.12	文本消息=
285	281	JNISBG9BZX	CSCF	2016-04-02 16:57:18.366	SIP	INVITE	接收	10.189.12	10.189.12	文本消息=
286	282	JNISBG9BZX	CSCF	2016-04-02 16:57:18.366	SIP	487(INVITE)	接收	10.189.12	10.189.12	文本消息=
287	283	JNISBG9BZX	CSCF	2016-04-02 16:57:18.366	SIP	CANCEL	接收	10.189.12	10.189.12	文本消息=
288	284	JNISBG9BZX	CSCF	2016-04-02 16:57:18.366	SIP	INVITE	发送	10.189.12	10.189.12	文本消息=
289	285	JNVOLTETAS9BZX	SSS	2016-04-02 16:57:18.335	SIP	487(INVITE)	接收	10.189.12	10.189.12	文本消息=
290	286	JNVOLTETAS9BZX	SSS	2016-04-02 16:57:18.335	SIP	ACK	发送	10.189.12	10.189.12	文本消息=
291	287	JNISBG9BZX	CSCF	2016-04-02 16:57:18.366	SIP	ACK	发送	10.189.12	10.189.12	文本消息=
292	288	JNVOLTETAS9BZX	SSS	2016-04-02 16:57:18.335	SIP	200(CANCEL)	接收	10.189.12	10.189.12	文本消息=
293	289	JNVOLTETAS9BZX	SSS	2016-04-02 16:57:18.335	SIP	ACK	接收	10.189.12	10.189.12	文本消息=
294	290	JNISBG9BZX	CSCF	2016-04-02 16:57:18.366	SIP	487(INVITE)	发送	10.189.12	10.189.12	文本消息=
295	291	JNISBG9BZX	CSCF	2016-04-02 16:57:18.366	SIP	200(CANCEL)	发送	10.189.12	10.189.12	文本消息=
296	292	JNVOLTETAS9BZX	SSS	2016-04-02 16:57:18.335	SIP	INVITE	接收	10.189.12	10.189.12	文本消息=

图 13-46　终端挂机，网络侧回应消息

蓝魔 M7 版本：M7_MT6753_160116_V01. 10_WMCTC_CN22。

12. 联想 A3860 在 VoLTE 下电话会议不能管理的问题分析

【问题描述】：

当联想 A3860 作为会议发起者发起 VoLTE 电话会议时，不能针对电话会议成员进行管理，不能单独挂断某一成员电话，而发起 2G 电话会议可以进行管理，测试 3 次均出现此现象，如图 13-47～图 13-50 所示。

图 13-47　联想 A3860 电话会议 1

图 13-48　联想 A3860 电话会议 2

图 13-49　联想 A3860 版本

图 13-50　联想 A3860 设备信息

【问题分析】：

1）SIM 卡及无线环境。更换 SIM 卡后，仍然不能对会议进行管理，故排除 SIM 因素。测试时终端所处无线环境良好，RSRP 值为 -76dBm、SINR 值为 30dB，且其他终端在此无线环境表现正常，故排除无线网因素。

2）核心网信令跟踪。通过 AS 侧信令跟踪发现，通话过程中信令流程无异常，排除核心网因素，定位为终端问题，未开放 VoLTE 电话会议管理功能。

【解决方案】：

综上，此问题定位为终端问题，联想 A3860 终端未开放 VoLTE 电话会议管理功能，需提交终端公司进行优化解决。

13.2　第二招　敏而好学——无线侧优化思路及典型案例

1. 网络侧配置异频频点超过 3 个导致 UE 异常 eSRVCC 切换

【问题描述】：

VoLTE 终端在进行 VoLTE 语音通话过程中，在网络侧配置异频场景较多的情况下 UE 测量异频异常，无法正常完成异频切换，导致 UE 在实际无线网络环境较好的条件下发生 eSRVCC 切换。

【问题分析】：

1）如图 13-51 所示，测试车辆在八一路由北向南行驶，终端占用 LDH0905344H1_兰山儿童医院联通@2（频点：38098，PCI：297）无法正常切换至 LDH0905341H1_兰山儿童医院联通（频点：37900，PCI：399），随后发起 eSRVCC 切换。

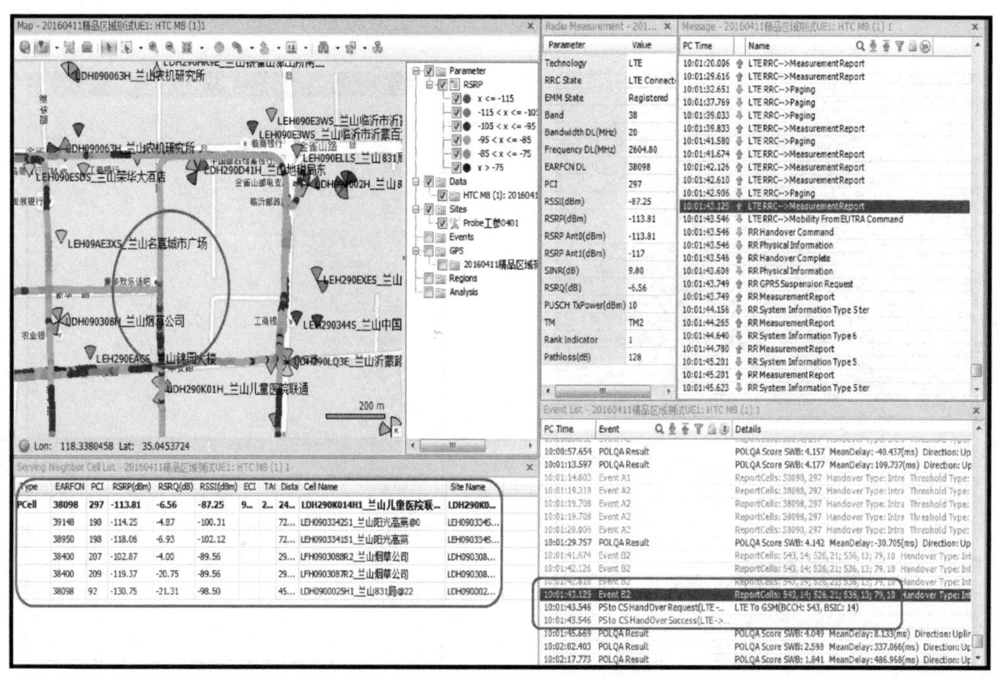

图 13-51　测试界面

2）分析发现 UE 占用 LDH0905344H1_兰山儿童医院联通@2（频点：38098，PCI：297）信号已经达到 A2 门限，满足异频起测条件，但 UE 始终不对 37900 的频点小区进行测量（邻区未看到），在 RSRP 变弱（－115dbm）的情况下发起了对 GSM 频点的测量，随后发起 eSRVCC 切换，如图 13-52 所示。

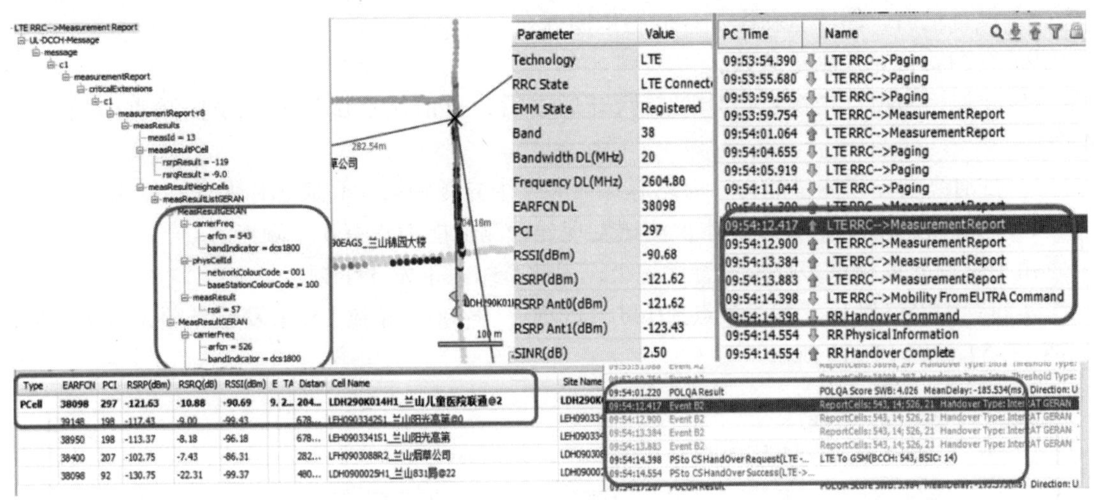

图 13-52　测试分析

3）分析 RRC 重配置消息发现，频点 37900 网络侧未下发至终端，网络侧只下发了频点 39148、38950、38400，如图 13-53 所示。

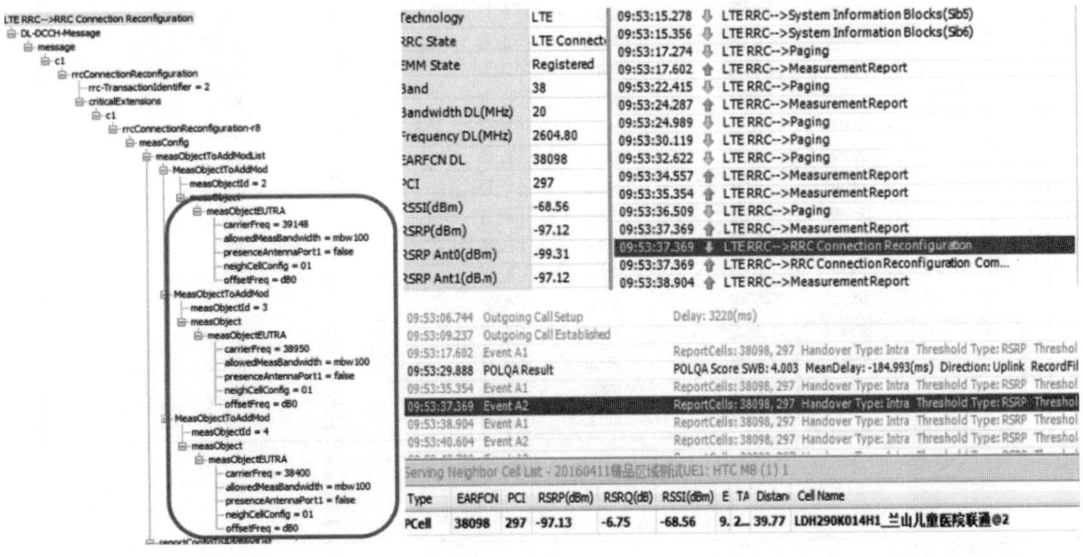

图 13-53　信令流程

4）核查 LDH090534H_兰山儿童医院联通基站告警：小区运行状态正常，无明显异常告警。

5）核查 LDH090534H_兰山儿童医院联通站点的邻区关系：核查结果邻区关系正常。

6）核查 GPS 同步正常。

7）核查硬件设备、现场占用的小区，各项业务均正常，排除硬件与天馈原因。

8）设备重启、邻区重新添加，问题依旧存在。

9）查询后台异频测量参数。

① 异频相邻频点情况：F/D 双层网开通之后，目前站点配置外部小区频点个数达到 4 个。

② 目前终端异频测量能力：海思芯片最大 3 个异频频点，高通芯片保守答复 4 个。

HTC M8 采用高通芯片，但本次测试发现异频测量能力只有 3 个频点。

由于配置异频频点多且未设置优先级，因此基站只下发 3 个频点。

本问题中网络侧只下发了频点 39148、38950、38400，导致 UE 未发起异频 37900 测量，如图 13-54 与图 13-55 所示。

LDH090534H_兰山儿童医院联通

+++ LDH090534H_兰山儿童医院联通 2016-04-18 16:04:03

O&M #806375211

%%/*6108882*/LST EUTRANINTERNFREQ:;%%

RETCODE = 0 执行成功

查询EUTRAN异频相邻频点

本地小区标识	下行频点	上行频点配置指示	上行频点	异频频点小区重选优先级配置指示	异频频点小区重选优先级
0	38098	不配置	NULL	不配置	NULL
0	38400	不配置	NULL	不配置	NULL
0	38950	不配置	NULL	不配置	NULL
0	39148	不配置	NULL	不配置	NULL
1	38098	不配置	NULL	不配置	NULL
1	38400	不配置	NULL	不配置	NULL
1	38950	不配置	NULL	不配置	NULL
1	39148	不配置	NULL	不配置	NULL
2	38098	不配置	NULL	不配置	NULL
2	38400	不配置	NULL	不配置	NULL
2	38950	不配置	NULL	不配置	NULL
2	39148	不配置	NULL	不配置	NULL
3	37900	不配置	NULL	不配置	NULL
3	38400	不配置	NULL	不配置	NULL
3	38950	不配置	NULL	不配置	NULL
3	39148	不配置	NULL	不配置	NULL

图 13-54 MML 下行频点查询

【解决方案】：

通过调整异频频点优先级进行解决：D 频段 =7，F 频段 =6，E 频段 =5，如图 13-56 所示。

基于频率优先级的切换测量标志位	Idle态MLB释放比例(%)	负载平衡频点优先级	连接态频率偏置(分贝)	测量频率优先级
禁止	0	7	0dB	0
禁止	0	7	0dB	0
禁止	0	7	0dB	0
禁止	0	7	0dB	0
禁止	0	7	0dB	0
禁止	0	7	0dB	0
禁止	0	7	0dB	0
禁止	0	7	0dB	0
禁止	0	7	0dB	0
禁止	0	7	0dB	0
禁止	0	7	0dB	0
禁止	0	7	0dB	0

图 13-55　MML 测量频率优先级查询

基于频率优先级的切换测量标志位	Idle态MLB释放比例(%)	负载平衡频点优先级	连接态频率偏置(分贝)	测量频率优先级
允许	0	7	0dB	7
允许	0	7	0dB	6
允许	0	7	0dB	5
允许	0	7	0dB	5
禁止	0	7	0dB	0
禁止	0	7	0dB	0
禁止	0	7	0dB	0
禁止	0	7	0dB	0
禁止	0	7	0dB	0
禁止	0	7	0dB	0
禁止	0	7	0dB	0
禁止	0	7	0dB	0
允许	0	7	0dB	7
允许	0	7	0dB	6
允许	0	7	0dB	5
允许	0	7	0dB	5

图 13-56　调整异频频点优先级

调整切换优先级之后，现场测试正常下发了 37900 的测量控制，能够正常切换，如图 13-57 所示。

由于目前现网开通了大量 F/D 双层网，配置相关异频测量频点数量达到 4 个，导致测量控制下发频点异常，建议在异频配置较多的场景，对室外宏站异频频点配置优先级 D > F > E，D 频段 =7，F 频段 =6，E 频段 =5。

2. VoLTE 用户语音呼叫中切换视频通话不接 40 s 后释放呼叫

【问题描述】:

VoLTE 用户 A 拨打 VoLTE 用户 B，在语音通话过程中，A 或 B 发起切换视频请求，如果对方不接受切换视频请求，则约 40 s 后整个呼叫被释放，不接受切换视频请求，语音通话会继续。

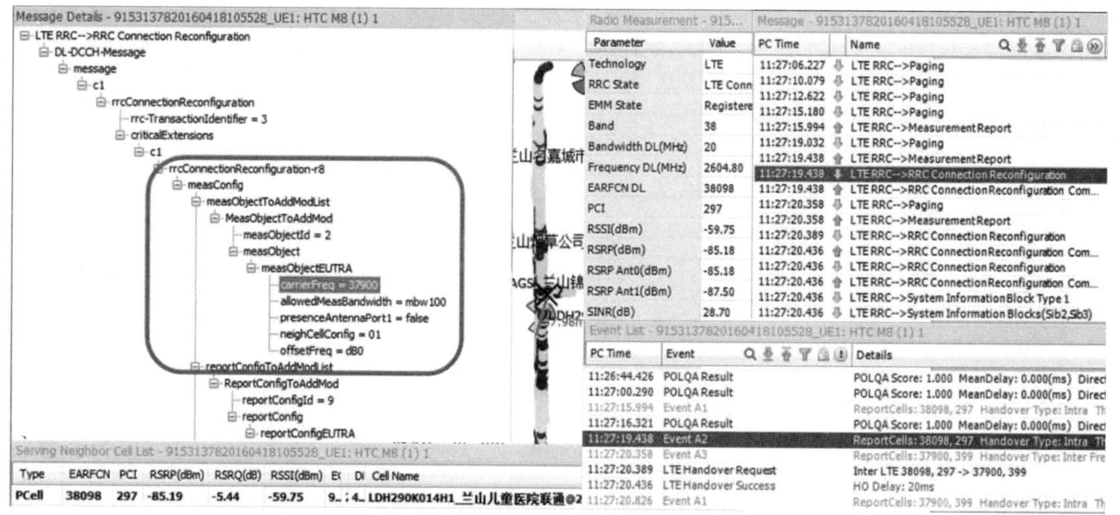

图 13-57　修改优先级后的测试结果

【问题分析】：

1）主叫号码 159 ××××4399，被叫号码 187 ××××6980。通过 CSCF 信令分析发现，被叫 AS 给被叫 CSCF 发了 BYE 消息，最终被叫 CSCF 将 BYE 消息发给了被叫 SBC，然后发送至终端，如图 13-58 所示。

任务管理器　被叫CSCF信令跟踪-按用户跟踪 1

序号	时间	类型	源	目标	消息	消息摘要	失
88	2016-03-25 14:21:03.405	SIP	10.187.89.132:5082	10.187.89.5:5140	INVITE	INVITE sip:460002462995283@10.187.89.1...	
89	2016-03-25 14:21:03.405	SIP	10.187.89.5:5141	10.187.89.146:5060	INVITE	INVITE sip:460002462995283@10.187.89.1...	
90	2016-03-25 14:21:03.415	SIP	10.187.89.146:5060	10.187.89.5:5141	100(INVITE)	SIP/2.0 100 Trying	
91	2016-03-25 14:21:03.545	SIP	10.187.89.5:5140	10.187.89.130:5128	100(INVITE)	SIP/2.0 100 Trying	
92	2016-03-25 14:21:03.566	SIP	10.187.89.5:5145	10.184.36.129:5060	100(INVITE)	SIP/2.0 100 Trying	
93	2016-03-25 14:21:03.585	SIP	10.187.89.132:5082	10.187.89.5:5144	100(INVITE)	SIP/2.0 100 Trying	
94	2016-03-25 14:21:03.585	SIP	10.187.89.5:5145	10.187.89.132:5082	100(INVITE)	SIP/2.0 100 Trying	
95	2016-03-25 14:21:03.605	SIP	10.187.89.5:5140	10.187.89.132:5082	100(INVITE)	SIP/2.0 100 Trying	
96	2016-03-25 14:21:03.605	SIP	10.187.89.132:5082	10.187.89.5:5145	100(INVITE)	SIP/2.0 100 Trying	
97	2016-03-25 14:21:43.385	SIP	10.187.89.132:5082	10.187.89.5:5144	408(INVITE)	SIP/2.0 408 Request Timeout	
98	2016-03-25 14:21:43.385	SIP	10.187.89.132:5082	10.187.89.5:5145	BYE	BYE sip:460002462995283@10.187.89.132:...	
99	2016-03-25 14:21:43.385	SIP	10.187.89.132:5082	10.187.89.5:5144	BYE	BYE sip:460029642092652@139.114.75.25:...	
100	2016-03-25 14:21:43.385	SIP	10.187.89.5:5144	10.187.89.132:5082	ACK	ACK sip:460002462995283@10.187.89.132:...	
101	2016-03-25 14:21:43.385	SIP	10.187.89.5:5145	10.184.36.129:5060	408(INVITE)	SIP/2.0 408 Request Timeout	
102	2016-03-25 14:21:43.385	SIP	10.187.89.5:5145	10.187.89.132:5082	BYE	BYE sip:460002462995283@10.187.89.132:...	
103	2016-03-25 14:21:43.395	SIP	10.187.89.5:5145	10.184.36.129:5060	BYE	BYE sip:460029642092652@139.114.75.25:...	
104	2016-03-25 14:21:43.405	SIP	10.187.89.132:5082	10.187.89.5:5140	BYE	BYE sip:460002462995283@10.187.89.146:...	
105	2016-03-25 14:21:43.405	SIP	10.184.36.129:5060	10.187.89.5:5144	200(INVITE)	SIP/2.0 200 OK	
106	2016-03-25 14:21:43.405	SIP	10.187.89.132:5082	10.187.89.5:5145	408(INVITE)	SIP/2.0 408 Request Timeout	
107	2016-03-25 14:21:43.405	SIP	10.187.89.132:5082	10.187.89.5:5145	BYE	BYE sip:460029642092652@10.187.89.132:...	
108	2016-03-25 14:21:43.405	SIP	10.187.89.132:5082	10.187.89.5:5145	200(BYE)	SIP/2.0 200 OK	
109	2016-03-25 14:21:43.405	SIP	10.184.36.129:5060	10.187.89.5:5144	BYE	BYE sip:460029642092652@10.187.89.7:51...	
110	2016-03-25 14:21:43.405	SIP	10.184.36.129:5060	10.187.89.5:5145	ACK	ACK sip:460002462995283@10.187.89.132:...	
111	2016-03-25 14:21:43.405	SIP	10.184.36.129:5060	10.187.89.5:5145	BYE	BYE sip:460002462995283@10.187.89.132:...	
112	2016-03-25 14:21:43.405	SIP	10.187.89.5:5141	10.187.89.146:5060	BYE	BYE sip:460002462995283@10.187.89.146:...	
113	2016-03-25 14:21:43.415	SIP	10.187.89.5:5140	10.187.89.130:5128	200(INVITE)	SIP/2.0 200 OK	
114	2016-03-25 14:21:43.415	SIP	10.187.89.5:5145	10.187.89.132:5082	ACK	ACK sip:460002462995283@10.187.89.132:...	
115	2016-03-25 14:21:43.415	SIP	10.187.89.5:5145	10.187.89.132:5082	408(INVITE)	SIP/2.0 408 Request Timeout	
116	2016-03-25 14:21:43.415	SIP	10.187.89.5:5145	10.187.89.132:5082	200(BYE)	SIP/2.0 200 OK	
117	2016-03-25 14:21:43.415	SIP	10.187.89.5:5145	10.187.89.132:5082	200(BYE)	SIP/2.0 200 OK	
118	2016-03-25 14:21:43.415	SIP	10.187.89.5:5140	10.187.89.130:5128	BYE	BYE sip:460029642092652@10.187.89.7:51...	
119	2016-03-25 14:21:43.415	SIP	10.187.89.5:5145	10.184.36.129:5060	200(BYE)	SIP/2.0 200 OK	

图 13-58　CSCF 信令流程

2）该 BYE 消息由被叫 AS 信令网元产生，如图 13-59 所示。

序号	类型	时间	源	目标	消息	消息摘要
6	SIP	2016-03-25 14:21:03.398	10.187.89.132:5082	10.187.89.5:5145	INVITE	INVITE sip:460002462995283@10.187.89.1...
7	SIP	2016-03-25 14:21:03.408	10.187.89.5:5145	10.187.89.132:5082	INVITE	INVITE sip:460002462995283@10.187.89.1...
8	SIP	2016-03-25 14:21:03.418	10.187.89.132:5082	10.187.89.5:5140	INVITE	INVITE sip:460002462995283@10.187.89.1...
9	SIP	2016-03-25 14:21:03.588	10.187.89.132:5082	10.187.89.5:5144	100(INVITE)	SIP/2.0 100 Trying
0	SIP	2016-03-25 14:21:03.608	10.187.89.132:5082	10.187.89.5:5145	100(INVITE)	SIP/2.0 100 Trying
1	SIP	2016-03-25 14:21:03.608	10.187.89.5:5145	10.187.89.132:5082	100(INVITE)	SIP/2.0 100 Trying
2	SIP	2016-03-25 14:21:03.628	10.187.89.5:5140	10.187.89.132:5082	100(INVITE)	SIP/2.0 100 Trying
3	SIP	2016-03-25 14:21:43.371	10.187.89.132:5082	10.187.89.5:5145	BYE	BYE sip:460002462995283@10.187.89.132:...
4	DIAMETER	2016-03-25 14:21:43.371	10.187.89.133:3904	10.187.89.172:3868	ACR	app=3(Rf) (hop-id=769262411) (end-id=55...
5	SIP	2016-03-25 14:21:43.371	10.187.89.132:5082	10.187.89.5:5144	408(INVITE)	SIP/2.0 408 Request Timeout
6	SIP	2016-03-25 14:21:43.371	10.187.89.132:5082	10.187.89.5:5144	BYE	BYE sip:460029642092652@139.114.75.25:...
7	DIAMETER	2016-03-25 14:21:43.381	10.187.89.172:3868	10.187.89.133:3904	ACA	app=3(Rf) (hop-id=769262411) (end-id=55...
8	SIP	2016-03-25 14:21:43.381	10.187.89.5:5144	10.187.89.132:5082	ACK	ACK sip:460002462995283@10.187.89.132:...
9	SIP	2016-03-25 14:21:43.381	10.187.89.132:5082	10.187.89.5:5140	BYE	BYE sip:460002462995283@10.187.89.146:...
0	SIP	2016-03-25 14:21:43.391	10.187.89.132:5082	10.187.89.5:5145	408(INVITE)	SIP/2.0 408 Request Timeout

图 13-59　被叫 BYE 信令流程

3）被叫 AS 产生 BYE 消息的原因：一方发起视频请求后，被叫 AS 发送 re-invite 消息到终端后，终端不接，定时器就超时释放，该定时器查询结果如图 13-60 所示。

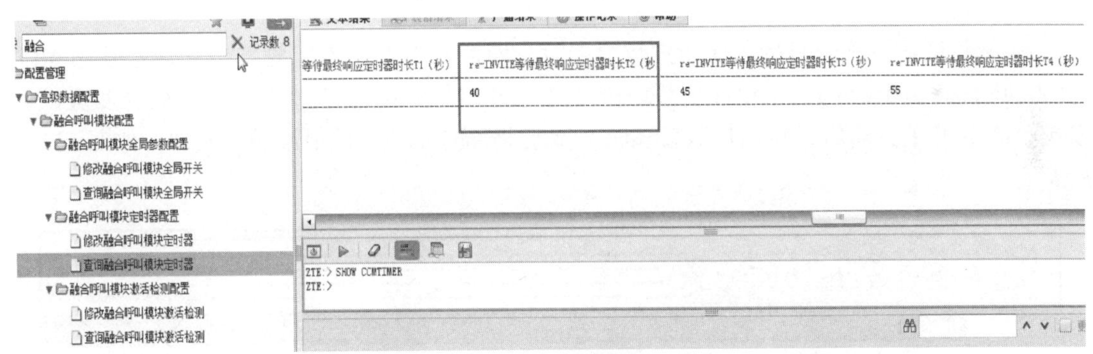

图 13-60　定时器查询

【解决方案】：

根据协议（Rfc3261）中描述，终端不响应就是要终结呼叫，目前 SIP 里没有定义在对话内取消一个请求的办法。后续，需要中兴公司进行分析，解决该问题。

3. VoLTE 在 MLB 打开时基于业务的异频切换无法触发

【问题描述】：

VoLTE 基于业务的异频切换反复上报 A4 测量报告，但是基站不下发切换重配置的消息，无法触发切换动作，如图 13-61 所示。

【问题分析】：

1）通过 PROBE 信令分析，确认 QCI1 建立以后，基站正常下发了基于业务的异频切换测量控制，但终端上报测量报告后没有下发切换命令。基站能下发 A4 测量控制，确认特性触发没有问题，怀疑基站处理测量报告时过滤掉了邻区，导致无切换触发。

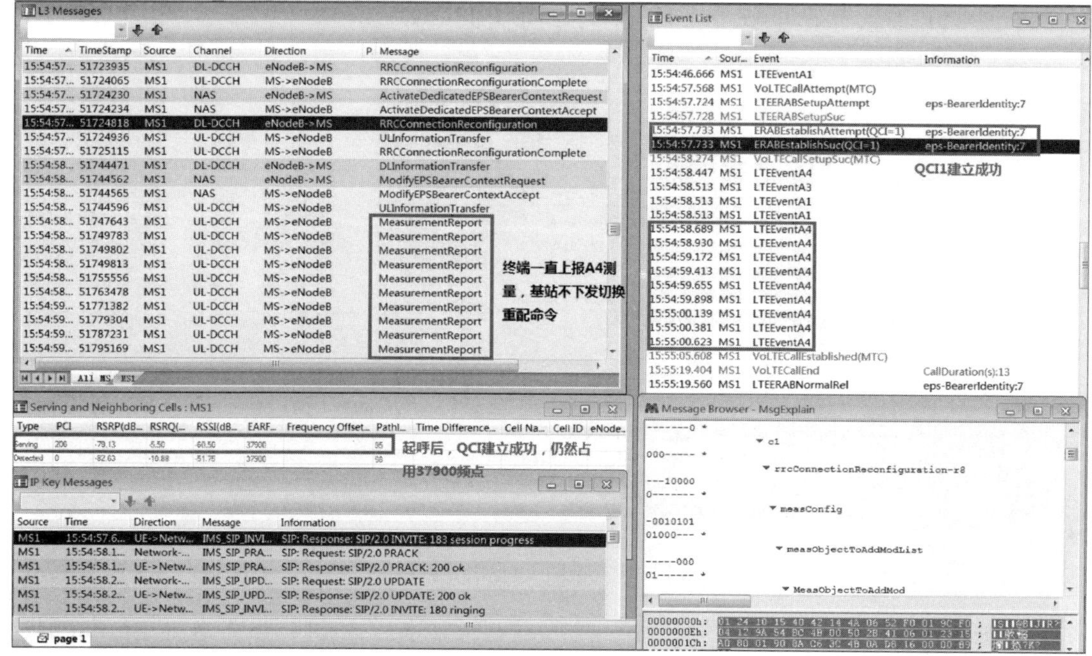

图 13-61　测试信令流程

2）分析话统发现当目标小区用户数很多时，切换基本上都不能触发，怀疑是基站 MLB（Mobility Load Balancing，移动性负载均衡）特性开启导致的邻区过滤失败。经过多次试验发现，MLB 开关开启后，在用户数较多时，基于业务的异频切换很难触发成功，如图 13-62 所示。

开始时间	周期 (分钟)	网元名称	小区	QCI为1的业务E-RAB建立尝试次数 (无)	QCI为1的业务E-RAB建立成功次数 (无)	业务触发的异频切换准备尝试次数 (无)	业务触发的异频切换执行尝试次数 (无)	业务触发的异频切换执行成功次数 (无)	小区内的最大用户数 (无)	
04/10/2016 17:45:00	15	LDH050126H_...	eNodeB名称=LDH050126H_创进, 本地小区标识=0, 小区	6	6	6	6	6	32	关闭MLB，触发切换
04/10/2016 17:45:00	15	LDH050126H_...	eNodeB名称=LDH050126H_创进, 本地小区标识=3, 小区	36	36	0	0	0	16	
04/10/2016 18:00:00	15	LDH050126H_...	eNodeB名称=LDH050126H_创进, 本地小区标识=0, 小区	18	18	0	0	0	25	打开MLB，切换没有触发
04/10/2016 18:00:00	15	LDH050126H_...	eNodeB名称=LDH050126H_创进, 本地小区标识=3, 小区	0	0	0	0	0	15	

9452	2016-04-10 17:43:12(450)	2016-04-10 17:43:12(	LST CELLALGOSW	kangweinan	10.213.47.22	维护
9453	2016-04-10 17:54:36(440)	2016-04-10 17:54:36(	LST CELL:;	kangweinan	10.213.47.22	维护
9454	2016-04-10 17:54:40(730)	2016-04-10 17:54:40(	DSP CELL:;	kangweinan	10.213.47.22	维护
9455	2016-04-10 17:56:56(880)	2016-04-10 17:56:56(	LST MEASRST:;	EMSCOMM	10.214.93.6	维护
9456	2016-04-10 17:59:56(050)	2016-04-10 17:59:55(	MOD CELLALGOS	kangweinan	10.213.47.22	维护
9457	2016-04-10 18:00:07(830)	2016-04-10 18:00:07(	MOD CELLALGOS	kangweinan	10.213.47.22	维护
9458	2016-04-10 18:02:18(700)	2016-04-10 18:02:18(	LST CELLALGOSW	kangweinan	10.213.47.22	维护
9459	2016-04-10 18:11:57(471)	2016-04-10 18:11:57(	LST MEASRST:;	EMSCOMM	10.214.93.6	维护

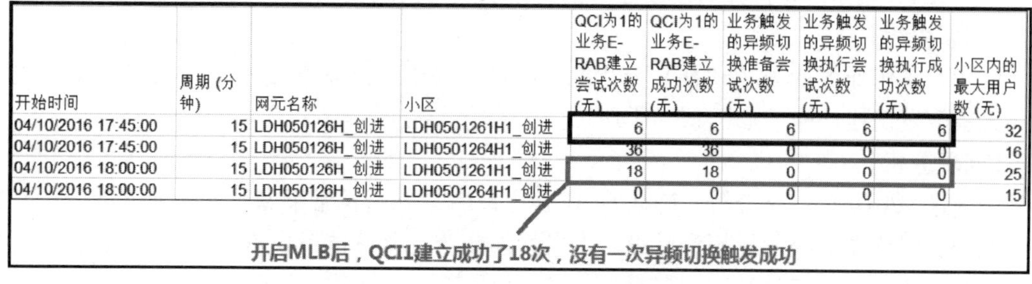

开始时间	周期 (分钟)	网元名称	小区	QCI为1的业务E-RAB建立尝试次数 (无)	QCI为1的业务E-RAB建立成功次数 (无)	业务触发的异频切换准备尝试次数 (无)	业务触发的异频切换执行尝试次数 (无)	业务触发的异频切换执行成功次数 (无)	小区内的最大用户数 (无)
04/10/2016 17:45:00	15	LDH050126H_创进	LDH0501261H1_创进	6	6	6	6	6	32
04/10/2016 17:45:00	15	LDH050126H_创进	LDH0501264H1_创进	36	36	0	0	0	16
04/10/2016 18:00:00	15	LDH050126H_创进	LDH0501261H1_创进	18	18	0	0	0	25
04/10/2016 18:00:00	15	LDH050126H_创进	LDH0501264H1_创进	0	0	0	0	0	15

开启MLB后，QCI1建立成功了18次，没有一次异频切换触发成功

图 13-62　异频切换成功次数查询

3）配置核查：梳理邻区过滤代码流程，确认 MLB 开启的场景下，基于业务的异频切换流程受邻区负载影响，如果邻区用户数达到 MLB 的门限，则在切换处理过程中，该邻区会被过滤掉，不触发后续的切换流程；排查配置 MLB 的门限为 20，配置较低。

关闭 MLB 开关以后，经过复测，切换业务能正常触发。

试验如下：创进 1 小区（37900）能够正常触发基于 QCI1 业务的异频切换，如图 13-63 所示。

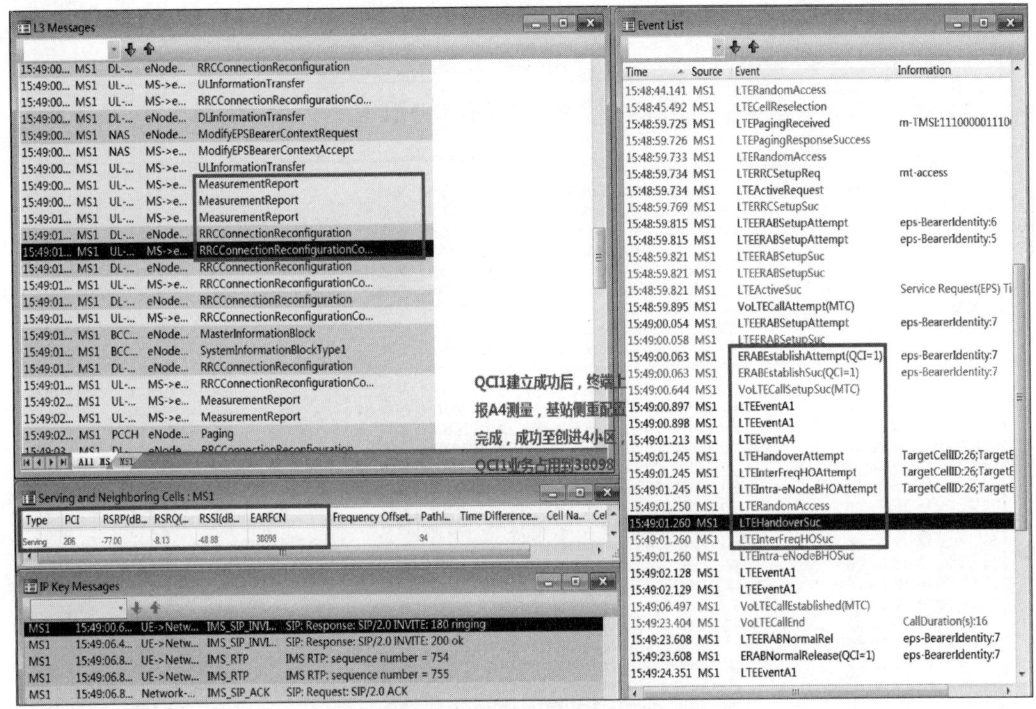

图 13-63　MLB 开关关闭后测试结果

综上，判断问题由基站网元配置版本导致。

【解决方案】：

现网 MLB 特性开启，VoLTE 终端要切换的邻区的最大用户数超过 MLB 门限，基站将该邻区过滤掉导致切换无法触发；站内基于业务的异频切换流程受邻区负载影响，如果邻区负载达到 MLB 的门限，则在切换过程中该邻区会被过滤掉，不会触发后续的切换流程。目前 Y 市现网基站网元版本为 8.1，可以通过关闭 MLB 开关或调大基于用户数的 MLB 门限暂时解决，厂家设备 11.0 版本可通过 HOAdmitSwitch 准入开关控制规避站间的基于业务的异频切换与 MLB 冲突的问题，站内的解决方法和 8.1 版本一致；经与设备厂家方面沟通，后续 11.1 版本中站内和站间分别有开关准入控制可以彻底解决此问题。

4. 华为基站上下行 CCE 比例固定为 10∶1 概率性出现 RRC 恶化，影响 VoLTE 用户感知

【问题描述】：

YT 地市站点把上下行 CCE 比例固定为 10∶1 之后，接入指标恶化，主要表现为 RRC 大量失败，影响用户感知，如图 13-64 与图 13-65 所示。

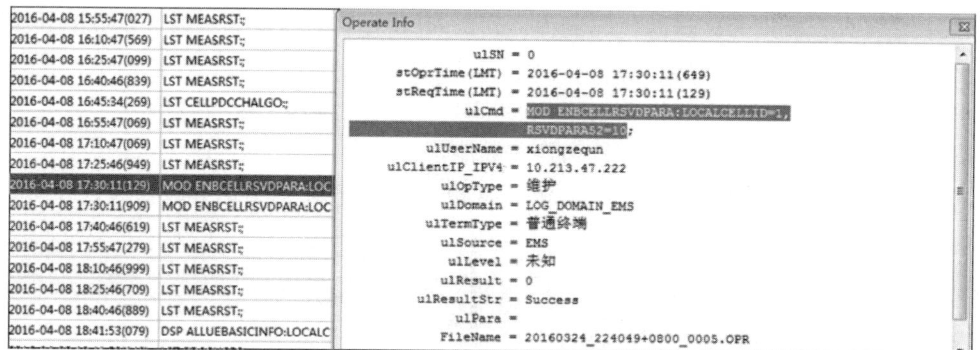

图 13-64　修改上下行 CCE 比例

开始时间	周期(分钟	网元名称	小区	小区内的最大用户数	无线接通率	RRC连接建
04/08/2016 08:00:00	60	LDH05206	eNodeB名称=LDH052063H_美航二	76	99.487	99.555
04/08/2016 08:00:00	60	LDH05207	eNodeB名称=LDH052070H_百安居	53	99.647	99.686
04/08/2016 09:00:00	60	LDH05206	eNodeB名称=LDH052063H_美航二	79	99.286	99.433
04/08/2016 09:00:00	60	LDH05207	eNodeB名称=LDH052070H_百安居	49	99.361	99.527
04/08/2016 10:00:00	60	LDH05206	eNodeB名称=LDH052063H_美航二	70	99.526	99.605
04/08/2016 10:00:00	60	LDH05207	eNodeB名称=LDH052070H_百安居	44	99.73	99.794
04/08/2016 11:00:00	60	LDH05206	eNodeB名称=LDH052063H_美航二	69	99.478	99.609
04/08/2016 11:00:00	60	LDH05207	eNodeB名称=LDH052070H_百安居	43	99.529	99.715
04/08/2016 12:00:00	60	LDH05206	eNodeB名称=LDH052063H_美航二	63	99.733	99.803
04/08/2016 12:00:00	60	LDH05207	eNodeB名称=LDH052070H_百安居	46	99.592	99.717
04/08/2016 13:00:00	60	LDH05206	eNodeB名称=LDH052063H_美航二	64	99.571	99.645
04/08/2016 13:00:00	60	LDH05207	eNodeB名称=LDH052070H_百安居	47	99.706	99.745
04/08/2016 14:00:00	60	LDH05206	eNodeB名称=LDH052063H_美航二	65	99.488	99.635
04/08/2016 14:00:00	60	LDH05207	eNodeB名称=LDH052070H_百安居	49	99.779	99.88
04/08/2016 15:00:00	60	LDH05206	eNodeB名称=LDH052063H_美航二	63	99.35	99.478
04/08/2016 15:00:00	60	LDH05207	eNodeB名称=LDH052070H_百安居	43	99.486	99.673
04/08/2016 16:00:00	60	LDH05206	eNodeB名称=LDH052063H_美航二	76	99.374	99.464
04/08/2016 16:00:00	60	LDH05207	eNodeB名称=LDH052070H_百安居	52	99.475	99.564
04/08/2016 17:00:00	60	LDH05206	eNodeB名称=LDH052063H_美航二	83	65.052	67.95
04/08/2016 17:00:00	60	LDH05207	eNodeB名称=LDH052070H_百安居	72	52.178	58.262
04/08/2016 18:00:00	60	LDH05206	eNodeB名称=LDH052063H_美航二	88	47.732	52.182
04/08/2016 18:00:00	60	LDH05207	eNodeB名称=LDH052070H_百安居	66	25.589	33.966
04/08/2016 19:00:00	60	LDH05206	eNodeB名称=LDH052063H_美航二	96	44.824	49.5
04/08/2016 19:00:00	60	LDH05207	eNodeB名称=LDH052070H_百安居	0	NIL	NIL
04/08/2016 20:00:00	60	LDH05206	eNodeB名称=LDH052063H_美航二	91	41.584	45.708
04/08/2016 20:00:00	60	LDH05207	eNodeB名称=LDH052070H_百安居	0	NIL	NIL
04/08/2016 21:00:00	60	LDH05206	eNodeB名称=LDH052063H_美航二	78	38.608	42.691
04/08/2016 21:00:00	60	LDH05207	eNodeB名称=LDH052070H_百安居	80	27.11	35.316

图 13-65　修改上下行 CCE 比例前后指标对比

【问题分析】:

1）指标恶化的主要原因是 noreply，且可以看到在回退上下行 CCE 比例为 1∶2 之后，上行 CCE 分配失败次数有明显的减少（12 日 14 点回退），如图 13-66 所示。

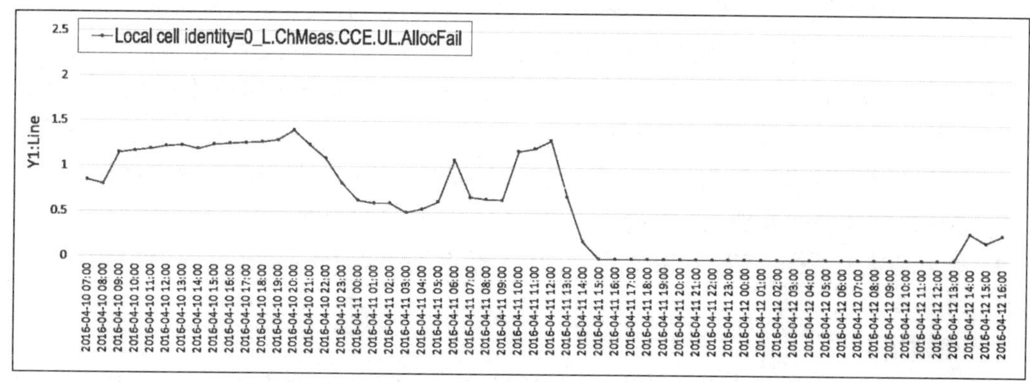

图 13-66　回退上下行 CCE 比例前后 CCE 分配失败对比

2）查看配置（见图 13-67），发现该小区 3、8 子帧的 CFI 被固定配置为 1，这种配置下容易产生该问题，修改为自适应后，问题解决。

```
<LocalCellId>0</LocalCellId>
<ComSigCongregLv>2</ComSigCongregLv><!--CONGREG_LV4-->
<CceRatioAdjSwitch>1</CceRatioAdjSwitch><!--On-->
<SfnPdcchDcsThd>40</SfnPdcchDcsThd>
<InitPdcchSymNum>3</InitPdcchSymNum>
<VirtualLoadPro>0</VirtualLoadPro>
<PdcchSymNumSwitch>0</PdcchSymNumSwitch><!--Off-->
<CceUseRatio>100</CceUseRatio>
<PdcchAggLvlCLAdjustSwitch>1</PdcchAggLvlCLAdjustSwitch><!--On-->
<DPDVirtualLoadSwitch>0</DPDVirtualLoadSwitch><!--Off-->
<DPDVirtualLoadType>0</DPDVirtualLoadType><!--AVERAGE-->
<AggLvlSelStrageForDualCW>1</AggLvlSelStrageForDualCW><!--Capacity-based Selection Strategy-->
<PdcchCapacityImproveSwitch>0</PdcchCapacityImproveSwitch><!--Off-->
<PdcchMaxCodeRate>75</PdcchMaxCodeRate>
<ULDLPdcchSymNum>1</ULDLPdcchSymNum><!--1-->
<PDCCHAggLvlAdaptStrage>1</PDCCHAggLvlAdaptStrage><!--Coverage-based Selection Strategy-->
<HysForCfiBasedPreSch>1</HysForCfiBasedPreSch>
<SfnPdcchSdmaThd>24</SfnPdcchSdmaThd>
<UlPdcchAllocImproveSwitch>0</UlPdcchAllocImproveSwitch><!-- ReserveCommonCCESwitch:Off -->
<CceMaxInitialRatio>0</CceMaxInitialRatio><!--1:2-->
<PdcchPowerEnhancedSwitch>0</PdcchPowerEnhancedSwitch><!--Off-->
<PdcchBlerTarget>15</PdcchBlerTarget>
<HLNetAccSigAggLvlSelEnhSw>0</HLNetAccSigAggLvlSelEnhSw><!--Off-->
```

图 13-67　小区 3、8 子帧的 CFI 配置

3）从 CellDT 来看，上下行 CCE 比例设置为 10∶1 后，3、8 子帧的 CFI 固定为 1，上行误码率升高。从 50 号跟踪来看，上行 DMRS RSRP 一般为 -140 左右，怀疑 UE 没有收到 PDCCH DCI0，导致上行 UE 没有发数，如图 13-68 所示。

HH:MM:SS	Ticks	ulTti	ulFrm	ulSubFrm	ulPhyCellId	ulCrnti	usDmacId	ulOldUsrType	ulUsrType	ulUlGrantFlag	ulDci0CRntiType	ulCceCnt	ulRBOffset	ulRBCntByPhr	lDmrsSinr	lRsrp	ulTpc	ulAMBRRemainWater
11:30:39	18	1.64E+09	481	8	61	41392	2408	SR	SR	1	0	0	24	4	-165	-11496	1	
11:30:39	23	1.64E+09	482	8	61	41392	2408	SR	DynHarq	0	0	0	24	4	-195	-14668	1	
11:30:39	33	1.64E+09	483	8	61	41392	2408	SR	DynHarq	0	0	0	24	4	-68	-14572	1	
11:30:39	43	1.64E+09	484	8	61	41392	2408	SR	DynHarq	0	0	0	24	4	-225	-14635	1	
11:30:39	53	1.64E+09	485	8	61	41392	2408	SR	DynHarq	0	0	0	24	4	38	-13857	1	
11:30:39	93	1.64E+09	489	3	61	41392	2408	SR	SR	1	0	0	37	3	-114	-11744	1	
11:30:39	98	1.64E+09	490	3	61	41392	2408	SR	DynHarq	0	0	0	37	3	43	-11930	1	
11:30:39	113	1.64E+09	491	3	61	41392	2408	SR	DynHarq	0	0	0	37	3	37	-11716	1	
11:30:39	118	1.64E+09	492	3	61	41392	2408	SR	DynHarq	0	0	0	37	3	5	-11961	1	
11:30:39	127	1.64E+09	493	3	61	41392	2408	SR	DynHarq	0	0	0	37	3	119	-11721	1	
11:30:39	133	1.64E+09	493	8	61	41392	2408	SR	SR	1	0	0	67	4	119	-11721	1	
11:30:39	143	1.64E+09	494	3	61	41392	2408	SR	SR	1	0	0	43	3	-11	-11955	1	
11:30:39	143	1.64E+09	494	8	61	41392	2408	SR	DynHarq	0	0	0	67	4	-192	-14858	1	
11:30:39	153	1.64E+09	495	3	61	41392	2408	SR	DynHarq	0	0	0	43	3	2	-11688	1	
11:30:39	156	1.64E+09	495	8	61	41392	2408	SR	DynHarq	0	0	0	67	4	-33	-14507	1	
11:30:39	159	1.64E+09	496	3	61	41392	2408	SR	DynHarq	0	0	0	43	3	61	-11936	1	
11:30:39	169	1.64E+09	496	8	61	41392	2408	SR	DynHarq	0	0	0	67	4	49	-14436	1	
11:30:39	173	1.64E+09	497	3	61	41392	2408	SR	DynHarq	0	0	0	43	3	-5	-11700	1	
11:30:39	177	1.64E+09	497	8	61	41392	2408	SR	DynHarq	0	0	0	67	4	90	-13871	1	
11:30:39	178	1.64E+09	498	3	61	41392	2408	SR	DynHarq	0	0	0	43	3	-36	-11960	1	
11:30:39	197	1.64E+09	499	8	61	41392	2408	SR	SR	1	0	0	43	5	78	-11694	1	
11:30:39	203	1.64E+09	500	8	61	41392	2408	SR	DynHarq	0	0	0	43	5	-125	-14438	1	
11:30:39	213	1.64E+09	501	8	61	41392	2408	SR	DynHarq	0	0	0	43	5	93	-14025	1	
11:30:39	223	1.64E+09	502	8	61	41392	2408	SR	DynHarq	0	0	0	43	5	-8	-14013	1	
11:30:39	236	1.64E+09	503	8	61	41392	2408	SR	DynHarq	0	0	0	43	5	-158	-14119	1	
11:30:39	258	1.64E+09	505	8	61	41392	2408	SR	SR	1	0	0	29	5	-170	-11602	1	
11:30:39	268	1.64E+09	506	8	61	41392	2408	SR	DynHarq	0	0	0	29	5	67	-14532	1	
11:30:39	278	1.64E+09	507	8	61	41392	2408	SR	DynHarq	0	0	0	29	5	-132	-14515	1	
11:30:39	288	1.64E+09	508	8	61	41392	2408	SR	DynHarq	0	0	0	29	5	108	-14029	1	
11:30:39	299	1.64E+09	509	8	61	41392	2408	SR	DynHarq	0	0	0	29	5	292	-13521	1	
11:30:39	313	1.64E+09	511	8	61	41392	2408	SR	SR	1	0	0	20	4	-132	-11568	1	
11:30:39	323	1.64E+09	512	8	61	41392	2408	SR	DynHarq	0	0	0	20	4	-59	-14011	1	
11:30:39	333	1.64E+09	513	8	61	41392	2408	SR	DynHarq	0	0	0	20	4	-195	-14774	1	
11:30:39	343	1.64E+09	514	8	61	41392	2408	SR	DynHarq	0	0	0	20	4	-11	-13910	1	
11:30:39	353	1.64E+09	515	8	61	41392	2408	SR	DynHarq	0	0	0	20	4	-69	-14335	1	
11:30:39	393	1.64E+09	519	3	61	41392	2408	SR	SR	0	0	0	60	3	-40	-11763	1	
11:30:39	398	1.64E+09	520	3	61	41392	2408	SR	SR	1	0	0	51	3	-40	-11982	1	
11:30:39	412	1.64E+09	521	3	61	41392	2408	SR	DynHarq	0	0	0	51	3	-22	-11794	1	
11:30:39	418	1.64E+09	522	3	61	41392	2408	SR	DynHarq	0	0	0	51	3	43	-12024	1	

图 13-68　50 号 PDCCH 跟踪

4）从图 13-69 中的 35 号 PDCCH 跟踪来看，3、8 子帧固定为 1 时，CCE 聚合级别也固定为一个 CCE，在上行有 9 个 CCE 的情况下也没有扩。初步判断为 CCE 聚合级别不扩展导

致边缘 UE 收不到调度，最终导致 KPI 恶化。

HH:MM:SS	ulCfi	ulSubFramType	ulPdcchAllocNum	ulFrm	ulSubFrm	ulCceInDediSpace	ulDci	ulFinaAggLvl	ulRnti	ulRet	ulStartCce0	slPdcchPwrOffset	slDeltaMcs	ulMcs	ucTotalCceCnt	ulPdcchWorkMap	ulYk	lPdcchDeltaMcsInit	lPdcchDeltaMcsAcu	ulToAllPwrMw	ucCceCnt	ulCcePwrMw	ucAllocedCceCnt	ulAllocedPwrMw
11:32:41	3	1	3	393	4	1	0x00000007	3	40322	OK	0	300	-10	1	88	255	2893	-100000	0	5552322	88	5552322	8	1902816
11:32:41	3	1	3	393	4	1	0x00000007	2	40339	OK	32	-300	5	14	88	255	56064	-100000	157596	5552322	88	5552322	12	2141856
11:32:41	3	1	3	393	4	1	0x00000007	3	41057	OK	40	0	-9	6	88	255	46513	-100000	18	5552322	88	5552322	20	3095424
11:32:41	1	0	14	393	8	1	0x00000002	0	41007	OK	4	-300	-10	0	17	255	52160	-100000	0	340958	8	120201	1	59760
11:32:41	1	0	14	393	8	1	0x00000000	0	40475	OK	5	-300	-9	0	17	255	11479	-100000	6	340958	9	220757	1	59760
11:32:41	1	0	14	393	8	1	0x00000000	0	40993	OK	0	-300	-9	0	17	255	7973	-100000	6	340958	9	220757	2	119520
11:32:41	1	0	14	393	8	1	0x00000000	0	40358	OK	10	-300	-9	12	17	255	58830	-100000	6	340958	9	220757	3	179280
11:32:41	1	0	14	393	8	1	0x00000000	0	40322	OK	15	-300	-10	1	17	255	48193	-100000	0	340958	9	220757	4	239040
11:32:41	1	0	14	393	8	1	0x00000000	4	41007	TOTAL_PW	88	-300	-10	0	17	255	52160	-100000	0	340958	9	220757	4	239040
11:32:41	1	0	14	393	8	1	0x00000000	4	41057	TOTAL_PW	88	-300	-9	6	17	255	41447	-100000	18	340958	9	220757	4	239040
11:32:41	1	0	14	393	8	1	0x00000000	4	40971	TOTAL_PW	88	-300	-9	4	17	255	41523	-100000	12	340958	9	220757	4	239040
11:32:41	1	0	14	393	8	1	0x00000000	4	40224	TOTAL_PW	88	-300	-10	0	17	255	1032	-100000	0	340958	9	220757	4	239040
11:32:41	1	0	14	393	8	1	0x00000000	4	40609	TOTAL_PW	88	-300	-9	0	17	255	3740	-100000	48	340958	9	220757	4	239040
11:32:41	1	0	14	393	8	1	0x00000000	4	40410	TOTAL_PW	88	-300	-10	4	17	255	45067	-100000	0	340958	9	220757	4	239040
11:32:41	1	0	14	393	8	1	0x00000000	4	40984	TOTAL_PW	88	-300	-9	0	17	255	21698	-100000	12	340958	9	220757	4	239040
11:32:41	1	0	14	393	8	1	0x00000000	4	40077	TOTAL_PW	88	-300	-9	14	17	255	28596	-100000	36	340958	9	220757	4	239040
11:32:41	1	0	14	393	8	1	0x00000000	4	40392	TOTAL_PW	88	-300	-10	6	17	255	6980	-100000	0	340958	9	220757	4	239040
11:32:41	3	1	1	393	9	1	0x00000007	3	40155	OK	24	300	-9	3	88	255	42375	-100000	66	5552322	88	5552322	8	1902816
11:32:41	2	3	1	394	1	1	0x00000007	3	40410	OK	0	300	-10	4	55	255	15888	-100000	0	3463156	55	3463156	8	1902816
11:32:41	1	0	24	394	3	1	0x00000000	0	40174	OK	12	-300	-9	0	17	255	55075	-100000	6	698546	9	452281	1	59760
11:32:41	1	0	24	394	3	1	0x00000000	0	41000	OK	16	-300	-9	0	17	255	54178	-100000	18	698546	9	452281	2	119520
11:32:41	1	0	24	394	3	1	0x00000000	0	40875	OK	0	-300	-9	0	17	255	8057	-100000	6	698546	9	452281	3	179280
11:32:41	1	0	24	394	3	1	0x00000000	0	41057	OK	1	-300	-9	6	17	255	58956	-100000	18	698546	9	452281	4	239040
11:32:41	1	0	24	394	3	1	0x00000000	0	41007	OK	14	-300	-10	0	17	255	53615	-100000	0	698546	9	452281	5	298800
11:32:41	1	0	24	394	3	1	0x00000000	0	40971	OK	7	-300	-9	4	17	255	47148	-100000	12	698546	9	452281	6	358560
11:32:41	1	0	24	394	3	1	0x00000000	0	40224	OK	15	-300	-10	0	17	255	60416	-100000	0	698546	9	452281	7	418320
11:32:41	1	0	24	394	3	1	0x00000000	0	41252	OK	13	-300	-10	2	17	255	33910	-100000	0	698546	9	452281	8	478080
11:32:41	1	0	24	394	3	1	0x00000000	0	40729	OK	8	-300	-10	0	17	255	29162	-100000	0	698546	9	452281	9	537840
11:32:41	1	0	24	394	3	1	0x00000000	0	40520	OK	2	-300	-10	9	17	255	55334	-100000	0	698546	9	452281	10	597600
11:32:41	1	0	24	394	3	1	0x00000000	0	41045	OK	3	-300	-10	0	17	255	13109	-100000	0	698546	9	452281	11	657360
11:32:41	1	0	24	394	3	1	0x00000000	4	40710	TOTAL_PW	88	-300	-10	2	17	255	49415	-100000	0	698546	9	452281	11	657360
11:32:41	1	0	24	394	3	1	0x00000000	4	41105	TOTAL_PW	88	-300	-9	2	17	255	45733	-100000	6	698546	9	452281	11	657360
11:32:41	1	0	24	394	3	1	0x00000000	4	40341	TOTAL_PW	88	-300	-10	0	17	255	32281	-100000	0	698546	9	452281	11	657360
11:32:41	1	0	24	394	3	1	0x00000000	4	40940	TOTAL_PW	88	-300	-9	4	17	255	21554	-100000	90	698546	9	452281	11	657360
11:32:41	1	0	24	394	3	1	0x00000000	4	40475	TOTAL_PW	88	-300	-9	0	17	255	30866	-100000	6	698546	9	452281	11	657360
11:32:41	1	0	24	394	3	1	0x00000000	4	40813	TOTAL_PW	88	-300	-10	0	17	255	22406	-100000	0	698546	9	452281	11	657360
11:32:41	1	0	24	394	3	1	0x00000000	4	40993	TOTAL_PW	88	-300	-9	0	17	255	54741	-100000	6	698546	9	452281	11	657360
11:32:41	1	0	24	394	3	1	0x00000000	4	40358	TOTAL_PW	88	-300	-9	12	17	255	59001	-100000	6	698546	9	452281	11	657360

图 13-69　35 号 PDCCH 跟踪

【解决方案】：

在 CFI 固定为 1、CCE 上下行比例较高时，代码实现上会限制最大聚集级别为 LV1，导致聚集级别无法抬升，是配置错误导致的对异常场景保护不足。

修改 CCE 符号自适应：

MOD CELLPDCCHALGO：LocalCellId = 0，PdcchSymNumSwitch = ON；

经与设备厂商核实，该问题将在下一版本中解决。

5. 基站修改大话务参数后概率性出现 RRC 成功率恶化，影响 VoLTE 用户感知

【问题描述】：

YT 地市 LTE 基站在修改大话务参数 4.0 后，RRC 建立成功率急剧恶化，VoLTE 接通率严重恶化，如图 13-70 所示。

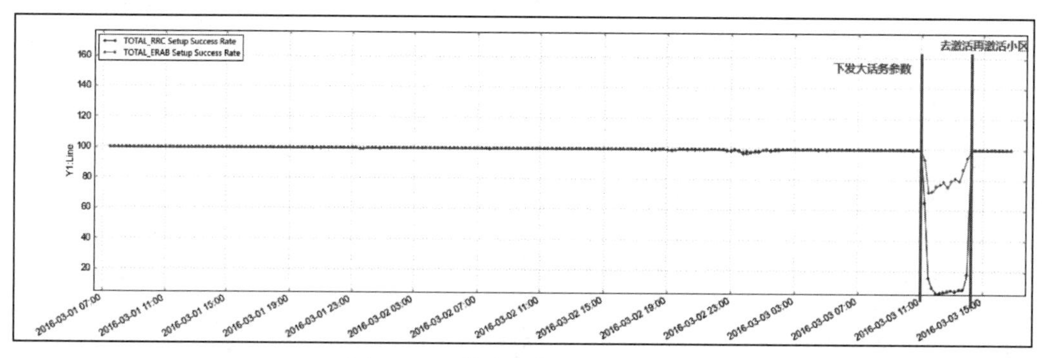

图 13-70　修改参数前后指标对比

【问题分析】：

1）通过主控的话统日志分析，接入失败的原因为 L.RRC.SetupFail.NoReply，如图 13-71 所示。

2）研发实验室通过镜像现网软硬件配置，反复下发现场的参数复现出现网接入指标差的问题，如图 13-72 所示。

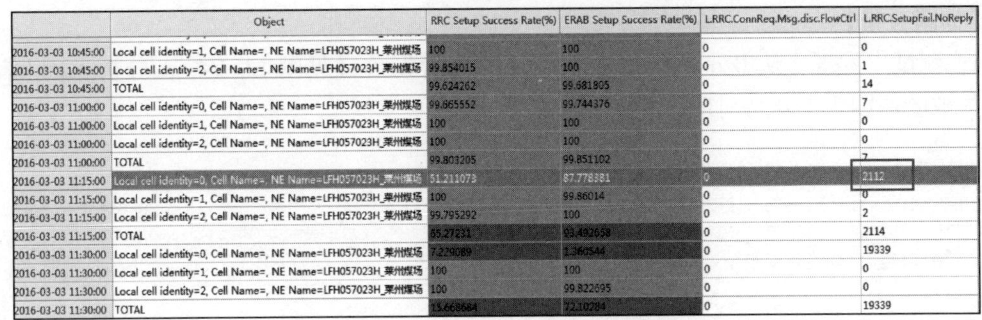

	Object	RRC Setup Success Rate(%)	ERAB Setup Success Rate(%)	L.RRC.ConnReq.Msg.disc.FlowCtrl	L.RRC.SetupFail.NoReply
2016-03-03 10:45:00	Local cell identity=1, Cell Name=, NE Name=LFH057023H_莱州煤场	100	100	0	0
2016-03-03 10:45:00	Local cell identity=2, Cell Name=, NE Name=LFH057023H_莱州煤场	99.854015	100	0	1
2016-03-03 10:45:00	TOTAL	99.624262	99.681805	0	14
2016-03-03 11:00:00	Local cell identity=0, Cell Name=, NE Name=LFH057023H_莱州煤场	99.665552	99.744376	0	7
2016-03-03 11:00:00	Local cell identity=1, Cell Name=, NE Name=LFH057023H_莱州煤场	100	100	0	0
2016-03-03 11:00:00	Local cell identity=2, Cell Name=, NE Name=LFH057023H_莱州煤场	100	100	0	0
2016-03-03 11:00:00	TOTAL	99.803205	99.851102	0	7
2016-03-03 11:15:00	Local cell identity=0, Cell Name=, NE Name=LFH057023H_莱州煤场	51.211073	87.778381	0	2112
2016-03-03 11:15:00	Local cell identity=1, Cell Name=, NE Name=LFH057023H_莱州煤场	100	99.86014	0	0
2016-03-03 11:15:00	Local cell identity=2, Cell Name=, NE Name=LFH057023H_莱州煤场	99.795292	100	0	2
2016-03-03 11:15:00	TOTAL	55.27231	93.492658	0	2114
2016-03-03 11:30:00	Local cell identity=0, Cell Name=, NE Name=LFH057023H_莱州煤场	7.229089	1.360544	0	19339
2016-03-03 11:30:00	Local cell identity=1, Cell Name=, NE Name=LFH057023H_莱州煤场	100	100	0	0
2016-03-03 11:30:00	Local cell identity=2, Cell Name=, NE Name=LFH057023H_莱州煤场	100	99.822695	0	0
2016-03-03 11:30:00	TOTAL	15.668684	72.10284	0	19339

图 13-71　接入失败统计截图

	Object	RRC Setup Success Rate(%)	ERAB Setup Success Rate(%)	L.RRC.ConnReq.Msg.disc.FlowCtrl	L.RRC.SetupFail.NoReply
2016-03-08 11:00:00	Local cell identity=1, Cell Name=, NE Name=FeatureBBU7	82.574257	97.994987	0	88
2016-03-08 11:00:00	Local cell identity=2, Cell Name=, NE Name=FeatureBBU7	86.813187	100	0	156
2016-03-08 11:00:00	Local cell identity=3, Cell Name=, NE Name=FeatureBBU7	75.338753	99.375	0	91
2016-03-08 11:00:00	TOTAL	83.714147	99.289661	0	335

图 13-72　实验室复现的指标截图

3）通过实验室 UU 口跟踪发现 PHICH 资源的配置值和 MIB 消息中的 PHICH 资源值不一致。该参数不一致会导致终端侧收不到 PDCCH，获取不到上行授权，无法发送 MSG5，从而导致 L. RRC. SetupFail. NoReply 原因值的接入失败，如图 13-73 所示。

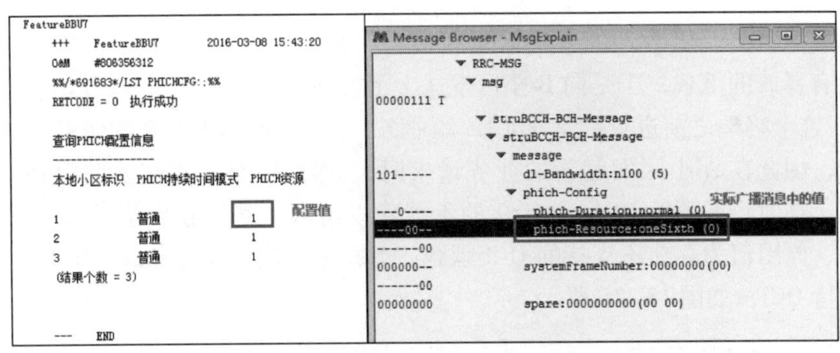

图 13-73　实验室复现时截图

4）通过走读相关代码，发现在 SIB（MOD TATIMER 会更新 SIB）和 PHICH 资源数同时更新的场景下，出现 PHICH 资源数按照更新前的值进行广播，造成基站侧和终端侧的 PHICH 资源数配置不一致。

【解决方案】：

PHICH 资源数更新和 SIB 消息更新同时进行时，出现 PHICH 资源数使用更新前的值进行广播，造成基站与终端使用的 PHICH 资源数不一致。

单独修改 PHICH 资源参数，和其他参数修改间隔 10 s 以上。经与设备厂商核实，该问题将在下一版本中解决。

6. ATOM 基站不符合协议规范导致大量上下文建立失败

【问题描述】：

YT 地市分公司发现 ATOM 某站点 A 小区产生大量的 QCI 为 1 的 ERAB 建立失败，通过分析发现，该小区曾对 VoLTE 开关进行关闭的操作，ERAB 恶化时间和 VoLTE 开关关闭时间一致。

【问题分析】：

1）测试中发现，从 B 小区往 A 小区切换时一直失败（见图 13-74），分析 X2 口信令，切换失败的原因为不支持对应的 QCI value。

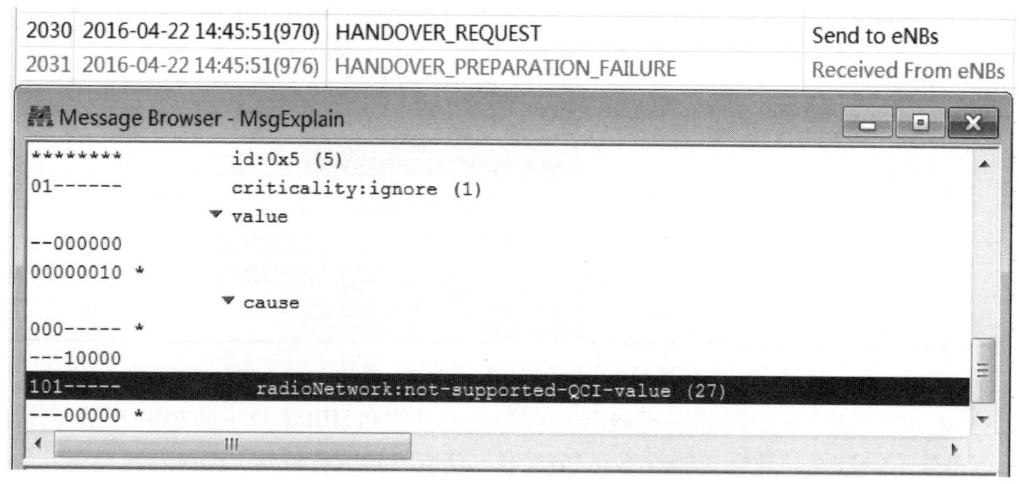

图 13-74　切换失败原因截图

切换失败后，终端掉话，在 A 小区重新接入，发起 Service Request，MME 检测到终端之前存在没有释放的承载，于是向 B 小区发送上下文释放消息。

2）由于这个终端之前进行的是 VoLTE 的业务，存在 QCI = 1/5/9 的承载，MME 仍然存在这些承载，因此在 A 小区发起新的业务请求时，MME 检查该终端之前存在 QCI = 1/5/9 类型的承载，这时仍旧下发 QCI = 1/5/9 的承载建立请求。基站收到请求后，回复 MME 承载建立失败，原因值为存在不支持的 QCI 承载，但并未明确不支持 QCI1 和 QCI5，而是笼统地说明不支持 QCI，如图 13-75 所示。

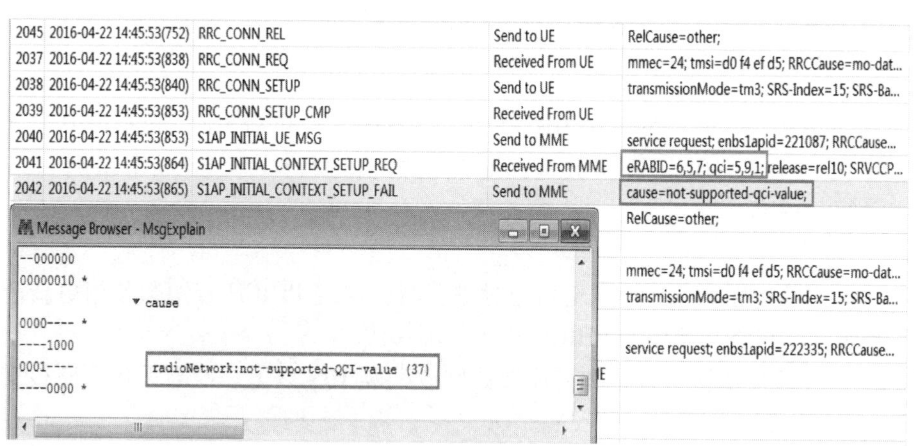

图 13-75　QCI 类型截图

3）根据协议 36.413 规定，此次测试的场景 ENB 不应该回复 INITIAL CONTEXT SETUP FAILURE，因为 ATOM 站点“LDH050643E_文化路小学南_毓西路”只是不支持 QCI = 1/2/5 的承载，但是应该支持 QCI = 9 的承载，INITIAL CONTEXT SETUP REQUEST 消息中携带的有

除 QCI =1/2/5 对应的 E - RAB ID，还有 QCI =9 对应的 E - RAB ID，这种情况下 QCI =9 对应的 E - RAB 应该能正常建立；按照规范 ENB 应该回复 CONTEXT SETUP RESPONSE 消息，此消息中需要指明哪些 E - RAB 建立成功、哪些 E - RAB 没有建立成功，对于没有建立成功的 E - RAB 还需要携带相应的 cause，对于 Context Setup Response 消息规范规定如下：

如果 eNB 接收到一条 Initial Context Setup Request 消息包含一个 E - RAB Level QoS Parameters IE，其包含一个表示一个 GBR 承载的 *QCI* IE，但没有包含 GBR QoS Information IE，那么 eNB 将认为相应 E - RAB 的建立失败。

如果 eNB 接收到一条 Initial Context Setup Request 消息包含若干个设置为相同值的 E - RAB ID IE（在 E - RAB to Be Seup List IE 中），那么 eNB 将认为相应 E - RAB 的建立失败。

4）由于本次承载建立失败，因此终端会继续上发请求，而 MME 侧则一直下发 QCI = 1/5/9 的承载建立请求，基站侧仍旧回复不支持 QCI，该过程循环产生大量的 ERAB 建立尝试，并全部失败，如图 13-76 所示。

1553	2016-04-22 14:43:18(878)	S1AP_INITIAL_CONTEXT_SETUP_RSP	Send to MME	
2041	2016-04-22 14:45:53(864)	S1AP_INITIAL_CONTEXT_SETUP_REQ	Received From MME	eRABID=6,5,7; qci=5,9,1...
2042	2016-04-22 14:45:53(865)	S1AP_INITIAL_CONTEXT_SETUP_FAIL	Send to MME	cause=not-supported-q...
2059	2016-04-22 14:45:55(370)	S1AP_INITIAL_CONTEXT_SETUP_REQ	Received From MME	eRABID=6,5,7; qci=5,9,1...
2060	2016-04-22 14:45:55(371)	S1AP_INITIAL_CONTEXT_SETUP_FAIL	Send to MME	cause=not-supported-q...
2066	2016-04-22 14:45:56(586)	S1AP_INITIAL_CONTEXT_SETUP_REQ	Received From MME	eRABID=6,5,7; qci=5,9,1...
2067	2016-04-22 14:45:56(587)	S1AP_INITIAL_CONTEXT_SETUP_FAIL	Send to MME	cause=not-supported-q...
2073	2016-04-22 14:45:56(832)	S1AP_INITIAL_CONTEXT_SETUP_REQ	Received From MME	eRABID=6,5,7; qci=5,9,1...
2074	2016-04-22 14:45:56(833)	S1AP_INITIAL_CONTEXT_SETUP_FAIL	Send to MME	cause=not-supported-q...
2080	2016-04-22 14:45:57(991)	S1AP_INITIAL_CONTEXT_SETUP_REQ	Received From MME	eRABID=6,5,7; qci=5,9,1...
2081	2016-04-22 14:45:57(992)	S1AP_INITIAL_CONTEXT_SETUP_FAIL	Send to MME	cause=not-supported-q...
2087	2016-04-22 14:45:59(149)	S1AP_INITIAL_CONTEXT_SETUP_REQ	Received From MME	eRABID=6,5,7; qci=5,9,1...
2088	2016-04-22 14:45:59(150)	S1AP_INITIAL_CONTEXT_SETUP_FAIL	Send to MME	cause=not-supported-q...
2094	2016-04-22 14:46:00(312)	S1AP_INITIAL_CONTEXT_SETUP_REQ	Received From MME	eRABID=6,5,7; qci=5,9,1...
2095	2016-04-22 14:46:00(313)	S1AP_INITIAL_CONTEXT_SETUP_FAIL	Send to MME	cause=not-supported-q...
2101	2016-04-22 14:46:01(530)	S1AP_INITIAL_CONTEXT_SETUP_REQ	Received From MME	eRABID=6,5,7; qci=5,9,1...
2102	2016-04-22 14:46:01(531)	S1AP_INITIAL_CONTEXT_SETUP_FAIL	Send to MME	cause=not-supported-q...
2108	2016-04-22 14:46:02(694)	S1AP_INITIAL_CONTEXT_SETUP_REQ	Received From MME	eRABID=6,5,7; qci=5,9,1...
2109	2016-04-22 14:46:02(695)	S1AP_INITIAL_CONTEXT_SETUP_FAIL	Send to MME	cause=not-supported-q...
2115	2016-04-22 14:46:03(854)	S1AP_INITIAL_CONTEXT_SETUP_REQ	Received From MME	eRABID=6,5,7; qci=5,9,1...
2116	2016-04-22 14:46:03(855)	S1AP_INITIAL_CONTEXT_SETUP_FAIL	Send to MME	cause=not-supported-q...
2122	2016-04-22 14:46:05(055)	S1AP_INITIAL_CONTEXT_SETUP_REQ	Received From MME	eRABID=6,5,7; qci=5,9,1...
2123	2016-04-22 14:46:05(056)	S1AP_INITIAL_CONTEXT_SETUP_FAIL	Send to MME	cause=not-supported-q...
2129	2016-04-22 14:46:06(221)	S1AP_INITIAL_CONTEXT_SETUP_REQ	Received From MME	eRABID=6,5,7; qci=5,9,1...
2130	2016-04-22 14:46:06(222)	S1AP_INITIAL_CONTEXT_SETUP_FAIL	Send to MME	cause=not-supported-q...
2144	2016-04-22 14:46:07(679)	S1AP_INITIAL_CONTEXT_SETUP_REQ	Received From MME	eRABID=6,5,7; qci=5,9,1...
2145	2016-04-22 14:46:07(680)	S1AP_INITIAL_CONTEXT_SETUP_FAIL	Send to MME	cause=not-supported-q...
2151	2016-04-22 14:46:08(867)	S1AP_INITIAL_CONTEXT_SETUP_REQ	Received From MME	eRABID=6,5,7; qci=5,9,1...
2152	2016-04-22 14:46:08(867)	S1AP_INITIAL_CONTEXT_SETUP_FAIL	Send to MME	cause=not-supported-q...
2158	2016-04-22 14:46:10(022)	S1AP_INITIAL_CONTEXT_SETUP_REQ	Received From MME	eRABID=6,5,7; qci=5,9,1...
2159	2016-04-22 14:46:10(023)	S1AP_INITIAL_CONTEXT_SETUP_FAIL	Send to MME	cause=not-supported-q...
2165	2016-04-22 14:46:11(188)	S1AP_INITIAL_CONTEXT_SETUP_REQ	Received From MME	eRABID=6,5,7; qci=5,9,1...
2166	2016-04-22 14:46:11(189)	S1AP_INITIAL_CONTEXT_SETUP_FAIL	Send to MME	cause=not-supported-q...
2172	2016-04-22 14:46:12(343)	S1AP_INITIAL_CONTEXT_SETUP_REQ	Received From MME	eRABID=6,5,7; qci=5,9,1...

图 13-76　ERAB 建立尝试

【解决方案】:

已与设备厂商沟通，后续需按照协议规定更改产品性能，下一版本解决 ATOM 基站不符合协议规范导致大量上下文建立失败的问题。

7. UE 收到切换命令，发 RRC 重建回源小区，切换取消导致 eSRVCC 切换失败问题分析

【问题描述】:

UE 收到切换命令，发 RRC 重建回源小区，切换取消导致 eSRVCC 切换失败，eSRVCC 切换成功率统计如图 13-77 所示。

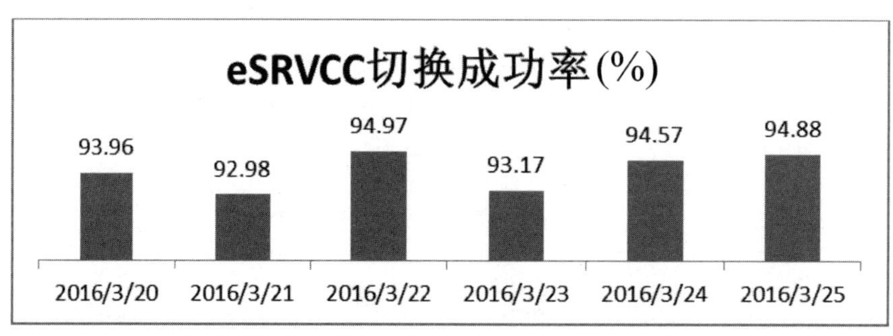

图 13-77　eSRVCC 切换成功率统计

【问题分析】:

从 B 小区往 A 小区切换时一直失败，首先对全网指标进行分析，发现全网一天总失败次数为 407 次，TOP20 小区失败次数占总次数的 59. 7% ，TOP100 小区失败次数占总次数的 86% ，有 TOP 小区特征。

挑选 TOP 小区进行信令跟踪并分析。

1）信令分析：通过分析现场跟踪到的 4 个站的信令，均为 UE 回源小区重建后回复切换取消。从切换目标小区看，多数为同覆盖的 2G 小区，切换前测量报告中电平在 -110 ~ -115 左右，如图 13-78 所示。

2）SEQ 数据分析：通过 SEQ 单据查询可知，80% 的失败由 UE 回源小区重建后回复切换取消导致，如图 13-79 所示。

从终端类型上看，问题主要分布在 5 款终端，如图 13-80 所示。不同终端切换取消查询见表 13-3。

表 13-3　不同终端切换取消查询

终 端 型 号	v SRVCC 切换请求次数	v SRVCC 切换成功率（%）	v SRVCC 切换取消通知次数
A1700（IPHONE 6S）	521	92. 32	40
ZTE Q529T	540	80. 74	104
M821	667	70. 16	199
VOTO GT7	174	41. 38	102
VOTO GT11	38	21. 05	30
N1 MAX	30	20	24
GN9010	71	12. 68	62

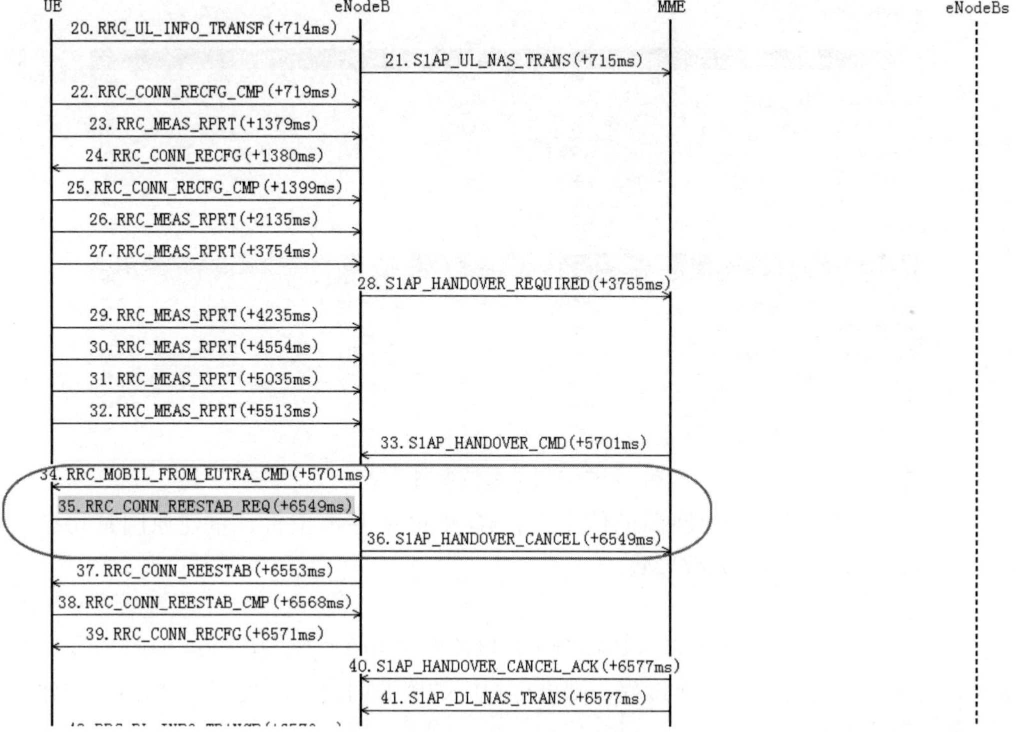

图 13-78　跟踪信令流程

Sv 切换准备阶段

时间	Sv SRVCC切换请求次数...	Sv SRVCC切换成功率(%)	Sv SRVCC切换失败次数(次数)	Sv SRVCC切换响应失...	Sv SRVCC切换取消通知...
.6-03-23 07:00:00	245	95.10	12	1	12
.6-03-23 08:00:00	472	76.69	110	1	109
.6-03-23 09:00:00	469	80.60	91	0	91
.6-03-23 10:00:00	427	95.32	20	4	18
.6-03-23 11:00:00	418	93.30	28	4	24
.6-03-23 12:00:00	378	92.06	30	10	21
.6-03-23 13:00:00	393	87.28	50	5	45

图 13-79　SEQ 单据查询

时间	终端型号	Sv SRVCC切换请求...	Sv SRVCC切换成功...	Sv SRVCC切换失败...	Sv SRVCC切换响应...	Sv SRVCC切换取消...
16-03-23 09:00:...	GN9010　金立，联发科MT6753	71	12.68	62	1	62
16-03-23 15:00:...	ZTE Q529T　中兴，联发科MT6735	198	71.72	56	1	56
16-03-23 08:00:...	M821　N1，高通MSM8916	115	66.09	39	2	38
16-03-23 08:00:...	N1	50	28.00	36	1	34
16-03-23 12:00:...	VOTO GT11　维图山寨韩国的国内品牌，河源生产，芯片不详	38	21.05	30	0	30
16-03-23 17:00:...	VOTO GT7	54	44.44	30	1	30
16-03-23 07:00:...	VOTO GT7	41	34.15	27	1	27

图 13-80　终端类型查询

Sv 切换准备阶段

时间	终端型号	Sv SRVCC切换请求...	Sv SRVCC切换成功...	Sv SRVCC切换失败...	Sv SRVCC切换响应...	Sv SRVCC切换取消...
16-03-23 08:00:...	VOTO GT7	40	32.50	27	0	27
16-03-23 10:00:...	ZTE Q529T	199	86.93	26	3	26
16-03-23 10:00:...	M821	89	71.91	25	0	25
16-03-23 17:00:...	M821	114	78.07	25	1	25
16-03-23 08:00:...	N1 MAX N1 M823，高通8939	30	20.00	24	0	24
16-03-23 13:00:...	ZTE Q529T	143	84.62	22	2	22
16-03-23 14:00:...	M821	106	80.19	21	0	21

时间	终端型号	Sv SRVCC切换请求...	Sv SRVCC切换成功...	Sv SRVCC切换失败...	Sv SRVCC切换响应...	Sv SRVCC切换取消...
16-03-23 14:00:...	M821	106	80.19	21	0	21
16-03-23 17:00:...	A1700 (IPHONE 6S)	261	91.57	22	0	21
16-03-23 09:00:...	M821	74	74.32	19	0	19
16-03-23 09:00:...	A1700 (IPHONE 6S)	260	92.69	19	0	19
16-03-23 13:00:...	M821	92	68.48	29	10	19
16-03-23 05:00:...	M821	27	33.33	18	0	18
16-03-23 14:00:...	VOTO GT7	39	53.85	18	0	18

图 13-80　终端类型查询（续）

经分析，大部分发生重建回源的信令点，4G 侧电平基本正常，重建原因是切换失败，为定时器超时或 2G 侧接入失败导致。

3）定时器超时分析。

T304 定时器含义：该参数表示切换到 GERAN 时使用的定时器 T304 的时长。如果 UE 在该时长内无法完成对应的切换过程，则进行相应的资源回退，并发起 RRC 连接重建过程，现网一般设置为 8 s。

协议 3GPP TS 36. 331 定义：

① if T304 expires（handover failure）。

② NOTE：Following T304 expiry any dedicated preamble，if provided within the rach－ConfigDedicated，is not available for use by the UE。

从跟踪到的信令看，UE 收到切换命令到发送 RRC 重建一般在 200～800 ms 之间，不同的终端重建的时延不同，但远远小于网络侧配置的 8s，推测终端侧可能有自己的定时器，需要进一步抓取终端日志分析，如图 13-81 所示。

No.	Time	Type	Direction	Detailed Info
67	2016-03-25 12:02:50(915)	RRC_MEAS_RPRT	UE-eNB	MSID=2; servRSRP=-111; servRSRQ=-8;
68	2016-03-25 12:02:51(384)	RRC_MEAS_RPRT	UE-eNB	MSID=2; servRSRP=-111; servRSRQ=-8;
69	2016-03-25 12:02:51(712)	S1AP_HANDOVER_CMD	MME-eNB	HandoverType=ltetogeran;
70	2016-03-25 12:02:51(712)	RRC_MOBIL_FROM_EUTRA_CMD	eNB-UE	csfb=false; targetRAT=geran;
71	2016-03-25 12:02:51(885)	RRC_CONN_REESTAB_REQ	UE-eNB	CRNTI=65 bc; pci=345; cause=handoverfailure; shortMAC-I=40 a4;
72	2016-03-25 12:02:51(886)	S1AP_HANDOVER_CANCEL	eNB-MME	
73	2016-03-25 12:02:51(889)	RRC_CONN_REESTAB	eNB-UE	
74	2016-03-25 12:02:51(905)	RRC_CONN_REESTAB_CMP	UE-eNB	
75	2016-03-25 12:02:51(907)	RRC_CONN_RECFG	eNB-UE	cqi-Aperiodic=rm30;
76	2016-03-25 12:02:51(916)	S1AP_HANDOVER_CANCEL_ACK	MME-eNB	
77	2016-03-25 12:02:51(916)	S1AP_DL_NAS_TRANS	MME-eNB	
78	2016-03-25 12:02:51(916)	RRC_DL_INFO_TRANSF	eNB-UE	
79	2016-03-25 12:02:51(920)	RRC_CONN_RECFG_CMP	UE-eNB	
80	2016-03-25 12:02:51(923)	RRC_CONN_RECFG	eNB-UE	AddMearID=3,4,5,6,7,8,16; AddMearObjID=3,3,3,3,3,3,3; AddRptID=3,4,5,6,7,8,16; MeasObjID=3; freq=38400; pci=345,54;
81	2016-03-25 12:02:51(935)	RRC_CONN_RECFG_CMP	UE-eNB	
82	2016-03-25 12:02:52(015)	RRC_MEAS_RPRT	UE-eNB	MSID=16; servRSRP=-112; servRSRQ=-8;
83	2016-03-25 12:02:52(664)	RRC_MEAS_RPRT	UE-eNB	MSID=5; servRSRP=-112; servRSRQ=-9;
84	2016-03-25 12:02:52(665)	RRC_MEAS_RPRT	UE-eNB	MSID=8; servRSRP=-112; servRSRQ=-9;
85	2016-03-25 12:02:52(666)	RRC_CONN_RECFG	eNB-UE	AddMearID=1,2; AddMearObjID=1,2; AddRptID=1,2; MeasObjID=1,2; freq=38544;
86	2016-03-25 12:02:52(684)	RRC_CONN_RECFG_CMP	UE-eNB	
87	2016-03-25 12:02:52(839)	RRC_MEAS_RPRT	UE-eNB	MSID=16; servRSRP=-112; servRSRQ=-9;
88	2016-03-25 12:02:53(324)	RRC_MEAS_RPRT	UE-eNB	MSID=5; servRSRP=-112; servRSRQ=-8;
89	2016-03-25 12:02:53(324)	RRC_MEAS_RPRT	UE-eNB	MSID=8; servRSRP=-112; servRSRQ=-8;
90	2016-03-25 12:02:54(774)	RRC_MEAS_RPRT	UE-eNB	MSID=2; servRSRP=-112; servRSRQ=-8;
91	2016-03-25 12:02:54(774)	S1AP_HANDOVER_REQUIRED	eNB-MME	HandoverType=ltetogeran; cause=time-critical-handover; SRVCCHO=csonly;
92	2016-03-25 12:02:55(254)	RRC_MEAS_RPRT	UE-eNB	MSID=2; servRSRP=-112; servRSRQ=-8;
93	2016-03-25 12:02:55(325)	RRC_MEAS_RPRT	UE-eNB	MSID=2; servRSRP=-112; servRSRQ=-8;
94	2016-03-25 12:02:55(794)	RRC_MEAS_RPRT	UE-eNB	MSID=2; servRSRP=-113; servRSRQ=-9;
95	2016-03-25 12:02:56(275)	RRC_MEAS_RPRT	UE-eNB	MSID=2; servRSRP=-113; servRSRQ=-9;
96	2016-03-25 12:02:56(652)	S1AP_HANDOVER_CMD	MME-eNB	HandoverType=ltetogeran;
97	2016-03-25 12:02:56(653)	RRC_MOBIL_FROM_EUTRA_CMD	eNB-UE	csfb=false; targetRAT=geran;
98	2016-03-25 12:02:56(835)	RRC_CONN_REESTAB_REQ	UE-eNB	CRNTI=65 6c; pci=345; cause=handoverfailure; shortMAC-I=61 4a;
99	2016-03-25 12:02:56(835)	S1AP_HANDOVER_CANCEL	eNB-MME	

图 13-81　定时器分析

4）2G 接入分析：针对部分失败的 TOP 小区选取较集中的时间段进行对应 2G 小区指标分析，2G 干扰指标正常，无信道拥塞情况，异系统切换入指标正常，接入指标正常，如图 13-82 所示。若进一步证明是否接入问题导致，则需要现场测试跟踪空口和接入侧信令进行分析。

起始时间	CI	求和项:AS4200A:信道处于干扰带1的平均数目（SDCCH）(无)	求和项:AS4200B:信道处于干扰带2的平均数目（SDCCH）(无)	求和项:AS4200C:信道处于干扰带3的平均数目（SDCCH）(无)	求和项:AS4200D:信道处于干扰带4的平均数目（SDCCH）(无)	求和项:AS4200E:信道处于干扰带5的平均数目（SDCCH）(无)	求和项:AS4207A:信道处于干扰带1的平均数目（TCHF）(无)	求和项:AS4207B:信道处于干扰带2的平均数目（TCHF）(无)	求和项:AS4207C:信道处于干扰带3的平均数目（TCHF）(无)	求和项:AS4207D:信道处于干扰带4的平均数目（TCHF）(无)	求和项:AS4207E:信道处于干扰带5的平均数目（TCHF）(无)	TCH掉话率(含切换)	TCH掉话率(不含切换)	TCH拥塞率(占用遇全忙)	TCH拥塞率(含切换)	SD拥塞率	切换成功率	无线切换成功率	无线接入性	TH363:系统间入小区切换成功率
03/25/2016 12:00:0	3253	36.5	0.383	0	0.149	0	15.021	0.064	0	0.021	0	0	0	0	0	0	100%	90.18%	100%	100%
03/25/2016 12:00:0	3721	39.904	1.29	0	0	0	17.904	1.398	0	0	0	0	0	0	0	0	99.36%	75.80%	100%	100%
03/25/2016 12:00:0	3723	27.282	3.25	0.12	0	0	19.533	0.772	0.119	0	0	0	0	0	0	0	100%	100%	100%	100%
03/25/2016 12:00:0	3852	51.29	0.366	0	0	0	19.978	0.065	0	0	0	0	0	0	0	0	100%	99.32%	100%	100%
03/25/2016 12:00:0	3853	43.322	0.29	0	0	0	12.096	0	0	0	0	0	0	0	0	0	100%	100%	100%	100%
03/25/2016 12:00:0	33752	43.234	0.455	0.021	0.011	0	11.338	0.032	0	0	0	0	0	0	0	0	100%	100%	100%	100%

图 13-82　TOP 小区分析

5）终端 Log 分析：如图 13-83 所示，现场测试抓取终端 Log，从终端 Log 看，4G 基站下发切换命令，终端在 2G 侧进行同步，同步过程中 L1 CRC 校验一直失败。需将 Log 发给高通，查看 CRC 校验失败原因。

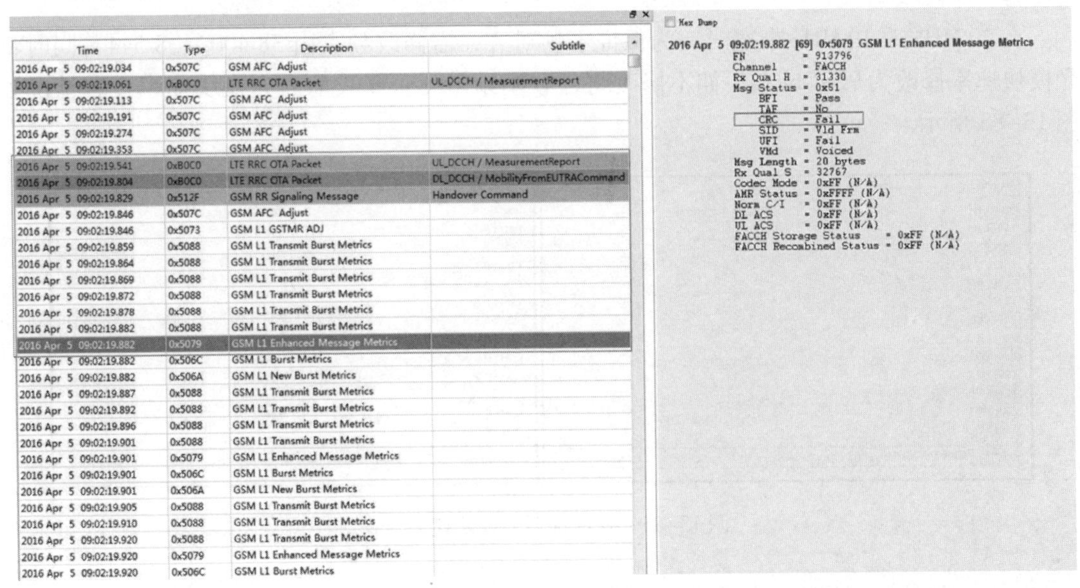

图 13-83　终端 Log 分析

【解决方案】：

现场排查网络侧定时器为 8 s，未超时，现网有明显的 TOP 终端，从终端 Log 看，UE 在 2G 接入时 CRC 校验失败，TOP Ue 在低电平下比较敏感或者信号解析差异，具体原因需要终端分析。

8. 诺基亚 20 MHz 改 10 MHz 恢复后光模块速率不能恢复初始值案例

【问题描述】：

DY 地市近期突发大气波导干扰，受干扰 F 频段基站小区用户 VoLTE 电话出现无法拨通、接通后通话断续或掉话情况，对低业务区域 20 MHz 改 10 MHz 后，干扰消失，用户通话恢复正常，干扰消除后，恢复基站带宽为 20 MHz，出现光模块速率仅支持 9. 8Gbit/s 的情况。

问题时间：2016 - 05 - 9 10:32

问题基站版本如图 13-84 所示。

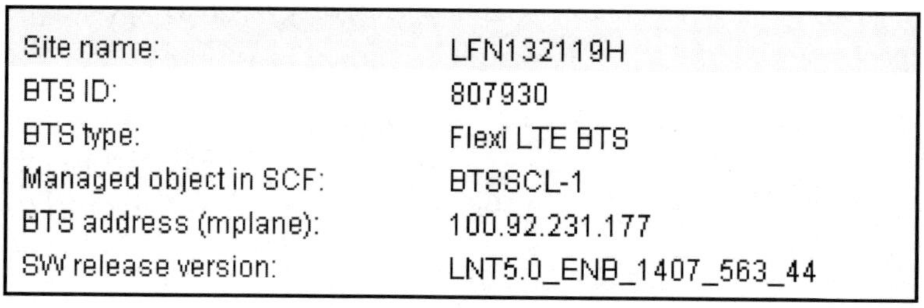

Site name:	LFN132119H
BTS ID:	807930
BTS type:	Flexi LTE BTS
Managed object in SCF:	BTSSCL-1
BTS address (mplane):	100.92.231.177
SW release version:	LNT5.0_ENB_1407_563_44

图 13-84　问题基站版本

【问题分析】:

DY 地市近期突发大气波导干扰，受干扰 F 频段基站小区用户 VoLTE 电话出现无法拨通或接通后通话断续或掉话情况，对低业务区域 20 MHz 改 10 MHz 后，干扰消失，用户通话恢复正常。

在 20 MHz 改 10 MHz 带宽时，为保证子帧对齐，需修改频点由 38 400 ~ 38 544，同时将光模块速率修改为 9. 8Gbit/s，如不修改将导致基站吊死。修改前后光模块速率设置情况如图 13-85 所示。

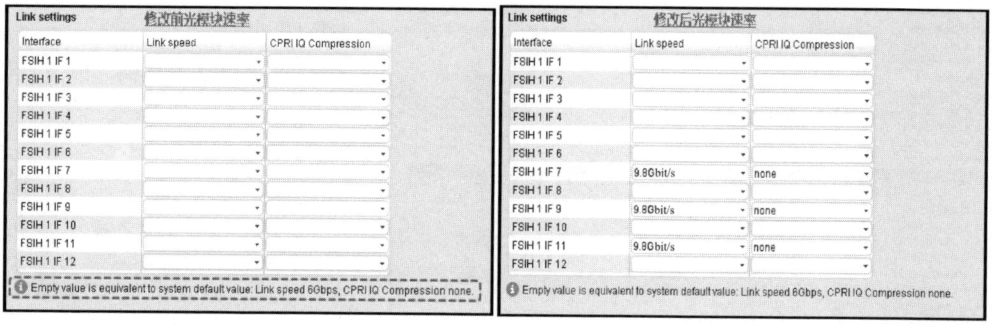

Link settings　修改前光模块速率

Interface	Link speed	CPRI IQ Compression
FSIH 1 IF 1		
FSIH 1 IF 2		
FSIH 1 IF 3		
FSIH 1 IF 4		
FSIH 1 IF 5		
FSIH 1 IF 6		
FSIH 1 IF 7		
FSIH 1 IF 8		
FSIH 1 IF 9		
FSIH 1 IF 10		
FSIH 1 IF 11		
FSIH 1 IF 12		

Empty value is equivalent to system default value: Link speed 6Gbps, CPRI IQ Compression none.

Link settings　修改后光模块速率

Interface	Link speed	CPRI IQ Compression
FSIH 1 IF 1		
FSIH 1 IF 2		
FSIH 1 IF 3		
FSIH 1 IF 4		
FSIH 1 IF 5		
FSIH 1 IF 6		
FSIH 1 IF 7	9.8Gbit/s	none
FSIH 1 IF 8		
FSIH 1 IF 9	9.8Gbit/s	none
FSIH 1 IF 10		
FSIH 1 IF 11	9.8Gbit/s	none
FSIH 1 IF 12		

Empty value is equivalent to system default value: Link speed 6Gbps, CPRI IQ Compression none.

图 13-85　修改前后光模块速率对比

后期干扰消失，将小区带宽恢复至 20 MHz，同时恢复小区频点 38 400，修改光模块速率至初始时，基站出现吊死情况，需保持光模块速率为 9. 8 Gbit/s，基站才能正常工作。

【解决方案】:

已向诺基亚设备研发人员提交问题，待下一版本解决。

9. 诺基亚 eNB 概率性 GPS 失锁导致 VoLTE 等指标波动

【问题描述】:

5 月 3 日下午，全网 VoLTE 接通率陡降，通过分型分区域统计发现，全网只有邹平指标恶化明显，其余区县指标基本稳定，之后提取 ZP 县详细指标发现 RRC 大量失败，同时上行 RSSI 较高，存在强干扰，如图 13-86 与图 13-87 所示。此次指标突然恶化的特点：突发性强，相对集中，干扰抬升明显，怀疑是系统内干扰。

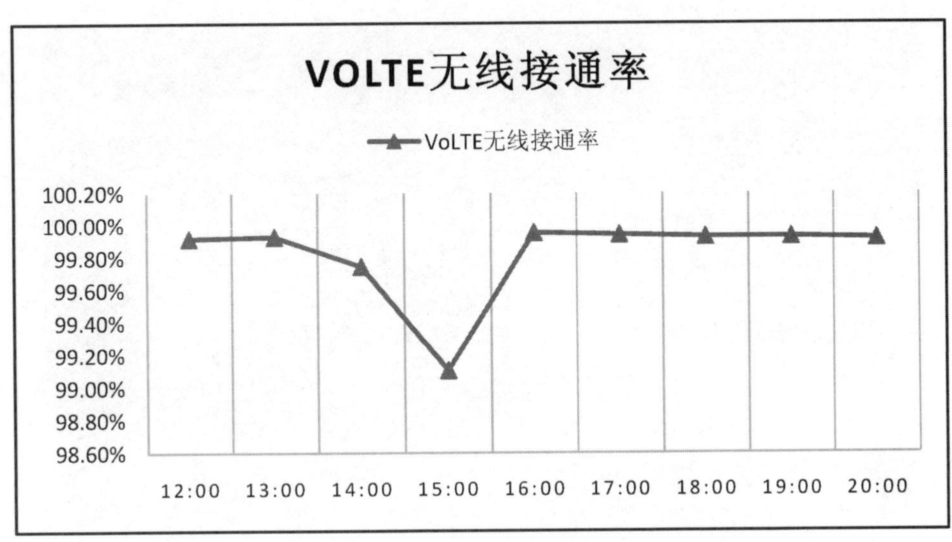

图 13-86　邹平区域 VoLTE 无线接通率

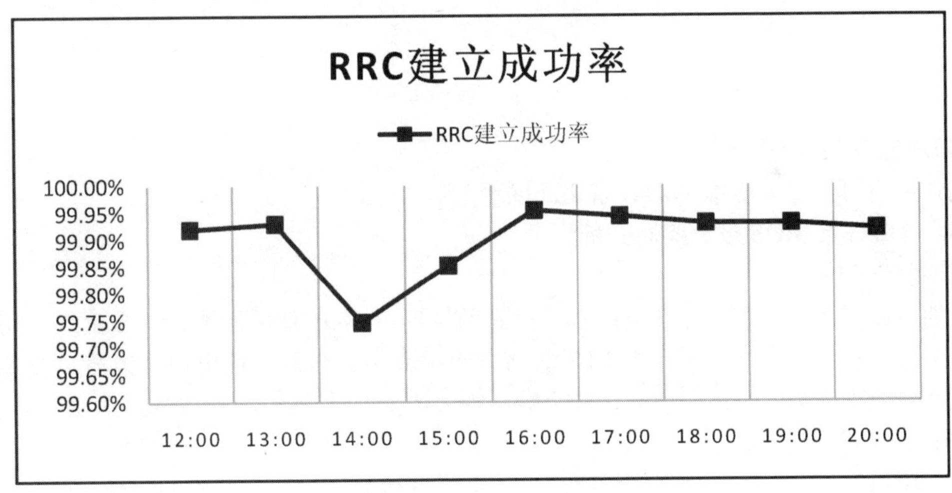

图 13-87　RRC 建立成功率

【问题分析】:

1）从“B 小区”往“A 小区”切换时一直失败，提取小区级的指标变化情况，发现部分站点指标异常

2）提取出 ZP 县城区域所有站点的上行 RSSI，通过专业工具进行渲染分析。

由图 13-88 可以看出，干扰较强的站点相对集中，对此站点进行分析，主要是以图中标记站点为中心，检查该站点配置信息正常，查看 GPS 信息，发现 GPS 存在偏移。

① 对该站点进行重启之后，GPS 恢复正常，区域内强干扰消失，邹平区域指标恢复。

② 为确认此问题产生的原因，提取站点的配置信息以及故障现象报诺基亚研发，该问题得到确认。当前软件版本有极小的概率会造成站点的 GPS 出现偏移，重启即可解决，后续版本 TL15A 从根本上解决。

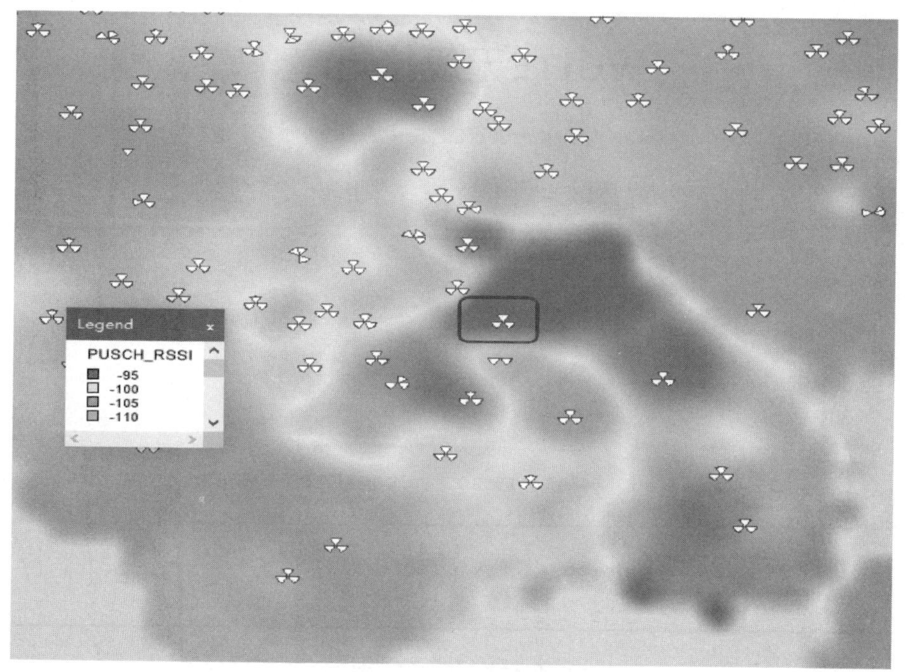

图 13-88 上行 RSSI 渲染图层

【解决方案】:

站点重启可恢复，版本 TL15A 解决此问题。

10. 空口好点 MOS 低分问题分析

【问题描述】:

近期在拉网测试过程中存在空口质量良好的情况下 MOS 低的问题，且多出现在切换过程中。另外，有用户反馈如果在 VoLTE 通话过程中移动，会概率性出现通话质量较差的情况。两个现象推断为同一原因引起，且影响范围较广。

【问题分析】:

1）如图 13-89 所示，15:54:11 主叫下行 MOS 分值为 2. 59，从终端 Log 看，平均时延较高，为 227. 836。

2）如图 13-90 与图 13-91 所示，从 MOS 分语音波形来看，低分波形与正常波形对比，部分语音出现 240ms 时延，方框部分为产生时延。

3）查看被叫收到的 RTP 包发现，15:40:01. 242 收到 1338 后，15:40:01. 493 收到 1339。两语音包间隔 251 ms，如图 13-92 所示。

4）如图 13-93 所示，1013 - 5 发 42（RTP 1338）后，13 - 5 发 43（RTP 1139），间隔 240 ms。

5）如图 13-94 所示，空口切换时延为 20 ms，PDCP 发包时延为 100 ms。上行没有一次性发大量 RTP 包。

如图 13-95 所示，空口上行非一次发大量 RTP 包，囤包发生在基站上行到核心网。查看基站囤包原因，发现基站发 path_switch_reqest，210 ms 后才收到 path_switch_reqest_ack。即基站收到 UE 的 RTP 包后，等待 MME 回 path_switch_reqest_ack 时间过长，导致囤包。

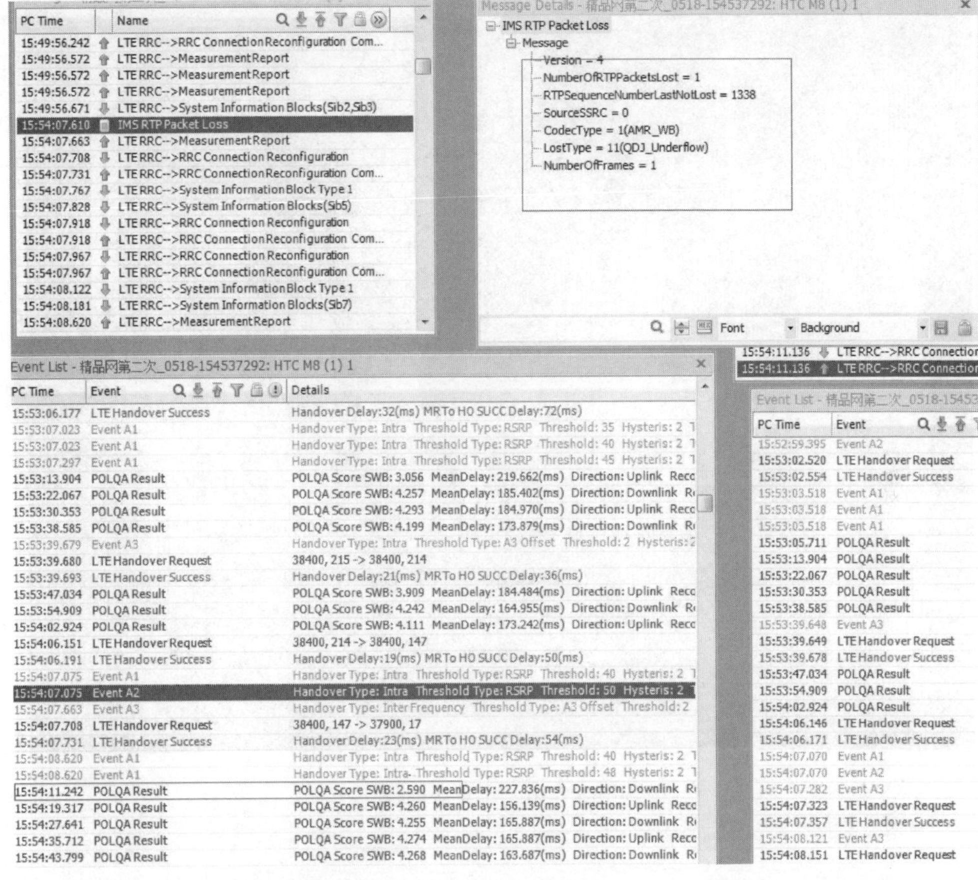

图 13-89　终端 Log 分析

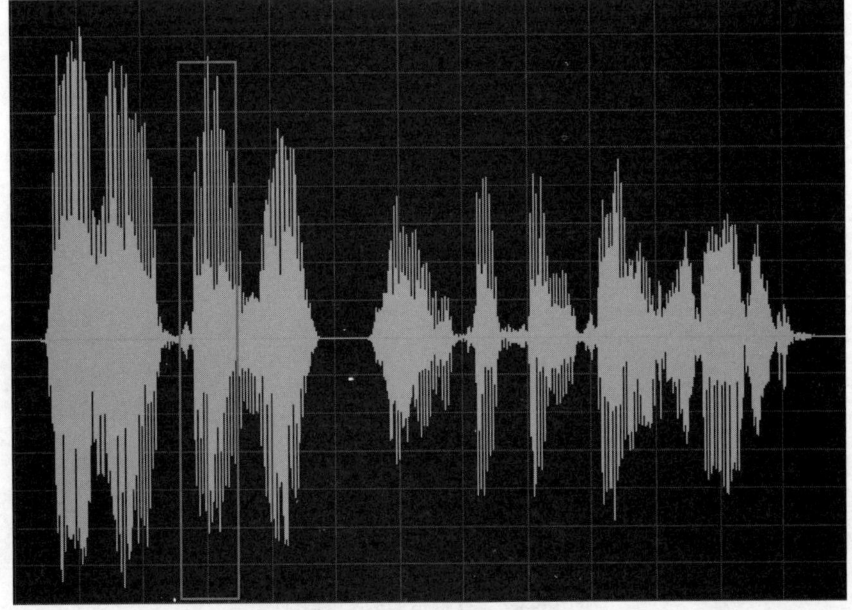

图 13-90　MOS 低分波形

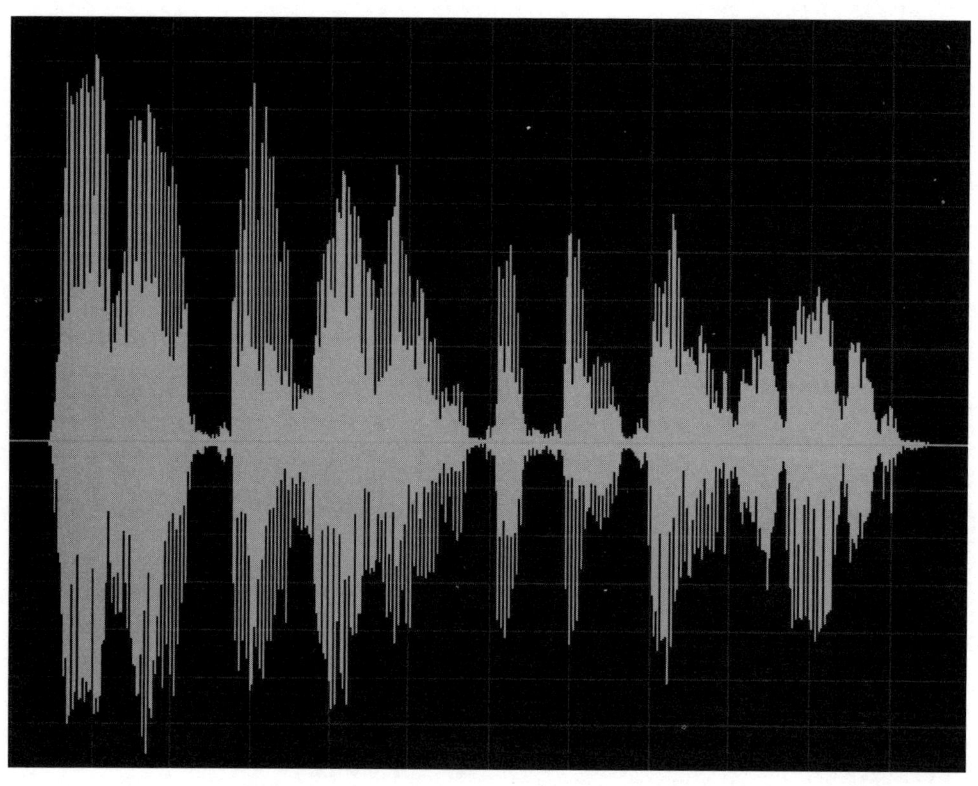

图 13-91　正常波形图

#	Time	Type	Description	Subtitle	Direction	Size	Editio
176992	2016 May 18 15:40:00.855	0x1568	IMS RTP SN and Payload		BS <<< MS	65	
176998	2016 May 18 15:40:00.862	0x1568	IMS RTP SN and Payload		BS >>> MS	119	
177010	2016 May 18 15:40:00.882	0x1568	IMS RTP SN and Payload		BS >>> MS	119	
177020	2016 May 18 15:40:00.902	0x1568	IMS RTP SN and Payload		BS >>> MS	119	
177032	2016 May 18 15:40:00.923	0x1568	IMS RTP SN and Payload		BS >>> MS	119	
177040	2016 May 18 15:40:00.942	0x1568	IMS RTP SN and Payload		BS >>> MS	119	
177052	2016 May 18 15:40:00.962	0x1568	IMS RTP SN and Payload		BS >>> MS	119	
177067	2016 May 18 15:40:00.986	0x1568	IMS RTP SN and Payload		BS >>> MS	119	
177077	2016 May 18 15:40:01.002	0x1568	IMS RTP SN and Payload		BS >>> MS	119	
177083	2016 May 18 15:40:01.015	0x1568	IMS RTP SN and Payload		BS <<< MS	65	
177091	2016 May 18 15:40:01.026	0x1568	IMS RTP SN and Payload		BS >>> MS	119	
177098	2016 May 18 15:40:01.042	0x1568	IMS RTP SN and Payload		BS >>> MS	119	
177110	2016 May 18 15:40:01.066	0x1568	IMS RTP SN and Payload		BS >>> MS	119	
177118	2016 May 18 15:40:01.082	0x1568	IMS RTP SN and Payload		BS >>> MS	119	
177126	2016 May 18 15:40:01.106	0x1568	IMS RTP SN and Payload		BS >>> MS	119	
177136	2016 May 18 15:40:01.122	0x1568	IMS RTP SN and Payload		BS >>> MS	119	
177146	2016 May 18 15:40:01.146	0x1568	IMS RTP SN and Payload		BS >>> MS	119	
177155	2016 May 18 15:40:01.164	0x1568	IMS RTP SN and Payload		BS >>> MS	119	
177159	2016 May 18 15:40:01.175	0x1568	IMS RTP SN and Payload		BS <<< MS	65	
177167	2016 May 18 15:40:01.186	0x1568	IMS RTP SN and Payload		BS >>> MS	119	
177189	2016 May 18 15:40:01.242	0x1568	IMS RTP SN and Payload		BS >>> MS	119	
177212	2016 May 18 15:40:01.335	0x1568	IMS RTP SN and Payload		BS <<< MS	65	
177271	2016 May 18 15:40:01.492	0x1569	IMS RTP Packet Loss			23	
177273	2016 May 18 15:40:01.493	0x1568	IMS RTP SN and Payload		BS >>> MS	119	
177274	2016 May 18 15:40:01.493	0x1569	IMS RTP Packet Loss			23	
177276	2016 May 18 15:40:01.493	0x1568	IMS RTP SN and Payload		BS >>> MS	119	
177277	2016 May 18 15:40:01.493	0x1569	IMS RTP Packet Loss			23	
177279	2016 May 18 15:40:01.493	0x1568	IMS RTP SN and Payload		BS >>> MS	119	
177281	2016 May 18 15:40:01.493	0x1568	IMS RTP SN and Payload		BS >>> MS	119	
177283	2016 May 18 15:40:01.493	0x1568	IMS RTP SN and Payload		BS >>> MS	119	
177285	2016 May 18 15:40:01.494	0x1568	IMS RTP SN and Payload		BS >>> MS	119	
177287	2016 May 18 15:40:01.494	0x1568	IMS RTP SN and Payload		BS >>> MS	119	
177289	2016 May 18 15:40:01.494	0x1568	IMS RTP SN and Payload		BS >>> MS	119	
177291	2016 May 18 15:40:01.494	0x1568	IMS RTP SN and Payload		BS >>> MS	119	
177293	2016 May 18 15:40:01.494	0x1568	IMS RTP SN and Payload		BS >>> MS	119	
177295	2016 May 18 15:40:01.495	0x1568	IMS RTP SN and Payload		BS >>> MS	119	
177297	2016 May 18 15:40:01.495	0x1568	IMS RTP SN and Payload		BS >>> MS	119	
177299	2016 May 18 15:40:01.495	0x1568	IMS RTP SN and Payload		BS >>> MS	119	
177301	2016 May 18 15:40:01.495	0x1568	IMS RTP SN and Payload		BS >>> MS	119	
177305	2016 May 18 15:40:01.496	0x1568	IMS RTP SN and Payload		BS <<< MS	65	
177312	2016 May 18 15:40:01.512	0x1568	IMS RTP SN and Payload		BS >>> MS	119	

```
Selected Duration: 00:00:00.250 (0.25 sec)

2016 May 18 15:40:01.242 [59] 0x1568 IMS RTP SN and Payload
Version = 6
Direction = NETWORK_TO_UE
Rat Type = LTE
Sequence = 1338
Ssrc = BD2BE46C
Rtp Time stamp = 1164800
CodecType = AMR-WB
mediaType = AUDIO
PayLoad Size = 73
Logged Payload Size = 73
audio AMR-WB {
   marker = 0
   Codec Mode Req AMR-WB = 15
   isMoreFrame = false
   Frame Type Index AMR-WB = AMR-WB 23.85 KBIT/S
   isFrameGood = true
   Latency Info Present = 0
   RtpRawPayload = {
      128, 104, 5, 58, 0, 17, 198, 0,
      189, 43, 228, 108, 244, 109, 232, 69,
      39, 75, 221, 227, 178, 246, 68, 128,
      31, 29, 173, 92, 112, 159, 231, 75,
      63, 156, 240, 165, 192, 38, 43, 10,
      175, 178, 194, 42, 225, 220, 61, 138,
      170, 76, 147, 7, 62, 147, 44, 157,
      176, 142, 217, 37, 136, 38, 104, 44,
      130, 86, 61, 232, 134, 158, 113, 40,
      0
   }
}
2016 May 18 15:40:01.493 [E7] 0x1568 IMS RTP SN and Payload
Version = 6
Direction = NETWORK_TO_UE
Rat Type = LTE
Sequence = 1339
Ssrc = BD2BE46C
Rtp Time stamp = 1165120
CodecType = AMR-WB
mediaType = AUDIO
PayLoad Size = 73
Logged Payload Size = 73
audio AMR-WB {
   marker = 0
   Codec Mode Req AMR-WB = 15
   isMoreFrame = false
   Frame Type Index AMR-WB = AMR-WB 23.85 KBIT/S
   isFrameGood = true
   Latency Info Present = 0
   RtpRawPayload = {
      128, 104, 5, 59, 0, 17, 199, 64,
      189, 43, 228, 108, 244, 106, 168, 202,
      164, 227, 59, 97, 146, 67, 196, 4,
      42, 78, 160, 252, 98, 243, 164, 183,
      70, 145, 167, 200, 194, 58, 150, 192,
      99, 86, 40, 231, 233, 177, 90, 226,
      116, 4, 91, 101, 123, 46, 149, 167,
      63, 9, 29, 83, 164, 67, 73, 94,
      199, 182, 155, 232, 179, 13, 57, 29,
      78
   }
}
```

图 13-92　查看被叫收到的 RTP

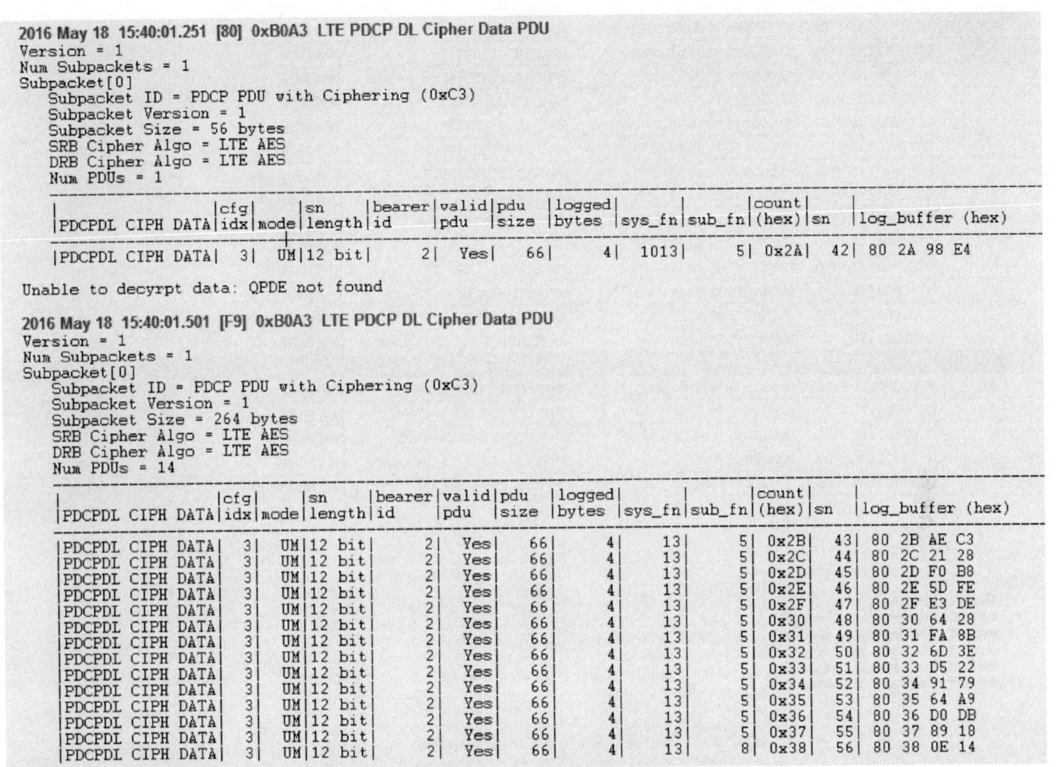

```
2016 May 18  15:40:01.251  [80]  0xB0A3  LTE PDCP DL Cipher Data PDU
Version = 1
Num Subpackets = 1
Subpacket[0]
    Subpacket ID = PDCP PDU with Ciphering (0xC3)
    Subpacket Version = 1
    Subpacket Size = 56 bytes
    SRB Cipher Algo = LTE AES
    DRB Cipher Algo = LTE AES
    Num PDUs = 1
 ---------------------------------------------------------------------------------------------------------------------------
 |               |cfg|    |sn     |bearer|valid|pdu  |logged|      |      |count|   |
 |PDCPDL CIPH DATA|idx|mode|length |id    |pdu  |size |bytes |sys_fn|sub_fn|(hex)|sn |log_buffer (hex)
 ---------------------------------------------------------------------------------------------------------------------------
 |PDCPDL CIPH DATA|  3|  UM|12 bit|     2|  Yes|   66|     4|  1013|     5| 0x2A| 42| 80 2A 98 E4

Unable to decyrpt data: QPDE not found

2016 May 18  15:40:01.501  [F9]  0xB0A3  LTE PDCP DL Cipher Data PDU
Version = 1
Num Subpackets = 1
Subpacket[0]
    Subpacket ID = PDCP PDU with Ciphering (0xC3)
    Subpacket Version = 1
    Subpacket Size = 264 bytes
    SRB Cipher Algo = LTE AES
    DRB Cipher Algo = LTE AES
    Num PDUs = 14
 ---------------------------------------------------------------------------------------------------------------------------
 |               |cfg|    |sn     |bearer|valid|pdu  |logged|      |      |count|   |
 |PDCPDL CIPH DATA|idx|mode|length |id    |pdu  |size |bytes |sys_fn|sub_fn|(hex)|sn |log_buffer (hex)
 ---------------------------------------------------------------------------------------------------------------------------
 |PDCPDL CIPH DATA|  3|  UM|12 bit|     2|  Yes|   66|     4|    13|     5| 0x2B| 43| 80 2B AE C3
 |PDCPDL CIPH DATA|  3|  UM|12 bit|     2|  Yes|   66|     4|    13|     5| 0x2C| 44| 80 2C 21 28
 |PDCPDL CIPH DATA|  3|  UM|12 bit|     2|  Yes|   66|     4|    13|     5| 0x2D| 45| 80 2D F0 B8
 |PDCPDL CIPH DATA|  3|  UM|12 bit|     2|  Yes|   66|     4|    13|     5| 0x2E| 46| 80 2E 5D FE
 |PDCPDL CIPH DATA|  3|  UM|12 bit|     2|  Yes|   66|     4|    13|     5| 0x2F| 47| 80 2F E3 DE
 |PDCPDL CIPH DATA|  3|  UM|12 bit|     2|  Yes|   66|     4|    13|     5| 0x30| 48| 80 30 64 28
 |PDCPDL CIPH DATA|  3|  UM|12 bit|     2|  Yes|   66|     4|    13|     5| 0x31| 49| 80 31 FA 8B
 |PDCPDL CIPH DATA|  3|  UM|12 bit|     2|  Yes|   66|     4|    13|     5| 0x32| 50| 80 32 6D 3E
 |PDCPDL CIPH DATA|  3|  UM|12 bit|     2|  Yes|   66|     4|    13|     5| 0x33| 51| 80 33 D5 22
 |PDCPDL CIPH DATA|  3|  UM|12 bit|     2|  Yes|   66|     4|    13|     5| 0x34| 52| 80 34 91 79
 |PDCPDL CIPH DATA|  3|  UM|12 bit|     2|  Yes|   66|     4|    13|     5| 0x35| 53| 80 35 64 A9
 |PDCPDL CIPH DATA|  3|  UM|12 bit|     2|  Yes|   66|     4|    13|     5| 0x36| 54| 80 36 D0 DB
 |PDCPDL CIPH DATA|  3|  UM|12 bit|     2|  Yes|   66|     4|    13|     5| 0x37| 55| 80 37 89 18
 |PDCPDL CIPH DATA|  3|  UM|12 bit|     2|  Yes|   66|     4|    13|     8| 0x38| 56| 80 38 0E 14
```

图 13-93　主叫下行 PDCP 层包

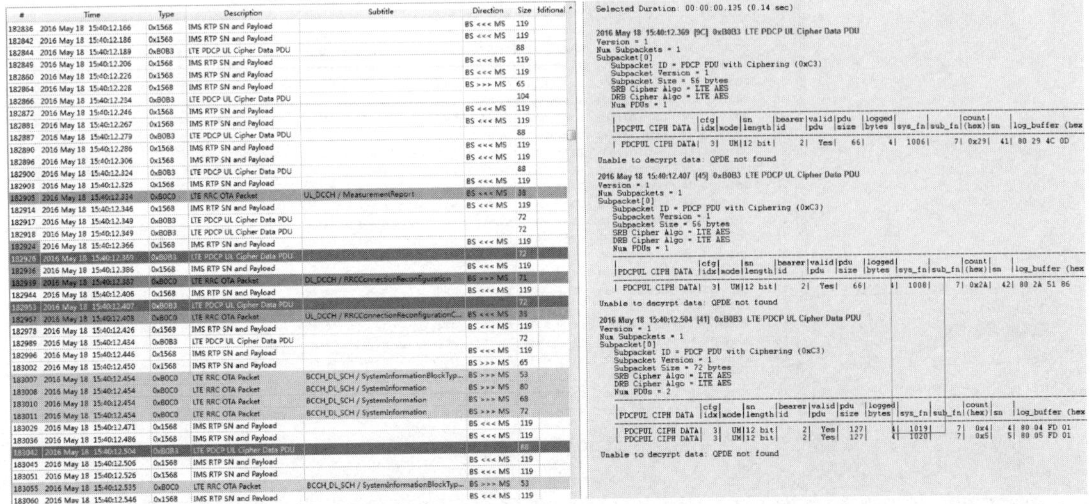

图 13-94　被叫上行发包查看

通过信令分析发现，所有问题的现象一致，均为 X2 切换过程中基站发 path_switch_reqest 后核心网回复 ACK 时延较长导致。因为协议规定收到 ACK 前基站不能发送业务包，所以数据业务包在 EnodeB 侧给囤住，导致切换完成后，所有的包同一个时间点发送到 UGW 最终导致出现乱序，如图 13-96 所示。

200	BTS3900 LTE V100...	18/05/2016 15:39:53 (580)	RRC_MEAS_RPRT	接收自UE	460000
201	BTS3900 LTE V100...	18/05/2016 15:39:53 (580)	RRC_MEAS_RPRT	接收自UE	460000
202	BTS3900 LTE V100...	18/05/2016 15:39:53 (580)	RRC_MEAS_RPRT	接收自UE	460000
203	BTS3900 LTE V100...	18/05/2016 15:40:15 (63)	RRC_CONN_RECFG	发送到UE	460000
204	BTS3900 LTE V100...	18/05/2016 15:40:15 (80)	RRC_CONN_RECFG_CMP	接收自UE	460000
205	BTS3900 LTE V100...	18/05/2016 15:40:19 (359)	RRC_MEAS_RPRT	接收自UE	460000
206	BTS3900 LTE V100...	18/05/2016 15:40:19 (360)	HANDOVER_REQUEST	发送到ENodeB	460000
207	BTS3900 LTE V100...	18/05/2016 15:40:19 (372)	HANDOVER_REQUEST_ACKNOW...	接收自ENodeB	460000
208	BTS3900 LTE V100...	18/05/2016 15:40:19 (372)	HUAWEI_PRIVATE_MSG	发送到ENodeB	460000
209	BTS3900 LTE V100...	18/05/2016 15:40:19 (375)	RRC_CONN_RECFG	发送到UE	460000
210	BTS3900 LTE V100...	18/05/2016 15:40:19 (377)	SN_STATUS_TRANSFER	发送到ENodeB	460000
211	BTS3900 LTE V100...	18/05/2016 15:40:19 (586)	UE_CONTEXT_RELEASE	接收自ENodeB	460000
212	BTS3900 LTE V100...	18/05/2016 15:40:20 (524)	HANDOVER_REQUEST	接收自ENodeB	460000
213	BTS3900 LTE V100...	18/05/2016 15:40:20 (531)	HANDOVER_REQUEST_ACKNOW...	发送到ENodeB	460000
214	BTS3900 LTE V100...	18/05/2016 15:40:20 (536)	HUAWEI_PRIVATE_MSG	接收自ENodeB	460000
215	BTS3900 LTE V100...	18/05/2016 15:40:20 (547)	SN_STATUS_TRANSFER	接收自ENodeB	460000
216	BTS3900 LTE V100...	18/05/2016 15:40:20 (604)	RRC_CONN_RECFG_CMP	接收自UE	460000
217	BTS3900 LTE V100...	18/05/2016 15:40:20 (605)	S1AP_PATH_SWITCH_REQ	发送到MME	460000
218	BTS3900 LTE V100...	18/05/2016 15:40:20 (814)	S1AP_PATH_SWITCH_REQ_ACK	接收自MME	460000
219	BTS3900 LTE V100...	18/05/2016 15:40:20 (815)	UE_CONTEXT_RELEASE	发送到ENodeB	460000

图 13-95　囤包原因查看

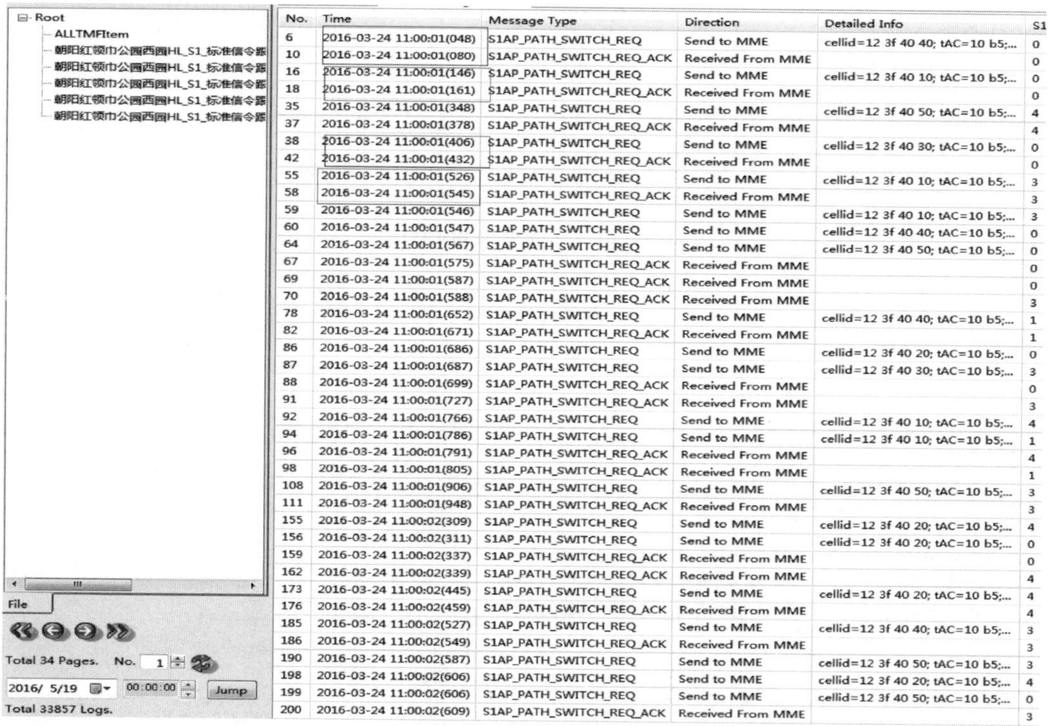

Root
ALLTMFItem
朝阳红领巾公园西园HL_S1_标准信令跟
朝阳红领巾公园西园HL_S1_标准信令跟
朝阳红领巾公园西园HL_S1_标准信令跟
朝阳红领巾公园西园HL_S1_标准信令跟
朝阳红领巾公园西园HL_S1_标准信令跟
File
Total 34 Pages. No. 1
2016/ 5/19 00:00:00 Jump
Total 33857 Logs.

No.	Time	Message Type	Direction	Detailed Info	S1
6	2016-03-24 11:00:01(048)	S1AP_PATH_SWITCH_REQ	Send to MME	cellid=12 3f 40 40; tAC=10 b5;...	0
10	2016-03-24 11:00:01(080)	S1AP_PATH_SWITCH_REQ_ACK	Received From MME		0
16	2016-03-24 11:00:01(146)	S1AP_PATH_SWITCH_REQ	Send to MME	cellid=12 3f 40 10; tAC=10 b5;...	0
18	2016-03-24 11:00:01(161)	S1AP_PATH_SWITCH_REQ_ACK	Received From MME		0
35	2016-03-24 11:00:01(348)	S1AP_PATH_SWITCH_REQ	Send to MME	cellid=12 3f 40 50; tAC=10 b5;...	4
37	2016-03-24 11:00:01(378)	S1AP_PATH_SWITCH_REQ_ACK	Received From MME		4
38	2016-03-24 11:00:01(406)	S1AP_PATH_SWITCH_REQ	Send to MME	cellid=12 3f 40 30; tAC=10 b5;...	0
42	2016-03-24 11:00:01(432)	S1AP_PATH_SWITCH_REQ_ACK	Received From MME		0
55	2016-03-24 11:00:01(526)	S1AP_PATH_SWITCH_REQ	Send to MME	cellid=12 3f 40 10; tAC=10 b5;...	3
58	2016-03-24 11:00:01(545)	S1AP_PATH_SWITCH_REQ_ACK	Received From MME		3
59	2016-03-24 11:00:01(546)	S1AP_PATH_SWITCH_REQ	Send to MME	cellid=12 3f 40 10; tAC=10 b5;...	3
60	2016-03-24 11:00:01(547)	S1AP_PATH_SWITCH_REQ	Send to MME	cellid=12 3f 40 40; tAC=10 b5;...	0
64	2016-03-24 11:00:01(567)	S1AP_PATH_SWITCH_REQ	Send to MME	cellid=12 3f 40 50; tAC=10 b5;...	0
67	2016-03-24 11:00:01(575)	S1AP_PATH_SWITCH_REQ_ACK	Received From MME		0
69	2016-03-24 11:00:01(587)	S1AP_PATH_SWITCH_REQ_ACK	Received From MME		0
70	2016-03-24 11:00:01(588)	S1AP_PATH_SWITCH_REQ_ACK	Received From MME		3
78	2016-03-24 11:00:01(652)	S1AP_PATH_SWITCH_REQ	Send to MME	cellid=12 3f 40 40; tAC=10 b5;...	1
82	2016-03-24 11:00:01(671)	S1AP_PATH_SWITCH_REQ_ACK	Received From MME		1
86	2016-03-24 11:00:01(686)	S1AP_PATH_SWITCH_REQ	Send to MME	cellid=12 3f 40 20; tAC=10 b5;...	0
87	2016-03-24 11:00:01(687)	S1AP_PATH_SWITCH_REQ	Send to MME	cellid=12 3f 40 30; tAC=10 b5;...	3
88	2016-03-24 11:00:01(699)	S1AP_PATH_SWITCH_REQ_ACK	Received From MME		0
91	2016-03-24 11:00:01(727)	S1AP_PATH_SWITCH_REQ_ACK	Received From MME		3
92	2016-03-24 11:00:01(766)	S1AP_PATH_SWITCH_REQ	Send to MME	cellid=12 3f 40 10; tAC=10 b5;...	4
94	2016-03-24 11:00:01(786)	S1AP_PATH_SWITCH_REQ	Send to MME	cellid=12 3f 40 10; tAC=10 b5;...	1
96	2016-03-24 11:00:01(791)	S1AP_PATH_SWITCH_REQ_ACK	Received From MME		4
98	2016-03-24 11:00:01(805)	S1AP_PATH_SWITCH_REQ_ACK	Received From MME		1
108	2016-03-24 11:00:01(906)	S1AP_PATH_SWITCH_REQ	Send to MME	cellid=12 3f 40 50; tAC=10 b5;...	3
111	2016-03-24 11:00:01(948)	S1AP_PATH_SWITCH_REQ_ACK	Received From MME		3
155	2016-03-24 11:00:02(309)	S1AP_PATH_SWITCH_REQ	Send to MME	cellid=12 3f 40 20; tAC=10 b5;...	4
156	2016-03-24 11:00:02(311)	S1AP_PATH_SWITCH_REQ	Send to MME	cellid=12 3f 40 20; tAC=10 b5;...	0
159	2016-03-24 11:00:02(337)	S1AP_PATH_SWITCH_REQ_ACK	Received From MME		0
162	2016-03-24 11:00:02(339)	S1AP_PATH_SWITCH_REQ_ACK	Received From MME		4
173	2016-03-24 11:00:02(445)	S1AP_PATH_SWITCH_REQ	Send to MME	cellid=12 3f 40 20; tAC=10 b5;...	4
176	2016-03-24 11:00:02(459)	S1AP_PATH_SWITCH_REQ_ACK	Received From MME		4
185	2016-03-24 11:00:02(527)	S1AP_PATH_SWITCH_REQ	Send to MME	cellid=12 3f 40 40; tAC=10 b5;...	3
186	2016-03-24 11:00:02(549)	S1AP_PATH_SWITCH_REQ_ACK	Received From MME		3
190	2016-03-24 11:00:02(587)	S1AP_PATH_SWITCH_REQ	Send to MME	cellid=12 3f 40 50; tAC=10 b5;...	3
198	2016-03-24 11:00:02(606)	S1AP_PATH_SWITCH_REQ	Send to MME	cellid=12 3f 40 20; tAC=10 b5;...	4
199	2016-03-24 11:00:02(606)	S1AP_PATH_SWITCH_REQ	Send to MME	cellid=12 3f 40 50; tAC=10 b5;...	0
200	2016-03-24 11:00:02(609)	S1AP_PATH_SWITCH_REQ_ACK	Received From MME		3

图 13-96　信令流程

为了进一步分析问题的原因，通过核心网、无线、传输进行抓包，问题定位。

复现问题点得出 ACK 返回时延为 557 ms。

6）通过进一步分析发现，时延长的原因为在线计费功能引入的问题导致。在线计费功能是由在线计费系统（Online Charging System，OCS）控制，是一个实时的基于业务使用和系统进行交互计费的系统。在线计费在会话进行过程中收集计费信息，实现实时结算。在 VoLTE 用户移动过程中，位置改变触发了到 OCS 的 CCR（Credit Control Request）。由于该过程导致处理流程增加了约 200 ms 的延时，如图 13-97 所示。

Flow_Table Flow_Figure

No.	Time	Type	Direction	Detailed Info
1	2016-05-19 18:20:43(688)	HANDOVER_REQUEST	eNBs-eNB	TarCELLID=366442_2; cause=handover-desirable-for-radio-reasons; IpAddress=100.91.255.100; UERelease=1; UECat=4; FGI=7f cf fe 9e; bandEUT
2	2016-05-19 18:20:43(699)	HANDOVER_REQUEST_ACKNOWLEDGE	eNB-eNBs	targetPCI=330; dl-CarrierFreq=37900;
3	2016-05-19 18:20:43(707)	SN_STATUS_TRANSFER	eNBs-eNB	
4	2016-05-19 18:20:43(765)	RRC_CONN_RECFG_CMP	UE-eNB	
5	2016-05-19 18:20:43(765)	S1AP_PATH_SWITCH_REQ	eNB-MME	cellid=59 76 a0 20; tAC=63 3a; PLMN=64 f0 00; IpAddress=100.70.112.135;
6	2016-05-19 18:20:44(322)	S1AP_PATH_SWITCH_REQ_ACK	MME-eNB	IpAddress=100.91.255.100;
7	2016-05-19 18:20:44(322)	UE_CONTEXT_RELEASE	eNB-eNBs	
8	2016-05-19 18:20:44(328)	RRC_CONN_RECFG	eNB-UE	cqi-Aperiodic=rm30;
9	2016-05-19 18:20:44(350)	RRC_CONN_RECFG_CMP	UE-eNB	
10	2016-05-19 18:20:44(352)	RRC_CONN_RECFG	eNB-UE	AddMearID=3,4,6,7,13,14,15,16; AddMearObjID=4,4,4,4,4,4,4,4; AddRptID=2,3,5,6,10,13,14,15; MeasObjID=4; freq=37900; pci=330;
11	2016-05-19 18:20:44(370)	RRC_CONN_RECFG_CMP	UE-eNB	
12	2016-05-19 18:20:45(050)	RRC_MEAS_RPRT	UE-eNB	MSID=7; servRSRP=-93; servRSRQ=-8;
13	2016-05-19 18:20:45(606)	RRC_MEAS_RPRT	UE-eNB	MSID=4; servRSRP=-92; servRSRQ=-8;
14	2016-05-19 18:20:47(708)	RRC_CONN_RECFG	eNB-UE	cqi-Aperiodic=rm30;
15	2016-05-19 18:20:47(727)	RRC_CONN_RECFG_CMP	UE-eNB	
16	2016-05-19 18:20:48(327)	RRC_MEAS_RPRT	UE-eNB	MSID=15; servRSRP=-88; servRSRQ=-6;
17	2016-05-19 18:21:09(384)	RRC_MEAS_RPRT	UE-eNB	MSID=3; servRSRP=-94; servRSRQ=-12; neighber(PCI=340,RSRP=-90);
18	2016-05-19 18:21:09(386)	HANDOVER_REQUEST	eNB-eNBs	TarCELLID=366494_0; cause=handover-desirable-for-radio-reasons; IpAddress=100.91.255.100; UERelease=1; UECat=4; FGI=7f cf fe 9e; bandEUT
19	2016-05-19 18:21:09(398)	HANDOVER_REQUEST_ACKNOWLEDGE	eNBs-eNB	targetPCI=340; dl-CarrierFreq=37900;
20	2016-05-19 18:21:09(400)	RRC_CONN_RECFG	eNB-UE	TargetPCI=340; dlfreq=37900; freq=37900;
21	2016-05-19 18:21:09(403)	SN_STATUS_TRANSFER	eNB-eNBs	
22	2016-05-19 18:21:09(560)	UE_CONTEXT_RELEASE	eNBs-eNB	

图 13-97　ACK 返回时延查看

7）在测试过程中，由于 UE 位置改变触发到了 OCS 的 CCR。测试卡签约了在线计费，导致了接近 300 ms 的延时，如图 13-98 所示。

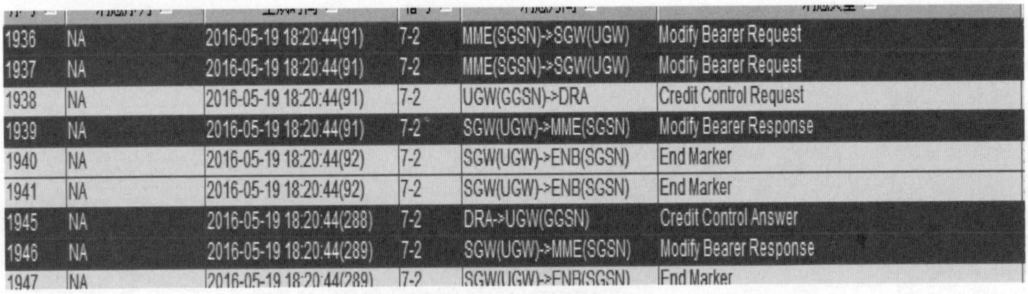

1936	NA	2016-05-19 18:20:44(91)	7-2	MME(SGSN)->SGW(UGW)	Modify Bearer Request
1937	NA	2016-05-19 18:20:44(91)	7-2	MME(SGSN)->SGW(UGW)	Modify Bearer Request
1938	NA	2016-05-19 18:20:44(91)	7-2	UGW(GGSN)->DRA	Credit Control Request
1939	NA	2016-05-19 18:20:44(91)	7-2	SGW(UGW)->MME(SGSN)	Modify Bearer Response
1940	NA	2016-05-19 18:20:44(92)	7-2	SGW(UGW)->ENB(SGSN)	End Marker
1941	NA	2016-05-19 18:20:44(92)	7-2	SGW(UGW)->ENB(SGSN)	End Marker
1945	NA	2016-05-19 18:20:44(288)	7-2	DRA->UGW(GGSN)	Credit Control Answer
1946	NA	2016-05-19 18:20:44(289)	7-2	SGW(UGW)->MME(SGSN)	Modify Bearer Response
1947	NA	2016-05-19 18:20:44(289)	7-2	SGW(UGW)->ENB(SGSN)	End Marker

图 13-98　信令流程查看

8）为了验证结论，使用两张未开通在线计费功能的卡和两张开通在线计费功能的卡分别拉网测试做对比，对比结果见表 13-4。

表 13-4　未开通在线计费功能的卡与开通在线计费功能的卡拉网测试对比

淄博	平均 RSRP /dBm	平均 SINR /dB	呼叫次数	呼叫建立时延 /s	MOS 值	MOS 3.0 以上占比（%）	RTP 丢包率（%）
开通在线计费	-83.21	19.15	15	2.76	4.05	95.38	0.53
未开通在线计费	-82.69	18.08	14	2.18	4.12	99.25	0.30

从对比结果可以看出，开通在线计费功能后，MOS 3.0 占比从 99.25% 下降到 95.38%，影响较为明显。

【解决方案】：

在 VoLTE 用户切换过程中，概率性出现切换过程时延较长是导致 MOS 较差的直接原因。分析核心网回复 ACK 时延较长的具体原因是，测试卡开通在线计费功能，OCS 处理过程中引入时延导致基站侧囤包后丢包乱序，暂时关闭测试卡的在线计费功能可解决该问题。

13.3 第三招　博观约取——EPC 侧优化思路及典型案例

1. eSRVCC 能力未更新导致 eSRVCC 切换失败案例

【问题描述】:

在测试中发现少部分 VoLTE 用户发生 eSRVCC 切换时，仍使用 HSS 签约的默认 STN－SR，导致切换失败。

【问题分析】:

通过 SEQ 系统分析发现，存在此问题的 VoLTE 用户有以下几个共同特点：发生问题的前后都更换过终端；刚开始使用的终端不支持 eSRVCC 能力（非 VoLTE 终端），后来更换了支持 eSRVCC 能力的终端。

根据此场景进行测试：

1）VoLTE 卡在不支持 eSRVCC 能力终端的相关信令，如图 13-99 所示。

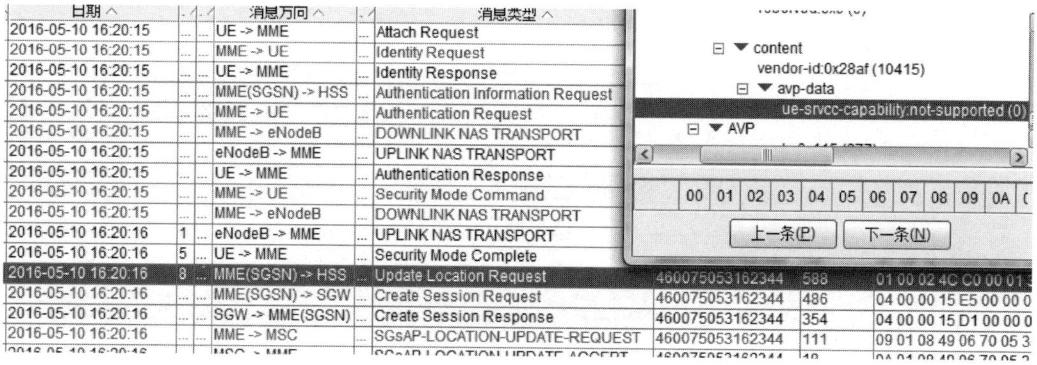

日期	.	.	消息方向	.	消息类型			
2016-05-10 16:20:15	...	...	UE -> MME	...	Attach Request			
2016-05-10 16:20:15	...	...	MME -> UE	...	Identity Request			
2016-05-10 16:20:15	...	...	UE -> MME	...	Identity Response			
2016-05-10 16:20:15	...	...	MME(SGSN) -> HSS	...	Authentication Information Request			
2016-05-10 16:20:15	...	...	MME -> UE	...	Authentication Request			
2016-05-10 16:20:15	...	...	MME -> eNodeB	...	DOWNLINK NAS TRANSPORT			
2016-05-10 16:20:15	...	...	eNodeB -> MME	...	UPLINK NAS TRANSPORT			
2016-05-10 16:20:15	...	...	UE -> MME	...	Authentication Response			
2016-05-10 16:20:15	...	...	MME -> UE	...	Security Mode Command			
2016-05-10 16:20:15	...	...	MME -> eNodeB	...	DOWNLINK NAS TRANSPORT			
2016-05-10 16:20:16	1	...	eNodeB -> MME	...	UPLINK NAS TRANSPORT			
2016-05-10 16:20:16	5	...	UE -> MME	...	Security Mode Complete			
2016-05-10 16:20:16	8	...	MME(SGSN) -> HSS	...	Update Location Request	460075053162344	588	01 00 02 4C C0 00 01
2016-05-10 16:20:16	...	...	MME(SGSN) -> SGW	...	Create Session Request	460075053162344	486	04 00 00 15 E5 00 00 0
2016-05-10 16:20:16	...	...	SGW -> MME(SGSN)	...	Create Session Response	460075053162344	354	04 00 00 15 D1 00 00 0
2016-05-10 16:20:16	...	...	MME -> MSC	...	SGsAP-LOCATION-UPDATE-REQUEST	460075053162344	111	09 01 08 49 06 70 05 3

content
vendor-id:0x28af (10415)
avp-data
ue-srvcc-capability:not-supported (0)
AVP
00 01 02 03 04 05 06 07 08 09 0A
上一条(P)　下一条(N)

图 13-99　SEQ 信令流程

2）用户更换了支持 eSRVCC 的终端，重新发起附着，MME 通知 HSS 终端的 eSRVCC 能力发生变化，HSS 返回成功响应，如图 13-100 所示。

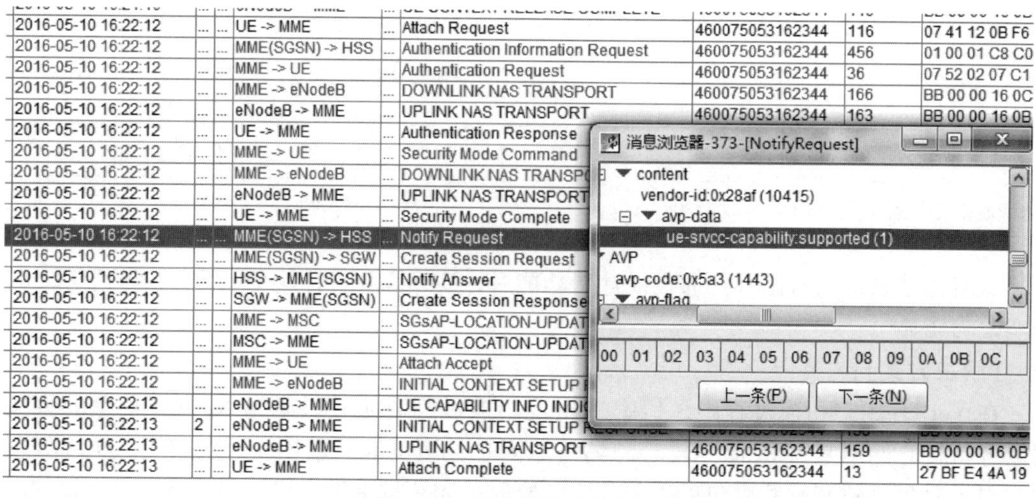

日期	.	.	消息方向	.	消息类型			
2016-05-10 16:22:12	...	...	UE -> MME	...	Attach Request	460075053162344	116	07 41 12 0B F6
2016-05-10 16:22:12	...	...	MME(SGSN) -> HSS	...	Authentication Information Request	460075053162344	456	01 00 01 C8 C0
2016-05-10 16:22:12	...	...	MME -> UE	...	Authentication Request	460075053162344	36	07 52 02 07 C1
2016-05-10 16:22:12	...	...	MME -> eNodeB	...	DOWNLINK NAS TRANSPORT	460075053162344	166	BB 00 00 16 0C
2016-05-10 16:22:12	...	...	eNodeB -> MME	...	UPLINK NAS TRANSPORT	460075053162344	163	BB 00 00 16 0B
2016-05-10 16:22:12	...	...	UE -> MME	...	Authentication Response			
2016-05-10 16:22:12	...	...	MME -> UE	...	Security Mode Command			
2016-05-10 16:22:12	...	...	MME -> eNodeB	...	DOWNLINK NAS TRANSP			
2016-05-10 16:22:12	...	...	eNodeB -> MME	...	UPLINK NAS TRANSPORT			
2016-05-10 16:22:12	...	...	UE -> MME	...	Security Mode Complete			
2016-05-10 16:22:12	...	...	MME(SGSN) -> HSS	...	Notify Request			
2016-05-10 16:22:12	...	...	MME(SGSN) -> SGW	...	Create Session Request			
2016-05-10 16:22:12	...	...	HSS -> MME(SGSN)	...	Notify Answer			
2016-05-10 16:22:12	...	...	SGW -> MME(SGSN)	...	Create Session Response			
2016-05-10 16:22:12	...	...	MME -> MSC	...	SGsAP-LOCATION-UPDAT			
2016-05-10 16:22:12	...	...	MSC -> MME	...	SGsAP-LOCATION-UPDAT			
2016-05-10 16:22:12	...	...	MME -> UE	...	Attach Accept			
2016-05-10 16:22:12	...	...	MME -> eNodeB	...	INITIAL CONTEXT SETUP			
2016-05-10 16:22:12	...	...	eNodeB -> MME	...	UE CAPABILITY INFO INDI			
2016-05-10 16:22:13	2	...	eNodeB -> MME	...	INITIAL CONTEXT SETUP			
2016-05-10 16:22:13	...	...	eNodeB -> MME	...	UPLINK NAS TRANSPORT	460075053162344	159	BB 00 00 16 0B
2016-05-10 16:22:13	...	...	UE -> MME	...	Attach Complete	460075053162344	13	27 BF E4 4A 19

消息浏览器-373-[NotifyRequest]
content
vendor-id:0x28af (10415)
avp-data
ue-srvcc-capability:supported (1)
AVP
avp-code:0x5a3 (1443)
avp-flag
00 01 02 03 04 05 06 07 08 09 0A 0B 0C
上一条(P)　下一条(N)

图 13-100　更换终端后信令流程

3）VoLTE 用户进行 VoLTE 业务的注册，SCCAS 向 HSS 查询 eSRVCC 能力，如图 13-101 所示。

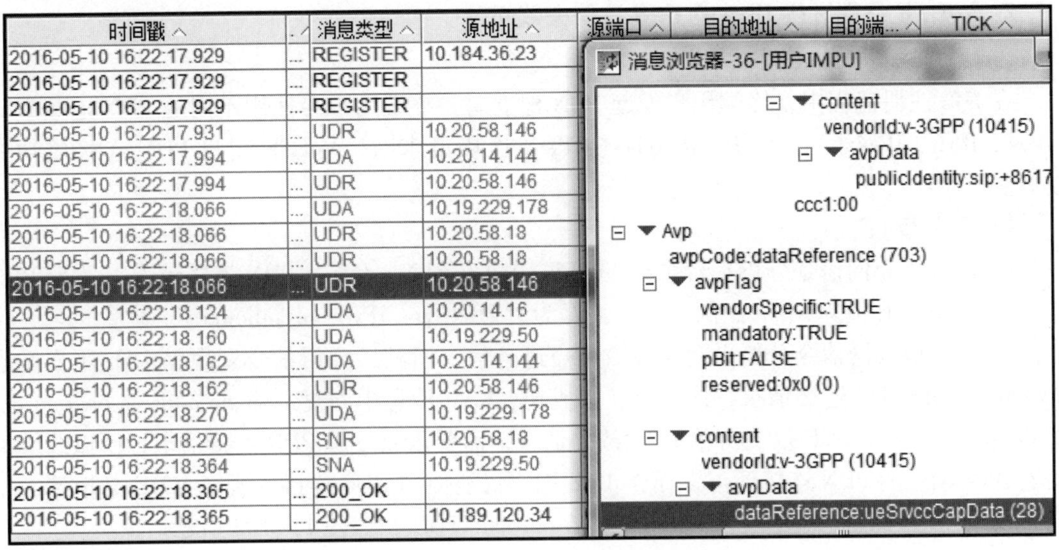

时间戳	.	消息类型	源地址
2016-05-10 16:22:17.929	...	REGISTER	10.184.36.23
2016-05-10 16:22:17.929	...	REGISTER	
2016-05-10 16:22:17.929	...	REGISTER	
2016-05-10 16:22:17.931	...	UDR	10.20.58.146
2016-05-10 16:22:17.994	...	UDA	10.20.14.144
2016-05-10 16:22:17.994	...	UDR	10.20.58.146
2016-05-10 16:22:18.066	...	UDA	10.19.229.178
2016-05-10 16:22:18.066	...	UDR	10.20.58.18
2016-05-10 16:22:18.066	...	UDR	10.20.58.18
2016-05-10 16:22:18.066	...	UDR	10.20.58.146
2016-05-10 16:22:18.124	...	UDA	10.20.14.16
2016-05-10 16:22:18.160	...	UDA	10.19.229.50
2016-05-10 16:22:18.162	...	UDA	10.20.14.144
2016-05-10 16:22:18.162	...	UDR	10.20.58.146
2016-05-10 16:22:18.270	...	UDA	10.19.229.178
2016-05-10 16:22:18.270	...	SNR	10.20.58.18
2016-05-10 16:22:18.364	...	SNA	10.19.229.50
2016-05-10 16:22:18.365	...	200_OK	
2016-05-10 16:22:18.365	...	200_OK	10.189.120.34

图 13-101　eSRVCC 能力查询

4）此时 HSS 返回了 eSRVCC 能力为不支持的信息，如图 13-102 所示。

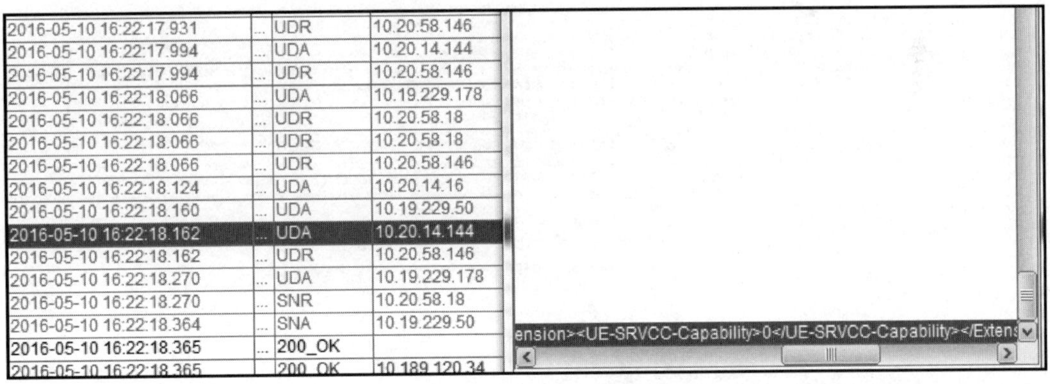

2016-05-10 16:22:17.931	...	UDR	10.20.58.146
2016-05-10 16:22:17.994	...	UDA	10.20.14.144
2016-05-10 16:22:17.994	...	UDR	10.20.58.146
2016-05-10 16:22:18.066	...	UDA	10.19.229.178
2016-05-10 16:22:18.066	...	UDR	10.20.58.18
2016-05-10 16:22:18.066	...	UDR	10.20.58.18
2016-05-10 16:22:18.066	...	UDR	10.20.58.146
2016-05-10 16:22:18.124	...	UDA	10.20.14.16
2016-05-10 16:22:18.160	...	UDA	10.19.229.50
2016-05-10 16:22:18.162	...	UDA	10.20.14.144
2016-05-10 16:22:18.162	...	UDR	10.20.58.146
2016-05-10 16:22:18.270	...	UDA	10.19.229.178
2016-05-10 16:22:18.270	...	SNR	10.20.58.18
2016-05-10 16:22:18.364	...	SNA	10.19.229.50
2016-05-10 16:22:18.365	...	200_OK	
2016-05-10 16:22:18.365	...	200_OK	10.189.120.34

图 13-102　eSRVCC 能力不支持

由于 eSRVCC 能力不支持，AS 不会向 HSS 推送最新的 STN－SR，导致 MME 上的STN－SR无法更新。

5）此问题的根因在于 HSS 收到了 eSRVCC 能力改变的通知，但实际上 eSRVCC 能力的状态并没有更新成功，在 HSS 查询用户的 eSRVCC 能力发现其没有更新。

6）在终端 eSRVCC 能力变化的情况下，HSS 无法更新变化的 eSRVCC 能力，会导致 eSRVCC 切换使用错误的 STN－SR，造成切换失败。从测试的情况来看，华为 MME 发送 notify 更新 eSRVCC 能力，华为 HSS 能正常更新成功，爱立信 HSS 下更新失败。

【解决方案】：

1）根本原因为爱立信 HSS 不支持 MME notify 方式的 eSRVCC 能力更新，根本解决方案为需爱立信 HSS 支持此功能。

2）临时方案：爱立信、诺基亚 MME 没有临时解决方案；华为 MME 可以将能力更新方式修改为 ULR 临时解决该问题，但此方式会导致信令负荷增加。

2. VoLTE 终端进行 IPv4v6 IMS 注册失败问题

【问题描述】：

在 IMS 注册流程中，终端用户发起 PDN 建立时，终端用户会使用不同的 PDN 连接方式（IPv4、IPv6、IPv4v6），当 IPv4v6 type 的 PDN 连接请求时，VoLTE 用户 PDN 连接成功率较低。

【问题分析】：

1）通过核心网信令分析平台统计 VoLTE 用户（APN = IMS）PDN 连接情况，发现 PDN 连接失败 CAUSE 值为 51 的比例最高，解释为“PDN type IPv6 only allowed”。

2）通过核心网信令分析平台对失败用户进行信令回溯，分析信令发现 VoLTE 用户发起 IPv4v6 type 的 PDN 连接请求，该请求连接成功，ESM 消息中回复“single address bearers only allowed”，表示 MME 仅支持单 IP 承载的请求，需要重新发起 PDN 连接请求，所以终端又发了 IPv4 type 的 PDN 连接请求，而 VoLTE 用户只能使用 IPv6 连接，所以 MME 又拒绝，拒绝 CAUSE 值为 51，解释为“PDN type IPv6 only allowed”，如图 13-103 所示。

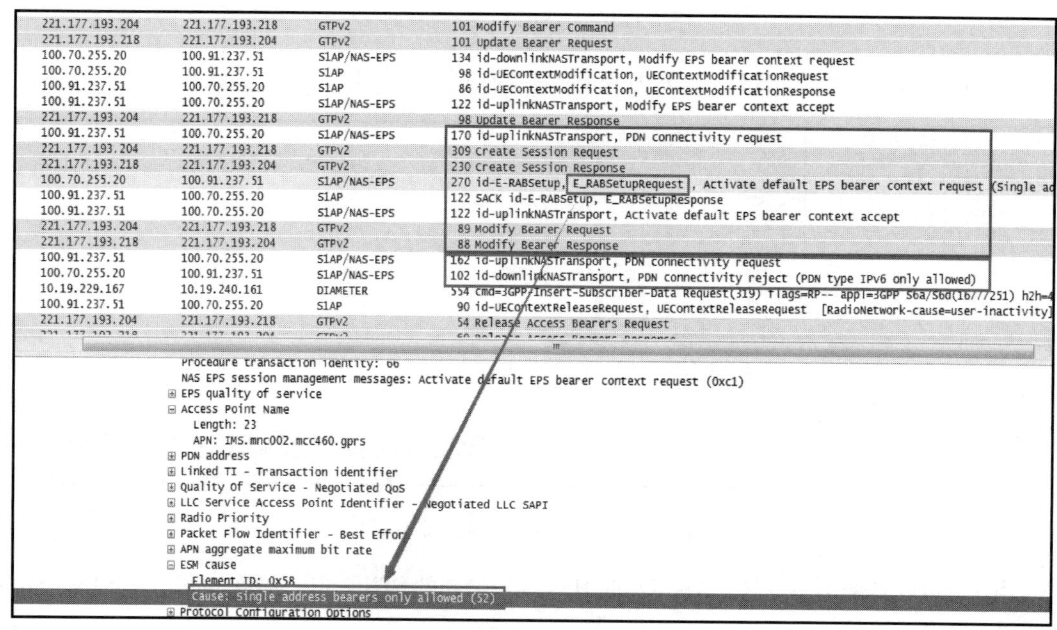

图 13-103　核心网信令流程

3）MME 之所以在 ESM 消息中回复“single address bearers only allowed”，是因为 MME 未开启双栈功能，不支持 IPv4v6 type 的 PDN 连接。

【解决方案】：

如图 13-104 所示，MME 开启双栈功能后，IPv4v6 type 的 PDN 连接均成功，VoLTE 用户 PDN 连接成功率提升。

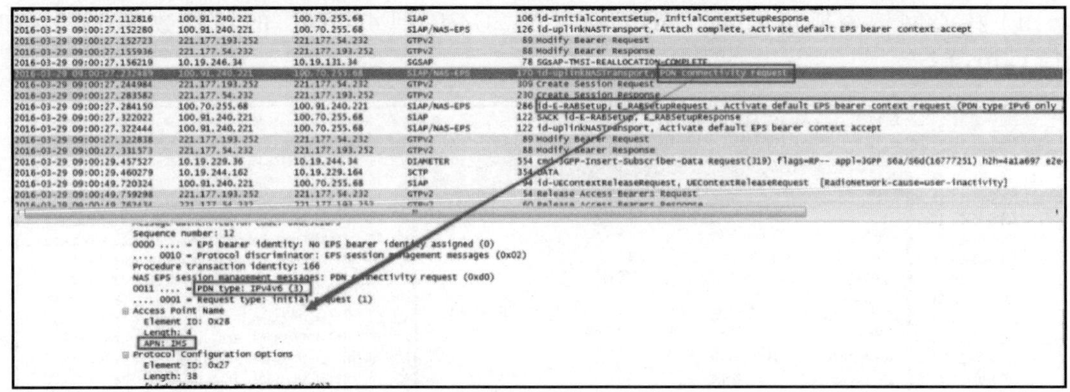

图 13-104 MME 开启双栈功能信令流程

3. 爱立信 SAEGW 删除承载导致 aSRVCC 切换失败

【问题描述】:

测试发现爱立信 EPC 区域个别场景下 aSRVCC 切换失败。

【问题分析】:

主叫起呼后终端立刻发起 SRVCC 切换, MME 发 SRVCC 请求, 与此同时, IMS 侧按 VoLTE 起呼流程, SBC 在 SIP 180 前的 AAR 触发 PGW 发起 update bearer。因为 MME 收到 update bearer 时, 尚未收到 eMSC 的 SRVCC 响应, 所以根据 3GPP 的 29.274 中的定义 MME handover 返回 110 (temperarily reject due to handover procedure in progress) 错误码拒绝更新。PGW update bearer 被拒绝重发一次后, 发起删除承载, MME 因为同样的原因拒绝删除承载, 但 PGW 仍然删除了承载, SBC 收到 PCRF 承载释放的 ASR 消息。说明虽然 MME 拒绝删除, 但 PGW 仍然删除了承载 (咨询爱立信研发部门, 确认是 PGW 目前版本的正常行为)。接着 MME 收到了 UE 的 Extented service request, MME 取消 SRVCC。UE 再次发起 SRVCC, 本次 MME 完成了 SRVCC 流程, 但从 MME delete bearer command 的结果看, PGW 已经提示无此上下文, 因为前面 PGW 已经删除了承载。SBC 之前收到 ASR 也已释放了资源, 再次收到 EMSC 消息后返回失败提示, 传导到端局, 最终导致终端在 2G 网络下收到 disconnect。

【解决方案】:

PGW 收到 MME 临时拒绝更新后删除承载是问题的重要原因, 建议爱立信 PGW 后续版本进行优化, 在收到临时更新拒绝后延迟删除承载, 避免类似问题。

4. 中兴 eNodeB 下 VoLTE 及数据用户在诺西 MME 上分布不均

【问题描述】:

中兴 eNodeB 下 VoLTE 及数据用户在诺西 MME 上分布不均, H 地市 MME pool 有 5 台 MME02/04/06/65/66, 目前 5 台 MME 用户分布严重不均衡, MME02/04/06 上用户较少, MME65/66 上用户较多 (MME65/66 属于新割接入网的 MME)。

【问题分析】:

针对上述问题, 进行抓包分析, 在 2G/3G/4G 互操作的场景下, eNB 应该平均分发到每台 MME (目前 MME 配置的容量因子全部为 25), 但现网 eNB 分发比例不均衡, 新网元:旧网元 =7:1 左右。

1）核心网信令抓包 1 min，MME06 上的 2G/3G 到 4G TAU 的场景数为 1375，如图 13-105 所示。

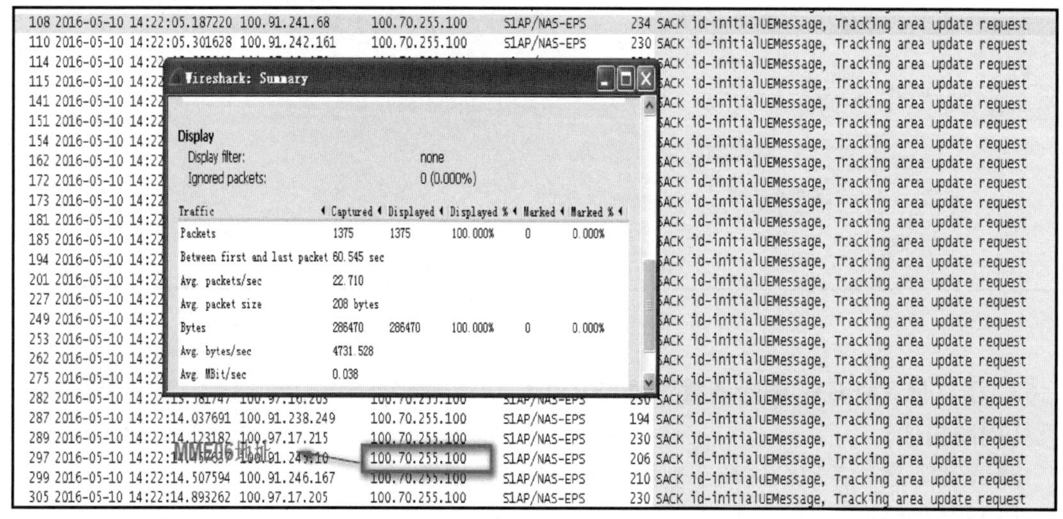

图 13-105　核心网信令抓包 TAU 次数

2）MME65/06 上的 2G/3G 到 4G TAU 的场景数为 8667 次，如图 13-106 所示。

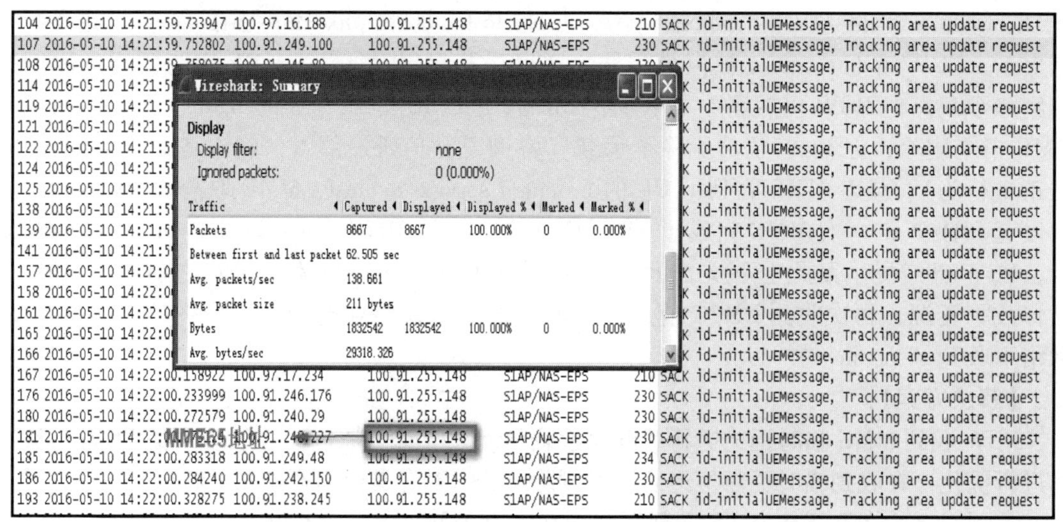

图 13-106　MME65/06 上 TAU 次数

3）新入网的 MME 属于融合的 MME（2G/3G/4G 功能在一个设备），而之前的 MME 属于单独的 MME（只携带 4G 功能）。MME65/66 上均有两个测试 LAC（入网前测试 2G/3G 业务的），其他 MME 上均无测试 LAC。诺西核心网人员分析为两个测试 LAC 引起，因为在 S1 setup 时 MME 会将自己设备上的 LAC 下发给 ENB 作为 MME group ID，NRI 补 0 或者 1 作为每个 LAC 的标记，MME 会给 ENB 下两条记录：如 LAC1，等一条记录，MME group ID = LAC1 MMEC = NRI 补 0；第二条记录，MME group ID = LAC1 MMEC = NRI 补 1。如果 MME

上没有 LAC，那么 MME 回下一条记录，即自己配置的 MME group ID 和 MMEC。这样 MME65/66 对于每个 ENB 有 5 条记录，MME02/04/06 只有 1 条记录。

4）中兴无线侧分析菏泽移动一个 eNodeB 接了 5 个 MME，UE 接入选路时，首先均匀地选择其中某一个组，也就是组和组之间的均衡比值为 1:1。中兴进行选路选组时，对异系统的组也进行了算法计算，异系统的组影响了最终的选路结果，导致用户分布不均衡。

【解决方案】：

中兴新版本解决。

5. 部分 VoLTE 终端 4G 网络下被叫域选失败 MME 侧分析处理

【问题描述】：

测试中发现部分 VoLTE 终端在 4G 网络下被叫域选到 CS 域。

【问题分析】：

通过信令监测分析部分 VoLTE 终端开机选网时信令。

1）如图 13-107 所示，在 MME 的 Gb 口信令监测发现 8:31:24 VoLTE 终端先进行了一次 2G 的附着，2 s 后进行了去附着，此时在 HSS 上注册了用户的 SGSN 信息。

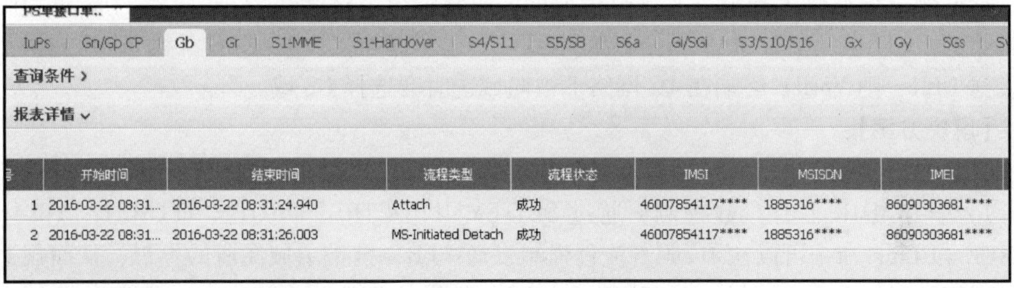

序号	开始时间	结束时间	流程类型	流程状态	IMSI	MSISDN	IMEI
1	2016-03-22 08:31...	2016-03-22 08:31:24.940	Attach	成功	46007854117****	1885316****	86090303681****
2	2016-03-22 08:31...	2016-03-22 08:31:26.003	MS-Initiated Detach	成功	46007854117****	1885316****	86090303681****

图 13-107　Gb 口信令监测

2）如图 13-108 所示，8:31:50 终端又进行了一次 4G 的附着，但是附着时携带的 GUTI 类型为 native，因此 MME 不会给 HSS 发送 ULR 消息，也就无法将单域注册的标识发送给 HSS，导致 HSS 上同时有 SGSN 和 MME 的注册信息。根据 VoLTE 被叫域选的判断条件，HSS 上同时有 SGSN 和 MME 信息时，被叫域选 CS 域。

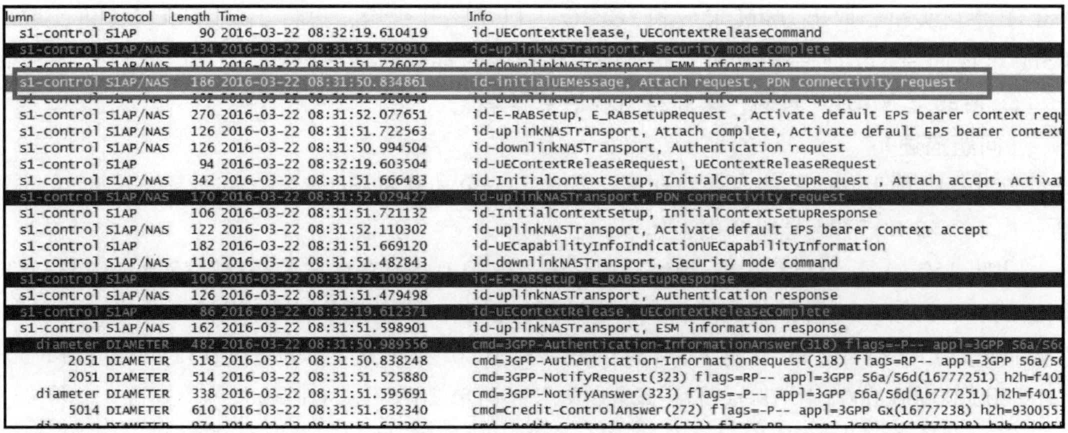

lumn	Protocol	Length	Time	Info
s1-control	S1AP	90	2016-03-22 08:32:19.610419	id-UEContextRelease, UEContextReleaseCommand
s1-control	S1AP/NAS	134	2016-03-22 08:31:51.520910	id-uplinkNASTransport, Security mode complete
s1-control	S1AP/NAS	114	2016-03-22 08:31:51.726072	id-downlinkNASTransport, EMM information
s1-control	S1AP/NAS	186	2016-03-22 08:31:50.834861	id-initialUEMessage, Attach request, PDN connectivity request
s1-control	S1AP/NAS	102	[illegible]	id-downlinkNASTransport, ESM information request
s1-control	S1AP/NAS	270	2016-03-22 08:31:52.077651	id-E-RABSetup, E_RABSetupRequest , Activate default EPS bearer context requ
s1-control	S1AP/NAS	126	2016-03-22 08:31:51.722563	id-uplinkNASTransport, Attach complete, Activate default EPS bearer context
s1-control	S1AP/NAS	126	2016-03-22 08:31:50.994504	id-downlinkNASTransport, Authentication request
s1-control	S1AP	94	2016-03-22 08:32:19.603504	id-UEContextReleaseRequest, UEContextReleaseRequest
s1-control	S1AP/NAS	342	2016-03-22 08:31:51.666483	id-InitialContextSetup, InitialContextSetupRequest , Attach accept, Activat
s1-control	S1AP/NAS	170	2016-03-22 08:31:52.029427	id-uplinkNASTransport, PDN connectivity request
s1-control	S1AP	106	2016-03-22 08:31:51.721132	id-InitialContextSetup, InitialContextSetupResponse
s1-control	S1AP/NAS	122	2016-03-22 08:31:52.110302	id-uplinkNASTransport, Activate default EPS bearer context accept
s1-control	S1AP	182	2016-03-22 08:31:51.669120	id-UECapabilityInfoIndicationUECapabilityInformation
s1-control	S1AP/NAS	110	2016-03-22 08:31:51.482843	id-downlinkNASTransport, Security mode command
s1-control	S1AP	106	2016-03-22 08:31:52.109922	id-E-RABSetup, E_RABSetupResponse
s1-control	S1AP/NAS	126	2016-03-22 08:31:51.479498	id-uplinkNASTransport, Authentication response
s1-control	S1AP	86	2016-03-22 08:32:19.612371	id-UEContextRelease, UEContextReleaseComplete
s1-control	S1AP/NAS	162	2016-03-22 08:31:51.598901	id-uplinkNASTransport, ESM information response
diameter	DIAMETER	482	2016-03-22 08:31:50.989556	cmd=3GPP-Authentication-InformationAnswer(318) flags=-P-- appl=3GPP S6a/S6
2051	DIAMETER	518	2016-03-22 08:31:50.838248	cmd=3GPP-Authentication-InformationRequest(318) flags=RP-- appl=3GPP S6a/S6
2051	DIAMETER	514	2016-03-22 08:31:51.525880	cmd=3GPP-NotifyRequest(323) flags=RP-- appl=3GPP S6a/S6d(16777251) h2h=f401
diameter	DIAMETER	338	2016-03-22 08:31:51.595691	cmd=3GPP-NotifyAnswer(323) flags=-P-- appl=3GPP S6a/S6d(16777251) h2h=f401
5014	DIAMETER	610	2016-03-22 08:31:51.632340	cmd=Credit-ControlAnswer(272) flags=-P-- appl=3GPP Gx(16777238) h2h=930055

图 13-108　被叫域选域

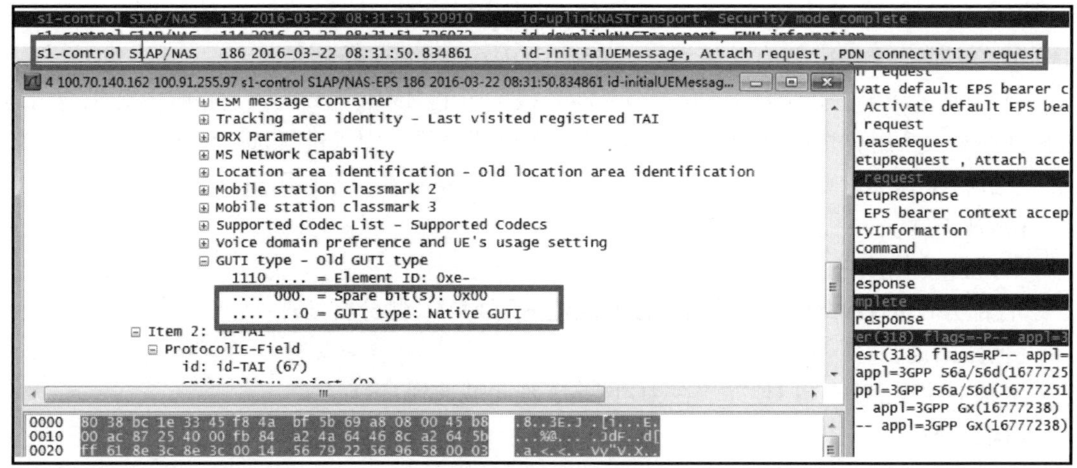

图 13-108　被叫域选域（续）

此问题是由终端上报消息不规范造成的。正常情况下终端在 2G 去附着，4G 重新附着时携带的 GUTI 类型应为 MAP，不应为 NATIVE。这种情况下，4G 附着流程 MME 如果不强制发送 ULR，则 VoLTE 终端在 4G 网络下被叫域选时会选择 CS 域。

【解决方案】：

针对终端某些场景下消息不规范问题，建议通过网络侧适配处理：

1）华为 MME 上有参数控制，通过 SET EMMPROCTRL：PROT = ATTACH，ATTACHFORCE = ULR；命令可以在 4G 附着流程强制发送 ULR，携带单域注册的标识，从而规避此种情况下被叫域选到 CS 域。测试验证开启此功能后，MME 到 HSS 的 S6a 更新位置请求次数增长不超过 6%，影响不大。

2）目前爱立信、诺基亚 MME 上无法通过参数控制强制发送 ULR，同样的终端在不同厂家的 MME 下应该都会出现此类问题，因此建议其余厂家一起彻底解决部分终端不规范导致的域选问题。

注：支持上述功能后，也可以解决频繁更换手机导致的域选失败问题。VoLTE 用户将 VoLTE 手机关机，取出 USIM 卡放到 2G/3G 手机中，开机后，再将 2G/3G 手机关机，取出 USIM 卡放回原 VoLTE 手机开机，此后每次做被叫时都会回落到 2G。

6. 呼转至 VoLTE 号码，某局点出现话单异常

【问题描述】：

在 4G +（即 VoLTE 试商用）初期，某地市分公司账务 BOSS 提供一号码异常话单供分析，由 147 ××××7735 号码产生，如下：

主叫 150 ××××3335 本地 2016/3/24 16:39 82 0.5 0 0 0.5 2 8613748546 0 0 537 537 000000000000000 0 JG35. 20160324. b01197047. dat G 0 普通话单 2016/3/24 16:46

呼转 150 ××××3335 本地 2016/3/24 18:28 102 0. 2 0 0 0. 2 2 8613745132 FFFF FFFF 537 537 F00000000000000 10 D0324531. 225 G 0 普通话单 2016/3/24 19:06

第一条话单产生在 JNIDS4（JNDS12）关口局上，为异常话单。从交换机上查询话单，billtype 为 CFW，话单类型为呼转话单，如图 13-109 所示。但上述 BOSS 话单上却是“主叫

150 ×× × × 3335 本地”，按一般主叫话单进行分拣的。第二条话单产生交换机号码8613745132 为 B 地市 DS19，也是当地关口局，其分拣正常，按话单类型然后按呼转进行正常分拣。

```
文件(F)  编辑(E)  格式(O)  查看(V)  帮助(H)
CDR 1

          bill-sequence-in-msc  =  98610
                 bill-sequence  =  12098610
                  initial-time  =  2016-03-24 16:39:39
                    caller-num  =  14753797735
                    dialed-num  =  15092703335
                 connected-num  =  03512204018
                     module-no  =  22
                      billtype  =  cFW
                          msrn  =  -
                        msisdn  =  14753797735
                   served-imsi  =  460079177199096
                   served-imei  =  -
                it-trunk-group  =  269
                ot-trunk-group  =  14005
             conversation-time  =  82
                         count  =  12051240
                      sequence  =  0
                   record-type  =  single-bill
         cause-for-termination  =  nORMAL-CALL-CLEAR
      cause-for-partial-record  =  normal-call-clear
                 local-msc-num  =  8613748546
                served-msc-num  =  8613748546
                    caller-lac  =  0x00 00
                caller-cell-id  =  0x00 00
                caller-org-lac  =  0x00 00
            caller-org-cell-id  =  0x00 00
                    called-lac  =  0x00 00
                called-cell-id  =  0x00 00
                called-org-lac  =  0x00 00
            called-org-cell-id  =  0x00 00
                call-reference  =  0xF0
             transmission-mode  =  invalid-value
                           tbs  =  telephone-service
         info-trans-capability  =  audio
              tele-bearer-code  =  17
                       gsm-gsvn  =  gSVN-PLMN-DDD
                      ss-code1  =  invalid-value
                      ss-code2  =  invalid-value
                      ss-code3  =  invalid-value
                      ss-code4  =  invalid-value
 initial-served-ms-classmark  =  0x00 00 00
    last-served-ms-classmark  =  0x00 00 00
```

图 13-109　异常话单

【问题分析】：

1）分析故障现象可能原因：

① 交换机设备与 BOSS 近期是否有改造或升级操作。

② 原始话单与 BOSS 计费对接字段出现问题。

③ 用户特殊业务影响计费。

问题分析流程图如图 13-110 所示。

2）具体分析如下。

分析过程：

① 重点分析关口局交换机，本地关口局采用某厂商设备，省公司账务 BOSS 系统也是该厂商。首先确认设备和 BOSS 近期是否存在改造或升级的行为的。经过核实，这段时间无改造或升级等操作。

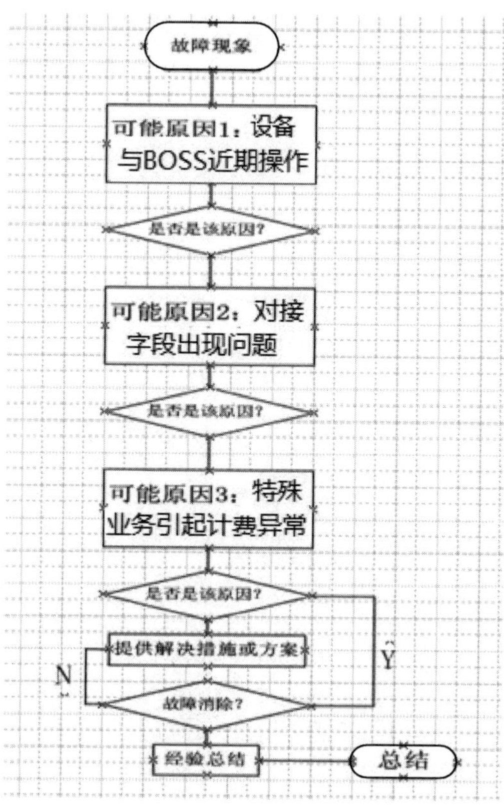

图 13-110　问题分析流程图

② 分析 BOSS 话单，BOSS 提供话单类型判定为呼转或主叫，在原始话单中，对方提供的字段名称为 SS－Code，且呼转话单中 SS CODE 4 个服务代码字段不能全为空，应为［'21'，'29'，'2A'，'2B'］其中之一，为空即按主叫话单分拣。

核对交换机原始话单，4 个 SS－CODE 后的值均为 invalid－value，服务代码全为空，如图 13-111 所示。

```
ss-code1  =  invalid-value
ss-code2  =  invalid-value
ss-code3  =  invalid-value
ss-code4  =  invalid-value
```

图 13-111　SS－CODE 值查询

③ 查询交换机原始话单，分析多个 CFW 话单，发现大部分话单有 SS－CODE，即该部分话单正常（见图 13-112）。仅有少量的话单出现 4 个 SS－CODE 后的值均为 invalid－value 的情况，说明交换机可以进行 SS－CODE 区分。

④ 抽取 147××××7735 单个问题号码进行分析，查看有何种特殊的业务影响。发现智能呼转的呼转原因值由 SCP 下发，如果 SCP 下发一个无效的原因值（如 unknown），则话单无法填写。所以重点跟踪该用户签约的 OCSI、TCSI 和呼转。查询该用户投诉前后的营账操作日志（见图 13-113）：用户 3 月 11 号开户，3 月 14 号开通来电提醒业务，无其他操作。

```
                 dialed-num  =  13853769818
              connected-num  =  13371246990
                  module-no  =  36
                   billtype  =  cFW
                       msrn  =  13440578577
                     msisdn  =  13953734500
                served-imsi  =  460003784638587
                served-imei  =  -
             it-trunk-group  =  258
             ot-trunk-group  =  233
          conversation-time  =  13
                      count  =  12805364
                   sequence  =  0
                record-type  =  single-bill
      cause-for-termination  =  nORMAL-CALL-CLEAR
   cause-for-partial-record  =  normal-call-clear
              local-msc-num  =  8613748546
             served-msc-num  =  8613748546
                 caller-lac  =  0x00 00
             caller-cell-id  =  0x00 00
             caller-org-lac  =  0x00 00
         caller-org-cell-id  =  0x00 00
                 called-lac  =  0x00 00
             called-cell-id  =  0x00 00
             called-org-lac  =  0x00 00
         called-org-cell-id  =  0x00 00
             call-reference  =  0xF0
          transmission-mode  =  invalid-value
                        tbs  =  telephone-service
       info-trans-capability =  speech
           tele-bearer-code  =  17
                   gsm-gsvn  =  gSVN-PLMN-DDD
                   ss-code1  =  cFU
                   ss-code2  =  invalid-value
                   ss-code3  =  invalid-value
                   ss-code4  =  invalid-value
initial-served-ms-classmark  =  0x00 00 00
```

图 13-112　正常话单

服务列表　所有服务　开始时间 2015-12-01 00:00:00　结束时间 20

服务名称	开始时间	结束时间	服务状态	产品名称
来电提醒	2016-04-11 00:00:00		正常	3元来电提醒
来电提醒	2016-03-14 09:49:10	2016-04-11 00:00:00	正常	来电提醒优惠
12550拨打限制	2016-03-11 00:00:00		正常	12550拨打限制
来电显示	2016-03-11 00:00:00		正常	来电显示
国内漫游功能	2016-03-11 00:00:00		正常	国内漫游功能
彩云基础功能	2016-03-11 00:00:00		正常	互联网基础功能
飞信基础功能	2016-03-11 00:00:00		正常	互联网基础功能

图 13-113　用户操作日志查询

⑤ 147 ××××7735 号码未发现问题，进一步分析呼转到的 150 ××××3335 号码，经查其为 VoLTE 用户，如图 13-114 所示。

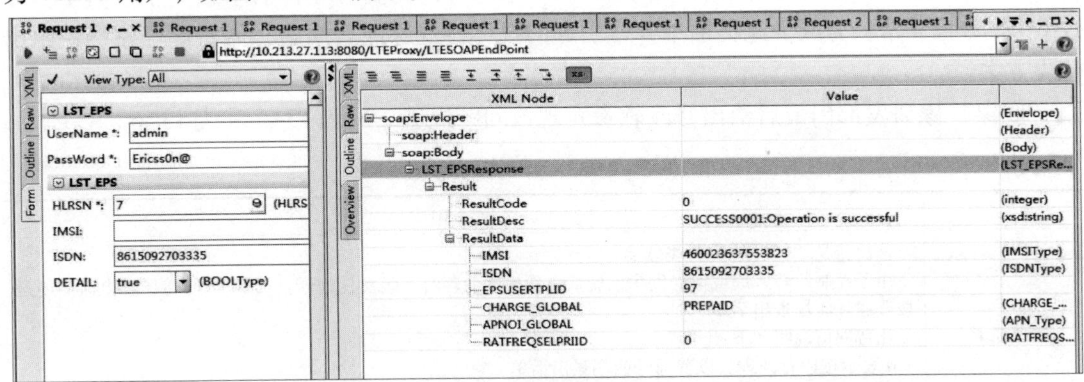

图 13-114　转呼号码分析

假如 A 拨打 B，呼转至 C 号码，当 C 号码为 VoLTE 用户时，需智能改号 1254708，某局点此时交换机对 B 号码原始的无条件转移因 C 号码改号影响，不能正常识别 B 号码的呼转类型，所以原始话单里体现 SS - CODE 为空，导致账务话单分拣出现异常。

⑥ 通过场景模拟，对 C 号码进行 2 G/3 G、VoLTE 用户变换拨打测试，再通过交换机进行话单验证，证实了当 C 号码为 VoLTE 用户时，SS - CODE 后的值均为 invalid - value，呼转话单分拣出现异常。

⑦ 异常话单出现在某关口局交换机上。进一步分析本地端局（即 MSC - SERVER）上话单是否存在分拣异常，联系账务查得端局交换机确定呼转话单的字段为 supplservicesused。

⑧ 登录话单业务台，查询到端局呼转话单中 supplservicesused 字段也有为空的情况，如图 13-115 所示。联系账务确认 supplservicesused 为空的呼转话单，也存在按主叫话单分拣现象，判断端局也存在分拣异常。

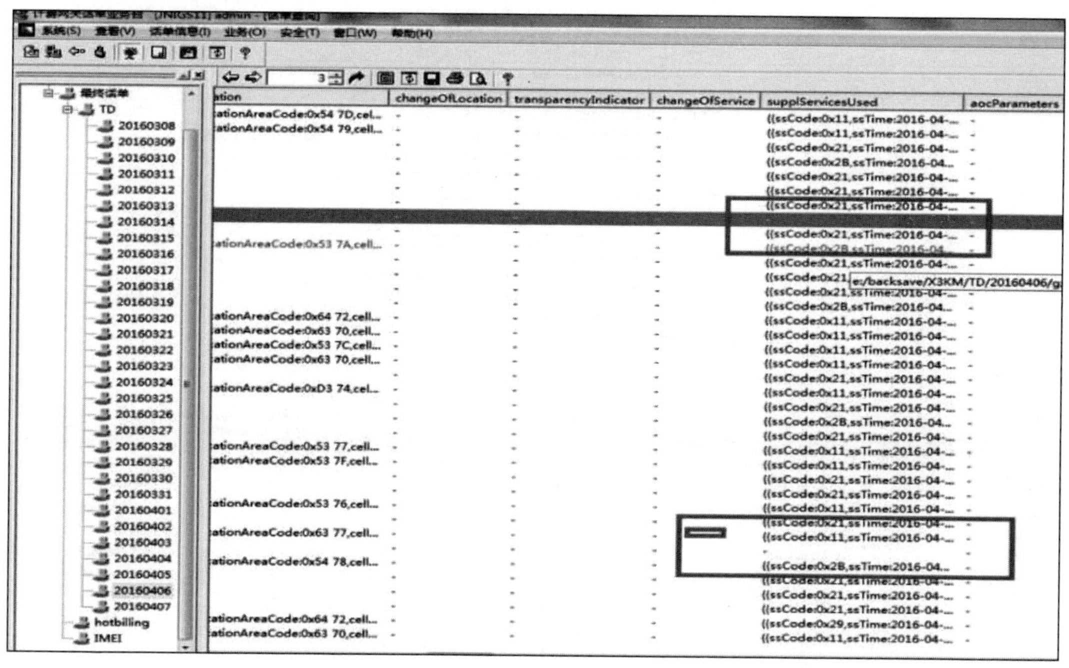

图 13-115　话单业务台端局呼转话单 supplservicesused 字段查询

⑨ 问题原因查明，该局点对呼转至 VoLTE 号码时，交换机呼转话单相应字段为空，导致 BOSS 分拣异常。为减少此类话单异常引起的投诉，规避此类问题，需协调厂家尽快给出解决方案。

⑩ 某厂家研发部门最后给出修改软参实现该问题规避，见表 13-5 和表 13-6。

表 13-5　P938 - 呼叫内部参数 69

比特位	比特 10
含义解释	该比特是“问题解决”类软参 用于控制前转入局或本局发生前转后再发生伪前转时，触发伪前转的 CCB 按前转场景出话单还是按普通呼叫场景出话单 比特取值说明如下： 0 表示按原有处理，以普通呼叫场景出话单 1 表示按前转场景出话单 默认值：1
应用场景	前转入局或本局发生前转后再发生伪前转

表 13-6　P936 - 呼叫内部参数 67

比特位	比特 12
含义解释	该比特是“问题解决”类软参 用于控制前转入局或本局发生前转后再发生智能前转时，智能前转母 CCB 前转原因值不为 unknown，而原始前转原因为 unknown 时，是否将原始前转原因值刷新为前转原因值 比特取值说明如下： 0 表示不刷新 1 表示刷新 默认值：1
应用场景	前转入局或本局发生前转后再发生智能前转
系统影响	无

【解决方案】：

规避措施：

1）省公司批准并下发 EOMS 工单，进行先行软参修改试验。

2）选取晚上低话务时段，对某关口局和端局设备修改软参。

```
MOD MSFP:ID = P938,MODTYPE = P1,BIT = 10,BITVAL = 1;
MOD MSFP:ID = P936,MODTYPE = P1,BIT = 12,BITVAL = 1;
```

软参修改后，再进行呼转至 VoLTE 号码测试，账务进行话单计费验证，反馈为 BOSS 分拣结果已正常。同时，查询某厂商交换机大量原始话单——呼转话单，结果：SS - CODE 全为 invalid - value 的情况消失，端局呼转话单中 supplservicesused 字段为空的情况未再出现，如图 13-116 所示。

3）如图 13-117 所示，省公司下发工单至各地市，进行全省软参修改工单，规避全省再出现呼转 VoLTE，计费话单分拣异常问题。

该案例中，由于 VoLTE 呼叫需要智能改号 1254708，当 A 拨打 B 呼转到 C 用户后，如果 C 用户发生智能 connect 改号（伪前转），由于智能 connect 改号是没有呼转原因的，则某些厂家设备对伪前转的呼转原因填写为 unkown，因此导致 B 用户的呼转话单分拣出现异常。

7. 爱立信 SGW 板卡 crash 严重影响 VoLTE 切换成功率和掉话率

【问题描述】：

Y 地市移动 VoLTE 掉话率和切换成功率偶尔会发生剧烈波动，后台查看全网无 TOP 小区，其他业务的掉线和切换也会同时恶化。选取无大气波导干扰的两天指标对比，4 月 20 日掉话率和切换成功率均恶化明显，见表 13-7。

表 13-7　掉话率与 VoLTE 无线切换成功率统计

统计时间	无线掉话率（QCI = 1）(%)	无线掉话率（QCI = 2）(%)	VoLTE 无线切换成功率（%）
2016 - 04 - 18	0.12	0	99.95
2016 - 04 - 20	0.18	0.22	99.88

【问题分析】：

对 4 月 20 日 VoLTE 指标进行分析和排查。

1）VoLTE 指标无明显变化，如图 13-118 与图 13-119 所示。

2）排查操作日志，无大批量操作。

3）排查告警日志，用户面链路告警比平时增多，且主要集中在两个用户面地址上，如图 13-117 所示。

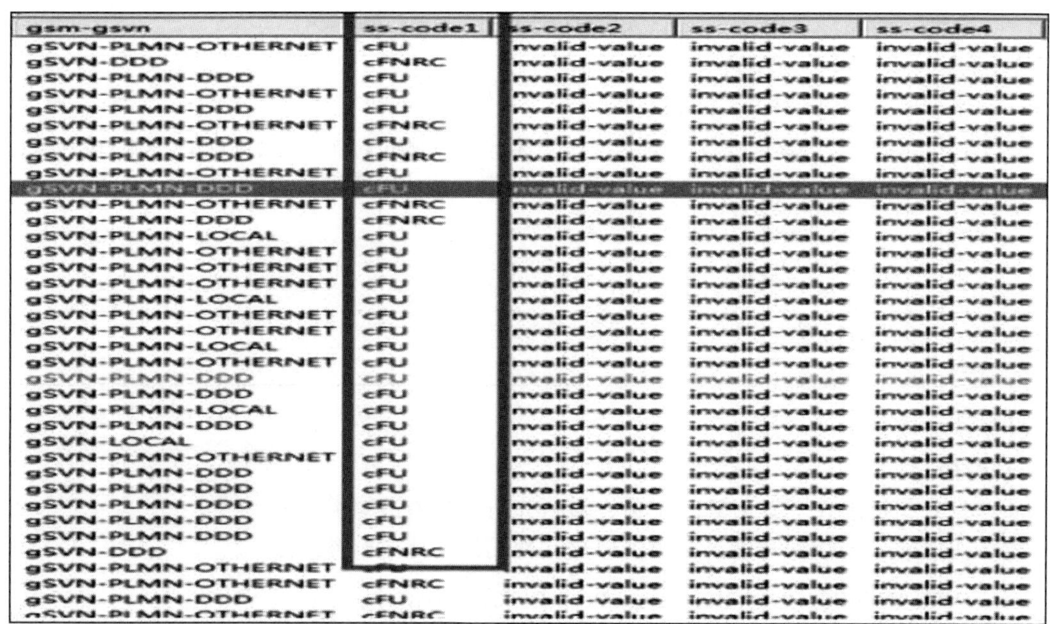

gsm-gsvn	ss-code1	ss-code2	ss-code3	ss-code4
gSVN-PLMN-OTHERNET	cFU	nvalid-value	invalid-value	invalid-value
gSVN-DDD	cFNRC	nvalid-value	invalid-value	invalid-value
gSVN-PLMN-DDD	cFU	nvalid-value	invalid-value	invalid-value
gSVN-PLMN-OTHERNET	cFU	nvalid-value	invalid-value	invalid-value
gSVN-PLMN-DDD	cFU	nvalid-value	invalid-value	invalid-value
gSVN-PLMN-OTHERNET	cFNRC	nvalid-value	invalid-value	invalid-value
gSVN-PLMN-DDD	cFU	nvalid-value	invalid-value	invalid-value
gSVN-PLMN-DDD	cFNRC	nvalid-value	invalid-value	invalid-value
gSVN-PLMN-OTHERNET	cFU	nvalid-value	invalid-value	invalid-value
gSVN-PLMN-DDD	cFU	nvalid-value	invalid-value	invalid-value
gSVN-PLMN-OTHERNET	cFNRC	nvalid-value	invalid-value	invalid-value
gSVN-PLMN-DDD	cFNRC	nvalid-value	invalid-value	invalid-value
gSVN-PLMN-LOCAL	cFU	nvalid-value	invalid-value	invalid-value
gSVN-PLMN-OTHERNET	cFU	nvalid-value	invalid-value	invalid-value
gSVN-PLMN-OTHERNET	cFU	nvalid-value	invalid-value	invalid-value
gSVN-PLMN-OTHERNET	cFU	nvalid-value	invalid-value	invalid-value
gSVN-PLMN-LOCAL	cFU	nvalid-value	invalid-value	invalid-value
gSVN-PLMN-OTHERNET	cFU	nvalid-value	invalid-value	invalid-value
gSVN-PLMN-OTHERNET	cFU	nvalid-value	invalid-value	invalid-value
gSVN-PLMN-LOCAL	cFU	nvalid-value	invalid-value	invalid-value
gSVN-PLMN-OTHERNET	cFU	nvalid-value	invalid-value	invalid-value
gSVN-PLMN-DDD	cFU	nvalid-value	invalid-value	invalid-value
gSVN-PLMN-DDD	cFU	nvalid-value	invalid-value	invalid-value
gSVN-PLMN-LOCAL	cFU	nvalid-value	invalid-value	invalid-value
gSVN-PLMN-DDD	cFU	nvalid-value	invalid-value	invalid-value
gSVN-LOCAL	cFU	nvalid-value	invalid-value	invalid-value
gSVN-PLMN-OTHERNET	cFU	nvalid-value	invalid-value	invalid-value
gSVN-PLMN-DDD	cFU	nvalid-value	invalid-value	invalid-value
gSVN-PLMN-DDD	cFU	nvalid-value	invalid-value	invalid-value
gSVN-PLMN-DDD	cFU	nvalid-value	invalid-value	invalid-value
gSVN-PLMN-DDD	cFU	nvalid-value	invalid-value	invalid-value
gSVN-PLMN-DDD	cFU	nvalid-value	invalid-value	invalid-value
gSVN-DDD	cFNRC	nvalid-value	invalid-value	invalid-value
gSVN-PLMN-OTHERNET	[illegible]	nvalid-value	invalid-value	invalid-value
gSVN-PLMN-OTHERNET	cFNRC	invalid-value	invalid-value	invalid-value
gSVN-PLMN-DDD	cFU	invalid-value	invalid-value	invalid-value
gSVN-PLMN-OTHERNET	cFNRC	invalid-value	invalid-value	invalid-value

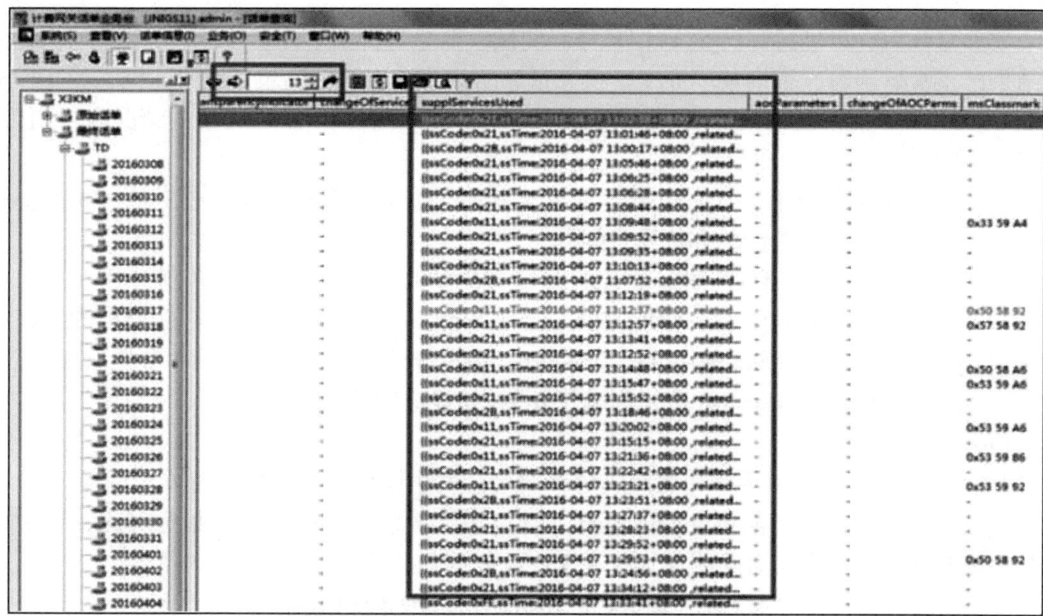

图 13-116　修改参数后 supplservicesused 空字段查询

当前位置：已办任务

搜索　刷新

所有已办任务

	任务名	工单编号	模板名	发起人	办理时间	办理人
□	关于进行华为关口局、端局呼转话单软参修改的通知	SD-098-160407-46508-411	通用任务工单	耿廷林	2016-04-14 23:52:30	刘广丁
□	关于进行华为关口局、端局呼转话单软参修改试点的通知	SD-098-160331-48315-107	通用任务工单	耿廷林	2016-04-11 11:23:13	刘广丁

图 13-117　下发工单截图

4）从掉线的原因来看，主要是切换失败导致的掉线，如图 13-120 所示。

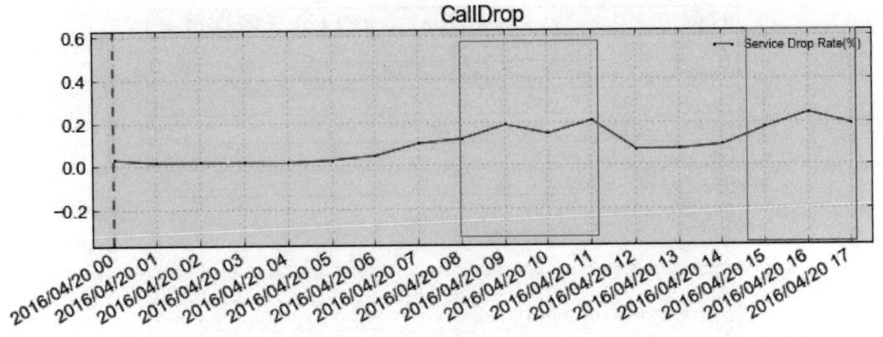

图 13-118　掉话率折线图

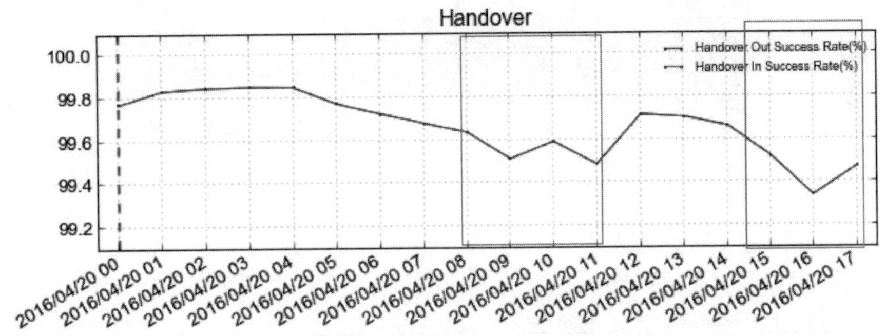

图 13-119　切换成功率折线图

Start Time	Object	切换失败次数	执行失败	pathswitch失败	L.UECNTX.Rel.eNodeB.HOFailure
2016/4/20 0:00	TOTAL	9835	6887	1031	1161
2016/4/20 1:00	TOTAL	5195	4071	193	435
2016/4/20 2:00	TOTAL	3725	3329	124	364
2016/4/20 3:00	TOTAL	3197	2899	182	347
2016/4/20 4:00	TOTAL	3181	2988	114	308
2016/4/20 5:00	TOTAL	7090	6459	244	709
2016/4/20 6:00	TOTAL	[illegible]	[illegible]	333	[illegible]
2016/4/20 7:00	TOTAL	40787	37845	8792	9719
2016/4/20 8:00	TOTAL	61278	45926	13918	14170
2016/4/20 9:00	TOTAL	130965	61881	30376	30133
2016/4/20 10:00	TOTAL	158045	50384	20104	20018
2016/4/20 11:00	TOTAL	70261	66645	38370	37275
2016/4/20 12:00	TOTAL	35677	32122	3217	4591
2016/4/20 13:00	TOTAL	35850	33664	4061	5327
2016/4/20 14:00	TOTAL	41758	39778	7784	8703
2016/4/20 15:00	TOTAL	61229	60534	28221	27681
2016/4/20 16:00	TOTAL	85524	84936	49093	45414
2016/4/20 17:00	TOTAL	77030	75913	31524	33911

图 13-120　切换失败次数统计

通过话统分析发现有大量的 path switch 失败，该失败将会导致切换和掉线计数器均 +1，如图 13-121 所示。

时间	path switch失败次数
04/20/2016 00:00:00	499
04/20/2016 01:00:00	116
04/20/2016 02:00:00	74
04/20/2016 03:00:00	145
04/20/2016 04:00:00	77
04/20/2016 05:00:00	135
04/20/2016 06:00:00	496
04/20/2016 07:00:00	6006
04/20/2016 08:00:00	8921
04/20/2016 09:00:00	20790
04/20/2016 10:00:00	12503
04/20/2016 11:00:00	23530
04/20/2016 12:00:00	1979
04/20/2016 13:00:00	2504
04/20/2016 14:00:00	4548
04/20/2016 15:00:00	18217
04/20/2016 16:00:00	29809
04/20/2016 17:00:00	19737
总计	150086

图 13-121　path switch 失败统计

话统说明如图 13-122 所示。

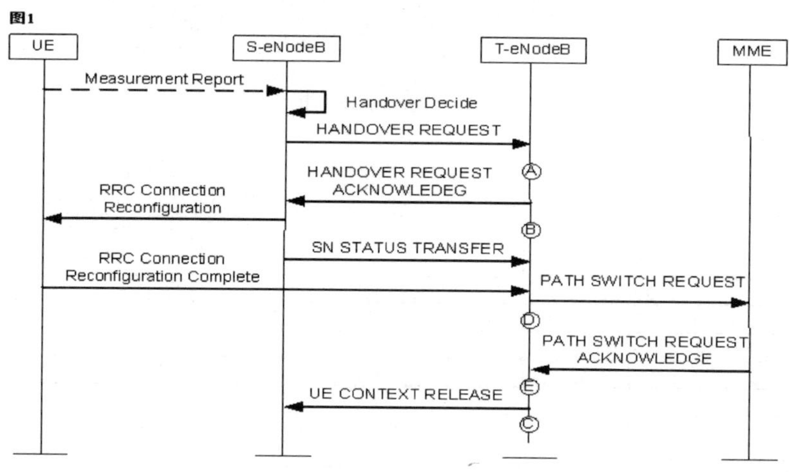

图 13-122　话统说明

5）核心网问题导致 path switch 失败，切换和掉线均恶化，需要核心网联合分析。核心网分时间段分析了 QDAMME01 的 ebm，针对 l_handover 事件中的 reject 进行分析如下：

① 时间点：12 时，path switch 失败原因，见表 13-8 与表 13-9。

表 13-8　失败原因占比情况

失败原因码	失 败 次 数
#0（unspecified – radio network layer cause）	26
#516（unspecified failure – miscellaneous cause）	51
合计	77

表 13-9 #501 失败原因分布情况

失败原因码	失败次数
#501（modify bearer request or create session request towards sgw unsuccessful）	51
合计	51

② 时间点：15:00，path switch 失败原因见表 13-10 与表 13-11。

表 13-10 失败原因占比情况

失败原因码	失败次数
#0（unspecified – radio network layer cause）	70
#516（unspecified failure – miscellaneous cause）	197
合计	267

表 13-11 #501 失败原因分布情况

失败原因码	失败次数
679	1
#501（modify bearer request or create session request towards sgw unsuccessful）	197
合计	198

③ 时间点：16:45 分，path switch 失败原因见表 13-12 与表 13-13。

表 13-12 失败原因占比情况

失败原因码	失败次数
#0（unspecified – radio network layer cause）	91
#516（unspecified failure – miscellaneous cause）	233
合计	324

表 13-13 #501 失败原因分布情况

失败原因码	失败次数
#500（no default bearer matched between target enb and mme）	1
#501（modify bearer request or create session request towards sgw unsuccessful）	232
合计	233

④ 时间点：17:30 分，path switch 失败原因见表 13-14 与表 13-15。

表 13-14 失败原因占比情况

失败原因码	失败次数
#0（unspecified – radio network layer cause）	194
#516（unspecified failure – miscellaneous cause）	1482
合计	1676

表 13-15　#501 失败原因分布情况

失败原因码	失败次数
#501（modify bearer request or create session request towards sgw unsuccessful）	1482
合计	1482

ALEX 中对#501 失败原因码进行了详细的描述，见表 13-6。

表 13-16　ALEX 中对 SCC#501 的描述

501	MODIFY_BEARER_REQUEST_OR_CREATE_SESSION_REQUEST_TOWARDS_SGW _UNSUCCESSFUL	The Modify Bearer or Create Session procedure toward the SGW failed	Troubleshoot the SGW and the PGW. Use ITC to capture the GTP－C traffic toward the SGW，and analyze the captured traffic.

【解决方案】：

板卡故障需通过版本升级解决，目前青岛正在分批次升级。

8. 诺基亚 MME 处理 VoLTE 业务中的 S1 切换异常问题

【问题描述】：

测试中发现爱立信 eNB、诺基亚 MME 组合时，在特定区域，VoLTE 业务中的 S1 切换失败频发。

【问题分析】：

1）在 eNB 侧跟踪发现 VoLTE 通话建立后，eNB 发起了 S1 切换请求，MME 无回应，超时后，eNB 取消切换。

2）通过信令监测，还原切换流程的 S1 接口消息，发现源 eNB 发起切换请求后，MME 向目标 eNB 转发切换请求，目标 eNB 回 ACK 后，MME 未进一步处理，造成源 eNB 等待超时。

3）对比切换成功的消息，发现区别在于源 eNB 发起的切换请求中，3 个承载携带的 dL－Forwarding参数不同：在成功消息中，3 个承载都携带了 dL－Forwarding；在失败消息中，e－RAB 5/6 两个承载没有携带 dL－Forwarding，而 e－RAB 7 携带了 dL－Forwarding。目标 eNB 根据该参数指示，对于 e－RAB 5/6 没有分配 dL－GTP－TEID，对于 e－RAB7 分配了 dL－GTP－TEID。MME 收到该消息后，判断无法处理该场景，未进一步处理。

4）成功信令如图 13-123 所示。源 eNB 发起 S1 切换，携带了 id－Direct－Forwarding－Path－Availability，每个承载都携带了 dL－Forwarding，MME 处理正常，切换成功。

5）对比失败场景：eNB 发起 S1 切换请求，在承载信息中，e－RAB5/6 没有携带 dL－Forwarding、e－RAB7 携带了 dL－Forwarding，如图 13-124 所示。

对于此种场景，MME 不支持，造成对源 eNB 无响应，切换超时失败。

【解决方案】：

MME 针对此场景处理机制不规范，建议诺基亚 MME 完善处理机制：能够支持 S1 切换中存在多个 e－RAB，并且只有部分 e－RAB 携带 dL－Forwarding 的场景。

9. Z 地市 VoLTE 用户漫游 Q 地市无法使用 4 G 网络的问题分析

【问题描述】：

3 月 25 日 Z 地市 VoLTE 用户 188 ××××0097 漫游到 Q 地市，反映手机一直在 2 G/3 G 网络，无法使用 4 G 网络，手机未进行任何操作。此前，用户在 Z 地市正常登录 4 G 并正常使

```
▷ Item 5: id-Direct-Forwarding-Path-Availability
◢ Item 6: id-Source-ToTarget-TransparentContainer
  ◢ ProtocolIE-Field
      id: id-Source-ToTarget-TransparentContainer (104)
      criticality: reject (0)
    ◢ value
      ◢ Source-ToTarget-TransparentContainer: 4081a60b208085c9980839d2a6500e1f8bfc3f17f87e2ff0...
        ◢ SourceeNB-ToTargeteNB-TransparentContainer
          ▷ rRC-Container: 0b208085c9980839d2a6500e1f8bfc3f17f87e2ff0fc5fdf...
          ◢ e-RABInformationList: 3 items
            ◢ Item 0: id-E-RABInformationListItem
              ◢ ProtocolIE-SingleContainer
                  id: id-E-RABInformationListItem (78)
                  criticality: ignore (1)
                ◢ value
                  ◢ E-RABInformationListItem
                      e-RAB-ID: 5
                      dL-Forwarding: dL-Forwarding-proposed (0)
            ◢ Item 1: id-E-RABInformationListItem
              ◢ ProtocolIE-SingleContainer
                  id: id-E-RABInformationListItem (78)
                  criticality: ignore (1)
                ◢ value
                  ◢ E-RABInformationListItem
                      e-RAB-ID: 6
                      dL-Forwarding: dL-Forwarding-proposed (0)
            ◢ Item 2: id-E-RABInformationListItem
              ◢ ProtocolIE-SingleContainer
                  id: id-E-RABInformationListItem (78)
                  criticality: ignore (1)
                ◢ value
                  ◢ E-RABInformationListItem
                      e-RAB-ID: 7
                      dL-Forwarding: dL-Forwarding-proposed (0)
```

图 13-123　成功信令

用 VoLTE 通话。

【问题分析】：

1）首先联系用户开关机重新注册，发现未注册成功，用户使用 MATE8 B168 终端，换手机也不能注册 4 G，周边用户正常。因用户之前在 Z 地市正常，Z 地市所在片区位于 H 厂商 MME，而 Q 地市属于爱立信，因此重点分析 Q 地市 MME 侧问题及 Z 地市用户归属 HSS（爱立信）问题。

2）Q 地市 MME 侧跟踪用户信令分析如下：

```
====== EVENT ======
l_header:
    header:
        event_id = l_attach
```

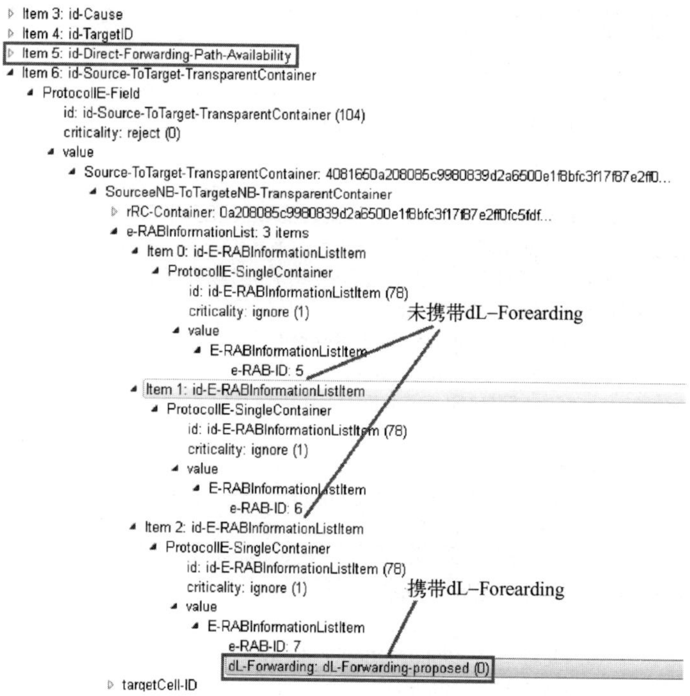

```
▷ Item 3: id-Cause
▷ Item 4: id-TargetID
▷ Item 5: id-Direct-Forwarding-Path-Availability
◢ Item 6: id-Source-ToTarget-TransparentContainer
  ◢ ProtocolIE-Field
      id: id-Source-ToTarget-TransparentContainer (104)
      criticality: reject (0)
    ◢ value
      ◢ Source-ToTarget-TransparentContainer: 4081650a208085c9980839d2a6500e1f8bfc3f17f87e2ff0...
        ◢ SourceeNB-ToTargeteNB-TransparentContainer
          ▷ rRC-Container: 0a208085c9980839d2a6500e1f8bfc3f17f87e2ff0fc5fdf...
          ◢ e-RABInformationList: 3 items
            ◢ Item 0: id-E-RABInformationListItem
              ◢ ProtocolIE-SingleContainer
                  id: id-E-RABInformationListItem (78)
                  criticality: ignore (1)
                ◢ value
                  ◢ E-RABInformationListItem
                      e-RAB-ID: 5
            ◢ Item 1: id-E-RABInformationListItem
              ◢ ProtocolIE-SingleContainer
                  id: id-E-RABInformationListItem (78)
                  criticality: ignore (1)
                ◢ value
                  ◢ E-RABInformationListItem
                      e-RAB-ID: 6
            ◢ Item 2: id-E-RABInformationListItem
              ◢ ProtocolIE-SingleContainer
                  id: id-E-RABInformationListItem (78)
                  criticality: ignore (1)
                ◢ value
                  ◢ E-RABInformationListItem
                      e-RAB-ID: 7
                      dL-Forwarding: dL-Forwarding-proposed (0)
          ▷ targetCell-ID
```

未携带dL–Forearding

携带dL–Forearding

图 13–124　失败信令

event_result = reject

time_hour = 17

time_minute = 36

time_second = 58

time_millisecond = 539

duration = 554

attach_type = combined_eps_imsi_attach

l_cause_prot_type = nas

cause_code = #17(network failure)

sub_cause_code = #842(reject due to decoding fail for update location)

tai:

mcc = 460

mnc = 00

tac = 21516

eci = 90365709

mmei:

mmegi = 770

mmec = 42

ueid:

imsi = 460078161468649

imeisv = 8684040265873268

apn =

```
s_gw:
      ipv4 = undefined
      ipv6 = undefined
pdn_info:
      default_bearer_id = 0
      paa:
            ipv4 = undefined
            ipv6 = undefined
      p_gw:
            ipv4 = undefined
            ipv6 = undefined
request_retries = 0
sms_only = undefined
msisdn = undefined
msc:
      ipv4 = undefined
      ipv6 = undefined
target_lai:
      mcc = undefined
      mnc = undefined
      lac = undefined
periodic_tau_timer = undefined
originating_cause_prot_type = diameter_result
originating_cause_code = 2001
cause_code = undefined
ue_requested_apn = undefined
csg_id = undefined
pdn_info2:
      bearer_id = undefined
      sx_failure_reason = undefined
      sx_event_triggers:
            sx_event_trigger = undefined
            sx_event_trigger = undefined
            sx_event_trigger = undefined
            sx_event_trigger = undefined
            sx_event_trigger = undefined
            sx_event_trigger = undefined
            sx_event_trigger = undefined
      sx_event_report_mode = undefined
      sapc_number = undefined
      pgw_from_sapc = undefined
```

3）J 地市爱立信 HSS 分析（投诉用户归属 HSS），查询 HSS 侧用户数据，发现在 3 月

16 日为用户修改载波聚合速率限制时，将 RATFREQSELPRIID 字段设置为 0，而爱立信 MME 认为 RATFREQSELPRIID 设置为 0 是非法值，图 13-125 所示。

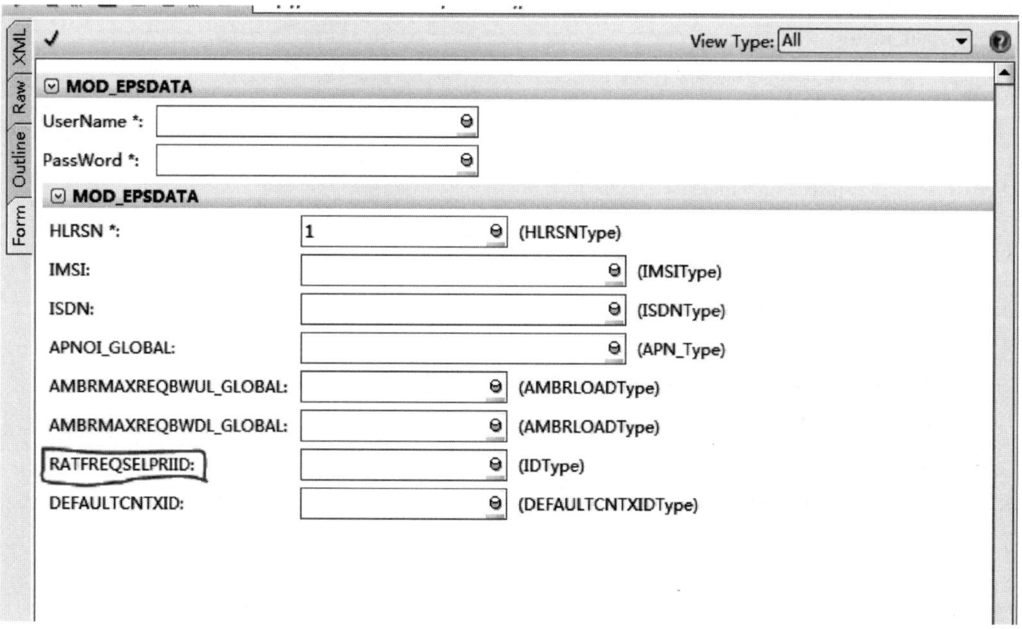

图 13-125　HSS 侧用户数据查询

4）3GPP 对 RAT – Frequency – Selection – Priority – ID 参数的解释：

46. 22　RFSP

The RFSP parameter is used to define camping priorities in idle mode and to control inter – RAT and inter – frequency handover in active mode.

A value change of this parameter takes effect in the following cases：

at the next UE transition from idle to connected mode

in Downlink NAS Transport（carrying TAU Accept）during an idle mode TAU procedure（no active flag set by UE）.

Valid for　GSM，WCDMA，and LTE

Data type　Integer

Value range　1 – 256

Default value　No default value

Activation　Run – time. After activation of the planned area.

Related commands　＊_imsins

为了支持 E – UTRAN 中的无线资源管理功能，MME 通过 S1 接口，将“RAT 或频率选择优先级”（RFSP 索引）参数传递给 eNodeB。eNodeB 会将 RFSP 索引映射为本地的配置，以用于特定的 RRM 策略。每个 UE 都有特定的 RFSP 索引，该 RFSP 索引用于 UE 的所有无线承载。可以由 RFSP 导出每个 UE 的小区重选优先级，用于控制空闲状态的 UE 在小区的驻留；也可以由 RFSP 导出一些判决条件，把 UE 引导到其他频点或 RAT。MME 是从 HSS 得到 RFSP 索引的。

通过 LST_EPS 查一般用户的这个字段也是 0，如下：

< ResultData >
< IMSI >460023664364507 < /IMSI >
< ISDN >8615063521414 < /ISDN >
< EPSUSERTPLID >97 < /EPSUSERTPLID >
< EPSROAMINGALLOWED >false < /EPSROAMINGALLOWED >
< CHARGE_GLOBAL >NONE < /CHARGE_GLOBAL >
< APNOI_GLOBAL/ >
< RATFREQSELPRIID >0 < /RATFREQSELPRIID >
< /ResultData >

如果没有通过 individual 的方式设置，则显示是 0，对于爱立信 MME 实际并不生效，对用户是没有影响的。而通过 mod_eps 设置为 0 就生效了，在爱立信 MME 侧就会存在问题。

用户在华为 MME 下能够正常登记 4 G，与华为 MME 对该字段 RATFREQSELPRIID 为 0 的处理方式有关，华为 MME 并没有将 0 过滤出来，设为非法值，经过验证诺西 MME 也对该参数设置为 0 没有过滤，这也是用户在华为、诺西等 MME 能够正常登录 4 G 的原因。

【解决方案】：

GPP 对 RFSP 设置值为 1 ~256，没有默认值，也没有规定设置为 0 时 MME 应该如何处理，因此三家设备的处理策略与厂家理解的 3GPP 有关。

对于 4 G + 用户，不仅需要开通 VoLTE，还有开通载波聚合速率的需求，在开启速率限制前，工作人员一般要 LST EPS，将用户的数据保存下来，而 LST 用户后的数据，该参数都显示为 0，难免会在重新设置速率时将该字段设置为 0。总结此案例，告知在爱立信 MME 覆盖的区域需要避免此操作。

由于设备厂家众多，因此对此类问题最好提前协商一致，更便于发现问题，提升用户感知。

13.4 第四招 厚积薄发——IMS 侧优化思路及典型案例

1. CS 用户呼叫 VoLTE 用户无应答前转接通后无声问题分析

【问题描述】：

2 G/3 G 用户 A 呼叫 VoLTE 用户 B，B 归属中兴 VoLTE 核心网，用户 B 无应答（或遇忙或不可及）前转到 CS 用户 C，C 接通后，A 上还是显示拨号中，能听到 C 用户声音，但 C 用户听不到 A 用户声音，单通。

【问题分析】：

进行测试，并抓取 CSCF、AS、MGCF 涉及网元及手机 Log 进行信令分析，CS 用户 A：159 ××××2423，VoLTE 用户 B：159 ××××1734，CS 用户 C：151 ××××2773。

上述场景下呼叫流程经过网元：用户 A 所在端局触发 B 用户的被叫锚定流程前插 1254708 通过关口局送给 MGCF，MGCF 送给 I – CSCF，I – CSCF 找到 B 用户所在 S – CSCF，S – CSCF 触发 B 用户的业务送给 AS，呼叫 B，B 振铃后不接，无应答前转到 C，由于 C 号码为 CS 域用户，因此 S – CSCF 会将呼叫送给 MGCF 出局到关口局。

1）根据上述现象，说明呼转成功，C 号码已经振铃，依次查看各网元信令，发现在 CSCF 发送呼转号码 C 的 Invite 后，一直没有收到 C 号码的 180 振铃及 Invite 的 200 OK 消息，如图 13-126 所示。

序号	时间	类型	源	目标	消息	消息摘要
104	2016-03-30 17:26:28.291	SIP	10.187.89.130:5154	10.187.89.131:5060	INVITE	INVITE tel:+8615153152773 SIP/2.0
105	2016-03-30 17:26:28.291	SIP	10.187.89.130:5154	10.187.89.131:5060	INVITE	INVITE tel:+8615153152773 SIP/2.0
106	2016-03-30 17:26:28.299	SIP	10.187.89.131:5112	10.187.89.12:5060	INVITE	INVITE tel:+8615153152773 SIP/2.0
107	2016-03-30 17:26:28.391	SIP	10.187.89.130:5150	10.187.89.132:5148	100(INVITE)	SIP/2.0 100 Trying
108	2016-03-30 17:26:28.431	SIP	10.187.89.132:5148	10.187.89.130:5154	100(INVITE)	SIP/2.0 100 Trying
109	2016-03-30 17:26:28.431	SIP	10.187.89.130:5147	10.187.89.132:5148	100(INVITE)	SIP/2.0 100 Trying
110	2016-03-30 17:26:28.461	SIP	10.187.89.132:5148	10.187.89.130:5147	100(INVITE)	SIP/2.0 100 Trying
111	2016-03-30 17:26:28.461	SIP	10.187.89.130:5154	10.187.89.132:5148	100(INVITE)	SIP/2.0 100 Trying
112	2016-03-30 17:26:28.499	SIP	10.187.89.131:5108	10.187.89.130:5154	100(INVITE)	SIP/2.0 100 Trying
113	2016-03-30 17:26:28.491	SIP	10.187.89.131:5108	10.187.89.130:5154	100(INVITE)	SIP/2.0 100 Trying
114	2016-03-30 17:26:28.509	SIP	10.187.89.12:5060	10.187.89.131:5112	100(INVITE)	SIP/2.0 100 Trying
115	2016-03-30 17:26:29.491	SIP	10.187.89.142:5060	10.187.89.130:5148	487(INVITE)	SIP/2.0 487 Request Terminated
116	2016-03-30 17:26:29.491	SIP	10.187.89.130:5148	10.187.89.142:5060	ACK	ACK sip:460029632915501@[2409:8807:a0...
117	2016-03-30 17:26:29.491	SIP	10.187.89.130:5147	10.187.89.132:5148	487(INVITE)	SIP/2.0 487 Request Terminated
118	2016-03-30 17:26:29.501	SIP	10.187.89.132:5148	10.187.89.130:5151	ACK	ACK tel:+8615908941734 SIP/2.0
119	2016-03-30 17:26:31.759	SIP	10.187.89.12:5060	10.187.89.131:5112	183(INVITE)	SIP/2.0 183 Session Progress

图 13-126　网元信令流程

2）根据这个线索，继续查看 MGCF 的信令，发现确实如此，收到 C 号码过来的 ACM 和 ANM 后，没有向 CSCF 转发 180 振铃及 Invite 的 200 OK 消息，如图 13-127 所示。

序号	时间	实体类型	事件	方向	局向ID	IMSI
52	2016-03-30 17:26:31.800	SIP	200	发送	39(QDAMGCF3BZX_QDASCSCF4BZX)	
53	2016-03-30 17:26:31.800	H248	EVT_H248S_MODIFY_REQ	发送	191(QDAMGCF3BZX_QDAIMGW2BZX_...	
54	2016-03-30 17:26:31.800	SIP	UPDATE	发送	39(QDAMGCF3BZX_QDASCSCF4BZX)	
55	2016-03-30 17:26:31.830	SIP	491	接收	39(QDAMGCF3BZX_QDASCSCF4BZX)	
56	2016-03-30 17:26:31.870	SIP	PRACK	接收	39(QDAMGCF3BZX_QDASCSCF4BZX)	
57	2016-03-30 17:26:31.870	SIP	200	发送	39(QDAMGCF3BZX_QDASCSCF4BZX)	
58	2016-03-30 17:26:31.870	H248	EVT_H248S_MOD_RPL	接收	191(QDAMGCF3BZX_QDAIMGW2BZX_...	
59	2016-03-30 17:26:32.310	H248	EVT_H248S_NOTIFY_REQ	接收	101(QDAMGCF3BZX_QDAIMGW3BZX_...	
60	2016-03-30 17:26:32.310	H248	EVT_H248S_NOTIFY_RPL	发送	101(QDAMGCF3BZX_QDAIMGW3BZX_...	
61	2016-03-30 17:26:32.680	BICC	ACM	接收	121(QDADS2)	
62	2016-03-30 17:26:41.900	BICC	ANM	接收	121(QDADS2)	
63	2016-03-30 17:27:00.880	BICC	REL	接收	121(QDADS2)	
64	2016-03-30 17:27:00.880	H248	EVT_H248S_MODIFY_REQ	发送	101(QDAMGCF3BZX_QDAIMGW3BZX_...	
65	2016-03-30 17:27:00.890	SIP	480	发送	49(QDAMGCF3BZX_QDABGCF4BZX)	
66	2016-03-30 17:27:00.880	H248	EVT_H248S_SUBTRACT_REQ	发送	101(QDAMGCF3BZX_QDAIMGW3BZX_...	
67	2016-03-30 17:27:00.910	SIP	ACK	接收	49(QDAMGCF3BZX_QDABGCF4BZX)	
68	2016-03-30 17:27:00.960	H248	EVT_H248S_SUB_RPL	接收	101(QDAMGCF3BZX_QDAIMGW3BZX	

图 13-127　MGCF 信令查看 1

3）定位问题出在 MGCF 上，继续向上分析，发现 MGCF 收到 UPDATE（51 行）后同一时间发送了 200 OK（UPDATE）及新的 UPDATE（54 行），但没有收到 UPDATE（54 行）对应的 200 OK，如图 13-128 所示。

4）根据 MGCF 发送的 UPDATE（54 行），顺序查找各网元信令，找到 AS 收到（68 行）UPDATE，但没有发出 200 OK，如图 13-129 所示。

5）问题转向 AS 分析，经分析，发现是 AS 发送 UPDATE（67 行）后同一时间收到 200 OK 及 UPDATE，信令跟踪显示，收到 UPDATE 在前，200 OK 在后，顺序反了。再结合 MGCF 上的顺序，发现 MGCF 的顺序是正确的。

6）原因分析：MGCF 发送顺序正确，而 AS 上顺序不对，应该是网络时延或抖动造成的。

7）解决方案：MGCF 上修改到 CSCF 局向的参数（延迟发送 SIP 证实消息定时器时长），如图 13-130 所示。目的是在收到 UPDATE，发送 200 OK 后，延迟 50 ms 再发送新的 UPDATE。以避免网络延迟造成的乱序。

修改参数后，重新测试验证，问题解决，如图 13-131 所示。

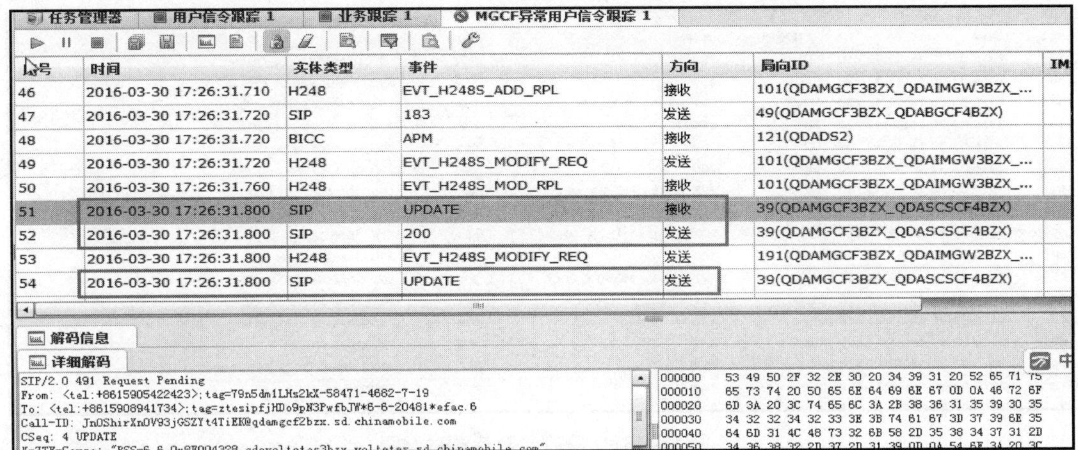

图 13-128　MGCF 信令查看 2

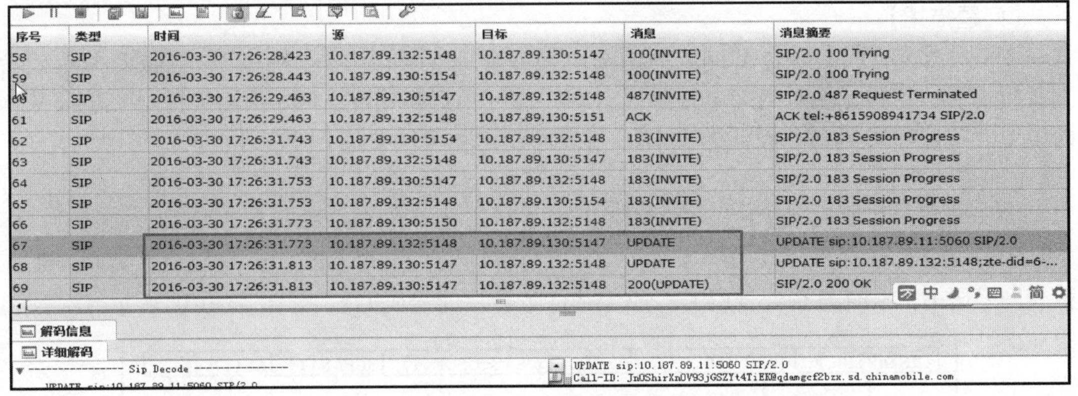

图 13-129　网元信令查看

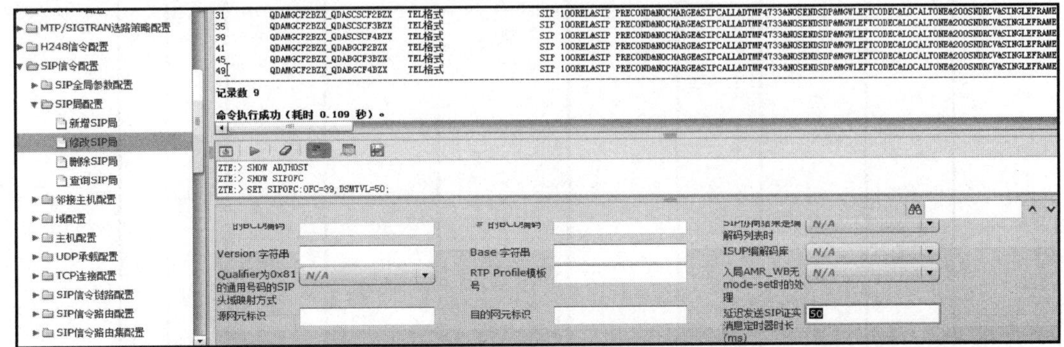

图 13-130　修改到 CSCF 局向的参数

【解决方案】：

1）涉及参数：CSCF 局向上的延迟发送 SIP 证实消息定时器时长，该参数在集团参数规范里没有涉及。

2）中兴 MGCF 修改局向参数为 50 ms，适配上述呼叫模型下网络时延带来的问题，就可以满足网络时延造成的影响。

序号	时间	实体类型	事件	方向	局向ID	IMSI	MSISDN
55	2016-03-30 18:05:42.210	SIP	PRACK	接收	39(QDAMGCF3BZX_QDA...		
56	2016-03-30 18:05:42.220	SIP	200	发送	39(QDAMGCF3BZX_QDA...		
57	2016-03-30 18:05:42.230	H248	EVT_H248S_MOD_RPL	接收	101(QDAMGCF3BZX_QD...		
58	2016-03-30 18:05:42.250	SIP	UPDATE	接收	39(QDAMGCF3BZX_QDA...		
59	2016-03-30 18:05:42.260	SIP	200	发送	39(QDAMGCF3BZX_QDA...		
60	2016-03-30 18:05:42.330	SIP	200	接收	39(QDAMGCF3BZX_QDA...		
61	2016-03-30 18:05:42.710	H248	EVT_H248S_NOTIFY_REQ	接收	191(QDAMGCF3BZX_QD...		
62	2016-03-30 18:05:42.710	H248	EVT_H248S_NOTIFY_RPL	发送	191(QDAMGCF3BZX_QD...		
63	2016-03-30 18:05:43.330	BICC	ACM	接收	131(QDADS3)		
64	2016-03-30 18:05:43.330	SIP	180	发送	49(QDAMGCF3BZX_QDA...		
65	2016-03-30 18:05:43.330	H248	EVT_H248S_MODIFY_REQ	发送	191(QDAMGCF3BZX_QD...		
66	2016-03-30 18:05:43.410	H248	EVT_H248S_MOD_RPL	接收	191(QDAMGCF3BZX_QD...		
67	2016-03-30 18:05:43.410	SIP	180	接收	25(QDAMGCF3BZX_QDA...		
68	2016-03-30 18:05:43.420	BICC	CPG	发送	121(QDADS2)		
69	2016-03-30 18:05:43.410	SIP	PRACK	发送	39(QDAMGCF3BZX_QDA...		
70	2016-03-30 18:05:43.490	SIP	PRACK	接收	39(QDAMGCF3BZX_QDA...		

图 13-131　修改参数后测试结果

2. IMS 固话拨打同一融合 V 网内有呼转的 VoLTE 智能网用户放音异常或无法接通

【问题描述】:

IMS 固话拨打同一融合 V 网内开通来电提醒业务 VoLTE 智能网用户，当被叫关机或者飞行模式下，主叫无法听到来电提醒提示音，只可听到嘟嘟音；IMS 固话拨打同一融合 V 网内设置无条件呼转到 IMS 固话的 VoLTE 智能网用户，无法接通。

【问题分析】:

进行测试，并抓取 CSCF、AS、MGCF 涉及网元及手机 Log 进行信令分析，CS 用户 A：159××××2423，VoLTE 用户 B：159××××1734，场景：主叫 IMS 固话号码 A，被叫 VoLTE 智能网号码 B，全时通平台号码 C（或无条件呼转目的号码 C），如图 13-132 所示。

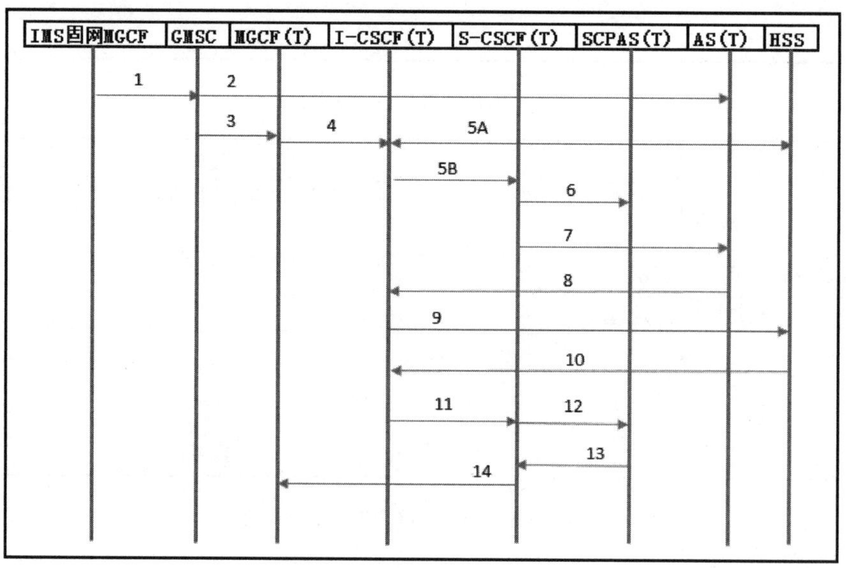

图 13-132　呼叫信令流程

1）固网 MGCF 发起 GMSC 寻呼。

2）GMSC 根据被叫号码锚定到被叫 AS.

3）GMSC 根据路由到被叫 MGCF.

4）MGCF 路由到号码 B 的 I－CSCF.

5）I－CSCF 通过 LIR/LIA 选择号码 B 的 S－CSCF.

6）S－CSCF 根据被叫号码智能网 SIFC 签约触发 SCP AS，SCP AS 返回的 Invite 消息正常如图 13-133 所示：

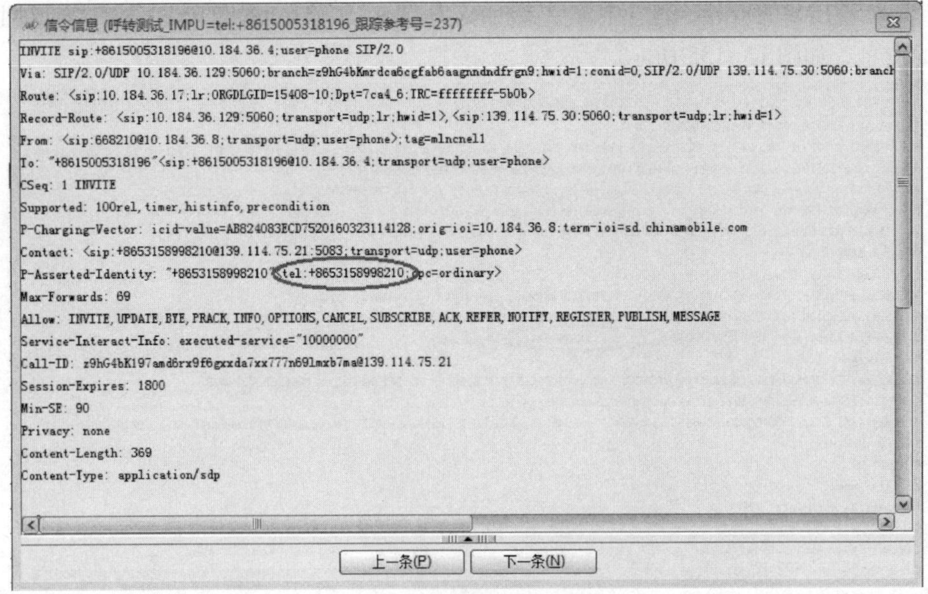

图 13-133　信令信息查看 1

7）~8）AS 根据 B 签约的全时通业务返回前转号码。

9）~11）号码 B 作为主叫，全时通业务平台号码为被叫，通过 HSS 获取 B 号码（主叫号码）的 S－CSCF。

12）~13）S－CSCF 触发 B 号码的 MF 流程到 SCP AS，此时 S－CSCF 送到智能网 SCPAS 平台的 Invite 消息 From 头域中主叫号码为短号，如图 13-134 所示。

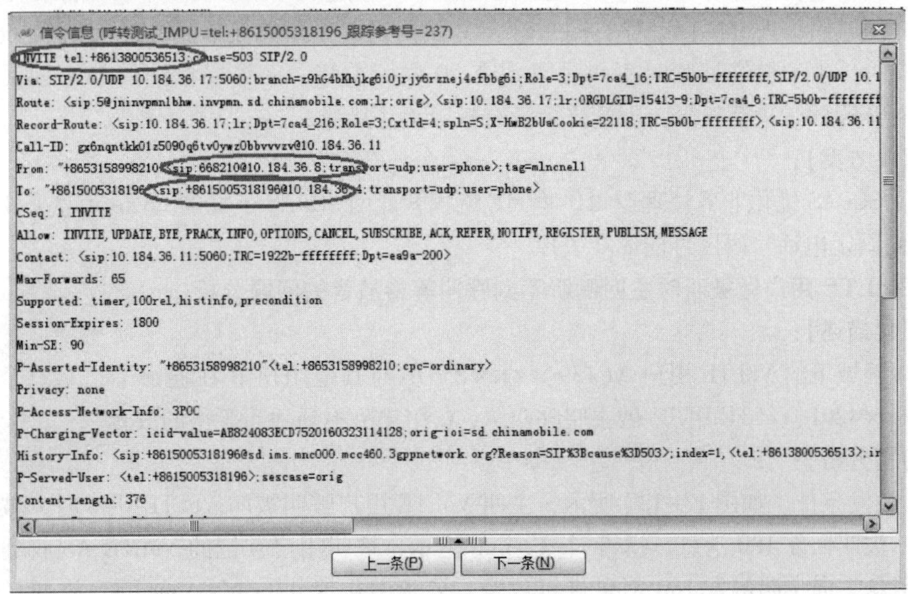

图 13-134　信令信息查看 2

智能网 SCPAS 平台会判断此时的主被叫号码不在同一个集团内，会将 From 头域中主叫号码由短号翻译为长号作为来电显示，因为主叫号码进行了长短号变换，所示 PAI 头域会取翻译后的号码 053158998210 作为主叫，PAI 头域中号码格式为“ +86 + 号码”，即 S - CSCF 收到智能网 SCPAS 的 Invite 消息中 PAI 此时变为“ +86053158998210”，SCPAS 返回给 S - CSCF 的消息，如图 13-135 所示。

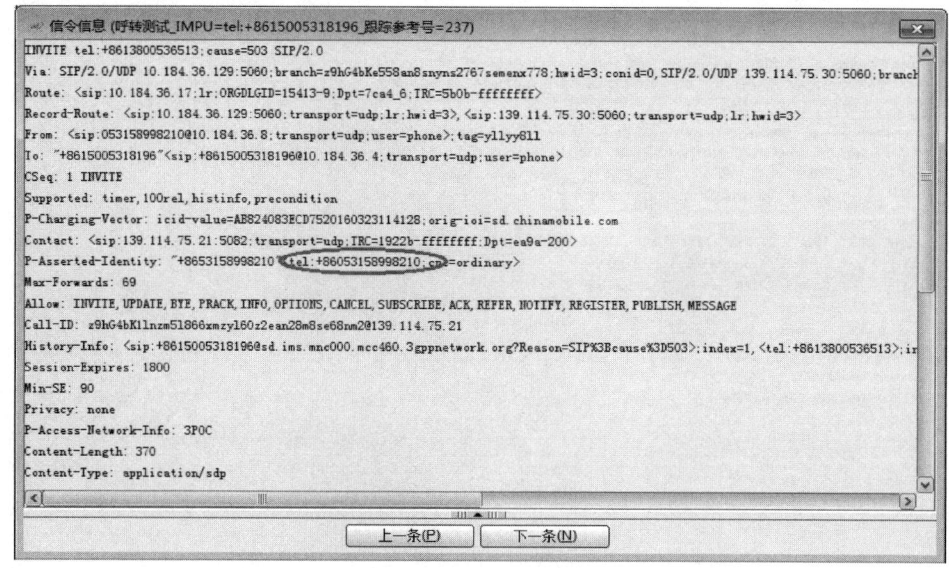

图 13-135　信令信息查看 3

14）S - CSCF(T)收到 SCP AS 返回的信息发送至 MGCF，MGCF 根据号码归整规则将 86 归整为 0，MGCF(T)送往全时通平台的号码为 005315899821，全时通平台无法对该主叫号码进行解析导致提示嘟嘟音。MGCF 送全时通的 IAM 消息内容，如图 13-136 所示。

同样的原因，当 IMS 固话拨打同一融合 V 网内设置无条件呼转到 IMS 固话的 VoLTE 智能网用户时，由于最终接续时主叫号码前有 00 国际前缀，而最终接续的 IMS 固话（C 号码）没有开通国际来话权限，因此提示没有权限无法接通。

【解决方案】：

建议 SCPAS 优化业务处理逻辑，将 MF 流程智能网 SCPAS 下发的 Invite 消息 PAI 参数中 +86 后面固定电话号码区号前的 0 去掉。

3. VoLTE 用户做被叫时主叫侧听不到呼叫等待放音的问题分析

【问题描述】：

中兴区域下的 VoLTE 用户 A(139 ××××8597)与其他用户 B 在通话中，第三个用户 C (159 ××××4201,VoLTE 用户)做主叫呼叫 A，C 用户听不到呼叫等待的放音。

【问题分析】：

1）触发条件。如图 13-137 所示，主叫 VoLTE 用户呼叫被叫 VoLTE 用户时，被叫正在通话中，被叫回复 180 消息，携带 alert - info 指示，被叫用户登记的 VoLTE AS 收到被叫发的 180 消息，向主叫侧发 180 消息进行放音，要求 180 带 p - early - media，放音（两至三遍）后向主叫侧放基本回铃音。

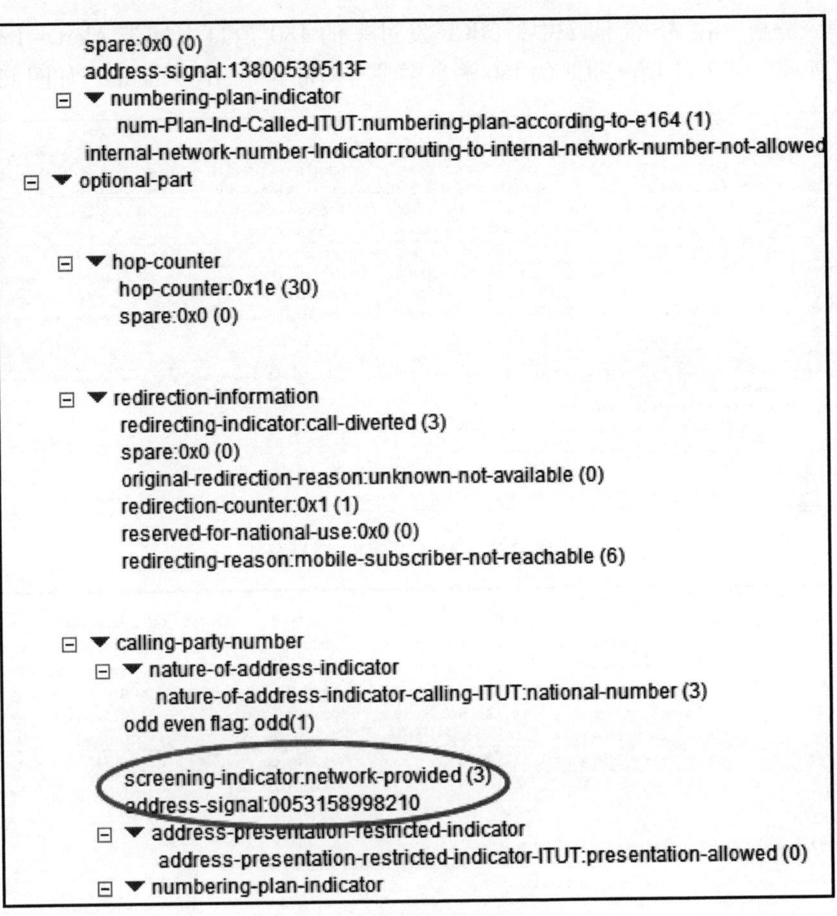

spare:0x0 (0)
address-signal:13800539513F
numbering-plan-indicator
num-Plan-Ind-Called-ITUT:numbering-plan-according-to-e164 (1)
internal-network-number-Indicator:routing-to-internal-network-number-not-allowed
optional-part
hop-counter
hop-counter:0x1e (30)
spare:0x0 (0)
redirection-information
redirecting-indicator:call-diverted (3)
spare:0x0 (0)
original-redirection-reason:unknown-not-available (0)
redirection-counter:0x1 (1)
reserved-for-national-use:0x0 (0)
redirecting-reason:mobile-subscriber-not-reachable (6)
calling-party-number
nature-of-address-indicator
nature-of-address-indicator-calling-ITUT:national-number (3)
odd even flag: odd(1)
screening-indicator:network-provided (3)
address-signal:0053158998210
address-presentation-restricted-indicator
address-presentation-restricted-indicator-ITUT:presentation-allowed (0)
numbering-plan-indicator

图 13-136 IAM 消息内容

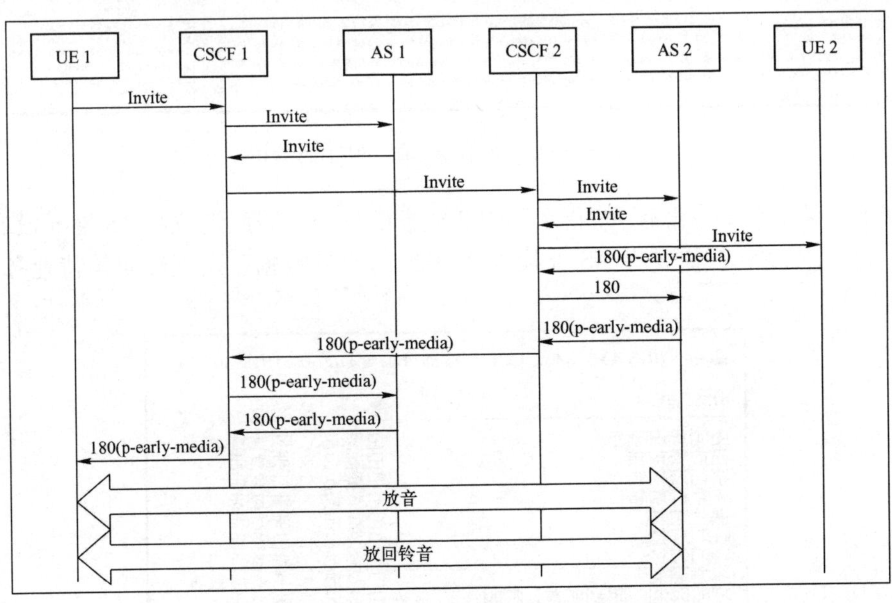

图 13-137 VoLTE 信令流程

2）信令分析。在 AS 的信令中，CSCF 发过来的 180 消息中携带 Alert - Info 指示，如图 13-138所示。而 AS 回给 CSCF 的 180 消息中没有携带 p - early - media，如图 13-139 所示。

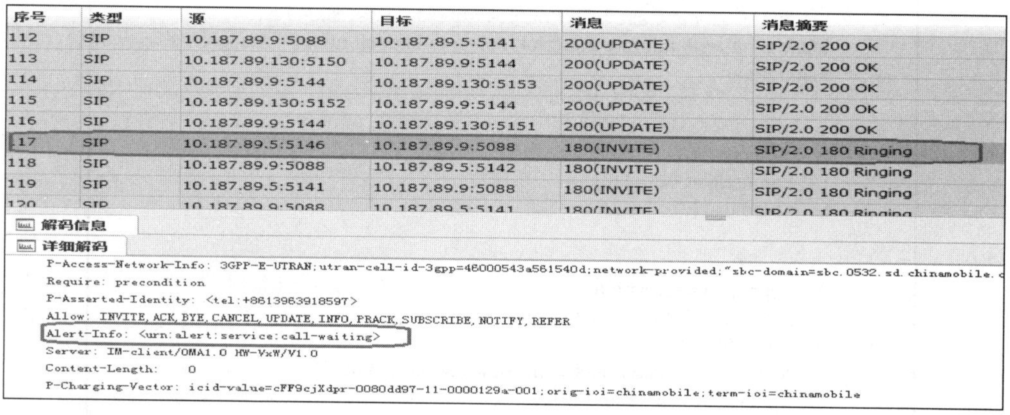

序号	类型	源	目标	消息	消息摘要
112	SIP	10.187.89.9:5088	10.187.89.5:5141	200(UPDATE)	SIP/2.0 200 OK
113	SIP	10.187.89.130:5150	10.187.89.9:5144	200(UPDATE)	SIP/2.0 200 OK
114	SIP	10.187.89.9:5144	10.187.89.130:5153	200(UPDATE)	SIP/2.0 200 OK
115	SIP	10.187.89.130:5152	10.187.89.9:5144	200(UPDATE)	SIP/2.0 200 OK
116	SIP	10.187.89.9:5144	10.187.89.130:5151	200(UPDATE)	SIP/2.0 200 OK
117	SIP	10.187.89.5:5146	10.187.89.9:5088	180(INVITE)	SIP/2.0 180 Ringing
118	SIP	10.187.89.9:5088	10.187.89.5:5142	180(INVITE)	SIP/2.0 180 Ringing
119	SIP	10.187.89.5:5141	10.187.89.9:5088	180(INVITE)	SIP/2.0 180 Ringing
120	SIP	10.187.89.9:5088	10.187.89.5:5141	180(INVITE)	SIP/2.0 180 Ringing

解码信息

详细解码

```
P-Access-Network-Info: 3GPP-E-UTRAN;utran-cell-id-3gpp=46000543a561540d;network-provided;"sbc-domain=sbc.0532.sd.chinamobile.c
Require: precondition
P-Asserted-Identity: <tel:+8613963918597>
Allow: INVITE, ACK, BYE, CANCEL, UPDATE, INFO, PRACK, SUBSCRIBE, NOTIFY, REFER
Alert-Info: <urn:alert:service:call-waiting>
Server: IM-client/OMA1.0 HW-VxW/V1.0
Content-Length: 0
P-Charging-Vector: icid-value=cFF9cjXdpr-0080dd97-11-0000129a-001;orig-ioi=chinamobile;term-ioi=chinamobile
```

图 13-138　AS 信令 180 消息分析

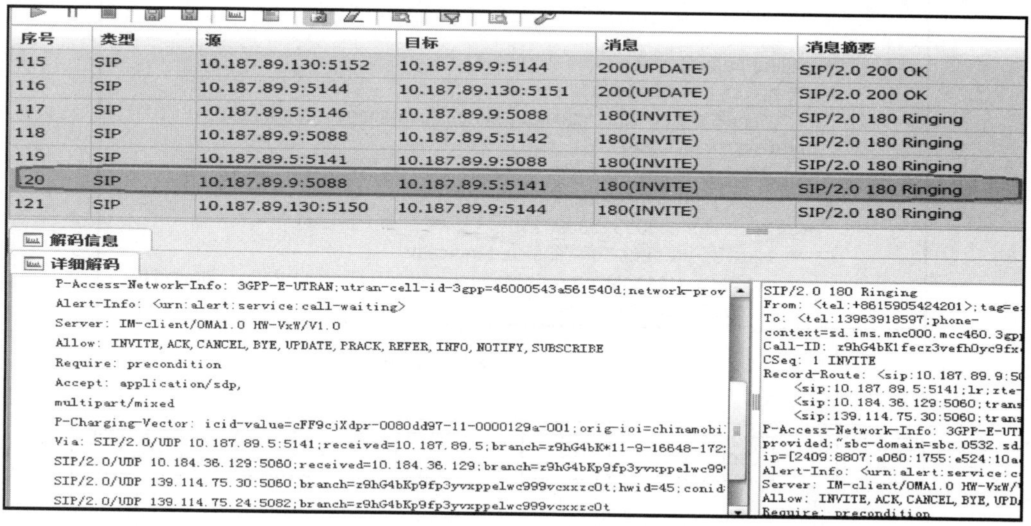

序号	类型	源	目标	消息	消息摘要
115	SIP	10.187.89.130:5152	10.187.89.9:5144	200(UPDATE)	SIP/2.0 200 OK
116	SIP	10.187.89.9:5144	10.187.89.130:5151	200(UPDATE)	SIP/2.0 200 OK
117	SIP	10.187.89.5:5146	10.187.89.9:5088	180(INVITE)	SIP/2.0 180 Ringing
118	SIP	10.187.89.9:5088	10.187.89.5:5142	180(INVITE)	SIP/2.0 180 Ringing
119	SIP	10.187.89.5:5141	10.187.89.9:5088	180(INVITE)	SIP/2.0 180 Ringing
120	SIP	10.187.89.9:5088	10.187.89.5:5141	180(INVITE)	SIP/2.0 180 Ringing
121	SIP	10.187.89.130:5150	10.187.89.9:5144	180(INVITE)	SIP/2.0 180 Ringing

解码信息

详细解码

```
P-Access-Network-Info: 3GPP-E-UTRAN;utran-cell-id-3gpp=46000543a561540d;network-prov
Alert-Info: <urn:alert:service:call-waiting>
Server: IM-client/OMA1.0 HW-VxW/V1.0
Allow: INVITE, ACK, CANCEL, BYE, UPDATE, PRACK, REFER, INFO, NOTIFY, SUBSCRIBE
Require: precondition
Accept: application/sdp,
multipart/mixed
P-Charging-Vector: icid-value=cFF9cjXdpr-0080dd97-11-0000129a-001;orig-ioi=chinamobi
Via: SIP/2.0/UDP 10.187.89.5:5141;received=10.187.89.5;branch=z9hG4bK*11-9-16648-172
SIP/2.0/UDP 10.184.36.129:5060;received=10.184.36.129;branch=z9hG4bKp9fp3yvxppelwc99
SIP/2.0/UDP 139.114.75.30:5060;branch=z9hG4bKp9fp3yvxppelwc999vcxxzc0t;hwid=45;conid
SIP/2.0/UDP 139.114.75.24:5082;branch=z9hG4bKp9fp3yvxppelwc999vcxxzc0t
```

```
SIP/2.0 180 Ringing
From: <tel:+8615905424201>;tag=e
To: <tel:13963918597;phone-
context=sd.ims.mnc000.mcc460.3gp
Call-ID: z9hG4bK1fecz3vefh0yc9fx
CSeq: 1 INVITE
Record-Route: <sip:10.187.89.9:50
    <sip:10.187.89.5:5141;lr;zte-
    <sip:10.184.36.129:5060;trans
    <sip:139.114.75.30:5060;trans
P-Access-Network-Info: 3GPP-E-UT
provided;"sbc-domain=sbc.0532.sd
ip=[2409:8807:a060:1755:e524:10a
Alert-Info: <urn:alert:service:c
Server: IM-client/OMA1.0 HW-VxW/
Allow: INVITE, ACK, CANCEL, BYE, UPD
Require: precondition
```

图 13-139　AS 信令返回 180 消息分析

在接下来的信令中也没有 AS 指示 MRFP 放音的信令，因此定位是 AS 网元没有指示放音。AS 没有触发放音，需要在 AS 上检查 A 用户的业务数据，发现呼叫等待业务未激活，如图 13-140。

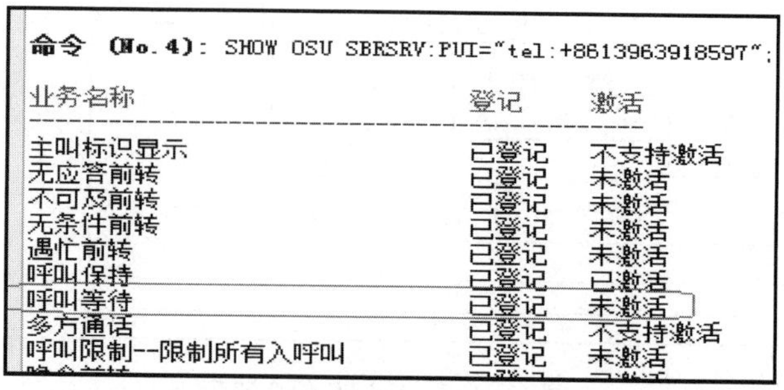

命令 (No.4): SHOW OSU SBRSRV:PUI="tel:+8613963918597";

业务名称	登记	激活
主叫标识显示	已登记	不支持激活
无应答前转	已登记	未激活
不可及前转	已登记	未激活
无条件前转	已登记	未激活
遇忙前转	已登记	未激活
呼叫保持	已登记	已激活
呼叫等待	已登记	未激活
多方通话	已登记	不支持激活
呼叫限制--限制所有入呼叫	已登记	未激活

图 13-140　呼叫等待业务查询

激活该用户的呼叫等待业务后，复测业务正常。

原因分析：中国移动规范《中国移动 VoLTE 终端技术规范（报批稿）》中明确说明了呼叫等待需要在 AS 上登记，如图 13-141 所示。

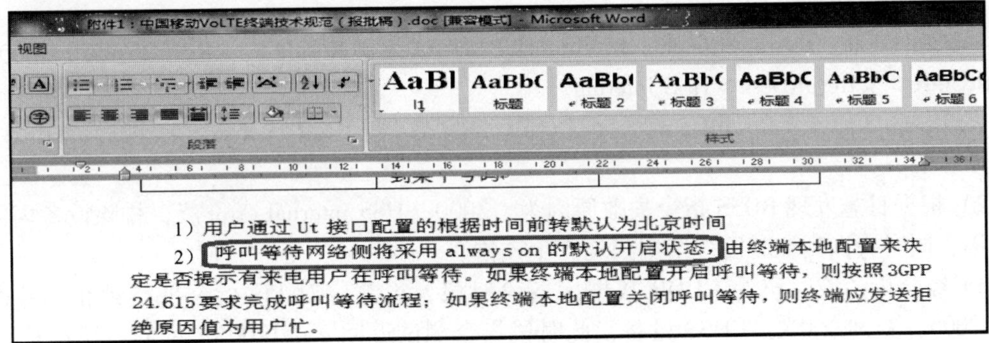
附件1：中国移动VoLTE终端技术规范（报批稿）.doc [兼容模式] - Microsoft Word

1）用户通过 Ut 接口配置的根据时间前转默认为北京时间

2）呼叫等待网络侧将采用 always on 的默认开启状态，由终端本地配置来决定是否提示有来电用户在呼叫等待。如果终端本地配置开启呼叫等待，则按照 3GPP 24.615 要求完成呼叫等待流程；如果终端本地配置关闭呼叫等待，则终端应发送拒绝原因值为用户忙。

图 13-141　中国移动规范

因为用户在 SSS 上没有签约呼等业务，所以在 C 呼叫 A 的流程中，AS 不会给 C 放等待音。

【解决方案】：

1）中兴核心网下存在这个问题，对比华为厂家 VoLTE 核心网下不存在此问题。建议中兴厂家参照华为做改进，AS 上没有开通呼转时直接拒绝用户的呼叫等待业务。

2）根据规范，后续对所有 VoLTE 用户必须默认开启呼叫等待业务。

4. 爱立信 HSS ECA15 版本缺陷导致数据库备份期间 VoLTE 用户进行智能网、彩铃等业务变更失败

【问题描述】：

VoLTE 用户反映开通彩铃后做被叫时，主叫无法听到彩铃音。

【问题分析】：

1）查询彩铃平台的铃音设置正常，但是彩铃平台跟踪不到呼叫消息。查看 HSS 签约发现，用户无 VoLTE 彩铃签约；进一步查询用户服务开通日志，发现用户开通彩铃失败，日志如下：

/var/proclog/raw/archive/20160320/proclog_20160320_0200.tar.gz:"northbound","PL-31603200242484046CAI3G1_2","","","","**ADD_SIFC**","**FAILED**","boss","PL-3","CAI3G1_2","MCA21@http://www.chinamobile.com/HSS/","2016-03-20 02.42.48.676","00 00:00:00.013","","<soapenv:Envelope
xmlns:soapenv=""""http://schemas.xmlsoap.org/soap/envelope/""""
xmlns:xsd=""""http://www.w3.org/2001/XMLSchema""""
xmlns:xsi=""""http://www.w3.org/2001/XMLSchema-instance""""><soapenv:Header>
<ns1:UserName
xmlns:ns1=""""http://www.chinamobile.com/HSS/"""">boss</ns1:UserName><ns2:PassWord
xmlns:ns2=""""http://www.chinamobile.com/HSS/"""">******</ns2:PassWord>
</soapenv:Header><soapenv:Body><ADD_SIFC
xmlns=""""http://www.chinamobile.com/HSS/""""><HLRSN>11</HLRSN><IMPU>

tel：+86150××××5253 </IMPU > < SIFCID >317 </SIFCID > </ADD_SIFC > </soapenv：Body > </soapenv：Envelope > "," < soap：Envelope
xmlns：soap = """" http://schemas. xmlsoap. org/soap/envelope/"""" > < soap：Header/ > < soap：Body > < ADD_SIFCResponse
xmlns = """" http://www. chinamobile. com/HSS/"""" > < Result > < **ResultCode** > 3000 </ **ResultCode** > < ResultDesc > HSS internal
error </ResultDesc > < ResultData/ > </Result > </ADD_SIFCResponse > </soap：Body > </soap：Envelope >"

2）根据日志发现 BOSS 指令失败原因为“3000（HSS internal error）”，排除设备内部故障原因，同时查询到该时段多个用户均产生该错误。

3）经分析，该时段为 CUDB 数据库备份时段，正常应对 PG 指令进行锁止，并返回 code12006，查询未升级的 HSS 设备，此时段指令测试返回 code12006。由此得出结论：PG 设备的该版本存在 Bug，错误代码映射不准确。

4）HSS 进行 ECA15 版本升级前，CUDB 数据库备份时段，HSS 对 BOSS 的服务开通指令返回 code12006，BOSS 可以根据该错误代码在备份结束后进行指令重发，但是 HSS 进行 ECA15 版本升级后，错误代码变化，BOSS 无法再进行指令重发，导致此时段 BOSS 发起的 SIFC 相关操作均无法生效。影响 VoLTE 用户的智能网、彩铃等业务的变更操作。

5）在爱立信 HSS（升级 ECA15 补丁后）的 CUDB 数据库备份期间 ADD_SIFC、RMV_SIFC 等指令不能返回正常的错误代码，导致 VoLTE 用户智能网、彩铃等业务变更失败。

【解决方案】：

临时解决措施可以通过 BOSS 对“3000（HSS internal error）”错误码相关指令进行重发，但是由于爱立信 HSS 返回“3000（HSS internal error）”错误码的场景很多，因此不建议 BOSS 长期对该错误码统一进行指令重发，建议爱立信厂家对此 Bug 进行补丁升级解决。

5. 诺基亚/爱立信 MME IMS PDN 连接建立成功率低问题分析

【问题描述】：

诺基亚/爱立信 MME IMS PDN 连接建立成功率低，远低于华为设备，且未达集团 95% 的标准，见表 13-17。

表 13-17　华为/诺基亚/爱立信 MME IMS PDN 连接建立成功率对比

网元名称	设备厂家	统计时间	IMS 网络 PDN 连接建立成功率（%）
JNMME01BHW	华为	2016-04-12 09:00:00	99.88
JNMME03BHW	华为	2016-04-12 09:00:00	99.79
JNMME05BHW	华为	2016-04-12 09:00:00	99.48
JNMME07BHW	华为	2016-04-12 09:00:00	99.57
JNMME02BNK	诺基亚	2016-04-12 09:00:00	96.36
JNMME04BNK	诺基亚	2016-04-12 09:00:00	92.53
JNMME06BNK	诺基亚	2016-04-12 09:00:00	93.33
QDAMME01BER	爱立信	2016-04-12 09:00:00	85.79
QDAMME02BER	爱立信	2016-04-12 09:00:00	84.3
QDAMME04BER	爱立信	2016-04-12 09:00:00	84.07
QDAMME05BER	爱立信	2016-04-12 09:00:00	88.58
QDAMME06BER	爱立信	2016-04-12 09:00:00	86.8
QDAMME07BER	爱立信	2016-04-12 09:00:00	84.42

【问题分析】：

进行测试，并抓取 CSCF、AS、MGCF 涉及网元及手机 Log 进行信令分析，CS 用户 A：159 ××××2423，VoLTE 用户 B：159 ××××1734。

1）爱立信失败原因分析。

① 统计了某日 15 min 的 EBM Log 数据，PDN 连接成功率的拒绝原因基本都是#31 原因码，如图 13-142 所示。

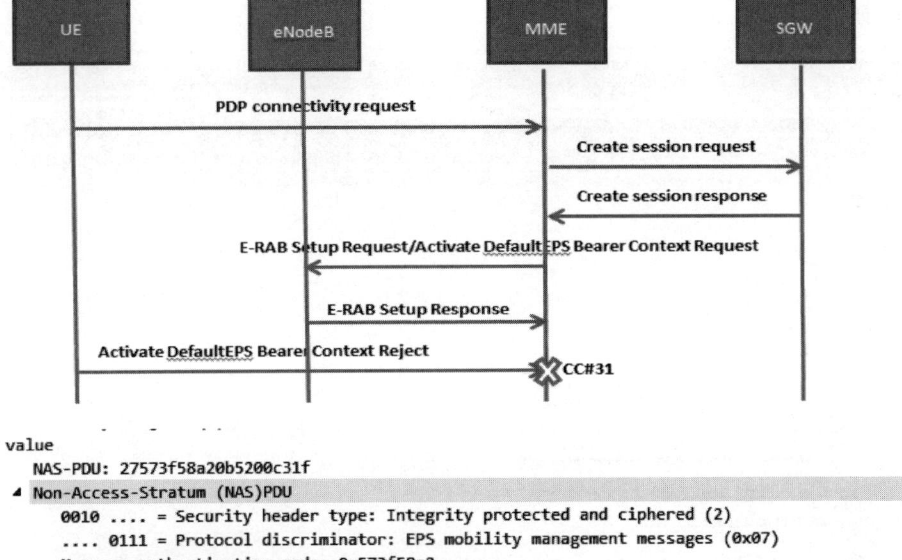


```
◢ value
    NAS-PDU: 27573f58a20b5200c31f
  ◢ Non-Access-Stratum (NAS)PDU
      0010 .... = Security header type: Integrity protected and ciphered (2)
      .... 0111 = Protocol discriminator: EPS mobility management messages (0x07)
      Message authentication code: 0x573f58a2
      Sequence number: 11
      0101 .... = EPS bearer identity: EPS bearer identity value 5 (5)
      .... 0010 = Protocol discriminator: EPS session management messages (0x02)
      Procedure transaction identity: 0
      NAS EPS session management messages: Activate default EPS bearer context reject (0xc3)
    ◢ ESM cause
        Cause: Request rejected, unspecified (31)
```

图 13-142　PDN 连接成功率的拒绝原因

② 对应的 3GPP 规范：

6.4.1.4　Default EPS bearer context activation not accepted by the UE

If the default EPS bearer context activation is part of the attach procedure, the ESM sublayer shall notify the EMM sublayer of an ESM failure.

If the default EPS bearer context activation is not part of the attach procedure, the UE shall send an ACTIVATE DEFAULT EPS BEARER CONTEXT REJECT message and enter the state BEARER CONTEXT INACTIVE.

The ACTIVATE DEFAULT EPS BEARER CONTEXT REJECT message contains an ESM cause that typically indicates one of the following cause values:

#26: insufficient resources;

#31: request rejected, unspecified; or

#95 - 111: protocol errors.

Cause #31 - Request rejected, unspecified

This ESM cause is used by the network or by the UE to indicate that the requested service or operation or the request for a resource was rejected due to unspecified reasons.

③ 从信令的流程和规范的解释看，是终端拒绝了 IMS 默认承载的请求，属于终端用户原因。

2）诺基亚失败原因分析。

通过 DO 提取，存在较多场景，UE 在 Activate default EPS bearer context，回复#31 失败 NAS EPS session management messages：Activate default EPS bearer context reject（0xc3），如图 13-143 所示。

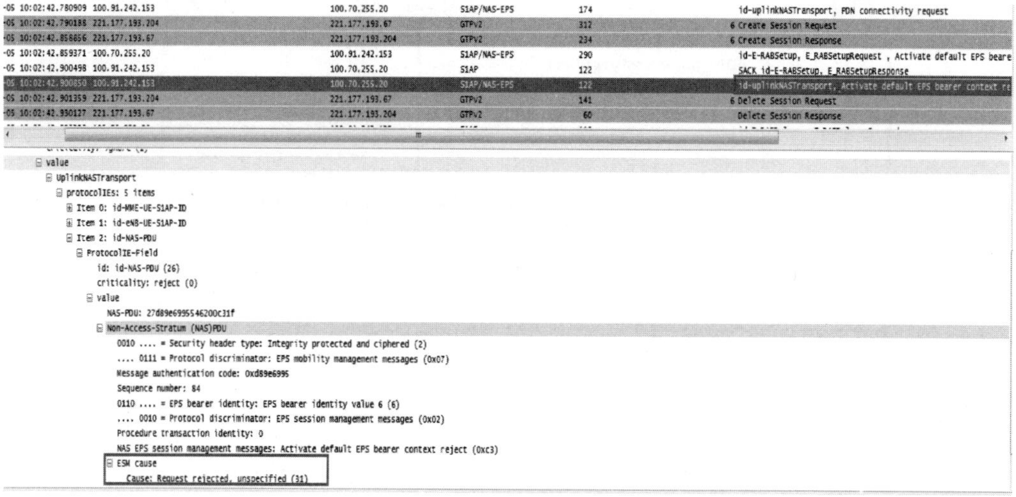

图 13-143　诺基亚失败原因分析

3）IMS PDN 连接成功率指标打点处理机制分析。

① 华为机制：

MME 给 UE 回 Activate default EPS bearer context request（PDN type IPv6 only allowed）消息，就算 IMS 激活成功。

例如，#31 错误，Activate default EPS bearer context reject（Request rejected，unspecified）这个会在失败次数中统计，但实际计算成功率时是用不到的。UE IMS PDN 请求只有一次，MME 回 Activate default EPS bearer context request（PDN type IPv6 only allowed），就算成功了，就会算到成功次数里面。

目前成功率的计算方法是成功次数/请求次数，所以#31 原因其实不影响统计结果。如果计算方法是（请求 - 失败）/请求，那么成功率就会变低了。

② 爱立信/诺基亚机制：

只有终端给 MME 回 Activate default EPS bearer context accept 消息，才算成功。

故同样存在#31 原因值，但是因为打点及计算机制不同，华为会核减掉，诺基亚、爱立信无法核减，所示指标偏低。

【解决方案】：

1）建议集团对指标统计打点及算法规范进行统一。

2）建议 IMS PDN 连接建立成功率指标核减掉#31 原因值，目前爱立信已出具解决方案，4 月底 NBI 将#31 核减掉，诺基亚暂无解决方案。

3）鉴于#31 出现频繁、重复率较高，可暂时通过部署信令抑制功能缓解失败情况。

6. 中兴 CSCF 网元查询 ENS 机制缺陷问题

【问题描述】：

山东公司进行 ENUM/DNS 容量评估时，发现 ENUM/DNS 有大量 AAAA 查询记录，AAAA 用于 IPv6 查询，IMS 核心网内没有 IPv6 业务场景，用不到 AAAA 记录查询，此问题导致 ENUM/DNS 额外的资源消耗。

【问题分析】：

1）抓取 CSCF、AS、MGCF 涉及网元及手机 Log 进行信令分析，CS 用户 A：159 ×××× 2423，VoLTE 用户 B：159 ××××1734，针对此问题进行分析，现场在 CSCF 网元进行 DNS – IP（DNS 地址：10. 184. 36. 7）地址跟踪和全用户信令跟踪发现，在同一时间点内 DNS – IP 地址跟踪确实存在大量的 A 和 AAAA 记录查询，具体如图 13–144 所示。

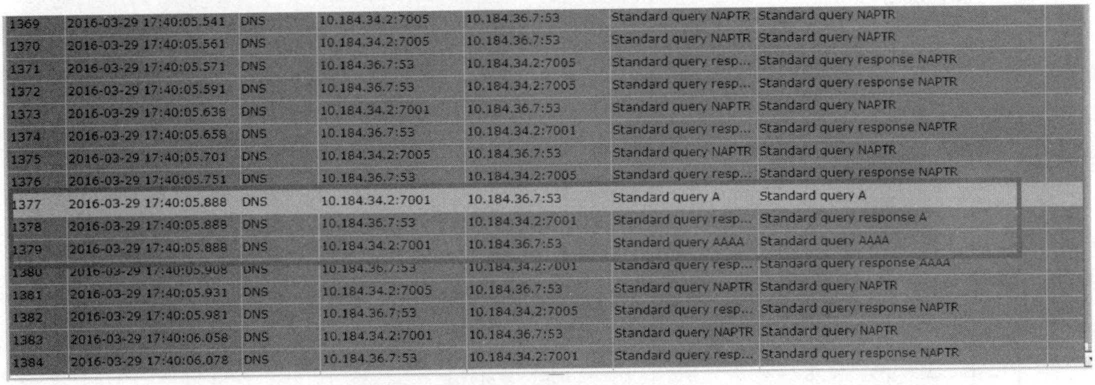

1369	2016-03-29 17:40:05.541	DNS	10.184.34.2:7005	10.184.36.7:53	Standard query NAPTR	Standard query NAPTR
1370	2016-03-29 17:40:05.561	DNS	10.184.34.2:7005	10.184.36.7:53	Standard query NAPTR	Standard query NAPTR
1371	2016-03-29 17:40:05.571	DNS	10.184.36.7:53	10.184.34.2:7005	Standard query resp...	Standard query response NAPTR
1372	2016-03-29 17:40:05.591	DNS	10.184.36.7:53	10.184.34.2:7005	Standard query resp...	Standard query response NAPTR
1373	2016-03-29 17:40:05.638	DNS	10.184.34.2:7001	10.184.36.7:53	Standard query NAPTR	Standard query NAPTR
1374	2016-03-29 17:40:05.658	DNS	10.184.36.7:53	10.184.34.2:7001	Standard query resp...	Standard query response NAPTR
1375	2016-03-29 17:40:05.701	DNS	10.184.34.2:7005	10.184.36.7:53	Standard query NAPTR	Standard query NAPTR
1376	2016-03-29 17:40:05.751	DNS	10.184.36.7:53	10.184.34.2:7005	Standard query resp...	Standard query response NAPTR
1377	2016-03-29 17:40:05.888	DNS	10.184.34.2:7001	10.184.36.7:53	Standard query A	Standard query A
1378	2016-03-29 17:40:05.888	DNS	10.184.36.7:53	10.184.34.2:7001	Standard query resp...	Standard query response A
1379	2016-03-29 17:40:05.888	DNS	10.184.34.2:7001	10.184.36.7:53	Standard query AAAA	Standard query AAAA
1380	2016-03-29 17:40:05.908	DNS	10.184.36.7:53	10.184.34.2:7001	Standard query resp...	Standard query response AAAA
1381	2016-03-29 17:40:05.931	DNS	10.184.34.2:7005	10.184.36.7:53	Standard query NAPTR	Standard query NAPTR
1382	2016-03-29 17:40:05.981	DNS	10.184.36.7:53	10.184.34.2:7005	Standard query resp...	Standard query response NAPTR
1383	2016-03-29 17:40:06.058	DNS	10.184.34.2:7001	10.184.36.7:53	Standard query NAPTR	Standard query NAPTR
1384	2016-03-29 17:40:06.078	DNS	10.184.36.7:53	10.184.34.2:7001	Standard query resp...	Standard query response NAPTR

图 13–144　跟踪信令流程

2）同一时间点的全用户信令跟踪没有发现信令消息里的 A/AAAA 查询的记录。

3）进一步分析发现，CSCF 底层的链路检测会对邻接主机列表中的 S – CSCF POOL 名发起 A/AAAA 查询，ENUM/DNS 并不需要配置 POOL 名对应的 IP 地址 A 记录，中兴 CSCF 在 A 查询查不到时会自动进行 AAAA 查询，由此导致 ENUM/DNS 出现大量 AAAA 查询记录。

【解决方案】：

此问题属于中兴 CSCF 设备缺陷，建议中兴尽快解决。

1）首先，CSCF 不应该查询 S – CSCF POOL A 记录。

2）其次，CSCF 查询 A 记录失败时，不应该再去自动尝试查询 AAAA 记录，建议在后续版本中优化。

中兴 CSCF 此机制会导致 ENUM/DNS 额外资源消耗，VoLTE 用户注册和每次呼叫都要用到 ENUM/DNS，随着 VoLTE 用户的快速增长，每省成对设置的 ENUM/DNS 负荷会越来越大，针对此类增加 ENUM/DNS 负荷的无效消耗需重点优化。

7. 中兴 IMS 片区 VoLTE 彩铃用户做被叫，aSRVCC 振铃态切换后接续，被叫话单无位置信息

【问题描述】：

中兴 IMS 片区 VoLTE 彩铃用户做被叫，aSRVCC 振铃态切换后接续，AS 的被叫话单中无位置信息，导致被叫扣费异常。

【问题分析】:

1）检查 AS 原始话单发现，话单中接入信息为 LTE，tADSIndication = 1 （lTE），但没有 access - Network - Information。

2）VoLTE 彩铃用户做被叫时，AS 触发顺序为 VoLTE TAS→彩铃平台→SCC AS；分析信令发现，SCC AS 和 VoLTE TAS 中间的网元彩铃平台对于 180 消息中的 p - accessnetwork - info 没有透传，只透传了 INVITE 的 200 OK 中的 p - accessnetwork - info，如图 13 - 145 ~ 图 13-147所示。在一次正常通过的过程中，如果没有发生通话前切换，则 VoLTE TAS 可以从 200 OK 中获取，话单正常。

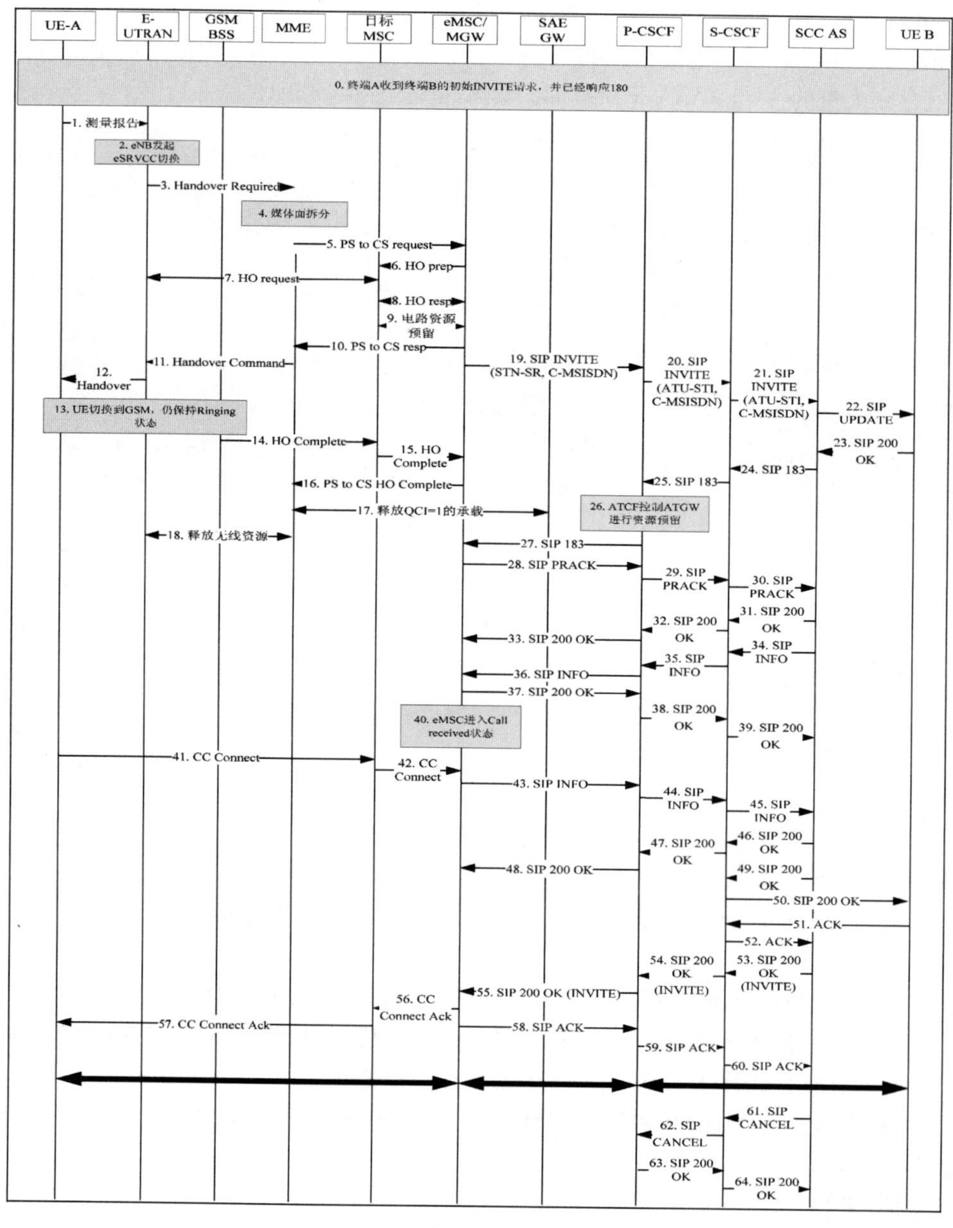

图 13-145　被叫振铃态切换 aSRVCC 信令流程（B 主叫，A 被叫）

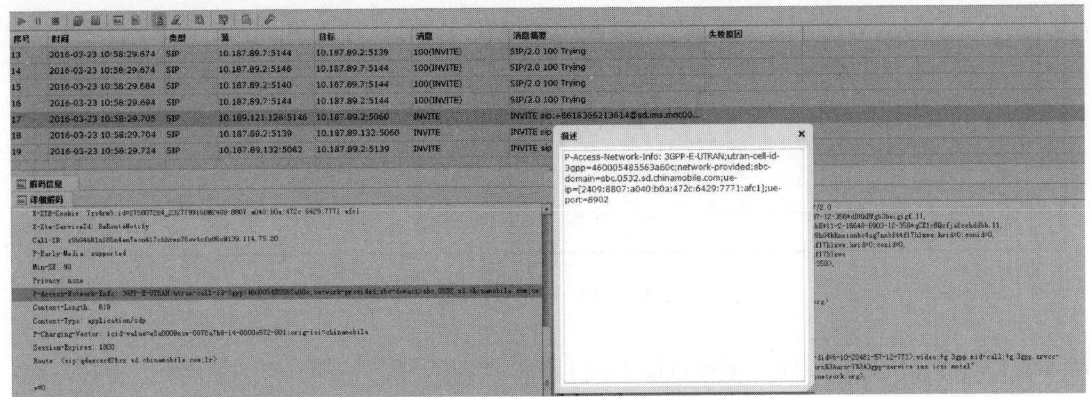

图 13-146　VoLTE TAS/SCC AS 收到的 Invite 消息中携带了包含位置消息 P－Access－Network－Info 字段

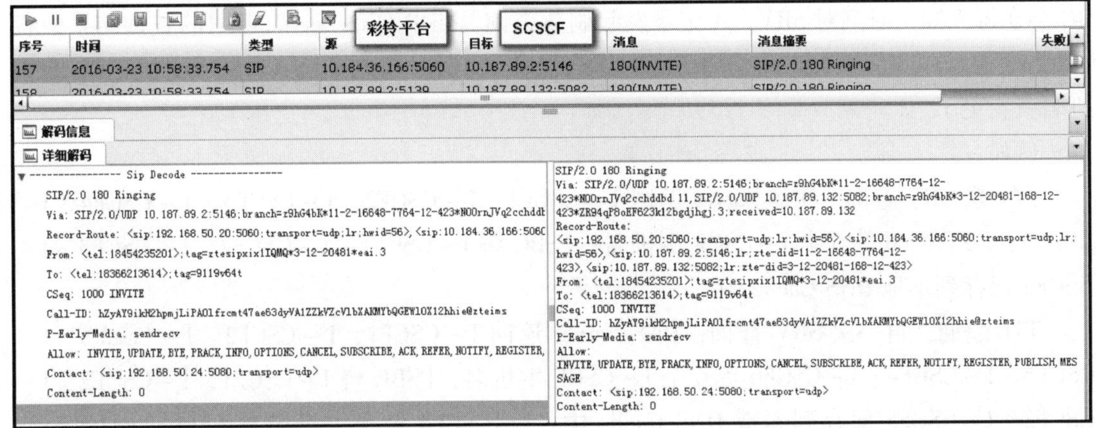

图 13-147　S－CSCF 收到的彩铃平台回复的 180 消息中不携带 P－Access－Network－Info 字段

【解决方案】:

针对该场景，由中兴在后续 AS 版本解决。

8. 中兴 IMS 片区 VoLTE 用户做主叫偶发性无法接续问题

【问题描述】:

VoLTE 用户做主叫偶发性出现无法接续，直接挂断。

【问题分析】:

1）通过信令跟踪发现，用户发起呼叫，PSBC 直接回复 500，其中 PSBC 失败码为 "B200－141319－2002－40－2"，错误码的含义是“转发初始请求消息时检查发送侧本端或远端配置发生变化”。

消息截图如图 13-148 所示。

2）经分析山东目前 PSBC 版本对于 DNS 查询，最多支持在其 DNS Cache 中保存 4 条 SRV/A 记录：

PSBC 对归属域名“ims. mnc000. mcc460. 3gppnetwork. org”发起 SRV 查询，山东 DNS Server 会返回 6 个 I－CSCF 主机名（山东西部大区 3 个、东部大区 3 个，每次查询结果中各

```
SeqNO: 24, PE2, Time:2016-3-31 14:12:04, SEND
Sender<-->Receiver:[2409:8017:8000:4:1::40]:5063 <---> [2409:8807:803b:43ff::1]:6000
SIP/2.0 500 Server Internal Error
Via: SIP/2.0/UDP [2409:8807:803b:43ff::1]:6000;rport=5224;branch=z9hG4bK3703089896smg;transport=UDP
To: <sip:bfipsmgw1azx.ipsmgw.bf.chinamobile.com>;tag=34aeb11419abe89d-6123cb94c985a92-cbsxz
From: <sip:+8613954310007@sd.ims.mnc000.mcc460.3gppnetwork.org>;tag=3640137901
Call-ID: 771748118@2409:8807:803b:43ff::1
CSeq: 1 MESSAGE
User-Agent: ZTE-B200
X-ZTE-Cause: "B200-141319-2002-40-2"
Content-Length: 0
```

图 13-148　500 消息截图

I－CSCF 的优先级权重相同、顺序可能不同）。而 PSBC 目前只支持“一次 DNS 查询，最多将 4 条 SRV/A 记录保存到 DNS Cache 中”，即只能保存前 4 个 I－CSCF 主机名/IP 地址到 PSBC 本地 DNS Cache 中。

3）目前山东 ENUM/DNS 向网元反馈的 SRV、A 记录的 TTL 为 86 400 s（24 h），即 PSBC 会在每天固定时刻对 SRV、A 记录发起刷新查询。如果 DNS Server 返回的查询结果中各 I－CSCF的顺序和前一天查询结果不同，那么保存到 PSBC 本地 DNS Cache 中的 I－CSCF 主机名就变更了。

例如：

前一次 SRV 查询，DNS Server 返回 I－CSCF1、I－CSCF2、I－CSCF3、I－CSCF4、I－CSCF5、I－CSCF6 等 6 个 I－CSCF 主机名；PSBC 将 I－CSCF1、I－CSCF2、I－CSCF3、I－CSCF4 保存到本地 DNS Cache 中。

TTL 超期，再一次 SRV 查询，DNS Server 返回 I－CSCF1、I－CSCF2、I－CSCF3、I－CSCF5、I－CSCF4、I－CSCF6 等 6 个 I－CSCF 主机名；PSBC 将 I－CSCF1、I－CSCF2、I－CSCF3、I－CSCF5 保存到本地 DNS Cache 中；I－CSCF4 这个主机名在 PSBC 的本地 DNS Cache 中被删除了。

4）而目前中兴 PSBC 的呼叫处理机制是：VoLTE 用户作为主叫发起呼叫时，经过 PSBC，PSBC 会对原来注册时经过的 I－CSCF（如 I－CSCF4）进行校验，校验时会查询本地 DNS Cache 中是否有 I－CSCF4 记录，如果 DNS Cache 中有，则将注册时经过的 I－CSCF4 和注册的 SCSCF 进行关联；如果发现本地 DNS Cache 中没有 I－CSCF4 记录，则返回 500 错误，导致呼损。

【解决方案】：

建议中兴 PSBC 修改处理机制，呼叫流程中不再对本网元 DNS Cache 中是否有 I－CSCF 记录进行校验。

9. 中兴 SBC 与爱立信 PCRF 配合异常，导致性能统计显示 SBC 高掉话率问题分析

【问题描述】：

中兴 SBC 与爱立信 PCRF 配合场景下，性能统计中兴 SBC 高掉话；中兴 SBC 与华为 PCRF、诺基亚 PCRF 配合场景掉话率正常。

网管平台关键指标显示，山东东部大区中兴 SBC 的掉话率高达 6.4% 左右，而中部大区、西部大区华为 SBC 只有百分之零点几，差距巨大，如图 13-149 所示。

网元	厂商	日期	SBC主叫接通次数	SBC主叫接通率	SBC被叫试呼次数	SBC被叫接通次数	SBC被叫接通率	SBC接通率	SBC媒体承载丢失会话掉话次数		Rx接口接受ASR请求次数	Rx接口发送ASA响应次数
QDAPSBC4BZX_SPE1	中兴	2016-05-02	108532	93.71	105042	101285	96.42	95	13521	6.44%	14524	14522
QDAPSBC2BZX_SPE1	中兴	2016-05-02	106817	94.09	105615	101577	96.18	95.09	13410	6.43%	14413	14412
QDAPSBC3BZX_SPE1	中兴	2016-05-02	107970	94.46	106053	102482	96.63	95.51	13518	6.42%	14508	14507
QDAPSBC1BZX_SPE1	中兴	2016-05-02	108071	94.17	104900	101049	96.33	95.2	13321	6.37%	14345	14345
JNPSBC6BZX_SPE1	中兴	2016-05-02	75643	93.57	73176	68680	93.86	93.7	597	0.41%	103997	103997
JNPSBC7BZX_SPE2	中兴	2016-05-02	73781	92.07	71945	67490	93.81	92.89	565	0.40%	104246	104246
JNPSBC8BZX_SPE1	中兴	2016-05-02	73150	91.56	70316	66255	94.22	92.81	533	0.38%	104093	104093
JNPSBC2BHW	华为	2016-05-02	160156	90.02	138206	130990	94.78	92.1	405	0.14%	20894	20894
JNPSBC1BHW	华为	2016-05-02	161665	90.16	137848	130659	94.78	92.17	397	0.14%	20886	20886
JNPSBC3BHW	华为	2016-05-02	164032	90.1	139503	132296	94.83	92.15	402	0.14%	21207	21207
JNPSBC4BHW	华为	2016-05-02	161366	90.01	137832	131038	95.07	92.21	380	0.13%	20844	20844
JNPSBC5BHW	华为	2016-05-02	164194	89.76	139161	131837	94.74	91.91	353	0.12%	21582	21582

图 13-149　网管平台关键指标截图 1

【问题分析】:

1）从东部大区性能统计上看有如此高的掉话，但从实际用户感知看，并没有高的掉话现象，首先怀疑可能出在统计上，而实际业务没有影响。

进一步分析，SBC 接收 PCRF 的 ASR（承载释放消息）次数和 SBC 媒体承载丢失会话掉话次数相比，东部大区差不多，而中部大区、西部大区差别很大，SBC 媒体承载丢失会话掉话次数很少（见图 13-150）。PCRF 发 ASR 的场景有以下两种，一种是确实是掉话了；另一种是 eSRVCC 切换后，PCRF 发送 ASR 释放之前的承载。因此怀疑是将切换场景的 ASR 消息统计到了 SBC 媒体承载丢失会话掉话次数中。

网元	厂商	日期	SBC主叫接通次数	SBC主叫接通率	SBC被叫试呼次数	SBC被叫接通次数	SBC被叫接通率	SBC接通率	SBC媒体承载丢失会话掉话次数		Rx接口接受ASR请求次数	Rx接口发送ASA响应次数
QDAPSBC4BZX_SPE1	中兴	2016-05-02	108532	93.71	105042	101285	96.42	95	13521	6.44%	14524	14522
QDAPSBC2BZX_SPE1	中兴	2016-05-02	106817	94.09	105615	101577	96.18	95.09	13410	6.43%	14413	14412
QDAPSBC3BZX_SPE1	中兴	2016-05-02	107970	94.46	106053	102482	96.63	95.51	13518	6.42%	14508	14507
QDAPSBC1BZX_SPE1	中兴	2016-05-02	108071	94.17	104900	101049	96.33	95.2	13321	6.37%	14345	14345
JNPSBC6BZX_SPE1	中兴	2016-05-02	75643	93.57	73176	68680	93.86	93.7	597	0.41%	103997	103997
JNPSBC7BZX_SPE2	中兴	2016-05-02	73781	92.07	71945	67490	93.81	92.89	565	0.40%	104246	104246
JNPSBC8BZX_SPE1	中兴	2016-05-02	73150	91.56	70316	66255	94.22	92.81	533	0.38%	104093	104093
JNPSBC2BHW	华为	2016-05-02	160156	90.02	138206	130990	94.78	92.1	405	0.14%	20894	20894
JNPSBC1BHW	华为	2016-05-02	161665	90.16	137848	130659	94.78	92.17	397	0.14%	20886	20886
JNPSBC3BHW	华为	2016-05-02	164032	90.1	139503	132296	94.83	92.15	402	0.14%	21207	21207
JNPSBC4BHW	华为	2016-05-02	161366	90.01	137832	131038	95.07	92.21	380	0.13%	20844	20844
JNPSBC5BHW	华为	2016-05-02	164194	89.76	139161	131837	94.74	91.91	353	0.12%	21582	21582

图 13-150　网管平台关键指标截图 2

2）为进一步证实上述猜测，进行 eSRVCC 切换场景测试，查看切换成功后，PCRF 发送的 ASR 中的原因值如图 13-151 所示，结果原因值为 0（异常掉话时才为零，SBC 会统计到掉话中）。3GPP 29214 协议中对原因值的描述如下：如果是切换后的释放，应该带原因值为 3（此时，SBC 不会统计到掉话中）。

3）与爱立信 PCRF 沟通，爱立信 PCRF 要求 SBC 发来的 AAR 请求消息中的 supported - features 参数需支持 R9。

4）eSRVCC 切换成功后，爱立信 PCRF 发送的 ASR 中的原因值不规范，需要带原因值为 3，而不是 0。

3GPP 29214 协议中对原因值的描述如下：如果是切换后的释放，应该带原因值为 3（此时，SBC 不会统计到掉话中）。

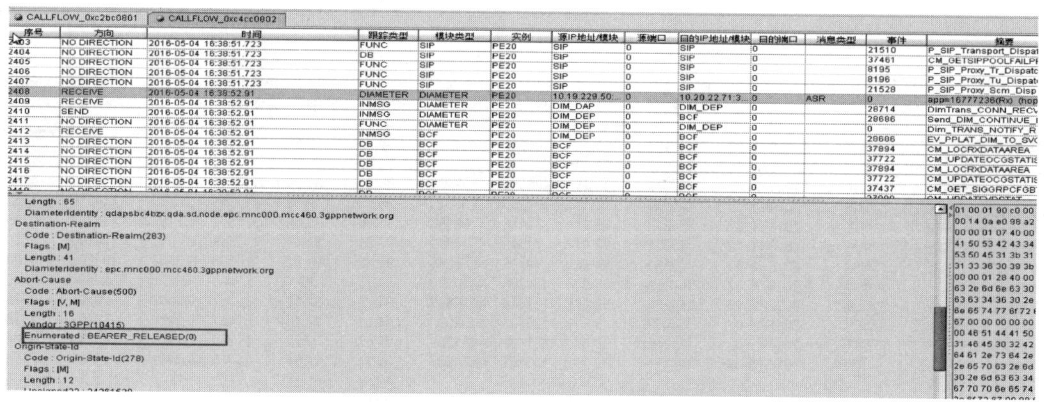

图 13-151　PCRF 发送的 ASR 中的原因值

该问题只是性能统计上的错误，实际业务未受影响。

【解决方案】：

1）爱立信 PCRF 需要规范，对于 eSRVCC 切换成功后，爱立信 PCRF 发送的 ASR 中的原因值要为 3。

2）中兴 SBC 根据爱立信 PCRF 的要求，修改配置，使 AAR 请求消息中的 supported - features 参数，增加支持 R9，这样爱立信 PCRF 就能对 eSRVCC 切换成功后的 ASR 中的原因值带 3 了。

命令：

```
ZZPSBC3BZX_SPE1(config - sbc - sp - rxp)#supported - features NetLoc Rel9
```

10. 中兴 VoLTE AS 话单达到一定数量后，漫游话单被判为错单问题

【问题描述】：

集团深圳计费中心进行话单分拣时发现，山东出现较多 F180 类型错单，原因为话单中 Local - Record - Sequence - Number 字段分拣后为负值，如图 13-152 所示。

IC_FILE_NM	VSTD_PROV_CD	HM_PROV_CD	LOCAL_REC_SEQ_NUM	REC_SEQ_NUM	CAUSE_FOR_CLOS
VLTCG09_VOLT01_Z_150201_20160321083000_00015406.dat	280	531	-4792167	0	0
VLTCG09_VOLT01_Z_150201_20160321083000_00015406.dat	200	531	-4792130	0	0

图 13-152　问题话单截图

【问题分析】：

1）使用 ASN1VE 工具查看该文件发现，该话单中 Local - Record - Sequence - Number 确实为负值（ -4792167），如图 13-153 所示。

2）在中兴 CG 上，该条话单中 Local - Record - Sequence - Number 字段是正值（11985049），如图 13-154 所示。

3）按照集团规范 Local - Record - Sequence - Number 类型应该为 INTEGER，而中兴 CG 配置的此字段类型为 OCTET STRING。

4）中兴 CG 配置此字段最大值为 FFFFFF，但当该字段的值大于 7FFFFF 时，按照 INTEGER 解码将会出现负值。由于省内计费不判此字段，此问题对于省内计费无影响；而深圳计费中心对全国的漫游话单分拣时判断此字段，故出现该问题。

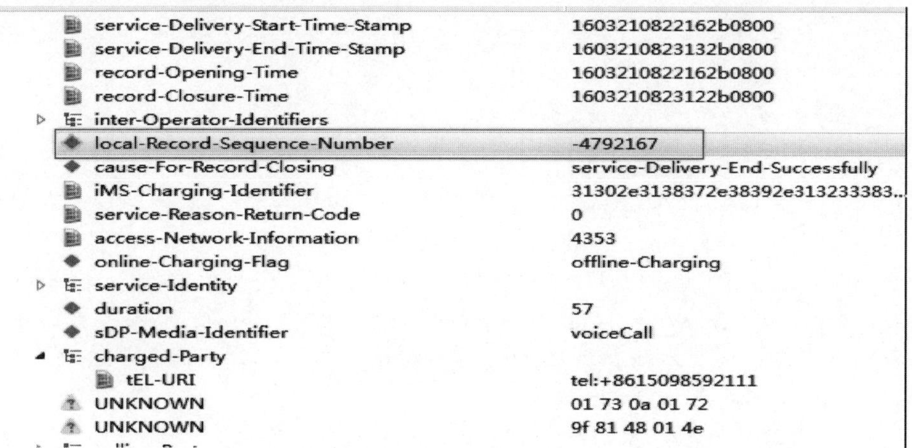

图 13-153　使用 ASN1VE 工具查看文件

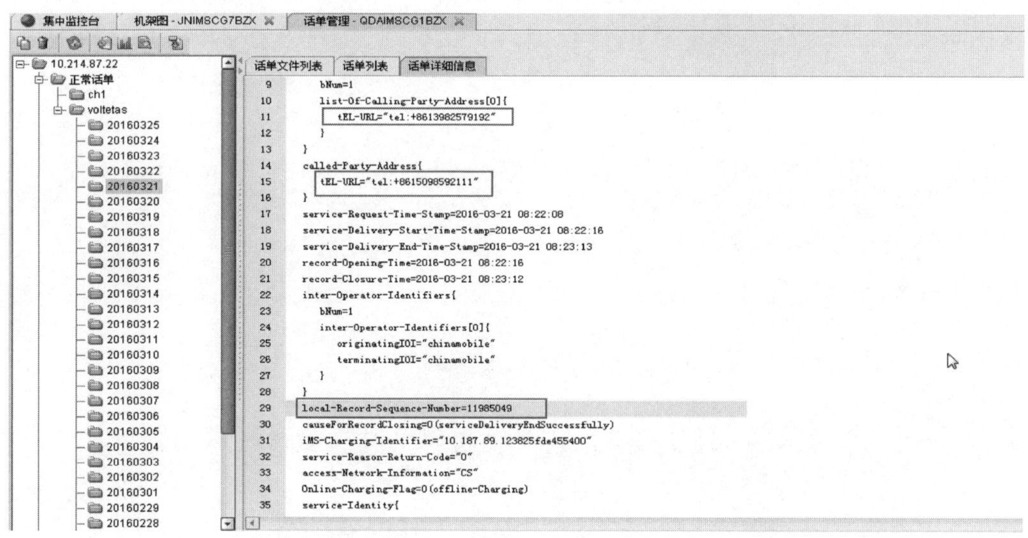

图 13-154　中兴 CG 上话单查询

5）当 VoLTE AS 的话单量达到一定数量后，深圳计费中心在对中兴 CG 的漫游话单分拣时，会将部分 Local - Record - Sequence - Number 为负值话单判为 180 错单。

【解决方案】:

建议中兴 CG 尽快提供解决措施，将 Local - Record - Sequence - Number 字段类型改为 INTEGER。